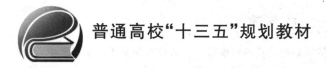 普通高校"十三五"规划教材

电子系统设计

——基础篇(第4版)

余小平　奚大顺　编著

北京航空航天大学出版社

内 容 简 介

本书内容充实、新颖、深入浅出、尽量避免繁琐的数学推导。从设计和实用的角度出发,首先介绍了电子系统的设计方法,然后从构成电子电路的基本元器件的应用入手,分别讲述了模拟电路、数字电路、数/模与模/数变换电路、单片机应用系统的设计方法以及现代 EDA 工具等知识,最后给出了几个典型的电子系统设计实例。试图在读者已掌握了若干原理性课程的基础上,介绍如何将这些知识加以综合应用,并强调了各种元器件、电路的使用常识。为便于学习,每章均附有"小结"和"设计练习"。本书是再版书,相比旧版,本书对部分内容进行了更新。

本书可作为电子信息类专业本科和硕士研究生的课程教材,也可作为各种电子设计竞赛的培训教材或教辅,同时还可作为广大电路设计爱好者的参考书。

图书在版编目(CIP)数据

电子系统设计. 基础篇 / 余小平,奚大顺编著.--
4 版. --北京 : 北京航空航天大学出版社,2019.5
ISBN 978 - 7 - 5124 - 2994 - 9

Ⅰ. ①电… Ⅱ. ①余… ②奚… Ⅲ. ①电子系统—系统设计 Ⅳ. ①TN02

中国版本图书馆 CIP 数据核字(2019)第 071778 号

电子系统设计——基础篇(第 4 版)

余小平　奚大顺　编著

责任编辑　胡晓柏　张　楠

*

北京航空航天大学出版社出版发行

北京市海淀区学院路 37 号(邮编 100191)　http://www.buaapress.com.cn
发行部电话:(010)82317024　传真:(010)82328026
读者信箱:emsbook@buaacm.com.cn　邮购电话:(010)82316936
涿州市新华印刷有限公司印装　各地书店经销

*

开本:710×1 000　1/16　印张:34.25　字数:730 千字
2019 年 5 月第 4 版　2022 年 1 月第 2 次印刷　印数:3 001～4 500 册
ISBN 978 - 7 - 5124 - 2994 - 9　定价:89.00 元

第 4 版前言

《电子系统设计——基础篇》自问世以来，历经第 2 版、第 3 版，迄今已发行 2 万余册，能受到广大读者的青睐，能为电子技术的教育略尽绵薄，作者感到十分欣慰！

电子技术发展确实惊人，新知识、新器件日新月异，作为一本基础读物，理应不断跟随潮流，不断更新。

第 4 版主要做了以下三个方面的改动：

首先，修改了 7.2 节全部内容，将原来的"GAL 器件的编程及应用"修改为"Verilog HDL 使用入门"。7.3 节题目修改为"VHDL 使用入门"。修改了 8.2 节全部内容，将原来的"EWB 仿真"修改为"Multisim 仿真"。修改了第 9 章设计实例中"数字定时器"内容作为 9.2 节，此节以 89C51 为核心，以汇编语言编写程序，内容简单、基本。另外，加上了 9.1 节"一种简单直流信号源"，主要补充纯模拟电路的相关设计知识，如幅度控制、电池等内容。9.3 节则是按第 1 节的要求，用 MCU – STM32F103 加以实现，以 C 语言编写程序。9.4 节"气体流量控制器"则除了介绍与流量有关的知识以及 STM32F103 的几个基本函数外，着重介绍了控制算法与程序。

其次，补充了 6.4 节"STM32F101xx MCU 简介"，这是跟上时代热点的必然。

最后是纠正了第 3 版中的个别错误，如图 3.4.13 等。

第 4 版主要内容的撰写由奚大顺、余小平完成。成书过程中，刘静硕士编写了部分程序，张涛工程师及其他硕士给予了各种帮助，在此一并致谢！

井底之见，难免有失偏颇，敬请读者提出宝贵意见。

作　者
2019 年 3 月

敬告读者

➢ 本教材配有教学课件。需要用于教学的教师,请与北京
航空航天大学出版社联系。

➢ 北京航空航天大学出版社联系方式如下:

通信地址:北京海淀区学院路 37 号北京航空航天大学
出版社嵌入式系统图书分社

邮　　编:100191

电　　话:010-82317035

传　　真:010-82328026

E-mail:emsbook@buaacm.com.cn

第 3 版前言

本书自 2007 年 3 月第 1 版第 1 次印刷,经过 2011 年 9 月第 2 版第 2 次印刷,迄今已 6 个年头。经过多次的教学实践,并考虑到当前电子技术的发展,深觉应该对书中的内容做必要的补充与修改。第 3 版与第 2 版比较,在以下方面有所变动:

> 补充了若干新内容,如智能液晶显示器、电流负反馈运算放大器等。
> 第 6 章和第 9 章则全部改写:第 6 章单片机系统设计采用了目前使用广泛的 MSP430 单片机和 C8051F 单片机为例;第 9 章更新全部实例,MCU 以 MSP430 为主。
> 增加了一些新的知识,如用 Altium Designer。
> 删除了少数已停产的芯片,如 ICM7216D 等。
> 鉴于 TI 公司产品的优良性能以及在国内高校的普及程度,原书中的芯片基本以 TI 产品取代,如运算放大器、DC - DC 芯片、单片机、ADC、DAC 等,仅保留了少数其他公司具有代表性的优秀品种;并对 WEBENCH 在线设计软件在滤波器中的应用做了介绍。
> 补充了少数原书中未充分说明,而又经常使用的知识,如数控稳压电源的设计。
> 修改了部分设计练习。
> 改正了第 2 版中的极少数文字错误。

本版更加突出了原书的特点:

> 综合性:如加入了基本元器件在各方面的应用,如器件与可靠性"减额"、"冗余"的关系,如 9.1 节从方案调研、方案选择直到软件的容错设计等涉及系统设计的方方面面做了介绍,这是作者写作本书的初衷。
> 实用性:从元器件、芯片到电路基本都有"应用要点",方便读者上手,这是本书的重点。
> 与时俱进:添加一些新器件、新知识,选择了获得 2012 年 15 省赛区大学生电子设计 TI 杯竞赛的优秀作品作为设计实例,对 TI 公司器件进行重点介绍,均反应了当前的技术动向。其实这也是电子技术类书籍所必须遵循的原则。

第 3 版的修订由庹先国主持,并撰写了第 6 章和第 9 章。本版得到了 TI 公司大学计划部、尤其是胡国栋工程师的大力支持,成书过程中也得到了蒿书利、廖斌、黄河、周刚、陈松、陈俊、许杰、陈起传、龙小翠等研究生的帮助,在此一并致谢。

写书和制作电影一样,也是"遗憾的艺术",总觉得意犹未尽,也觉得惶恐。真心希望得到广大读者的宝贵意见。

作　者
2014 年元旦

第 2 版前言

《电子系统设计——基础篇》出版已历三年有余,两次印刷,所剩无几。为适应教学的需要和适应电子技术的发展,有必要在原书的基础上重新出版《电子系统设计——基础篇(第 2 版)》,此次的修订版主要做了如下工作:

➢ 对于原书存在的少数文字错误,甚至漏掉了图 3.2.12,此次加以改正。

➢ 原书中有少数应包含的内容,如电感器、进制转换电路、单片机 UART 串口使用等,进行了拾漏补遗;并增补了少数设计练习;删除了与"基础篇"不太合适的 7.4 节"SOPC 的简介"。

➢ 由于电子技术本身的飞速发展,补充一些新的新的知识点,如 Quartus II 的使用、ADC 外围电路等。

➢ 原书涉及的一些资料、程序,原打算以光盘的形式提供,但未能实现。此次尽可能地列出,如 T6963C 驱动的 240×128 点阵 LCD 程序等。

本书在修订过程中,范磊磊、周传文、张贵宇、张兆义、蒿书利参与了电路实验,李隆、庹先国、倪为芬、穆克亮、杨剑波、施刚进行了程序调试,李哲、罗辉、宋茜茜对文档进行了整理,在此一并表示感谢。

作　者
2010 年 7 月

第 1 版前言

电子信息类专业的技术人员应该具有对电子系统进行分析与设计的能力。各学科知识的综合利用以及设计与实践能力的培养已受到各学校普遍的重视,系统设计类课程亦应运而生。

作者曾在 1997 年出版过一本《电子设计技术》,此书对设计方法介绍较少,资料偏多,所涉及的不少内容也已过时。

本书从设计和实用的角度出发,首先介绍了电子系统的设计方法;然后从构成电子电路的基本元器件的应用入手,分别讲述了模拟电路、数字电路、D/A 与 A/D 变换电路、单片机应用系统的设计方法以及现代 EDA 工具等知识;最后给出了几个典型的电子系统设计实例。

本书有以下特点:

➢ 介绍部分均从设计的角度出发,着重实用,仅对少数设计者较陌生的器件或电路简介其原理。

➢ 比较系统、详细地介绍了作为系统基础的常用电子元器件的应用知识。

➢ 所选内容较新。如滤波器设计只是很简单地回顾了其基本原理,而主要介绍 FilterLAB 设计软件和引脚可编程的开关电容滤波器。

➢ 讲述上由浅入深,循序渐进,尽量避免繁琐的数学推导,着重各学科知识的综合应用。

➢ 各章均附有小结及设计练习,适宜自学和教学。

➢ 注意紧密结合工程实践,如对线性稳压器件的散热进行了比较切合实际的介绍。

➢ 本书只能算是设计入门,故为"基础篇"。而"专题篇"则按专题(如测量技术、控制技术、无线电技术等)进一步介绍。

此书既可供广大电子技术应用人员使用,也可作为大学相应专业高年级、硕士研究生和电子设计竞赛的教材,同时又是一本工具书。

余小平、奚大顺为本书主编。余小平编写了第 1、4~8 章,奚大顺编写了第 2、3 章以及 9.1 节,唐蓉编写了 9.2 节,王洪辉编写了 9.3 节。

在编写过程中,借鉴了大量的参考书、文献和近几年新发表的文章,在此向相关的作者表示深切的谢意。放大器、滤波器设计软件由 Microchip 公司授权,在此一并致谢。

　　本书的电子教案可以在北京航空航天大学出版社网站(www. buaapress. com. cn)本书所附资料内下载或向出版社索取,书中所涉及的元器件资料可以从中国电子网(www. 21ic. com)、中国芯片手册网(www. datasheet. com. cn)查阅。

　　由于作者水平所限,加之时间紧迫,错误不妥之处在所难免,恳望广大读者提出宝贵意见。有兴趣的读者,可以发送电子邮件到 yxpsc@yahoo. com. cn,与作者进一步交流;也可以发送电子邮件到 emsbook@buaacm. com. cn,与本书策划编辑进行交流。

作　者
2007 年元旦
于成都理工大学

目　　录

第1章　电子系统设计导论

1.1　电子系统的构成

电子系统主要是指由多个电子元器件或功能模块组成,能实现较复杂的应用功能的客观实体,如自动控制系统、电子测量系统、计算机系统、通信系统等。一般来说,一个复杂的电子系统可以分解成若干个子系统,其中每个子系统又由若干个功能模块组成,而功能模块由若干单元电路或电子元器件组成,如图1.1.1所示。

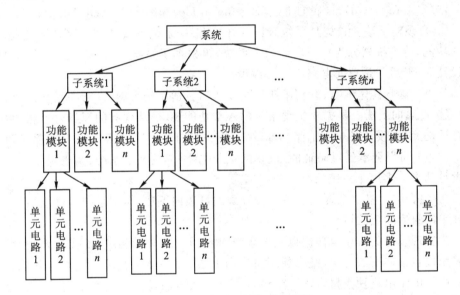

图 1.1.1　电子系统构成示意图

图 1.1.2 为以 MCU/ARM/DSP 为核心的电子测量系统的组成示意图。由图可知,该电子测量系统主要由以下分系统组成:模拟子系统(传感器、信号处理、系统电源及监控、驱动等)、数字子系统(存储器、译码控制、人机接口、通信接口等)、数/模混合子

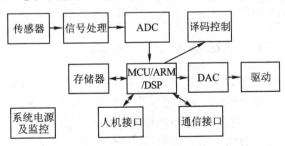

图 1.1.2　以 MCU/ARM/DSP 为核心的
电子测量系统组成示意图

系统(ADC、DAC)和 MCU/ARM/DSP 子系统。其中这些子系统又由各个功能模块构成,如数模混合子系统由信号调理与驱动模块、输入/输出接口模块、通信接口模块、系统译码与控制模块、电源模块等组成。

1.2　电子系统设计方法和原则

1.2.1　电子系统设计的一般方法

电子系统设计是系统工程设计,一般是比较复杂的,必须采用有效的方法去管理才能使设计工作顺利并取得成功。

基于系统的功能与结构上的层次性,电子系统设计一般有以下三种方法:自顶向下法(Top to Down)、自底向上法(Bottom to Up)和组合法(TD&BU Combined)。

① 自顶向下法。首先从系统级设计开始,根据系统级所描述的该系统应具备的各项功能,将系统划分为单一功能的子系统,再根据子系统任务划分各部件,完成部件设计后,最后才是单元电路和元件级设计。

优点:避开具体细节,有利于抓住主要矛盾。适用于大型、复杂的系统设计。

② 自底向上法。根据要实现系统的各个功能要求,从现有的元器件或模块中选出合适的元件,设计各单元电路和部件,一级一级向上设计,最后完成整个系统设计。

优点:可以继承经过验证的、成熟的单元电路、部件和子系统,实现设计重用,提高设计效率。多用于系统的组装和测试。

③ 组合法。整个系统或子系统设计采用自顶向下法,而子系统部件或单元电路设计采用自底向上法设计。

为实现设计的可重复使用以及对系统进行模块化设计测试,现代的系统设计通常采用以自顶向下法为主,结合使用自底向上法的方法。

由于电子电路种类繁多,千差万别,设计方法也因具体情况而不同,因此在设计时,应根据实际情况灵活掌握。

下面详细介绍自顶向下法的各个主要步骤。

1.　总体方案的设计与选择

选择总体方案是自顶向下法电子系统设计的第一步。根据设计任务、指标要求,分析系统应完成的功能,并将系统按功能分解成若干子系统,分清主次和相互关系,并形成由若干单元功能模块组成的总体方案。

一般需要多个方案,每个方案用方框图的形式表示出来(关键的功能模块的作用一定要表达清楚,还要表示出它们各自的作用和相互之间的关系,注明信息走向等),然后通过实际的调查研究、查阅有关的资料或集体讨论等方式,着重从方案能否满足设计指标要求、结构是否简单、实现是否经济可行等方面,对几个方案进行比较和论证,择优选取。

在方案选择中,还应注意以下两个问题:

> 对不同的方案,应深入分析比较。对关键部分,还要提出各种具体电路,根据设计要求进行分析比较,从而找出最优方案。
> 还需考虑方案的可行性、性能、可靠性、成本、功耗等实际问题。

2. 单元电路的设计与选择

在确定了电子系统的总体方案,绘出了子系统中各部件的详细功能框图后,便可进行单元电路设计。任何复杂的电子电路都是由若干具有简单功能的单元电路组成的,这些单元电路的性能指标往往比较单一。在明确每个单元电路的技术指标后,要分析清楚单元电路的工作原理,设计出各单元的电路结构形式。尽量采用学过的或熟悉的单元电路,也要善于通过查阅资料、分析研究一些新型电路,开发利用新型器件。

根据设计要求和已选定的总体方案的原理框图,确定对各单元电路的设计要求,必要时应详细拟定主要单元电路的性能指标。注意各单元电路之间的相互配合,但要尽量少用或不用电平转换之类的接口电路,以简化电路结构,降低成本。

各单元电路之间要注意在外部条件、元器件使用、连接关系等方面的配合,尽可能减少元器件的数量、类型、电平转换和接口电路,以保证电路最简单,工作最可靠,且经济实用。各单元电路拟定后,应全面地检查一次,检查每个单元各自的功能是否能实现,信息是否畅通,总体功能是否满足要求,如果存在问题,必须及时做出局部调整。

3. 元器件的选择

选择元器件时,一般优先选用集成电路。集成电路的广泛应用,不仅减少了电子设备的体积和成本,提高了可靠性,使安装调试和维修变得比较简单,而且大大减化了电子电路的设计。

(1) 集成电路的选择

集成电路的种类繁多,选用方法一般是"先粗后细",即先根据主体方案考虑应选用什么功能的集成电路,再进一步考虑其具体性能,然后再根据价格等因素选用型号。选择的集成电路不仅要在功能和特性上实现设计方案,而且要满足功耗、电压、温度、价格等多方面的要求。

(2) 阻容元件的选择

电阻和电容种类很多,正确选择电阻和电容是很重要的,不同的电路对电阻和电容性能要求也不同,有些电路对电容漏电要求很严格,有些电路对电阻和电容的精度要求很严格,设计时要根据电路的要求选择性能和参数合适的阻容元件,并要注意功耗、容量、频率、耐压范围是否满足要求。

(3) 分立元器件的选择

分立元器件包括二极管、三极管、场效应管和晶闸管等,选择器件的种类不同,注意事项也不同。例如三极管,在选用时应考虑是 NPN 管还是 PNP 管,是大功率管还是小功率管,是高频管还是低频管,并注意管子的电流放大倍数、击穿电压、特征频率、静态功耗等是否满足电路设计的要求。

4. 元器件的参数计算

单元电路的结构、形式确定以后,需要对影响技术指标的元器件的参数进行计算。这种计算有的需要根据电路理论公式进行,有的按照工程估算方法进行,有的可用典型电路参数或经验数据。选用的元器件参数值最终都必须采用标称值。计算电路参数时应注意如下问题:

① 各元器件的工作电流、工作电压、频率和功耗应在允许的范围内,并留有适当的余量,以保证电路在规定的条件下正常工作,达到所要求的性能指标。

② 对于环境温度、其他干扰等工作条件,计算参数时应按最坏的情况考虑。

③ 保证电路性能的前提下,尽可能设法降低成本,减少元器件的品种、功耗和体积,并为安装调试创造有利条件。

④ 在满足性能指标和上述各项要求的前提下,应优先选用现有或容易买到的元器件,以节省时间和精力。

1.2.2　电子系统设计的一般原则

任何一项系统的设计,都要遵循一定的原则或标准、规范。进行电子系统设计,一般要求遵循以下一些原则。

(1) 兼顾技术的先进性和成熟性

当今世界,电子技术的发展日新月异。系统设计应适应技术发展的潮流,使系统能保持较长时间的先进性和实用性。同时也要兼顾技术上的成熟性,以缩短开发时间和上市时间。

(2) 安全性、可靠性和容错性

安全在任何产品中都是第一位的,在电子系统设计中也是必须首先考虑的。采用成熟的技术、元器件和部件,可以在一定程度上保证系统的可靠、稳定和安全。系统还应具有较强的容错性,例如,不会因人员操作失误而使整个系统无法工作;或因某个模块出现故障而使整个系统瘫痪等。

(3) 实用性和经济性

在满足基本功能和性能的前提下,系统应具有良好的性价比。

(4) 开放性和可扩展性

系统能够支持不同厂商的产品,支持多种协议,并且符合国际标准及相关协议。除此之外,还应包括:子系统之间、子系统对主系统以及系统对外部的开放。以便在对系统进行升级改造时,不仅可以保护原有资源,还可以降低系统维护、升级的复杂性以及提高效率。

(5) 易维护性

元器件和部件应尽可能采用通用、成熟产品,使系统易于维护。

1.3　电子系统设计步骤

电子系统设计的一般过程如下。

(1) 调查研究

这一步的主要工作有:通过调查研究,明确设计任务和要求;确定系统功能指标;了解设计关键;完成系统功能示意框图。简言之,就是必须明确做什么,做到什么程度。

(2) 方案选择与可行性论证

要求综合应用所学知识,同时查阅有关参考资料;要敢于创新,敢于采用新技术,不断完善所提的方案;应提出几种方案,对它们进行可行性论证,从完成的功能、性能和技术指标的程度、经济性、先进性以及进度等方面进行比较,最后选择一个较好的方案。

首先,进行系统功能划分。把系统所要实现的功能分配给若干个单元电路,画出能表示各单元功能的系统原理框图。

然后,进行方案比较和可行性论证。

最后,确定总体方案。

在方案选择完成后,对各单元电路的功能、性能指标以及与前后级之间的关系均应当明确。

(3) 单元电路设计、参数选择和元器件选择

这一步需要有扎实的电子电路知识。对各单元电路可能的组成形式进行分析、比较,在确定了单元电路后,就可选择元器件。根据某种原则或已确定好的单元电路部分元件的参数,可以计算其余元器件参数和电路参数。

(4) 组装与调试

设计结果的正确性需要验证,需要用仪器进行测试。这样可以发现问题并及时修改,直到所要求的功能和性能指标完全符合要求。

(5) 编写设计文件与总结报告

符合标准形式的设计文件是一个完整设计过程不可缺少的部分。文件的类型要求、内容及格式,可参考原电子工业部制定的部标准《设计文件的管理制度》。软件是电子设备的一个必不可少的组成部分。对于软件文件的编制,可参考国家标准GB8567—88《计算机软件产品开发文件编制指南》。

① 设计文件的编写。设计文件的具体内容与以上设计过程是相呼应的:

➢ 系统的设计要求与技术指标的确定;

➢ 方案选择与可行性论证;

➢ 单元电路设计、参数选择和元器件选择;

➢ 参考资料和文献。

② 总结报告的编写。总结报告的具体内容有:

➢ 设计工作的进程记录;

➢ 原始设计修改部分的说明;

➢ 实际电路原理图、程序清单等;

➢ 功能与指标测试结果(注明所使用的仪器型号与规格);

➢ 系统的操作使用说明;

➢ 存在的问题及改进措施等。

小　结

本章主要内容包括电子系统构成、电子系统设计方法和原则以及电子系统设计步骤。

① 一般来说,一个复杂的电子系统可以分解成若干个子系统,其中每个子系统又由若干个功能模块组成,而功能模块由若干单元电路或电子元器件组成。

② 电子系统设计是系统工程设计,一般是比较复杂的,必须采用有效的方法去管理才能使设计工作顺利并取得成功。基于系统的功能与结构上的层次性,电子系统设计一般有三种方法:自顶向下法、自底向上法、组合法。

③ 任何一项系统的设计,都要遵循一定的原则或标准、规范。电子系统设计也必须遵循一定的原则。

④ 电子系统功能设计的一般过程。

第2章　常用电子元器件的应用

电子系统的硬件电路由若干功能电路组成,而功能电路则由众多的电子元器件构成,如图2.0.1所示。正是对电子元器件的深入了解与正确合理使用,才保证了系统的稳定可靠。

本章从设计的角度出发,简要介绍几种常用电子元器件的原理与特性。设计时选用各种电子元器件通常遵循三条原则:

① 元器件的技术参数必须完全满足系统的要求,并留有合理的余地;

② 最高的性能/价格比;

③ 满足系统的结构要求(如体积、封装形式等)。

图 2.0.1　电子系统硬件构成

2.1　电阻器

电阻器是一种无源电子元件,是构成电路使用最多也是不可或缺的基本元件之一。据统计,在典型电子系统的诸多电子元器件中,电阻器占元器件总数的40%以上,虽不起眼,但十分重要。

2.1.1　主要技术参数

1. 标称阻值

标称阻值指标注于电阻体上的名义阻值。阻值的单位为欧姆(Ω),例如

$$1\ \Omega = 10^{-3}\,\mathrm{k}\Omega = 10^{-6}\,\mathrm{M}\Omega = 10^{-9}\,\mathrm{G}\Omega$$

1/4 W 以上的金属膜电阻采用直接标注法。1/4 W 及 1/4 W 以下的金属膜电阻采用四色或五色环标注,表2.1.1为四色环标注规则。

表 2.1.1　四色环标注规则

色　别	第1色环 第1位数	第2色环 第2位数	第3色环 应乘位数	第4色环 误差/%
棕	1	1	$\times 10^1 = 10$	±2
红	2	2	$\times 10^2 = 100$	±3

续表 2.1.1

色　别	第 1 色环 第 1 位数	第 2 色环 第 3 位数	第 3 色环 应乘位数	第 4 色环 误差/%
橙	3	3	$\times 10^3 = 1\,000$	± 4
黄	4	4	$\times 10^4 = 10\,000$	—
绿	5	5	$\times 10^5 = 100\,000$	± 0.5
蓝	6	6	$\times 10^6 = 1\,000\,000$	± 0.2
紫	7	7	$\times 10^7 = 10\,000\,000$	± 0.1
灰	8	8	$\times 10^8 = 100\,000\,000$	—
白	9	9	$\times 10^9 = 1\,000\,000\,000$	—
黑	—	0	$\times 10^0 = 1$	± 1
金	—	—	$\times 10^{-1} = 0.1$	± 5
银	—	—	$\times 10^{-2} = 0.01$	± 10
无色	—	—	—	± 20

其中,第 1、2 两个色环为标称阻值的有效数值。

2. 允许误差

允许误差的计算公式如下:

$$允许误差 = \frac{R_标 - R_实}{R_标} \times 100\%$$

其中:$R_标$ 为标称阻值;$R_实$ 为实际阻值。表 2.1.2 表示了几种允许误差值。其中市场上金属膜电阻中最常见的为 $\pm 5\%$。当允许误差在 $\pm 1\%$ 内属精密电阻范畴。目前,精密电阻的允许误差可达 $\pm 0.001\%$。

电子元器件厂商为了便于元件规格的管理和电子技术工作者选用,使大规模生产的电阻器、电容器、电感器符合标准化的要求,同时也为了使元件的规格不致太多,采用了 E 数系作为优先数系的统一的标准组成元件的数值。

电阻的标称阻值分为 E6、E12、E24、E48、E96、E192 共 6 大系列,En 数系表示这些元件值的公比为 $\sqrt[n]{10}$,n 为 6、12、24、48、96、192,分别适用于允许偏差为 $\pm 20\%$、$\pm 10\%$、$\pm 5\%$、$\pm 2\%$、$\pm 1\%$ 和 $\pm 0.5\%$ 的电阻器。其中 E24($\pm 5\%$)系列为最常用的数系,其公比为 1.100 069。这 6 大系列基本覆盖了一定允许误差下的数个阻值范围。

电阻生产厂家根据电阻的种类和允许误差,按表 2.1.2 所列标称值生产普通固定电阻器。它覆盖了一定允许误差下的整个阻值范围。

表 2.1.2　普通固定电阻标称值系列

允许误差	阻值范围										
±5%	1.0　1.1　1.2　1.3　1.5　1.6　1.8　2.0　2.2　2.4　2.7　3.0 3.3　3.6　3.9　4.3　4.7　5.1　5.6　6.2　6.8　7.5　8.2　9.1										
±10%	1.0　1.2　1.5　1.8　2.2　2.7　3.3　3.9　4.7　5.6　6.8　8.2										
±20%	1.0　　1.5　　2.2　　3.3　　4.7　　6.8										

3. 额定功率

电阻器作为耗能元件,工作时一定会发热。热能若不能及时散发,将使电阻器温度不断升高而烧毁。额定功率是指在正常的大气压力 90～106.6 kPa 及环境温度为 -55～$+70$ ℃的条件下,电阻长期工作所允许耗散的最大功率。

表 2.1.3 为各种电阻额定功率的标称系列值。通常,额定功率与电阻的体积直接相关,即体积越大,额定功率越高。

表 2.1.3　电阻器额定功率标称系列值

类　型		额定功率标称值/W										
线绕	固定电阻器	0.05　0.125　0.25　0.5　1　2　4　8　10　16　25　40　50 75　100　150　250　500										
	电位器	0.05　0.125　0.25　0.5　1　2　5　10　25　50　100										
非线绕	固定电阻器	0.05　0.125　0.25　0.5　1　2　5　10　25　50　100										
	电位器	0.025　0.05　0.1　0.25　0.5　1　2　3										

4. 最高工作电压

最高工作电压是指电阻器所加的允许最大连续工作电压。部分碳膜、金属膜电阻的最高工作电压如表 2.1.4 和表 2.1.5 所列。该电压与气压有关,气压越低,最高工作电压也越低。

表 2.1.4　部分碳膜电阻器的最大工作电压规格

型　号	额定功率/W	标称电阻范围/MΩ	最高工作电压/V
RT-0.125	0.125	5.1×10^{-6}～1	100
RT-0.25	0.25	1.0×10^{-5}～5.1	350
RT-0.5	0.5	1.0×10^{-5}～10	400
RT-1	1	2.7×10^{-5}～10	500
RT-2	2	4.7×10^{-5}～10	750

续表 2.1.4

型　号	额定功率/W	标称电阻范围/MΩ	最高工作电压/V
RT-5	5	$4.7 \times 10^{-5} \sim 10$	800
RT-10	10		1 000

表 2.1.5　部分金属膜电阻器的最大工作电压规格

型　号	额定功率/W	标称电阻范围/MΩ	最高工作电压/V
RJ-0.125	0.125	$3.0 \times 10^{-5} \sim 510$	150
RJ-0.25	0.25	$3.0 \times 10^{-5} \sim 1$	200
RJ-0.5	0.5	$1.0 \times 10^{-5} \sim 1$	250
RJ-1	1	$3.0 \times 10^{-5} \sim 10$	300
RJ-2	2	$3.0 \times 10^{-5} \sim 10$	350

5. 温度系数

温度系数指温度每变化 1 ℃所引起的阻值相对变化的百分率。公式为

$$温度系数 = \pm \frac{\Delta R}{R_实} \bigg|_{\Delta t = 1\,℃} \times 100\%$$

式中：ΔR 为实际阻值的变化量；$R_实$ 为实际阻值。

6. 噪　声

噪声产生于电阻体内的一种不规则电压变化。热噪声是由导体内部不规则的电子自由运动所形成的,此外还有电流噪声等。

2.1.2　分类、特性与应用场合

1. 普通电阻器与电位器的特性

表 2.1.6 为几种常用电阻与电位器的技术特性。

① **碳膜电阻**是用结晶碳沉积在瓷棒上制成的。改变碳膜厚度和用刻槽的方法变更电阻体的有效长度可精确控制其阻值。其高频特性与阻值稳定性较好,价格低廉,是民用电子产品中的首选品种。

② **金属膜电阻**的导电体是用真空蒸发等方法沉积在瓷棒上形成的。其导电体分别可以是合金膜、金属氧化膜及金属箔等。其阻值范围宽,电性能优于碳膜电阻,最高工作温度可达 155 ℃,价格适中,是目前市场中最常见的品种,常用于要求较高的电子系统中。

③ **线绕电阻和电位器**是用电阻率大的镍铬、锰铜导线绕制而成的。耐高温(能在 300 ℃高温下稳定工作),噪声较小,精度高,额定功率可以达 300 W,常用于制作精密电阻或功率要求较高的低频或电源电路中。由于分布电感大,不宜用于较高频率的电路,同时其温度系数也比较大。

表 2.1.6　常用电阻与电位器的技术特性

电阻类别	额定功率 /W	标称阻值 范围/Ω	温度系数 /℃$^{-1}$	噪声电势 /(μV/V)	运用频率
RT 型碳膜电阻	0.05	$10\sim100\times10^3$	$-(6\sim20)\times10^{-4}$	$1\sim5$	<10 MHz
	0.125	$5.1\sim510\times10^3$			
	0.25	$5.1\sim910\times10^3$			
	0.5	$5.1\sim2\times10^6$			
	1,2	$5.1\sim5.1\times10^6$			
RJ 型金属膜电阻	0.125	$30\sim510\times10^3$	$\pm(6\sim10)\times10^{-4}$	$1\sim4$	<10 MHz
	0.25	$30\sim1\times10^6$			
	0.5	$30\sim5.1\times10^6$			
	1,2	$30\sim10\times10^6$			
RXYC 型线绕电阻	$2.5\sim100$	$5.1\sim56\times10^6$			低频
WTH 型碳膜电位型	$0.5\sim2$	$170\sim4.7\times10^6$	$5\sim10$	$5\sim10$	<1 MHz
WX 型线绕电位器	$1\sim3$	$10\sim20\times10^3$			低频

2. 几种常用的特殊电阻

(1) 敏感电阻

敏感电阻是指器件特性对温度、电压、光照、温度、气体、压力、磁场等作用敏感的电阻。

① Pt 热敏电阻是一种以金属材料铂(Pt)为敏感体的薄膜型热敏电阻。这是一种性能、精度最优越,线性度良好,价格昂贵的热敏电阻,主要用于精确的温度测量。例如 Pt100 是 0 ℃时阻值为 100 Ω 的 Pt 电阻。

② NTC 电阻是一种采用多种金属氧化物混合压制而成的热敏电阻,其温度系数一般为(−2%～6%)/℃。可用于测温、电路的温度补偿或者抵制浪涌电流。

③压敏电阻是一种以氧化锌为主要成分的金属氧化物半导体的非线性限压器件。当两端的实际工作电压低于电阻的压敏电压时,它呈现高阻态,只有 μA 级的漏电流通过。当工作电压到达压敏电压时,其电流随电压急剧升高,到达最大突破电流所需时间仅 25 ns 左右。所能承受的这种浪涌电流视电阻的直径(φ5～φ53)而不同,最大可达 70 kA。压敏电压的范围在 18～1 800 V。压敏电压 V_N 可按下式选择:

$$V_N = V_{NH} \times \sqrt{2} \div 0.7 \approx 2V_{NH}$$

式中 V_{NH} 为电网电压。若 $V_{NH} = 220$ V，V_{NH} 可选 430 V 的，如 10K431。10 为压敏电阻的直径，单位 mm，它与最大峰值电流密切相关。表 2.1.7 为 MYD 系列压敏电阻的参数。

表 2.1.7　MYD 系列压敏电阻参数

型号规格	电敏电压	最大允许使用电压		最大限制电压和电流		最大峰值电流	能量耐量	最大静态功率/W	静态电容量/pF
	V_{CMA}/V	AC/V	DC/V	V_c/V	I_p/A	10 次 8/20 μs 波/A	2 ms/J		
05K271	270	175	225	475	5	200	6.0	0.10	65
7K271	270	175	225	455	10	600	12.0	0.25	170
10K271	270	175	225	455	25	1 250	50.0	0.40	350
14K271	270	175	225	455	50	2 500	50.0	0.60	750
05K361	360	230	300	595	5	200	7.5	0.10	50
07K361	360	230	300	595	10	600	15.0	0.25	130
10K361	360	230	300	595	25	1 250	25.0	0.40	300
14K361	360	230	300	595	50	2 500	65.0	0.60	550
05K391	390	250	320	675	5	200	8.0	0.10	50
07K391	390	250	320	650	10	600	17.0	0.25	130
10K391	390	250	320	650	25	1 250	40.0	0.40	270
14K391	390	250	320	650	50	2 500	70.0	0.60	500
05K431	430	275	350	745	5	200	9.0	0.10	45
07K431	430	275	350	710	10	600	20.0	0.25	110
10K431	430	275	350	710	25	1 250	45.0	0.40	250
14K431	430	275	350	710	50	2 500	75.0	0.60	450
05K471	470	300	385	810	5	200	10.0	0.10	40
07K471	470	300	385	775	10	600	20.0	0.25	100
10K471	470	300	385	775	25	1 250	45.0	0.40	230
14K471	470	300	385	775	50	2 500	80.0	0.60	440

压敏电阻的响应速度较高，除可用于防雷外，也可广泛用于过压保护，如固态继电器驱动电机等感性负载时的保护。

④ 湿敏电阻是由感湿层、电极、绝缘体组成的，主要包括氯化锂湿敏电阻、碳湿敏电阻、氧化物湿敏电阻几种。氧化锂湿敏电阻随湿度上升，电阻减小，缺点是测湿范围小，特性不好，受温度影响大。碳湿敏电阻缺点为低温灵敏度低，阻值受温度影响大。氧化物湿敏电阻性能较优越，可长期使用，温度影响小，阻值与温度变化呈线性关系。

　　⑤ 光敏电阻是电导率随着光照度的变化而变化的电子元件,当某种物质受到光照时,载流子的浓度增加,从而增加了电导率,这是光电导效应。常于来进行照度测量。

　　⑥ 力敏电阻是一种阻值随压力变化而变化的电阻,国外称为压电电阻器。所谓压力电阻效应,即半导体材料的电阻率随机械应力的变化而变化的效应。可制成各种力矩计、半导体话筒、压力传感器等。主要品种有硅力敏电阻器和硒碲合金力敏电阻器,相对而言,合金电阻器具有更高的灵敏度。

　　⑦ 气敏电阻利用某些半导体吸收某种气体发生氧化还原反应的原理而制成,主要成分是金属氧化物。主要品种有金属氧化物气敏电阻、复合氧化物气敏电阻及陶瓷气敏电阻等。常用于气体检测。

(2) 电阻网络

　　电阻网络俗称为"电阻排",以高铝瓷做基体,采用高稳定性和高可靠性的钙系玻璃釉电阻材料,在高温下烧结而成。电阻网络承受功率大(单个电阻 1/8 W 或 1/4 W),温度系数小($\pm 3 \times 10^{-4}/℃$),阻值范围宽($1 \times 10^{-5} \sim 1$ MΩ),特别是体积小,适用小型化电子系统。图 2.1.1 中所示各种电阻网络中,以 4~10 个电阻组成的边侧并联单列直插型式的最为常见,另外还有表贴类型的。

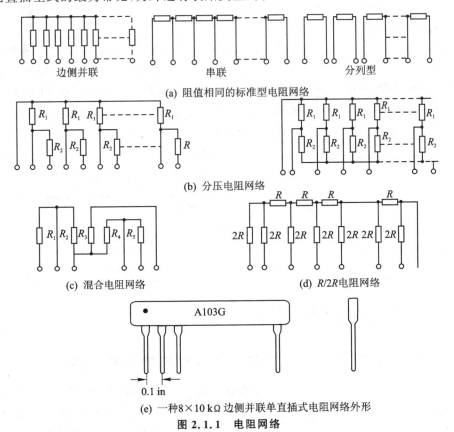

(a) 阻值相同的标准型电阻网络

(b) 分压电阻网络

(c) 混合电阻网络　　　　　　　(d) R/2R电阻网络

(e) 一种8×10 kΩ 边侧单直插式电阻网络外形

图 2.1.1　电阻网络

(3) 3296W 型玻璃釉预调电位器

图 2.1.2 为该电位器的外形图。这种电位器阻值范围为 10 Ω~1 MΩ,阻值允许误差为 ±10%,接触电阻变化为 ≤3%R 或 5 Ω,耐压 640V_{ac},极根触点电流 100 mA,额定功率为 0.5 W@70℃,温度系数为 ±2.5×10^{-4}/℃,总机械行程为 28±2 圈。其标称阻值如

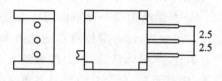

图 2.1.2 3296W 预调电位器外形

表 2.1.8 所列。由于允许使用者调节 28 圈,调整时每转动 10°,阻值仅变化总阻值的 0.09%,故广泛用于电路里需要精细调整的场合。但由于结构的限制,只能应用在频率较低的电路里。

表 2.1.8 3296W 标称阻值表

阻值/Ω	100　200　500　1 000　2 000　5 000　10 000　20 000　50 000 100 000　200 000　500 000　1 000 000
阻值代码	101　201　501　102　202　502　103　203　503　104　204　504　105

(4) 零电阻

图 2.1.3 为直插零电阻的外形,表 2.1.9 为其参数。由表 2.1.8 可知,零电阻是一种阻值很小(<20 mΩ)的电阻。在电路里常用于连接模拟地和数字地。它在 PCB 上则用以代替跳线,或者用作待定的电阻,有时用一根短而粗的导线来连接也未尝不可。也有成品表贴零电阻。

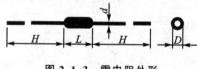

图 2.1.3 零电阻外形

表 2.1.9 零电阻参数

型　号	尺寸/mm				额定功率	电阻值	最大容许电流	额定环境温度	使用温度范围
	L	D	d	H					
Z1/6W	3.2±0.2	1.8±0.2	0.5±0.05	28±3	0.16 W	<20 MΩ	1.5 A	70 ℃	−55~155 ℃
Z1/4W	6.5±0.5	2.3±0.3	0.6±0.05	28±3	0.25 W	<20 MΩ	2.5 A		

2.1.3 电阻器的应用

1. 根据电路对电阻的要求,选取相应种类的电阻

当完成电路设计时,首先需要根据电路对电阻工作频率、功率、精度及应用要求等确定电阻的种类。例如,阻值在 $3×10^{-5}$ ~10 MΩ 之间,噪声要求较小,功率不大于 2 W,工作频率在 10 MHz 以下,应优先选用金属膜电阻;若对电性能要求一般,价

格要低,则应选碳膜电阻;若实际电功率大于 1 W,且在低频电路中使用,则可选线绕电阻;若工作频率高于 10 MHz,则建议选用小型表贴电阻(见 2.5 节)。

2. 选择系列标称值

根据误差要求,按表 2.1.2 选系列标称值。

【例 2.1.1】 LED 限流电阻的选用。

图 2.1.4 是一种利用发光二极管 LED 指示电压 V 的电路。有关 LED 的特性见 2.9.2 小节。LED 导通发光时的正向压降 $V_f = 1.2 \sim 2.5$ V,高亮 LED 正常亮度对应的电流 $I_f = 1 \sim 3$ mA,若供电电压 $V = 5$ V,取 $I_f = 2$ mA,$V_f = 1.6$ V,则相应的限流电阻为

$$R = (V - V_f)/I_f = 1.7 \text{ k}\Omega$$

显然,限流电阻 R 的取值直接影响 LED 的亮度。因 LED 仅作为电压有无的指示,故对亮度,即对 R 的误差无要求。考虑到市场最常见的是 $\pm 5\%$ 的电阻,故根据表 2.1.2 可选 1.6 kΩ 或 1.8 kΩ 的电阻均可。

【例 2.1.2】 DVM 量程扩展电路。

图 2.1.5 是一个利用电阻衰减器进行数字电压表(DVM)量程扩展的电路。设 DVM 的输入电阻 $R_i = \infty$,$R_2 = 1$ kΩ,$R_1 = 9$ kΩ,则可将 DVM 基本量程 V_x 扩展为 $V_i = 10V_x$。设 DVM 量程扩展的换档允许误差为 $\pm 1\%$,则 R_1、R_2 的允许误码差应为 $\pm 0.5\%$,即 R_1、R_2 必须选 $\pm 0.1\%$ 的精密电阻。

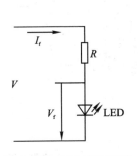

图 2.1.4 LED 限流电路

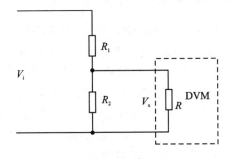

图 2.1.5 DVM 量程扩展电路

3. 减额设计

根据电子系统可靠性设计有

$$A \propto S^a$$

式中:A 为元器件失效率的加速度系数;α 为常数,通常 $\alpha = 5$,而减额因子 S 定义如下

$$S = \frac{\text{实际应力}}{\text{额定应力}}$$

式中:应力在电子系统中为一些常规物理量,例如电压、电流、功率、频率、扇出等。

(1) 功率减额设计

当应力为功率时,则有

$$S = \frac{P_{实际}}{P_{额定}} < 1$$

对于薄膜电阻而言,通常 $S \leqslant 0.5$,即 $P_{额定} \geqslant 2P_{实际}$。

对例 2.1.1 中的 R 而言,其实际消耗功率为

$$P_{实际} = I_f(V - V_f) \approx 6.8 \text{ mW}$$

故 $P_{额定} \geqslant 13.6 \text{ mW}$,根据表 2.1.3,即 $P_{额定}$ 可选为 0.05 W 或 0.125 W。显然,实际的 S 将远小于 0.5,这对系统的可靠性十分有利。

(2) 电压减额设计

当电应力指电压时,则有

$$S = \frac{V_{实际(max)}}{P_{额定最高电压}}$$

若例 2.1.2 的 V_x 为 20 V,则扩展量程后,R_1 承受的最大电压 $V_{实际(max)} = 180$ V。考虑到器件发热及温度系数的影响,最好根据表 2.1.6 选用额定功率 2 W 的金属膜电阻,电压减额因子常为 $S = 0.5$。

当电阻应用于电压超过 100 V 的电路,选用时必须考虑电压减额。

关于"减额"设计,请参阅《电子系统设计——专题篇》第 5 章。

4. 精确电阻的获得

在模拟电子电路中,许多场合都需要十分准确的电阻,如桥式传感器、有源滤波器、精密电阻衰减器、电流-电压变换器等。±1% 的精密电阻可以从市场上直接购得,要精密的电阻,如 ±0.05%,往往必须向电阻生产厂家直接订制。这种办法供货周期长,价格昂贵。

直接用一只大于所需阻值的 3 296 W 型预调电阻可替代精密电阻。如果用图 2.1.6 的办法,使 $R_1 \approx$ 0.9R,预调电阻 W $\approx 0.3R$,则可更好地取代 R,并且 W

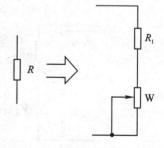

图 2.1.6　精密电阻的替代

很容易可调到 1/1 000 的精度。如,9 kΩ(±0.5%) 的电阻可用一只 8.2 kΩ(±5%) 的固定电阻和一只 2 kΩ 的 3 296 W 预调电阻代替。

5. 注意噪声和频率特性的要求

① 一般线绕电阻(无感线绕电阻除外)具有较大的分布电感,高频特性差,且在交流电通过时,周围产生交变磁场,易产生磁干扰。

② 在低噪声(如前置放大电路)和高频电路中,优先考虑选用片状表贴电阻,其次为金属膜电阻,而且功率减额应更充分一些,以降低热噪声。

③ 同类电阻器在阻值相同时,功率越大,高频特性越差;在功率相同时,阻值越小,高频性能越好。

6. 上拉电阻和下拉电阻的选用

对于 TTL 或 LSTTL 数字逻辑器件,图 2.1.7(a)中的上拉电阻应满足

$$R_{min} < \frac{V_{CC} - V_{IH}}{I_{IH}}$$

式中:$V_{IH} \approx 3.4$ V;$I_{IH} \approx 40$ μA;若 $V_{CC} = 5$ V,考虑到集成芯片参数的离散性,则 $R < 40$ kΩ,通常取 10 kΩ。

若为 HCMOS 芯片,则 R 可以大得多。图 2.1.7(b)为 8421BCD 码拨盘开关与 MCU(微控制器—单片机)的数码输入接口电路。由于目前的 MCU 均为 HCMOS 型,故由电阻网络构成的上拉电阻可以选得相当大,通常在 10~100 kΩ 之间。

图 2.1.7(c)中,TTL/LSTTL 集成电极开路门驱动同类逻辑门的上拉电阻(n 个 OC 门中仅一个导通)为

$$R_{min} > \frac{V_{CC} - V_{OL}}{I_{IM} - mI_{IL}}$$

$$R_{max} < \frac{V_{CC} - V_{OH}}{nI_{OH} - mI_{IH}}$$

式中:V_{OL}、V_{OH} 分别为门的输出低/高平;I_{IM} 为流入 OC 门的最大允许电流;m 为负载门的个数;I_{IL}、I_{IH} 分别为负载门输入低高电平的电流;n 为 OC 门数;I_{OH} 为每个 OC 门输出管截止时的漏电流。

图 2.1.7(d)若为 TTL/LSTTL 逻辑门,则为保证下拉时的低电平,R 必须小于或等于 1 kΩ。若为 CMOS/HCMOS 器件,则 R 可大到 100 kΩ。

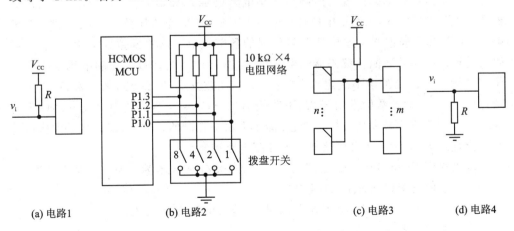

(a) 电路1　　　　(b) 电路2　　　　　　　　(c) 电路3　　　　(d) 电路4

图 2.1.7　上拉和下拉电阻的典型应用

2.1.4　数字电位器

1. 基本原理

数字电位器(DPOT)是一种可以由数字信号控制其阻值的电位器,其中一种的内部结构如图 2.1.8 所示。

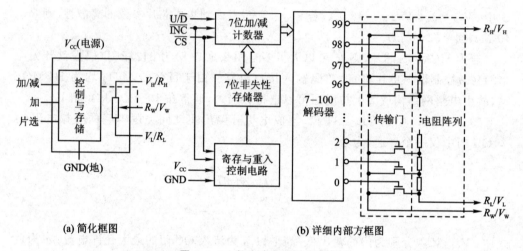

(a) 简化框图　　　　　　　　　　(b) 详细内部方框图

图 2.1.8　数字电位器内部组成

图 2.1.8(a)为简化框图。可数控的电位器有三个端点:上端(R_H/V_H)、调整端(R_w/V_w)、下端(R_L/V_L)。调整端的位置有三个控制信号:加/减 $U/\overline{D}$、触发端 $\overline{INC}$ 和片选端 $\overline{CS}$,调整端的位置由控制与存储电路决定。图 2.1.8(b)为详细的内部方框图。电位器(V_H/V_L)之间由 15/31/63/99/255/1 023 个电阻阵列串联而成。调整端 V_w 通过多个模拟开关连接到电阻阵列的各节点上。这些模拟开关由 7 - 100 解码器的输出控制其通断。解码器则由 7 位加/减计数器的计数值控制解码器唯一一位有效输出。$U/\overline{D}$ 的电平决定加/减计数器的计数方式($U/\overline{D}=1$,加计数;$U/\overline{D}=0$,减计数)。$\overline{INC}$ 为计数触发信号端,下降沿有效。$\overline{CS}=0$,芯片选中,$U/\overline{D}$、$\overline{INC}$ 方有效。内部的 7 位非易失性数据存储,存储了上次操作时的计数值,即记忆了上次调整端的位置。该 NVRAM 由存储与重入控制电路控制。

现以美国 Xicor(Intersil)公司的 X9C102/103/104/105 为例说明其基本特性。

➢ 三线串行接口($\overline{CS}$、$U/\overline{D}$ 及 $\overline{INC}$)。

➢ 99 个电阻阵列,100 个可控点,调整端接入电阻约为 40 Ω。

➢ 总电阻误差为 ±20%。

➢ 端点电压为 ±5 V。

➢ 低功耗 CMOS 器件,$V_{CC}=5$ V,工作电流小于 3 mA,待机电流小于 750 μA。

➢ 高可靠性,每位允许 100 000 次数据擦写,数据保存期 10 年。

➢ 总阻值: X9C102 = 1 kΩ, X9C103 = 10 kΩ, X9C503 = 50 kΩ, X9C104 = 100 kΩ。

➢ 封装: SOIC 和 DIP。

TPL0401 是 TI 公司的一款数字电位器。基本特性如下:

➢ 二线 I^2C(SDA、SCL)接口。

➢ 128 个抽头位置。

➢ 总电阻:10 kΩ(TPL0401A/B)、50 kΩ(TPL0401C),±20％电阻容差。

➢ 低温度系数:35 ppm/℃。

➢ 2.7～5.5 V 单电源运行。

➢ 工作温度为－40～125 ℃。

➢ 总谐波失真<0.03％。

➢ 带宽 2 862 kHz(抽头处于中点,负载电容 10 pF)。

➢ 抽头建立时间 0.152 μs。

➢ 0 刻度和满刻度误差 0.75 LSB。

➢ 积分非线性(INL)－0.5～0.5 LSB,微分非线性(DNL)－0.25～0.25 LSB。

图 2.1.9 为 TPL0401 内部结构和封装。

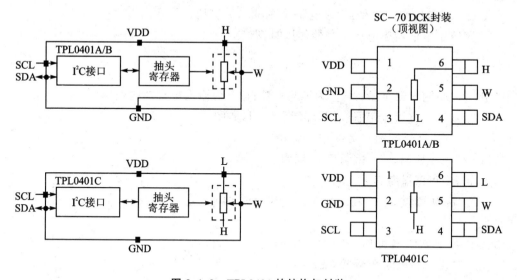

图 2.1.9　TPL0401 的结构与封装

表 2.1.10 为 TPL0401 的 I^2C 地址等信息。

图 2.1.10 是 TPL0401 为 DDR3 规范的动态随机存取内存提供基准电压的应用电路。

表 2.1.10   TPL0401 的 I^2C 地址

T_A	封　装		可订购部件号	端到端电阻	I^2C 地址	正面标记
$-40\sim125\ ℃$	SC70 - DCK	卷带封装	TPL0401A - 10DCKR	$10\ k\Omega$	0101110	7TV
			TPL0401B - 10DCKR	$10\ k\Omega$	0111110	7UV
			TPL0401C - 50DCKR	$50\ k\Omega$	0101110	待定(TBD)

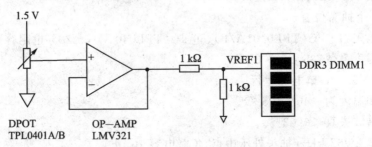

图 2.1.10   为 DDR3 提供可调基准电压的电路

2. 应用要点

① 由于调整端由模拟开关接至电阻阵列节点,故应用时 V_H、V_{HL} 必须与系统电源相关。最简单的做法是:如果电路允许,将 V_L 接地。

② 数字电位器当电压衰减器使用时,有

$$V_{WL} = \frac{N_i}{N_{max}} V_{HL}$$

式中: N_i 为输入数字量; N_{max} 为抽头点数; V_{HL} 为输入待衰减的电压。

③ 数字电位可以串联、并联和混联使用,如图 2.1.11 所示。

图 2.1.11(a)把两只数字电位器串联当可变电阻使用,V_{W_1} 粗调,V_{W_2} 细调,实际分辨率可以提高到 10 000 个点。

④ 调整端接入电阻的影响不容忽视。

⑤ 数字电位器可用程序和按钮两个控制方式。如果采用程控,希望上电后控制在某一确定点。办法是在上电初始化时,先减去其最大点数 N_{max}。这样不论上电后数字电位器由于失电记忆在哪个点,都可以回到 0 点。

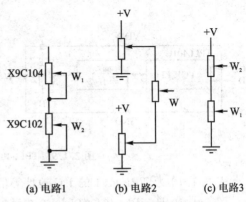

图 2.1.11   数字电位器的级联

（a）电路1　　（b）电路2　　（c）电路3

⑥ 据 Xicor 公司测定,在输入 1 kHz 信号的情况下,X9408 数字电位器噪声小于 -110 dB。当输入 200 kHz 时,变化为 ±0.5 dB。总谐波失真及噪声小于 -80 dB,即数

字电位器可以很好地工作在 200 kHz 以下的频率。图 2.1.12 为数字电位器的一些应用电路。

图 2.1.12(a)和(b)为增益可数控的同相和反相放大器。图 2.1.12(c)为参考电源缓冲电路,其中 $V_{\text{out}} = (N_{\text{i}}/N_{\text{max}})V_{\text{ref}}$。图 2.1.12(d)为数控移相器,输出信号将被相移 $\phi = 180° - 2\tan^{-1}\omega RC$。图 2.1.12(e)为数控定时电路,定时时间为

$$\Delta t = RC\ln\left(\frac{5\ \text{V}}{5\ \text{V} - V_{\text{w}}/\text{V}}\right)$$

图 2.1.12(f)为等效 L-R 电路,其入端阻抗为

$$Z_{\text{in}} = R_2 + sR_2(R_1 + R_3)C_1$$

图 2.1.12(g)为一阶 RC 数控高通滤波器,其增益 $G = 1 + R_2/R_1$, $f_{\text{c}} = 1/(2\pi RC)$。

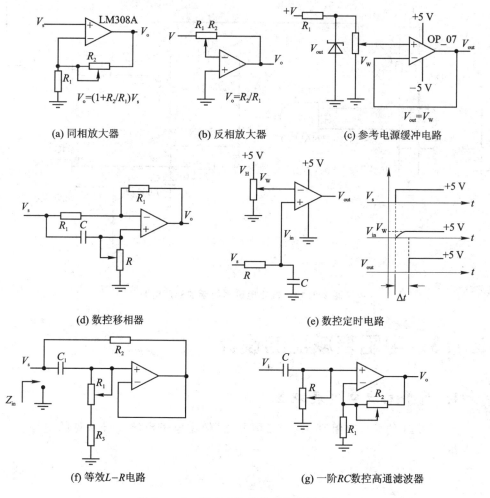

(a) 同相放大器　　　(b) 反相放大器　　　(c) 参考电源缓冲电路

(d) 数控移相器　　　　　　(e) 数控定时电路

(f) 等效 L-R 电路　　　　　　(g) 一阶 RC 数控高通滤波器

图 2.1.12　数字电位器的几种应用电路

　　图 2.1.13 为数字电位器控制的稳压电源,其工作原理请读者自行分析。

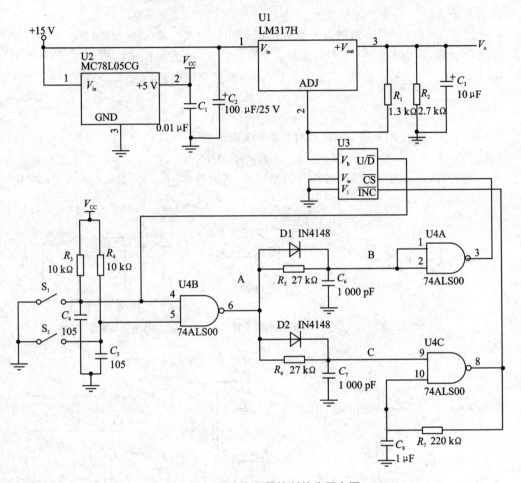

图 2.1.13　数字电位器控制的稳压电源

2.1.5　电阻衰减器的设计

1. 简单直流电阻衰减器

　　图 2.1.14 的简单电阻衰减器(又称分压器)是电子电路里最常见的电路之一。该电路

$$V_{\text{o}} = \frac{R_2}{R_1 + R_2} V_{\text{i}} = K V_{\text{i}}$$

　　其中,K 称为衰减系数或分压比,$K \leqslant 1$。R_1 和 R_2 阻值的选取必须考虑负载电阻和信号源内阻的影响。图 2.1.15 中的 R_{i} 为后接电路的输入电阻,即衰减器的负

载电阻,此时

$$K = \cfrac{\cfrac{R_2 R_i}{R_2 + R_i}}{R_1 + \cfrac{R_2 R_i}{R_2 + R_i}}$$

在考虑信号源内阻的情况下,

$$K = \cfrac{\cfrac{R_2 R_i}{R_2 + R_i}}{R_i + R_1 + \cfrac{R_2 R_i}{R_2 + R_i}}$$

为减少这种影响,通常如果设计允许,使 $R_1 \gg R_S$,$R_2 \ll R_i$。

简单电阻衰减器可以由若干个电阻串联组成电阻链。这种衰减器最常用到电压表的量程扩展上,如图 2.1.5 所示。利用可调衰减器获得 ADC 的基准电压 V_r 也是典型用法之一,如图 2.1.16 所示,当然,图中的 W 最好选用多圈预调电位器。上述这种衰减适用于直流和低频电路。

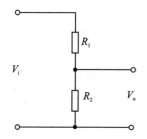

图 2.1.14　简单电阻衰减器

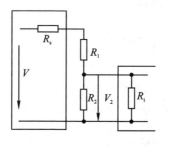

图 2.1.15　考虑了信号源内阻和负载电阻的衰减器

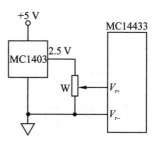

图 2.1.16　V_r 的获取

2. 交流衰减器

当衰减器负载的容抗(即负载电路的输入电容)不可忽略时,衰减的高频特性变差,如果传输的是脉冲信号,则输出信号前沿明显失真。这时就必须使用图 2.1.17 的交流衰减器。

若在输入端输入一个如图 2.1.18(a)所示的矩形脉冲,则有以下几种情况:

① $R_1 C_1 < R_2 C_2$ 时,出现如图 2.1.18(b)所示的"欠补偿"。图中 $V_O = R_2 V_i / (R_1 + R_2)$。

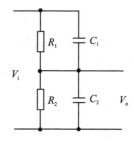

图 2.1.17　交流衰减器

② $R_1 C_1 > R_2 C_2$ 时,出现如图 2.1.18(c)所示的"过补偿"。

③ $R_1 C_1 = R_2 C_2$ 时,出现如图 2.1.18(d)所示的"最佳补偿"。

交流衰减器的一个典型应用是示波器的 10：1 探极,如图 2.1.19(a)所示。图

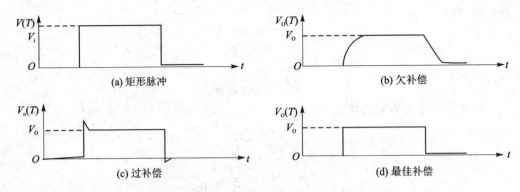

图 2.1.18　交流衰减器的脉冲响应

中探极内的 C_1 为微调电容,调整它可获最佳补偿。图 2.1.19(b)中的 T_1 集电极向 T_2 管基极传送脉冲信号,考虑到 T_2 的发射结电容,以及使 T_2 由截止能快速饱和,并且由饱和向截止态转换时,加快 I_{bS} 的减少,都必须使用 C_j。C_j 称为"加速电容",显然,它工作在过补偿状态。

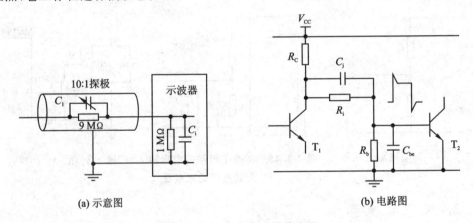

图 2.1.19　交流衰减器的应用

3. 其他电阻衰减器

电子系统中常用的还有 T 型、H 型、π 型、O 型和桥式 T、H 型等。

2.2　电容器

电容器是由介质隔开的两块金属电极构成的电子元件。它是电子系统中使用很普遍的另一类基础元件之一,广泛用作储能和信息传输。

2.2.1　主要技术参数

1. 标称电容量

标称电容量指标注于电容上的名义电容量。

电容量的单位为法(F)，例如

$$1\ \text{pF} = 10^{-3}\ \text{nF} = 10^{-6}\ \mu\text{F} = 10^{-2}\ \text{F}$$

标称电容量通常直接标注在电容上。

不同类型的电容器的标称电容量，根据允许误差的标称值系列如表 2.2.1 所列。

表 2.2.1　固定式电容器的容量标称系列值

电容器类型	允许偏差	容量范围	容量标称值
纸介、金属化纸介、低频无极性有机薄膜介质电容器	±5/%	$1 \times 10^{-4} \sim 1\ \mu\text{F}$	1.0　1.5　2.2　2.6　4.7　6.8
	±10/%　±20/%	$1 \sim 100\ \mu\text{F}$	1　2　4　6　8　10　15　20 30　60　80　100
陶瓷、云母、玻璃釉高频无极性有机薄膜介质电容器	±5%	其容量为标称值乘以 10^n（n 为整数）	1.0　1.1　1.2　1.3　1.5　1.6　1.8　2.0 2.2　2.4　2.7　3.0　3.3　3.6　3.9　4.3 4.7　5.1　5.6　6.2　6.8　7.5　8.2　9.1
	±10%		1.0　1.2　1.5　1.8　2.2　2.7　3.3 3.9　4.7　5.6　6.8　8.2
	±20%		1.0　1.5　2.2　3.3　4.7　6.8
铝、钽、铌电解电容器	±10%，±20% −20%～+50% −10%～+100%	容量单位 μF	1.0　1.5　2.2　3.3　4.7　6.8

2. 允许误差

允许误差指标称容量与实际容量相对误差的百分比。公式为

$$\text{允许误差} = \frac{C_{\text{标}} - C_{\text{实}}}{C_{\text{标}}} \times 100\%$$

由于电容器制作时精度比较难以控制，故允许误差系列值较电阻器为高，通常在 ±(5%～100%) 之间。

3. 额定工作电压

额定工作电压又称"耐压"，是指在技术条件所规定的温度下，长期工作电容器所能承受的最大直流电压。电容器的系列耐压值如表 2.2.2 所列。

4. 损 耗

实际的电容器可以等效地看作是理想电容器和介质绝缘电阻的并联,如图 2.2.1(a)所示,图 2.2.1(b)为等效电路的矢量图。其中,δ 角称为"电容器的损耗角"。电容器的损耗指的是损耗角的正切值 tan δ。一般电容器的损耗很小,只有电解电容器由于绝缘电阻较小而损耗较大。

表 2.2.2　电容耐压值规范表

电压范围	系列耐压值/V
低压	1.6　4　6.3　10　16　25　32　40　50　63
中压	100　125　160　250　300　450　500　630
高压	1 000　1 600　2 500　3 000　4 000　5 000 6 300　8 000　10 000　16 000　25 000 50 000　100 000

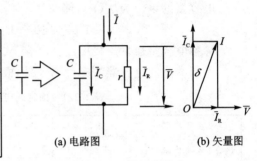

(a) 电路图　　　(b) 矢量图

图 2.2.1　电容的损耗

5. 漏电流

理想电容器的介质绝缘电阻为无穷大,漏电流为 0。一般电容器的漏电电流极小,电解电容器漏电流较大,对钽电解电容器而言,漏电流 I_0 为

$$I_0 = KCV(\mu A)$$

式中: $K=0.02$; C 为标称容量; V 为所加直流电压。漏电流和环境温度密切相关,环境温度越高,漏电流愈大。

绝缘电阻实际上是漏电电流另一种表述。一般电容的绝缘电阻可达几百兆欧以上,而电解电容,特别是大容量的铝电解电容,其漏电阻可能小至几十千欧。

2.2.2　分类与特性

表 2.2.3 表示了几种常用电容器的特点及应用场合。

表 2.2.3　几种常用固定电容器的特点

种　类	特　点
纸介电容器	用两片金属箔作电极,用纸作介质制成。其体积较小,容量大;温度系数大,稳定性差,损耗大,且有较大固定电感,适用于要求不高的低频电路,现已很少使用
油浸纸介电容器	将纸介电容浸在特别处理的油中,可使其耐压增高。这种电容器容量大,但体积也较大
金属化纸介电容器	在电容纸上覆上一层金属膜代替金属箔,其结构和性能类同纸介电容器,但体积和损耗较纸介电容器小,内部纸介质击穿后有自愈作用

种　类	特　点
有机薄膜介质电容器	涤纶(极性介质)电容器介质常数较高,体积小,容量大,稳定性好,适宜作旁路电容。聚苯乙烯(非极性介质)电容介质损耗小,绝电阻高,稳定性好,温度性能较差,可用作高频电路和定时电路中 RC 时间常数电路。聚四氟乙稀(非极性介质)电容器耐高温(达 250 ℃)和耐化学腐蚀,电参数和温度、频率特性好,但成本较高,常用于特殊要求的场合,如双积分电路的积分电容
云母电容器	用云母作介质,其介质损耗小,绝缘电阻大,精度高,稳定性好,适用于高频电路
陶瓷电容器	用无线电陶瓷作介质,其损耗小,绝缘电阻大,稳定性、耐热性能好,适用于高频电路。铁电陶瓷电容器的铁电陶瓷介电常数特别高,故耐压高,损耗和温度系数较大,稳定性差,适用于低频电路和高压电路
独石瓷介电容器(CT4/CC4)	由多层陶瓷介质构成,电容值范围宽:$1 \times 10^{-6} \sim 10 \ \mu F$,电性能良好,体积小,价格较低,但温度系数较大,是目前市场上最常见的电容器。CT4 为低频独石,CC4 为高频独石
铝电解电容器	容量大,可达几法。成本较低,价格便宜,但漏电大,寿命短(存储寿命小于 5 年),适用于电源滤波或低频电路
钽、铌电解电容器	体积小,容量大,性能稳定,寿命长,绝缘电阻大,温度特性好,但价格较贵,适用于要求较高的设备中,表贴大容量电容多为钽电容

2.2.3　电容器的应用

1. 根据电路特性的要求选用相应种类的电容器

根据电容器在电路中的作用(如滤波、去耦、耦合、振荡、定时、储能等)、容量、工作频率、准确度、承受的电压等,选择能满足各项要求的电容器。

2. 选择标称容量值

根据电路对电容器误差的要求,按表 2.2.1 选择相应系列的标称容量值。

3. 电压减额设计

电容器推荐的电压减额因子 $S = 0.5$,即电容器的额定工作电压必须比实际工作电压大一倍以上。

此外,由于电容器在交流电压作用下介质损耗增加,发热量增加。因此安全交流工作电压总小于安全直流工作电压,并且频率越高,波形尖峰越大,安全交流工作电压就越低。对于使用在频率高于几兆赫或几十兆赫的电容元件,工作过程中其发热量更是大为增加,此时的直流安全工作电压值主要取决于无功功率 Q,它可以由下式计算:

$$V \leqslant \sqrt{Q/2\pi fC}\,(\text{V})$$

式中,f 为工作频率;C 为标称容量。

即电容器在交流电压下工作时,其电压减额因子 $S < 0.5$(此时 $S = V_{\text{实际电流电压}}/V_{\text{额定电压}}$)。

4. 去耦电容的选用

可以用图 2.2.2 来说明去耦电容的作用。图 2.2.2(a)为二级共射极放大电路,它们由内阻为 r 的公共电源 E 供电。由于 $v = E - I_c r$,即在电源两端由于存在内阻 r 而引起的交流电压 v 和输入信号 v_i 同相。v 可通过 R_b 反馈回输入端。根据巴克豪森标准,只需环路增益满足 $A\beta = 1$(A 为增益,β 为反馈系数),即使由于噪声的存在,电路都可能产生自激振荡。这种情况在多级放大电路或电路增益很高的场合更为突出。虽然从源头上讲,采用分布电源和内阻很小的电源是解决这一问题的好办法,但是大多数电子系统仍然是共用电源供电。

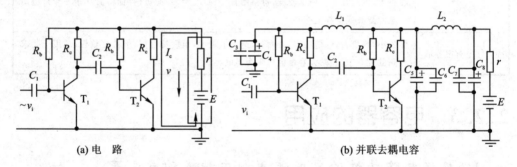

(a) 电　路　　　　　　　　　　(b) 并联去耦电容

图 2.2.2　去耦电容的作用

图 2.2.2(b)在电源两端并联去耦电容 C_8,只要 $1/2\pi fC_8 \ll r$,就可以有效地降低交流电压 v。这种去耦电容容量选择的经验公式为

$$C \gg \frac{1}{f_{\min}(\text{MHz})}\,(\mu\text{F})$$

式中,$f_{\min}$ 为电路的最低工作频率。在低频电路中该电容容量常在 $10\ \mu\text{F}$ 以上。为进一步降低 v 对前级的影响,可以如图 2.2.2 所示逐级加入 LC 去耦电路。L 的电感量视电路工作频率而定,从几微亨～几毫亨。有时也用电阻取代电感 L 而组成 RC 去耦电路。R 的选择要兼顾去耦效果与减少直流压降两个方面,通常 $R = 10\sim100\ \Omega$。如果为双极性电源供电,则必须正、负电源都加去耦电路。数字电路中典型的去耦电容为 $0.1\ \mu\text{F}$,它有 $50\ \text{nH}$ 的分布电感,其并行共振频率大约在 $7\ \text{MHz}$ 左右,对 10 MHz 以下的噪声有较好的去耦作用。

5. 耦合电容

图 2.2.3 的 RC 耦合电路应用十分广泛,耦合电容的容量为

$$C \gg \frac{r_i + R}{2\pi f_{min} r_i R}$$

式中，f_{min} 为被传输信号的最低频率；R 为耦合电阻；r_i 为后级电路的输入电阻。在音频电路里，C 通常在 10 μF 以上。RC 耦合电路可以看成是一个高通滤波器，故截止频率即为信号的最低频率，若 $r_i = \infty$，则

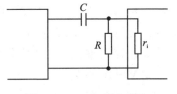

图 2.2.3　RC 耦合电路

$$f_{min} = \frac{1}{2\pi RC} \text{ 或 } C = \frac{1}{2\pi f_{min} R}$$

6. 定时电容

图 2.2.4 是电容作为定时元件的两个典型应用。其中，图(a)为可重复触发的集成单稳态电路，输出脉冲的宽度 $t_w \approx RC$。对于 LS123，$t_w = 45$ ns～∞；对于 HC123，$t_w = 400$ ns～∞。图(b)为一种广泛应用的 CMOS 反相器构成的不对称多谐振荡器，其振荡频率为 $f \approx 1/2.2RC$。定时电容在各种 RC 和 LC 振荡电路和 RC 滤波器里起到了关键的作用。

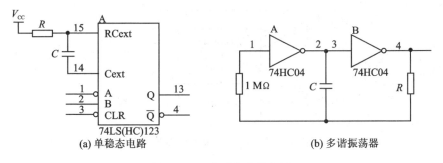

(a) 单稳态电路　　　　　　　　　　(b) 多谐振荡器

图 2.2.4　定时电容的应用

7. 注意对电容的特殊要求

在精密线性积分电路如双积分 ADC 中，积分电容的电粘滞会导致积分在最高点时，线性变差。故此地的积分电容必须采用粘滞效应很小、稳定性好和损耗低的聚苯乙烯或聚碳酸脂电容。

8. 数控电容器

X90100 是一款可数控的电容器，其内部结构如图 2.2.5 所示。它由上电复位电路、控制和非易失性 NVRAM、$1C_u \sim 16C_u$ 共 5 个阵列电容、5 只模拟开关组成。其特性如下：

➢ 与数控电位器相同的 SPI($\overline{CS}$、U/$\overline{D}$、$\overline{INC}$)接口；

> ➢ NVRAM1 使上电时可调用上次电容的设定值。
> ➢ 容量调整范围:7.5～14.5 pF(每步 0.23 pF),共 32 级(单端方式)。
> ➢ 电容绝缘体高度稳定,具有非常低的电压系数。
> ➢ 良好的线性;误差小于 0.5LSB。
> ➢ 快速调整:最大递增量仅需 5 μs。
> ➢ MSOP 封装。

这种电容器可用在低成本再生接收器的调整、可调射频站、低漂移振荡器、电容传感器调整以及工业无线控制等方面。

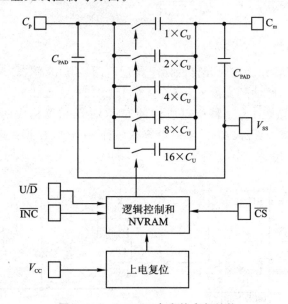

图 2.2.5　X90100 电容的内部结构

2.2.4　电解电容器的特性与应用

在电子系统的各种电容器中,电解电容使用最多。铝电解电容器有两个铝箔电极,电极间为含有电解液的多孔状材料。为增大电容量,两个电极采用卷绕形式。制好的电解电容在规定的正负极间加上赋能直流电压,电极间的电解液产生电解作用,在铝箔上形成一层很薄的 Al_2O_3 介质,这才是电解电容器的绝缘介质。这种介质绝缘性能较差,故电解电容器的绝缘电阻有时低达几十千欧,而允许漏电流为 0.2～1.4 μA,其损耗也是电容器中最大的。它具有以下特点。

① 一般的电解电容均为有极性电容,只能使用在直流电路或虽有交流成分通过,但电容器两端的电压始终能保证其极性要求的电路里。如图 2.2.2 中的 C_4、C_6、C_8,直流电源保证了上端为高电位,下端为低电位。在整流器的电容滤波电路里,电容始终承受的是单方向电压。在图 2.2.3 的 RC 耦合路里,耦合电容 C 两端的电压

方向也是固定的。

如果不慎将电解电容的极性接反,则通电后,电容器内部电解作用反向进行,正常介质逐渐消失,漏电流迅速加大,电容器将发热,最终导致爆裂。

② 在需要电容量大的交流中功率设备中,如 UPS 不间断电源、中频电源设备、洗衣机等必须选用无极性油浸低介电容器或聚苯乙烯电容器。在小功率场合,则可选用无极性电解电容。

③ 在某些应用场合,必须充分考虑电解电容器漏电的影响。

【例 2.2.1】　图 2.2.6(a)为一种由 RC 和 CMOS 反相器构成的延时电路。图 2.2.6(b)中的反相器转移电平 $V_{th} \approx 0.5V_{DD}$。输出负矩形脉冲较输入信号延了 $\Delta t \approx 0.69RC$。但是当 R 和电解电容器 C 的绝缘电阻可以比拟时,电路输入端的等效电路如图 2.2.6(c)所示。其中 r 为电容器的绝缘电阻。根据戴维南定理,图 2.2.6(c)可等效为图 2.2.6(d)。其中等效电动势 $v'_1 = v_1 r/(R+r)$,等效内阻为 $rR/(r+R)$。v'_1 就是这种情况下 C 充电结束时的最大电压。倘若 r 较小,就可能出现 $v'_1 < V_{th}$ 的可能,以致反相器无法翻转,电路无法正常工作的情况。

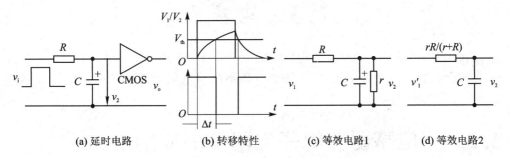

图 2.2.6　电解电容器漏电流对延时作用的影响

(a) 延时电路　(b) 转移特性　(c) 等效电路1　(d) 等效电路2

选用漏电流小的钽、铌电解电容是解决上述问题的办法之一。

【例 2.2.2】　在电力电子技术中,常常使用两个同额定工作电压、同容量的铝电解电容器串联使用以提高耐压。但由于电容器的绝缘电阻难以保证相同,两只电容按绝缘电阻分压后,所承受的实际电压不同,可能导致两只电容器先后击穿。为保证均匀分压,可用两只同阻值的电阻器分别和电容并联,当然要求这种"均压"电阻器的阻值应小于电容器的绝缘电阻。

④ 电解电容器的卷绕式结构,使其高频特性差,故做去耦等应用时,一般均并联一只小容量的高频特性好的瓷介电容,容量为 $0.01 \sim 0.1~\mu F$,如图 2.2.2 所示。

⑤ 钽电解电容器分为固体和液体两种。固体钽电解电容器其结构是将金属钽的氧化物经模压工艺加工成形后,再用化学方法氧化处理,得到极薄的、表面粗糙的氧化钽层,作为绝缘介质。然后在其上涂覆一层氧化锰固体电解质,再喷涂一层导电金属箔焊接引线封装而成。液体钽电解电容器是将液体电解液做负极。

由于氧化钽的介电常数很高,故容量/体积比大、具有性能稳定,漏电流小,绝缘强度高,使用寿命长等优点,缺点是容量不能做得太大(<470 μF),价格较贵。在表贴电容中应用较多。

钽电解电容常用于电压基准、时间基准、测量放大器等对电容器性能要求较高的地方。

⑥ 铌电解电容器以稀有金属铌为原材料,其加工过程和特性与钽电解电容器类似。

⑦ 普通铝电解电容器的寿命通常为 2 000 h。在需要长寿命的军工产品中只能选用军品,寿命可达 5 000 h。产品的寿命是在规定温度下的保证值。有的电容寿命规定温度是 85 ℃,有的是 105 ℃。例如,CD289C 型电解电容在 105 ℃下的寿命为 5 000 h。注意:使用温度每减低或增加 10 ℃,寿命增加或降低 1 倍。在年平均室温 25 ℃的环境下,每天收看 5 小时,即使使用的是 85 ℃ 2 000 h 的普通电解电容,一台彩电也可以工作几十年。但在要求特别高的军品或家用三表等民用产品中,则可以采用几只电容器并联的硬件"冗余备份"办法来解决。

2.3　电感器

用绝缘导线绕制一匝或多匝而构成的电子元件称为电感器。电感器也是一种常用的电子元件,它的所有应用都是基于电感器能将电能转换为磁能并加以存储的性能。

2.3.1　电感器在电子电路中的应用

1. 电源滤波

电感器单独或与电容器配合经常用作电源的平滑滤波器。图 2.3.1(a)和(b)分别为 L 型和 π 型电路。对于全波整流 100 Hz 脉冲电流的滤波而言,为取得好的滤波效果,电感器 L 的电感量往往要在亨(H)级,于是电感器必须有铁芯,这就使电感器体积变大,而价格也高,因此在小功率电源中难以应用,但是在大功率的电力设备中却可以大展宏图。在芯片或单元电路的供电回路里,使用 mH 甚至 μH 级的电感器配上电容器,以消除高频干扰和加强电源去耦,效果明显。

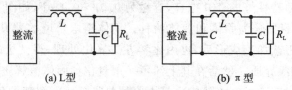

(a) L型　　　　　　　　　　(b) π 型

图 2.3.1　电源滤波

2. 高频滤波

图 2.3.2(a)和(b)分别是无源 LC 的 T 型和 π 型高通滤波器。

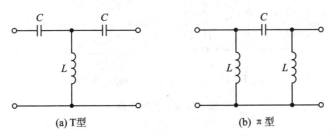

(a) T型　　　　　　　　(b) π 型

图 2.3.2　高频滤波

3. 谐振电路

LC 谐振电路是电感器最重要的应用。图 2.3.3(a)为串联 LC 谐振电路,电路中 r 为电感器的损耗电阻,R_L 为负载电阻,Z 为从输入端看进去电路的阻抗。

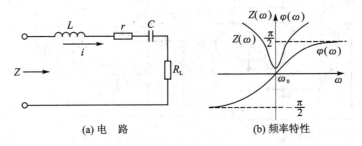

(a) 电　路　　　　　　　　(b) 频率特性

图 2.3.3　串联谐振

其谐振频率为

$$f_0 = 1/2\pi\sqrt{LC}, \omega_0 = 1/\sqrt{LC}$$

图 2.3.3(b)为其频率特性。谐振时,串联 LC 谐振电路的阻抗最小 $Z = r + R_L$,此时电路的电流最大,故又称"电流谐振",显然此时负载获得了最大的电流和功率。$\varphi(\omega)$ 为相位–频率特性。

串联回路的品质因数 $Q = \omega_0 L / r = 1 / \omega_0 Cr$,回路的通频带 $B = f_0 / Q$。

图 2.3.4 中(a)为并联 LC 谐振电路,图(b)为其频率特性。

其谐振频率 $f_0 = 1/2\pi\sqrt{LC}$。

谐振时,串联 LC 谐振电路的阻抗最大,$Z_0 = (2\pi f_0 L)2/r$。

也就是说,此时 LC 并联电路两端能获得最高的谐振电压,即"电压谐振"。这一特性被用于收音机里来选择电台,也广泛应用到电视机等高频电路里。

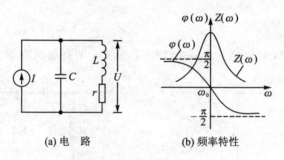

(a) 电 路　　　　(b) 频率特性

图 2.3.4　并联谐振

4. 振荡器

高频电路里普遍应用 LC 谐振电路来构成振荡器,图 2.3.5(a)和(b)分别为电容三点式(Copitts -科尔皮兹)和电感三点式(Hartley -哈特莱)振荡电路。

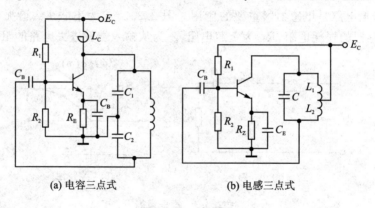

(a) 电容三点式　　　　(b) 电感三点式

图 2.3.5　振荡器

5. 陷波器

图 2.3.6 是一种 LC 陷波电路。并联 LC 和串联 LC 电路的谐振频率就是该电路的陷波点。此时并联 LC 的谐振阻抗最大,而串联 LC 的谐振阻抗最小,使得电路输出信号最弱。

6. 高频补偿

利用电感器的感抗正比于频率的特性,将其串接于共射极放大器晶体管的集电极,如图 2.3.7 所示,这将使集电极等效阻抗随频率而上升,达到高频补偿的目的。

7. 阻抗匹配

图 2.3.8 为电子示波器探极高频电缆的 RLC 阻抗匹配网络,通过匹配可以使探

极的最高工作频率由 50 MHz 提高到 330 MHz。

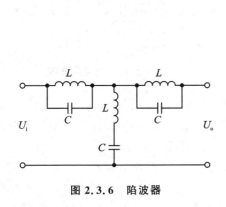

图 2.3.6　陷波器

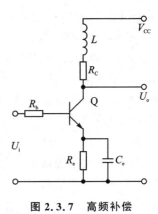

图 2.3.7　高频补偿

8. 延时线

图 2.3.9 为多节 LC 延时线的电路。其特性阻抗 $\rho=\sqrt{L/C}$（Ω），总延时时间为 $t_d=n\sqrt{LC}$（s）。n 为 LC 的节数。

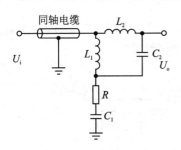

图 2.3.8　阻抗匹配

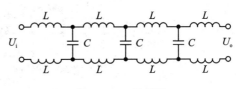

图 2.3.9　延时线

9. 耦合与隔直

利用两个互感线圈或低频变压器传递两个电路之间的交流信号,同时又隔离了相互间的直流成分,这种用法在高频和低频电路里很普遍。

10. 形成磁场

电视机显像管光点的扫描成像,靠的是行、场偏转线圈形成的水平与垂直磁场来实现的。

11. 电源滤波器

图 2.3.10 中 C_1、L_1、L_2、C_2、C_3 组成电源滤波器。其中 L_1、L_2、C_1 用于抑制串联干扰,C_2、C_3 用于抑制共模干扰,称为共模扼流圈,一般用于抑制共模干扰。它由

双线并绕在锰锌铁氧体磁环上组成,因
此 L 两个绕组的同名端均在图中左端,
这样往返的输入电流在两绕组产生的内
磁通相互抵消,磁芯不易产生磁饱和,从
而允许采用高相对导磁率 μ_r 的磁芯来
取得大的电感量,改善滤波效果。常见

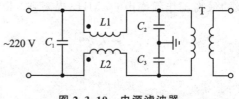

图 2.3.10　电源滤波器

的 L 可采用 MXO $-2000\phi18\times8\times5$ 的磁环,由 $\phi0.6\mathrm{mm}$ 直径的漆包线双线并绕 70
匝制成,电感量约 $6.6\ \mathrm{mH}$。$C_1=0.047\sim0.33\ \mu\mathrm{F}$,$C_2$、$C_3$ 一般为几千 pF,最好采用
高频性能好的多层陶瓷或聚脂电容器,并应电压减额。

电源滤波有多种成品,分为低频和高频滤波器,它们对电源具有良好的抑制串模
和共模干扰的作用。

将电源线在磁环上绕几圈或者直接穿过磁环(磁珠),既可以抑制电源窜入高频
干扰,也可以抑制电路窜入电力线的高频噪声,起到提高电磁兼容(EMC、EMI)性能
的作用。

12. 电源降压

图 2.3.11 为某小家电的电源电路。为降低成本,未使用电源变压器,利用电阻
电容将 $\sim$220 V 降压。这种办法最大的问题是机内地可能带电。

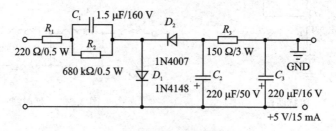

图 2.3.11　阻容减压电路

2.3.2　电感器的主要技术参数

(1) 标称电感量

标注于电感器上的名义电感量,其单位为微亨(μH)、毫亨(mH)、亨(H)。$1\ \mathrm{H}=10^3\ \mathrm{mH}=10^6\ \mu\mathrm{H}$。

(2) 允许误差

标称电感量与实际电感量之差的相对百分比。表贴等小型电感器的标称电感
量、允许误差用色环或色点标注,不同色环或色点所代表的数值与电阻器相同,单位
为 μH;其他电感器则将直接标注于电感体上。

（3）额定工作电流

电感器长期稳定工作所能承受的最大电流，小型成品电感器的额定工作电流在几百毫安以下。

（4）品质因数 Q

品质因数是标志电感器能量损耗的重要参数，它直接影响含有电感器的电路性

能。图 2.3.12 是实际电感器的等效电路。其中 r 为电感器的损耗电阻，它与线圈导线的直流电阻、骨架的介质损耗、屏蔽罩或铁芯引起的损耗、高频趋肤效应的影响等因素有关。

实际电感L　　理想电感L

图 2.3.12　电感器的等效电路

品质因数 $Q = 2\pi f L / r$，f 为工作频率。Q 值常在几到几百之间。

（5）分布电容

电感器的分布电容与结构（间绕、密绕、蜂房绕法）、匝数、屏蔽等因素有关。为减少分布电容而采用间绕或蜂房绕法是减小分布电容的常用办法。

2.3.3　电感器的种类

图 2.3.13 为各种电感器的外形图。

图 2.3.13　各种电感器的外形图

按电感器的芯子，可分为空心和实心两大类。空心电感多用于电感量小、损耗电阻和分布电容小、Q 值又较高的高频电路。为达到上述要求常采用间绕，同时工作频率越高，电流的趋肤效应越明显，所以有时用空心铜管或表面镀银的铜线绕制。电感器磁芯分锰锌铁氧体（MX）和镍锌铁氧体（NX）两类。它们分别由高导磁率的金属氧化物细粉，混合一定的非导电绝缘材料细粉，加入粘结剂压制而成，所以这类磁

芯既有高的导磁率而又电气绝缘,涡流损失小,电阻率高达 $10^4 \sim 10^7$ Ω·m。磁芯有
"工"字形、柱形、帽形、"E"形、罐形等多种形状。铁芯电感器多用硅钢片或坡莫合金
等,其外形多为"E"形。

　　小型固定电感器通常是用漆包线在磁芯上直接绕制而成,它有密封式和非密封
式两种封装形式,两种形式又都有立式和卧式两种外形结构。

(1) 立式密封固定电感器

　　立式密封固定电感器采用同向型引脚,国产有 LG 和 LG2 等系列电感器,其电
感量范围为 $0.1 \sim 2\,200\ \mu H$(直标在外壳上),额定工作电流为 $0.05 \sim 1.6\ A$,误差范
围为 $\pm 5\% \sim \pm 10\%$。进口有 TDK 系列色码电感器,其电感量用色点标在电感器
表面。

(2) 卧式密封固定电感器

　　卧式密封固定电感器采用轴向型引脚,国产有 LG1、LGA、LGX 等系列。LG1 系列
电感器的电感量为 $0.1 \sim 22\,000\ \mu H$(直标在外壳上),额定工作电流为 $0.05 \sim 1.6\ A$,误
差范围为 $\pm (5\% \sim 10\%)$。LGA 系列电感器采用超小型结构,外形与 1/2 W 色环电
阻器相似,其电感量范围为 $0.22 \sim 100\ \mu H$(用色环标在外壳上),额定电流为 $0.09 \sim$
$0.4\ A$。LGX 系列色码电感器也为小型封装结构,其电感量范围为 $0.1 \sim 10\,000\ \mu H$,额
定电流分为 50 mA、150 mA、300 mA 和 1.6 A 这 4 种规格。

　　图 2.3.14 为 LG1 卧式和 LG2 立式固定电感器的外形,表 2.3.1 和表 2.3.2 为
电感器特性参数表。

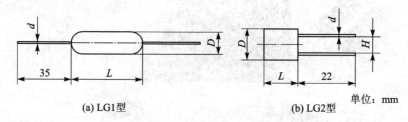

(a) LG1型　　　　　　　　　　　　　　(b) LG2型

图 2.3.14　卧式电感器外形图

(3) 可调电感器

　　常用的可调电感器有半导体收音机用振荡线圈、电视机用行振荡线圈、行线性线
圈、中频陷波线圈、音响用频率补偿线圈、阻波线圈等。

(4) 磁　珠

　　导线直接穿过磁环的线圈习惯称为磁珠,成品磁珠外形很像老式的实心电阻器。
磁珠能把高频交流信号转化为热能而耗散掉,它专用于抑制信号线、电源线上的高频
噪声和尖峰干扰,还具有吸收静电脉冲的能力。

　　磁珠的参数有 3 个:工作频率、交流阻抗和额定工作电流。阻抗的单位也是欧
姆,一般以 100 MHz 为标准,比如 2012B601 型磁珠,就是指在 100 MHz 的时候磁珠
的阻抗为 600 Ω。

表 2.3.1　电感器特性参数 1

标称电感/μH	允许偏差	测试频率	Q 值(min)					直流电阻值/Ω					温度系数 (×10⁻⁶/℃)
			直流工作电流/mA					直流工作电流/mA					
			50	120	300	700	1 600	50	150	300	700	1 600	
0.1													
0.12		40 MHz											
0.15												0.03	
0.18													
0.22													
0.27	±10%		80	80		80	80						
0.33	±20%												
0.39		24 MHz										0.05	
0.47													
0.56													
0.68					80			1	1	1	1	0.06	
0.82													
1.0												0.07	
1.2	±10%	7.6 MHz											
1.5												0.08	
1.8						50	50					0.1	800
2.2				50								0.1	
2.7												0.15	
3.3		7.6 MHz										0.15	
3.9												0.15	
4.7												0.15	
5.6			60						0.9	0.9	0.9	0.15	
6.8		5 MHz							1.0	1.0	1.0	0.15	
8.2	±10%							−2	1.2	1.2	1.2	0.18	
10				55			30		1.2	1.2	1.2	0.18	
12					50	40			1.3	1.3	1.3	0.18	
15									1.5	1.5	1.5	0.18	
18		2.4 MHz						2.5	2.0	2.0	2.0	0.20	
22									2.0	2.0	2.0	0.20	
27								3.5	2.2	2.2	2.2	0.20	
33							40	3.7	2.5	2.5	2.5	0.20	
39								4.0	2.8	2.8	2.8	0.23	

表 2.3.2　电感器特性参数 2

标称电感量范围/μH	最大工作电流/mA	外形尺寸/mm			
		D(max)	L(max)	d	H
1～5 600	50				
1～560	150				
1～82	300	6.5	10	0.6	3
1～8.2	700				
1～8.2	1 600				
6 800～22 000	50				
680～5 600	150				
100～1 000	300	8	12	0.7	4
10～82	700				
10～27	1 600				
6 800～10 000	150				
100～560	700				
33～82	1 600	12	18	1.0	6
100～560	1 600				

　　电感是储能元件,而磁珠是能量转换(消耗)器件,磁珠主要用于抑制电磁辐射干扰,用于处理 EMC、EMI 问题。

　　以常用于电源滤波的 HH‑1H3216‑500 为例,其型号各字段含义依次为:HH 是其一个系列,主要用于电源滤波,用于信号线是 HB 系列;1 表示一个组件封装了一个磁珠,若为 4 则是并排封装 4 个;H 表示组成物质,H、C、M 为中频应用(50～200 MHz),T 为低频应用(50 MHz),S 为高频应用(200 MHz);3216 封装尺寸,长 3.2 mm,宽 1.6 mm,即 1206 封装;500 代表阻抗为 50 Ω(一般为 100 MHz)。其产品参数:阻抗@100MHz (@为测试条件)下 Typical(典型值)为 50 Ω,Minimum(最小值)为 37Ω;DC Resistance (直流电阻) Maximum(最大值)为 20 Ω,额定电流 Rated Current (额定电流)为 2 500 mA。

2.3.4　电感器的应用

　　① 根据电路的要求选用相应种类及相应参数的电感器。

　　根据电感器电路中的作用、所需电感量、工作电流、准确度要求等情况,选择能满足各项要求的电感器。

　　② 根据误差要求,按电感器的标称系列值选用相应的电感器。

③ 电感器电流值的选取必须充分考虑电流减额,即 $I_{额定} \geqslant I_{工作}$。

④ 注意电感器品质因数 Q 对使用电感器的电路性能的影响,例如电感器的 Q 直接影响到并联谐振电路通频带的宽度。

⑤ 在做 LC 电源去耦或滤波时,必须考虑到电感器直流电阻对电源电压的压降。

⑥ 电感器的感抗为:$X_L = 2\pi fL$。

⑦ 感性负载的驱动。

电子电路中当需要驱动感性负载时,如用双极性晶体管驱动一只 5 V JQX - 14F 型继电器,可以采用图 2.3.15 的电路,其中 J 为继电器的绕组。二极管 D 是不可少的,在晶体管 Q 由通到断瞬间,电感性的 J 将产生很高的反向电动势,此电动势与电源电压的叠加值使晶体管 Q 可能被击穿。二极管 D 将反向电动势限制在 0.7 V 左右,有效的保护了晶体管 Q。建议尽量使用图 2.3.15(b)PNP 管电路,原因有二:一是前级芯片的 I_{OL} 远较 I_{OH} 高,不必像图(a)加上拉电阻;二是前级若为 MCU,MCU 上电复位时多为高电平,易使图(a)电路的继电器产生误动作。

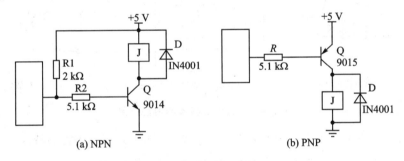

图 2.3.15　感性负载的驱动

2.4　晶体管

本节将对几种常用晶体管的应用与特性做简要介绍。

2.4.1　硅二级管和硅整流桥

1. 硅整流二极管

硅整流二极管除主要用于电源电路作整流元件外,还可以作限幅、钳位、保护、隔离等多种灵活应用,如图 2.4.1 所示。图 2.4.1 中(a)为典型的全桥整流;(b)为运算放大器入端限幅,若为普通二级管(如 1N4148),限幅值约为 $\pm 0.7V_b$;(c)中 J 为电磁继电器线圈,二级管将抑制此感性负载在晶体管 T 由饱和跳变到截止时所产生的大

幅度的反向电动势,从而保护 T;(d)为脉冲微分限幅电路,将在输出削去负尖脉冲;
(e)为 RAM 数据保持电路,后备银锌电池 $E=3.6\,\mathrm{V}$,在 RAM 正常工作时,RAM 由
$+5\,\mathrm{V}$ 电源供电,且可通过 D 对 E 充电,断电时,RAM 由 E 供电,D 将 E 和电路
$+5\,\mathrm{V}$ 端隔离;(f)为 RC 充放电电路。充电通过 D_1、R_1 进行,而放电则通过 D_2、R_2
进行。

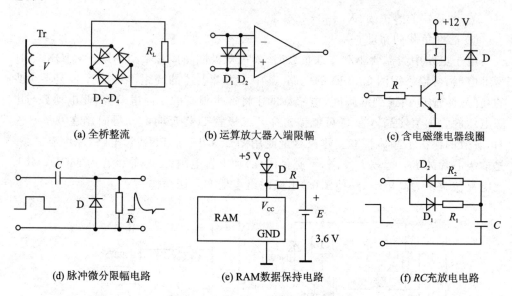

   (a) 全桥整流　　　　　　(b) 运算放大器入端限幅　　　　(c) 含电磁继电器线圈

(d) 脉冲微分限幅电路　　　(e) RAM数据保持电路　　　(f) RC充放电电路

图 2.4.1　整流二极管的典型应用

表 2.4.1 和表 2.4.2 是常见的 1N4000 和 1N5400 系列晶体管的特性。

表 2.4.1　1N4001~1N4007 的主要电特性

参　数	符　号	1N4001	1N4002	1N4003	1N4004	1N4005	1N4006	1N4007	单位
反向峰值电压	V_R	50	100	200	400	600	800	1000	V
不重复反向峰值电压 (单相、半波、50 Hz)	V_{RSM}	60	120	240	480	720	1000	1200	V
反向电压有效值	$V_{R(RMS)}$	35	70	140	280	420	560	700	V
平均整流电流 (单相、纯阻负载、 60 Hz,$T_A=75\ ℃$)	I_O	1.0							A
不重复浪涌电流峰 值(额定负载条件)	I_{PSM}	30.0(1 个周期)							A
工作和储存 结温范围	T_J、T_{stg}	$-65\sim+175$							℃

参　　数	符　　号	1N4001	1N4002	1N4003	1N4004	1N4005	1N4006	1N4007	单位
瞬时最大正向压降 ($I_F=1.0\ A$， $T_J=25\ ℃$)	V_F			典型值：0.93　　最大值：1.1					V
全周期正向压降 最大平均值 ($I_0=1.0\ A$， $T_L=75\ ℃$)	$V_{F(AV)}$			最大值：0.8					V
最大反向电流 　$T_J=25\ ℃$ 　$T_J=100\ ℃$	I_R			典型值：$\dfrac{0.05}{1.0}$　　最大值：$\dfrac{10}{50}$					μA
全周期最大平均 反向电流	$I_{R(AV)}$			最大值：30					μA

表 2.4.2　1N5400～1N5406 的主要电特性

参　　数	符　　号	1N5400	1N5401	1N5402	1N5404	1N5406	单　位
反向峰值电压	V_R	50	100	200	400	600	V
不重复反向峰值电压	V_{RSM}	100	200	300	525	800	V
平均整流电流（单相、纯阻 负载，$T_L=105\ ℃$)	I_0			3.0			A
不重复浪涌电流峰值 （额定负载条件）	I_{FSM}			200（1 个周期）			A
工作储存结温范围	T_J、T_{stg}			$-65～+175$			℃
结对环境的热阻（印刷板 装配、1/2 英寸引线）	$R_{θJA}$			典型值：53			℃/W
瞬时正向电压($I_F=9.4\ A$)				最大值：1.2			V
平均反向电流 直流反向电流 （定额电压，$T_L=150\ ℃$)	$I_{R(AV)}$ I_R			最大值：$\dfrac{500}{500}$			μA

2. 高速开关管

　　1N4148/1N4448 是常用的高速开关二极管，在电路中常用做检波和高速开关，其基本特性如表 2.4.3 所列。

　　作为高速应用时，最重要的参数是反向恢复时间，它越小，开关速度越快。另外，早期国产的 2AP30 锗二极管工作频率可达 300 MHz，在高频电路里也应用得比较多。

表 2.4.3　1N4148/1N4448 特性参数　　　　　　$T_j = 25\ ℃$

参　　数	测试条件	型　号	符　号	Min	典型值	Max	单　位
正向电压	$I_F = 5\ \text{mA}$	1N4448	V_F	0.62		0.72	V
	$I_F = 10\ \text{mA}$	1N4148	V_F			1	V
	$I_F = 100\ \text{mA}$	1N4448	V_F			1	V
反向电压	$V_R = 20\ \text{V}$		I_R			25	nA
	$V_R = 20\ \text{V}, T_i = 150\ ℃$		I_R			50	μA
	$V_R = 75\ \text{V}$		I_R			5	μA
击穿电压	$I_R = 100\ \mu\text{A}, t_p/T = 0.01,$ $t_p = 0.3\ \text{ms}$		$V_{(BR)}$	100			V
极间电容	$V_R = 0, f = 1\ \text{MHz},$ $V_{HF} = 50\ \text{mV}$		C_D			4	pF
整流效率	$V_{HF} = 2\ \text{V}, f = 100\ \text{MHz}$		η		45		%
反向恢复时间	$I_F = I_R = 10\ \text{mA}, i_R = 1\ \text{mA}$		t_{rr}			8	ns
	$I_F = 10\ \text{mA}, V_R = 6\ \text{V},$ $i_R = 0.1 \times I_R, R_L = 100\ \Omega$		t_{rr}			4	ns

3. 硅整流桥

　　常用硅整流桥分为单相半桥、单相全桥和三相全桥几种,如图 2.4.2 所示。其中单相全桥在小功率整流电流中应用广泛,而三相全桥则在电力整流器、逆变器等大功率设备中使用。

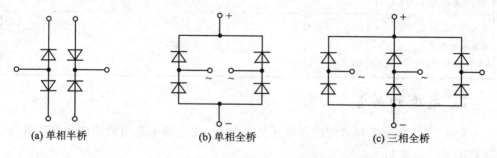

(a) 单相半桥　　　　　　　　(b) 单相全桥　　　　　　　　(c) 三相全桥

图 2.4.2　几种常用的硅整流桥

　　图 2.4.3 为当前常用的 2KBP 和 3KBP 系列整流桥的内部结构和外形。表 2.4.4 是它们的特性参数。

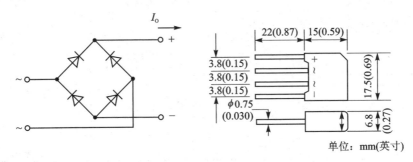

单位：mm(英寸)

图 2.4.3　2KBP 和 3KBP 系列整流桥内部结构和外形

表 2.4.4　2KBP 和 3KBP 的特性参数

型　号	正向平均整流电流 $I_{F(AV)}$/A	正向一个周期内不重复的最大尖峰电流 I_{FSM}/A	不重复的最大反向电压 V_{RRM}/V	正向压降 V_F/V	反向电流 I_R/μA
2KBP005	2	60	50	1.0	10
2KBP02	2	60	200	1.0	10
2KBP04	2	60	400	1.0	10
2KBP06	2	60	600	1.0	10
2KBP08	2	60	800	1.0	10
2KBP10	2	60	1 000	1.0	10
3KBP005M	3	80	50	1.05	5.0
3KBP01M	3	80	100	1.05	5.0
3KBP02M	3	80	200	1.05	5.0
3KBP04M	3	80	400	1.05	5.0
3KBP06M	3	80	600	1.05	5.0
3KBP08M	3	80	800	1.05	5.0

4. 肖特基二极管

　　肖特基(Schottky)二极管是由金属和半导体接触形成的,其制造工艺与 TTL 电路相类似,工艺步骤比较复杂。它不是利用 PN 结的单向导电性,而是利用势垒的整流作用和多数载流子导电,因而没有少数载流子的存储效应。所以具有反向恢复时间短(最低可达 10 ns)和正向压降低(可达 0.2 V)的突出优点。它主要用于开关稳压电源作整流和逆变器中作续流二极管。表 2.4.5 为肖特基二极管特性。

表 2.4.5　肖特基二极管特性

反向峰值电压 V_{RRM}/V	平均整流电流 I_0/A					
	0.05	1.0	3.0	5.0	7.5	10
20		1N5817	1N5820	1N5823		
30	MBR030	1N5818	1N5812	1N5824		
35					MBR735	MBR1035
40	MBR040	1N5819	1N5822	1N5835		
45					MBR745	MRB1045
50		MBR150	MBR350			
60		MBR160	MBR360			MBR1060
80		MBR180	MBR380			MBR1080
100	MBR1100	MBR3100				MBR10100
浪涌电流 I_{FSM}/A	5.0	25	80	500	150	150
结温 T_j/℃	150	125	125	125	150	150
最大正向压降 V_{FM}/V	0.65	0.60	0.525	0.38	0.57	0.72

5. 快恢复二极管

　　快恢复(Fast Recovery)二极管工作原理与普通二极管相似,也是利用 PN 结单向导电性,但制造工艺与普通二极管不同。它的扩散深度及外延层(外延型)可以精确控制,因而可获得较高的开关速度,同时,在耐压允许范围内,外延层可做得较薄,正向压降较低。其反向时间约为 $0.2\sim0.75\ \mu s$。和肖特基二极管相比,其耐压高得多。也主要用在逆变电源中作整流元件,以降低关断损耗,提高效率和减少噪声。高速恢复二极管反向恢复时间可达 25 ns。表 2.4.6 为部分快恢复二极管特性。

　　设计电路选用各种二极管时应注意以下几点:

　　① 电流减额。电流减额因子 $S\leqslant0.5$。如图 2.4.1(a)的全波整流电路,若通过负载 R_L 的平均电流 $I_L<0.5$ A,则应选择平均整流电流 $\geqslant1$ A 的普通硅整流二极管,如 1N4000 系列。

　　② 注意浪涌电流。在某些应用场合,如图 2.4.1(f)中的充放电电路,在开始充电瞬间通过 D_1 的电流最大,选管时应予注意。

　　③ 反向峰值电压。图 2.4.1(a)中整流二极管承受的最高反向电压 $V_R=1.4$ V(V 为变压器 T_r 次级绕组电压的有效值)。选管时应充分考虑电压减额。

　　④ 正向管压降。正向压降随电流而增高,在低电压大电流的整流电路里,整流二极管的管压峰值不能忽略。特别在开关电源里,它直接影响效率,为此可采用并联的办法以降低压降,或采用"同步整流"技术。对于图 2.4.1(e)的隔离二极管 D,若希望 RAM 的 $V_{CC}>4.8$ V,则可以选用正向压降在 $0.1\sim0.2$ V 之间的肖特基二

极管。

⑤ 工作频率。二极管的最高工作频率与其结构与工艺密切相关,例如,普通硅整流管 PN 结为平台结构,结电容大,正向整流大,工作频率低。国产 2AP 型锗二极管为点接触型,结电容小,工作频率高,正向压降也小。

⑥ 反向漏电流。

表 2.4.6　快恢复二极管特性

反向峰值电压 V_{RRM}/V	平均整流电流 I_O/A					
	1.0	1.0	3.0	3.0	3.0	5.0
50	1N4933	MR810	MR830	MR850	MR910	MR820
100	1N4934	MR811	MR831	MR851	MR911	MR821
200	1N4935	MR812	MR832	MR852	MR912	MR822
400	1N4936	MR814	MR834	MR854	MR914	MR824
600	1N4937	MR816	MR836	MR856	MR916	MR826
800		MR817			MR917	
1 000		MR818			MR918	
浪涌电流 I_{FSM}/A	30	30	100	100	100	300
环境温度 T_A/℃	75	75		90	90	55
内温 T_C/℃		100	100			
结温 T_j/℃	150	150	150	175	175	175
反向恢复时间 t_{rr}/μs	0.2	0.75	0.2	0.2	0.75	0.2

2.4.2　半导体三极管

现代电子电路中,不论分立元件或集成芯片,不论模拟的还是数字的,其核心器件都是晶体管。虽然集成器件已成功地取代了很多分立元件,但在不少应用场所,仍然需要采用分立有源元件,如电源电路、电力电子电路、高频电路及一些很简单的电路,有时还需要把晶体管和集成芯片混合应用,因此了解双极性和 MOS 元件的性能仍然是必要的。

1. 常用小功率半导体三极管

表 2.4.7 为常用小功率双极性半导体三极管的特性。

2. 通用功率管

集电极连续工作电流在 2.5～60 A 的功率管称为通用功率管。

表 2.4.7　常用小功率半导体三极管特性

型　号	特　性								类　型
	P_{CM} /mW	I_{CM} /mA	$V_{(BR)CEO}$ /V	I_{CEO} /μA	$V_{CE(sat)}$ /V	h_{FE}	f_T/MHz	C_{cb}/pF	
CS9011 E F G H I	300	100	18	0.05	0.3	28 39 54 72 97 132	150	3.5	NPN
CS9012 E F G H	600	500	25	0.5	0.6	64 78 96 118 144	150		PNP
CS9013 E F G H	400	500	25	0.5	0.6	64 78 96 118 144	150		NPN
CS9014 A B C D	300	100	18	0.05		60 60 100 200 400	150		NPN
CS9015 A B C D	310 600	100	18	0.05	0.5 0.7	60 60 100 200 400	50 100	6	PNP
CS9016	310	25	20	0.05	0.3	28～97	500		NPN
CS9017	310	100	12	0.05	0.5	28～72	600	2	NPN
CS9018	310	100	12	0605	0.5	28～72	700		NPN
8050	1 000	1 500	25			85～300	100		NPN
8550	1 000	1 500	25			85～3 000	100		PNP

3. 双极性半导体三极管选用时的注意事项

① 首先,必须根据电路的要求确定三极管的类型。多数场合设计者喜欢选用 NPN 型。但是如果需要低电平使三极管导通或需要采用互补推拉式(pull - push)输出,则必须使用 PNP 型晶体管。

② 晶体管特性表一般均会给出极限参数,设计时必须对 I_{CM}、P_{CM}、BV_{CEO}(或 $V_{(BR)CEO}$,基极开路时的集电极发射极间的击穿电压)、BV_{EBO}、I_{CBO}、β、f_T(特征频率

$f_T = f\beta$，f 为工作频率)等参数进行减额使用。其中由于 $BV_{CEO} > BV_{CES} > BV_{CER} > BV_{CEO}$，所以只要 BV_{CEO} 满足要求就可以了。一般高频工作时，f_T 的减额因子可选为 0.1~0.2。

③ 晶体管工作于开关状态时，一般应选用开关参数(t_{on}、t_{off}、C_{cb}、f_T)好的开关晶体管。若选用普通晶体管，则需选用 $f_T > 100$ MHz 的管子。而且使用时，其开关参数(如 t_r、t_f)和集电极负载电阻、负载电容密切相关。集电极电阻越小，开关速度越快，但 I_C 和管耗都会增加，应权衡决定。

④ 小功率晶体管的共射极交流小信号电流放大系数 β(h_{FE})较高，数字万用表测的是直流 H_{FE}，和交流 h_{FE} 接近，但有差异。大功率晶体管 h_{FE} 则要低得多。特别值得注意的是：即使是小功率晶体管在开关应用时，饱和状态的 h_{FE} 也远小于正常值。

⑤ 小功率晶体管应避免靠近发热元件，以减小温度对性能的影响。大功率晶体管必须根据实际耗散功率，固定在足够面积的散热器上。

⑥ 部分通用型和达林顿型晶体管的集电极与发射极之间在管子内部并联了一只高速反向保护二极管。部分晶体管没有这只二极管，需要时要在外部并联。

2.4.3　场效应管

场效应管(FET)因为通过它的电流只能是空穴电流或电子电流的一种，故又称为单极性器件。又因为流经该器件的电流受控于外加电压所形成的电场，故称为场效应管。

各种场效应管的共同特点是：输入阻抗极高，噪声低，特性受温度和辐射的影响小，因而特别适用于高灵敏度、低噪声的电路里。

1. 结型场效应管

结型场效应管(JFET)是利用导电沟道之间耗尽层的宽窄来控制电流，其输入电阻在 $10^8 \sim 10^9$ Ω 之间，它分为 N 和 P 沟道两种，其符号如图 2.4.4 所示，其特性如表 2.4.8 所列。

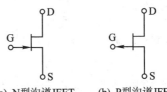

(a) N型沟道JFET　　(b) P型沟道JFET

图 2.4.4　JFET 符号

美国 InterFET 公司生产的通用型 N 沟道 JFET 的用途为：混频器、振荡器、VHF 放大器和小信号放大器。

极限参数($T_A = 25$ ℃)如下：

➤ 反向栅源、栅漏极电压：—30 V；

➤ 连续正向栅极电流：10 mA；

➤ 连续功耗：300 mW；

➤ 功率减额(到 150 ℃)：2 mW/℃。

表 2.4.8　场效应管特性

环境温度 25 ℃		2N4220 2N4220A NJ16		2N4221 2N4221A NJ16		2N4222 2N4222A NJ32		单位与测试条件	
		Min	Max	Min	Max	Min	Max	单　位	测试条件
静态电特性									
栅源击穿电压	$V_{(BR)GSS}$	−30		−30		−30		V	$I_G = -1\ A$, $V_{DS} = 0\ V$
栅极反向电流	I_{GSS}	−0.1		−0.1		−0.1		nA	$V_{GS} = -15\ V$, $V_{DS} = 0\ V$
		−0.1		−0.1		−0.1		μA	$V_{GS} = -15\ V$, $V_{DS} = 0\ V$ $T_A = 150\ ℃$
栅源电压	V_{GS}	−0.5 (50)	−2.5 (50)	−1 (200)	−5 (200)	−2 (500)	−6 (500)	V μA	$V_{DS} = 15\ V$, $I_D = (\ )$
栅源夹断电压	$V_{GS(OFF)}$		−4		−6		−8	V	$V_{DS} = 15\ V$, $I_D = 0.1\ nA$
漏极饱和电流 (脉冲)	I_{DSS}	0.5	3	2	6	5	15	mA	$V_{DS} = 15\ V$, $V_{GS} = 0\ V$
动态(交流)电特性									
共源极正向跨导	g_{fs}	1 000	4 000	2 000	5 000	2 500	6 000	μs	$V_{DS} = 15\ V$, $V_{GS} = 0\ V$　$f = 1\ kHz$
共源极正向传输比	$|Y_{fs}|$	750		750		750		μs	$V_{DS} = 15\ V$, $V_{GS} = 0\ V$　$f = 100\ MHz$
共源极输出跨导	g_{os}		10		20		40	μs	$V_{DS} = 15\ V$, $V_{GS} = 0\ V$　$f = 1\ kHz$
共源极输入电容	C_{iss}		6		6		6	pF	$V_{DS} = 15\ V$, $V_{GS} = 0\ V$　$f = 1\ MHz$
共源极反向转移电容	C_{rss}		2		2		2	pF	$V_{DS} = 15\ V$, $V_{GS} = 0\ V$　$f = 1\ MHz$
噪声系数	NF		2.5		2.5		2.5	dB	$V_{DS} = 15\ V$, $V_{GS} = 0\ V$　$f = 100\ MHz$ $R_G = 1\ MΩ$

2. 绝缘栅金属氧化物场效应管

绝缘栅金属氧化物场效应管(MOSFET)的栅极与管内的沟道是绝缘的,因此具有

更高的输入阻抗(可达 $10^{15}\,\Omega$)。MOSFET 有增强和耗尽两种类型,同时又有 P 和 N 两种沟道。跨导 g_{gs} 是衡量 FET 栅极电压对漏极电流控制能力的参数,$g_{gs}=(\partial i_D/\partial v_{GS})$ $|V_{DS=常数}$。夹断电压 V_T 表征器件输出电流接近于 0 时的栅源电压,是耗尽型 FET 的重要参数。开启电压则表征增强型 FET 开始产生输出电流的栅源电压。图 2.4.5 是增强型 MOSFET 不同沟道的符号。其中(a)和(b)用于衬底 B 需要连接的情况;(c)和(d)用于源极和衬底连接在一起的情况。绘制包含 MOSFET 电路图时,两种符号通用。

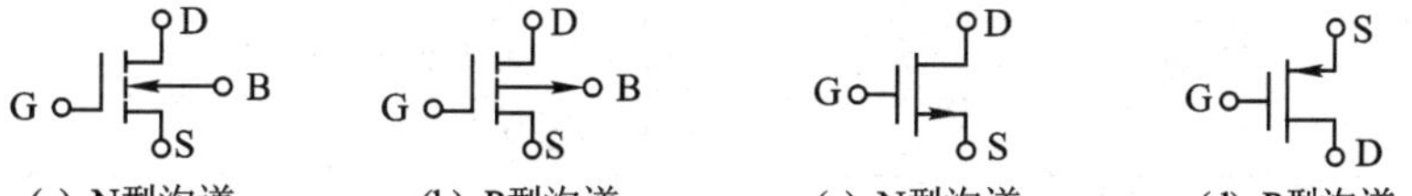

| (a) N型沟道 | (b) P型沟道 | (c) N型沟道 | (d) P型沟道 |

图 2.4.5　增强型 MOSFET 的符号

3. FET 应用时的注意事项

① 不同类型 FET 应加电压的极性,如表 2.4.9 所列。

② 不论是哪一类 FET,它的栅极基本上不消耗电流,故要求输入电阻很高时,应选用 FET。

③ 由于 FET 传输特性的非线性,其跨导与工作点有关,$|V_{GS}|$ 越低,g_{gs} 越高。

④ MOS FET 栅极的绝缘性质,易在外电场的作用下绝缘被击穿,故保存和焊接时均应采取相应措施。焊接时,电烙铁应妥善接地或烙铁断电焊接。

表 2.4.9　FET 的电压极性要求

类　型	V_{DS} 极性	V_{GS} 极性
N 沟道增强型	+	+
N 沟道耗尽型	+	−
P 沟道增强型	−	−
P 沟道耗尽型	−	+
JFET	+	

⑤ FET 是多子导电,受温度影响小。在工作温度变化剧烈的场合,宜选用 FET。

⑥ FET 的低噪声使其特别适合在信噪比要求高的电路里使用,如高增益放大器的前级。

2.4.4　功率 VMOS 场效应晶体管

双扩散金属-氧化物-半导体场效应晶体管,由于内部有一个 V 字形的栅极而被称为 VMOS 管或功率 MOS 管。

和双极型器件不同之处如表 2.4.10 所列。

表 2.4.10　VMOS 器件与双极型器件的比较

VMOS 器件	双极型器件
多数载流子器件	少数载流子器件
没有电荷存储效应	基区、集电区有电荷存储
高开关速度,对温度不敏感	低开关速度,对温度敏感
漂移电流(快过程)	扩散电流(慢过程)
电压驱动	电流驱动
纯电容输入阻抗,不需要直流电流驱动	低输入阻抗需要直流电流驱动
驱动电路简单	驱动电路复杂
漏极电流为负温度系数	由大基极电流引起的集电极电流为正温度系数
无热崩	会发生热崩
易并联	不易并联(V_{BE} 匹配和局部电流聚集)
不存在二次击穿,安全工作区大,小电流 $I-V$ 特性为平方律,大电流 $I-V$ 特性为线性	存在二次击穿,安全工作区小,$I-V$ 特性为指数
导通电阻较大,有较大静态损耗	低导通电阻(低饱和压降)
开关损耗小	开关损耗大
漏极电流正比于沟宽度	集电极电流近似正比于发射条长度和面积
跨导线性	跨导非线性
高击穿电压,由沟道-漏 PN 结的轻掺杂区决定	高击穿电压,由基区-集电极 PN 结的轻掺杂区决定

1. VMOS 器件的特点

① 开关速度非常快。VMOS 器件为多数载流子器件,不存在存储效应,故开关速度快。一般低压器件开关时间为 10 ns 数量级,高压器件为 100 ns 数量级。它适合用作高频功率开关。

② 高输入阻抗和低驱动。VMOS 器件的输入电阻通常在 10^7 Ω 以上,直流驱动电流在 0.1 μA 的数量级,故只要逻辑幅值超过 VMOS 的阈电压(3.5~4 V),就可直接被 CMOS 和 LSTTL、标准 TTL 等器件直接驱动,驱动电路简单。可以用上拉电阻提高驱动电平,上拉电阻值影响 VMOS 管开关时间。

③ 安全工作区大。VMOS 器件无二次击穿,安全工作区由器件的峰值电流、击穿电压的额定值和功率容量决定,故工作安全,可靠性高。

④ 热稳定性好。VMOS 器件的最小导通电压由导通电阻 $r_{DS(on)}$ 决定。低压器件的 $r_{DS(on)}$ 甚小,但是随着漏源间电压的增加而增加,即漏极电流有负的温度系数,使管耗随温度的变化得到了一定的自补偿。

⑤ 易于并联使用。VMOS 可简单并联,以增加其电流容量。而双极型器件并联使用必须增加均流电阻、内部网络匹配以及其他额外的保护装置。

⑥ 跨导高度线性。VMOS 器件是一种短沟道器件,当 V_{GS} 上升到一定值后,跨导基本为一个恒定值,这就使其做为线性器件使用时,非线性失真大大减小。

⑦ 管内存在漏源二极管。VMOS 器件内部漏源之间"寄生"了一个反向的漏源二极管,它的正向开关时间小于 10ns,和快速恢复二极管类似,VMOS 器件也有一个 100 ns 数量级的反向恢复时间 t_{rr}。此二极管在实际电路中可起钳位和消振的作用。

⑧ 注意防静电破坏。尽管 VMOS 器件有很大的输入电容,不像一般 MOS 器件对静电放电很敏感,但由于它的栅源最大额定电压约为 ±20 V,远远低于 100～2 500 V 的静电电压,因此要注意采取防静电措施:运输时,器件应放在抗静电包装或导电的泡沫塑料中;拿取器件时,要带接地手镯;最好在防静电工作台上操作;焊接要用接地电烙铁;在栅源间应接一个电阻保持低阻抗,必要时并联 20 V 的稳压管加以保护。

⑨ VMOS 管作为开关应用有两个指标十分重要:一个是导通时漏源间的电阻 $R_{DS(on)}$,它直接影响 VMOS 管导通损耗。早期的 VMOS 管的 $R_{DS(on)}$ 还比较大,在零点几欧到几欧之间,如表 2.4.11 所列。现在的产品已经降至毫欧级,如 TI 公司的 CSD1615Q5 型 N 沟道 VMOS 芯片的 $R_{DS(on)}$ 仅 0.99 mΩ。一般来讲,芯片的允许 I_D 越大,$R_{DS(on)}$ 越小。另一个重要指标是上升时间 t_r 和下降时间 t_f,它们通常在几十到几百 ns,此参数直接影响芯片的开关损耗。

⑩ 不论 N 沟道还是 P 沟道的 VMOS 器件均为增强型器件。N 沟道的 VMOS 管的 V_{GS} 必须大于开启电压值(通常为 4 V 左右)才能导通,而 P 沟道的 VMOS 管的 V_{GS} 必须低于开启电压值(通常为 -4 V 左右)才能导通。VMOS 器件在放大、斩波等场合,以 N 沟道的应用较多。P 沟道的 VMOS 管在电源通断控制电路应用较为方便。

2. VMOS 特性表

VMOS 器件的电参数表可查阅相关资料,部分 VMOS 外观如图 2.4.6 所示,特性参数如表 2.4.11 所列。

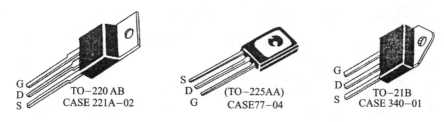

G
D
S
TO-220 AB
CASE 221A-02

S
D
G
(TO-225AA)
CASE77-04

G
D
S
TO-21B
CASE 340-01

图 2.4.6　部分 VMOS 外观

RZR040P01 是一款栅极阈电压 $V_{GS(th)}$ 小于 1 V 的 P 沟道 VMOS 管。其主要电气特性如表 2.4.12 所列。

表 2.4.11　部分 VMOS 特性

型　号	沟　道	$V_{\mathrm{(BR)DSS}}/V$	I_{Dmax}/A	$R_{\mathrm{DS}}(\mathrm{on})/\Omega$	P_{D}/W	封　装
2SK163	N	250	15	0.22	75	TO-220
2SK302	N	20	0.03		0.15	TO-236
IRF3250	N	55	110			TO-220
IRF250	N	200	30	0.1	150	TO-3
IRF630	N	200	9	0.4	75	TO-220
IRF640	N	200	18	0.18	125	TO-220
IRFZ44NS	N	55	49	0.0175	110	TO-220
IRF540	N	100	27	0.05	150	TO-220
IRF9540	P	−100	−19	0.2	150	TO-220
IRF4905	P	−55	−74	0.02	200	TO-220
CDS1615Q5	N	40	38	0.99mΩ		SON
CDS25401Q3	P	−20	−60	12		SON

注:表中 TI 公司 CDS25401Q3 的 $V_{\mathrm{GS(th)}}=0.85$ V。

表 2.4.12　RZR040P01 主要电气特性

参　数	符　号	Min	Typ	Max	单　位	测试条件
漏-源击穿电压	$V_{\mathrm{(BR)DSS}}$			−12	V	$I_{\mathrm{D}}=1$ mA, $V_{\mathrm{GS}}=0$ V
漏极电流	I_{D}			−4	A	
总功耗	P_{D}			1.0	W	
栅-源漏电流	I_{GSS}	—	—	±10	μA	$V_{\mathrm{GS}}=\pm10$ V, $V_{\mathrm{DS}}=0$ V
栅极阈电压	$V_{\mathrm{GS(th)}}$	−0.3		−1.0	V	$V_{\mathrm{DS}}=-6$ V, $I_{\mathrm{D}}=-1$ mA
上升时间	t_{r}		70 ns			
下降时间	t_{f}		210 ns			

　　图 2.4.7 为 RZR040P01 内部结构及外形尺寸。其内部除了漏-源钳位二极管外,在栅-源间尚有一只静电保护二极管。由于一般 P 沟道 VMOS 管的 $V_{\mathrm{GS(th)}}\geqslant3\sim4$ V,故不能用于电压小于 3.3 V 的电源做通断控制,而 RZR040P01 的 $V_{\mathrm{GS(th)}}<-1$ V,所以能完全控制通端($V_{\mathrm{G}}=0$ V,VMOS 管充分导通)。它非常适合便携式设备使用。

3. VMOS 应用实例

　　VMOS 器件具有双极性晶体管不可比拟的优点,其应用十分广泛。图 2.4.8(a)为某地质灾害无线传感器检测网络(WSN)监测节点传感器采集节点的供电电路。图中 R_{L} 为传感器负载电路的等效电阻,节点由 3.6 V 锂电池供电。为了节电,在

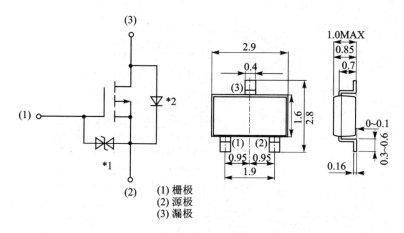

图 2.4.7　RZR040P01 内部结构及外形

MCU 的控制下,仅在采集时为传感器供电。由于 MCU 为 3.3 V 供电,故必须采用低 V_{th} 的 P 沟道 VMOS 管 RZR040P01。VMOS 管低导通电阻,使导通损耗很低,满足了高效率的要求。

　　图(b)为某电池供电的便携式仪器利用 VMOS 作为模拟开关的应用。由于电源开关为单触点的薄膜开关而非双触点的机械开关,因此必须使用此电路。4043 为四重 RS 触发器。电路接通瞬间由 0.1 μF 电容和 100 kΩ 电阻使 $S=1,Q=1,V_{GS}=0$,VMOS 管断,仪表失电。接下"开"按钮时,$R=1,Q=0,V_{GS}=-7.2$ V,VMOS 管通,电源通往用电回路。选用大电流管 IRF4905($R_{DS(on)} \approx 0.02$ Ω)最大限度地减小了 VMOS 管导通损耗,有效地降低了电池的无谓消耗。

　　图(c)为由 VMOS 管构成的乙类 OCL 功率放大器。当 VDD$=\pm 15$ V,$R_L=8$ Ω 时,不失真最大功率可达 14 W。工作频率为 20 Hz~20 kHz。电路增益由 W_1 和 R_1 比值决定。

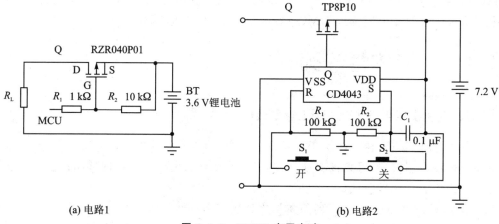

(a) 电路1　　　　　　　　　　　　　　　　　　(b) 电路2

图 2.4.8　VMOS 应用电路

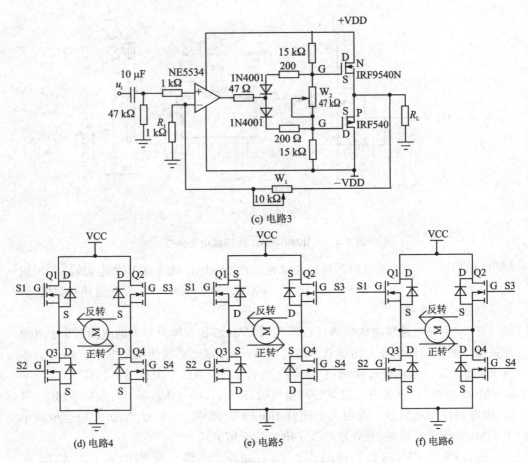

图 2.4.8　VMOS 应用电路(续)

图(d)～(f)为驱动直流电机的 VMOS 管 H 桥电路。图(d)中 H 桥的 4 个桥臂都使用 N 沟道 VMOS 管;图(e)中 H 桥的 4 个桥臂都使用 P 沟道 VMOS 管;图(f)中上下桥臂分别使用 P 沟道 VMOS 管和 N 沟道 VMOS 管。

2.4.5　晶体管阵列

1. MC1411/1412/1413/1416 七重达林顿晶体管阵列

晶体管阵列与普通晶体管相比具有体积小、参数一致和可靠性高等优点,在微机后向通道中应用较多,可直接驱动灯、继电器或其他大电流负载。内部的钳位二极管特别适用于驱动感性负载。

表 2.4.13 为 MC1411 系列晶体管阵列的基本特性与对应型号。

表 2.4.13　MC1411 系列特性

型　号	特　性			对应型号
	输入适用性	V_{CEmax}/I_{cmax} /V·(mA)$^{-1}$	T_A/℃	
MC1411P	通用(TTL、CMOS、PMOS)	50/500	0～+85	ULN2001A，SN75476，μA9665
MC1412P	14～25 V　PMOS	50/500	0～+85	ULN2002A，SN75477，μA9666
MC1413P	5 V　TTL、CMOS	50/500	0～+85	ULN2003A，SN75487，μA9667
MC1416P	6～15 V　CMOS、FMOS	50/500	0～+85	ULN2004A，μA9668

图 2.4.9 为其内部电路,表 2.4.14 为其电参数,图 2.4.10 为其引脚图。ULN2800 系列八重达林顿晶体管阵列的引脚如图 2.4.11 所示,其电参数与 MC1411 系列类同。

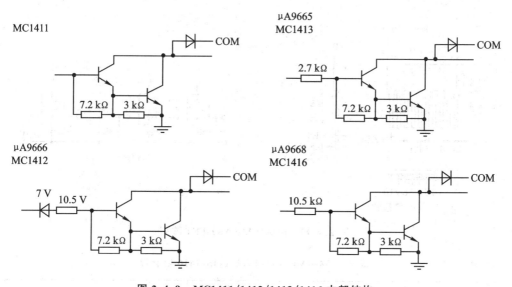

图 2.4.9　MC1411/1412/1413/1416 内部结构

2. 功率 MOSFET 阵列

图 2.4.12 为 P 沟道功率 MOSFET 阵列的封装及电连接图,内部封装了 4 只 MOSFET。主要用于电机、灯泡的驱动。它应用于开关状态,驱动电平为 −4 V,导通电阻达 0.8 Ω,输入电容为 190 pF。

25 ℃时的极限参数如下:

➤ 漏源极电压 V_{DSS}：−60 V;

➤ 栅源极电压 $V_{GSS(AC)}$：±20 V;

➤ 漏极电流(DC)$I_{D(DC)}$：±2 A;

➤ 漏极电流(脉冲)$I_{D(pulse)}$(脉宽≤10 μs,占空比≤1%)：±8 A。

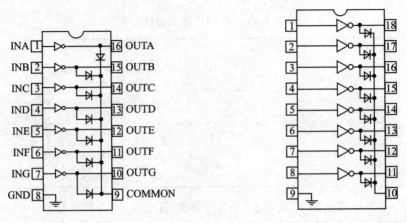

图 2.4.10　MC1411/1412/1413/1416 引脚图　　图 2.4.11　ULN2801/2802/2803/2804 引脚图

封装尺寸(mm)

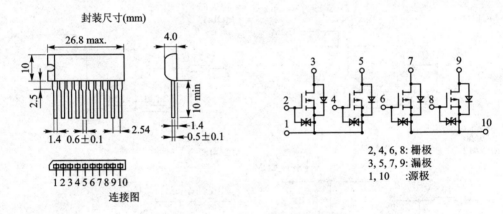

2, 4, 6, 8: 栅极
3, 5, 7, 9: 漏极
1, 10　:源极

图 2.4.12　μPA1523B MOSFET 阵列

表 2.4.14　MC1411/1412/1413/1416 电参数

特　性		符　号	最小值	典型值	最大值	单位
输出漏电流		I_{CEX}				μA
$(V_n=0\ V, T_A=70\ ℃)$	所有型号				100	
$(V_n=50\ V, T_A=50\ ℃)$	所有型号				50	
$(V_n=50\ V, T_A=70\ ℃, V_1=6\ V)$	MC1412				500	
$(V_n=50\ V, T_A=70\ ℃, V_1=1\ V)$	MC1412				500	
集电极-发射极饱和压降		V_{CES}				V
$(I_C=350\ mA, I_B=500\ μA)$	所有型号			1.1	1.6	
$(I_C=200\ mA, I_B=250\ μA)$	所有型号			0.95	1.3	
$(I_C=100\ mA, I_B=250\ μA)$	所有型号			0.85	1.1	

续表 2.4.14

特　性		符　号	最小值	典型值	最大值	单位
输入电压-通态		$I_{I(on)}$				
($V_1=17$ V)	MC1412			0.85	1.3	mA
($V_1=3.85$ V)	MC1413			0.93	1.35	
($V_1=5.0$ V)	MC1416			0.35	0.5	
($V_1=12$ V)	MC1416			1.0	1.45	
输入电压-通态		$V_{1(on)}$				
($V_{CE}=2$ V, $I_C=300$ mA)	MC1412				1.3	V
($V_{CE}=2$ V, $I_C=200$ mA)	MC1413				2.4	
($V_{CE}=2$ V, $I_C=250$ mA)	MC1413				2.7	
($V_{CE}=2$ V, $I_C=300$ mA)	MC1413				3.0	
($V_{CE}=2$ V, $I_C=125$ mA)	MC1416				5.0	
($V_{CE}=2$ V, $I_C=200$ mA)	MC1416				6.0	
($V_{CE}=2$ V, $I_C=350$ mA)	MC1416				8.0	
输入电流-断态($I_C=500$ μA, $T_A=70$ ℃)	所有型号	$I_{1(off)}$	50	100		μA
直流电流增益($V_{CE}=2$ V, $I_C=350$ mA)	MC1411	h_{FE}	1 000			
输入电容	C_1	15	30			pF
开启延时时间		e		0.25	1.0	μs
关断延时时间		t_{off}		0.25	1.0	μs
钳位二极管漏电流　$T_A=25$ ℃		I_k			50	μA
$T_A=75$ ℃					100	
钳位二极管正向压降　($I_F=250$ mA)		V_F		1.5	2.0	V

2.5　表面贴装元器件

近年来,随着 IT 业的迅速发展,手机、数码相机、摄像机、笔记本电脑等民用产品以及航天器、军用兵器等都要求体积小、重量轻、可靠性高并且易于自动化生产的元器件。

表面贴装元件(SMC)、表面贴装器件(SMD)又称为片状无引脚 LL(Lead - Less),元器件外形尺寸只有几毫米,由于特殊的工艺及结构,加上表面焊接技术(SMT),具有重量很轻,高频噪声小,抗干扰能力强且耐振动冲击性能好,便于全自动化生产等一系列突出的优点,使电子系统的质量产生了一个飞跃。

表贴元器件分为无源元件(电阻器、电容器、电感器)和有源器件(晶体管、集成电路)两类。其外形有矩形、圆柱形和异形三种。表2.5.1为这些元器件的分类。

表 2.5.1　各种有源和无源片状元器件的分类

类　别		矩　形	圆柱形
无源元器件	片状电阻器	厚膜/薄膜电阻、热敏电阻	碳膜/金属膜电阻
	片状电容器	陶瓷独石电容、薄膜电容、云母电容、微调电容、钽电解电容	陶瓷电容,钽电解电容
	片状电位器	电位器、半可调电位器	
	片状电感器	线绕电感器、叠层电感、可变电感	线绕电感
	片状敏感元件	热敏电阻、压敏电阻	
	片状复合元件	电阻网络、滤波器、谐振器	
有源元器件	小型封装二极管	塑封二极管、变容二极管、稳压二极管	各种玻封、塑封二极管
	小型封装晶体管	塑封 PNP、NPN、场效应管	
	小型集成电路	扁平封装,芯片载体	
	裸芯片	带状封状,倒装焊芯片	

2.5.1　表贴无源元器件

1. 矩形片状电阻

　　矩形片状电阻是片状元器件中用量最大的一种元器件,矩形片状电阻的外形如图 2.5.1 所示。它在一个基础瓷片上用蒸发的方式形成一层电阻膜层,在电阻膜层上面再敷加一层保护膜,保护膜采用玻璃或环氧树脂,两端夹以引线电极。

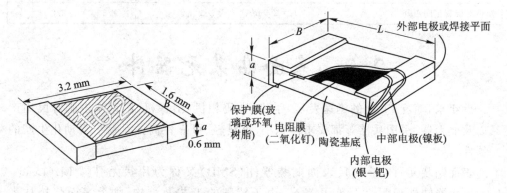

图 2.5.1　矩形片状电阻的外形

　　片状电阻阻值常常直接标注在电阻外面,用 3 位数字表示,前 2 位数字表示阻值的有效数,第 3 位表示有效数字后面 0 的个数。例如,100 表示 10 Ω,而 102 表示

1 000 Ω(即 1 kΩ)。当电阻小于 10 Ω 时,用 XRX 表示。R 为小数点,例如,8R1 表示为 8.1 Ω。片状电阻也有不在外壳上标阻值的。可以用万用表的欧姆档直接测量。当片状电阻焊接在电路上时,用万用表测量的阻值要考虑到其他元件(电阻、晶体管等)的并联效应。

矩形片状电阻外形尺寸,常用四位数字表示。如 3216 表示长为 3.2 mm,宽为 1.6 mm,厚度一般为 0.6 mm。电阻的偏差用字母表示,D 为±0.5%,F 为±1%,C 为±2%、J 为±5%、K 为±10%。矩形电阻外形尺寸见表 2.5.2,其中 RC1206 是应用得最普遍的一种。

表 2.5.2　矩形电阻外形尺寸

代　号	RC2012 (RC0802)	RC3216 (RC1206)	RC5215 (RC1210)	RC5025 (RC2010)	RC6332 (RC2512)
长度 L/mm	2.0±0.15	3.2±0.15	5.2±0.15	5.0±0.15	6.3±0.15
宽度 B/mm	1.25±0.15	1.6±0.15	1.5±0.15	2.5±0.15	3.2±0.15
额定功率/W	1/10	1/8	1/4	1/2	1
额定电压/V	100	200	200	200	200

2. 片状电位器

片状电位器(可调电阻器)有片状、圆柱形和无引线扁平结构等多种,主要采用玻璃釉作为电阻体材料,其尺寸为 4 mm×5 mm×2.5 mm。片状电位器的外形如图 2.5.2 所示。其高频特性好,可达 100 MHz,阻值范围为 $1×10^{-5}$ ~2 MΩ,额定功率包括 1/20 W、1/8 W、1/4 W 等多种,最大的 1/2 W,电流可达 100 mA。

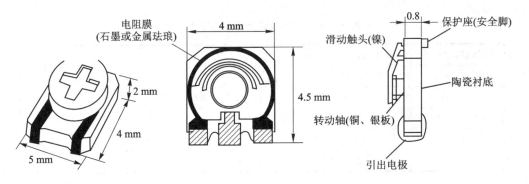

电阻膜 (石墨或金属珐琅)　4 mm　2 mm　4 mm　5 mm　4.5 mm　0.8　保护座(安全脚)　滑动触头(镍)　陶瓷衬底　转动轴(铜、银板)　引出电极

图 2.5.2　片状电位器外形

3. 矩形片状陶瓷电容器

矩形片状陶瓷电容器也有矩形和圆柱形两种,矩形采用多层叠层结构,具有体积小、容量大的特点,体积容量比可达 10 μF/cm²。矩形片状陶瓷电容器的外形如图 2.5.3 所

示,其内电极与介质材料是共同烧结而成的,具有良好的防潮性能和高可靠性。

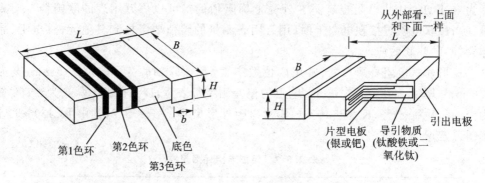

图 2.5.3　片状陶瓷电容器

表 2.5.3、表 2.5.4、表 2.5.5 分别是表贴电容的外形尺寸及主要技术参数。代码的编号以英寸为单位。

表 2.5.3　CC41、CT41 型表贴电容元件外形尺寸与尺寸代号表　mm

尺寸代号	L	B	H	b	尺寸代号	L	B	H	b
0805	2.0	1.25	1.25	0.5	0504	1.27	1.02	1.02	0.25
1206	3.2	1.6	1.25	0.75	1005	2.54	1.27	1.27	0.5
1210	3.2	2.5	1.5	0.75	0907	2.29	1.78	1.27	0.5
1812	4.6	3.2	1.65	0.75	1808	4.57	2.03	1.65	0.75
2250	5.6	6.4	1.78	0.75	2318	5.84	4.57	1.78	0.75
					4043	10.16	10.92	3.81	0.75

表 2.5.4　表贴电容元件主要技术参数

型号-尺寸代号	容量范围/pF	耐　压	型号-尺寸代号	容量范围/pF	耐　压
CC41 - 0805	10～1 000		CT41 - 0504	0.000 22～0.047	
CC41 - 1206	120～2 700		CT41 - 1005	0.001～0.1	
CC41 - 1210	270～5 600	63 V	CT41 - 0907	0.005 6～0.18	63 V
CC41 - 1812	680～10 000		CT41 - 1808	0.015～0.56	
CC41 - 2225	1 800～22 000		CT41 - 2318	0.039～1.5	

表贴电容标称容量的标志方法如下。

(1) 底色与色环

底色浅绿代表陶瓷介质,粉红为有机薄膜或半导体介质。靠近端点的为第 1 色环。第 1、2、3 色环代表电容量,颜色及色环的含义与电阻器色环标志法相同,单位为 pF。

表 2.5.5　表贴电容元件主要技术参数

型号-尺寸代号	容量范围/pF	耐　压	型号-尺寸代号	容量范围/pF	耐　压
CC41 - 0504	10～330		CT41 - 0504	100～22 000	
CC41 - 1005	12～120		CT41 - 1005	150～68 000	
CC41 - 0907	12～1 800		CT41 - 0907	150～100 000	
CC41 - 1808	220～4 700	63 V	CT41 - 1808	4 700～220 000	63 V
CC41 - 1812	390～10 000		CT41 - 1812	10 000～330 000	
CC41 - 2318	1 200～15 000		CT41 - 2318	22 000～470 000	
CC41 - 4043	5 600～68 000		CT41 - 4043	47 000～1 800 000	

(2) 底色加一个字母标注法及识别

在小电容体上面表涂红、黑、蓝、白、绿、黄等某一种颜色,再标注一个字母,即完整地表示了一个电容的标称值。

其标注规范见表 2.5.6。

(3) 一个字母加一个数字标注法及识别

在小表贴电容体上表面标注一个字母,再在字母后标一个数字即完整地表示了一个电容的标称值。

其标注规范见表 2.5.7。

表 2.5.6　颜色加一个字母标注规范表

颜　色	字　母	电容标称值/pF	颜　色	字　母	电容标称值/pF	颜　色	字　母	电容标称值/pF
	A	1		A	100		A	0.01
	C	2		C	120		E	0.015
	E	3		E	150		J	0.022
	G	4		G	180		N	0.033
	J	5		J	220		S	0.047
	L	6		L	270		U	0.056
红	N	7	蓝	N	330	绿	W	0.068
	Q	8		Q	390		Y	0.082
	S	9		S	470		X	0.091
				U	560			
				W	680			
				Y	820			
				X	910			

颜　色	字　母	电容标称值/pF	颜　色	字　母	电容标称值/pF	颜　色	字　母	电容标称值/pF
黑	A	10	白	A	1 000	黄	A	0.1
	C	12		E	1 500			
	E	15		J	2 200			
	G	18		N	3 300			
	J	22		S	4 700			
	L	27		U	5 600			
	N	33		W	6 800			
	Q	39		Y	8 200			
	S	47		X	9 100			
	U	56						
	W	68						
	Y	82						
	X	91						

表 2.5.7　一个字母加一个数字标注规范表

字母加数字	电容标称值/pF	字母加数字	电容标称值/pF	字母加数字	电容标称值/pF	字母加数字	电容标称值/pF
A0	1	L1	27	N2	330	Y3	8 200
H0	2	N1	33	Q2	390	X3	9 100
M0	3	Q1	39	S2	470		
d0	4	S1	47	U2	560	A4	0.01
f0	5	U1	56	W2	680	E4	0.015
m0	6	W1	68	Y2	820	J4	0.022
n0	7	Y1		X2	910	N4	0.033
t0	8	X1	91	A3	1 000	S4	0.047
y0	9	A2	100	E3	1 500	U4	0.056
A1	10	C2	120	33	2 200	W4	0.068
C1	12	E2	150	N3	3 300	Y4	0.082
E1	15	G2	180	S3	4 700	X4	0.091
G1	18	J2	220	U3	5 600		
J1	22	L2	270	W3	6 800	A5	0.1

4. 片状固体钽电解电容器

传统的铝液体电解电容在片状元件中已不再采用,取而代之的是体积更小、性能更高的固体钽电解电容器。片状固体钽电解电容器的外形及结构如图 2.5.4 所示。其额定耐压为 4～50 V,最大容量可达 330 μF,标称值直接打印在元件表面,例如,107 表示 10×10^7 pF,即 100 μF。

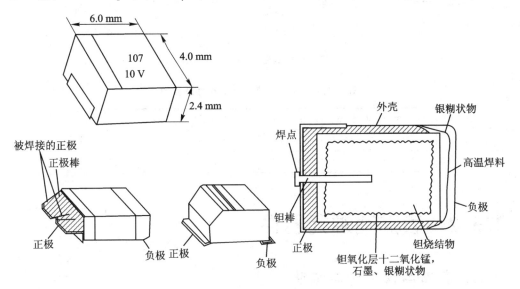

图 2.5.4　矩形片状固体钽电解电容的外形器的外形及结构

5. 陶瓷微调电容器

陶瓷微调电容器分为有极性和无极性两种,陶瓷微调电容器的外形如图 2.5.5 所示。其容量为 10～120 pF,耐压大于 25 V。

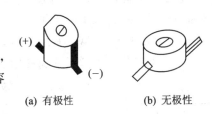

(a) 有极性　　　　(b) 无极性

图 2.5.5　陶瓷微调电容器的外形

6. 片状电感器

将电感线圈做成细小的长方体,片状电感器的外形与结构如图 2.5.6 所示。其中,图(a)为模压电感,它采用树脂外壳,内部为片状螺旋电感,电感之外有磁屏蔽层和绝热层。图(b)为电感线圈,将线圈绕在细小的铁氧体磁芯之上,引线从两端引出,电感量可达 1～1 000 μH,Q 值为 50～100。图(c)为可变电感,其内部结构相似于晶体管收音机用的中周变压器,在"I"字形磁芯上绕有线圈,调节磁芯可以调节电感量大小。其电感量为 0.001～5.6 mH,Q 值为 40～130。只是体积比中周更小、更扁、更精细而已。模压电感的外形尺寸及参数见表 2.5.8。

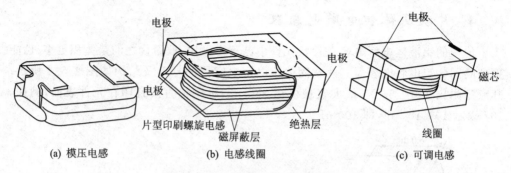

图 2.5.6　片状电感器的外形与结构

表 2.5.8　模压电感的外形尺寸及参数

型　号	L/mm	B/mm	电感量$/\mu\text{H}$	Q 值	电流$/\text{mA}$
3216	3.2 ± 0.2	1.6 ± 0.2	$0.05\sim33$	$30\sim50$	50
3225	3.2 ± 0.2	2.5 ± 0.2	$1.3\sim330$	50	50

2.5.2　表贴有源元器件

1. 表贴二极管和三极管

　　表贴二极管和三极管一般均封装为一个三端(或四端)引线的扁平外壳之中,封装有 SOT‐23、SOT‐89 和 TO‐252 三种类型,外壳尺寸的不同三极管的耗散功率也不相同,为 0.15～50 W。片状晶体管的封装形式及外形尺寸如表 2.5.9 所列,给出了三种类型封装的外形尺寸及耗散功率等参数。

表 2.5.9　表贴晶体管封装形式及尺寸

封装形式	外形尺寸$/\text{mm}$	引脚功能	耗散功率	型号举例	说　明
SOT‐23	1.1~1.4　0.3　0~0.1　0.16$^{+0.1}_{-0.06}$　2.9$\pm$0.2　0.95　0.95　0.4$^{+0.1}_{-0.05}$　1.5　2.8$\pm$0.2　0.4$^{+0.1}_{-0.05}$　0.65$^{+0.1}_{-0.15}$	① 发射极 ② 基极 ③ 集电极	150~ 300 mW	2SA1162 3SK134A 2SC3356 2SC3583 2SC3585 9014 9015	一般用来封装小功率晶体管、场效应管、二极管和带电阻网的复合晶体管。封装二极管时,①、②均为负极,③为正极

续表 2.5.9

封装形式	外形尺寸/mm	引脚功能	耗散功率	型号举例	说　明
SOT – 89	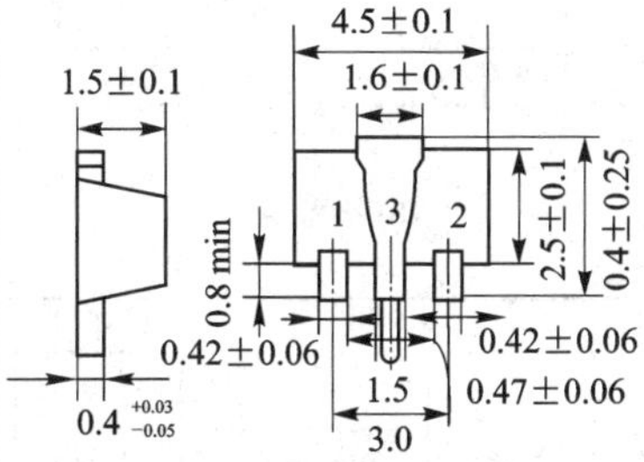 1.5±0.1　4.5±0.1　1.6±0.1　2.5±0.1　0.4±0.25　0.8 min　0.42±0.06　0.42±0.06　0.47±0.06　0.4 $^{+0.03}_{-0.05}$　1.5　3.0	① 发射极 ② 基极 ③ 集电极	0.3～2 W	2SD999 2SC780	与 SOT – 23 相比，它用于较大的芯片封装，有较大的耗散功率
TO – 252	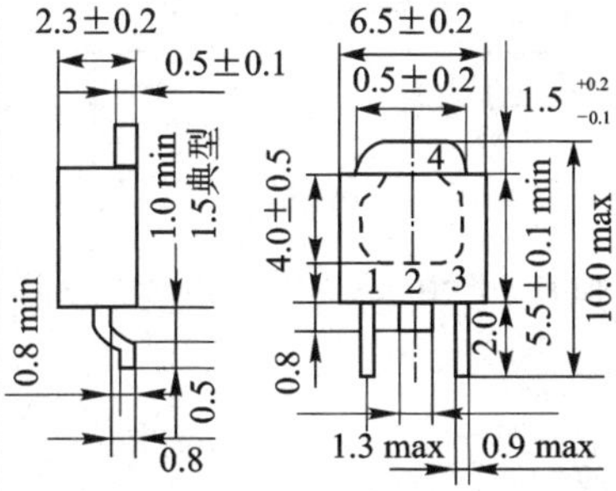 2.3±0.2　6.5±0.2　0.5±0.1　0.5±0.2　1.5 $^{+0.2}_{-0.1}$　1.0 min　1.5典型　4.0±0.5　5.5±0.1 min　10.0 max　0.8 min　0.8　0.5　2.0　1.3 max　0.9 max	① 基极 ② 集电极 ③ 发射极 ④ 集电极	2～50 W	2SB768 2SC3518Z 2SD1164	一般用来封装大功率器件、达林顿晶体管、高反压晶体管

表贴二极管内部的二极管有多种接法，以提高安装密度和电路板设计的灵活性。

2. 表贴小型集成电路 SOP

集成电路的封装在片状有源器件中，也一改传统的双列直插和单列直插外形，而采用体积更小的 SOP 封装。

2.6　光电耦合器

2.6.1　"地"电流的影响

电子系统的"地"通常有三类。

1. 工作地

电路中设计者人为规定的基准电位点，即电路里的"零"电位点。如图 2.6.1(a) 中电路 1 和电路 2 共用电源的负端 G 是最常见的工作地（系统地），且以接地符号标志之。

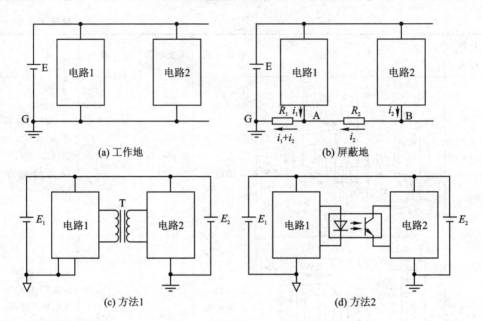

图 2.6.1　电子系统的工作地

2. 安全地

电子设备的外壳,为用电安全起见,和大地稳妥连接,这时的设备的外壳才是真正的接地。

3. 屏蔽地

电子设备的金属外壳、电缆的屏蔽层等是可以起到物理电屏蔽和抗干扰作用的"地"。

工作地仅仅为电路提供基准电位,如果不和设备金属外壳相连,则是独立的"浮地"。如果和接地的外壳相连,而电路 PCB 板又采用了大面积的网络接地措施,则可以起到良好的抗干扰作用。

系统的工作地连线往往是共同电源时各个子电路的公共通道。当考虑到地连线的电阻时,如图 2.6.1(b)所示。R_1 为电路 1 接地点 A 与 G 间的连线电阻,R_2 为 B 和 A 点间的连线电阻,i_1 和 i_2 分别为电路 1 和 2 的地电流,则电路 1 和 2 的接地点电位分别为

$$V_A = (i_1 + i_2)R_1, \quad V_B = i_2R_2 + (i_1 + i_2)R_1$$

不要忘记,V_A 和 V_B 分别是电路 1 和电路 2 的基准电位。由此可见,电路 1 和电路 2 中的各种电位由于地连线电阻(或地电流)的存在而相互影响。倘若电路 1 为弱电电路(如由 MCU 组成的控制电路),电路 2 为强电电路。则 $i_2 \gg i_1$,即弱电电路各点电位将受到强电电路的强烈影响。这显然是十分有害的。

消除地电流影响的有效方法是隔离技术。如图 2.6.1(c)使用了变压器将两个电路的地完全隔离就是隔离的办法之一,当然变压器耦合无法传递直流信号。

图 2.6.1(d)采用了光电耦合器进行了安全隔离,当然这时必须采用两套独立的电源 E_1 和 E_2,它们的地分别用信号地和电源地两种不同符号加以区分。

2.6.2　通用光电耦合器

1. 特　　性

光电耦合器又称光隔离器(Optocoupler/Optoisolator),它是利用电-光-电转换作用的半导体器件。它的功能是通过电光和光电转换传递信号,同时在电气上隔离信号的发送端和接收端。由于光电耦合器具有有隔离作用,能有效地抑制系统噪声,消除接地回路的干扰,响应速度较快,寿命长,体积小,耐冲击等优点,使其在强-弱电接口,特别是在微机系统的前向和后向通道中获得广泛应用。

光电耦合器的内部结构如图 2.6.2 所示,它将发光源和受光器组装在同一个密闭管壳内。图 2.6.2(a)为最常见的双列直插(DIP)封装,图(b)为管形封装。发光源为 CaAs 红外发光二极管,受光器多用硅光敏二极管、光敏三极管和光控可控硅等。发光源和受光器间的不同组合构成不同类型的光电耦合器,见表 2.6.1 和图 2.6.3。除此之外还有光敏单向可控硅作为受光器的。

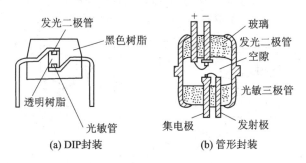

(a) DIP封装　　　　　　　(b) 管形封装

图 2.6.2　光电耦合器内部结构

表 2.6.1　各种类型光电耦合器的构成

分　类	发光器件	受光器件	结　　构
1	红外发光二极管	硅光敏三极管	图 2.6.3(a)
2	红外发光二极管	达林顿型光敏三极管	图 2.6.3(b)
3	红外发光二极管	有基极的光敏三极管	图 2.6.3(c)
4	红外发光二极管	有基极的达林顿光敏三极管	图 2.6.3(d)
5	红外发光二极管	有基极的达林顿光敏三极管	图 2.6.3(e)

分　类	发光器件	受光器件	结　　构
6	红外发光二极管	光敏双向可控硅	图 2.6.3(f)
7	红外发光二极管	具有零交电路的光敏双向可控性	图 2.6.3(g)
8	红外发光二极管	含光敏器件的施密特触发器	图 2.6.3(h)
9	对接红外发光二极管	有基极的光敏三极管	图 2.6.3(i)
10	对接红外发光二极管	有基极电阻的达林顿光敏三极管	图 2.6.3(j)

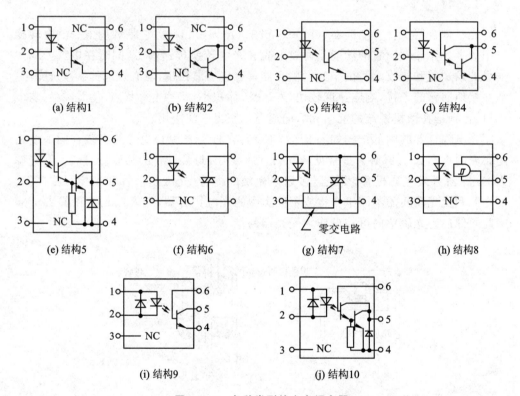

(a) 结构1　　　　(b) 结构2　　　　(c) 结构3　　　　(d) 结构4

(e) 结构5　　　(f) 结构6　　　(g) 结构7　　　(h) 结构8

(i) 结构9　　　　(j) 结构10

图 2.6.3　各种类型的光电耦合器

　　光电耦合器的电参数可分为发光器参数、受光器参数、耦合参数和总体参数等四类。发光器(又称一次侧)参数有:发光二极管正向压降 V_F、发光二极管正向电流 I_F、发光二极管反向电压的极限值 V_R。

　　对于光敏二极管、三极管(含达林顿型)受光器(又称二次侧)而言,其特性参数为:

➢ 输出晶体管饱和压降 $V_{CE(sat)}$ 或 V_{CES}。

➢ 基极开路时集-发间击穿电压 V_{CEO}。

➢ 电流放大系数 h_{FE}。

➤ 上升和下降时间 t_r、t_f 或开关时间 t_{on}、t_{off}。

对于光敏可控硅型受光器,则有如下参数:

➤ 断态输出端电压极限值 V_{DRM}。

➤ 电压上升率 dV/dt。

➤ 不重复峰值浪涌电流 I_{TSM}。

对晶体管输出描述其耦合特性的参数有:

➤ 电流传输比 CTR,指的是 I_C/I_F 的百分比。值得注意的是,CTR 并非固定不变,它随 I_F 和光敏三极管的基极电阻 R_b 以及环境温度而变化。

➤ 发光器受光器间绝缘电压。

对于光敏可控硅输出,耦合特性参数有:LED 触发电流 I_{FT} 和可控硅维持电流 I_H。

在各类光电耦合器中,以图 2.6.3(c)的晶体管输出、图(b)的复合管输出和图(g)的过零触发双向可控硅输出的使用最为普遍。复合管输出的 CTR 远较晶体管输出的大。

表 2.6.2 为晶体管输出光电耦合器的电特性。

MOC3060 系列的双向可控硅输出的光电耦合器,隔离电压为 $5.3KV_{RMS}$,内部为过零触发型,峰值击穿电压 $V_{RM}=600$ V。其极限参数如下:

输入发光二极管正向电流 $I_F=50$ mA,反向电压 $V_{RM}=6$ V,功耗 $P_D=120$ mW。输出晶闸管断态输出反向电压 $V_{DRM}=600$ V,正向峰值电流 $I_{FM}=1$ A,功耗 $P_D=150$ mW。总功耗 $P_D=250$ mW。

表 2.6.2　晶体管输出单光耦合器特性

型号	电流传输比 (CTR)			绝缘电压 AC峰值/V		饱和压降 $V_{CE(Sat)}$			t_r、t_f/t_{on}、t_{off}					V_{CEO} /V	V_F	
	%	I_F /mA	V_{CE} /V	工业标准	MOTOROLA 公司	/V	I_F /mA	I_C /mA	/μs	I_C /mA	V_{CC} /V	R_L /Ω	I_F /mA		/V	I_F /mA
TIL112	2.0	10	5.0	1 500	7 500	0.5	50	2.0	2.0	2.0	10	100		20	1.5	10
TIL115	2.0	10	5.0	2 500	7 500	0.5	50	2.0	2.0	2.0	10	100		20	1.5	10
TIL114	8.0	16	0.4	2 500	7 500	0.4	16	2.0	5.0	2.0	10	100		30	1.4	16
4N27	10	10	10	1 500	7 500	0.5	50	2.0	2.0/8.0	10	10			30	1.5	10
4N28	10	10	10	500	7 500	0.5	50	2.0	2.0/8.0	10	10			30	1.5	10
4N38.A	19	10	10	2 500	7 500	1.0	20	4.0	0.7/7.0	10	10			80	1.5	10
TIL124	10	10	10	5 000	7 500	0.4	50	2.0	2.0	2.0	10	100		30	1.4	10
TIL153	10	10	10	3 540	7 500	0.4	50	1.0	2.0	2.0	10	100		30	1.4	10
4N25.A	20	10	10	2 500	7 500	0.5	50	2.0	0.8/8.0	10	10			30	1.5	10
4N26	20	10	10	1 500	7 500	0.5	50	2.0	0.8/8.0	10	10			30	1.5	10
TIL116	20	10	10	2 500	7 500	0.4	15	2.2	5.0	2.0	10	100		30	1.5	60
TIL125	10	10	5 000	7 500		0.4	10	1.0	2.0	2.0	10	100	30	1.4	10	

续表 2.6.2

型号	电流传输比 (CTR)			绝缘电压 AC峰值/V		饱和压降 $V_{CE(Sat)}$			t_r、t_f/t_{on}、t_{off}					V_{CEO}	V_F	
	%	I_F /mA	V_{CE} /V	工业标准	MOTOROLA公司	/V	I_F /mA	I_C /mA	/μs	I_C /mA	V_{CC} /V	R_L /Ω	I_F /mA	/V	/V	I_F /mA
TIL154	20	10	10	3 540	7 500	0.4	10	1.0	2.0	2.0	10	100		30	1.4	10
TIL117	50	10	10	2 500	7 500	0.4	10	0.5	5.0	2.0	10	100		30	1.4	16
TIL126	50	10	10	5 000	7 500	0.4	10	1.0	2.0	2.0	10	100		30	1.4	10
TIL155	50	10	10	3 540	7 500	0.4	10	1.0	2.0	2.0	10	100		30	1.4	10
4N35	100	10	10	3 500	7 500	0.3	10	0.5	4.0*	2.0*	10*	100*		30	1.5	10
4N36	100	10	10	2 500	7 500	0.3	10	0.5	4.0*	2.0*	10*	100*		30	1.5	10
4N37	100	10	10	1 500	7 500	0.3	10	0.5	4.0*	2.0*	10*	100*		30	1.5	10
H11A5 100	100	10	10	5 656	7 500	0.4	20	2.0	5.0*	2.0*	10*	100*		30	1.5	10
MCT2 201	100	10	5.0	7 500	7 500	0.4	10	2.5	6.0*/5.5*	2.0*	10*	100*		30	1.5	60
CNY17-3	100~200	10	5.0	5 000	7 500	0.4	10	2.5	5.6*/4.1*		5.0*	75*	10*	70	1.65	60
MCT273	125~250	10	10	3 000(R)	7 500	0.4	16	2.0	7.6*/6.6*	2.0*	5.0*	100*		30	1.5	20
CNY7-4	160~320	10	5.0	4 000	7 500	0.4	10	2.5	5.6*/4.1*		5.0*	75*	10*	70	1.65	60
MCT274	225~400	10	10	2 500(R)	7 500	0.4	16	2.0	9.1*/7.9*	2.0*	5.0*	100*		30	1.5	20

注:*(R)有效值;t_r、t_f/t_{on}、t_{off} 上升时间,下降时间/开关时间;V_F 正向压降。

表2.6.3 为其电特性。

表2.6.3　MOC3060系列光电耦合器电参数

参　数		MIN	TYP	MAX	单　位	测试条件
输入	正向电压(V_F)		1.2	1.4	V	$I_F=20$ mA
	反向电流(I_R)		0.05	10	μA	$V_R=6$ V
输出	峰值断态电流(I_{DRM})			500	nA	$V_{DRM}=600$ V①
	峰值击穿电压(V_{DRM})	600			V	$I_{DRM}=500$ nA
	通态电压(V_{TM})			3.0	V	$I_{TM}=100$ mA(峰值)
	断态电压临界上升速率	600	1 500		V/μs	
耦合	输入触发电流(I_{FT})② MOC3060			30	mA	$V_{TM}=3$ V②
	MOC3061			15	mA	
	MOC3062			10	mA	
	MOC3063			5	mA	
	任一方向的维持电流(I_H)		400		μA	
	输入输出间隔离电压(V_{ISO})	5 300			V_{RMS}	③

续表 2.6.3

参　数		MIN	TYP	MAX	单　位	测试条件
过零触发特性	禁止电压(V_{IH})			20	V	I_F＝额定 MT1 - MT2 间电压超过此值不被触发的电压
	禁止时的漏电流(I_S)			500	μA	V_{DRM}＝600 V 断态

注：① 测试电压的上升速率 dV/dt 必需在器件允许范围。

　　② 器件保证 I_F 值小于或等于 I_{FT} 可靠触发,建议实际 I_F 在最大 I_F(50 mA)和 I_{FT} 之间。

　　③ 输入和输出引脚短接。

2. 多重光电耦合器

(1) PC817 系列

PC817 系列是一种常用的多重(1、2、3、4)晶体管输出的光电耦合器。其外形封装及引脚如图 2.6.4 所示,图中尺寸的单位为 mm。

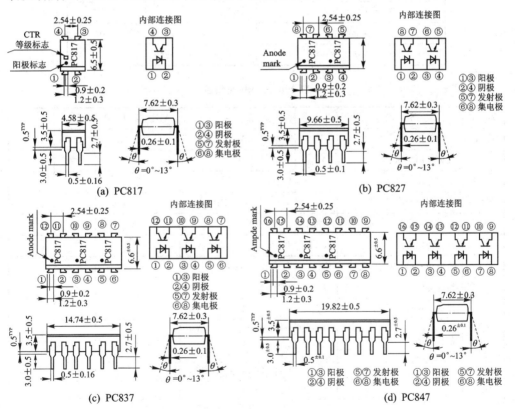

图 2.6.4　PC817 系列多重光电耦合器的封装及引脚

表 2.6.4 为 PC817 的极限参数,表 2.6.5 为其电-光特性,表 2.6.6 为 CTR 值表。

表 2.6.4　PC817 的极限参数

参　数		符　号	额定值	单　位
输入	正向电流	I_F	50	mA
	峰值正向电流	I_{FM}	1	A
	反向电压	V_R	6	V
	功耗	P	70	mW
输出	集电极-发射极电压	V_{CEO}	35	V
	发射极-集电极电压	V_{ECO}	6	V
	集电极电流	I_C	50	mA
	集电极功耗	P_C	150	mW
总功耗		P_{tot}	200	mW
绝缘电压		V_{iso}	5 000	V_{rms}
工作温度		T_{opr}	$-30\sim+100$	℃
存储温度		T_{stg}	$-55\sim+125$	℃
焊接温度		T_{sol}	260	℃

表 2.6.5　电-光特性

项　目	参　数		符　号	条　件	MIN	TYP	MAX	单　位
输入	正向电压		V_F	$I_F=20$ mA	—	1.2	1.4	V
	峰值正向电压		V_{FM}	$I_{FM}=0.5$ A	—	—	3.0	V
	反向电流		I_R	$V_R=4$ V	—	—	10	μA
	端极间电容		C_t	$V=0$, $f=1$ kHz	—	30	250	pF
输出	集电极暗电流		I_{CEO}	$V_{ce}=20$ V	—	—	10^{-7}	A
传输特性	电流传输比		CTR	$I_F=5$ mA,$V_{CE}=5$ V	50	—	600	%
	集电极-发射极饱和压降		$V_{CE(sat)}$	$I_F=20$ mA, $I_C=1$ mA	—	0.1	0.2	V
	绝缘电阻		R_{ISO}	DC500V,40%～60%RH	5×10^{10}	10^{11}	—	Ω
	浮动(floating)电容		C_f	$V=0$,$f=1$ MHz	—	0.6	1.0	pF
	截止频率		f_c	$V_{CE}=5$ V,$I_C=2$ mA, $R_L=100$ Ω, -3 dB		80		kHz
	动作时间	上升时间	t_r	$V_{CE}=24$V,$I_C=2$ mA, $R_L=100$ Ω	—	4	18	μs
		下降时间	t_f	$V_{CE}=2$ V,$I_C=2$ mA, $R_L=100$ Ω	—	3	18	μs

表 2.6.6　CTR 值表

型　号	等级标注	CTR(%)	型　号	等级标注	CTR(%)
PC817A	A	80～160	PC8 * 7CD	C 或 D	200～600
PC817B	B	130～260	PC8 * 7AC	A、B 或 C	80～400
PC817C	C	200～400	PC8 * 7BD	B、C 或 D	130～600
PC817D	D	300～600	PC8 * 7AD	A、B、C 或 D	80～600
PC8 * 7AB	A 或 B	80～260	PC8 * 7	A、B、C、D 或 No mark	50～600
PC8 * 7BC	B 或 C	130～400			

(2) TLP521 系列

TLP521 系列晶体管输出多重光电耦合器的封装与引脚与 PC817 相同,其电特性如表 2.6.7 所列。

表 2.6.7　TLP521 特性

极限参数							工作特性									
一次侧	二次侧					全　体		一次侧	二次侧				一次～二次			
I_F max /mA	V_R max /V	P_{D1} max /mW	V_{CE} max /V V_{CC}	L_{OL} max /mA	P_{D2} max /mW	BV min /kV DC AC	T_a ℃	V_F/ I_F (V/mA)	C_j max typ /μs	t_r max typ /μs	t_f max typ /μs	h_{fe} min typ	CTR min/ I_F (%/mA)	V_{CCS} max/ I_F、I_C (V/mA mA)	C_{1-2} max typ /pF	t_{on} max typ /μs	f_T min typ /MHz
70/50	5	—	30	50	150/100	2.5	−30～100	1.3/10	30	6	6	—	70/5	0.4/4.1	0.8	—	—
50	5	200	55	50	150/100	5	−30～100	1.3/10	30	6	6	—	50/5	0.4/4.1	0.8	6.0	—

3. 通用光电耦合器的应用

以图 2.6.5 的几个电路为例,说明普通光电耦合器应用的几个要点。

(1) 输入端(一次侧)设计

由光电耦合器电参数表查出 LED 的正向压降 V_F 和正向电流 I_F。实际 I_F 值可选为略大于该值,以保证如图 2.6.5(c) 所示晶闸管的可靠触发,但绝不可大于 I_F 的极限值。可以根据 $P_D = I_F V_F$ 加以验算。

TTL、LSTTL、MCU 的低电平输出电流远大于高电平输出电流(参见 2.8 节),故如图 2.6.5(a) 所示应选低电平驱动,此时 LED 的限流电阻为

$$R_1 = \frac{V_{CC1} - V_F - V_{OL}}{I_F}$$

式中,V_{OL} 为门的低电平输出电压,$V_{OL} \approx 0$。

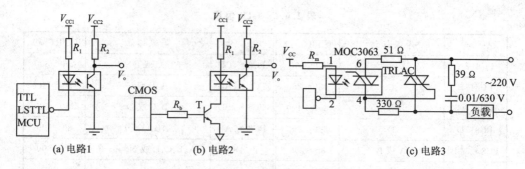

(a) 电路1　　　　　　　　　(b) 电路2　　　　　　　　　(c) 电路3

图 2.6.5　光电耦合器的几个典型应用电路

如果使用 HCMOS 或 4000 系列 CMOS 器件驱动 LED,则需要加晶体管 T 缓冲,如图 2.6.5(b)所示。此时

$$R_1 = \frac{V_{CC1} - V_F - V_{ces}}{I_F}$$

式中,V_{ces} 为晶体管的饱和压降,$V_{ces} \approx 0.2$ V。而晶体管的基极电阻

$$R_b = \frac{V_{OH} - V_{be}}{I_{be}} = \frac{\beta_{饱和}(V_{OH} - V_{be})}{I_F}$$

式中,V_{OH} 为门的高电平输出电压,$V_{OH} \approx V_{CC1}$,$V_{be} \approx 0.7$ V。$\beta_{饱和}$ 为晶体管饱和状态的直流电流放大系数,$\beta_{饱和}$ 可取为 10。

(2) 晶体管输出(二次侧)

光电耦合器最普通的应用是传输开关信号,所以图 2.6.5(a)和(b)二次侧晶体管工作于截止和饱和两种状态。当一次侧 LED 截止时,晶体管亦截止,$V_0 = V_{CC2}$。LED 导通时,晶体管应处于饱和状态。故

$$R_2 \geqslant \frac{V_{CC2} - V_{ces}}{I_{CS}} = \frac{V_{CC2} - V_{ces}}{I_F \cdot CTR}$$

式中,I_{CS} 为晶体管饱和电流;V_{ces} 为晶体管的饱和压降,$V_{ces} \approx 0.2$ V。对于不同的光电耦合器,电流传输比 CTR 相差很大,在 $0.1 \sim 600$ 之间。通常,若选 CTR 大的光电耦合器,I_F 和 R_2 均可选得小一些。但是这时往往开关速度较慢,应权衡决定。

一、二次侧参数的选择应尽量能使 R_2 选小一点,在考虑负载电容影响时,可以提高响应速度。这是高速应用时,除了选 t_r、t_f 小的光电耦合器之外,必须注意的一点。

(3) 晶闸管输出(二次侧)设计

MOC3040/MOC3060 系列的晶闸管输出的光电耦合器内部含过零触发电路,在一次侧信号有效时,晶闸管只在交流过零时刻触点,这一点使得器件本身对其他电路的干扰大为减弱,也减少了对交流电源的污染。

器件内晶闸管的驱动能力有限,MOC3060 系列的极限正向峰值电流池只有 1 A,所以只能可靠地驱动小功率的负载。若要驱动大功率负载,如图 2.6.5(c)所示,光电耦合器触发 BTA20 - 600 类(导通电流 20 A,$V_{DRM} = 600$ V)的大功率晶闸

管。光电耦合器晶闸管的输出电流足以推动外部晶闸管。当然整个电路应按大功率
晶闸管的要求加入 RC 吸收元件等。

4. 高速光电耦合器

从表 2.6.2 可以看出,一般光电耦合器的开关时间均在几微秒左右。这使得它
们只能运用于低速电路,要想应用在 USB‑串口转换器等高速场合则力所不逮。TI
公司的 1N137 是一款高速光电耦合器。它由磷砷化镓发光二极管和光敏集成触发
器组成,见图 2.6.6。集电极开路输出便于进行电平转换。

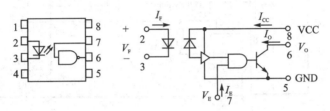

图 2.6.6　1N137 内部拓扑

1N137 主要特点为:与 TTL、LSTTL 电平兼容;最高开关速度达 75 ns;一次侧导通
电流≤5 mA;具有 3 000 V 的绝缘强度。表 2.6.8 为其推荐工作条件。表 2.6.9 为逻
辑功能真值表。

表 2.6.8　1N137 推荐工作条件

参　数	符　号	最　小	最　大	单　位
输入电流,低电平	IFL	0	250	μA
输入电流,高电平	IFH	6.3	15	mA
使能电压,低电平	VEL	0	0.8	V
使能电压,高电平	VEH	2.0	VCC	V
供电电压,输出	VCC	4.5	5.5	V
工作温度	TA	−40	+85	℃

表 2.6.9　1N137 真值表

输入 Input	使能 Enable	输出 Output
H	H	L
L	H	H
H	L	H
L	L	H
H	NC	L
L	NC	H

2.6.3　线性光电耦合器

和普通光电耦合器开关型应用不同,线性应用时,二次侧晶体管工作于放大状
态,希望驱动一次侧 LED 的电流与二次侧晶体管的输出电压在一定范围内为线性
关系。

图 2.6.7 是将普通光电耦合器 PC817A 线性应用的开关电源电路,PC817A 传
递输出电压的采样信号去控制单片开关电源芯片 TOP224P,并且＋12 V 输出与
～220 V 隔离。LED 电流的变化范围为 3～7 mA。电路闭环控制的稳压效果良好。

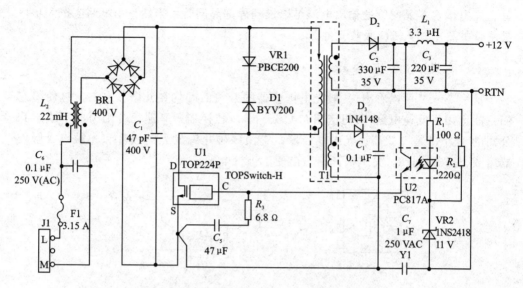

图 2.6.7　单片开关电源芯片的开关电源电路

普通光电耦合器当作线性光电耦合器使用时,存在如下 4 个问题:

① LED 的死区电压使其输入电压在小于 V_F 时,LED 不导通。即小于 V_F 的输入电压在输出端不能反映。

② 光电耦合器的 CTR 并非是常数,图 2.6.8 为 PC817A 的 CTR 随 I_F 变化的曲线,这就使输出电压与 I_F 之间难以保持严格的线性关系。

③ CTR 受温度的影响较大,即线性度也要受温度影响。

图 2.6.8　PC817A 的 CTR 曲线

④ I_F 与 LED 的发光亮度并非线性关系。

线性光电耦合器芯片所采用的方法是利用配对的 LED 构成一个进行线性补偿的负反馈环以改善线性。

TIL300(SLC800)是一种精密的线性光电耦合器。它可以耦合直流和交流信号,带宽为 200 kHz,传输增益的温度系数可小至 $\pm 0.05\%/\text{℃}$,传输增益(K_3)的线性度可达 $\pm 0.25\%$,峰值隔离电压可达 3 500 V,8 脚 PDIP 封装。图 2.6.9 是其典型应用电路。TIL300 内部包含一个红外驱动 LED,反馈光敏二极管 D_1 和输出光敏二极管 D_2。反馈光敏二极管 D_1 接收了 LED 的部分光线,产生能稳定 LED 驱动电流的控制信号 V_b。运算放大器 A_1 为 LED 驱动,A_2 为输出缓冲。当输入电压 V_i 为某一确定值时,电路稳定在 $V_i = V_a = V_b$,LED 的 I_F 为一定值。LED→D_1→I_{P1}→V_b→

I_F→LED 为一个闭环负反馈。根据负反馈的原理可知,不论环路内 LED 的非线性还是温度影响均可大大减小。

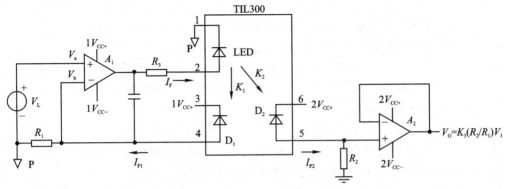

图 2.6.9 线性光电耦合器 TIL300 的典型应用电路

在器件中,K_1 称为伺服电流增益,K_2 称为正向增益,K_3 称为传输增益。

$$K_1 = \frac{I_{P1}}{I_F}, K_2 = \frac{I_{P2}}{I_F}, K_3 = \frac{K_2}{K_1} = \frac{I_{P2}}{I_{P1}}$$

由于 $V_i = R_1 I_{P1} = R_1 I_{P2}/K_3$,即 $I_{P2} = K_3 V_i/R_1$,而

$$V_o = I_{P2} R_2 = K_3 \frac{R_2}{R_1} V_i$$

对于 TIL300A 而言,$K_3 = 0.9 \sim 1.10$,典型值为 $K_3 = 1$,故

$$V_o = \frac{R_2}{R_1} V_i$$

即输出电压 V_o 和输入电压为线性关系。

图 2.6.10 为某电力电子设备中强电回路电压 V_{in} 经线性光电耦合器隔离后,产生 V_o 送往数字电路的 ADC。$V_{in} = 0 \sim 500 V_{DC}$,经 100 kΩ 和 1 kΩ 电阻分压后衰减为 1/100,形成光耦的 V_i。运放 A_1 为 TL082,R_1 为 51 kΩ,510 Ω 的 R_3 保证了器件 LED 的 I_F。A_2 为轨-轨运放 OP291。此电路希望在 $V_{in} = 400$ V 时,$V_o = 4$ V。故预调电阻器 W 的值大约调整到 51.5 kΩ。

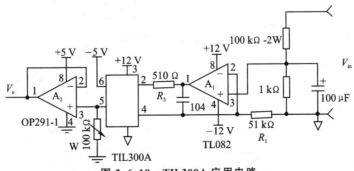

图 2.6.10 TIL300A 应用电路

2.7　继电器

　　继电器是在自动控制电路中起控制与隔离作用的执行部件,它实际上是一种可以用低电压、小电流来控制高电压、大电流的自动开关。

　　在电子系统中继电器常担任强-弱电、数字电路与大功率负载间的接口器件。

　　常用的继电器主要有电磁式继电器、干簧式继电器、磁保持湿簧式继电器、步进继电器和固态继电器等。

　　电磁式继电器又分为交流电磁继电器、直流电磁继电器、大电流电磁继电器、小型电磁继电器、常开型电磁继电器、常闭型电磁继电器、极化继电器、双稳态继电器、逆流继电器、缓吸继电器、缓放继电器及快速继电器等。

　　固态继电器又分为直流型固态继电器、交流型固态继电器、功率固态继电器、高灵敏度固态继电器、多功能开关型固态继电路、固态时间继电器、参数固态继电器、无源固态温度继电器及双向传输固态继电器等。其中交流固态继电器应用最为普遍。

2.7.1　电磁继电器

1. 电磁继电器的基本特征

　　电磁继电器是一种利用电磁力来切换触点的开关型电子器件,图 2.7.1(a)是其典型结构。它由一个带软铁铁芯的线圈 J、簧片、弹簧及若干对合金触点构成:在线圈未通电时,触点 1-2 是闭合的,称常闭触点;1-3 触点是断开的,称常开触点。继电器可以只带一对常闭触点,用字母 H 表示。也可以带一开一闭两个触点,用字母 Z 表示。线圈通电后,1-3 接通,1-2 断开。1-2-3 三个触点为一组,继电器可以带多达 7 组触点。图(b)为继电器的常用符号。

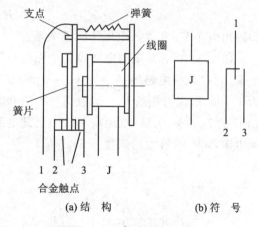

(a)结　构　　　　(b)符　号

图 2.7.1　电磁继电器结构与符号

　　电磁继电器的常用参数如下。

　　➤ 线圈额定电压:使触点稳定切换,线圈两端所加的额定电压。

　　　　额定电压可以是直流电压,也可以是交流电压。电磁继电器直流额定电压常用的有 5 V、6 V、9 V、12 V、24 V、48 V 等。

　　➤ 触点吸合电压:使触点吸合,线圈应加的最低电压,通常为额定电压的 70%～80%。

➢ 触点释放电压：触点吸合后使其释放所加的电压，通常比吸合电压为低。

➢ 触点吸合电流。

➢ 线圈电阻：指线圈的直流电阻。

➢ 线圈消耗功率。

➢ 触点形式：指几组触点及常开(D)、常闭(H)或一开一闭(Z)。

➢ 触点负载：指触点能承受的直流或交流电压与电流值。

➢ 吸合时间：从线圈通电到触点稳定吸合所需时间。

➢ 释放时间。

➢ 电气寿命：线圈的通电次数。

➢ 机械寿命：触点可靠动作的次数。

➢ 绝缘电阻。

➢ 抗电强度(介质耐压)。

此外还有振动、冲击、使用环境强度等。

线圈额定电压、触点吸合电流、线圈电阻、线圈消耗功率至少标明两项。

2. JQX－14F(4124)小型大功率继电器

这种继电器负载能力强，开关功率可达 2 200 VA。具有 5 000 V(AC)的高抗电强度，体积小，可直接焊接在印制板上，比较适合电子电路使用。表 2.7.1 和表 2.7.2 为其参数，图 2.7.2 为其外形尺寸。

表 2.7.1　JQX－14F 技术参数

触点形式		1H	1Z	2H	2Z
触点负载		10 A,30 V (DC)或 220 V (AC)		5 A,30 V (DC)或 220 V (AC)	
触点材料		Ag　Bi　Re			
触点电阻		100 mΩ 初始值			
线圈电压		3/5/6/9/12/24 V　(DC)			
线圈消耗功率		0.53 W			
绝缘电阻		1 000 MΩ　500 V (DC)			
介质耐压	线圈触点间	5 000 V (AC)(1 min)			
	开路触点间	1 000 V (AC)(1 min)			
释放时间		10 ms			
电气寿命		10^5 次			
机械寿命		10^7 次			
振　动		10～55 Hz 双振幅 1.5 mm			
冲　击		100 m/s^2			
环境温度		−40～+60 ℃			

表 2.7.2　线圈参数

线圈电压 V(DC)/V	线圈电阻/Ω	动作电压 V(DC)	释放电压 V(DC)
3	18		
5	50		
6	72	≤75% 额定电压	≥10% 额定电压
9	120		
12	285		
24	1 150		

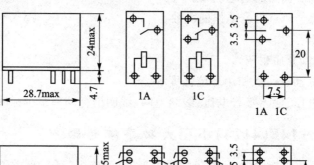

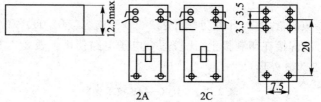

图 2.7.2　JQX – 14F 外形尺寸

3. DS2Y 系列小型电磁继电器

DS2Y 系列小型电磁继电器由于其体积小(9 mm×19 mm×9 mm),可靠性高, 引脚为标准 DIP 尺寸,特别是 DS2Y – 5 – DC 5V 型号的额定电压为 5 V,动作电流约 为 40 mA,特别适合于和微机接口,而获得广泛应用。触点形式一般为 2Z,触点负载 为:0.3 A,125 V(AC);0.3 A,110 V(DC);1 A,30 V(DC)。

4. 小型干簧式继电器

干簧继电器由干簧管和缠绕在其外部的电磁线圈组成。干簧管是将两组(根)既 导磁又导电的金属簧片平行封装于填有惰性气体的玻璃管中。两簧片的端部重叠处 留有一定的间隙,作为干簧管的触点。

当外部线圈通电时,两簧片被磁化而互相吸合,触点导通。

这种继电器线圈消耗功率小,体积也小,但触点负载能力弱。

5. 电磁继电器设计要点

① 电磁继电器的线圈分无极性与有极性两种。有极性线圈必须按正确方向施加吸合电压,继电器才能动作。

② 继电器线圈的吸合电流一般为几十毫安,故必须使用双极性晶体管、MOS 管或晶体管、MOS 管阵列驱动。图 2.7.3(a)为 NPN 管驱动,输入高电平 T 管饱和,继电器得电。在 T 管由饱和变截止,线圈 J 两端的感应电动势为

$$e_L = -L \frac{\mathrm{d}i_c}{\mathrm{d}t}$$

式中:L 为线圈的电感量,i_c 为集电极电流,由于 L 和 $\mathrm{d}i/\mathrm{d}t$ 均比较大,感应电势 e_i 的幅度甚至可以是电源电压的若干倍。此时 T 管承受的反向电压为 $e_L + V_{CC}$。将可能导致 T 管击穿。因此 T 管集电极为感性负载时均应加保护二极管 D。图(b)为 PNP 管驱动电路,输入低电平,J 得电。如果采用如图 2.7.3(c)所示的晶体管或 MOS 阵列,则应将阵列内部的保护二极管 D 接电源。晶体管的 V_{CC} 应由继电器的吸合电压确定。

阵列管的饱和压降较单晶体管为高,设计时应加以考虑。

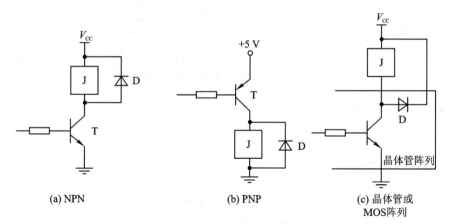

(a) NPN   (b) PNP   (c) 晶体管或 MOS阵列

图 2.7.3 晶体管驱动时的保护二极管

③ 电磁继电器吸合和释放都需要十几毫秒的时间,系统运行时,这一时间必须考虑在内。例如,利用电磁继电器自动切换 DVM 量程,切换后必须等待继电器吸合或释放才能启动 ADC。

④ 和模拟开关比较,电磁继电器也是双向的,但其导通过触点电阻<0.1 Ω,远比模拟开关低;它允许大幅度的交直流信号直通,但开关速度就无法和模拟开关相抗衡了。

⑤ 为了减少导通时的触点电阻和耐触点动作时的火花腐蚀,多用白金触点。尽量如此,火花的氧化作用还是容易使触点烧损(发黑),触点电阻也随之增加,影响使用寿命。为此,触点侧参数应充分减额,有时在触点并 RC 回路对减小火花也有

作用。

继电器的火花会对数字系统产生严重干扰,应采取屏蔽等措施。

⑥ 电磁继电器的触点可以并联使用,以提高触点电流,改进可靠性。

2.7.2　固态继电器

1. 交流固态继电器的内部结构

图 2.7.4 是一种典型交流固态继电器的内部电路。它由输入电路、光电耦合器隔离级、驱动级、晶闸管 TRIC 以及 RC 抑制元件等组成。

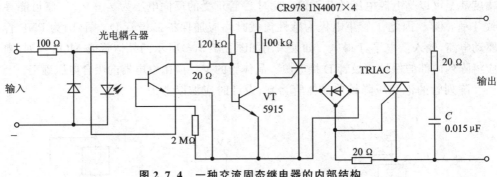

图 2.7.4　一种交流固态继电器的内部结构

2. 固态继电器的特点

➤ 内部的光电耦合器完善地实现了强-弱电的隔离,抗干扰能力强。

➤ 无机械电磁继电器的触点,动作速度快($10^{-7} \sim 10^{-10}$ s),无火花或电弧,无机械磨损,寿命长,干扰小。

➤ 驱动功率小,可低至 $10^{-3} \sim 10^{-8}$ W,驱动灵敏度高。输入端通常与 TTL 电平兼容,可采用直流或脉冲驱动方式。

➤ 体积小、重量轻。

➤ 交流固态继电器又可分为"零压型"和"调相型"两类。

➤ 接通电阻较电磁继电器大,而断开电阻较电磁继电器小。

➤ 价格较电磁继电器高。

3. 主要技术参数

表 2.7.3 为固态继电器的主要参数。

4. 交流固态继电器的几个典型应用

图 2.7.5 为交流固态继电器的几个典型应用电路。其中图(a)为 TTL、LSTTL、

MCU 等器件利用输出低电平驱动 SSR 的接法;图(b)为 CMOS 器件通过晶体管 T 驱动 SSR,820 Ω 限流电阻是否需要应根据 SSR 输入要求来决定;图(c)为用三只 SSR 驱动三相交流感应电机的接法,电机三个绕组既可接成"Y"形,也可以接成"Δ"形;图(d)为小功率 SSR 的扩展功率的接法。

表 2.7.3　交直流固态继电器的主要参数

型　号		工作电压(有效值)/V	有效工作电流/A	通态元件单峰浪涌电流/A	通态压降/V	维持电流/mA	开通及关断时间或频率	VT₂ 及 TRIAC 型号
交流型	TAC03A220V	220	3	30	1.8	30	<0.5 Hz	T2302PM
	TAC06A220V	220	6	60	1.8	30	<0.5 Hz	SC141M
	TAC08Z220	220	8	80	1.8	30	<0.5 Hz	T2802M
	TAV15A220V	220	15	150	1.8	60	<0.5 Hz	SC250M
	TAC25A220V	220	25	250	1.8	80	<50 Hz	SC261M
直流型	TDC2A28V	6~28	2	—	1.5	—	<100 μs	TF317
	TDC5A28V	6~28	5	—	1.5	—	<100 μs	TIP41A
	TDC10A28V	6~28	10	—	1.5	—	<100 μs	2N6488
公共参数	输入-输出间绝缘耐压>1 000 V(AC 1 min);开启电压:3~6 V 开启电流 30 mA 工作环境温度:−10~+70 ℃							

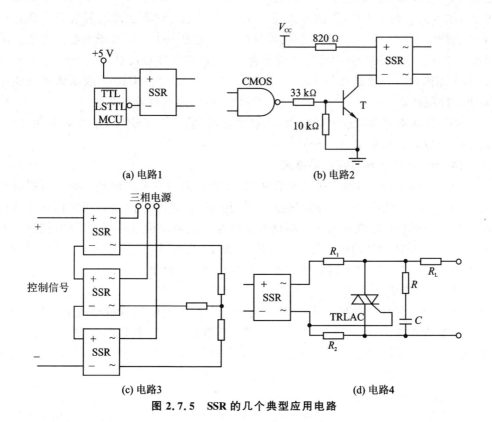

(a) 电路1　　　　　　　　　(b) 电路2

(c) 电路3　　　　　　　　　(d) 电路4

图 2.7.5　SSR 的几个典型应用电路

5. 固态继电器应用要点

(1) 选择固态继电器
首先应根据功率负载选择相应的固态继电器(直流/交流)。

(2) 器件的发热
SSR 在导通态时,元件将承受的热耗散功率 P 为

$$P = V \times I$$

其中,V 和 I 分别为饱和压降和工作电流的有效值,这时需依据实际工作环境条件,严格参照额定工作电流时允许的外壳温升,合理选用散热器尺寸或降低电流使用,否则将因过热引起失控,甚至造成器件损坏。

若在线路板上使用,则 10 A 以下可采用散热条件良好的仪器底板散热。

(3) 输入端的驱动
SSR 按输入控制方式可分为电阻型、恒流源型和交流输入控制型三类。

SSR 属于电流型输入器件。当输入端光耦可控硅充分导通后(微秒数量级),触发功率可控硅导通。当激励不足或斜坡式的触发电压时,有可能造成功率可控硅处于临界导通边缘,并造成主负载电流流经触发回路引起的损坏。例如基本性能测试电路,输入为可调电压源,测试负载使用 100 W 灯泡。输入触发信号应为阶跃逻辑电平、强触发方式。国外厂家提供的器件标准电流为 100 mA,考虑到全温度工作范围(−40∼70 ℃)、发光效率稳定和抗干扰能力,推荐最佳直流触发工作电流在 12∼25 mA 范围内。一般器件如 7404、7405、7406、7407、244、MC1413 或晶体管能满足要求。控制回路上电后,测试驱动电路指标无误后,再加负载交流电源。

SSR 输入端可并联或串联驱动,串联使用时,若一个 SSR,则按 4 V 电压考虑;若 12 V 电压,则可驱动三只 SSR。

(4) RC 吸收回路与截止漏电流
SSR 产品内部一般装有 RC 吸收回路,吸收回路的主要作用是浪涌电压吸收和提高 dV/dt,但会增加截止态的漏电流。在小电流负载情况下,应在负载两端并联电阻减少这一影响。应该指出,RC 时间常数应与负载功率因数匹配。例如,控制洗衣机电机所用 SSR 内部的电容是 $0.01~\mu F$,外部应增加一个 $0.1~\mu F$ 的电容和一只数十欧姆的电阻。实用中也可用示波器观察输出波型来选择最佳的补偿。

(5) 干扰问题
SSR 产品也是一种干扰源,导通时会通过负载产生辐射或电源线的射频干扰,干扰程度随负载大小而不同。白炽灯电阻类负载产生的干扰较小,零压型是在交流电源的过零区(即零电压)附近导通,因此干扰也较小。减少干扰的方法是在负载串联电感线圈。另外,信号线与功率线之间也应避免交叉干扰。

(6) 过流/过压保护
快速熔断器和空气开关是通用的过电流保护方法。快速熔断器可按额定工作电

流的 1 倍选择,一般小容量可选用保险丝。特别注意,负载短路是造成 SSR 损坏的主要原因。

感性及容性负载,除内部 RC 电路保护外,建议采用压敏电阻并联在输出端作为组合保护。金属氧化锌压敏电阻(MOV)的面积决定吸收功率,厚度决定保护电压值。

交流 220 V 的 SSR 选用 MYH12 430 V ϕ12 的压敏电阻,380 V 选用 MY12 750 V 的压敏电阻,较大容量的电机变压器的应用选用 MYH20,24 通流容量大的压敏电阻。

(7) 关于负载的考虑

SSR 对一般的负载应用是没有问题的,但也必须考虑一些特殊的负载条件,以避免过大的冲击电流和过电压对器件性能造成的不必要损害。

白炽灯、电炉等的"冷阻"特性会造成开通瞬间的浪涌电流超过额定工作电流值数倍。在恶劣条件下的工业控制现场,建议留有足够的电压电流裕量。

某些类型的灯在烧断瞬间会出现低阻抗、气化和放电通道以及容性负载(如切换电容性组或容性电源造成类似短路状态),可在线路中进一步串联电阻或电感作为限流措施。

马达的开启和关闭也会产生较大的冲击电流和电压。中间继电器、电磁阀吸合不可靠时引起的抖动,以及电容换向式电机换向时,电容电压和电源电压的叠加会在 SSR 两端产生二倍电源的浪涌电压。控制变压器初级时,也应考虑次级线路上的瞬态电压对初级的影响。此外,变压器也有可能因为两个同电流不对称造成饱和引起的浪涌电流异常现象。上述情况使 SSR 在特殊负载的应用变得有些复杂,可行的办法就是通过示波器测量可能引起的浪涌电压电流,从而使用合适的 SSR 和保护措施。

2.8　功率驱动

电子系统的弱电部分,特别是数字部分常常需要直接驱动消耗一定功率的各种负载。要想正确地设计功率驱动电路,首先应该了解几种常用的负载的特性。

2.8.1　几种常见的功率负载

1. 发光二极管 LED

电子系统中,LED 是最常见的负载。它可以是一只单独的发光二极管,也可以是 LED 数码管。有关它的具体特性可参阅 2.9.1 小节。

高亮度 LED 正常发光所需电流为 $I_F = 1 \sim 3$ mA,正向压降 $V_F = 1.2 \sim 1.7$ V。

2. 继电器

利用继电器控制大功率设备如加热炉、白炽灯以及各种电机是很常见的,这里所需要解决的仅是如何驱动继电器线圈的问题。为讨论方便,以 JQX - 14F 线圈电压为 12 V(DC)的小型大功率继电器为例进行说明,它的线圈功率为 0.53 W,即继电器线圈的吸合电流应大于 44 mA。其他特性请参阅表 2.7.1。

3. 电声元件

电子系统常用的电声元件有电动扬声器和蜂鸣器两类。

(1) 电动扬声器

扬声器是一种电声转换器件,它能将音频电信号转换成为声波,俗称喇叭。目前使用最广泛、数量最多的是电动式纸盆扬声器(也称为动圈式纸盆扬声器)。扬声器的结构如图 2.8.1 所示。

纸盆是用特制纸浆经模具压制而成,多数为圆锥形,椭圆扬声器为椭圆纸盆,新式的平板扬声器则呈平板形。纸盆的中心部分与一个可动线圈——音圈相连接。音圈处在扬声器永久磁铁的磁路的磁缝隙之间。音圈导线与磁路磁力线成垂直交叉状态。电动式纸盆扬声器结构中的定心支片的作用是保证并在一定范围内限制纸盆只能沿轴向移动,还起到防尘罩作用,防止尘埃进入磁路系统。音圈、定心支片、纸盆等共同构成了扬声器的发音振动系统。扬声器的另一系统是磁路系统,可包括磁体和导磁系统。盆架、压边等是扬声器的辅助系统。

当音圈通过交变电流时,会在环形磁隙中运动,从而推动纸盒,振动空气而发声。

电动扬声器以其额定电功率、音圈阻抗为其主要参数。额定电功率越大,纸盒越大,音量越大。一般二、三十平方米的房间使用 0.5 W 的扬声器就可听得很清楚了。

音圈的交流阻抗是 400 Hz 或 1 000 Hz 下的阻抗,此阻值约为音圈直流电阻的 1.1～1.3 倍。

扬声器的额定功率必须大于功率放大器的最大输出功率。当功率放大器输出功率一定时,只有扬声器阻抗与功率放大器输出阻抗相等时,扬声器能获得最大功率,即功率放大器的"阻抗匹配"。

(2) 蜂鸣器

蜂鸣器作为一种讯响器件在消费类电子产品(如手机、数码相机、微波炉、洗衣机、闹钟、电子玩具等)、汽车及保安设备中应用十分广泛。

蜂鸣器分为压电蜂鸣片(PZT)与蜂鸣器两类。前者的外形、结构及电路符号如图 2.8.2 所示。

通常用钛酸铅或铌镁酸铅压电陶瓷材料制成。在陶瓷片的两面加上银电极,经极化、老化后,用环氧树脂将其与铜片(或不锈钢片)粘贴在一起成为发声元件。在沿极化方向的两面施加振荡电压时,交变的电信号使压电陶瓷带动金属片一起产生弯曲振动,并随此发出响亮的声音。图 2.8.2 中,d 为压电陶瓷片的直径;D 为金属振动片的直径,一般为 15～40 mm。D 越大,低频特性越好。阻抗与 d/D 的比值有关,该值越小,则阻抗越高。

压电蜂鸣片必须用驱动电路提供音频电压方能发声。

蜂鸣器又分为压电和电磁式两种。压电式蜂鸣器主要由多谐振荡器、压电蜂鸣片、阻抗匹配器及共鸣箱、外壳等组成。有的压电式蜂鸣器外壳上还装有发光二极管。

多谐振荡器由晶体管或集成电路构成。当接通电源后(1.5～15 V 直流工作电压),多谐振荡器起振,输出 1.5～2.5 kHz 的音频信号,阻抗匹配器推动压电蜂鸣片发声。

电磁式蜂鸣器由振荡器、电磁线圈、磁铁、振动膜片及外壳等组成。

接通电源后,振荡器产生的音频信号电流通过电磁线圈,使电磁线圈产生磁场。振动膜片在电磁线圈和磁铁的相互作用下,周期性地振动发声。

OBO-1206C-A2 常响型电磁蜂鸣器额定直流工作电压 5 V,工作电压范围 4～7 V,工作电流≤25 mA(实测约为 15 mA),声压≥85 dB。OBO-1203C-A2 为间歇响型的蜂鸣器。显然这类蜂鸣器两个引脚是有极性的。

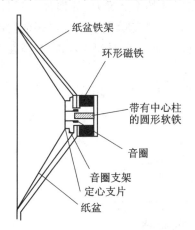

图 2.8.1　扬声器的结构

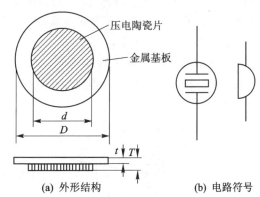

(a) 外形结构　　　　(b) 电路符号

图 2.8.2　压电蜂鸣片外形、结构及电路符号

4. 电机

小功率交流单相感应电机利用双向可控硅驱动或直接使用光耦-晶闸管驱动(见图 2.6.5)。直流电机的驱动可参阅《电子系统设计——专题篇》第 2 章"控制技术"。

2.8.2　常用数字器件的输出特性

表 2.8.1 为几种常用数字器件的输出特性。

表 2.8.1　几种常用数字器件的输出特性(V_{CC}、$V_{DD} = 5$ V)

输出特性	器件类型					
	TTL	LSTTL	CMOS (4000,4500)	74HC	74HCT	U (AT89C5X)
电源电压/V	4.75~5.25	4.75~5.25	3~18	2~6	4.5~5.5	4~6
输出高电平 V_{OH}/V	2.4~3.4	2.7~3.4	V_{DD}	$\approx V_{DD}$[②]	$\approx V_{DD}$[②]	$0.75V_{DD}$[②]
输出高电平电流 I_{OH}/mA	-0.4[①]	-0.4	-0.5	-4	-4	-0.3[③]
输出低电平 V_{OL}/V	0.2~0.4	0.35~0.5	0	0[②]	0[②]	0.45[③]
输出低电平电流 I_{OL}/mA	16[①]	8	-0.5	4	4	10[③]

注：① 表内各数字逻辑器件不包含缓冲器、OC/OD 门。

　　② V_{OH}、V_{OL} 随电流明显变化，例如，$I_{OH} = 4$ mA 时，$V_{OH} \approx 3.3$ V。

　　③ P0 口、I/O 最大输出电流 10 mA。每 8 位口最大的输出电流 P0 口为 26 mA，其余口为 15 mA，所有输出脚的最大总电流 71 mA。不同型号、不同厂家的 MCU 驱动能力相差较大。本章除特殊注明外，MCU 均指 AT89CXX。

图 2.8.3 为数字器件典型的输出特性曲线。

图 2.8.3(a) 为低电平输出特性曲线，由图可知器件的 V_O 随 I_O 的增加而增加。而器件的 V_{OL} 是在 $I_O = I_{OL}$ 时的 V_O。若实际 $I_O < I_{OL}$，则实际 $V_O < V_{OL}$。一般情况下，实际 I_O 应小于 I_{OL}。这并不意味着实际 I_O 不能大于 I_{OL}，只要 V_{OL} 的增高在设计允许范围内，实际 I_O 大于 I_{OL} 也可。

图 2.8.3(b) 的高电平输出特性表明：当实际 $I_O \leqslant I_{OH}$ 时，$V_O \geqslant V_{OH}$。强迫增大 I_O 将导致 V_O 下降，I_O 太大，V_O 难以保证高电平。

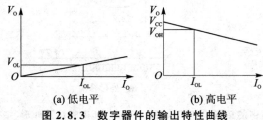

(a) 低电平　　　　　(b) 高电平
图 2.8.3　数字器件的输出特性曲线

2.8.3　功率驱动设计

本小节功率驱动将以上述的 LED、1206C 型蜂鸣器、JQX－14F(12 V(DC)，44 mA) 以及 0.5 W、8 Ω 的扬声器作为负载加以说明。

总的设计原则是：数字器件的输出特性必须与所驱动的负载相匹配。

1. 输出高电平驱动

(1) 直接驱动

如果系统要求数字器件必须是输出高电平驱动负载,则根据器件的输出驱动能力,只有 HCMOS 器件能直接驱动 LED,如图 2.8.4 所示。其他器件均没有足够的高电平输出能力直接驱动上述的几种负载。

(2) 利用上拉电阻增加高电平驱动能力

利用上拉电阻可以提高输出高电平时的驱动能力,如图 2.8.5 所示。上拉电阻 R 阻值的选取既要考虑到 LED 的电流 I_F,又要考虑到当器件输出低电平时的驱动能力,即

$$R \geqslant \frac{V_{CC} - V_{OL}}{I_{OL}}$$

(3) 利用 OC/OD 门提高高电平驱动能力

利用集电极漏极开路门是大幅度提高高电平输出驱动能力的有效方法,如图 2.8.6 所示。

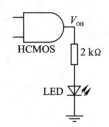

图 2.8.4　HCMOS 输出高电平驱动 LED

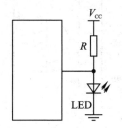

图 2.8.5　利用上拉电阻提高驱动能力

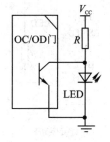

图 2.8.6　利用 OC/OD 门提高输出驱动能力

(4) 直接利用带缓冲器的器件高电平驱动负载

例如,四重二输入或非缓冲器 74LS28 的 $I_{OH} = -1.2$ mA,可以驱动一只 LED,但效果差强人意。

(5) 数字器件加驱动晶体管或 MOS 管

图 2.8.7(a)为数字器件经 9014 NPN 晶体管驱动 JQX - 14F 型继电器的电路,R_1 的上拉电阻可视器件的 I_{OH} 而选用。图 2.8.7(b)的达林顿管驱动更适应器件 I_{OH} 较小的情况。

2. 输出低电平驱动

由于多数器件的 $|I_{OL}| \gg |I_{OH}|$,所以利用低电平输出直接驱动或间接驱动是值得推荐的方法,许多情况下,输出低电平有效这种方式更为可取。例如,MCU 的 I/O 口复位后为高电平,故不会对负载产生误驱动。反之,若为高电平输出有效,则复位

后到初始化使 I/O 口为低这段时间,负载短暂被驱动。有时,这种情况是不允许的。

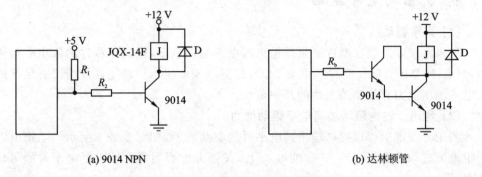

(a) 9014 NPN   (b) 达林顿管

图 2.8.7　数字器件＋晶体管驱动负载

图 2.8.8 为器件低电平输出驱动负载的几个电路。图(a)和图(b)为直接驱动,图(c)为 HCMOS 或 CMOS 器件通过 PNP 型晶体管驱动蜂鸣器的电路。

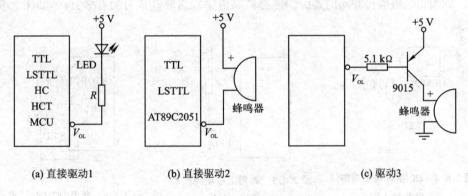

(a) 直接驱动1　　　　　(b) 直接驱动2　　　　　(c) 驱动3

图 2.8.8　器件低电平驱动负载的电路

驱动电磁继电器必须采用图 2.8.9 的电路。

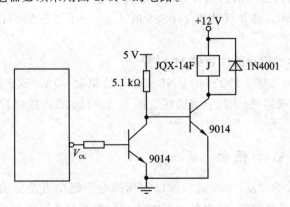

图 2.8.9　低电平输出经晶体管驱动继电器的电路

总之,只要明确了负载的特性和器件的输出能力,就可以采取直接或间接方式进行驱动,而不必拘泥于本节所举的几个例子。例如,负载为 5 V、10 mA 的固态继电器就完全可以用低电平直接驱动,当然器件应该是 TTL、OC/OD 门或 AT89C2051 等。

2.8.4　电动扬声器的驱动

低阻抗而又消耗较大功率的电动扬声器一般应用分立元件或集成芯片的功率放大器驱动。

LM386 是一款低电压音频功率放大器。该芯片的电源电压为 4～12 V 或 5～18 V(LM386N-4)。静态电流为 4 mA。电源电压 $V_S = 6$ V,扬声器阻抗为 8 Ω,总谐波失真为 10% 时的输出功率为 325 mW。在 $V_S = 6$ V,信号频率为 1 kHz 时的电压增益约为 20 或 200(1 脚和 8 脚接 10 μF 电容)。$A = 20$ 时的带宽为 300 kHz。总的谐波失真为 0.2%($V_S = 6$ V,$R_L = 8$ Ω,$P_{out} = 125$ W,$f = 1$ kHz,$A = 20$)。图 2.8.10 为 $A = 20$ 和 $A = 200$ 时的典型应用电路。

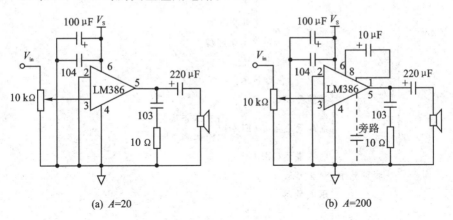

(a) $A=20$　　　　　　　　　(b) $A=200$

图 2.8.10　LM386 应用电路

2.9　显示器件

显示器件是电子系统最基本也是最重要的人-机交互设备,是传递视觉信息的器件。它可以显示系统的工作信息或其他信息。

常用的显示器件可以分类如下:

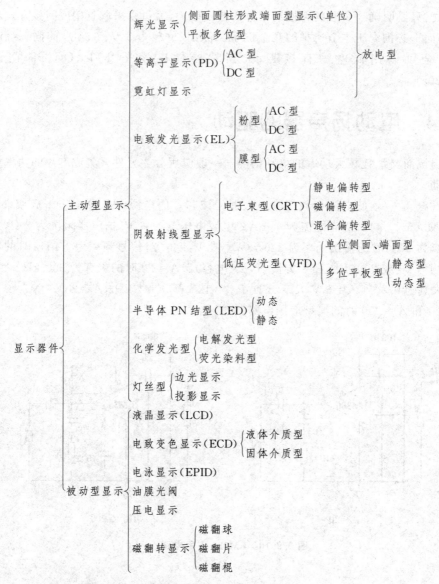

几种常用显示器件的构造原理及特点如表 2.9.1 所列。

显示器件按显示体可分为段位式(常见为 7 段位和若干特殊段位)、点阵式(点阵、点字字符和点阵图形)两大类。

按其结构可分为独立的显示器和组合(如计数器+译码器+驱动器+LCD)两大类。

其次还可以按显示体的颜色、结构尺寸、封装形式等分类。

表 2.9.1 几种具有代表性显示器件的构造、原理及特点

显示器件	构造原理	特 点
主动显示 电子束管（显示像管）	加速频 调制板 电子束 荧光屏 阳极 聚集极 阴极 基于电子束在电子透镜调制下扫描、激发荧光粉而显示	基本参数：1～20 kV 调制电压、功耗为 10～100 W,亮度为 100～2 000 fL,工作温度为－50～70 ℃,响应及余辉为 3 μs～1 s,寿命为 10 万小时 特点：真空管形式,可用磁偏转或静电偏转扫描驱动,高亮度,有灰度等级,可彩色化,寿命长,实现画面及活动图像显示容易;但体积大,功耗高 CRT(Cathode-Ray Tube)
辉光管（单位数码管）	NeAr字型 阳极 阴极字型 玻壳 阳极栅网 引出线 基于冷阴极字型在电离气体中的阴极辉区而显示	基本参数：170～300 V 直流或脉冲驱动,功耗为 30～300 mW/字,工作温度为－50～75 ℃,显示为橙红,亮度为 200～300 fL 特点：亮度高,醒目,驱动简单;但功耗高,驱动电压高,视角小,呈真空管形式 Glow-Dischange Cold－Cathode Tube
等离子显示	玻璃 透明导电图形 导电层 绝缘层 封接 Ne气 基于高频电场中气体中的等离子辉光放电而显示	基本参数：80～150 V 直流或交流驱动,功耗为 0.6～1 mW/段,工作温度为 0～50 ℃,显示为橙红、红色,亮度为 50 fL 左右 特点：功耗低,视角大,可实现大面积及大型显示,平板型,但亮度低工作电压高 PD (Plasma Display)
电致发光显示（AC分散型）	玻璃 透明导电图形 绝缘层 荧光粉 绝缘层 有电极 玻璃 树脂 基于交变电场中荧光粉被激发光而显示	基本参数：20～200 V 直流或交流驱动,功耗为 10～200 mW/cm²,工作温度为－30～60 ℃,亮度为 10～80 fL 显示为红、绿、蓝色 特点：平板型结构,可实现大面积显示,功耗低,制作简单,可显示多种色彩,但工作电压高,亮度低,寿命短 EL(Elctro-Luminescence)

显示器件		构造原理	特 点
主动显示	荧光显示(平板型)	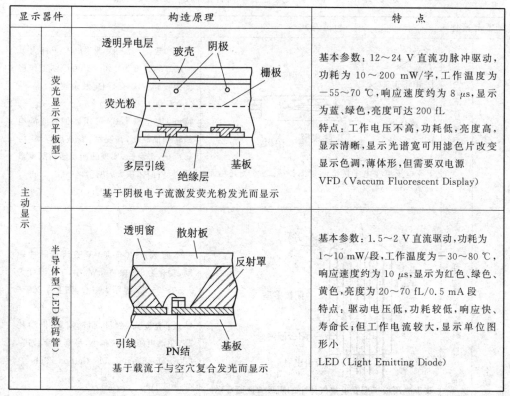透明异电层　玻壳　阴极 栅极 荧光粉 多层引线　基板 绝缘层 基于阴极电子流激发荧光粉发光而显示	基本参数:12~24 V 直流功脉冲驱动,功耗为 10~200 mW/字,工作温度为 -55~70 ℃,响应速度约为 8 μs,显示为蓝、绿色,亮度可达 200 fL 特点:工作电压不高,功耗低,亮度高,显示清晰,显示光谱宽可用滤色片改变显示色调,薄体形,但需要双电源 VFD (Vaccum Fluorescent Display)
	半导体型(LED 数码管)	透明窗　散射板 反射罩 引线　PN结　基板 基于载流子与空穴复合发光而显示	基本参数:1.5~2 V 直流驱动,功耗为 1~10 mW/段,工作温度为 -30~80 ℃,响应速度约为 10 μs,显示为红色、绿色、黄色,亮度为 20~70 fL/0.5 mA 段 特点:驱动电压低,功耗较低,响应快,寿命长;但工作电流较大,显示单位图形小 LED (Light Emitting Diode)

表 2.9.2　几种显示器件的性能比较

类　型		LCD 液晶	LED 发光二极管	EL 电 致	VFD 荧 光	PDP 等离子	CRT 电子束	ECD 电致变色	电 泳	辉 光
显示性能	显示容量	很大	大	很大	不大	很大	大	不大	大	不大
	对比度	好	很好	好	好	好	很好	好	好	好
	彩色化	很好	好	不好	不好	很好	很好	不好	不好	不好
	灰度	很好	一般	好	不好	好	好	不好	不好	不好
	亮度	很好(背光源)	很好	一般	好	好	很好	不好	不好	好
驱动电压		很低	低	高	低	高	很高	很低	低	高
功耗		极低	低	低	低	较低	高	较低	低	较低
响应速度		较慢	很快	很快	很快	很快	很快	很慢	慢	快
器件结构		平板	立体	平板	立体	平板	立体	平板	平板	立体
厚度		薄	不厚	薄	不厚	较薄	很厚	薄	较薄	厚
画面大小		大	小	很大	大	大	大	很大	大	小
显示方式		被动	主动	主动	主动	主动	主动	被动	被动	主动

续表 2.9.2

类　型	LCD 液晶	LED 发光二极管	EL 电　致	VFD 荧　光	PDP 等离子	CRT 电子束	ECD 电致变色	电　泳	辉　光
数字驱动	好	好	好	好	好	不好	好	好	好
寿命	很长	很长	一般	一般	一般	一般	一般	一般	一般
成本	低	低	低	较高	一般	较高	低	低	一般

2.9.1　LED

1. LED 的基本特性

当加上正向电压时,LED 是一种主动发光器件。它和普通二极管相同,也具有单向导电性。不同之处仅在 PN 结区内载流子复合过程中将释放出大部分的能量以光的形式辐射出来。

表 2.9.3 为中国台湾 OASIS 公司 LED 的电特性,可以看出 LED 的发光颜色与制造它的半导体材料以及材料的掺杂有关。

表 2.9.3　LED 电特性

参　数	符　号	器　件	编　号	典型值	最大值	单　位	测试条件
正向电压	V_F	红(GaP)	R	2.25	2.5	V	$I_F = 20\ mA$
		高亮红(GaAl/s/GaAs)	H	1.8	2.0		
		超高红(GaAlAs/GaAs)	S	1.8	2.0		
		橙(GaAsP/GaP)	E	2.1	2.4		
		高亮橙(GaAlAs/GaAs)	K	1.8	2.0		
		绿(GaP)	G	2.2	2.5		
		黄(GaAsP/GaP)	Y	2.1	2.4		
发射波长峰值	λ_P	红(GaP)	R	700		nm	$I_F = 20\ mA$
		高亮红(GaAl/s/GaAs)	H	660			
		超高红(GaAlAs/GaAs)	S	660			
		橙(GaAsP/GaP)	E	630			
		高亮橙(GaAlAs/GaAs)	K	648			
		绿(GaP)	G	570			
		黄(GaAsP/GaP)	Y	585			

参　数	符　号	器　件	编　号	典型值	最大值	单　位	测试条件
光谱 半宽度	$\Delta\lambda$	红（GaP）	R	90		nm	$I_F = 20$ mA
		高亮红（GaAl/s/GaAs）	H	20			
		超高红（GaAlAs/GaAs）	S	20			
		橙（GaAsP/GaP）	E	35			
		高亮橙（GaAlAs/GaAs）	K	20			
		绿（GaP）	G	30			
		黄（GaAsP/GaP）	Y	35			
反向 电流	I_R	红（GaP）	R		20	μA	$V_R = 5$ V
		高亮红（GaAl/s/GaAs）	H		20		
		超高红（GaAlAs/GaAs）	S		20		
		橙（GaAsP/GaP）	E		20		
		高亮橙（GaAlAs/GaAs）	K		2—		
		绿（GaP）	G		20		
		黄（GaAsP/GaP）	Y		20		
平均 光强度	I_V	红（GaP）	R	500		μcd	$I_F = 10$ mA
		高亮红（GaAl/s/GaAs）	H	3 500			
		超高红（GaAlAs/GaAs）	S	6 000			
		橙（GaAsP/GaP）	E	2 500			
		高亮橙（GaAlAs/GaAs）	K	3 500			
		绿（GaP）	G	2 500			
		黄（GaAsP/GaP）	Y	2 000			

　　图 2.9.1 为高亮红 LED 的光谱特性、正向伏安特性以及正向电流与光强度之间的关系。

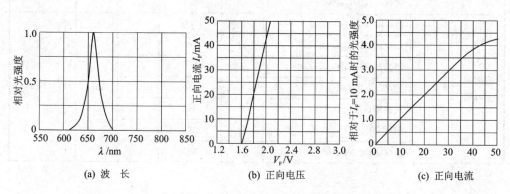

(a) 波　长　　　　　　　　(b) 正向电压　　　　　　　　(c) 正向电流

图 2.9.1　LED 的光电特性

表 2.9.4 为 LED 的极限参数。

表 2.9.4　LED 极限参数

参　　数	红 (GaP)	高亮红 (GaAlAs/ GaAs)	超高亮红 (GFaAlAs/ GaAs)	橙 (GaAsP/ GaP)	高亮橙 (GaAlAs/ GaAs)	绿 (GaP)	黄 (GaAsP/ GaP)	单位
反向电压 V_R	5	5	5	5	5	5	5	V
正向电流 I_F	25	25	25	30	30	25	30	mA
峰值正向电流 I_{PEAK}	150	150	150	150	150	150	150	mA
功耗 P_T	120	105	100	105	105	105	105	mW
工作温度 T_A	$-40\sim+85$	$-40\sim+85$	$-40\sim+85$	$-40\sim+85$	$-40\sim+85$	$-40\sim+85$	$-40\sim+85$	℃
存储温度 T_{STG}	$-40\sim+85$	$-40\sim+85$	$-40\sim+85$	$-40\sim+85$	$-40\sim+85$	$-40\sim+85$	$-40\sim+85$	℃

LED 有如下特点：

➤ 与白炽灯相比，小电流可获得较高的亮度。一般在零点几毫安开始发光，通常工作电流为几毫安。而且寿命长得多.

➤ 正向导通压降 V_F 视半导体材料等因素而不同，一般在 1.5～2.3 V 之间。其中红色 LED 较绿色 LED 的 V_F 为低。

➤ 发光响应速度快，约 $10^{-7}\sim10^{-8}$ s。

➤ 体积小，可靠性高，耐振动，耐冲击，发热少，功耗低。

➤ 驱动电路简单，适于和集成电路配合。

➤ 亮度可随电流在较大范围内变化，而波长几乎不变。

由于以上这些优点，使得发光二极管被广泛应用于电子电路中作信号和状态的显示和光传感器发光源。可以预期 LED 必将取代现有的许多照明器件，或为节能、长寿的照明器件的主体。

2. LED 驱动的设计要点

① 常用 LED 的驱动电路如图 2.9.2 所示。其中图（a）为直流电压驱动，限流电阻

$$R = \frac{E - V_F}{I_F}$$

式中：E 为直流供电电压，V_F 为 LED 正向压降，I_F 为正向电流。其他电路的限流电阻亦按此计算。图 2.9.2(b)、(c)、(d) 为交流驱动电路。交流驱动也可以只直接连接一只 LED。这种电路常用作交流电源通电指示。图(e)为晶体管驱动。图(f)为门高电平驱动，在这种情况下应充分考虑 I_{OH} 是否满足正向电流的要求。图(g)为门低电平输出驱动，由于一般 LSTTL 的 $I_{OL}\approx8$ mA，故这种驱动方式通常均能满足 LED 电流的要求，当然若用缓冲器驱动，则更不成问题。由于 CMOS 门驱动能力有限，故必要时可采用图(h)并联驱动的办法。

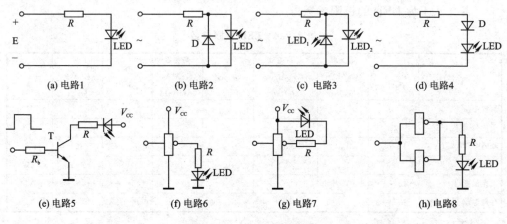

(a) 电路1　　　　(b) 电路2　　　　(c) 电路3　　　　(d) 电路4

(e) 电路5　　　　(f) 电路6　　　　(g) 电路7　　　　(h) 电路8

图 2.9.2　LED 驱动电路

② I_F 的取值在 0.5~10 mA 之间,高亮和超高亮 LED 在 0.5 mA 时已有明显的显示。不能无限制增大 I_F 来提高亮度,必须考虑 I_{Fmax} 和最大功耗。

③ 照明用大功率 LED 采用恒流驱动芯片驱动。

2.9.2　LED 数码管及其驱动

1. LED 数码管的分类

LED 数码管按亮度可分为:普通亮度(已趋于淘汰),高亮度(市场上及应用上最常见)和超高亮度(广告牌、照明等使用)。

按显示体结构可分为:七段位(最常用,如图 2.9.3(a)所示),十段位(如图 2.9.4(a)所示),五段位(只能显示＋、－、1,如图 2.9.4(a)所示)及十七段位(如图 2.9.4(b)所示)。

按电极连接形可分为:共阴极(高电平驱动,如图 2.9.3(b)所示),共阳极(低电平驱动,如图 2.9.3(c)所示)。

按显示字的字高(单位英寸)可分为 0.28、0.3、0.32、0.36、0.39、0.4、0.43、0.5、0.52、0.56、0.58、0.6、0.63、0.8、1.0、1.2、1.5、1.8、2.0、2.3、3.0、4.0、4.7、5.0、7.0等。其中以 0.5 英寸的应用最广,其外形等如图 2.9.3 所示。

按颜色可分为红、橙、黄、绿、蓝、白及变色(双色)等。

按封装形式可分为单、双、叁、肆及伍(18888)等。

按驱动方式可分为静态与动态驱动两种。

2. LED 数码管的静态驱动

LED 数码管静态驱动的特点是:被驱动的数码管同时刷新后,所有的数码管一

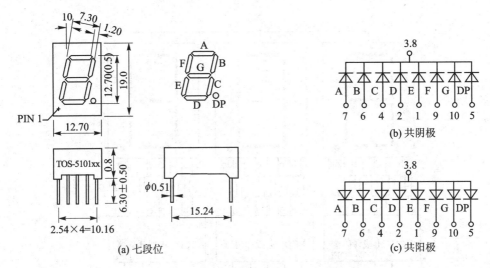

图 2.9.3　字高 0.5 英寸七段位 LED 数码管

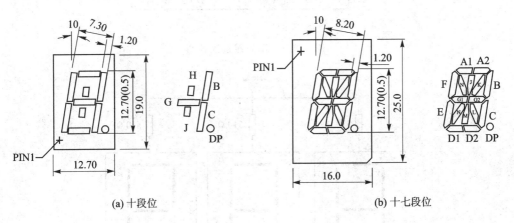

图 2.9.4　十段位、十七段位 LED 数码管

直保持显示值,直到下一次刷新为止。这种驱动方式,LED 高度较高,LED 和驱动芯片的连接线数为 $8 \times N$(N 为数码管数)或 $7 \times N$(小数点连线另计),若由 MSI 译码芯片直接驱动,所需译码器为 N 个。

(1) 译码器直接驱动

图 2.9.5 为译码器直接驱动 LED 数码管的静态驱动电路。由于采用共阳极 LED,故应采用低电平输出有效的 4543 芯片(DFI=0)。各译码器输入为 BCD 码。2 kΩ 的限流电阻保证 LED 每个笔段约 1.7 mA 的电流。

(2) MCU I/O 口并口直接驱动

图 2.9.6 利用 51 系列 MCU 的 P_0、P_2、P_3 口直接驱动 3 只 LED 数码管。显然,各口线输出应为段码。

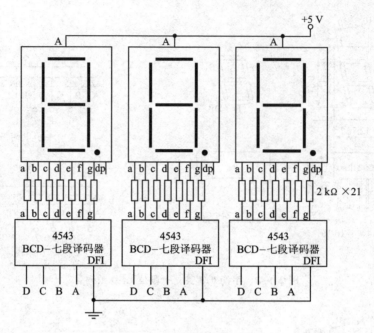

图 2.9.5　译码器直接驱动

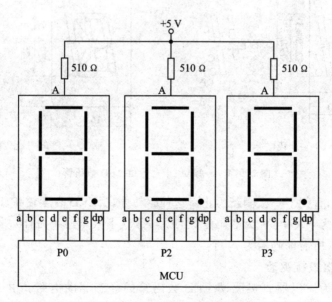

图 2.9.6　MCU I/O 口直接驱动

(3) MCU 串口加移位寄存器静态驱动

图 2.9.7 是利用 MCU 的串口外接 N 个 74HC164 移位寄存器的一种静态 LED 驱动电路。其中 MCU 串口工作于方式 0(移位寄存器方式)。各 74HC164 利用 Q_H 串口输出与下一级串口输入 A、B 端级联。RXD 串行输出数据,TXD 输出同步时钟

脉冲。对于共阳极 LED 数码管而言,MCU 串行输出的段码如表 2.9.5 所列,表中仅列出了“0”、“1”、“0.”、“1.”四种段码。

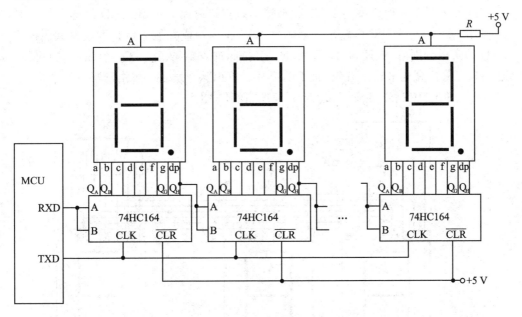

图 2.9.7　MCU 串口加位移位寄存器静态驱动电路

表 2.9.5　MCU 串口移位寄存器驱动 LED 段码表

RXD	D_7	D_6	D_5	D_4	D_3	D_2	D_1	D_0	段　码
74HC164	Q_A	Q_B	Q_C	Q_D	Q_E	Q_F	Q_G	Q_H	
LED	a	b	c	d	e	f	g	dp	
“0”	0	0	0	0	0	0	1	1	03H
“1”	1	0	0	1	1	1	1	1	9FH
“0.”	0	0	0	0	0	0	1	0	02H
“1.”	1	0	0	1	1	1	1	0	9EH

3. LED 数码管的动态驱动

动态驱动和静态驱动的最大不同点在于:任一时刻,N 位数码管中只有一位被点亮;各位数码各点亮一段时间,并且轮流循环显示。若循环扫描一次的时间为 T_s,即扫描频率为 f_s,则每位 LED 点亮的时间为 T_s/N。而动态扫描的频率 $f_s = 1/T_s$。人眼视频残留的时间约为 20 ms,故电影每秒切换 48 个画面、电视每秒切换 50 个画面,人眼就会感觉到画面是连续的,不会产生“闪烁”的感觉。因此动态扫描一次

的时间 T_S 必须小于 20 ms,即 $f_S \geq 50$ Hz。这时会感觉到所有 N 位数码管一直亮着。

(1) 典型动态 LED 数码管驱动电路

图 2.9.8 为一种典型的 LED 数码管动态扫描电路。N 位 LED 的各段位并联连接,由一片高电平 OC 门输出的译码器(如 74LS47)或其他 I/O 口驱动。共阴极管 LED 的阴极分别由 N 只 NPN 管驱动。节拍脉冲发生器的 $Q_1 \sim Q_n$ 个输出端在任一时刻只有一位高电平输出有效,且不断循环。节拍脉冲发生器可由环形计数器构成,也可以由 MCU 在程序控制下的 N 根口线,循环输出。

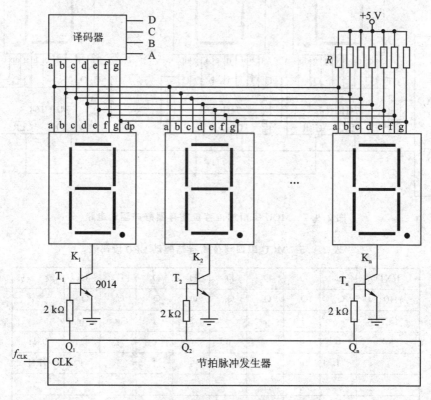

图 2.9.8　典型 LED 数码管动态扫描电路

图 2.9.8 中电路的限流电阻 R 决定了 LED 每个笔段的 I_F。由于人眼每位 LED 的亮度实际上是 N 位 LED 亮度的平均值,故每笔段的 I_F 应为正常值的 N 倍。即 $N = 8$,则 $I_F = 8$ mA 仅相当于静态 LED 1 mA 的亮度。由于受 LED I_F 最大值和功耗的限制,动态扫描 LED 的位数通常 $N \leq 10$。

动态扫描的优点在于使用的驱动芯片的数目少,降低了硬件成本。但是如果采用 MCU 进行扫描,则占用 MCU 时间。

可以在上述典型电路的基础上改变 LED 极性或变化驱动方法或变化节拍脉冲发生器而派生出多种形式的电路。

(2) 一种最简单的动态扫描电路

图 2.9.9 是一种由 98C2051 MCU、共阴极四联装高亮 LED 数码管构成数字钟的简单动态扫描电路。LED 各段由 MCU P_1 口高电平驱动,段电流主要由 8 只上拉电阻供给。4 个阴极由 P_3 口低电平驱动。由于 $N=4$,$I_F \approx 2.7$ mA,LED 的平均亮度约为 0.67 mA,高亮 LED 亦可清晰显示。而 P_3 需要提供的最大电流(8 笔段全亮)为 21.6 mA,略超过 I_{OLmax}(20 mA)。由于任一时刻只有一根口线为 21.6 mA,故 MCU 尚可承受。

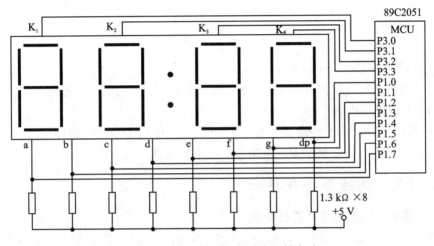

图 2.9.9　一种最简单的动态扫描电路

(3) 专用 LED 动态扫描驱动芯片

若干 LSI 芯片可以直接采用动态扫描方式驱动多位 LED,如 8279、ZLG7290、MAX7219、BC7281A,它们由 MCU 控制,并同时具有键盘扫描功能,LED 动态扫描自行完成,不需 MCU 干预,不占用 MCU 时间,使用十分方便。

4. LED 数码管限流电路的设计

(1) 分段单独限流

分段单独限流即 LED 每一段单独使用一只限流电阻,如图 2.9.5、图 2.9.8、图 2.9.9 所示。其阻值选择公式为:

$$R = \frac{V_{CC} - V_F}{I_F}$$

这种限流方式的优点在于不论显示内容如何,每个笔段的亮度是相同的,即不同的字亮度一致。缺点是需要 $N \times 8$(或 $N \times 7$)只限流电阻(静态显示)。一般正规产品均应采用该限流方式。

(2) 分管限流方式

每一只 LED 数码管使用一只限流电阻,如图 2.9.6 所示。电阻 R 可按一半笔

段点亮的情况估算,即

$$R = \frac{V_{CC} - V_F}{4 I_F}$$

这种限流方式每个 LED 省掉 6~7 只限流电阻,但是在最少笔段的数字"1"和最多笔段的数字"8."亮度差别较大,即不同笔段数的字亮度有明显差异。

(3) 公共限流方式

所有的 LED 数码管只采用一只限流电阻,如图 2.9.7 所示。它省掉了许多限流电阻。该电阻

$$R = \frac{V_{CC} - V_F}{4 \times N \times I_F}$$

显然,不同 LED 不同字亮度不同。

分管与公共限流仅能在对 LED 亮度均匀性不做要求的情况下选用。

(4) 无需限流电阻

少数译码器内部已集成了 7 个上拉电阻,做为 LED 限流,如图 2.9.10 中的 74HC48,此时不再需要外接限流电阻。上拉电阻为 2 kΩ。

5. LED 数码管小数驱动

(1) 与笔段同时由芯片直接驱动

图 2.9.6、图 2.9.7、图 2.9.8、图 2.9.9 均可由 MCU 或芯片直接驱动,小数点显示灵活方便。

(2) 小数点位单独驱动

七段译码驱动芯片不能直接驱动小数点,如图 2.9.5 所示。这时小数点或者固定点亮某位接固定电平或者由控制电路决定哪位的 LED 数码小数点点亮。

6. 前零消隐

数字量显示的高位零最好消隐,这样比较符合习惯。

(1) 硬件消隐

图 2.9.10 是由 BCD——七段译码器 74HC48 与三位共阴极 LED 数码管构成的具有前零消隐功能的静态驱动电路。$\overline{LT}$ 为灯测试端,$\overline{LT}=0$,LED 显示 8;$\overline{LT}=1$,正常显示。芯片使 LED 消隐的条件是:BCD 输入 DCBA=0000,且 $\overline{RBI}$(动态消隐输入)=0,此时 $\overline{EI/RBO}$(动态消隐输出)=0。由此可见,当 LED1 的译码器输入为 0000 时,本位消隐。LED2 数码管则只有在 LED1 消隐的前提下,本位译码器的 $\overline{RBI}=0$,本位 LED 也能消隐。在 LED1 为非 0 不消隐时,本级 $\overline{BT/RBO}$ 输出端为 1,即使最低位 LED2 的输入 DCBA=0000,也不消隐。

(2) 软件前零消隐

对于如图 2.9.7 之类由 MCU 控制的显示电路,可以很容易地用程序来完成前

零消隐任务。

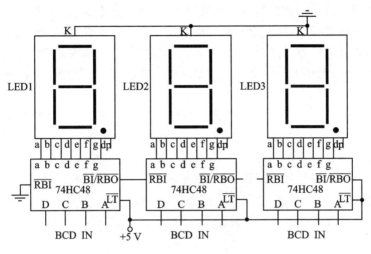

图 2.9.10　硬件前零消隐电路

2.9.3　LCD 显示器及其驱动

　　液晶显示器由于特有的一些优点,是近年来发展最快、应用最广的显示器件。除了在许多电池供电的便携式产品如手机、数码相机、笔记本电脑大量应用外,也在电视机、PC 机等广泛使用。液晶显示器已成为全球最大的电子产业之一。

1. 液晶显示器原理

　　液晶是一种在一定温度范围内,既有液体的流动性和连续性,又有晶体的光学性质的有机化合物,又称为液态晶体。这类物质在电场和温度的作用下能产生各种特殊的电光效应和热光效应,利用这些效应可达到显示的目的。

　　液晶有三种类型:近晶型、向列型和胆甾型,各有不同的特点和用途。目前用作显示器的多为向列型。

　　扭曲-向列型液晶显示器的结构示于图 2.9.11。在内表面刻有电极的两块平板玻璃中间注入约 $10~\mu m$ 厚的液晶薄层,即构成液晶显示器。这种极薄透明导电膜的形状即为显示的笔段或点阵。

　　液晶显示器按所有的电光效应可分为动态散射效应和扭曲-向列效应两种。按采光方式可分为透射式和反射式。

　　动态散射型 LCD 在两电极间未加电压时,液晶分子作有序排列,显示器呈透明状;当电极间所加电压超过液晶阈值电压时,液晶中的离子团(来自添加剂)被推动到足以扰乱液晶分子排列,使液晶折射率发生变化,形成散射中心,从而使入射光发生强烈散射,于是在透明电极部位就显示出乳白色(类似磨砂玻璃),达到将电极形状显示出来的目的,此属动态散射效应。当电极间电压消失后,液晶分子即恢复原来排列重新变为透明。若显示器前后电极均透明,则称为动态散射型透射式显示器。它需加一个适当的后光源,以增强显示的亮度和清晰度。后光源越强,显示效果越好。后光源安放在器件的后方,并加一黑色背景以增强对比度。如果将后背电极改为金属膜反射电极,则称为动态散射型反射式显示器。它不需要后光源,但必须充分利用环境光。

扭曲-向列效应属电场效应,利用电场的有无来控制线性偏振面旋转与否,所以必须配备起(上)偏振片与检(下)偏转片。在透明电极间不加电压时,入射光许多偏振面中的某一偏振面可通过起偏振片进入液晶盒,液晶使入射偏振面扭曲 90°。此偏振面透过透明电极到达检偏振片,检偏振片恰好只能使该偏透过,这时从上往下看相当于透明的,无显示;当电极间加上电压后,入射光由起偏振片进入液晶后不产生90°扭曲,偏振方向保持不变。此偏振面不能透过检偏振片,从而使得从上往下看,电极覆盖部分不透明而显黑色。

改变在液晶盒两面的起、检偏振片的相对位置(正交或平行)就可得到白底黑字(称之为正常开启式)或黑底白字(称之为关闭式)的显示形式。

这种效应仅由分子的介电力矩造成,因而所需电压极低。电流极微,从而成为一种应用最广泛的微功耗显示器件。

与动态散射型相比,扭曲-向列型的缺点是视角较小,通常只有 45°左右,且视角随工作电压和温度的降低而减少。动态散射型虽视角较大,但工作电压高(15～20 V),寿命较短。

扭曲-向列型是目前广泛应用的 LCD。图 2.9.12 为其电光曲线。液晶显示器的主要特点如下:

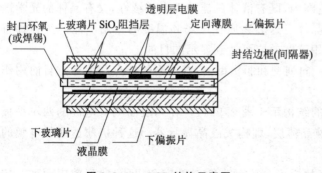

图 2.9.11　LCD 结构示意图

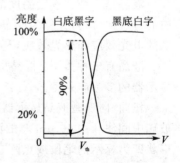

图 2.9.12　扭曲效应电光曲线

➢ 低电压(3～5 V),微功耗(0.3～100 μW)。同等显示面积,其功耗比一般 LED 数码管小数百倍。宜于和 CMOS 器件配合使用。

➢ 为一种被动发光器件。外界光越强,对比度越高,显示越清晰。但在黑暗中无法显示,必须加背光光源。常见的背光光源有 LED、CCFL(冷阴极荧光灯)等。

➢ 体积小,外形薄,如手表用 LCD 的厚度仅为 1.2~1.6 mm。其引出线可用斑马形导电橡胶引出,也可用标准 DIP 尺寸硬脚引出。

➢ 显示面积、字形大小和位数在一定范围内不受限制。

➢ 寿命长,一般数万小时以上。

➢ 响应(上升)时间和余辉较长。

➢ 因为电极间若加直流电压,则液晶材料会电解而丧失其性能,故必须用交流方波电压驱动,且要求方波电压严格对称,直流分量为 0,至少要小于 100 mV,这就使 LCD 的驱动电路和 LED 数码管不同。

LCD 的主要参数有:

➢ 工作电压。

➢ 工作电流或功耗。

➢ 阈值电压:扭曲-向列型阈值电压的定义可参见图 2.9.12 的电光效应曲线。

➢ 响应时间:从电压加上到光透过率达到饱和值 90% 所需的时间。

➢ 余辉:脉冲方波驱动电压消除到光透过率减到 10% 所需的时间。

➢ 视角。

➢ 对比度。

表 2.9.6 为国产 LCD 主要技术参数。

表 2.9.6　国产 LCD 主要技术参数

参　数	用　途						单位
	手　表			仪器、仪表、钟			
	min	TYP.	max	min	TYP	max	
工作电压	2.6	3.0	3.5	2.6	3.0	3.5	V
工作频率	25	32	1 000		2 000		Hz
电流*			1.0		3	7	μA
电容*		600			3 000		pF
直流电阻(25 ℃)*	75	100		100			MΩ
上升时间(25 ℃)		150			150		ms
余辉时间(25 ℃)		150			150		ms
对比度	10∶1	15∶1			15∶1		
视角		±40°(3 V)			±40°(3 V)		
工作温度	0		+40	0		+40	℃
储存温度	−25		+60	−25		+60	℃
寿命		50 000			50 000		h

注: * 全显示。

2. LCD 的静态驱动原理

由于 LCD 必须由交流方波驱动,故其静态驱动常用"异或"门完成,如图 2.9.13(a)
所示。图中 A 为显示控制信号,B 为驱动方波,由方波发生器提供。S 为"异或"门 G 的输出,也是 LCD 的某一笔段,COM 为 LCD 所有段位的公共(衬底)电极。由于

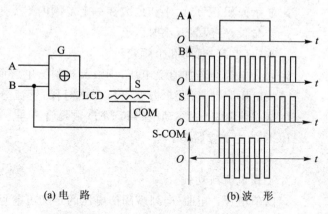

$$S=A\overline{B}+\overline{A}B$$

故 S 的波形如图 2.9.13(b)
所示。LCD S 笔段的显示与否取决于 S 与 COM 之间的电位差。由图可见,当 A=0
时,S-COM=0,液晶 S 笔段

(a)电　路　　　　　　　　(b)波　形

图 2.9.13　LCD 的静态驱动原理电路

不显示。A=1,S-COM 为交流方波,液晶 S 笔段显示。

笔划式 LCD 一般均由 BCD——七段 LCD 译码芯片如 4055、4543、4544 等驱动。也可用 MSI 的 ICM7211 等 4 位 LCD 显示驱动芯片驱动。这类 LCD 译码驱动器和 LED 译码器不同之处在于芯片内部有"异或"门,并且有驱动方波输入端(Ph)。

由于 LCD 为容性负载,驱动信号工作频率与功耗成正比,且频率太高,对比度会下降;太低,则产生闪烁。对于静态驱动而言,工作频率为 30~100 Hz,对下述的动态驱动,工作频率为 100~2 000 Hz。

3. 笔段式 LCD 的驱动

最常见的笔段式 LCD 为 8 段(含小数点)。其驱动特点如下:

① 必须使用 LCD 专用或 LED/LCD 兼容的 BCD-七段锁存器/译码器/驱动器芯片,如 CD4543。这类芯片其输入为 BCD 码,静态显示方式。

② 其小数点位,通常由异或门单独驱动。

③ 驱动方波可由各类张弛振荡器产生,为保证精确的为 50% 的占空比,以延长 LCD 的寿命,可在振荡器后用 T 触发器二分频,方波频率 100 Hz 左右。

4. 点阵字符型 LCD 驱动

对于 N 位静态显示的七段 LCD 而言,总的引出线数为 8N+1,对于 5×7 或 5×8 点阵字符(即一个字符由 5×7 或 5×8 个显示点构成)的 N 位 LCD,引脚数将高达 5×7×N+1 或 5×8×N+1。对于位数较多的七笔段 LCD 或点阵 LCD(即显示像素点众多时)必须采用矩阵动态驱动进行显示。一般来说,笔段或点为行线,笔

段或点所对应的衬底为列线。矩阵驱动大大减少了引线数,只是驱动信号要复杂一些。

　　图 2.9.14(a)为一个 2×2 LCD 点阵,可控制图中四个点的明暗,其中 A、B 为点阵列引出线,C 和 D 为行引出线。若要显示点阵中的 A-C 交叉点,则 A、D 施加幅度为 $V/2$ 的交流驱动脉冲,B 列为 0 电平,C 行施加 $-V/2$ 信号,如图(b)所示。A-C 点称为"选择点",A-D、B-C 称为"半选择点",B-D 称为非选择点。点阵四个交叉点的信号波形如图(c)所示。其中 A-D 为 0 电平,B-C、B-D 分别为反相、幅度 $V/2$ 交流方波。只有 A-D 是幅度为 V 的交流方波。若设计使 LCD 显示的阈电压在 $V/2$ 和 V 之间,则只有 A-D 对应点显示,其余三点不显示。上述这种方法又称时分 1/2 偏压法。除此之外常用的还有 1/3、1/4 等偏压法。1/3 偏和 1/4 偏电平为分三和四个等级。

　　动态驱动法中加入了偏压法使其更加完善,它不仅广泛用于点阵型液晶显示器件的驱动,也适合多背电极排布的笔段型液晶显示器件的驱动,此时也被称为多路寻址驱动法。

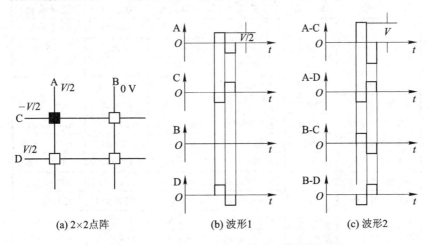

图 2.9.14　1/2 偏压 2×2 点阵 LCD 动态驱动原理图

　　当扫描行数 $N=1$ 时,动态驱动法就等于静态驱动法,即静态驱动法是动态驱动法的行数为 1 时的特例。由于静态驱动法没有交叉效应,所以也就没有偏压法的应用。

　　若不采用上述偏压法,而仅在选择点在第 (i,j) 上施反相的方波电压,而其他行、列不加电压,则选择点固然可以显示,非选择点不会显示,而其余的半选择点也有正或负方波电压存在,也有一点显示。这明显地降低了 LCD 的对比度(对比度=显示点亮度/非显示点亮度),此称为"效叉效应"。

　　双频驱动法是解决交叉效应的又一种方法。双频驱动法利用了液晶介电常数与驱动电压频率的相互关系。当驱动电压频率远低于介电转换频率时,可使液晶分子稳定在一种取向;当驱动电压频率远高于介电转换频率时,可使液晶分子稳定在另一种取向。这样可以使用两种不同的驱动电压频率来改变液晶显示器件上各显示像素的分子取向,使其达到显示的效果。使用低频驱动电压作为显示选择的驱动频率的双频驱动法称为低频选择的双频驱动法。此时高频驱动电压则用来消除背景显示影响。

同样,使用高频驱动电压作为显示选择的驱动频率的双频驱动法称之为高频选择的双频驱动法。此时低频驱动电压则用来消除背景显示影响。

点阵字符或点阵图形 LCD 除了采用动态偏压法之外,还将一个完整的驱动信号显示一个特定点阵,如 5×8 点阵的字符称为一帧。而一帧信号又被分为 N 段时间,每段时间的电平根据具体的驱动要求来决定。在 LCD 技术中被称为占空比(Duty Ratio)$=1/N$。故此时的信号幅度分为几个等级,一帧的时间也分为几段。常见 $N=16,32,64,128$ 等。这种复杂的波形只能由 LSI 专用驱动芯片产生。

表 2.9.7 为 UC 系列点阵字符 LCD 规格。这类 LCD 具有以下特点:

表 2.9.7　UC 系列点阵式字符液晶显示模块规格

型　号	规　格	字符尺寸	模块尺寸	孔　距	视屏面积
HDM-16116	16×1	3.20×5.55	80×36	76×31	63.5 13.8
UC-161-05	16×1	2.95×7.15	85×32.6	80×31	61×16
UC-162-09	16×2	2.96×5.56	80×30	77×24	63.5×15.8
UC-162-03	16×2	4.84×9.96	122×44	115×37	99×24
UC-164-01	16×4	2.95×5.56	87×60	82×55	61.8×25.2
UC-201-02	20×1	6.70×11.5	182×33.5	175×26.5	154×15.3
UC-202-06	20×2	3.24×5.55	95×30	92×24	80.3×15.8
UC-204-01	20×4	2.95×4.75	98×60	93×55	76×25.2
UC-241-01	24×1	3.07×6.56	126×36	121×31	100×13.8
UC-401-01	40×1	3.05×5.65	182×38.5	175×26.5	154×15.8
UC-402-04	40×2	3.2×5.55	170×31.5	164×23.2	151×14.2
UC-404-01	40×4	3.78×4.89	190×55	184×48	147×29.5

> 可显示内存的 192 种字符(包括 ASCII 码)和自编的 8 或 4 种字符。可以显示 1 行 16 个字符(16×1)到 4 行 40 个字符(40×4),每个字符可设为 5×7 或 5×10 点阵。
> 和 8 位单片机接口电路简单。
> 可由软件设置各种输入、显示、移位方式,以满足不同要求。
> 可由内部 RAM 存储 80 位屏幕字符。
> 功耗低,10~15 mW。
> 工作温度有 0~50 ℃和-20~+70 ℃两种。
> 工作寿命 50 000 h(25 ℃)。

表 2.9.8~表 2.9.12 分别为该类 LCD 的电参数、引脚、寄存器选择、显示位与

DDRAM 地址对应关系及字符编码表。

表 2.9.8 电参数

名　称	符　号	测试条件	标准值			单　位
			MIN	TYPE	MAX	
输入高电压	V_{IH}	—	2.2		VDD	V
输入低电压	V_{IL}	—	−0.3		0.6	V
输出高电压	V_{OH}	$I_{OH}=0.2$ mA	2.4		—	V
输出低电压	V_{OL}	$I_{OL}=1.2$ mA	—	2.0	2.4	mA
液晶驱动电压	$V_{DD}-V_{LCD}$	$Ta=0$ ℃		4.9		V
		$Ta=25$℃		4.7		
		$Ta=50$℃		4.5		

表 2.9.9 引脚功能

引脚号	符　号	名　称	功　能
1	V_{SS}	地	0 V
2	V_{DD}	电源	5×(1+50%) V
3	V_{LCD}	液晶驱动电压	$V_{DD}-V_{LCD}=4.5\sim4.9$ V
4	RS	寄存器选择	见表 2.8.10
5	R/W	读/写	H：读 L：写
6	E	使能	下降沿触发
7	DB_0		
⋮	⋮	8 位数据线	数据传送
14	DB_7		

表 2.9.10 寄存器选择功能

RS	R/W	操　作
0	0	指令寄存器写入
0	1	忙标志和地址计数器读出
1	0	数据寄存器写入
1	1	数据寄存器读出

表 2.9.11 显示位与显示数据寄存器(DDRAM)地址的对应关系

显示位		1	2	3	4	5	6	7	8	9	10	11	…	40
DD RAM 地址	第1行	00	01	02	03	04	05	06	07	08	09	0A	…	27
（十六进制）	第2行	40	41	42	43	44	45	46	47	48	49	4A	…	67

注：UC-161-05 模块1~8字符为 00~07;9~16 字符为 40~47。

图 2.9.15 为点阵字符 LCD 与 MCU 的硬件接口电路,图中 W 为对比度调节。运行 LCD 时必须先将 W 调至适当位置,字符才能正常显示。

表 2.9.13 和表 2.9.14 为此类 LCD 的字型和指令表。

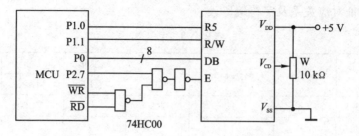

图 2.9.15　液晶模块与 MCU 的接口电路

表 2.9.12　字符编码、字符生成寄存器地址、自编字型关系

字符编码 (DD RAM数据)		CG RAM 地址		自编字形码 (CG RAM数据)	
7 6 5 4 3 2 1 0		5 4 3 2 1 0		7 6 5 4 3 2 1 0	
←高命令位　低命令位→		高命令位　低命令位		高命令位　低命令位→	
0 0 0 0 * 0 0 0		0 0 0	0 0 0 / 0 0 1 / 0 1 0 / 0 1 1 / 1 0 0 / 1 0 1 / 1 1 0 / 1 1 1	(字形点阵图案)	
0 0 0 0 * 0 0 1		0 0 1	0 0 0 / 0 0 1 / 0 1 0 / 0 1 1 / 1 0 0 / 1 0 1 / 1 1 0 / 1 1 1	(字形点阵图案)	
			0 0 0 / 0 0 1	(字形点阵图案)	
0 0 0 0 * 1 1 1		1 1 1	1 0 0 / 1 0 1 / 1 1 0 / 1 1 1	(字形点阵图案)	

表 2.9.13　字型表

低4位		高4位												
		0000	0010	0011	0100	0101	0110	0111	1010	1011	1100	1101	1110	1111
××××0000	CG RAM (1)													
××××0001	(2)													
××××0010	(3)													
××××0011	(4)													
××××0100	(5)													
××××0101	(6)													
××××0110	(7)													
××××0111	(8)													
××××1000	(1)													
××××1001	(2)													
××××1010	(3)													
××××1011	(4)													
××××1100	(5)													
××××1101	(6)													
××××1110	(7)													
××××1111	(8)													

表2.9.14　指令表

指令名称	指令码										说明	执行周期 $f_{CP}=250\ kHz$
	RS	R/W	DB7	DB6	DB5	DB4	DB3	DB2	DB1	DB0		
清屏	0	0	0	0	0	0	0	0	0	1	清除屏幕,置AC为0	1.64 ms
返回	0	0	0	0	0	0	0	0	1	*	设DD RAM地址为0 显示回原位	1.64 ms
输入方式设置	0	0	0	0	0	0	0	0	I/D	S	设光标移动方向并指定整体显示是否移动	40 μs
显示开关控制	0	0	0	0	0	0	1	D	C	B	设整体显示开关(D)、光标开关(C)、及光标位的字符闪耀(B)	40 μs
移位	0	0	0	0	0	1	S/C	R/L	*	*	设接口数据位数(DL),显示行数(L)、及字形(F)	40 μs
功能位置	0	0	0	0	1	DL	N	F	*	*	移动光标或整体显示、同时不变DD RAM内容	40 μs
CG RAM 地址设置	0	0	0	1	ACG						设CG RAM地址,设置后CG RAM数据被发送和接收	40 μs
DD RAM 地址设置	0	0	1	ADD							设DD RAM地址,设置后DD RAM数据被发送和接收	40 μs
读忙信号(BF)及地址计数器	0	1	BF	AC							读忙信号位(BF)判断内部操作正在执行并读地址计数器内容	0 μs
写数据 CG/DD RAM	1	0	写数据								写数据到CG或DD RAM	40 μs $T_{add}=6\ ns$
读数据 CG/DD RAM	1	1	读数据								读数据由CG或DD RAM	40 μs $T_{add}=6\ ns$
	I/D　1:增量方式;　0:减量方式 S　　1:移位 S/C　1:显示移位;　0:光标移位 R/L　1:右移;　0:左移 D/L　1:8位;　0:4位 N　　1:2TF;　0:1行 F　　1:5×10;　0:5×7 DF　　1:内部操作;　0:接收指令 RS　　寄存器选择 R/W　读/写											DD RAM:显示数据RAM CG RAM:字符生成RAM AC:用于DD和CG RAM地址的地址计数器	

5. 点阵图形 LCD

点阵图形液晶显示器按点阵的列、行数有 120×32、122×32、128×32、$128\times64^*$、128×128、160×32、160×128、192×64、192×128、240×64、$240\times128^*$、256×64 及 $320\times240^*$ 若干种,其中带 * 号者为常用品种。

显示器内部所带的控制器有 SED1520、HD61202、ST7920、KS010718、T6963C、SED1335 等,其中以 T6963C 应用较广。

CSTN(彩色超扭曲-向列型)由于省电,在手机、MP3 等便携式产品中应用广泛。TFT(Thin Film Technology)薄膜工艺 LCD 则从大尺寸的液晶电视、笔记本电脑到小尺寸 MP3 都有广泛应用。

LCD 的背光则有 LED、CCFL 等。其中 LED 背光源颜色常为黄绿色、蓝色。它的发光效率高,寿命长,驱动电压低(<5 V),电流较小,是目前小型点阵图形 LCD 应用最多的背光源。CCFL 背光颜色可为红、绿、蓝色,发光效率较 LED 低,需要大于 100 V 的交流电压驱动,亮度高,适于彩色显示。

(1) LCD 模块的构成

图 2.9.16 为以 T6963C 为控制器的 240×128 点阵图形 LCD 的框图。T6963C 接受来自外部的控制信号、数据和电源。它由两片列驱动芯片,分别驱动 LCD 点阵的 128 列;行驱动器驱动 240 行。LCD 模块内部附有一个 DC-DC 变换器,产生调节 LCD 对比度所需的负压 $V_{OUT}(V_{SS})$,$V_{OUT}\approx-25$ V。此款 LCD 选用 LED 背光,由于背光电压 <5 V,故外部供电需要用二极管或电阻降压,如 XRD240$\times$128A-AO。但是有的模块内部已经加了限流电阻,如 JD240 128-6/-5A-2,则无需 LED+、LED- 两个引脚,直接由 V_{DD}、V_{SS}(GND)供给整个模块即可。

各引脚的功能如下: $\overline{CE}$ 为片选,低电平有效;$\overline{WR}$、$\overline{RD}$ 为写/读线,低电平有效;$\overline{RST}$ 复位,低电平有效,常直接接电源;C/D 为指令、数据选择端,C/D=0,读/写数据,C/D=1,读/写指令;DB0~DB7 为数据线;FG LCD 金属外框架端,通常接地;V_{DD} 为+5 V 电源端;V_{SS} 为地端;$V_{OUT}(V_{EE})$为负压输出端;V_O 为 LCD 偏压输入端;LED+、LED- 为背光驱动。除以上引脚外,有时还有一个 FS 为字型选择端,FS=0,8×8 点阵(常用);FS=1,6×8 点阵。

表 2.9.15 是两种 240×128 LCD 引脚表,需要注意的是,不同点阵、不同厂家、不同型号 LCD 的引脚不尽相同,必须查阅相关资料。

(2) T6963C 的时序

欲编写 LCD 显示程序,必须先了解控制器的时序图和指令表。图 2.9.17 为 T6963C 的接口时序。

(3) T6963C 指令集

T6963C 的初始化设置一般由引脚设置完成,因此其指令系统将集中于显示功能的设置。T6963C 的指令可带一个或两个参数,或无参数。每条指令的执行都是

先送入参数(如果有),再送入指令代码。每次操作之前最好先进行状态字检测。T6963C 的状态字如下所示:

STA7	STA6	STA5	STA4	STA3	STA2	STA1	STA0

STA0 指令读/写状态   1:准备好   0:忙

STA1 数据读/写状态   1:准备好   0:忙

STA2 数据自动读状态   1:准备好   0:忙

STA3 数据自动写状态   1:准备好   0:忙

STA4 未用

STA5 控制器运行检测可能性   1:可能   0:不能

STA6 屏读/复制出错状态   1:出错   0:正确

STA7 闪烁状态检测   1:正常显示   0:关显示

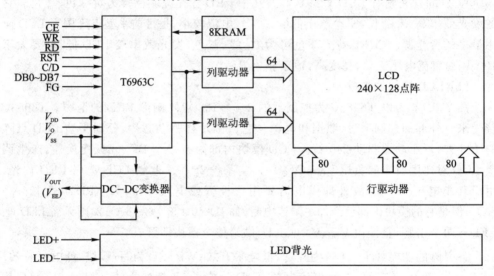

图 2.9.16   240×128 的典型方框图

表 2.9.15   LCD 引脚表

引 脚		1	2	3	4	5	6	7	8	9	10
型号	XRD240×128A	FG	GND	V_{DP}	V_O	$\overline{WR}$	$\overline{RD}$	$\overline{CE}$	C/D	$\overline{RST}$	D0
	JD240×128	FG	GND	V_{DD}	V_O	$\overline{WR}$	$\overline{RD}$	$\overline{CE}$	C/D	$\overline{RST}$	D0
引 脚		11	12	13	14	15	16	17	18	19	20
型号	XRD240×128A	D1	D2	D3	D4	D5	D6	D7	GND	V_{OUT}	NC
	JD240×128	D1	D2	D3	D4	D5	D6	D7	GND	NC	V_{OUT}

注: XRD240×128A 背光电源单独引出;JD240×128 背光电源内部限流,无相应引脚。

由于状态位作用不一样,故执行不同指令必须检测不同状态位。在 MPU 一次读/写指令和数据时,STA0 和 STA1 要同时有效,处于"准备好"状态。

当 MPU 读/写数组时,判断
STA2 或 STA3 状态。

屏读/复制指令使用 STA6。

STA5 和 STA7 反映 T6963C 内
部运行状态。

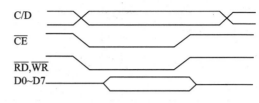

(4) T6963C 指令系统的说明

① 指针设置指令,格式如下:

| D1 | D2 | 0 | 0 | 1 | 0 | 0 | 0 | N2 | N1 | N0 |

图 2.9.17　T6963C 接口时序

D1、D2 为第 1、第 2 个参数,后一个字节为指令代码,根据 N0、N1、N2 的取值,
该指令为三种含义(N0、N1、N2 不能有两个同时为 1),见表 2.9.16。

表 2.9.16　指针设置指令含义

D1	D2	指令代码	功　能
水平位置 (低 7 位有效)	垂直位置 (低 5 位有效)	21H (N0=1)	光标指针设置
地址 (低 5 位有效)	00H	22H (N1=1)	CGRAM 偏置地址设置
低字节	高字节	24H (N2=1)	地址指针位置

光标指针设置:D1 表示光标在实际液晶屏上离左上角的横向距离(字符数),D2
表示纵向距离(字符行)。

CGRAM 偏置地址寄存器设置:设置了 CGRAM 在显示 64KB RAM 内的高 5
位地址,CGRAM 的实际地址为:

$$A15\ A14\ A13\ A12\ A11\ A10\ A9\ A8\ A7\ A6\ A5\ A4\ A3\ A2\ A1\ A0$$

偏置地址:　　C4　C3　C2　C1　C0

字符代码:　　　　　　　　　D7　D6　D5　D4　D3　D2　D1　D0

行地址指针:+)　　　　　　　　　　　　　　　　　R2　R1　R0

实际地址:　　V15　V14　V13　V12　V11　V10　V9　V8　V7　V6　V5　V4　V3　V2　V1　V0

地址指针设置:设置将要进行操作的显示缓冲区(RAM)的一个单元地址,D1、
D2 为该单元地址的低位和高位地址。

② 显示区域设置,指令格式为:

| D1 | D2 | 0 | 1 | 0 | 0 | 0 | 0 | N1 | N0 |

根据 N1、N0 的不同取值,该指令有四种指令功能的形式,见表 2.9.17。

表 2.9.17　显示区域设置指令格式

N1	N0	D1	D2	指令代码	功　能
0	0	低字节	高字节	40H	文本区首址
0	1	字节数	00H	41H	文本区宽度(字节数/行)
1	0	低字节	高字节	42H	图形区首址
1	1	字节数	00H	43H	图形区宽度(字节数/行)

文本区和图形区首地址对应显示屏上左上角字符位或字节位,修改该地址可以产生卷动效果。D1、D2 分别为该地址的低位和高位字节。

文本区宽度(字节数/行)设置和图形区宽度(字节数/行)设置用于调整一行显示所占显示 RAM 的字节数,从而确定显示屏与显示 RAM 单元的对应关系。

T6962C 硬件设置的显示窗口宽度是指 T6963C 扫描驱动的有效列数。需说明的是,当硬件设置 6×8 字体时,图形显示区单元的低 6 位有效,对应显示屏上 6×1 显示位。

③ 显示方式设置,指令格式为:

无参数	1	0	0	0	N3	N2	N1	N0

N3:字符发生器选择位。

N3=1 为外部字符发生器有效,此时内部字符发生器被屏蔽,字符代码全部提供给外部字符发生器使用,字符代码为 00H~FFH。

N3=0 为 CGROM 即内部字符发生器有效,由于 CGROM 字符代码为 00H~7FH。因此选用 80H~FFH 字符代码时,将自动选择 CGRAM。

N2	N1	N0	合成方式
0	0	0	逻辑"或"合成
0	0	1	逻辑"异或"合成
0	1	1	逻辑"与"合成
1	0	0	文本特征

N2~N0:合成显示方式控制位,其组合功能见右表。

当设置文本方式和图形方式均打开时,上述合成显示方式设置才有效。其中的文本特征方式是指将图形区改为文本特征区。该区大小与文本区相同,每个字节作为对应文本区的每个字符显示的特征,包括字符显示与不显示、字符闪烁及字符的"负向"显示。通过这种方式,T6963C 可以控制每个字符的文本特征。文本特征区内,字符的文本特征码由一个字节的低 4 位组成,即:

D7	D6	D5	D4	D3	D2	D1	D0
*	*	*	*	d3	d2	d1	d0

d3:字符闪烁控制位,d3=1,为闪烁;d3=0,为不闪烁。

d2～d0 的组合见右表：

d2	d1	d0	显示效果
0	0	0	正常显示
1	0	1	负向显示
0	1	1	禁止显示,空白

启用文本特征方式时,可在原有图形区和文本区外,用图形区域设置指令另开一区作为文本特征区,以保持原图形区的数据。显示缓冲区可划分如下。

单屏结构：

SAD1	图形显示区	显示
SAD1	文本特性区	缓冲区
SAD2	文本显示区	RAM
	CGRAM(2K)	

④ 显示开关,指令格式如下：

无参数	1	0	0	1	N3	N2	N1	N0

N0：1/0,光标闪烁启用/禁止；

N1：1/0,光标显示启用/禁止；

N2：1/0,文本显示启用/禁止；

N3：1/0,图形显示启用/禁止。

⑤ 光标形状选择,指令格式如下：

无参数	1	0	1	0	0	N2	N1	N0

光标形状为 8 点(列)×N 行,N 的值为 0～7H。

⑥ 数据自动读/写方式设置：

无参数	1	0	1	1	0	0	N1	N0

该指令执行后,MPU 可以连续地读/写显示缓冲区 RAM 的数据,每读/写一次,地址指针自动增 1。自动读/写结束时,必须写入自动结束命令以使 T6963C 退出自动读/写状态,开始接收其他指令。

N1、N0 组合功能见下表：

N1	N0	指令代码	功　能
0	0	B0H	自动写设置
0	1	B1H	自动读设置
1	*	B2H/B3H	自动读/写结束

⑦ 数据一次读/写方式,指令格式如下：

D1	1	1	0	0	0	N2	N1	N0

D1 为需要写的数据,读时无此数据。

N2、N1、N0 组合功能见下表:

N2	N1	N0	指令代码	功　能	N2	N1	N0	指令代码	功　能
0	0	0	C0H	数据写,地址加 1	0	1	1	C3H	数据读,地址减 1
0	0	1	C1H	数据读,地址加 1	1	0	0	C4H	数据写,地址不变
0	1	0	C2H	数据写,地址减 1	1	0	1	C5H	数据读,地址不变

⑧ 屏读,指令格式为:

无参数	1	1	1	0	0	0	0	0

该指令将屏上址指针处文本与图形合成后显示的一字节内容数据送到 T6963C 的数据栈内,等待 MPU 读出。地址指针应在图形区内设置。

⑨ 屏复制,指令格式为:

无参数	1	1	1	0	1	0	0	0

该指令将屏上当前地址指针(图形区内)处开始的一个行合成显示内容复制到相对应的图形显示区的一组单元内,该指令不能用于文本特征方式下或双屏结构液晶显示器的。

⑩ 位操作,指令格式为:

无参数	1	1	1	1	N3	N2	N1	N0

该指令可将显示缓冲区某单元的某一位清 0 或置 1,该单元地址当前地址指针提供。

N3=1,置 1;N3=0,清 0。

N2~N0:操作位,对应该单元的 D0~D7 位。

(5) 点阵图形 LCD 与 MCU 的硬件接口

图 2.9.18 为点阵图形 LCD 与 MCU 的接口电路。图 2.9.18(a)为总线方式(又称直接访问方式),指令读/写地址为 7FFFH,数据读/写地址为 8EFFH。图(b)为 I/O 口接口方式(又称间接访问方式)。

(6) 字模提取

点阵图形 LCD 显示所需的英文字符可以从模块内 128 字的字符产生 CGROM 中直接地址码提取,也可以和汉字一样由字模提取软件提取。本书附录的资料中给出了一种字模提取软件——中英文字模提取.rar。

在解压该软件以后,首先运行 HZDot reader. exe,进入设置界面。按"设置",选择"取模字体":选择点阵数,汉字一般均为 16×16 点阵,共 32 字节。点阵数决定了字体大小。其次应选择字体。再选择"中英文混合输出"。再选择"取模方式":其中

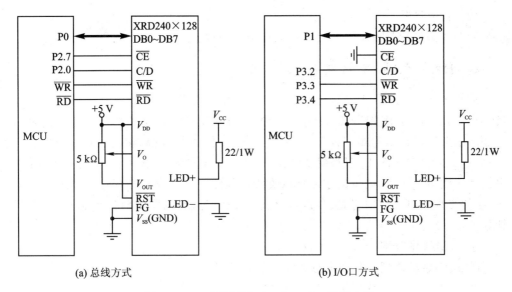

(a) 总线方式　　　　　　　　　　　(b) I/O 口方式

图 2.9.18　点阵图形 LCD 与 MCU 接口电路

"取点方式"一般均为"横向 8 点左高位"。"字节排列"常用的有两种:"(先)上到下,(后)左到右",如图 2.9.19(a)所示。另一种为"(先)左到右,(后)上到下",采取哪种排列,由汉字显示编程决定。所附的 T6963C 汉字显示程序为"(先)上到下,(后)左到右"取模。"输出设置"有汇编语言或 C 语言两种格式供选择。点击"字",显示文字输入界面。如果输入的是数字或英文字母,形成的是半角字符。取模后,可以.dot 的格式存在指定的路径。资料所附 HD61202 汉字显示程序要求的取模方式如图 2.9.19(b)所示,即所谓"纵向 8 点低高位,左到右,上到下"。

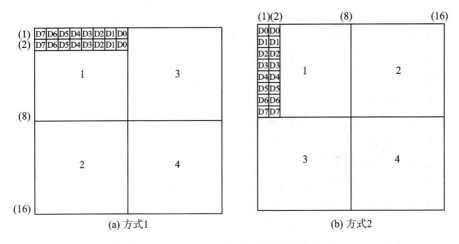

(a) 方式1　　　　　　　　　　　(b) 方式2

图 2.9.19　16×16 汉字点阵的取模方式

取模时还需选择输出是"汇编格式"还是"C 格式"等。

(7) 显示程序

T6963 图形液晶显示器的程序可以在网上获取。

6. HB9188A 智能液晶显示器

近年液晶显示器已出现不少以 ARM 为核心的智能型液晶显示器,其中 HB9188 系列就是比较典型的代表。它以 HB9188 控制模块为核心,使其具有 T6963 图形液晶显示器难以匹敌的许多优点,突出的有:电源和现时许多 MCU 匹配;可以直接接口至多 16 只按键 MCU;可以直接读取键值,无须去抖;9 600 bps 的串口使连线减至 4 根;内置的字库可以直接在程序中以字符形式书写,大大简化了程序;字体多样,方便挑选;背光、复位、对比度可软件控制;内置环境温度测量等。其特性如下:

① 电源操作范围:2.4~3.6 V;

② 点阵显示范围:12832~320×320;

③ 提供 8 位并行及标准 UART 接口;

④ 自动复位和指令复位功能;

⑤ 图片显示及动画功能;

⑥ 绘图及文字画面混合显示功能;

⑦ 软件控制背光开启及闭合;

⑧ 低功耗省电设计(微安级);

⑨ 模组自带自检功能便于生产;

⑩ 提供 WATCH DOG 功能;

⑪ 自带 16 个键盘接口;

⑫ 同时内置 16×16 和 12×12 点阵 GB2312 一、二级简体汉字;

⑬ 8×8,5×7,以及 8×16,6×12 半角标准 ASCII 字符点阵;

⑭ 3×5 点阵,用于显示大量数据的场合;

⑮ 9×16 和 6×12 粗体点阵,用于电话号码显示;

⑯ 可直接受控于 RS232 口,用于远端显示;

⑰ 自动温控功能保证在极低温底下正常工作;

⑱ 强大的任意区域移位,闪烁,清除,反显功能;

⑲ 集成度高,降低生产成本,性价比优越;

⑳ 任一款产品均提供 12×12,16×16,24×24,32×32,48×48,48×64 一直到 64×64 的粗体中文字库(均可同屏显示)。

图 2.9.20(a)为和 MCU 串口接口电路,(b)为并口接口电路。

图 2.9.21 为 HB9188A 的按键接口电路。为可靠起见,图中各 10 kΩ 电阻可选用 ±1‰ 误差的。

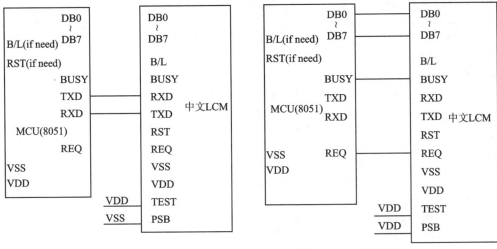

（a）串口接口　　　　　　　　　　　　（b）并口接口

图 2.9.20　HB9188A 与 MCU 接口电路

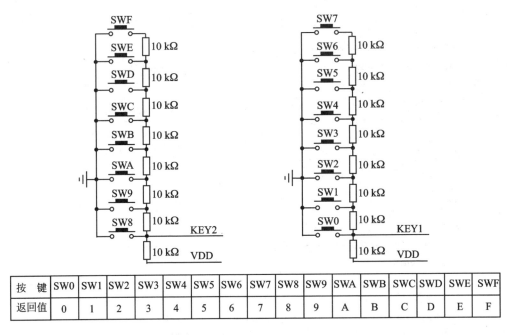

按　键	SW0	SW1	SW2	SW3	SW4	SW5	SW6	SW7	SW8	SW9	SWA	SWB	SWC	SWD	SWE	SWF
返回值	0	1	2	3	4	5	6	7	8	9	A	B	C	D	E	F

图 2.9.21　HB9188A 按键接口电路

　　下面给出了一段 HB240128M1A 液晶显示器的程序,它可以在指定位置显示 $16 \times$ 16 和 8×16 的 ASCII 字符串,并显示 5 个按键(SW0～SW4)的键值。MCU 使用的是 Silicon 51 核的 C8051F410 芯片。

```
/ ***************HB240128 液晶测试程序 ****************************
Name:HB240128 液晶测试程序
Author:                        Version:1.0
Time: 2013
Tool: keil51
Spilication: 1、MCU:C8051F410,内部时钟:12.25 MHz
             2、HB240128M1A,串口,5 只键,KEY1 输入,SW0~SW4
             3、串口速率:9 600 bps
***************海比邻液晶串口模式***********************/
//-----------------------------------------------------------
// Includes      Functions
//-----------------------------------------------------------
# include <c8051f410.h>              //SFR declarations
# include <math.h>
# include "HB240128.h"               //HB240128 头文件
//-----------------------------------------------------------
// Global CONSTANTS
//-----------------------------------------------------------
#define uint   unsigned int
#define uchar unsigned char
#define ulong unsigned long
//-----------------------------------------------------------
// Function PROTOTYPES
//-----------------------------------------------------------
void   UART_Init (void);
void   PORT_Init (void);
void   Timer_Init (void);
void   Interrupts_Init();
//-----------------------------------------------------------
// MAIN Routine
//-----------------------------------------------------------
void main (void)
{
    PCA0MD &= ~0x40;             //WDTE = 0 (clear watchdog timer)
    PORT_Init();                 //Initialize Port I/O
    OSCICN = 0x86;               //内部时钟:12.25 MHz
    UART_Init();
    Timer_Init ();
    ES0 = 1;
    EA = 1;
    Screen_Con(0xEF);            //液晶复位
    Screen_Con(0xF4);            //全屏清屏
```

```
        Display_StrChar(0xE9,2,6," HB240128 液晶测试");  //在第 2 行,第 6 列混合显示
                                                          //16×16、8×16 字符串
        Display_StrChar(0xE9,5,10,"键值:  ");  //在第 5 行,准备显示键值
        while (1);                             //循环等待键中断
}
/ * * * * * * * * * * * * * * * * * * * * * * * * * *
 SerialInterrput()
 The Tnterrupu for UART
按键后,显示键值:0～4
* * * * * * * * * * * * * * * * * * * * * * * * * * * * * */
void SerialInterrupt(void) interrupt 4
{
    uchar Key_value;
    Key_value = SBUF0 + 0x30;
  Display_OneChar_0toZ(0XE3,5,16,Key_value);  //在第 5 行第 16 个字的位置,显示键值
}
// ------------------------------------------------------------------
// PORT_Init
// ------------------------------------------------------------------
void PORT_Init (void)
{
    XBR0      = 0x01;                    //定义串口为 UART0,P0.4 - TX0,P0.5 - RX0
}
void Timer_Init()
{
    TMOD      = 0x20;
    CKCON     = 0x01;                    //T1 8 位自动重装,模式 2
    TH1       = 0x60;                    //充填值使 baut = 9600bps
    TR1 = 1;                             //开 T1
    TI0 = 0;
}
void UART_Init()
{
    SCON0     = 0x10;                    //串口 UART0 工作在 8 位 UART,允许 TI0,RI 中断
}
// ------------------------------------------------------------------
// End Of File
// ------------------------------------------------------------------
```

HB240128 头文件程序:

```
# include "HB240128.h
# ifndef __HB240128_H_
```

```
# define __HB240128_H_
# include "HB240128.c"
# include "C8051f410.h"
# define off          0                    // backlighting off
# define on           1                    // backlighting on
# define uint   unsigned int
# define uchar unsigned char
# define ulong unsigned long
extern void KEY_OnOff(uchar command) reentrant;
extern void Delay_ms(int N) reentrant;
extern void put_char(uchar a);
extern void put_str(uchar * str);
extern uchar get_char(void);
extern void Display_OneChar_0toZ(uchar command,uchar x,uchar y,uchar C_ASCII)
reentrant;
extern void Display_StrChar(uchar command,uchar x,uchar y,uchar * p) reentrant;
extern void Display_Lin(uchar command,uchar x,uchar y,uchar typ1,uchar typ2,uchar lon)
reentrant;
extern void Screen_Con(uchar command) reentrant;
extern void Display_cursor(uchar command);
# endif
```

HB240128.C 程序(略去了头文件中的一些函数):

```
# define off          0                    // backlighting off
# define on           1                    // backlighting on
# define uint   unsigned int
# define uchar unsigned char
# define ulong unsigned long
void put_char(uchar a)                      //送 1 个字节到 USRT
{
    ES0 = 0;                                //关中断
    TI0 = 0;
    SBUF0 = a;
    while( TI0 = = 0 );
    TI0 = 0;
}
uchar get_char(void)                        //从 USRT 读 1 个字节
{
    uchar a;
    RI0 = 0;
    while(RI0 = = 0);
    a = SBUF0;
```

```
        RI0 = 0;
        ES0 = 1;                            //开中断
        return a;
}
void Display_OneChar_0toZ(uchar command,uchar x,uchar y,uchar C_ASCII) reentrant
//送 1 个 ASCII 字符到 X,Y 点
{
        uchar ch,i;
        KEY_OnOff(off);
        for(i = 0;i<3;i++ )
        {
            put_char(command);
            put_char(x);
            put_char(y);
            put_char(C_ASCII);
            ch = get_char();
            if (ch! = 0xCC)
                Delay_ms(10);
            else
            {
                KEY_OnOff(on);
                break;
            }
        }
}
// ***********************************************
void Display_StrChar(uchar command,uchar x,uchar y,uchar * p) reentrant
//0xE9  行位置 0~7 ,列位置 0~14,中文代码 ASCII 代码 结束符
//0xEB  行坐标 0~112,列坐标 0~232,中文代码 ASC2 代码 结束符
{
        uchar ch,i;
        KEY_OnOff(off);
        for(i = 0;i<3;i++ )
        {
            put_char(command);
            put_char(x);
            put_char(y);
            while(( * p)! = '\0'){put_char( * p);p++ ;}
            put_char(0x00);
            ch = get_char();
            if (ch! = 0xCC)
                Delay_ms(10);
```

```
                else
                {
                    KEY_OnOff(on);
                    break;
                }
            }
        }
// *********************************************************
    void Display_Lin(uchar command,uchar x,uchar y,uchar typ1,uchar typ2,uchar lon)
reentrant //0xC5  行坐标 0～127  列坐标 0～239  图片信息
        {
            uchar ch,i;
            KEY_OnOff(off);
            for(i = 0;i<3;i ++ )
            {
                put_char(command);
                put_char(x);
                put_char(y);
                put_char(typ1);
                put_char(typ2);
                put_char(lon);
                ch = get_char();
                if (ch! = 0xCC)
                    Delay_ms(10);
                else
                {
                    KEY_OnOff(on);
                    break;
                }
            }

        }
// *********************************************************
    void Screen_Con(uchar command) reentrant    //0xF4 0xF5 0xF6 0xF7 0xF8 0xFA 0xE5,屏显命令
        {
            uchar ch,i;
            KEY_OnOff(off);
            for(i = 0;i<3;i ++ )
            {
                put_char(command);
                ch = get_char();                    //等待返回值
                if (ch! = 0xCC)
```

```
        Delay_ms(10);
    else
    {
        KEY_OnOff(on);
        break;
    }
    }
}
```

小　结

① 所有电子元器件的选择均应满足系统电性能及结构的要求,适当地减额使用,并保证性能/价格比。

② 常用固定电阻器以金属膜电阻电性能最优,民用产品则多用价格较低的碳膜电阻。设计电阻器时至少必须确定其标称阻值、允许误差和额定功率。可数字控制其阻值的数字电位器常用做放大器增益控制、数控衰减器等。

③ 电子系统当前最常用的小容量固定电容器为瓷介独石电容(CT4－低频、CC4－高频)。大容量最普遍的是铝电解电容。电容器设计时必须电压减额,定型时至少应确定其标称容量、允许误差和工作电压。

④ 系统选用晶体管时应根据其实际工作频率,工作电压、电流、功率,电流放大系数或跨导,输入阻抗等确定选用单极性 MOS 管还是双极性晶体管,是小功率管还是中、大功率管,是低频管还是高频管等。一般以 9000 系列晶体管应用最广。

⑤ 表面贴装电阻器、电容器、电感器等不但体积小,适合小型电子产品要求,而且高频性能也比较好。选用时需特别注明外形代号。

⑥ 光电耦合器是一种电光转换器件,能有效地隔离地电流。常用于电子系统的输入和输出端进行信号传递同时隔离地。传送数字信号可直接使用普通光电耦合器,但要注意频率和开关速度的要求。传递模拟信号则必须采用线性光电耦合器。

⑦ 继电器是强－弱电接口的重要器件。电磁继电器价格较低,但动作速度慢,常产生火花干扰,寿命较短。固态继电器输入驱动更直接,无火花干扰,寿命长,但价格较贵。设计使用继电器时必须注意输入端参数与输出端参数。

⑧ CMOS 数字器件输出高、低电平的驱动能力较差,其余器件一般高电平驱动能力差,低电平驱动能力强得多。设计系统时应尽量采用输出低电平驱动。常见负载 LED、继电器、扬声器等应根据负载特性选用相适合的驱动方式。

⑨ 电子系统中的显示器件以 LED 和 LCD 应用最广泛。前者使用时必须限流。LED 静态显示亮度高,占用 MCU 时间短,使用器件较多;动态显示亮度较低,占用 MCU 时间长,使用的器件少。LCD 品种繁多,性能优良,特别是微功耗使其在便携电子产品中获得广泛应用。LCD 必须用交流方波驱动,故必须使用与其相配的译码

器或专用驱动芯片。点阵字符或图形 LCD 由专用驱动芯片动态驱动,通常均需由 MCU 等器件软件控制其运行。

设 计 练 习

1. 利用高亮 LED 设计一个由 220 V 交流供电的微型照明灯。(市场上销售的 ~220 V LED 微型照明灯,由 1~4 只 LED 组成,利用 R、C 降压。试验此电路时,注意用电安全。)

2. MC14433 是一片 $3\frac{1}{2}$ ADC,设其基本量程 200 mV,输入电阻 1 000 MΩ。若将其量程扩展至 2 V 和 20 V,要求换挡误差在 ±1% 内,试设计一个量程扩展电路。

3. ICL7135 是一片 $4\frac{1}{2}$ 的 ADC,其参考电压要求 $V_R=1.000$ V,基准电压源若采用 MC1403($V_o=2.5$ V),试设计一个提供符合 V_R 要求的电路(自行查阅 MC1403 有关资料)。

4. 某模拟示波器的输入电阻为 1 MΩ,输入电容为 10 pF,试为其设计一个 10∶1 的探极。

5. 要数控 $V_{PP}=5$ V 正弦信号的幅度,步进 0.1 V,请用数字电位器完成这一功能,并请设计出相应的控制电路。

6. 图 2.2.2(a)为 RC 交流耦合放大电路,设晶体管的 $r_{be}\approx10$ kΩ,信号的频率范围为 0.02~20 kHz,试选择耦合电路的参数。

7. 试为上述 T_2 管设计一个 LC 去耦滤波电路,设电源内阻 $r\approx0.1$ Ω,流过电源交流电流的有效值 100 mA,希望传递到 T_2 管的交流成份是电源两端的 1/100,设信号为音频。

8. 试为 2.9 节 LCD 液晶显示器所需的驱动方波设计一个 $f=100$ Hz 的产生电路,要求其 DR(占空比)=50%±0.1%。

9. 某全桥整流电路,如图 2.4.1(a)所示。其平均整流电流 0.5 A,变压器次级绕组的 $V=9$ V,试为其选择相应的整流元件。

10. 试利用晶体管为某数字部件设计一个反相的电平转换器,要求 $V_i=0.3$~3.4 V,输出 $V_O=12$~0 V($R_L=\infty$)。若输入的为一理想的负阶跃信号,负载电阻为 10 kΩ,负载电容为 50 pF。$t_r<1$ μs,试为其选择合适的晶体管和集电极负载电阻。

11. 图 2.9.8 为 LED 动态驱动电路。若为 6 只 LED 管,LED 每段笔划的 $I_F=10$ mA,试将该电路中的 6 只晶体管改为晶体管阵列驱动,并重新计算上拉电阻值(考虑阵列管的饱和压降)。

12. 试用继电器为切换开关,为第 2 题设计一个量程自动转换电路(若要设计完整的电路请参阅 MC14433 相关资料)。

13. 图 2.6.5(b)中设 $V_{CC1}=V_{CC2}=5$ V，CMOS 输出为 $f=1$ kHz 的方波，要求 V_o 的 t_r、$t_f<5$ μs，试为其选择相应元件的参数，设 T 的 $\beta_{饱和}\approx20$。

14. 某一强直流电回路的电流范围为 $0\sim30$ A，电流传感器为 30 A，75 mV，试利用线性光电耦合器将直流电流转换为 $0\sim3$ V 的直流电压，设计相应电路。

15. 试为 OBO‑1203C‑A_2 型蜂鸣器设计一个 CMOS 高电平驱动电路。

16. 试为 NBA 设计一个 24 s 倒计时器，包括秒发生器，24 s 倒计数电路，0.5 英寸的 LED 数码管以及相应的译码、驱动。要求具有前零消隐功能，用何种器件（SSI、ASIC 或 MCU）不限。

17. 若将上述电路改为电池供电和 LCD 显示，试设计相应电路。

18. 试为某小型廉价的电子产品设计一款由 ~220 V 供电，为 $+5$ V，20 mA 负载供电的电源。为降低成本和体积，不使用电源变压器。

第3章 模拟电路设计

随着数字技术的突飞猛进,即使是一些传统模拟电子技术经典应用的场合,例如音响设备,也已经数字化了。然而我们周围的物理世界本来就是模拟的,电子技术需要测量和控制的很多信号还是模拟的,因此许多电子系统是一个模拟-数字的混合体。

由于数字技术的高精度、高可靠性,使得模拟-数字混合电子系统的性能,往往取决于模拟电路。特别是在速度和功率成为重要因素的时候,模拟电路则更显优势。

总之,"倘若你无法用数字的方法来实现的话,它就可以用模拟的方式来实现",更何况当前令许多电子工作者往往感觉困难的恰恰不是数字技术,而是模拟技术。

本章将介绍基于运算放大器和模拟集成电路的常用模拟电路设计的基本知识。

3.1 运算放大器的基本特性

1. 运算放大器的特性参数

理想运算放大器(以后简称"运放")是分析和设计运放应用电路的基础。

图 3.1.1(a)为理想运放的示意图。UA741(μA741)是 TI 公司最早生产而且得到广泛应用的运放,以它作为实际运放的代表是有意义的,尽管在许多应用电路里,它已被性能更优越的器件所取代。与理想运放明显不同之处仅在于多了两个失调电压调整端(OFFSET)和一个调整电位器 W。失调电压调整范围±15 mV。

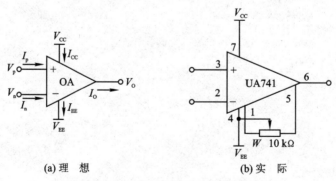

(a) 理想   (b) 实际

图 3.1.1 理想与实际运算放大器

表 3.1.1 列出这两种运放的特性。表中大信号开环增益

$$A_o = \frac{V_o}{V_p - V_n} = \frac{V_o}{V_d}$$

开环增益直接影响运算精度和许多特性指标,A_o 越大越好。理想运算放大器 $A_o = \infty$。

输入偏置电流 I_{IB},表示了运放输入端正常工作时需提供的偏置电流,

$$I_{IB} = \frac{I_p + I_n}{2}$$

它间接反映了运放芯片的输入电阻。I_{IB} 越小,输入电阻越大,芯片的温漂和运算精度愈高。理想运放 $I_p = I_n = 0$,$I_{IB} = 0$。

表 3.1.1　理想与实际运算放大器特性($T_A = 25\ ℃$,$V_{CC} = \pm 15\ V$)

符　号	特　性	理想运算放大器	UA741
A_o	大信号开环增益	∞	200 V/mV 200 000 106 dB
I_{IB}	输入偏置电流	0	20 nA
V_{IO}	输入失调电压	0	1 mV
r_{id}	差模输入阻抗	∞	2.0 MΩ
r_o	输出阻抗	0	75 Ω
BW	带宽	∞	1.5 MHz
SR	转换速率	∞	0.5 V/μs
V_{CC} V_{SE}	电源电压	无限制	± 22 V
P_D	总功率损耗	0	50 mW
V_{OP}	输出电压摆幅	$V_{SS} \sim V_{EE}$	± 14 V
CMRR	共模抑制比	∞	90 dB

输入失调电压 V_{IO} 反映了运放芯片本身输入级差分对管的对称程度,所以当 $V_I = V_p - V_n = 0$ 时,$V_o \neq 0$。为了使 $V_o = 0$,等效在输入端施加的补偿电压(失调补偿调零电位器不起作用时)即为 V_{IO}。V_{IO} 越小越好,理想运放 $V_{IO} = 0$。

差模输入电阻 r_{id} 指的是输入端加入差模信号时,运放芯片的输入端呈现的电阻。r_{id} 愈大,意味着从信号源(或前级电路)提取的电能愈小,对信号源影响愈小。也就是 r_{id} 对信号源而言,就相当于它的负载。理想运放的 $r_{id} = \infty$。

理想运放输出电阻 $r_o = 0$。理想闭环电路 $r_o = 0$,r_o 表征器件对负载的驱动能力。

带宽 BW 又称单位增益带宽或增益带宽积,指的是当运放的闭环增益为 1(即 0 dB)时的带宽,如图 3.1.2 所示。一般增益与带宽的乘积为一常数,故闭环增益越高,实际运放电路的带宽越小。运放的 BW 主要由芯片内部的器件与电路决定。理想运放的 BW $= \infty$。

转速速率 SR 亦称"压摆率",反映了运放对输入信号的响应速度,即输出信号对时间变化的斜率:

$$SR = \left| \frac{\mathrm{d}V_\mathrm{o}}{\mathrm{d}t} \right|_{\max}$$

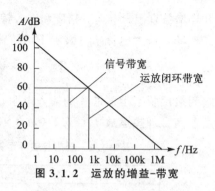

图 3.1.2　运放的增益-带宽

输入信号变化斜率小于 SR 时,输出信号才能线性地跟随输入信号变化。或者说,SR 是输出信号上升或下降斜率的极限值。SR 越大,输出信号的跳变越快。理想运放的 SR=∞。

BW 和 SR 都是描述运放高频性能的指标,前者为频域指标,后者为时域指标而已。所以一般来说,BW 愈大,SR 也愈大。

注意:根据器件的 BW 和闭环增益计算出来的带宽,一般均比实际加信号时的带宽明显低,特别在大信号输入时。大信号往往还要受 SR 的制约,这一点在图 3.1.2 中有所表示。

运放的双极性供电电源 V_CC、V_EE,对理想运动是不受限制的,但对于实际运放都有一个极限值,例如 μA741 为 ±22 V。多数运放实际应用时 V_CC、V_EE < ±18 V。

理想运放是不消耗电能的,即 $P_\mathrm{C}=0$。实际运放根据芯片所用的器件和电路有一个最大功率耗散值,不同运放差异明显。

理想运放输出电压的摆幅可达 V_CC、V_EE,实际运放(除了轨-轨运放外),多数输出摆幅只能达到 V_CC、V_EE 的 70%～90%,即在输出信号幅度规定的摆幅之内可以线性跟随输入信号变化,超出则产生限值。

共模拟制比 CMRR 反映了芯片对共模信号的抑制能力。

$$\mathrm{CMRR} = 20\lg \left| \frac{A_\mathrm{od}}{A_\mathrm{oc}} \right| \ (\mathrm{dB})$$

式中,A_od 为开环差模信号增益,A_oc 为开环共模信号增益,CMRR 愈大意味着芯片温漂愈小,抗共模干扰信号的能力愈强。理想运放 CMRR=∞。

除了上述参数外,常用的参数还有:输入噪声(V_n),单位 $\mathrm{nV}/\sqrt{\mathrm{Hz}}$,电源抑制比PSRR,单位 dB;静态电源电流等。

2. 运算放大器的一个重要特性——三"虚"

对于任何运放芯片都有

$$V_\mathrm{d} = V_\mathrm{p} - V_\mathrm{n} = V_\mathrm{o}/A_\mathrm{o}$$

对于理想运放而言,由于 $A_\mathrm{o}=∞$,故 $V_\mathrm{d}=0$,即 $V_\mathrm{p}=V_\mathrm{n}$。

对于实际运放芯片而言,$V_\mathrm{OP}=V_\mathrm{CC}-V_\mathrm{EE}$ 为有限值,而 A_o 则接近∞,所以

$$\lim_{A_\mathrm{o} \to \infty} V_\mathrm{d} = 0$$

即 $V_\mathrm{P} \approx V_\mathrm{n}$。以 LM741 而言,按照表 3.1.1 的参数,$V_\mathrm{d}=0.14\ \mathrm{mV}$,即 V_P 和 V_n 相差甚微,即电位差近似为 0,而电位基本相等。

由于运放的 I_P、$I_\mathrm{n} \approx 0$(**"虚断"**),即输入端相当于开路,故两个输入端可视为"虚

短路(**虚短**)"。其含义是：两个输入端在电气上可以视为短路,但是实际上并没有被真正地短接。

当把运放加入负反馈构成反相输入方式时,由于同相输入端接地,故反相输入端也应该与之同电位,从而导出的另一基本特性"**虚地**"。"**虚地**"是"**虚短**"的特殊情况。

"虚短"是分析与设计运放应用电路的基础。

值得提出的是,"虚短"是运放线性应用的基本特性,因为运放不工作在限幅状态。而非线性应用时,则 V_p 和 V_n 未必相等。

当把运放看做一个节点时,由于 $I_p = I_n = 0$,则必然有

$$I_{CC} + I_{EE} + I_o = 0$$

即运放的输出电流 I_o 是由电源电流所提供的,这是运放另一重要特性。

3. 几类常用的运算放大器

(1) 通用型运算放大器

通常型运放电特性一般,但价格低廉,典型代表有(UA741) LM741、LM124/224/324(单、双、四运放封装),其特性如表 3.1.2 所列。其中单运放通常带有失调补偿调整端。此类运放电气性能一般,常用于低价位电子产品。

(2) 低失调、低漂移运算放大器

此类运放的电性能比通用型的要高,特别是失调电压要小得多,增益带宽积较高,其代表有 OP07/OP27/OP37,它们都是单运放封装,其特性参阅表 3.1.2。此类运放常用在要求较高的电路。

(3) 低输入偏压电流运算放大器

此类运放芯片内部输入为 MOS 管,故 I_{IB} 很小,输入电阻 r_{id} 很高。其代表有 TL081/082/084、OPA656、CA3140、AD594 等。此类运放常用于高输入阻抗级。其中 AD549 由于超低的 I_{IB}(fA),常用于微弱电流测量。

(4) 斩波稳零型运算放大器 ICL7650

ICL7650 采用大规模集成工艺,输入级使用了 MOSFET,输入电阻达 $10^{12}\Omega$。电路采用斩波自动稳零及调制与解调(200 Hz)等措施,使 V_{IO} 小至 1 μV,温度漂移也很小,应用时无须失调调整,十分方便。特别适用于微弱信号放大。

图 3.1.3(a)为 7650 内部结构。MAIN 为主运放,NULL 为调零运放,A、$\overline{A}$、B、C 为四个电子开关,C_{EXTA}、C_{EXTB} 为外接电容端。这两个电容器用于存储调零信号和必需的调零环路的时间常数。在内部或外部时钟控制下,通过电子开关的切换分两阶段工作。在时钟高电平期间,电子开关 A、B 导通,$\overline{A}$、C 断,电路处于零误差检测及存储阶段;在时钟低电平阶段,A、B 断开,$\overline{A}$、C 导通,进行动态校零和信号放大。CLAMP 为输出箝位端,可开路或和＋INPUT 连接。INT/$\overline{EXT}$ 为时钟信号选择端。当接 V_- 时,需从 EXT/CLKIN 加入外接时钟,通常在开路或接 V_+ 时,使用内部时钟。图 3.1.3(b)为 7650 的两种封装形式。

表 3.1.2　几类常用运算放大器特性参数

类型、特点	型号	厂家	A_o	I_{IB}	r_{id}	V_{IO}	BW	SR	CMRR	r_o	V_{CC}/V_{EE}	V_{OP}	I_{CC}	P_C	备注
通用、价廉、可单双电源供电	LM324	TI, Fairchild	100 V/mV	20 nA		3 mV			80 dB		3~30 V	28 V		900 mW	可单/双电源供电
低失调低漂移	OP07	TI, AD	500 V/mV	9.7 nA	60 MΩ	10 μV	6 MHz	3 V/μs	126 dB	60 Ω	±3~18 V			75 mW	
	OP37	TI, AD	1 200 V/mV	14 nA	6 MΩ	20 μV	63 MHz	17 V/μs	121 dB	70 Ω	±22 V	±13 V		100 mW	
低输入偏置电流	TL081	TI, NS	200 V/mV	30 pA	10^{12} Ω	3 mV	4 MHz	13 V/μs	100 dB		±18 V	24 V	1.4 mA		
	OPA656	TI	65 dB	1 pA	10^{12} Ω	0.25 mV	500 MHz	290 V/μs	86 dB	0.01 Ω	±5 V				
斩波稳零	ICL7650	Intersil	$5×10^8$	1.5 pA	10^{12} Ω	1 μV	2 MHz	2.5 V/μs	130 dB		±6 V				$V_{OP}(V_{CC}、V_{EE}=±5 V)$
高速去补偿电压反馈	OPA847	TI		−39 μA			3 900 MHz	95 V/μs			±6 V	±3.75 V	270 μA		
增益可编程	PGA103	TI	1/8~128	−2 nA				1 V/μs			±5~18 V		3 mA		
仪表放大器	INA827	TI		65 nA			150 kHz		110 dB		2.7~36 V				增益误差: 0.15%
电流检测放大器	INA194	TI	$G=50$						100 dB		2.7~18 V				单电源
轨对轨	LMV321	TI		250 nA			1 MHz		50 dB		2.7~5.5 V		0.17 mA		
功率放大器	TDS5731M										8~26.4 V				单端输出功率:18 W

注:① 本表中一般均为参数的典型值。
　　② TL081/082/084 分别为单、双、四封装,电参数相同。

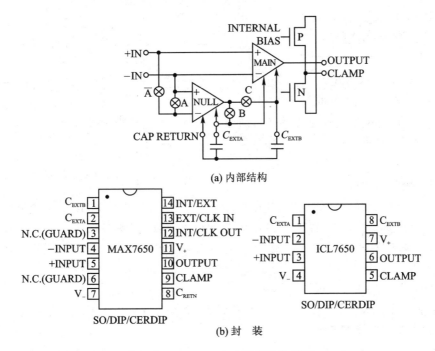

(a) 内部结构

(b) 封　装

图 3.1.3　ICL7650 内部结构与封装

（5）高速去补偿电压反馈放大器

TI 公司以 OPA842/843/844/846/847 为代表的高速去补偿电压反馈放大器,使用时有建议的稳定噪声增益,增益带宽积也在 G 大于一定值时才准确。例如 OPA847 建议的稳定噪声增益为 12,$G=50$,增益带宽积为 3 900 MHz,而且在 $G=20$ 时的带宽为 350 MHz。此类运放适于高频放大。

（6）增益可编程的运放

TI 公司的 PGA103 以及 MAXIM 公司的 PGA100 均属于增益可编程的运放。PGA103 的增益可在 1/8、1/4、…、1、2、…、128 间选择。设置误差仅±0.15%。由于 SR 较低,只适合于低频应用。

值得推荐的 VCA810 是一款压控增益的运放。增益可压控的范围:−40~+40 dB,增益控制电压−2~0 V。可贵之处在于,在整个可控增益的范围内拥有 35 MHz 的恒定带宽。而且典型输出失调电压仅为±4 mV。只是在±5 V 供电时,输出最大摆幅为 $\pm 1.8V_{PP}$。

（7）仪表放大器

仪表放大器是一种差分输入的精密运放。具有高输入电阻和大 CMRR,适合用于精密仪表作为前置放大。

（8）电流检测放大器

TI 公司的 INA2xx/19x/16x/13x 系列电流检测运放特别适用于电源电路电流

检测,图 3.1.4 为 INA194 的一种应用
电路。芯片的供电电压仅单 3.3 V,可
以成功地抑制 60 V 的共模电压。R_S
为 5 mΩ 的电流取样电阻,R_L 为 15 Ω
的负载。INA194 输入的差分电压为
$\Delta V_{in}=20$ mV,由于芯片增益为 50,故
得到 1V/4 A 的输出电压。此芯片只需
单 3.3 V 供电,使用起来十分方便。

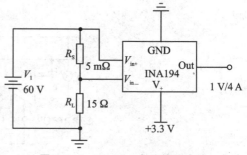

图 3.1.4　INA194 电流检测电路

(9) 轨对轨运放

一般运放的输出电压摆幅约为电源电压的 75%,超过此幅度则限幅。在运放供电
电压较低时,如 5 V 供电,需要输出 4 V,这时就必须使用"轨对轨"(Rail - to - Rail)运
放,其中 LMV321 就是其中的代表,通常轨对轨运放的输出电压摆幅可达电源电压的
95% 以上,如达到(V_-)+0.05 V~(V_+)-0.05 V。

(10) 集成功率放大器

集成功率运放有普通音频和 D 类等数种,输出功率从几瓦到 300 瓦不等。

(11) 电流反馈型运放

电压反馈型运算放大器(Voltage Feedback Amplifier,VFA)是应用最广泛的运
算放大器,但是在高频应用时,小信号的带宽受增益-带宽积(Gain - Bandwidth
Product)的制约,大信号同时又要受压摆率(Slew Rate)的制约,即增益与带宽难以
兼顾,在高增益的前提下把带宽扩展到几十兆赫以上不太容易。使用电流反馈型运
算放大器(Current Feedback Amplifier,CFA)突破了上述制约,可以将频带扩展到
几百兆赫以上,是高频放大理想的器件。

电流反馈型运算放大器内部结构的示意图如图 3.1.5 所示。图中 I_{A1}、I_{A2} 为 4
个电流值相等的镜像电流源。输入缓冲级不像 VFA 那样的差分电路,而是一个电
压跟随器。Q_1、Q_2 构成推挽电路,以减低输入缓冲器的输出阻抗,并为 CFA 提供反
相输入。电路里 i_1、i_2 相等,故静态时 $I_N \approx 0$。Q_3、Q_4 增加了同相输入端 V_P 的输入
阻抗,降低了偏置电流,并为 Q_1、Q_2 提供正向偏置。Q_3、Q_4、Q_1、Q_2 的跟随特性,使
反相输入端的电压 V_N 跟随 V_P 变化,即

$$V_N \approx V_P \tag{3.1.1}$$

此"虚短"特性与 VFA 相同,但 VFA 是通过外部反馈实现的,而 CFA 则是通过
内部电路实现的。当 V_N 端与外部电路连接时,使得 i_1、i_2 失去平衡,此时 $I_N = i_1 -$
i_2。镜像电流源 Q_6、Q_8 产生的镜像电流 I_N 在增益节点对地的"开环传输阻抗"
(Open - loop transimpedance)$Z(jf)$ 上将电流信号转换为电压信号。$Q_9 \sim Q_{12}$ 组成
的单位增益输出缓冲器的输出电压:

$$V_O = Z(jf)I_N \tag{3.1.2}$$

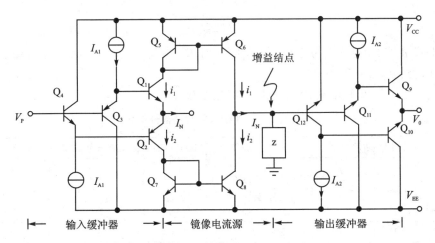

图 3.1.5　电流反馈型运算放大器结构示意图

$Z(\mathrm{i}f)$ 含传输电阻 R 和传输电容 C，即 $Z(\mathrm{j}f)=R//(1/2\pi fC)$，也可以写为：

$$Z(\mathrm{i}f)=\frac{R}{1+\mathrm{j}2\pi fRC}\qquad(3.1.3)$$

图 3.1.6 为同相输入含外部反馈电路在内的 CFA
简化电路。由于传输电容 C_t 通常为数皮法，传输电阻
R_t 为千欧级，$R_\mathrm{t}C_\mathrm{t}$ 的乘积为 ns 级，而且厂家有意把
$Z(\mathrm{j}f)$ 做得很大。当输出电压为有限值时，I_N 非常小，
即输入电流：

$$I_\mathrm{P}=I_\mathrm{N}\approx 0\qquad(3.1.4)$$

这一点又和 VFA 十分相似。

反相输入端的电流（误差电流）：

$$I_\mathrm{N}=\frac{V_i}{\left(\dfrac{R_1R_2}{R_1+R_2}\right)}-\frac{V_\mathrm{O}}{R_2}\qquad(3.1.5)$$

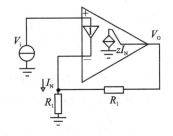

图 3.1.6　同相 CFA 放大电路

式中第 2 项为电流负反馈电流，这也是 CFA 名称的来源。输入信号加入 V_i 后，输入
电路失去平衡，导致 I_N 变化，V_O 随之改变。通过闭环负反馈使电路的自动调整，电
路重新达到平衡。可以推导出：

$$A(\mathrm{j}f)=\frac{V_\mathrm{O}}{V_i}=\left(1+\frac{R_2}{R_1}\right)\frac{1}{1+R_2/z(\mathrm{j}f)}\qquad(3.1.6)$$

由于直流时的传输电阻远大于 R_2，例如 OPA694 的直流传输电阻为 150 kΩ，而
R_2 为数百欧，故直流增益：

$$A_\mathrm{O}\approx\left(1+\frac{R_2}{R_1}\right)\qquad(3.1.7)$$

具有和 VFA 相同的表达式。关键之处在于其带宽为：

$$f_\text{h} = \frac{1}{2\pi R_2 C_\text{t}} \qquad (3.1.8)$$

上式表明:由于 C_t 为定值,故频带仅由 R_2 决定,因此 f_h 比较容易做到 100 MHz 以上。两者互不影响。

表 3.1.3 给出了几种 CFA 芯片的部分参数。

表 3.1.3　几种 CFA 芯片的部分参数

器　件	通道数	电源电压/V	带宽/MHz	SR/(V/μs)	最大输出电流/Ma	静态电流/Ma
OPA4684	4	5～12/±2.5～6	170/$G=2$,120/$G=10$	780	120	1.7
THS3601	1	±5～15	120/$G=2$,BW=300	7 000	200	8.3
OPA694	1	±5	200/$G=1$,BW=1.5G	1 700	80	6
THS3110	1	±5～15	90/$G=2$	1 300	260	0.27
THS3091	1	±5～15	210/$G=2$	7 300	250	9.5

CFA 应用要点如下:

① 它和 VFA 同样有"虚短"($V_\text{N} \approx V_\text{P}$)和"虚断"($I_\text{P} = I_\text{N} \approx 0$)特性,可以像 VFA 一样进行电路的分析与设计。

② CFA 的带宽,仅由反馈电阻 R_2 决定。R_2 的阻值可根据数据手册选取,一般为数百欧。从图 3.1.7(a)可以清楚看出在小信号同相输入时,$G=2$ 的前提下,THS3091 芯片反馈电阻对频带的影响。而图 3.1.7(b)则可以看出在小信号反相输入时增益由 1 到 10 带宽基本没有变化。

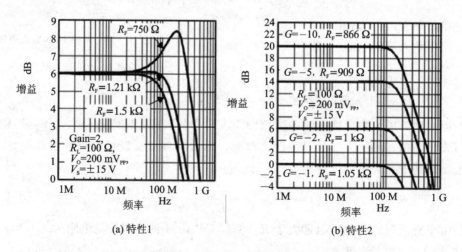

(a) 特性1　　　　　　　　　(b) 特性2

图 3.1.7　THS3091 的频率特性

③ CFA 大信号带宽与小信号带宽基本相同。

④ 图 3.1.8 为 THS4648(a)为同相输入时,从 $G=1$ 时的带宽约 200 MHz 到

$G = 100$ 带宽约 45 MHz 的变化,这是 VFA 所无法比拟的。而采用反相输入时,图 3.1.8(b) 中,其带宽的变化较小,所以采用反相输入从带宽的角度出发,更为有利。

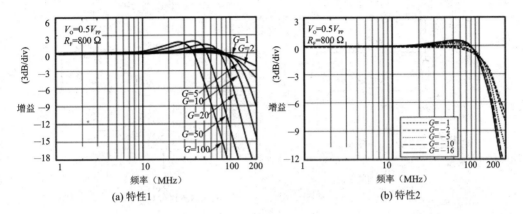

(a) 特性1   (b) 特性2

图 3.1.8 THS4648 的频率特性

⑤ CFA 可以先由 R_2 定带宽,R_2 确定后,再由 R_1 定增益,

⑥ 由于 CFA 的 SR 很大,做脉冲放大时,输出脉冲的上升、下降沿通常仅几个毫微秒。

⑦ CFA 的输出电阻很小,例如 THS4648 在 $G = 2$,$f_h = 100$ kHz 的条件下,闭环输出阻抗仅为 0.006 Ω。

⑧ THS4648 的输入电压噪声为 3.3 $\mathrm{nV}/\sqrt{\mathrm{Hz}}$,输入电流噪声为几十 $\mathrm{pA}/\sqrt{\mathrm{Hz}}$。

⑨ CFA 由于工作在高频区,故电源去耦不可或缺,如图 3.1.9(a) 所示。

⑩ CFA 的反馈电阻不能并联消振电容,也不能做积分器。

⑪ CFA 有输出上百毫安电流的能力,适于做高频功放,但要注意散热。

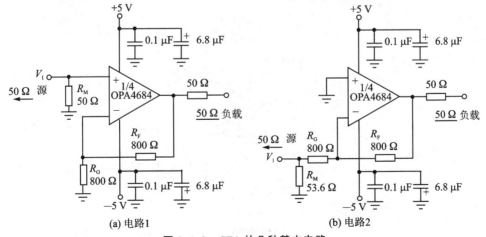

(a) 电路1   (b) 电路2

图 3.1.9 CFA 的几种基本电路

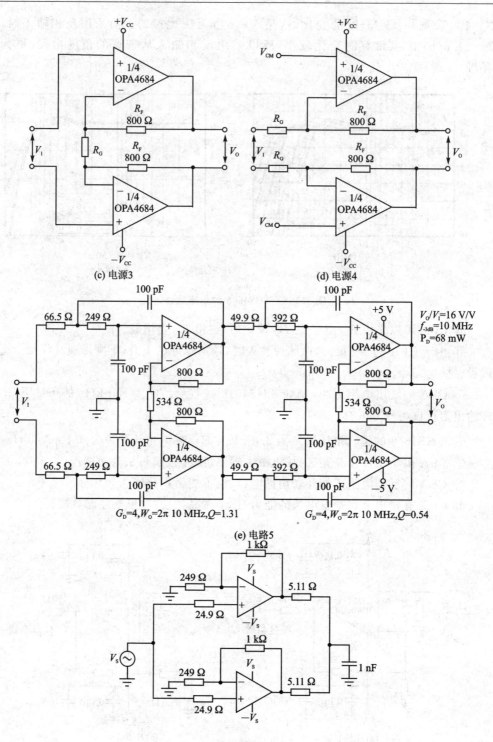

(c) 电源3

(d) 电源4

$G_D=4, W_O=2\pi\ 10\ \text{MHz}, Q=1.31$

$G_D=4, W_O=2\pi\ 10\ \text{MHz}, Q=0.54$

$V_O/V_I=16\ \text{V/V}$
$f_{\text{-3dB}}=10\ \text{MHz}$
$P_D=68\ \text{mW}$

(e) 电路5

(f) 电路6

图 3.1.9　CFA 的几种基本电路(续)

⑫ VFA 有源滤波器不易做到 1 MHz 以上的频率,利用 CFA 则比较易于实现。

⑬ CFA 的直流精度较 VFA 差。

图 3.1.9 (a)为 $G=2$ 的双电源供电直流耦合同相输入放大器。反馈电阻的推荐值为 800 Ω,由于运放的同相输入电阻很高,并联的 50 Ω 电阻使电路的输入电阻为 50 Ω。(b)图为 $G=-1$ 的反相输入放大电路,电路的输入电阻为 R_M 和 R_F 的并联值,等于 50.2 Ω。(c)图为差分输入/输出的放大器,其差分增益 $G=1+2\times R_F/R_G$。图(d)为反相输入的差分放大器,其增益 $G=-R_F/R_G$。图(e)为低功耗差分同相输入/输出 4 阶巴特沃斯(Butterworth)型带通滤波器,$f_{-3\,dB}=10$ MHz,增益 $G=16$。图(f)驱动大电容负载的并联应用,图中 4 只 249 Ω 和 2 只 5.11 Ω 的电阻,制作时并非一定要选用这么精密的电阻,只是表示使用误差在 ±1 Ω 的 4 只 249 Ω,比如 ±0.1% 250 Ω 的电阻,也可以保证电路的对称。

3.2 放大器设计

3.2.1 负反馈电路

运放加入负反馈,构成闭环回路,是其线性应用的基本电路形式,放大电路也是如此。图 3.2.1 表示了四种基本的负反馈拓扑结构。

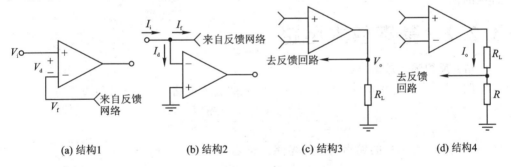

(a) 结构1　　(b) 结构2　　(c) 结构3　　(d) 结构4

图 3.2.1　四种负反馈拓扑结构

图 3.2.1(a)中,$V_d=V_i-V_f$,即运放实际输入电压为信号电压与反馈电压之差,三个电压为串联关系,故为输入串联拓扑。这种拓扑形式将使电路的输入电阻提高。图(b)中,运放实际输入电流 $i_d=i_i-i_f$,在反相输入端这个节点上,是三个电流迭加,故为输入并联拓扑,这种拓扑形式将导致电路的输入电阻降低。图(c)的反馈信号直接取自输出电压,故为输出并联拓扑,或称为电压反馈。这种拓扑形式能使输出电压稳定,使输出电阻降低。图(d)中的负反馈信号取自输出电路的取样电阻 R,即反馈信号与输出电流直接相关,故为输出串联拓扑,或称电流负反馈。它可使输出电流稳定、输出电阻增大。

图 3.2.2 为基于运放的闭环负反馈电路的基本结构。它由开环增益为 A_0 的运放,反馈网络组成。图中箭头代表信号流向。电路的基本关系为

$$x_o = A_O x_d$$

$$x_f = \beta x_o$$

$$x_d = x_i - x_f$$

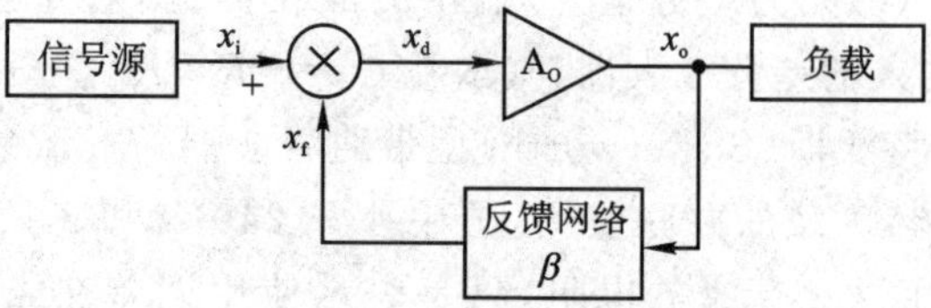

图 3.2.2　闭环负反馈的基本电路

电路的闭环增益

$$A_f = \frac{x_o}{x_i} = \frac{A_o}{1 + A_o \beta} = \frac{A_o}{1 + T}$$

其中 $T = A_o \beta$ 称为环路增益。由于 A_o 很大,$T \gg 1$,故

$$A'_f = \lim_{T \to \infty} A_f = \frac{1}{\beta}$$

即理想闭环增益仅取决于反馈系数 β,与运放芯片、电源电压、温度、信号参数等因素无关。这就是闭环负反馈运放大电路增益稳定性高,能有效改善波形失真、频率特性的根本原因。

3.2.2　基本放大电路

(1) 反相输入放大电路

图 3.2.3(a)为基本反相(Inverting)输入的放大电路,电路的闭环增益为

$$A_f = \frac{-(A_0 R_2 - r_0)}{(1 + A_0) R_1 + (R_2 + r_0)(1 + R_1 / r_d)}$$

式中 r_0 和 r_d 为芯片的输出与输入电阻。考虑到 $A_0 \to \infty$,$r_d \to \infty$,$r_0 \to 0$,则

$$A_f \approx -\frac{R_2}{R_1}$$

电路的输入电阻

$$R_i = R_1 + \frac{R_2 + r_0}{1 + A_0 + (R_2 + r_0)/r_d} \approx R_1$$

即电路的输入电阻主要由输入端电阻 R_1 决定。

电路的输出电阻

$$R_o = \frac{r_o}{1 + T}, T = \frac{A_o R_1}{R_1 + R_2}$$

即电路的输出电阻很小。

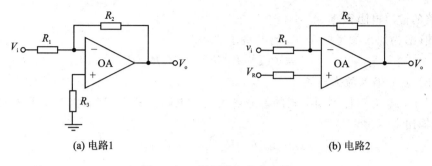

(a) 电路1　　　　　　　　　　　　　　(b) 电路2

图 3.2.3　反相输入放大电路

R_3 通常取为 R_1、R_2 的并联值，以平衡两输入端的偏置电流。

图(b)为同相端加入参考电压 V_R 的情况，此时

$$v_o = V_R \left(1 + \frac{R_2}{R_1}\right) - v_i \frac{R_2}{R_1}$$

(2) 同相输入放大电路

图 3.2.4 为同相(Noninvting)输入的放大电路。图(a)为基本电路的闭环增益。

$$A_f = \frac{(1 + R_2/R_1)A_o + r_o/r_d}{1 + A_o + R_2/R_1 + (R_2 + r_o)/r_d + r_o/R_1}$$

$$A_f = \left(1 + \frac{R_2}{R_1}\right)\frac{1}{1 + 1/T} \approx 1 + \frac{R_2}{R_1}$$

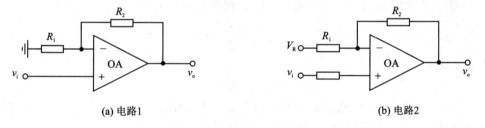

(a) 电路1　　　　　　　　　　　　　　(b) 电路2

图 3.2.4　同相输入放大电路

电路的输入电阻

$$R_i = r_d\left(1 + \frac{A_o}{1 + (R_2 + r_o)/R_1}\right) + R_1 \mathbin{/\mkern-5mu/} (R_2 + r_o)$$

$$R_i \approx r_d(1 + T)$$

即电路的输入电阻很高。

电路的输出电阻

$$R_o = \frac{r_o}{1 + (A_o + r_o/R_1 + r_o/r_d)/(1 + R_2/R_1) + R_2/r_d}$$

$$R_o \approx \frac{r_o}{1 + T}$$

即电路的输出电阻很小。

图(b)为加入参考电压 V_R 的电路，

$$v_o = v_i(1 + R_2/R_1) - V_R R_2/R_1$$

(3) 差分输入放大电路

图 3.2.5 为三种不同形式的差分输入放大电路。其中图(a)为基本差分放大电路，其输出电压为

$$v_o = v_{i+}(1 + R_2/R_1)R_4/(R_3 + R_4) - v_{i-} R_2/R_1$$

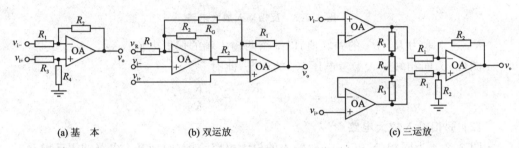

(a) 基　本　　　　　　(b) 双运放　　　　　　　(c) 三运放

图 3.2.5　差分输入放大电路

图(b)为双运放差分放大电路，其输出电压为

$$v_o = (v_{i+} - v_{i-})(1 + R_1/R_2 + 2R_1/R_G) + V_R$$

这种电路便携式电子产品中应用较多。

图(c)为三运放差分放大电路(又称为"仪表放大电路")，其输出电压为

$$v_o = (1 + \frac{2R_3}{R_W} \times \frac{R_2}{R_1})(v_{i+} - v_{i-})$$

若取 $R_1 = R_2$，则

$$v_o = (1 + 2R_3/R_W)(v_{i+} - v_{i-})$$

R_W 若为电位器，可通过它调整闭环增益。该电路的输入电阻很高，并且可将整个电路的 CMRR 提高到 10^6。故常用于系统模拟信号输入级。

3.2.3　放大电路设计要点

1. 单双电源运算放大器的选择

首先应根据输入信号的极性，选择单电源或双电源供电的运放。只有输入信号为单极性的正信号时，才能使用单电源供电的运放。大多数运放均要求双电源供电才能正常工作，只有少数如 LM324、LM358 之类的运放允许单电源供电。

有时限于条件，如便携式产品，只有单极性电源。这时如果放大双极性信号或负信号，可以采用图 3.2.6 给运放加 $V_{cc}/2$ 偏置电压的办法来解决。采用图 3.2.3(b) 同相端加参考电压也是单电源供电进行放大的一个办法。

2. 电源去耦

运放电源去耦是很有必要的,特别在系统总增益很高的前级电路,更是不可或缺。图 3.2.7 为 LC 去耦电路。LC 的取值与信号的频率与电源质量(纹波电压)有关。一般音频段,L 可在几十微亨到几毫亨级选取。C_2、C_4 可为 10~100 μF 铝电解电容,C_2、C_4 可选 0.1 μF CT4 独石电容。在 $f>1$ MHz 的情况下,L 可选用几十微亨的磁珠电感,C_2、C_4 可选 1 000 pF CC4 独石电容,C_1、C_3 可选数微法的钽电解电容。同时 PCB 大面积接地、加粗电源线等措施也是十分必要的。

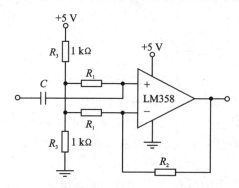

图 3.2.6　单电源运放放大双极性信号

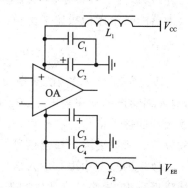

图 3.2.7　运放电源去耦

3. 弱信号放大的相关问题

表面看来只要放大器的增益足够高,弱信号不难放大。要获得高增益并不困难,但难在电路里的噪声也同时会被放大,所以问题就转化为如何在保证信噪比(SNR)的前提下,获得高增益,其实质是如何使噪声信号尽量的小。

电子电路的噪声源有以下三种。

(1) 热噪声

电阻器、双极性晶体管的电阻、FET 的沟道电阻由于电子的无序运动所产生的噪声与温度直接相关,故称为热噪声。热噪声由于与白光的功率频谱密度一样,均匀地包含各种频率成分,故为白噪声的一种。这种噪声可表示为

$$V_{\mathrm{n}} = \sqrt{4KTR\Delta f} \quad \text{或} \quad \frac{V_{\mathrm{n}}}{\sqrt{\Delta f}} = 2\sqrt{KTR}$$

式中:Δf 为频带宽度;K 为波尔兹曼常数;T 为绝对温度;R 为电阻值。热噪声电压密度的单位为 V/$\sqrt{\mathrm{Hz}}$。

(2) 散弹噪声

这种噪声是由于通过 PN 结正向电流瞬时值的起伏引起的。它和电流、电阻相关。只有双极性晶体管存在此种噪声。

(3) 电流噪声

电流噪声又称过大噪声或 $1/f$ 噪声。当粒状结构的导体内有电流通过时,由于导体内微观粒子的不规则振动,使微粒间接触面积变化,从而引起阻值变化而导致的噪声。

$$V_n = I \cdot \sqrt{K/f}$$

式中,I 为电流值;K 为噪声均衡性品质因数;f 为频率。它也是一种白噪声,这种噪声存在于各种电子元件中,且和电流、频率有关。只是在低频率段更显著。薄膜电阻器的此种噪声比线绕电阻大。

此外,双极性三极管还存在另一种白噪声——分配噪声,而 FET 是不存在的。

放大器的噪声用信噪比来衡量:

$$N_F = 10\lg \frac{P_{si}/P_{ni}}{P_{so}/P_{no}} = 20\lg \frac{V_{si}/V_{ni}}{V_{so}/V_{no}}$$

式中,P_{si}、V_{si} 为输入端信号的功率与电压;P_{so} 和 V_{so} 为信号输出功率与电压;P_{ni} 和 V_{ni} 为输入端噪声的功率与电压;P_{no} 和 V_{no} 为噪声在输出端的功率与电压。

放大器的输入信号含有噪声,放大器本身也会产生噪声,在放大信号的同时也把噪声放大了。所以要降低输出信号的噪声,关键在于减小放大器本身噪声,如果有可能还要在放大的过程中限制输入信号的噪声。

从降低噪声,提高信噪比以利于弱信号放大的角度出发,需注意以下各点:

① 选用低噪声的运算放大器。

表 3.2.1 列出了几种运放的噪声。

表 3.2.1　几种运放的噪声

型　号	OP27	OP37	ICL7650	MAX410	OPA686	EL5132
噪声($nV/\sqrt{Hz}$)	3	3	$2\mu V$　$I_n = 0.01/\sqrt{Hz}$	2.4	1.3	0.9

② 采用噪声极微的分立元件 FET 对管构成前置差分放大电路。

③ 闭环负反馈电路采用阻值较低的线绕电阻。

当闭环增益要求较高(如 $A_f > 100$),也可以采用图 3.2.8 所示具有 T 型反馈回路的放大电路。该电路的增益为

$$A_f = -\frac{R_2 + R_3}{R_1} \left(1 + \frac{R_1 \parallel R_4}{R_3}\right)$$

该式表明只要 R_3 选得比较小,R_2、R_4 不必太大,也可以获得较高的增益。

(4) 利用选频、滤波等措施降低白噪声

白噪声在整个放大器的频段内均匀分布,因此将放大器带宽限制在一定的范围内或使用选频放大器均有利于降低白噪声。

当输入信号为直流或缓慢变化的信号(如温度传感器所获得的信号),可以采用图 3.2.9 在反馈电阻两端并联电容的办法,限制高频带宽以降低噪声。

由于现代电子系统多为数字系统,放大器后为 A/D 转换器,可以利用 CPU 对信号进行数字滤波(如平均值、加权平均值滤波等),也有良好的效果。

噪声一般使用具有相当带宽的峰-峰值毫伏表测量。

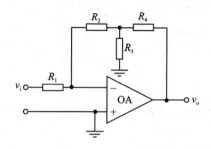

图 3.2.8　具有 T 型反馈电路的反相放大器

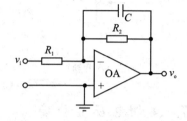

图 3.2.9　反馈电阻并联电容以降低白噪声

4. 宽带放大

当信号频率较高或被放大的是脉冲信号时,采用高 BW、高 SR 的运放显然是非常必要的。为获得足够的带宽,闭环增益不能设计得太高,一般应小于 10。图 3.1.2 充分说明了带宽与闭环增益的矛盾。需要注意的是,**信号的带宽明显低于闭环带宽。**

5. 放大器反馈回路电阻阻值的选择

从减小热噪声的角度,反馈回路电阻的阻值要尽量小一些。但阻值过小会使反相输入放大电路的输入电阻降低。通常以千欧数量级采用较多。

6. 运算放大器的保护措施

图 3.2.10(a)反向并联在运放输入端的两只二极管,将运放 v_d 箝位在 0.7 V(硅管)、0.2 V(肖特基管)。图(b)同相输入端的两只二极管将信号限幅在 V_+ 与 V_- 之间。

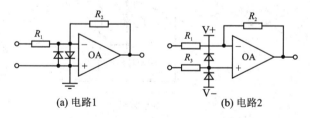

(a) 电路1　　　　(b) 电路2

图 3.2.10　运放的保护电路

图 3.2.11(a)反向串联后并在反馈电阻两端的两只稳压管 D_1、D_2,将输出电压限幅在 $\pm(V_D+0.7\ V)$ 之间,V_D 为稳压管稳定电压值。图(b)原理相同,只是多一只限流电阻 R_3。

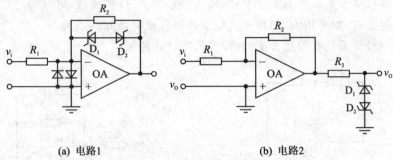

(a) 电路1　　　　　　　　　　　　　　(b) 电路2

图 3.2.11　运放输出电压限幅电路

7. 失调电压的补偿

由于失调电压的存在,使运放的零点不为 0。LM741 之类运放本身带有补偿端,可按图 3.1.1(b)外接电位器 W 调整之。对于无调零端的运放可以采用图 3.2.12 电路来进行失调补偿。

8. 扩展输出电流与扩展输出电压

图 3.2.13(a)为运放输出电流扩展电路。晶体管 T_1、T_2 组成互补跟随器,将运放输出电流放大。扩流后的输出电流主要受晶体管 I_{CM} 和 P_{CM} 限制。若 T_1、T_2 采用开关管,则对于改善输出脉冲信号的瞬间响应,降低前后沿时间十分有利。运放输出电压受到电源电压的限制,采用(b)图的电路可将输出电压扩展至 ± 24 V。图中 $R_1 = R_2 = R_3 = R_4$,运放实际承受的电源电压约为 ± 15 V。

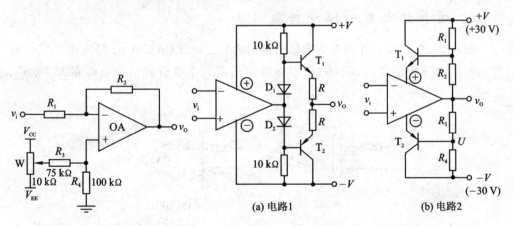

图 3.2.12　运放的外加调零电路　　　　　图 3.2.13　运放的扩流与电源电压扩展电路
(a) 电路1　　　　　　　　　　　(b) 电路2

9. 注意运放的稳定性

为了防止运放的自激,有的运放在内部集成了频率补偿电容,有时则要求再外加一个小容量的频率补偿电容。降低闭环增益,对提高稳定性是有益的。外加输入滞后补偿、反馈超前补偿也是常用的方法。

10. 多级放大器增益及带宽的计算

总增益表达式：

$$|A_V| = |A_{V1}| \times |A_{V2}| \cdots |A_{Vn}| \qquad (n \geqslant 2) \qquad (3.2.1)$$

多级放大上限频率 f_H 计算表达式：

$$\left[1 + \left(\frac{f_H}{f_{H1}}\right)^2\right] * \left[1 + \left(\frac{f_H}{f_{H2}}\right)^2\right] * \left[1 + \left(\frac{f_H}{f_{H3}}\right)^2\right] \cdots * \left[1 + \left(\frac{f_H}{f_{Hn}}\right)^2\right] = 2;$$

$$(3.2.2)$$

其中 f_{Hn} 是第 n 级放大器上限频率。

多级放大总的下限频率 f_L 的计算表达式：

$$\left[1 + \left(\frac{f_{L1}}{f_L}\right)^2\right] * \left[1 + \left(\frac{f_{L2}}{f_L}\right)^2\right] * \left[1 + \left(\frac{f_{L3}}{f_L}\right)^2\right] \cdots * \left[1 + \left(\frac{f_{Ln}}{f_L}\right)^2\right] = 2;$$

$$(3.2.3)$$

其中 f_{Ln} 是第 n 级放大器的下限频率。

对于 n 级 RC 耦合放大电路,其带宽:$BW = f_H - f_L$。对于 n 级直接耦合的放大电路,其带宽为 $BW = f_H$。

对于式(3.1.10)和式(3.1.11)的求解,可以用迭代法编程求近似解。下面给出一段近似求解二级级联的上限截止频率的算法程序。二级以上的级联,以及下限截止频率的解法与此同理。

```
# include "iostream"
# include <math.h>
using namespace std;
int main()
{    float fh,a[2];
     float x,temp,N,min = 0;
     int n,i;
/ ***************输入各级截止频率 a[n] = f_Hn ***************************/
     for(n = 0;n<2;n + + )
     cin>>a[n];
/ ***************求各级截至频率的最小值 ***************************/
     min = a[0];              //因为 f_H 的取值范围与各级截止频率的有关:f_H<min(f_Hn)
     for(n = 0;n<2;n + + )
         if(min>a[n]) min = a[n];
/ ***************迭代求近似解 ***************************/
     for(i = 1;i<10000;i + + ){N = min * min;              //确定 f_H 的范围
       x = ( N * (float)i )/10000;
```

```
temp = (1 + x/(a[0] * a[0])) * (1 + x/(a[1] * a[1])) - 2;
if((temp<0.0001)&&(temp>-0.0001))
    {    fh = sqrt(x);
         cout<<"fh = "<<fh<<\r;                           //输出截止频率 f_H
         break;}
    }return 0;}
```

11. 优良的工艺是放大器质量的保证

PCB 设计首先需要整合好系统整体布局;各子系统、各功能电路一般按信号流通次序排布,以求最短的连线;重视地线与电源线的安排,要保证地线电阻尽量小;模拟地与数字地的隔离与连接;去耦元件应紧贴器件等。

焊接质量十分重要,虚焊、假焊是放大电路工作不稳定的因素之一。

最后必须指出的是:设计好的电路,利用 Pspice、EWB、OrCAD、Protel 等软件工具进行仿真测试与验证,也是很重要的。

以上设计要点,不仅适用于放大器的设计,也适用于其他的运放线性应用,如运算器、滤波器,及非线性应用。

3.2.4 运算放大器的参数对放大器性能的影响

工程上设计一个放大器往往是以理想运放为依据,根据简化的公式进行。当设计一个精密放大或运算电路时,实际运放参数的影响不可忽略。

1. 开环增益 A_O

从 3.2.2 小节基本放大电路的介绍中,可以明显看出开环增益 A_O 对闭环增益 A_f、输入电阻 R_i、输出电阻 R_o 的影响。若要提高运算精度,当然应该选择尽量大的 A_O。

2. CMRR 的影响

以图 3.2.4 的同相放大电路为例,可以推导出

$$A_f = \left[1 + \frac{R_2}{R_1}\right] \frac{1 + \dfrac{1}{2 \times \mathrm{CMRR}}}{1 + \dfrac{(R_1 + R_2)/R_1}{A_O} - \dfrac{1}{2 \times \mathrm{CMRR}}}$$

由上式可见 A_O、CMRR 愈趋进无限大,A_f 愈趋近$(1 + R_2/R_1)$。CMRR、A_O 愈小,误差愈大。

3. 输入、输出电阻

输入电阻 r_i、输出电阻 r_o 会影响电路的 A_f、R_i、R_o 等参数。

4. 输入失调电压 V_{IO}

理想运算放大器当输入电压 $V_d = 0$ 时,输出电压 V_O 应该也为 0。由于芯片内部电路不可能完全对称,使得实际运放电路在 $V_d = 0$ 时,$V_O \neq 0$。这种情况称之为"零点漂移"。V_{IO} 就是衡量零点漂移的一个参数,只不过折算为输入信号而已。也就是说:在 $G = 1$ 的同相输入端接地,此时运放的输出即为 V_{IO}。由于芯片内部器件必然受温度的影响,所以当温度变化时,实际运放的零点亦会随之漂动,称之为"温漂"。温漂通常以 ppm/℃(摄氏温度每变化 1℃,引起的参数以百万分之一为单位的相对变化),或直接标为每变化 1℃,引起的参数变化的绝对值。即使环境温度不变,随着使用时间的加长,零点也会发生变动,此称为"时漂",时漂以小时或天数和参数的相对变化或绝对变化为单位。外加失调电压补偿可以有效地降低零漂。精密运算电路必须采用这一措施。

3.2.5　放大电路计算机辅助设计软件

以运算放大器为核心的放大器是最常见的模拟电路,简单的直接放大不论用同相、反相、差分输入的电路设计比较简单,不需要用软件辅助设计。但是如果是要求比较复杂,例如使用 AD590 温度传感器测量 0~50 ℃的温度,希望经放大器输出的电压范围为 0~2.5 V,以便和后续的 ADC 匹配。而 AD590 在 0 ℃时的输出电流为 273 μA,其灵敏度为 1 μA/℃。显然放大器必须加补偿,其可选的电路方案之一如图 3.2.14 所示。其中 $V_+ = 27.3$ mV/0℃,同相输入的范围:$V_+ = 0.023\ 7 \sim 1.365$ V。此同相放大器的输出电压为:

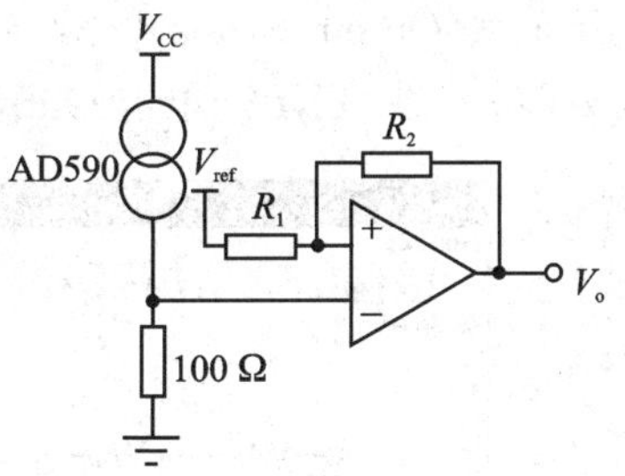

图 3.2.14　AD590 同相放大器

$$V_O = \left(1 + \frac{R_2}{R_1}\right)V_+ - \left(\frac{R_2}{R_1}\right)V_{ref}$$

电路的变量有 3 个,确定和计算比较麻烦,而利用计算机辅助设计软件可以使设计大为简化。Miroship(微芯)公司的《AmpLAB》就是一种以运算放大器为核心的放大器设计软件。

电路的设计分 3 个步骤:

(1) 电路的选择与参数的设定

运行 AmpLAB 的 Setup.exe 将软件装配到指定路径。

运行 AmpLAB.exe 将出现图 3.2.15 所示的主页窗口。

首先通过主页右上角下拉列表框选择放大器类型,可选的放大器类型有同相(Non - Inverting Amp)、反相(Inverting Amp)、双运放(2Amp 1A)三种,例如选为

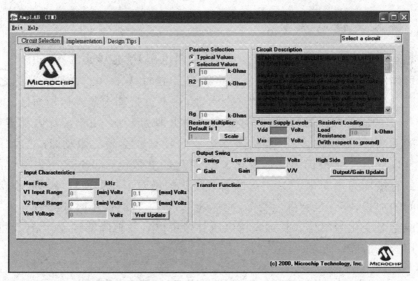

图 3.2.15　AmpLAB 主页

同相放大器。然后在主页蓝色各文本框中设定对应的参数。如设最高频率(Max Freq)为 1 kHz。V_1 输入信号范围(V＋Input　Range)0.237～1.365 V。电源电压 (Power Supplay Levers)$V_{DD}=5$ V、$V_{SS}=0$ V,负载电阻(Resistive Loadint)＝10 kΩ,输出电压范围(Output Swing)0～2.5 V。然后单击 Vref Updata,将出现 V_{ref} 值。此时的界面如图 3.2.16 所示。单击 Output/Gain Update 按钮,刷新输出/增益。

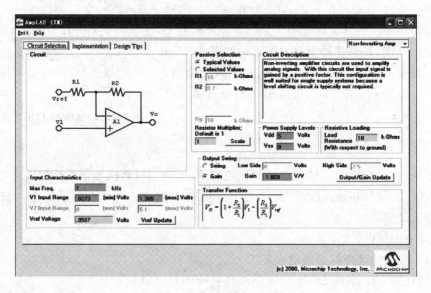

图 3.2.16　AmpLAB 设置界面

(2) 设计结果输出

单击 Implementation 按纽,将出现设计结果的窗口,如图 3.2.17 所示。此窗口首先给出了已设计好的具体电路,包含电路中各元件值($R_1 = 10$ kΩ, $R_2 = 8.7$ kΩ)。在人为设置 $V_{\text{ref}} = 58.7$ mV,总的输出误差为 0.024% 后,建议运放参数:增益带宽积(GBWP)为 18.689 99 kHz,SR = 0.008 V/μs,电源电压 $V_{\text{cc}} \geqslant 5$ V, $V_{\text{SS}} \leqslant 0$,最小输出电流(Min Current Drive)为 0.38 mA,$G = 1.9$ V/V,开环增益(Open Loop Gian)= 59 dB,最大失调电压(Max Offset Voltage)= 0.61 mV,最大偏置电流 = 10 pA,输入共模电压范围($V_{\text{SS}} + 0.24$)~($V_{\text{dd}} - 3.635$)V。用于补偿的参考电源 $V_{\text{ref}} = 0.058\ 7$ V。而且它给出了 PSPIC 目标文件。电路使用的运放由设计者自行选择。

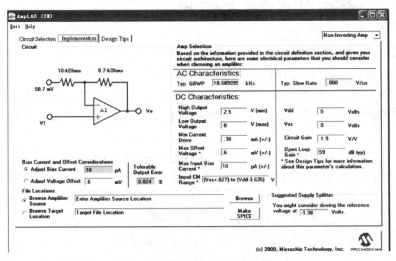

图 3.2.17　AmpLAB 设计结果界面

(3) 设计技术信息

单击 Design Tips(设计的技术处理信息系统),出现图 3.2.18 所示窗口。它提

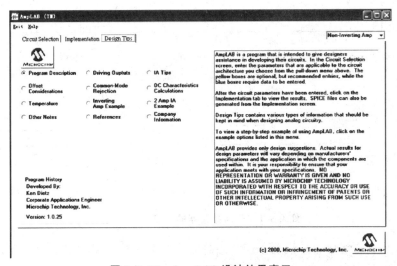

图 3.2.18　AmpLAB 设计结果窗口

供放大电路设计以及该辅助设计的若干信息。例如,单击 Offset Consideration,将在界面的右窗口用文字介绍了有关失调电压的相关问题;单击 Reference,将介绍有关的文献。

3.3　滤波器设计

3.3.1　滤波器的基本特性

滤波器是一种频域变换电路。它能让指定频段的信号顺利通过,甚至还能放大,而对非指定频段的信号予以衰减。

仅采用 R、L、C 元件组成的滤波器称为无源滤波器,含有晶体管或运算放大器的称为有源滤波器,后者的储能元件只用电容器 C。本章只讨论由运放组成的有源滤波器。

滤波器按照其频域特性可分为低通、高通、带通、带阻和全通五种。图 3.3.1 表示了这五种滤波器的理想幅频特性。其中传递函数用 $H(j\omega)$ 表示,$|H(j\omega)|$ 为幅度响应,$\measuredangle H(j\omega)$ 为相位响应,它们分别代表了信号通过滤波器后的增益和相移。

图 3.3.1(a)为低通滤波器,图(b)为高通滤波器,图(c)为带通滤波器,图(d)为带阻滤波器。图(e)为全通滤波器,它的 $|H(j\omega)|$ 与频率无关,而相位响应 $H=-t_0\omega$,t_0 是一个以秒计的比例常数,即输出信号相对于输入信号的相移与频率成正比。

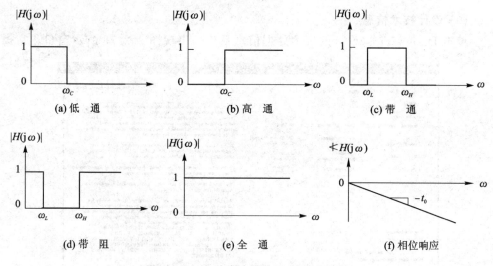

图 3.3.1　五种滤波器的幅度/相位特性

图 3.3.2 非常形象地说明了四种理想滤波器的滤波效果。最上面右方为时域的输入信号波形,左方为频谱,它含有低、中、高三种频率成分。低通滤波滤掉了低、中

频成分,时域波形高频变化被滤除,波形平滑了。高通滤波器滤掉了低频分量,时域波形中慢变化被消除。中频带通滤波则只允许中频成分通过,时域波形只有中频信号。中频带阻滤波器则保留的信号的高、低频成分。

LPF(Low Pass Filter)低通滤波器主要用于使低频或直流信号通过,削弱高次谐波或较高频率的干扰和噪声等。如模拟温度传感器来的信号就是变化缓慢的信号,若将截止频率设为<50Hz,则可明显地抑制工频干扰,降低热噪声影响。

HPF 主要用于有效信号频率较高,而又必须消除低频、甚至直流信号的影响的场合。RC 耦合电路,就有效地隔离了零漂等慢变化信号和两级的直流信号。

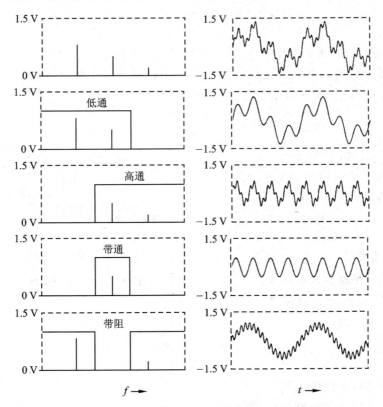

图 3.3.2　四种理想滤波器的频域与时域特性

BPF 主要用于遴选出有用频段的信号,而削弱其他非有用频段的信号或干扰和噪声。最典型的应用就是选频放大。

BEF 主要用于摒除某指定频段的信号,而允许非指定频段所有的信号通过。例如医学仪器里为了削弱 50 Hz 工频干扰,就采用了 BEF。BEF 也称为焰波滤波器(Notch Filter)。

滤波器的主要技术参数如下。

(1) 传递函数

滤波器的电路特性可以由其传递函数 $H(s)$ 来表征：

$$H(s) = \frac{X_o}{X_i}$$

对某给定输入 $x_i(t)$ 的响应

$$x_o(t) = \mathcal{L}^{-1}\{H(s)X_i(s)\}$$

$\mathcal{L}^{-1}$ 为拉普拉斯反变换，而 $x_i(s)$ 是 $x_i(t)$ 的拉普拉斯变换。

传递函数的结果是 s 的有理函数

$$H(s) = \frac{N(s)}{D(s)} = \frac{a_m s^m + a_{m-1} s^{m-1} + \cdots + a_1 s + a_0}{b_n s^n + b_{n-1} s^{n-1} + \cdots + b_1 s + b_0}$$

式中，$N(s)$ 和 $D(s)$ 是阶次为 m 和 n 的具有实系数的合适的多项式。分母的阶决定滤波器的阶次。方程 $N(s)=0$ 和 $D(s)=0$ 的根分别称为 $H(s)$ 的零点和极点，并用 z_1、$z_2 \cdots$ 和 p_1、$p_2 \cdots$ 表示。将 $N(s)$ 和 $D(s)$ 因式分解成各自的根

$$H(s) = H_0 \frac{(s-z_1)(s-z_2)\cdots(s-z_m)}{(s-p_1)(s-p_2)\cdots(s-p_3)}$$

式中，$H_0 = a_m/b_m$ 称为加权因子。

对于图 3.3.3 所示的简单一阶有源低通滤波器而言，其传递函数

$$H(s) = \frac{V_o(s)}{V_i(s)} = \frac{1}{1+SCR}A_{vp}$$

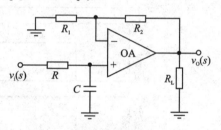

图 3.3.3　一阶有源低通滤波器

$H(s)$ 表现为增益的形式，也可表示为 $A_v(s)$。

(2) 通带电压放大系数 A_{vp}

对 LPF 而言，A_{vp} 就是 $f=0$ 时，输出电压与输入电压之比，即

$$A_{vp} = 1 + \frac{R_2}{R_1}$$

(3) 通带截止频率 f_p

对于图 3.3.3 的电路而言，通带截止频率指的是滤波器输出电压下降到 A_{vp} 对应输出电压的 0.7 倍时的频率，有时又称为 -3 dB 频率。

$$f_p = f_0 = \frac{1}{2\pi RC}$$

式中，f_0 称为特征频率。

图 3.3.3 一类的滤波电路一般称为"简单的"滤波电路，为了改善在截止频率附近的频率特性，将输出电压经电容反馈到输入端，这种如图 3.3.4(a)所示的二阶 LPF 电路称为塞林凯(Sallen Key)电路，又称为压控电压源电路。这种电路参数选择不当易引起自激。为克服这一缺点，将反馈信号引至反相输入端，如图(b)所示的

这种电路称为二阶无限增益多重反馈 LPF(Multiple Feedback-MFB)。

按 f_p 附近幅频与相频特性的不同,滤波电路可分为巴特沃斯(Butterworth)、贝塞尔(Bessel)和切比雪夫(Chebyshev)三大类。

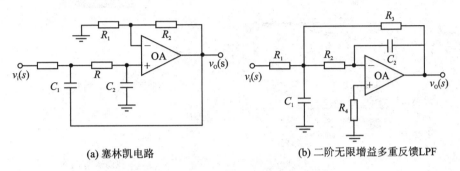

(a) 塞林凯电路　　　　　　　　(b) 二阶无限增益多重反馈LPF

图 3.3.4　Sallen Key 和 MFB 两种滤波电路

3.3.2　滤波器计算机辅助设计软件

WEBENCH 是一款功能非常强大的在线设计和仿真工具,可以对电源、LED、放大器、滤波器、音频、接口、无线以及信号路径进行设计与仿真。WEBENCH - filter 滤波器设计软件提供强大的设计输入,并且提供真实运算放大器选择参考,支持滤波器的仿真功能。不用安装软件,只需用 MYTI 账号登录 www.ti.com 官网,进入"工具和软件"页面,就可以看到"WEBENCH 设计中心"。在"WEBENCH 设计中心"中找到"WEBENCH 设计工具"中的"有源滤波器"。http://www.ti.com.cn/ww/analog/webench/webench_filters.shtml 就可以使用它来设计一些常用的基于运放的有源滤波器。

打开图 3.3.5 WEBENCH 界面,选择滤波器(Filters),单击"开始设计"按钮,将出现图 3.3.6 的基本参数设置界面。

TI主页 > WEBENCH® 设计中心 > WEBENCH® 有源滤波器设计工具

WEBENCH® 有源滤波器设计工具

说明:
您可通过从清单中选择合适的滤波器类型来开展您的设计:低通滤波器、高通滤波器、带通滤波器或带止滤波器,然后搜寻符合您效能要求的传递函数或选择一个指定的传递函数。

搜寻传递函数
通过搜寻合您您滤波器性能要求的传递函数,您便可以指定所需的频率响应参数,包括截止频率和带止衰减及频率。此外,附加的参数比方是带通平整度、群组延迟和步阶响应应都一应俱全。

选择指定的传递函数
如果您想直接指定滤波器的传递函数,滤波器设计工具便会向您展示一个响应类别和滤波器级别的清单,让您同时可比较最多四个不同的滤波器传递函数。

完成设计
在选择好滤波器的传递函数后,您便可以对所得出来的设计进行检讨,如果有需要还可更改电路拓扑的选择、预设的组件数值和运算放大器的选择。然后,您便可进入仿真环境并且执行一个电气仿真,以获取有关闭环的频率响应、步阶响应和正弦波响应。

最后,在 "Build-It"的页面上,WEBENCH 会向您提供一个完整的材料清单,您可立刻订购或要求该放大器的样品。

该工具可支持 Bessel、Butterworth、Chebyshev(0.01dB 到 1dB)、带有 Linear Phase 的Equiripple、传统 Gaussian 和 Legendre Papoulis;接近滤波器的组成包括第二级 Sallen-Key、多重反馈、双追踪电路、Fliege、同相器和电压控制电压源(有些拓扑只能应用到指定的滤波器类型),以及当个第一级反相器有需要时还可包括非反相器。

查看我们的免费声明

图 3.3.5　初始界面

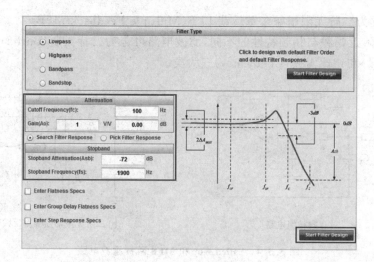

图 3.3.6　基本参数设置界面

　　首先选择滤波器的类型。可选的有 4 种:低通(Lowpass)、高通(Highpass)、带通(Bandpass)和带阻(Bandstop)。这里选 Lowpass。在衰减栏(Attenuation)设截止频率(Cutoff Frequency(fc))= 100 kHz,增益(Gain(A0))= 1(V/V),阻带(Stopband)衰减(Asb)=−72 dB,阻带频率=1 900 Hz,选中平坦度规格(Enter Flatness Specs)将出现图 3.3.7 所示界面。

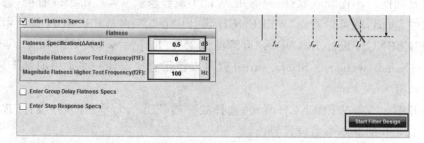

图 3.3.7　平坦度设置界面

　　这里设置平坦度=0.5 dB,平坦度起点频率 f1f(magnitude Flatness Specs Lower Test Freqency)=0 Hz,平坦度终点频率 f2f(magnitude Flatness Specs Higher Test Freqency)=100 Hz。在此界面也可以点选群延时平坦度(Group Delay)设置,群延时是指通带内各频率信号的延时时间。也可以选中阻带响应设置(Stop Response)。单击开始设计(Start Filter Design)进入图 3.3.8 的设计界面。

　　设计界面中有 6 个组成部分。

　　① 设计优化,可以在阻带衰减、冲击响应和成本之间优化,旋钮共 5 挡;

　　② 设计条件修改,可以在设计过程中随时修改设计条件;

　　③ 方案筛选,可以推动滚动条对待选方案的性能进行筛选,例如阻带衰减值、阶

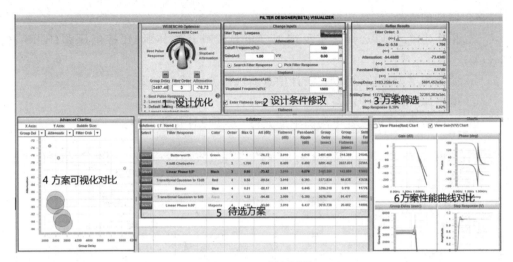

图 3.3.8　设计界面

数、波动和延时等；

④ 方案可视化对比，将待选方案的延时、阻带衰减和阶数等参数显示在三维图中，图的坐标表示的参数可以在下拉菜单中选择；

⑤ 待选方案，表格中有各方案的特性参数；

⑥ 方案性能曲线对比，包括：幅频特性、相频特性、群延时特性和幅度/时间响应曲线，可以单击曲线进行放大。

滤波器频率响应的类型，常用的有贝塞尔（Bessel）、巴特沃斯（Butterworth）和切比雪夫（Chebychev），概括来说，Bessel 拥有最平坦的通带和最缓的截止速率；Chebychev 拥有最陡的截止速率，但其通带起伏最大；而 Butterworth 的表现为两者的折中。这里选择 Butterworth 型滤波器，软件计算出需要 3 阶滤波器，如图 3.3.9 所示。

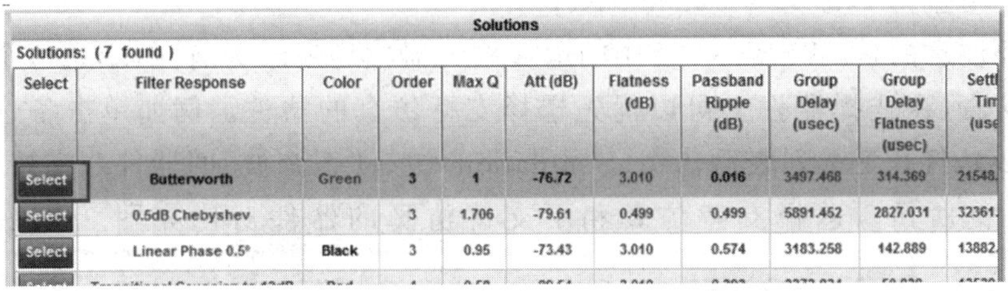

	Solutions								
Solutions: (7 found)									
Select	Filter Response	Color	Order	Max Q	Att (dB)	Flatness (dB)	Passband Ripple (dB)	Group Delay (usec)	Group Delay Flatness (usec)	Settl Tim (use
Select	**Butterworth**	Green	3	1	-76.72	3.010	0.016	3497.468	314.369	21548.
Select	0.5dB Chebyshev		3	1.706	-79.61	0.499	0.499	5891.452	2827.031	32361.
Select	Linear Phase 0.5°	**Black**	3	0.95	-73.43	3.010	0.574	3183.258	142.889	13882.

图 3.3.9　Butterworth 型滤波器特性

单击 Select 按钮后进入滤波器电路图设计，设计界面如图 3.3.10 所示，包括 6 个部分。

① 设计优化，可以在电路对元件的敏感程度、成本和占用 PCB 面积之间进行优化；

② 器件的选择,支持选择不同型号的运放;

③ 拓扑选择,可以选择多重反馈型(MFB)型或者塞林凯-压控电压源(Sallen-key)型;

④ 滤波器类型修改,可以在设计中重新选择滤波器的类型;

⑤ 电路原理图,图中增益参考可以修改;

⑥ 器件修改,可以改变电路图中的元件,方便设计优化调整。

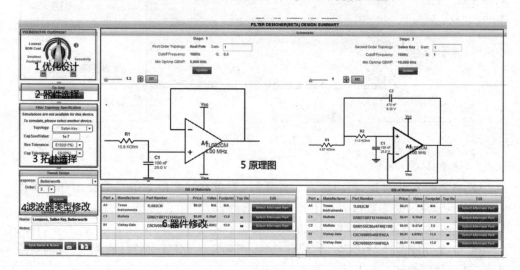

图 3.3.10　电路设计界面

简单来说,多重反馈(MFB)型滤波器是反相滤波器,其 Q 值、截止频率等对元器件改变的敏感度较低,量产时有一定优势,缺点在于输入阻抗低,增益精度不够好;Sallen - Key 型滤波器是同相滤波器,其优点在于拥有高输入阻抗、增益设置与滤波器电阻电容元件无关,所以增益精度极高,且在单位增益时对元器件的敏感度较低。由于这里增益为 1,故选择 Sallen - Key 型。

需要注意的是,WEBENCH 中的运算放大器模型还较为有限,不是每个放大器都支持仿真,在选择器件上可以优先选择支持仿真的器件。例如单击备选(Select Alternate),打开备选列表后仿真(Simulation)中有"正弦波"的器件才支持仿真,如图 3.3.11 所示。选择支持仿真和不支持仿真的器件对比如图 3.3.12 所示,

Edit	Part Number	1k Price(US$	Footprint(m	Simulation	Chann...	VccMin(V)
Select	OPA244NA/250	0.60	22.5	∿	1	2.6
Select	TL072QDREP	0.10			2	10
Select	TL064CNSR	0.18			4	4

图 3.3.11　运放选择界面

WEBENCH 会提示不支持仿真的提示。

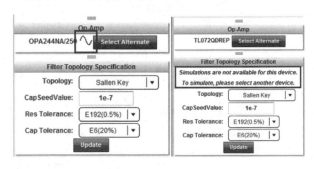

图 3.3.12　仿真器件选择界面

为了方便分析,我们选择支持仿真的器件。选择好器件后,在界面最上方的控制栏中,单击 Sim 即可进入仿真界面,见图 3.3.13。

图 3.3.13　进入仿真

进入仿真界面后在图 3.3.14 中可以看到原理图和下拉菜单中支持的仿真项,有阶跃仿真、正弦波仿真和闭环频率响应。例如运行其中的闭环频率响应,可以显示幅频/相频特性曲线(图 3.3.15 (a))和输出/输入的阶跃响应(图 3.3.15(b))。根据看到的过冲大小判断其稳定性。

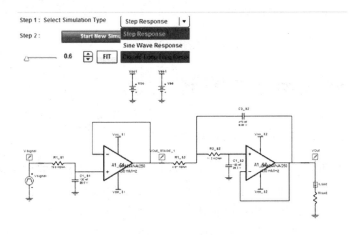

图 3.3.14　仿真界面

在控制栏中选择 Print 软件会给出 PDF 版本的设计文档。

这里的滤波器设计是以理想运算放大器来设计的,在实际中,还需要为我们的滤波器挑选一个合适的放大器。在挑选放大器时首要需关注其增益带宽积、压摆率和

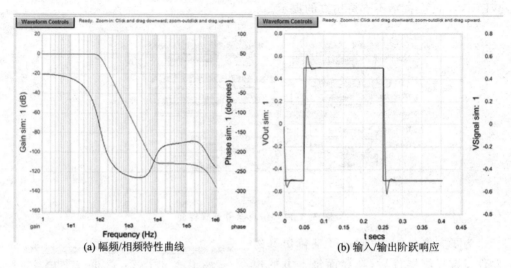

(a) 幅频/相频特性曲线　　　　　　　　(b) 输入/输出阶跃响应

图 3.3.15　滤波器的频率响应

直流精度。其中增益带宽积和压摆率需要进行一些计算。

① 增益带宽积。

对于 MFB 结构,运放的

$$\text{GBPmin} = 100 \times \text{Gain} \times f_c \tag{3.3.1}$$

式中 f_c 为截止频率。对于 Sallen – key 结构:当 $Q \leqslant 1$ 时,运放 GBP 至少为 $100 \times \text{Gain} \times f_c$;而高 Q 值的 Sallen – key 结构需要更高 GBP 的运放:当 $Q > 1$ 时,运放 GBP 至少为 $100 \times \text{Gain} \times Q^3 \times f_c$;

② 压摆率。

$$\text{SlewRate} > (2\pi \times V_{\text{OUTP-P}} \times f_c) \tag{3.3.2}$$

3.3.3　开关电容滤波器

1. 开关电容滤波的基本原理

从上述滤波器的设计可以明显看出,电路的质量是由精确的时间常数 τ 决定的,即对电容和电阻的允许误差要求较高;同时,所采用的电容的容量往往又比较大。这两点实际上制约了有源滤波器件的集成化。

图 3.3.16(a)是简单一阶 LBP 滤波器,通带截止频率 $f_p = 1/2\pi\tau, \tau = RC$。与其特性相同的开关电容滤波器由 MOS 模拟开关、集成电容和运放 OA 组成,如图 3.3.16(b)所示。模拟开关 S_1、S_2,电容 C_1 模拟等效的电阻 R,其阻值受模拟开关切换频率(时钟频率)f_{CLK} 和 C_1 控制。图(b)中驱动两只模拟开关的时钟信号分别为 A 和 $\overline{\text{A}}$,两者反相。C_2 为积分电容。

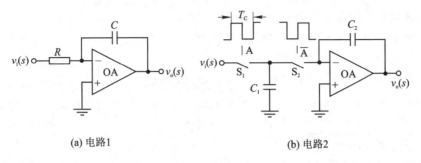

(a) 电路1　　　　　　　　　　(b) 电路2

图 3.3.16　开关电容滤波器

在 A 的正半周,S_1 闭合、S_2 断开,电容 C_1 被充电到 v_i,在 $T_C(=1/f_{CLK})$ 期间所积累的电荷

$$Q = v_i C_1$$

平均输入电流 $i_i = v_i c_1/T_c$。其等效模拟电阻为

$$R_i = \frac{v_i}{i_i} = \frac{1}{C f_{CLK}}$$

在 $\overline{A}$ 的正半周,S_1 断开、S_2 闭合,C_1 上的电荷将转移至 C_2。

电路的等效时间常数为

$$t = R_i C_2 = C_2/C_1 f_{CLK}$$

在集成芯片制造时,两个电容之比可视为两个电容的面积之比,其误差可控制在 1% 以内,从而保证了滤波器电参数的稳定性。f_{CLK} 可以很容易地改变 τ,相对也比较容易得到等效的较大容量的电容。当然,通过控制 f_{CLK} 可以有效地控制滤波器的频率特性,如 f_P。当 f_{CLK} 由晶振振荡器提供时,更是保证了滤波器电参数的稳定性和准确性。由于上述优点,加上结构简便,使用灵活,使其得到越来越广泛的应用,本身的发展也很迅速。

2. 引脚可编程的开关电容滤波器 MAX263/264/267/268

MAX1M 公司的 MAX263/264/267/268 是典型引脚可编程的开关电容滤波器系列芯片。

图 3.3.17 为该系列滤波器的内部方框图。它由两个二阶开关电容滤波器、f_0(中心频率)逻辑控制、品质因数 Q 逻辑控制、工作模式(MODE)处理、时钟二分频、时钟 CMOS 反相器及缓冲运算放大器(仅 MAX267/268 有)等部分组成。

两个二阶滤波器可以串接级联。信号输入端分别为 IN_A 和 IN_B。N(Notch Filter)、HP、A(全通)和 BP、LP 为相应的输出端。M_0、M_1 为工作模式选择端,仅 MAX263/264 有。5 个引脚 $F_0 \sim F_4$ 为 f_{CLK}/f_0 之比的编程端。7 个引脚 $Q_0 \sim Q_6$ 为两个滤波器各自品质因数值的编程端。外部时钟可用 CLKA、CLKB 引入,也可由

CLKA、OSC、OUT 外接石英晶振产生。MAX267/268 内部还设有一个缓冲运放。

　　该系列开关电容滤波器有如下特点:

> MAX263/264 可用作 LPF、HPF、BPF、NF、APF。

> MAX267/268 只能用作 BPF。

> 典型 f_{CLK} 与 f_0 的范围如表 3.3.1 所列,MAX267/268 仅工作于模式 1。

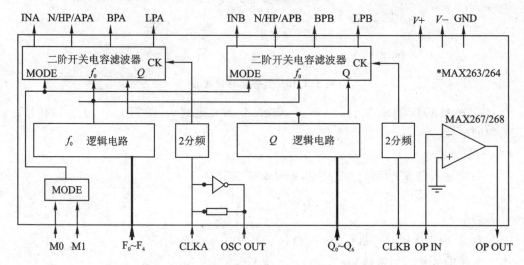

图 3.3.17　MAX263/264/267/268 内部框图

表 3.3.1　MAX263/264/267/268 f_{CLK}、f_0 范围

器件 MAX263/267				器件 MAX264/268			
Q	模 式	f_{CLK}	f_0	Q	模 式	f_{CLK}	f_0
1	1	40 Hz~4.0 MHz	0.4 Hz~40 kHz	1	1	40 Hz~4.0 MHz	10 Hz~100 kHz
1	2	40 Hz~4.0 MHz	0.5 Hz~57 kHz	1	2	40 Hz~4.0 MHz	1.4 Hz~140 kHz
1	3	40 Hz~4.0 MHz	0.4 Hz~40 kHz	1	3	40 Hz~4.0 MHz	1.0 Hz~100 kHz
1	4	40 Hz~4.0 MHz	0.4 Hz~40 kHz	1	4	40 Hz~4.0 MHz	1.0 Hz~100 kHz
8	1	40 Hz~2.7 MHz	0.4 Hz~27 kHz	8	1	40 Hz~2.5 MHz	1.0 Hz~60 kHz
8	2	40 Hz~2.1 MHz	0.5 Hz~30 kHz	8	2	40 Hz~1.4 MHz	1.4 Hz~50 kHz
8	3	40 Hz~1.7 MHz	0.4 Hz~17 kHz	8	3	40 Hz~1.4 MHz	1.0 Hz~35 kHz
8	4	40 Hz~2.7 MHz	0.4 Hz~27 kHz	8	4	40 Hz~2.5 MHz	1.0 Hz~60 kHz
64	1	40 Hz~2.0 MHz	0.4 Hz~20 kHz	64	1	40 Hz~1.5 MHz	1.0 Hz~37 kHz
90	2	40 Hz~1.2 MHz	0.4 Hz~18 kHz	90	2	40 Hz~0.9 MHz	1.4 Hz~32 kHz
64	3	40 Hz~1.2 MHz	0.4 Hz~12 kHz	64	3	40 Hz~0.9 MHz	1.0 Hz~22 kHz
64	4	40 Hz~2.0 MHz	0.4 Hz~20 kHz	64	4	40 Hz~1.5 MHz	1.0 Hz~37 kHz

➤ 对于 MAX263/267,有

$$f_{CLK}/f_0 = \pi(N + 32)$$

其中 N 为 $F_0 \sim F_4$ 引脚电平对应的十进制数值。例如 $F_4 \sim F_0 = 00011B$,即 $N=3$。

➤ 滤波器 Q 的设置范围 0.5~64。引脚编程及 Q 的对应关系见表 3.3.2。

➤ 有相应滤波器设计软件。

➤ 可以单电源或双电源±5 V 供电。

➤ 器件封装如图 3.3.18 所示。

类似的开关电容滤波器还有 Linear 公司的 LTC1068 系列芯片,它最多可实现 8 阶 LPF、HPF、BPF、BEF,频率范围 0.5~2×10^5 Hz,也有相应的 FilterCAD 支持。

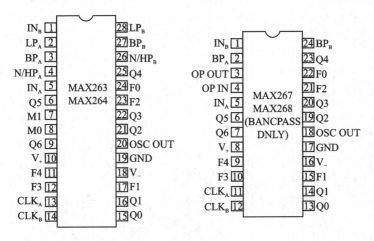

图 3.3.18　MAX263/264/267/268 PDIP 封装

3. MAX263/264/267/268 设计要点

MAX263/264/267/268 设计要点如下:

① 两个二阶滤波器级联,电路的总品质因素为 Q^2。

② 内部滤波器的 Q 值也是电路电压增益值,故二级级联,芯片总增益为 Q^2。应用设计时必须注意到这一点。必要时,输入端应加衰减器。

③ 单电源供电,Q_n、F_n 低电平接地;双电源供电,Q_n、F_n 低电平接−5 V。

4. 开关电容滤波器应用实例

图 3.3.19 为以 MAX268 带通开关电容滤波器为核心而构成的具有自动跟踪输入信号频率的带通滤波电路。MAX268 总品质因素为 4。$f_{CLK}/f_0 \approx 50$。采用±5 V 电源供电。BPA 和 INB 直连,两级二阶滤波器串联。缓冲放大器设计增益为 1,可由 10 kΩ 预调电位器调整。

表 3.3.2　Q 编程表

可编程Q 模式1.3.4	模式2	N	Q6	Q5	Q4	Q3	Q2	Q1	Q0	可编程Q 模式1.3.4	模式2	N	Q6	Q5	Q4	Q3	Q2	Q1	Q0
Note 4	Note4	0	0	0	0	0	0	0	0	0.615	0.870	24	0	0	1	1	0	0	0
0.504	0.713	1	0	0	0	0	0	0	1	0.621	0.879	25	0	0	1	1	0	0	1
0.508	0.718	2	0	0	0	0	0	1	0	0.627	0.887	26	0	0	1	1	0	1	0
0.512	.724	3	0	0	0	0	0	1	1	0.634	0.896	27	0	0	1	1	0	1	1
0.516	0.730	4	0	0	0	0	1	0	0	0.640	0.905	28	0	0	1	1	1	0	0
0.520	0.736	5	0	0	0	0	1	0	1	0.646	0.914	29	0	0	1	1	1	0	1
0.525	0.742	6	0	0	0	0	1	1	0	0.653	0.924	30	0	0	1	1	1	1	0
0.529	0.748	7	0	0	0	0	1	1	1	0.660	0.933	31	0	0	1	1	1	1	1
0.533	0.754	8	0	0	0	1	0	0	0	0.667	0.943	32	0	1	0	0	0	0	0
0.538	0.761	9	0	0	0	1	0	0	1	0.674	0.953	33	0	1	0	0	0	0	1
0.542	.767	10	0	0	0	1	0	1	0	0.681	0.963	34	0	1	0	0	0	1	0
0.547	0.774	11	0	0	0	1	0	1	1	0.688	0.973	35	0	1	0	0	0	1	1
0.552	0.780	12	0	0	0	1	1	0	0	0.696	0.984	36	0	1	0	0	1	0	0
0.556	0.787	13	0	0	0	1	1	0	1	0.703	0.995	37	0	1	0	0	1	0	1
0.561	0.794	14	0	0	0	1	1	1	0	0.711	1.01	38	0	1	0	0	1	1	0
0.566	0.801	15	0	0	0	1	1	1	1	0.719	1.02	39	0	1	0	0	1	1	1
0.571	0.808	16	0	0	1	0	0	0	0	0.727	1.03	40	0	1	0	1	0	0	0
0.577	0.815	17	0	0	1	0	0	0	1	0.736	1.04	41	0	1	0	1	0	0	1
0.582	0.823	18	0	0	1	0	0	1	0	0.744	1.05	42	0	1	0	1	0	1	0
0.587	0.830	19	0	0	1	0	0	1	1	0.753	1.06	43	0	1	0	1	0	1	1
0.593	0.838	20	0	0	1	0	1	0	0	0.762	1.08	44	0	1	0	1	1	0	0
0.598	0.846	21	0	0	1	0	1	0	1	0.771	1.09	45	0	1	0	1	1	0	1
0.604	0.854	22	0	0	1	0	1	1	0	0.780	1.10	46	0	1	0	1	1	1	0
0.609	0.862	23	0	0	1	0	1	1	1	0.890	1.11	47	0	1	0	1	1	1	1
0.800	1.13	48	0	1	1	0	0	0	0	1.60	2.26	88	1	0	1	1	0	0	0
0.810	1.15	49	0	1	1	0	0	0	1	1.64	2.32	89	1	0	1	1	0	0	1
0.821	1.16	50	0	1	1	0	0	1	0	1.68	2.40	90	1	0	1	1	0	1	0
0.831	1.18	51	0	1	1	0	0	1	1	1.73	2.45	91	1	0	1	1	0	1	1
0.842	1.19	52	0	1	1	0	1	0	0	1.78	2.51	92	1	0	1	1	1	0	0
0.853	1.21	53	0	1	1	0	1	0	1	1.83	2.59	93	1	0	1	1	1	0	1
0.865	1.22	54	0	1	1	0	1	1	0	1.88	2.66	94	1	0	1	1	1	1	0
0.877	1.24	55	0	1	1	0	1	1	1	1.94	2.74	95	1	0	1	1	1	1	1
0.889	1.26	56	0	1	1	1	0	0	0	2.00	2.83	96	1	1	0	0	0	0	0
0.901	1.27	57	0	1	1	1	0	0	1	2.06	2.92	97	1	1	0	0	0	0	1
0.914	1.29	58	0	1	1	1	0	1	0	2.3	3.02	98	1	1	0	0	0	1	0
0.928	1.31	59	0	1	1	1	0	1	1	2.21	3.12	99	1	1	0	0	0	1	1
0.941	1.33	60	0	1	1	1	1	0	0	2.29	3.23	100	1	1	0	0	1	0	0
0.955	1.35	61	0	1	1	1	1	0	1	2.37	3.35	101	1	1	0	0	1	0	1
0.969	1.37	62	0	1	1	1	1	1	0	2.46	3.48	102	1	1	0	0	1	1	0
0.985	1.39	63	0	1	1	1	1	1	1	2.56	3.62	103	1	1	0	0	1	1	1
1.00	1.41	64	1	0	0	0	0	0	0	2.67	3.77	104	1	1	0	1	0	0	0
1.02	1.44	65	1	0	0	0	0	0	1	2.78	3.96	105	1	1	0	1	0	0	1
1.03	1.46	66	1	0	0	0	0	1	0	2.91	4.11	106	1	1	0	1	0	1	0
1.05	1.48	67	1	0	0	0	0	1	1	3.05	4.31	107	1	1	0	1	0	1	1
1.07	1.51	68	1	0	0	0	1	0	0	3.20	4.53	108	1	1	0	1	1	0	0
1.08	1.53	69	1	0	0	0	1	0	1	3.37	4.76	109	1	1	0	1	1	0	1
1.10	1.56	70	1	0	0	0	1	1	0	3.56	5.03	110	1	1	0	1	1	1	0
1.12	1.59	71	1	0	0	0	1	1	1	3.76	5.32	111	1	1	0	1	1	1	1
1.14	1.62	72	1	0	0	1	0	0	0	4.00	5.66	112	1	1	1	0	0	0	0
1.16	1.65	73	1	0	0	1	0	0	1	4.27	6.03	113	1	1	1	0	0	0	1
1.19	1.68	74	1	0	0	1	0	1	0	4.57	6.46	114	1	1	1	0	0	1	0
1.21	1.71	75	1	0	0	1	0	1	1	4.92	6.96	115	1	1	1	0	0	1	1
1.23	1.74	76	1	0	0	1	1	0	0	5.33	7.54	116	1	1	1	0	1	0	0
1.25	1.77	77	1	0	0	1	1	0	1	5.82	8.23	117	1	1	1	0	1	0	1
1.28	1.81	78	1	0	0	1	1	1	0	6.40	9.05	118	1	1	1	0	1	1	0
1.31	1.85	79	1	0	0	1	1	1	1	7.11	10.1	119	1	1	1	0	1	1	1
1.33	1.89	80	1	0	1	0	0	0	0	8.00	11.2	120	1	1	1	1	0	0	0
1.36	1.93	81	1	0	1	0	0	0	1	9.14	12.9	121	1	1	1	1	0	0	1
1.39	1.97	82	1	0	1	0	0	1	0	10.7	15.1	122	1	1	1	1	0	1	0
1.42	2.01	83	1	0	1	0	0	1	1	12.8	18.1	123	1	1	1	1	0	1	1
1.45	2.06	84	1	0	1	0	1	0	0	16.0	22.6	124	1	1	1	1	1	0	0
1.49	2.10	85	1	0	1	0	1	0	1	21.3	30.2	125	1	1	1	1	1	0	1
1.52	2.16	86	1	0	1	0	1	1	0	32.0	45.3	126	1	1	1	1	1	1	0
1.56	2.21	87	1	0	1	0	1	1	1	64.0	90.5	127	1	1	1	1	1	1	1

输入信号在加入 MAX268 时进行了 0.25 倍衰减,以保证器件工作时不限幅。

输入信号由 OP27 进行限幅放大,经比较器 LM311 整形为方波。锁相环 HC4046 和计数器 HC390 组成了 50 倍频电路,使 MAX268 时钟信号的频率在整个测量范围内(0.02～20 kHz)自动保持为输入信号频率的 50 倍,即 MAX268 的带通中心频率始终跟踪输入信号频率并保持相等。

此电路有两个重要用途:

一是可将方波脉冲变换为正弦波;

二是电路的输出就是输入信号的基波,可用于进行失真度测量等。

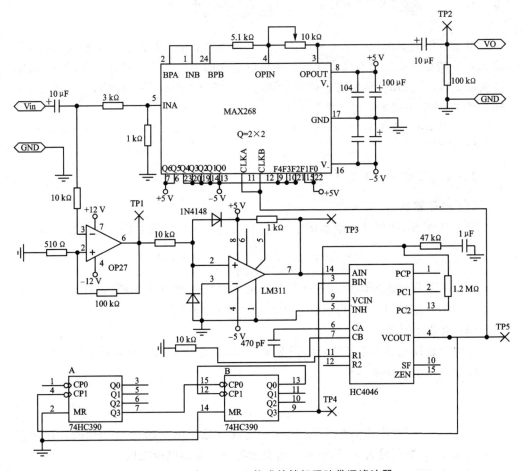

图 3.3.19　由 MAX268 构成的锁相跟踪带通滤波器

3.4　电源电路设计

构成电子系统核心的有源器件必须在直流供电下工作,供电电源的直流电压早期以 5 V 最普遍。随着电子系统的微型化、低功耗发展,电源供电压已降至 3.3 V,甚至 1.8 V。电源也由经典的集中供电向分布供电发展。

当前的电源可分为线性电源和开关电源两大类。前者电路中的有源器件处于线性工作状态,它的电路简单,纹波小,电路性能良好,对交流供电线路污染小,成本较低但效率低。后者又可分为 AC‐DC 和 DC‐DC 两种类型。它们的共同特点是电路较复杂、效率高(可达 80% 以上)、允许输入电压变化的范围宽(如 AC‐DC 开关电源,AC 供电范围可达 85～260 V)、成本较高、纹波较大、对交流供电线路干扰大。

3.4.1   模拟线性稳压电源设计

电子系统的直流供电压在两种情况下必须保持稳定:一是供电电压变化(如交流 220 V 的电压);二是负载变化。电网供电电压如不使用交流稳压器处理,一般总会变动,有时还波动得很厉害。被供电的电子电路的工作状态也不可能一成不变,例如 CMOS 数字系统的耗电与信号频率密切相关。

注意:当上述两个条件变化时,稳压电源的输出电压是会随之变化的,只不过变化应该很小,而不是恒定不变。

1. 稳压电源的技术指标

(1) 稳压系数 S_V

稳压系数 S_V 是描述在负载固定的情况下,输入电压变动对输出电压的影响。

$$S_V = \frac{\Delta V_o / V_o}{\Delta V_i / V_i}\bigg|_{R_L = 常数}$$

工程上常指定电网电压变化 $\pm 10\%$ 做输入电压的相对变化量,此时 S_V 即为输出电压的相对变化量,这个指标有时又称为"电压调整率"。

(2) 负载调整率 S_I

工程上常用在输入电压固定的情况下,负载电流 I_o 从零变化到最大额定性时所引起输出电压的变化来衡量。

$$S_I = \frac{-\Delta V_o}{\Delta I_o}\bigg|_{V_i = 常数} = r_o$$

它有时又称为"电流调整率"。实际上它就是稳压电路的动态内阻 r_o。有时它定义为 I_o 从 0 变到最大时,输出电压的变量与开路输出电压之比。

(3) 纹波抑制比 S_{rip}

纹波抑制比 S_{rip} 的定义为

$$S_{rip} = 20 \lg \frac{V_{npp}}{V_{mpp}}$$

式中,V_{npp} 和 V_{mpp} 分别为稳压电路输入和输出纹波电压的峰值。S_{rip} 反映了输出直流电压中的交流成分。有时直接用纹波电压的峰‐峰值标志。

（4）效率 η

效率反映了稳压电路的电能损耗情况。

$$\eta = \frac{P_\text{o}}{P_\text{i}} \times 100\%$$

式中，P_o 和 P_i 分别为稳压电路的输出与输入直流功率。对于电池供电的便携式电子系统，电源的效率至为重要。

（5）温度系数 S_t

表征输出电压随温度的漂移情况。

$$S_\text{t} = \frac{\Delta V_\text{o}}{\Delta T}\bigg|_{\Delta V_\text{i}=0,\Delta I_\text{o}=0}$$

2. 三端集成线性稳压电路设计

7800 系列三端固定正电压输出的线性集成稳压器、7900 系列三端固定负电压输出的线性集成稳压器以及 LM117/217/317 系列三端可调正输出线性集成稳压器、LM137/237/337 系列三端可调负输出的线性集成稳压器，具有以下特点：

➢ 三个引出端，无需外接元件（固定输出器件）。

➢ 芯片内部设有过热保护、限流保护和调整管安全工作区保护。

➢ 性能优良的稳压系数、负载调整率和纹波抑制比，完全能满足一般电子系统的要求。

➢ 最低输入输出电压差值为 2～2.5 V。

➢ 输出电压的容差为 ±2% 和 ±4%。

表 3.4.1 为 7800 系列的标称输出电压。表 3.4.2 为其输出电流。表 3.4.3 为其极限参数。

表 3.4.1　7800 系列输出电压

器件型号	输出电压/V	器件型号	输出电压/V
7805	5.0	7812	12.0
7806	6.0	7815	15.0
7808	8.0	7818	18.0
7809	9.0	7820	20.0
7810	10.0	7824	24.0

表 3.4.2　7800 系列的输出电流

器　件	CW7800	MC7800	LM7800	78M00	78L00	78H05
输出电流/A	1.5	1.0	1.0	0.5	0.1	3.0

表 3.4.3　MC7800 系列的极限参数

参　　数			符　号	数　　值	单　位
输入电压(7805~7818)			V_{in}	35	V_{dc}
7824				40	
功耗和热阻	塑料封装	功耗 $T_A=25$ ℃	P_D	内部限制	
		$T_A>25$ ℃减额	$1/\theta_{JA}$	15.4	mW/℃
		结对空气的热阻	θ_{JA}	65	℃/W
	金属封装	功耗 $T_A=25$ ℃	P_D	内部限制	
		$T_A>25$ ℃减额	$1/\theta_{JA}$	25.5	mW/℃
		结对空气的热阻	θ_{JA}	45	℃/W
存储温度			T_{stg}	$-65\sim+150$	℃
工作结温					
MC7800,A				$-55\sim+150$	
MC7800,AC			T_j	$0\sim+150$	℃
MC7800,B				$-40\sim+150$	

现以应用最广泛的 7805 为例,用表 3.4.4 说明其电特性。

表 3.4.4　MC7805/B/C 特性

特　　性	符　号	MC7805			MC7805B			MC7805C			单　位
		Min	Typ	Max	Min	Typ	Max	Min	Typ	Max	
输出电压($T_i=+25$ ℃)	V_o	4.8	5.0	5.2	4.8	5.0	5.2	4.8	5.0	5.2	VDC
输出电压 (5.0 mA$\leqslant I_0<$1.0 A, $P_D\leqslant$15 W)											VDC
7.0V$\leqslant V_{in}\leqslant$20V(DC)		—	—	—	—	—	—	4.75	5.0	5.25	
8.0V$\leqslant V_{in}\leqslant$20V(DC)		4.65	5.0	5.35	4.75	5.0	5.25				
电压调整率	R_{cgli}										mV
7.0V$\leqslant V_{in}\leqslant$20V(DC)		—	20	50	—	70	100	—	70	100	
8.0V$\leqslant V_{in}\leqslant$20V(DC)		—	10	25	—	20	50	—	20	50	
电流调整率	R_{cgli}										mV
5.0 mA$\leqslant I_0\leqslant$1.5 A		—	2.5	100	—	40	100	—	40	100	
2.5 mA$\leqslant I_0\leqslant$500 mA		—	8.0	25	—	15	50	—	15	50	
静态电流	I_B	—	3.2	6.0	—	4.3	8.0	—	4.3	8.0	mA
静态电流变化	ΔI_B										mA
7.0V$\leqslant V_{in}\leqslant$25V(DC)										1.3	
8.0V$\leqslant V_{in}\leqslant$25V(DC)		—	0.3	0.8	—		1.3				
5.0 mA$\leqslant I_0\leqslant$1.0 A		—	0.04	0.5	—		0.5			0.5	
纹波抑制比 8.0V$\leqslant V_{in}\leqslant$18V(DC), $f=$120 Hz	RR	68	75	—	—	68	—	—	68	—	dB
输入输出电压差($I_0=$1.0 A)	$V_{in}-V_o$	—	2.0	2.5	—	2.0		—	2.0		V
输出噪声电压	V_n	—	10	40	—	10	—	—	10	—	$\mu V/V_o$

续表 3.4.4

特　　性	符　　号	MC7805			MC7805B			MC7805C			单　位
		Min	Typ	Max	Min	Typ	Max	Min	Typ	Max	
输出电阻($F=1.0\ \text{kHz}$)	r_o	—	17	—	—	17	—	—	17	—	mΩ
短路电流限额 $V_{in}=35\text{V(DC)}$	I_{SC}	—	0.2	1.2	—	0.2	—	—	0.2	—	A
峰值输出电流	I_{max}	1.3	2.5	3.3	—	2.2	—	—	2.2	—	A
输出电压的平均温度系数	TCV_o	—	±0.6	—	—	−1.1	—	—	−1.1	—	mV/℃

图 3.4.1 给出了 7800 系列、7900 三端系列、LM117/217/317 系列、LM137/237/337 系列三端集成稳压器的封装及引脚图。

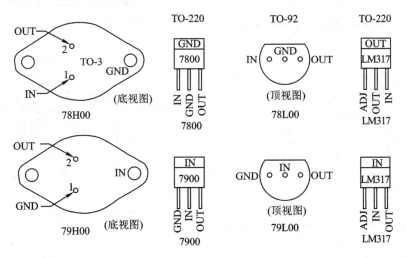

图 3.4.1　三端集成稳压器的封装与引脚

图 3.4.2 为上述几种三端集成稳压器的应用电路。图(a)为 7800 系列典型应用。0.33 μF 电容在器件距滤波电路较远时使用,可以改善纹波和瞬间输入过压。0.1 μF 电容可改善负载的瞬态响应。一般情况下,这两个电容还是需要,较为稳妥。图(b)为 7900 系列三端负输出电压稳压器的典型应用电路。图(c)为 7800 系列稳压器利用 NPN 型功率管扩流的电路。图(d)为 7800 系列稳压器的稳流应用,此时,输出电流 $I_o \approx V_o / R$, V_o 为稳压器标称输出电压。图(e)为正、负极性输出的稳压电路。图(f)为 LM117 可调整正电压输出稳压器的典型电路,其输出电压

$$V_0 = 1.25 \times \left(1 + \frac{R_2}{R_1}\right) + I_{adj}R_2$$

式中,I_{adj} 为调整端输出电流,通常 $<1\ \mu\text{A}$。

现以图 3.4.3 的典型应用电路说明其设计过程。

设需要稳压电源的输出电压 $V_o = 5(1 \pm 5\%)$ V,考虑到一般数字器件电源电压的

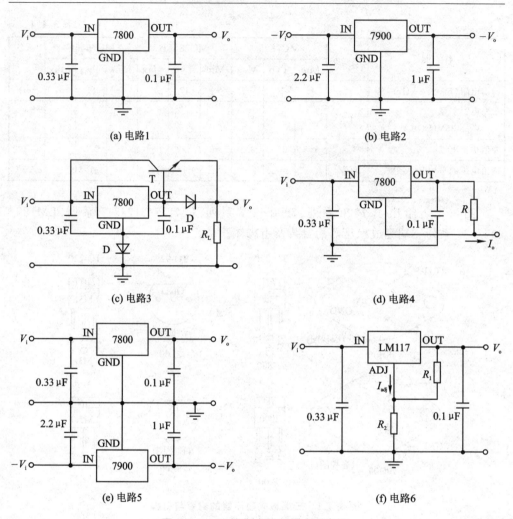

(a) 电路1　　　　　　　　　　　　　　　(b) 电路2

(c) 电路3　　　　　　　　　　　　　　　(d) 电路4

(e) 电路5　　　　　　　　　　　　　　　(f) 电路6

图 3.4.2　三端集成稳压器应用电路

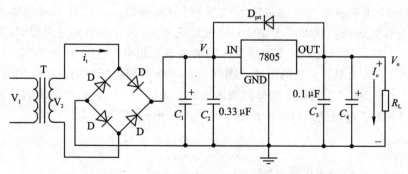

图 3.4.3　一种使用三端集成稳压器的稳压电源

容差为 ±10%, 故这一设定是合适的。最大输出电流 $I_O = 0.4$ A, 纹波电压小于

50 mV。

首先应选择三端稳压器,7805 可以满足上述要求:它的 $V_o=5$ V,输出电压最大差容±4%,实际上一般均<±2%。7805 最大输出电流 1 A 或 1.5 A,电流减额为 0.4 和 0.26,减额充分、合理。7805 的纹波抑制比>68 dB,在 $V_o=5$ V 时,纹波电压应小于 2 mV(纹波抑制比 RR$=20$lg$\frac{V_n}{V_o}$,V_n 为纹波电压)。

其次应确定 7805 的最低入端电压 V_i。由于三端集成稳压器输入-输出间的压差 $V_{do}=V_i-V_o$,其值必须>2 V。考虑到留有一定余量,V_{do} 取为 3 V,$V_i \geqslant 8$ V。

V_i 取决于电源变压器次级绕组的电压 V_2(rms)、整流电路的形式、整流元件压降以及滤波电容 C_1 的容量,并且还会随负载而起落。

滤波电容 C_1 容量主要由电压调整率、纹波要求和负载来决定。在采用桥式等全波整流电路时,C_1 可按下式取值

$$R_L C_1 \geqslant (3 \sim 5)\frac{T}{2} \text{ 或 } C_1 \geqslant (3 \sim 5)\frac{T}{2R_L}$$

式中 T 为交流电周期,这里 $T=20$ ms。等效最小 R_L 为 $V_o/I_o=12.5$ Ω,故 $C_1 \geqslant$ (2 400~4 000) μF。这里取 $C_1=3$ 300 μF/16 V。

V_i 在负载开路时为 $\sqrt{2}V_2$,但由于单电容滤波其负载特性非常软,即随负载加重,V_i 下降很显著,通常

$$V_i = (0.9 \sim 1.2)V_2$$

若取 $V_i=1.0 \times V_2$,则 $V_{2max}=8$ V。

由于一般电子系统电源电压的容许范围为±10%,故在 $V_1=198$ V 也要保证 $V_2>$ 8 V,所以 V_2 取 9 V 是合理的。必须注意到在 $V_1=242$ V 时,$V_2 \approx 9.9$ V。这一情况在下面讨论三端稳压器功耗时是很有意义的。

整流管 D 的平均整流电流

$$I_{D(AV)} \geqslant (2 \sim 3)\frac{V_i}{2R_L}$$

即 $I_{D(AV)} \geqslant (0.7 \sim 1)$A,可取为 $I_{D(AV)}=1$ A。整流管 D 承受的反向电压峰值为 $\sqrt{2}V_{2max} \approx 13.9$ V。由表 2.3.1 二极管电特性表中可以看出,1N4001 已满足电路要求。当然也可以选用 $I_{D(AV)} \geqslant 1$ A,反向电压>50 V 的整流桥,如 2KBP005($I_{F(AV)}=$ 2 A,$V_R=50$ V)。

变压器 T 的次级功率 $P_2=i_t v_2 \approx I_o V_{2max}=4$ W。变压器的初级功率

$$P_1 = P_2/\eta$$

η 为变压器的效率,它和变压器的功率、变压器的铁芯材料(硅钢片、冷轧薄钢带)以及磁路(E 形、C 形、环形)密切相关。

变压器的 η 与功率的大致关系如表 3.4.5 所列。

表 3.4.5　变压器 η 与功率的大致关系

功率/W	<20	30~50	50~100	100~200	>200
效率/%	70~80	80~85	85~90	90~95	>95

若选用环形变压器,η 可取 80%,则 $P_1 = 5$ W。

变压器的功率 P 为 P_1 与 P_2 的平均值,即 $P_C = 4.5$ W。

最方便的是选购市场定型的系列电源变压器,这些变压器次级电压值与三端集成稳压输出电压 V_0 的对应关系如表 3.4.6 所列。

表 3.4.6　市售成品系列变压器规格

V_0/V	5.0	9.0	12.0	15.0
V_2/V	9.0	12.0	15.0	18.0

这里选用价格较低的 E 型 5W9V 的变压器。

图 3.4.3 中的 D_{prt} 为保护二极管。当负载很轻或开路的情况下,当断开电源时,如果 C_4 的泄放慢于 C_1,则可能出现 $V_o > V_i$,这有可能导致集成稳压器损坏,利用 D_{prt} 的箝位作用可以防止这一点。

图 3.4.4 给出了一种常见的利用 7800 与 7900 系列集成稳压器构成的正、负双极性输出的稳压电路。

三端集成稳压器为保证稳压效果,V_{do} 必须大于 2 V。此时其功率损耗为 $P_D = V_{do} I_o$,在本设计中 $P_D = 1.6$ W,这是一个非常可观功耗,它将导致器件严重升温。其温升为

$$T_J - T_A = \theta_{JA} P_D$$

式中,T_J 和 T_A 分别为结温和环境温度,θ_{JA} 为结到周围的热阻,7800 为(45~65)℃/W,即器件功耗功率每增加 1 W,将使结温比周围环境温度高 45~65 ℃。7800 的最高工作结温为 +150 ℃,若环境最高工作温度为 50 ℃,则允许的最大功耗仅 1.5 W 左右。即对给定的 $T_{A(max)}$,θ_{JA} 和 $T_{j(max)}$ 为 P_D 确定了一个上限。

注意:工程设计均按最恶劣情况考虑。

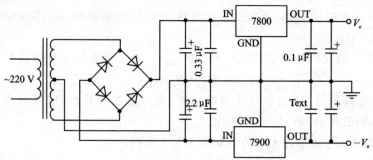

图 3.4.4　正负双极性输出稳压电路

热传导过程和电传导过程很相近,可以用电传导过程模拟。用电流对应功率,电压对应温度,电阻对应热电阻。其电学模拟电路如图 3.4.5 所示。

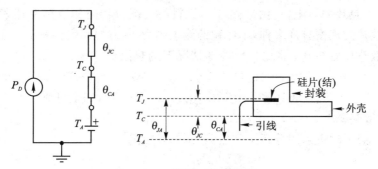

图 3.4.5 热传导的电学模拟

热电阻 θ_{JA} 由两部分组成:

$$\theta_{JA} = \theta_{JC} + \theta_{CA}$$

其中,θ_{JC} 是由芯片的结到芯片外壳的热阻,θ_{CA} 为外壳到外界的热阻。

从图 3.4.5 的电路可知,当器件的功耗 P_D 一定时,即电路电流为定值,此时各点对地的温度分别为 T_A、T_C(外壳温度)和 T_J。显然 θ_{CA}、θ_{JC} 愈小,外壳和结温愈低。

θ_{JC} 由器件内部的电路布局和外壳决定。减小 θ_{JC} 的办法是将器件电路封装在一个合适的塑料、最好是金属外壳中,其中耗热最厉害的集电极和金属外壳直接相连,图 3.4.1 中 7800、7900、LM317、LM337 有 TO - 3 和 TO - 220 两种典型封装。注意外壳不同芯片连不同的引脚。在自然空气的冷却条件下,TO - 3 封装的 $\theta_{JC}=$ $(3.5{\sim}5.5)℃/W,\theta_{CA}=(36.5{\sim}39.5)℃/W$;TO - 220 封装的 $\theta_{JC}=(3{\sim}5)℃/W,\theta_{CA}=$ $(57{\sim}60)℃/W$。由此可见大封装 TO - 3 比小封装的 TO - 220 热阻小得多,而且热阻主要表现在 θ_{CA} 上。为了改善外壳对周围环境的导热,减少 θ_{CA},通常采用强制冷却(风冷、水冷)和加装散热片的办法。

图 3.4.6 表示了器件外加一个鳍形散热片的情况。这时

$$\theta_{CA} = \theta_{CS} + \theta_{SA}$$

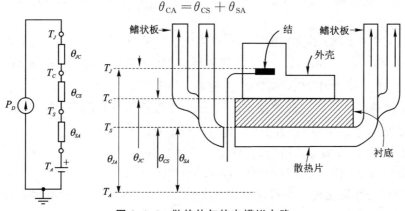

图 3.4.6 散热片与热电模拟电路

其中 θ_{CS} 是安装表面导热绝缘薄膜(云母或玻璃纤维)的热阻,为减低此热阻,安装时它的两面应涂覆导热良好的硅油,以保证紧密的热连接。其典型值为 $1℃/W$。

θ_{SA} 为散热片的热阻,它由散热片的材料(铝、铜、银等)和散热片体积与外形决定。铝散热片的规格有许多种,小体积的热阻约为 $30℃/W$,大体积的小至 $1℃/W$。

加装散热片后的 θ_{CA} 将比自然冷却情况下的热阻低许多倍。以 TO-220 封装上例中的 7805 来说,若 $\theta_{SA}=10℃/W,\theta_{CS}=1℃/W$,则 $\theta_{CA}=11℃/W$,而 $\theta_{JC}=5℃/W,\theta_{JA}=15℃/W,T_A=50℃$,可计算出 $P_{D(max)}=6.25W$,完全可满足图 3.4.3 电路中 7805 的散热要求。

散热片必要时可以用分析工具估测,例如其热阻

$$\theta_{SA}=\frac{1}{\eta\,hA_{fin}}+\frac{1}{2mC_P}$$

其中,η 为散热效率,h 为散热系数,A_{fin} 为散热片面积,m 为外界空气的流速,C_P 为定压比热。不过在工程实际中散热片多半靠经验选择。

3. 低压差稳压器

普通 7800、7900 系列三端集成稳压器的 $V_{do}=V_i-V_o$ 必须大于 2V,才能保证稳压效果。以上述设计为例 $V_{do}=4V,P_D=1.6W$,而输出功率 $P_D=V_oI_o=2W$。稳压电路的效率

$$\eta=\frac{P_o}{P_o+P_D}\times100\%=55\%$$

即有 45% 的电能被稳压器件以热能释放的方式白白消耗掉。这一点对于交流供电尚可容忍,而对大量的由电池供电的便携式电子产品,如手机、笔记本电脑、数码相机、PCMCA 卡及蓝牙组件等则是绝对难以接受的。

7800、7900 系列线性稳压器效率低下的根本原因在于这种串联复式稳压电路调整管的饱和压降。为此,器件设计者将双极性调整管改换成压降低得多的 PMOS 管,并辅以其他措施,从而形成了一类低压差(Low Drop Out,LDO)线性稳压器家族。

图 3.4.7 为 LDO 的典型框图。可以看出它也是一种由误差放大器 OA、能隙基准电源 $D(V_R=1.25V)$、输出电压电阻取样、PMOS 调整管以及一些辅助电路构成的串联式稳压器。其中,$\overline{EN}/\overline{SHDN}$ 为使能/关闭控制,低电平有效。$\overline{FAULT}$ 为故障检测输出端。如需要外部调整 V_o,则在 ADJ 端接取样电阻,固定 V_o 则无此端。有的还有 $\overline{MR}$(手动复位)和为 MCU 提供复位信号的 $\overline{RESET}$ 端。

近年来 LDO 发展非常迅速,各项指标飞速提高,如关键的 V_{do} 已有凌特公司的 45mV 等产品。LDO 大有取代普通 7800、7900 之势。

LDO 可分为固定输出与可调输出两类。表 3.4.7 给出了几种有代表性的 LDO 的性能。

表 3.4.7　几种 LDO 的电参数

电气参数

型号	公司	V_i/V	V_o/V	V_o容差	V_{do}/mV	I_o/mA	I_Q/μA	S_V/%	N_R/μV	保护功能	特点	封装
TPS71718	TI	0.5~6.5	1.8	3%	170	150	45		30		固定输出	5SC70 6WSON
LPS793××	TI	2.7~5.5	1.5、1.6、1.8、2.5~3.3	±2%	112	200	40	5mV	32~100	限流	可调输出	SOT23 SON, GBA
LP3996-Q1	TI	2~6	0.8~3.3(双)			150/300					双通道	
LM337	TI	-3~-40	-1.2~-37	3%	2000	1500	65	1mV			可调负压输出	3DDPAK/TO-263 3TO-220 3TO-252
AS1117	Alpha		1.5/2.5/2.85/3/3.3/5		1000	<1000	5000		0.000 3%		可选固定输出	TO-220 SOT-223
MAX6469~6468	MAXIM	2.5~5.5	1.5~3.3	±2%	114	300	0.1/82	0.09%/N	75	输入反向、过流过热	可调输出	SOT23-6 QFN
MCP1700	MDCROCHIP	2.3~6	1.2~5.0	±0.4%	178	250	1.6	±0.75		短路过热	可调输出	SOT23 SOT-89 TO-92
LP38842	NS	1.5/1.8	0.8、1.2、1.5	±1.5%	210 115/1.5A	1.5A	30nA(关闭)	±0.01			可选固定输出	TO-220 TO-263
MSK5021	ETC	1.3~36	1.2、1.6、1.8、0.2(min)	±1%	500	20A	20mA	±0.5			可调输出	
LT3021	Linear	0.2~10			160	500	1/300		300	限流过热	可选固定输出	SO-8 DFN-16
LTC3026	Linear	1.14~3.5	0.4~2.6		100	1.5A	1/450			输出短接反向电流过热	可调输出	MSOP-10 DFN
LTC3035	Linear	1.7~5.5	0.4~3.6	±2%	45	300	1/100				可调输出	

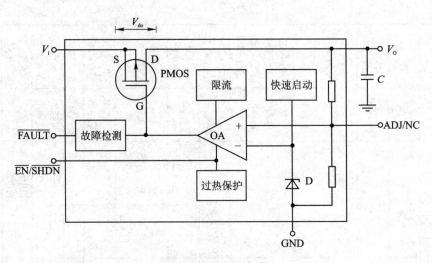

图 3.4.7　LDO 框图

图 3.4.8 列出了几种 LDO 的应用电路。图 3.4.8(a) 为 MAX6469/70/71/72/77/78/79/80 输出电压可调的 LDO 电路。$V_o = 1.23(1 + R_1/R_2)$。$\overline{\text{MR}}$ 为手工复位端,$\overline{\text{RESET}}$ 可以为其他器件提供一个低电平有效的复位信号,SET 即 ADJ 端。图中所标为 MAX6471/72 SOT23 封装的引脚。图 (b) 为 MAX6475/76/83/84 $I_{0(\max)}$=1 A 的扩流电路,它将 5 V 输入变换为 3.3 V 输出供 MCU。图 (c) 为 TPS793×× 固定输出的 LDO 电路,$V_i = 2.7 \sim 5.5$ V。V_o 可从 1.5～3.3 V 十几种电压选择。$\overline{\text{EN}}$ 使能端接 V_i,器件处于正常工作状态。BYPASS 端要求接旁路电容。图 (d) 为 TPS79301 可调输出 LDO 应用电路。$\overline{\text{EN}} = 0$,器件处于微电流关闭状态;$\overline{\text{EN}} = 1$,器件工作。$V_o = 1.2246(1 + R_1/R_2)$,图中 C 的容量为 15～22 pF。图中注明的是 SOT23 封装的引脚。图 (e) 为大电流(3A)LDO LP38842 的外形(TO‑220)及引脚,图 (f) 为其应用电路,其中 BIAS 可为内部电路提供低电流的 5(1±10%) V 的偏置电压或者为外部 NFET 提供驱动。$\overline{\text{SHDN}}$ 不用时应接至 BIAS 端。

LDO 应用设计要点:

① 不同公司 LDO 的同功能引脚,名称不一致。如 $\overline{\text{EN}}$ 与 $\overline{\text{SHDN}}$(SHULT-DOWN),ADJ 与 FB、SET 功能一样。

② 某些 LDO(如 MSK5021)设有 $\overline{\text{FAULT}}$ 故障检测输出。这是一个集电极开路输出端,当输出电压和正常值相比,降低了 6% 或以下时,$\overline{\text{FAULT}} = 0$。它可以驱动一只 LED 以指示电路状态。

③ $\overline{\text{EN}}$ 的高电平视器件而有所不同,有的规定为 2 V,但多数情况下接 V_i 即可认为是高电平。

④ LDO 为外部数字器件提供的 $\overline{\text{RESET}}$ 信号,必须通过 V_o 经上拉电阻上拉,以保证正常的高电平。

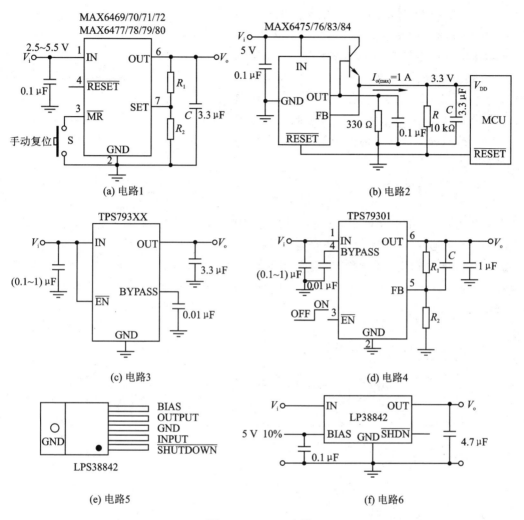

图 3.4.8　LDO 电路

⑤ LDO 的入端和出端电容的容量通常在 $1\sim4.7\ \mu F$ 之间,这两个电容宜采用低 ESR(等效串联电阻)的 CT4 型多层陶瓷(独石)电容器,并且组装时应尽量靠近器件。

⑥ 输出电流大的器件(如 LP38842),尽管 P_D 较小,也应考虑其 θ_{JA} 和散热。

⑦ 器件手册所给的 V_{do} 是有一定条件的。各厂家测试条件并不一致,故给出的 V_{do} 只是一个参考值。

⑧ 当需要通过外接 MOSFET 驱动大电流负载时,应选用内部具有升压(Booster)的 LDO(如 MIC5158),以便为 MOSFET 提供足够幅度的栅极驱动电压。

⑨ 当 LDO 直接用于电池供电电子设备时,首先应该明确系统的供电电压和最大电流。如以 80C51FXXX 为核心的某数字系统,采用 LED 数码显示器,电源电压为 3.3 V,总电流小于 150 mA。其次了解电池的基本特性。当前多数便携式电子产品为镍镉、镍氢或锂可充电电池。这三种电池的标称电压 V_s、充满电后的最大电压 V_m 如表 3.4.8 所列。

表 3.4.8　镍镉、镍氢、锂电池参数

参　数	电　池		
	镍　镉	镍　氢	锂
V_s/V	1.3	1.25	3.6
V_m/V	1.75	1.5	4.2

在选择 LDO 芯片时,首先应明确芯片的额定输出电压与电流,这里 $V_O = 3.3$ V,$I_O = 150$ mA。紧跟着选择电池的种类,目前业界比较多的选用锂电池,主要因为锂电池优越的电气特性,如自放电率是常用电池中最低的、无记忆效应、寿命长等。虽然这种电池在 3.6 V 上下可以稳定地维持相当长的时间,选用时必须考虑其允许的最低供电电压,这里选为 3.4 V。这样就能确定芯片的输入电压范围应为 3.4~3.6 V。而 V_{dO} 必须小于 100 mV。LTC3035 芯片即可满足上述要求,相应的电路如图 3.4.9 (a)所示。

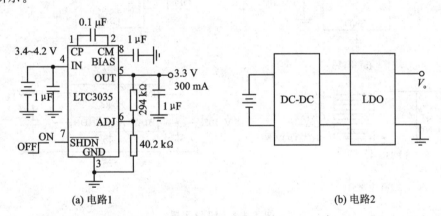

(a) 电路1　　　　　　　　　　　　　　　(b) 电路2

图 3.4.9　LDO 应用电路

⑩ LDO 的另一常用方法是做开关电源的后置稳压电路,以降低开关电源的纹波电压,如图 3.4.9(b)所示。此外 LDO 还可用做大电流开关,用以构成充电器、UPS 等。

3.4.2　数控稳压电源设计

数控直流稳压电源的产品已越来越多。这类产品其主回路均为一个电压负反馈型闭环电路,现介绍几种常见电路。

1. 权电阻网络数控稳压电源

图 3.4.10 是一种由取样电阻 R_1、R_2，基准电压电源 V_r，运放 OA 和调整管 T 构成的可数控稳压电源。其中 R_n 为电阻网络。

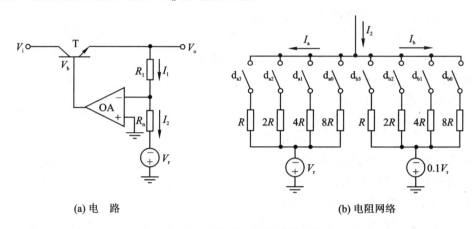

(a) 电　路　　　　　　　　　　　　　　　(b) 电阻网络

图 3.4.10　权电阻网络数控稳压电路

这个电路是典型的串联稳压电路。电压串联负反馈保证了电路的稳压性能。电路的输出电压为

$$V_o = I_1 R_1 = I_2 R_1 = \frac{R_1}{R_n} V_r$$

图 3.4.10(b) 为实际的电阻网络，为获得 1% 的分辨率将 V_r 分为两个，电路中使用了 8421 的权电阻网络与相应的数控开关，使得

$$I_2 = I_a + I_b$$

$$I_a = \frac{V_r}{8R}(2^3 d_{a3} + 2^2 d_{a2} + 2^1 d_{a1} + 2^0 d_{a0}) = \frac{V_r}{8R} D_{na}$$

$$I_b = \frac{0.1 V_r}{8R} D_{nb}$$

$$I_2 = \frac{V_r}{8R}(D_{na} + 0.1 D_{nb})$$

$$V_o = \frac{R_1 V_r}{8R}(D_{na} + 0.1 D_{nb})$$

式中，D_{na} 和 D_{nb} 分别为个位和十位数字值。

若取 $V_r = 5V$，$R_1 = 8R$，则可获得 $V_{omax} \approx 5\ V$，$V_{omin} = 0\ V$，步进为 0.1 V 的稳压输出。

这种电路可以用手动通过继电器或模拟开关进行数字设定。其缺点是要用五种精密电阻来保证输出量的精度。

输出电流取决于调整管的选择与散热。为提高环路增益，改善稳压效果，T 可采用达林顿管,但需注意抑制环路的自激。

2. 数控线性串联稳压电路

图 3.4.11 为典型的由分立晶体管组成的串联稳压电路。图中 Q_1 为调整管,Q_2 为误差放大管,D 为基准电压源(如齐纳二极管),R_1、R_2 为输出电压的取样电阻。电路是电压负反馈闭环回路。不论输入电压 V_i 或负载变化时能基本维持输出电压的稳定。

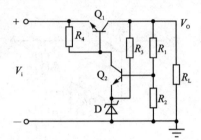

电路的基本关系为:

$$V_O = (V_b + V_{be})\left(1 + \frac{R_1}{R_2}\right)$$

图 3.4.11　串联稳压电路

式中 V_b 为基准电压,V_{be} 为 Q_2 的发射结压降。由于这种简单电路的闭环增益不高,加之 V_{be} 也不稳定,所以虽能稳压,但效果比较差。

将误差放大器改为精密运放,如图 3.4.12(a)所示,将使闭环增益大幅提高,使稳压性能得到极大的改善。此时,

$$V_O = V_+ \left(1 + \frac{R_1}{R_2}\right)$$

$$V_+ = V_r \frac{D_n}{N_{max}}$$

故

$$V_O = V_r \frac{D_n}{N_{max}}\left(1 + \frac{R_1}{R_2}\right)$$

式中 V_r 为 DAC 的基准电压或 DPOT 的 V_w,N_{max} 为 DAC 的最大位数,如:2^n。对 DPOT 则为最大点数等等。D_n 为输入的数字量,对 DAC 而言,其最大值为 $N_{max}-1$,对 DPOT 而言,$D_{nmax} = N_{max}$。

数控稳压电源设计要点如下所述。

① 调整管的选择。

图 3.4.12(a)的调整管为 NPN 型晶体管。为保证在输入电压最低值时的稳定输出,$V_{imin} - V_o$ 必须比调整管的饱和压降还要大 1 V,同时误差放大运放的输出上限必须保证在 V_{imin} 时,至少比 V_o 高 0.7 V 以上。因此,误差放大运放有时要用辅助电源或"电荷泵"提高供电电压或采用"轨对轨"运放。图(c)采用的是 N 沟道 VMOS 管,由于一般增强型 VMOS 管的开启电压 $V_{th} \approx 4$ V,即误差放大器的输出电压必须大于 $V_o + V_{th}$,故选择运放及运放的电源电压必须加以注意。图(b)采用的是 PNP 管,故运放的输出电压只需小于 $V_o - 0.7$ V,在 V_{min} 时容易保证 V_o。图(d)由于采用了 P 沟道 VMOS 管,即使 VMOS 管 $V_{th} = 4$ V,这一点只要运放的电源电压 $\geqslant V_o$,运

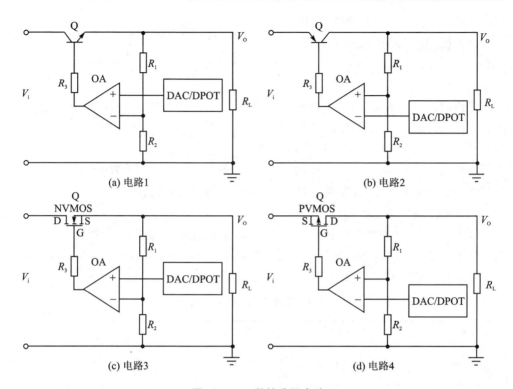

图 3.4.12　数控稳压电路

放输出低于 $V_o - V_{th}$ 是完全能满足的。当然如果选用 $V_{th} < 1$ V 的 VMOS 管,可以允许运放更低的电源电压。

当选择功率双极性晶体管做调整管时,选单晶体管好处是饱和压降较低,即使在大电流时,一般 V_{ces} 也小于 2 V,但环路增益较低,稳压效果不如选用达林顿管。而后者的 V_{ces} 较大。在输入电压的最低值受限时,也限制了输出电压。

稳压电源对调整管的频率特性没有高的要求,选用低频器件即可。

调整管的最大管耗 $P_{max} = (V_{max} - V_{min}) \times I_{omax}$,当 $P_{max} > 0.5$ W 时,必须加足够的散热片,请参照"三端集成线性稳压电路设计"一节的相关内容。

② 误差放大器运放的选择。

为保证最大的闭环增益,由于误差放大器运放工作在开环状态,所以首先应选用开环增益高的精密运放,如 TI 的 OP37、LM358 等。

要注意运放和调整管的配合,以图 3.14.3 采用 PVMOS 管 IRF4905 和单电源 LM358 运放组成的一款稳压电源为例,在 DAC 输出 $V- = 2.5$ V,调整 20 kΩ 的 3296W 多圈电位器,可使输入电压 $V_i = 6.0 \sim 15$ V 的情况下,$V_O = 5$ V,$I_O = 1$ A,且获得 $S_v < 0.2\%$ 的良好电压调整率。在 $V_i = 12$ V,$I_O = 1 \sim 2$ A 时也可以得到 $S_I < 0.2\%$ 的良好电流调整率。此电路由于采用了 P 沟道 VMOS 管,当负载电阻取为 60 Ω 时,即使在 $V_i = 5.005$ V 时,$V_o = 0.4998$ V;$V_i = 7$ V 时,$V_o = 0.4996$ V;$V_i =$

8 V 时, V_o = 0.499 7 V; 空载时, V_o = 5.002 V。这样的结果, 完全拜托 PMOS 管的低电阻特性所赐。

③ DAC/DPOT 的选择。

根据数控步长的要求, 只要选择 DAC/DPOT 分辨率超过步长几倍即可。当然 DAC 的积分非线性小, 有利于输出电压的线性。当前使用

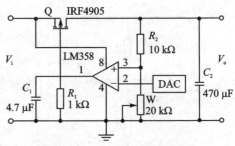

图 3.4.13　一种数控稳压电路

I^2C 或 SPI 借口的 DAC 较方便。对 DAC 的速度倒不必计较。

④ DAC/DPOT 基准电源的选择。

DAC/DPOT 基准电源的质量, 主要是电压漂移, 尤其是温漂, 此项指标与 DAC 的输出直接关联。基准电源的容差可以通过取样电位器校正, 倒不是主要的。表 3.4.9 为几种常用基准器件的特性。

表 3.4.9　几种常用电压基准的特性

型　号	厂　家	输入电压/V	基准电压/V	容差/%	温漂/(ppm/℃)	封　装
REF3212	TI	7.5 V_{max}	1.25	0.2	4	SOT23
REF3220	TI	7.5 V_{max}	2.048	0.2	4	SOT23
REF3225	TI	7.5 V_{max}	2.5	0.2	4	SOT23
REF3240	TI	7.5 V_{max}	4.096	0.2	4	SOT23
TLVH431	TI	<20	1.24~18	0.5		TO－92
TL431	TI、STM	≤36	2.495~36	0.5	8	TO－92 PDIP
MC1403	Freescale	4.5~40	2.5	1	10	TO－92 SOIC－8
LM336	TI	3.5~40	2.5/5	4	1.8 mV	TO－92 SOIC－8

⑤ 取样电阻的选择。

为精确调整输出电压, 取样电阻之一通常采用 3296W 型多圈预调电位器。

3. 数控稳流电路

图 3.4.14 为典型的数控稳流电路。它由调整管 Q, 负载 R_L, 取样电阻 R_S, 误差放大器 Q_1、Q_2 以及 DAC 组成。由图可知此电路实质上是一种电流闭环负反馈电路。

$$V_+ = V_{DAC} \approx V_- = I_O R_S A_f$$

$$I_O = \frac{V_{DAC}}{R_S A_f}$$

式中，I_O 为输出电流，为 DAC 的输出电压，即稳流电源的基准电压，R_S 为取样电阻，A_f 为误差放大器 OA1 的增益。若 $R_S = 0.1\ \Omega$，$A_f = 10$，则 $I_O = V_{DAC}$，此时稳流电源的控制电压与输出电流的关系为：$I_O(mA) = V_{DAC}(mV)$。即只要控制电压不变，输出电流则保持稳定。这就是稳流的原理。

图 3.4.15 仅将图 3.4.14 中的调整管换为 P 沟道 VMOS 管，同时采用了 INA194 类的电流监测器将电流信号转换为误差电压。闭环负反馈的原理相同。

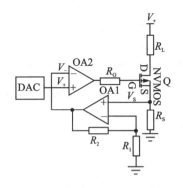

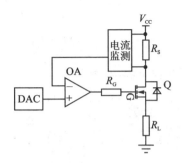

图 3.4.14 数控稳流电路   图 3.4.15 稳流的另一种电路

数控稳流电源的设计要点如下所述。

① 调整管的选择。

调整管可以选用 NPN、PNP、双极性功率管或 P 沟道 VMOS、N 沟道 VMOS 管均可。由于不需要考虑管压降，选用达林顿管有利于闭环增益。调整管在最大 V_+ 和最大的 I_O 时的实际功耗与管子的额定功耗要足够减额，并且充分散热。

② 取样电阻的选择。

输出电流在 2 A 以下时，R_S 可选用 $0.1\ \Omega$，最大牺牲 $0.2\ V$ 的电压。取样电阻的功率必须足够重视，在满额电流时，如果功率不足，它的发热将导致阻值明显变大，影响长期稳定性。这时一般可将数只串并使用。大电流可减小其阻值，甚至采用 $50\ m\Omega$ 的专用分流器，当然也可以使用各种电流传感器（如霍尔电流传感器）。

③ 运放、DAC、DAC 基准的选择。

与稳压电路相同。

3.4.3 开关稳压电源

线性稳压电源调整管的管耗是造成效率低下的根本原因，即使 LDO 在实际 V_{do}

较大时,效率也不高。解决这一问题的根本办法是使调整管工作在开关状态,利用低得多的开关损耗来提高效率。开关稳压电源正是基于这一原理。

1. 开关稳压电源的基本原理

图 3.4.16(a)是一种降压(Buck)型开关稳压电源的原理电路。图中,V_i 为直流输入电压,T 为开关管,L 为储能电感,C 为滤波电容,V_r 为基准电源,R_1、R_2 为输出电压的取样电阻。误差放大器 OA 将误差电压放大,通过调制器控制 T 的通断时间,达到闭环稳定输出电压的目的。图中,D 为续流二极管。开关管 T 导通时间 T_{on} 与导通时间 T_{on}、关断时 T_{off} 之和的比称为占空比(Duty Ratio)

$$D = \frac{t_{on}}{t_{on} + t_{off}} = \frac{t_{on}}{T_c} = t_{on} f_c$$

式中,$T_C = t_{on} + t_{off}$,就是控制方波的周期,$f_c = 1/T_c$ 为控制方波的频率。

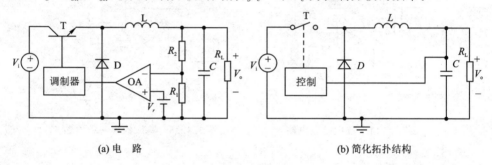

(a) 电　路　　　　　　　　　　　　　　(b) 简化拓扑结构

图 3.4.16　降压型开关电源原理图

开关管截止时 $P_C = 0$,导通饱和时 $P_C = V_{sat} I_S$,V_{sat} 为数值相当小的饱和压降,I_S 为饱和电流。T 管的功耗远较线性运用小。而储能电感 L 和平滑电容等电感元件,至少理想情况下不消耗电能,这就保证开关电源的高效率。

图 3.4.16(b)为这种降压型电源的简化拓扑结构。在 T_{on} 期间,T 管饱和,D 截止,相应的电路如图 3.4.17(a)所示。此期间储能电感 L 充电,储存磁能。如果这段时间 V_i、V_o 以及 V_{sat} 保持不变,则电感两端的电压 $V_L = V_i - V_{sat} - V_o$ 亦不变,此时电感 L 中的电流增益

$$\Delta i_L(t_{on}) = \frac{V_i - V_{sat} - V_o}{L} t_{on}$$

T 管截止时,其等效电路如图 3.4.17(b)所示,V_f 为续流二极管 D 的正向压降。换路后,L 中的电流不能瞬变,但将逐渐减小,从而使 L 两端电压 V_L 反向,D 导通。$V_L = -V_f - V_o$。图 3.4.18 给出了相应的工作波形。这种工作方式,i_L 始终大于 0,故称为连续导通模式(CCM)。

当电路达到稳定状态后,$\Delta i_{L(t_{on})} = \Delta i_{L(t_{off})}$,则

$$V_o = D(V_i - V_{sat}) - (1 - D)V_f$$

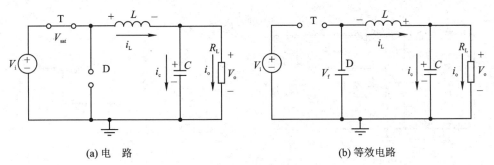

(a) 电　路　　　　　　　　　　　　　　(b) 等效电路

图 3.4.17　降压型关开电源工作原理图

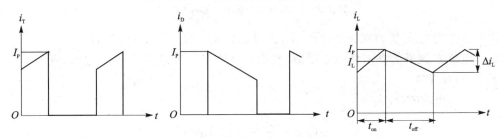

图 3.4.18　连续导通模式的工作波形

若忽略 V_{sat}、V_f，则

$$V_o \approx DV_i = f_c t_{on} V_i$$

即开关电源的输出电压可由开关管控制信号的占空比控制。

从上式可以看出，在 f_c 一定的情况下，可以通过改变 t_{on} 控制 V_o，即脉冲宽度调制（PWM），是使用的最多的一种控制方法。在固定 t_{on} 的情况下，也可以通过改变 f_c 来控制 V_o，即脉冲频率调制（PFM）。此外还有 f_c、t_{on} 均可改变的混合调制方式。

图 3.4.19 是开关电源的另两种拓扑结构。图 3.4.19(a) 为升压（Boost）型电路，它的输出电压

$$V_o = \frac{1}{1-D}(V_i - DV_{sat}) - V_f \approx \frac{V_i}{1-D}$$

由于 $D \leqslant 1$，故 $V_o \geqslant V_i$，也就是说输出电压可高于或等于输入电压，其值亦可由 D 调整。

图 3.4.19(b) 为升降（Buck-Boost 反极性）型拓扑结构，其输出电压

$$V_o = -\frac{D}{1-D}(V_i - V_{sat}) + V_f \approx -\frac{D}{1-D}V_i$$

当 $D>0.5$，$|V_o|>|V_i|$；$D<0.5$，$|V_o|<|V_i|$。而且该电路的 V_o 与 V_i 反极性。开关电源储能电感

$$L = \frac{V_o(1-V_o/V_i)}{f_s \Delta i_L} \quad \text{(Buck)}$$

$$L = \frac{V_i(1-V_i/V_o)}{f_s \Delta i_L} \quad \text{(Boost Buck-Boost)}$$

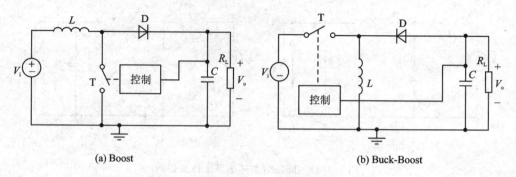

(a) Boost　　　　　(b) Buck-Boost

图 3.4.19　Boost 和 Buck-Boost 电路

式中 Δi_L 为电感 L 的纹波电流。Δi_L 可以取为 $0.2 I_{o(min)}$（负载电流的最小值）。

电感 L 通常为铁氧体磁芯线圈,其饱和度决定了通过 L 的峰值电流,耗损决定了 i_L 的有效值。

平滑电容 C 的选择为

$$C = \frac{\Delta i_L}{8 f_c \Delta v_o} \quad (\text{Buck})$$

$$C = \frac{I_o (1 - V_i / V_o)}{f_c \Delta v_o} \quad (\text{Boost}, \text{Buck-Boost})$$

式中,Δv_o 为输出电压的纹波。

实际的电容器可看作是一个理想电容与一个等效串联电阻 ESR 和一个等效串联电感 ESL 的串联。故电容应选用多层陶瓷电容或钽电解电容,或两者并联,以降低 ESR 上附加的纹波电压。

2. AC-DC 单片开关电源

AC-DC 单片开关电源的核心是单片开关电源集成电路。经过几十年的发展,已经成为一种高集成度、最简外围电路、高性能价格比的器件。它是目前中、小功率开关电源的首选品种,在笔记本电脑、彩色电视机、仪器仪表、摄像机、通信设备等产品中获得广泛应用。

表 3.4.10 列出了几类单片开关电源的特性。

表 3.4.10　几种单片开关电源集成电路的特性

类　型	主要特性
TOPSwitch-Ⅱ	PI 公司的第二代产品。三端器件：D-漏极；S-源极；C-多功能控制端。AC 范围：85～265 V 或 220×(1±15%) V。$f_c = 100$ kHz,D=1.6%～67%,$\eta \approx 80\%$,功率管耐压 700 V,最大输出功率 150 W。S_V、S_I 可达±0.2%。适用于小、中功率电源。型号为 TOP22X

类　型	主要特性
TOPSwitch - GX	PI 公司的第四代产品。六端器件。具有 10 ms 的软启动功能。可设定极限电流值。可在全频(132 kHz)、半频(66 kHz)下工作。轻载时,可自动降至 30 kHz 或 15 kHz。D 提高到 78%。具有频率抖动功能,降低了开关频率高次谐波所造成的干扰。具有远程通/断控制功能。采用了 EcoSmart® 的节能技术
TinySuitch	四端器件:D -漏极,S -源极,EN -使能,BP -旁路。输入电压范围:85~265 V(AC)或 120~375 V(DC)。采取开关控制取代 PWM,调节速度更快,抑制纹波能力更强。高效率,在 230 V 时,功耗 60 mW,输出功率小于 10 W。又称微型单片开关电源集成电路
LinkSwitch - TN	四端器件:D -漏极,S -源极,FB -反馈输入,BP -旁路。输入电压范围:85~265 V。230 V 时功耗 80 mW。最大输出功率 4 W。开关频率 66 kHz。典型应用电路只需 15 个元件。采用了 EcoSmart 节能技术,属非隔离式、节能微型开关电源。特别适合于代替传统的电容降压电源

(1) TOPSwitch -Ⅱ系列单片 AC - DC 开关电源

图 3.4.20 为 TOPSwitch -Ⅱ TOP221~227 系列单片可关电源集成芯片的封装图,表 3.4.11 为其输出功率。

表 3.4.11　TOP221~227 输出功率表

TO - 220 封装			PDIP 和 SMD 封装		
型　号	100/115/230 V	85~265 V	型　号	100/115/230 V	85~265 V
	$P_{\max}^{①}$/W	$P_{\max}^{①}$/W		$P_{\max}^{②}$/W	$P_{\max}^{②}$/W
TOP221Y	12	7	221P/221G	9	6
TOP222Y	25	15	222P/222G	15	10
TOP223Y	50	30	223P/223G	25	15
TOP224Y	75	45	224P/224G	30	20
TOP225Y	100	60			
TOP226Y	125	75			
TOP227Y	150	90			

注：① 加数热片后,结温<100 ℃,最大实际连续输出功率。

　　② 焊到 6.45 cm² 敷铜板上的最大实际连续输出功率。

图 3.4.21 为 TOPSwitch -Ⅱ内部方框图。它由功率 MOSFET、100 kHz 主振荡器、PWM 产生器、控制电路、R 和 C 组成的低通滤波器、热保护电路、关断/重启动控制等多个部件组成。

图 3.4.22 为 TOPSwitch -Ⅱ典型应用电路。输入交流电压由桥式整流变换为脉动直流电。整流元件 D 的 V_{RM}>400 V,平均整流电流则由输出功率及电路效率决定,常用的为 1N4007。

单电容滤波电路的电容 C_1,其容量与交流输入电压、输出功率、效率有关。

$$C_i(\mu F) = KP_o(W)$$

式中,K 为常数,输入交流电压为宽电压范围(85 ~ 265 V)时,K = 3 μF/W;固定电压(230 V$\pm$15%)时,K = 1 μF/W。P_o 为电路的输出功率。C_1 的额定工作电压必须大于等于 400 V。

TOPSwitch - II 的工作频率为 100 kHz。高频脉冲变压器 T 的初级绕组 N_P 两端并有 TOPSwitch - II 漏极保护电路。其中 TVS

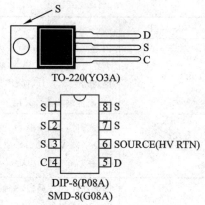

TO-220(YO3A)

DIP-8(P08A)
SMD-8(G08A)

图 3.4.20　TOPSwitch - II 封装图

(Transient Voltage Suppressor)称为瞬态电压抑制二极管,它可以以很快的速度对 T 的漏感所产生的尖峰电压进行箝位,以保护功率器件。它有单向和双向二种。常用的是 P6KE200。TVS 有时也可用 RC 吸收回路来取代。与 TVS 配套使用的阻塞二极管,由于开关频率较高,必须使用超快恢复二极管 SRD(Superfast Recovery Diode)。最常用的为 UF4005。它的 V_{RM} = 600 V,I_d = 1 A,t_{rr}(反向恢复时间) = 30 ns。

输出主回路的高频整流二极管 D_1 一般也应选用 SRD,要求其额定整流电流 $I_d \geqslant 3I_{OM}$。I_{OM} 为最大连续输出电流。

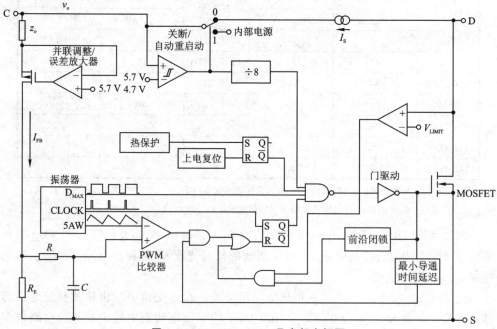

图 3.4.21　TOPSwitch - II 内部方框图

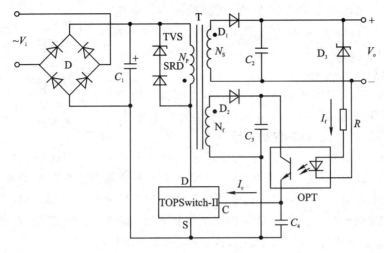

图 3.4.22　TOPSwitch-Ⅱ典型应用电路

$V_{RM} \geqslant 2V_{(BR)S}$。$V_{(BR)S}$ 为整流管实际承受的最大反向峰值电压。常用的有 UF4005、UF5408($I_d = 3$ A)等。肖特基二极管由于 $t_{rr} < 10$ ns,正向压降小,选做整流管也十分合适,常用的有 1N5817、UF5822 等。

反馈回路整流二极管 D_2 整流电流小,一般选用高频硅开关整流管 1N4148,有时也可使用 UF4005、MUR120 等。

TOPSwitch-Ⅱ控制端输入电流 I_C 从 2 mA 变到 6 mA 时,PWM 的占空比由 67% 下降到 1.6%。图中的 OPT 为起隔离作用的光电耦合器,它的 LED 端正向电流

$$I_f = \frac{V_o - V_r - V_f}{R}$$

式中,V_o 为输出电压,V_r 为基准稳压二极管 D_3 的基准电压值,V_f 为 LED 的正向压降。通常 $I_f = 3 \sim 7$ mA。控制端电流

$$I_C = I_f \times CTR$$

式中 CTR 为光电耦合器电流传输比。使用的最多的 OPT 是 PC817A。

本闭环负反馈电路稳定输出电压的过程如下:

$$V_o \downarrow \rightarrow I_f \downarrow \rightarrow I_c \downarrow \rightarrow D \uparrow \rightarrow V_o \uparrow$$

C_4 为控制端旁路电容。它可以对控制环路进行补偿并决定自动重启动频率。当 $C_4 = 4.7\ \mu F$ 时,自动重启动频率为 1.2 Hz,每隔 0.83 s 自动检测一次调节失控故障是否已排除,若已排除,则重新启动开关电源,恢复正常工作。

(2) Tiny Switch 系列微型单片电源

TinySwitch 系列(TNY253/254/255/256)是一种四端小功率微型开关电源集成电路。图 3.4.23 为 DIP 封装的引脚图。其中 D 为漏极;S 为源极;BP 为旁路端,与 S 间接 0.1 μF 电容;EN 为使能端,开路时器件工作在连续导通模式(CCM),输出

功率最大,一般由光电耦合器驱动。EN 端流出的电流 $I_{EN}=50\ \mu A$ 时,器件内 MOSFET 不工作。$I_{EN}\leqslant 40\ \mu A$ 时,MOSFET 工作于开关状态,I_{EN} 对地的短路值为 $40\ \mu A$。

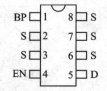

图 3.4.23　TinySwithc 系列的引脚排列

图 3.4.24 为 TinySwitch 内部结构方框图。它含有 MOSFET、振荡器、5.8 V 稳压器、使能检测、上电/掉电功能电路以及过流、过热保护电路等。

图 3.4.25 为采用 TNY254P 构成的手机恒流充电电路。它能对 6 V 的镍氢电池进行恒流充电。恒流电流为 0.56 A。当接上已耗掉部分或全部电能的电池进行充电时,充电电流 $I_0>0.56\ A$。$I_0R_4>0.84\ V$,T 导通,光电耦合器 LED 电流 I_F 上升,使 TNY254P 的 I_{EN} 上升,从而相当于控制 PWM 的 D,使 V_0 下降,I_0 下降,保持 I_0 的恒定值。该电路为隔离式输出,其中 C_7 为安全电容。

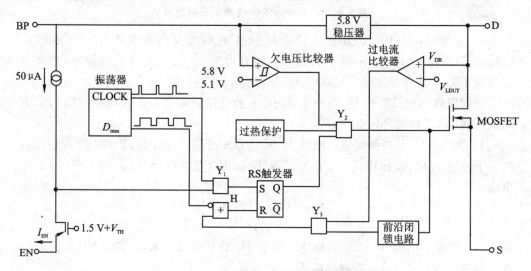

图 3.4.24　TinySwitch 系列的内部电路框图

(3) LinkSwitch - TN 系列单片开关电源

LinkSwitch - TN (LNK304/305/306)系列的单片开关电源集成电路不需要使用高频变压器,仅外接 15 个元件就可以构成非隔离式、节能型开关电源。它是一种四端器件:D 为漏极,S 为源极,BP 为旁路端,FB(FeedBqck)为反馈端。输入电压可为固定式(230(1±15%))或宽范围式(85~265 V)。开关频率为 66 kHz。工作模式为连续(CCM)、不连续(MDCM)两种,可设计成降压型或反极性型。图 3.4.26(b) 为一种+12 V,120 mA 宽电压输入的电路,它可以成功地取代图 3.4.26(a)所示性能比较差的电容降压式稳压电路。

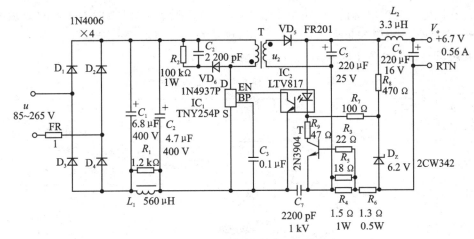

图 3.4.25　手机电池恒流充电器电路

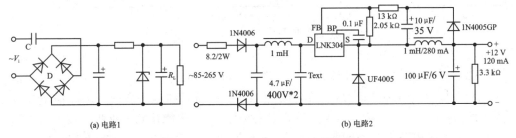

(a) 电路1　　　　　　　　　　　　　(b) 电路2

图 3.4.26　LinkSwitch - TN 应用电路

3. DC - DC 开关稳压器

对于电池供电的电子产品的电源,采用 LDO 固然是一种办法,但是它存在两个问题:第一,V_i 必须大于 V_o,不能升压,也不能产生反极性的电压;第二,当 V_i 大于 V_o 较多时,LDO 的效率仍然不高。要解决这两个问题,就必须使用 DC - DC 变换器了。

DC - DC 开关稳压器或称 DC - DC 变换器(Convertor),在稳压的原理上和 AC - DC 开关电源是相同的。不同之处,仅在于它没有对交流电的整流、滤波环节。它主要用在电池供电的便携式电子产品中。在这种消费类产品风靡全球的情况下,DC - DC 变换器应用之广也就可想而知了。

以 TI 公司的 TPS5430 为例,表 3.4.12 是在其 DEMO 板的实测数据。

表 3.4.12　TPS5430 DEMO 的实测效率

DEMO 名	V_{in}/V	I_{in}/mA	V_{out}/V	I_{out}/mA	纹波电压/mV	效率 η
5430 - 173	12.00	4 444	4.98	1 004	4	93%
5430 - 173	11.6	60	4.99	104	4	74%
5430 - 342	11.6	67	-5.01	104	6	67%

在以电池为供电源的"寸 mA 寸金"便携式电子设备中,高效的 DC – DC 就成了必选器件,更不用说如果要求产生负电压,更是非 DC – DC 器件莫属了。表 3.4.13 为几种具有代表性的 DC – DC 芯片的特性。

表 3.4.13　几种 DC – DC 芯片的特性

型　　号	公　司	V_i/V	V_o/V	I_o/A	I_Q/mA	效率/%	特　　性
TPS5430	TI	5.5～36	可调整	3	3	95	400～600 kHz 降压,SOIC8
TPS61120	TI	1.8～5.5	2.5～5.5max	主 0.5/LDO:0.2	0.04	95	600 kHz,升压,16QFN,16TSSOP
LM2578	NS	60max	3.3/5/12/15	3		75～88	52 kHz,降压
TPS1120	TI	1.8～5.7	2.5～5.5Vmax	0.5/1.8V		92	500 kHz,升压,16TSSOP 带 LDO,适合单节锂电
TPS60400	TI	1.6～5.5	−1.6～−5	0.06	0.1		电荷泵,负压输出

DC – DC 变换器应用要点如下所述。

① 选用何种 DC – DC 变换器。

DC – DC 变换器分为升压(Boost)、降压(Buck)和升降压(Buck – Boost)三种拓扑。输入与输出间又可分为(输入端地/输出端地)隔离和非隔离两种。而输出又分为正压、负压;单路、多路等类型。选择时必须注意:效率能达到要求吗? 输入电压范围与电池的供电范围是否匹配? 输出电流和你的需要要相近;纹波是否满足电路的要求等。

② DC – DC 的效率。

DC – DC 应用设计的首要追求是效率。从表 3.4.13 和图 3.4.27 可以清楚地看出电路的实际效率和输出电流直接相关。在 $I_{out}=1$ A 时的效率可达 90% 以上。I_{out} 越小效率越低下。

成品 DC – DC 变换器模块的效率也是如此,它所标注的效率都是指满载时效率。隔离型 DC – DC 变换器由于必须使用高频变压器,它的效率比较低。要达到>90% 的效率只有采用非隔离型。

测量效率时必须注意电压表的接法,正确的接法如图 3.4.28 所示,关键是电流表的内阻的影响,否则测出的效率偏低。

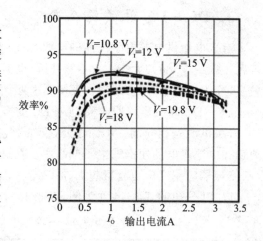

图 3.4.27　输出电流与效率

如果要在小电流下实现高效率,主要是重新计算与选用电感器。对于 TPS5430

芯片,电感器电感量的最小值可按下式计算:

$$L_{\mathrm{MIN}} = \frac{V_{\mathrm{OUT(MAX)}} \times (V_{\mathrm{IN(MAX)}} - V_{\mathrm{OUT}})}{V_{\mathrm{IN(max)}} \times K_{\mathrm{IND}} \times I_{\mathrm{OUT}} \times F_{\mathrm{SW}}}$$

式中 K_{IND} 为 $0.2 \sim 0.3$ 的系数。

③ DC - DC 的应用电路。

图 3.4.29 为 TPS5430 的典型应用电路。

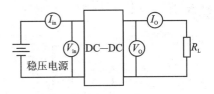

图 3.4.28　效率的测量接法

该电路的 R_1、R_2 为反馈电阻,输出电压:

$$V_{\mathrm{O}} = V_{\mathrm{ref}} \left(1 + \frac{R_1}{R_2} \right)$$

或

$$R_2 = \frac{R_1 \times 1.221}{V_{\mathrm{O}} - 1.221}$$

式中基准电压 $V_{\mathrm{ref}} = 1.221$ V。图中的 R_1、R_2 均为计算值,若 V_{o} 精度要求不高,R_1、R_2 可选 $\pm 5\%$ 10 kΩ 和 3.3 kΩ 的电阻。若要求精度高可将 R_2 选为 5 kΩ 的 3296W 型预调电位器。

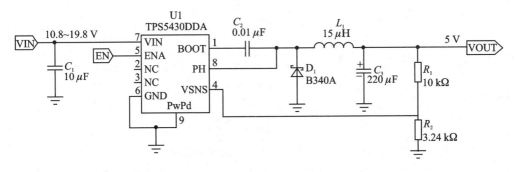

图 3.4.29　TPS5430 典型应用电路

在输入纹波 300 mV 时的输出纹波为 30 mV。开关频率 500 kHz,输出电流额定值 3 A。D_1 为 3 A 的表贴肖特基势垒二极管,可以用特性相近的器件代替。C_2 为低 ESR 的陶瓷电容器。EN 为使能控制,当 EN<0.5 V 时,停止工作,>1.3 V 或悬空使能。TPS5430 内部集成了过流(>5 A)、过压(>5.5 V)和过热保护。为了散热,器件的 PowerPad(PwPd)接地垫必须和大面积的 PCB 地妥善接触。

图 3.4.30 为 TPS6122x 的应用电路。该器件为同步升压型、效率可达 95%、具有 500 mA 输出电流的双路输出芯片。其中一路为主输出(500 mA)、另一路为 LDO 输出(200 mA)。低功耗模式保证了在低输出时的效率。内部集成的防振开关 (Integrated Antiringing Switch) 使其有低的 EMI。器件断电时自动切断负载。内置过热保护。表 3.4.14 为 TPS6120x 芯片的引脚功能。

其中 LBI 是为检测电池欠压而设置的欠压比较器输入端,比较器的参考电压 $V_r = 0.5$ V。LBO 为欠压比较器的输出(OD)。LDOIN 为内部 LDO 的输入端,通常接到主回路 V_{OUT} 端。FB 为主回路输出电压调整的反馈信号端,输出电压由取样电

阻 R_3、R_6 决定。其中 R_6 一般应小于 $200\ \mathrm{k\Omega}$,R_3 可由下式计算:

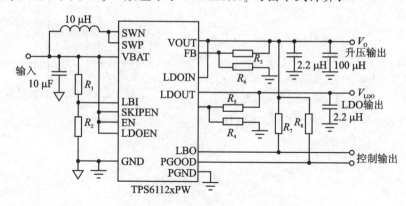

图 3.4.30　TPS6122x 的应用电路

表 3.4.14　TPS6112x 引脚功能

引　　　脚			I/O	功　　　能
名　　称	NO			
	PW	RSA		
EN	7	5	I	DC/DC 使能输入(1/VBAT 使能,0/GND 不使能)
FB	15	13	I	DC/DC 调整端(电压反馈)
GND	12	10	I/O	控制/逻辑地
LBI	5	3	I	电位欠压比较器输入
LBO	13	11	O	电池欠压比较器输出(OD)
LDOEN	8	6	I	LDO 使能输入(1/LDOIN 使能,0/GND 不使能)
LDOOUT	10	8	O	LDO 输出
LDOIN	9	7	I	输入
LDOSENSE	11	9	I	LDO 电压调整端
SWP	1	15	I	DC/DC 整流开关输入
PGND	3	1	I/O	电源地
PGOOD	14	12	O	DC/DC 电源工作状态标志(1:正常;0:故障)(OD)
SKIPEN	6	4	I	电源节能模式(1:VBAT 使能;0:GND 不使能)
SWN	2	16	I	DC/DC 开关输入
VBAT	4	2	I	电源
VOUT	16	14	O	DC/DC 输出

$$R_3 = R_6 \times \left(\frac{V_\circ}{V_{\mathrm{FB}}} - 1\right) = 180\ \mathrm{k\Omega} \times \left(\frac{V_\circ}{500\ \mathrm{mV}} - 1\right)$$

LDO 输出电压 V_{LDO} 由取样电阻 R_4、R_5 决定:

$$R_5 = R_4 \left(\frac{V_{\text{LDO}}}{V_{\text{FB}}} - 1 \right) = 180 \text{ k}\Omega \left(\frac{V_{\text{LDO}}}{500 \text{ mV}} - 1 \right)$$

电池欠压的阈值由 R_1、R_2 决定：

$$R_1 = R_2 \left(\frac{V_{\text{BATL}}}{V_r} - 1 \right) = 390 \text{ k}\Omega \left(\frac{V_{\text{BATL}}}{500 \text{ mV}} - 1 \right)$$

式中 V_{BATL} 为电池的欠压值。

　　升压变换器正常工作需要两个储能器件：一个是电源输入端的储能电感 L，一个是输出端的储能电容。通过 L 的最高峰值电流取决于负载、电源电压 V_{BAT} 和输出电压 V_o。其最大峰值电流可估算为：

$$I_L = I_o \frac{V_o}{0.8 V_{\text{BTA}}}$$

　　L 的电感量直接影响 I_L 的纹波。一般情况下，取纹波电流 $\Delta I_L = 0.2 I_L$。L 可以这样选取：

$$L = \frac{V_{BAT} \times (V_0 - V_{BAT})}{\Delta I_L \times f \times V_0}$$

式中 f 为开关频率。输出端电容与输出的纹波直接相关：

$$C_{\min} = \frac{I_0 \times (V_0 - V_{\text{BAT}})}{\Delta V \times f \times V_0}$$

　　式中 ΔV 为输出纹波。若设计 $I_0 = 250 \text{ mA}$，$V_0 = 3.3 \text{ V}$，$V_{\text{BAT}} = 1.8 \text{ V}$，$f = 600 \text{ kHz}$，$\Delta V = 10 \text{ mV}$，则 $C_{\min} = 18.9 \text{ μF}$，取 C 为 22 μF。

　　需要指出的是引起输出纹波的另一重要原因是该电容 ESR 上的纹波：

$$\Delta V_{\text{SER}} = I_0 R_{\text{ESR}}$$

若 22 μF 钽电容的 $R_{\text{ESR}} = 80 \text{ m}\Omega$，则 $\Delta V_{\text{ESR}} = 20 \text{ mV}$。此时输出端的总纹波电压约为 30 mV。

　　④ 纹波。

　　DC-DC 变换器与线性稳压电源相较最大的缺点是纹波大。通常成品 DC-DC 变换器模块的纹波电压约在 50 mV 以下，且很难通过滤波等方法减小。

　　纹波电压的频谱很宽，可达 MHz 以上，故笔者认为用数字示波器等测量不易获得准确的数据，应该使用带宽为数 MHz 的交流毫伏表来测量。用数字万用表是绝对不可取的。因为低挡数字万用表测出的交流电压是以正弦波经精密整流折算而得到的，显然在这里是不适用的。即使是可测真有效值的数字万用表，其带宽也不够。表 3.4.11 中的纹波电压是用 HZ2181 型交流毫伏表测得的。纹波电压与 DC-DC 变换器输出端的滤波电感器、电容器质量密切相关。其中电容器应选用（ESR）等效串联电阻小的，关于 ESR 的概念请参阅第 2 章电容器部分。

　　⑤ DC-DC 转换器外接的 VMOS 管。

　　应选用开关频率高，导通电阻 $R_{\text{DS(ON)}}$ 尽量小的器件，以提高效率。

⑥ DC - DC 转换器的 PCB。

PCB 的设计不可随意为之,其布线既要保证安全载流,又要尽量减少分布参数,一般可参阅数据手册上的参考 PCB。

小　结

① 理想运算放大器的开环增益 $A_o=\infty$,输入失调电压 V_{IO} 和偏置电流 I_{IB} 均为 0,带宽无限,共模抑制比 CMRR＝0。理想运放线性应用最重要的特征是"虚短","虚地"是反相输入"虚短"的特殊情况。"虚短"是分析、设计电路最重要的概念。

② 实际运算放大器对应用电路的影响表现在:A_o 影响运算精度;V_{IO} 影响输出的零点漂移;I_{IB} 影响输入电阻;带宽 BW 影响高频特性;$CMRR$ 影响信噪比。

③ 以集成运放为核心构成的放大器本质上是一个闭环负反馈回路。负反馈深度直接影响闭环增益、输入输出电阻、频率和波形失真、信噪比等。

④ 运放构成的放大器常用的有同相输入、反相输入和差分输入三种型式,其中同相输入的输入电阻远较反相输入高。

⑤ 放大器可使用 AmpLAB 计算机辅助设计软件进行设计。

⑥ 常用有源滤波器分为低通、高通、带通、带阻、全通五种。常见滤波器拓扑又分可为巴特沃斯、贝塞尔和切比雪夫三种。根据对滤波器的特征的要求,电路一般可设计为 1～8 阶。

⑦ 滤波器可使用 WEBECH 计算机辅助设计软件进行设计。

⑧ 引脚可编程的开关电容滤波器,可编程品质因数 Q、中心频率与时钟频率之比。选不同的芯片,可实现低通、高通、带通、带阻和全通功能。

⑨ 三端线性稳压集成电路是构成线性稳压电路最常用的芯片。它所需外围元件很少,电路简单,稳压(电压调整、电流调整)效果良好,纹波也较低;但效率低,并且要充分考虑散热。

⑩ LDO 低压差稳压集成电路最大的特点是输入-输出压差很小,从而可提高效率,降低能耗。

⑪ 开关电源分升压、降压和反极性(升、降压)三种基本形式。有连续和不连续两种工作方式。

⑫ AC - DC 开关电源最大的优点是输入电压范围宽、效率高,但纹波较大,电磁干扰(EMI)也大。利用集成度高的单片开关电源芯片实现 AC - DC,电路简单,性能优良。

⑬ 大量电池供电的电子产品,必须使用 DC - DC 变换器作为电源,以提供不同的供电电压,并保证高效率,低能耗。

设计练习

1. 为了调试电路方便,拟制作一个能利用 6F22 型层叠电池(数字万用表电池 $V=9$ V)供电,由 LM336 - 5 基准电压器件(自行查阅相关资料)稳压,输出电阻<100 Ω,用电位器可调整的输出电压为 0～5 V 的电路。

注意:LM336 - 5 的输出电压虽制造时经过激光校准,仍可能有$±1\%$的容差。

2. 试设计一个带宽为 20 Hz～20 kHz,输出电压 $V_{i(vrsm)}=10$ mV,输出电压 $V_{o(vrsm)}=2$ V,输入阻抗$=100$ kΩ,输出阻抗$=600$ Ω 的放大电路。

3. AD590 是一款电流源型的温度传感器,供电电压为 5～18 V,输出电流灵敏度为 1 μA/°K。试为其设计一个前置电路,要求电路输出电压在℃时为 0,在 100 ℃时为 2 V。

4. 正弦信号频率范围为 0.1～10^6 Hz,峰-峰值为 10 mV,请为此信号设计一个放大器,要求输出电压峰-峰值为 1 V。

5. 试利用运放为第 2 题前置级后设计一个截止频率为 2 Hz 的低通滤波器,要求增益为 2.5。

6. 试利用引脚可编程的开关电容滤波器为有失真的工频信号设计一个输出基波的滤波器,信号峰-峰值范围为 0～2 V。

7. 试利用三端线性稳压集成芯片设计一个输出电压为 0～30 V,输出电流为 0.5 A;输出电压可用电位器调整的稳压电源。

8. 试为某种采用四节一号碱性干电池(1.5 V)供电的电子设备设计一个稳压电源,要求输出电压为 5 V,输出电流为 0.1 A。且当电池电压跌到 5.5 V 时,用 LED 报警。

9. 试用 DC - DC 变换器为上题设计相应电路。

10. 试用 DC - DC 变换器设计一个数控稳压电路,要求 $V_{BAT}=3.6$ V,$V_o=2.5～5$ V,$I_o=0.5$ A,纹波电压小于 50 mV。数控输出电压步长为 0.1 V。

11. 试设计一个数控稳压电源。输入电压范围:6～15 V,输出电流:2 A,$S_V<±0.5\%$,$S_I<±0.5\%$(0～2 A),输出电压范围:5～10 V,步进:0.1 V。

第4章 数字电路设计

4.1 数字电路设计概述

本节主要介绍数字电路设计的两个基本问题：数字电路系统的设计步骤和设计方法。

4.1.1 数字电路系统的结构

如图4.1.1所示，数字电路系统主要由信息处理电路和控制电路两部分组成。图中，输入信号可以是模拟量，如电压信号、电流信号等，也可以是数字量，如开关量等；输出信号可以是模拟量，如电压信号、电流信号等，也可以是数字量，如显示数据等；信息处理电路如信号变换电路、模/数变换电路、数/模变换电路、运算电路、驱动电路等；状态信号是信息处理电路工作情况的反映，如忙状态指示等；控制信号由控制电路根据外部信号的要求或状态信号的情况向信息处

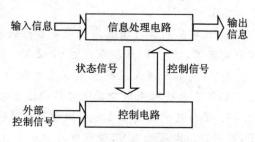

图 4.1.1　数字电路系统的构成

理电路发出的控制命令，如量程自动转换命令等；外部控制信号如人机界面中的控制命令的输入等。

总之，数字电路系统通常是指能完成比较复杂功能的若干数字电路的集合。它的规模差异很大，大的数字电路系统可以是以每秒几十万亿次工作的超级计算机，小的数字电路系统可以是只能完成一个简单功能的流水灯。归纳起来，一般情况下，它们都可由图4.1.1中的信息处理电路和控制电路两部分构成。其中信息处理电路主要完成对输入信息的采集、调理、传输和处理等工作，从而输出其他电路所需的信息；控制电路主要完成协调和管理各信息处理单元电路的工作，根据不同的状态信号和外部控制信号发出相应的控制信号，使各部分电路协调一致地完成系统规定的任务。

4.1.2 数字电路系统的设计步骤

一般来说，数字电路系统无论其规模的大小，其设计步骤大体上是一致的。主要

步骤如下：

① 分析设计要求，明确系统功能和性能指标。数字电路系统设计工作的第一步是仔细分析设计要求，明确系统的设计任务——系统的功能要求和技术性能指标要求等。简言之，必须明确做什么，做到什么程度，明确设计关键，同时注意分析每一个细节，尽量考虑得周到、完善。

② 确定系统总体方案。明确设计要求后，应考虑如何实现，即采用哪种电路来完成系统的设计任务。该阶段的主要任务有方案论证、系统原理方框图设计等。综合比较各种方案的可行性、性价比或设计任务的具体要求等，选择合适的方案，设计相应的系统原理方框图。一般要求明确各方框图的输入/输出信号性能指标或要求，以明确各部分的性能指标划分。在这个过程中，系统的方案选择与系统原理方框图的设计往往难分先后，经常交叉进行。

③ 设计各子系统或单元电路。根据系统原理方框图的功能和技术性能指标要求，选取或设计符合设计要求的子系统或单元电路，并完成相应的功能调试和性能测试。子系统或单元电路尽量选用高性能、控制简单、集成度高、应用广泛的新产品。这一步需要设计人员会查数据手册，明确什么是关键指标，如何去选择代用品等。

④ 组成系统，系统联调和优化。

组成系统时，还需要考虑布局是否合理，如能否满足电磁兼容等；调测是否方便，如有无必要留出测试点等。

系统联调时，可能会遇到很多问题，此时可以按下列次序进行错误定位：

(a) 原理图是否正确；(b) 接线是否符合图纸要求，接线有否折断；(c) 是否有短路现象；(d) 是否有开路现象；(e) 接插点、焊点是否牢靠；(f) 芯片及元件有否损坏，方向、极性是否正确；(g) 是否超出元件的负载能力；(h) 问题是否来自干扰。

在调试过程中，可在对问题的解决过程中，根据现实的情况对系统进行优化。

⑤ 系统功能和性能测试。

主要包括三部分的工作：系统故障诊断与排除；系统功能测试和系统性能指标测试。

若系统功能或性能指标达不到任务要求，则必须修改电路设计。

⑥ 撰写设计文件。

应整理撰写的设计文件的内容主要有：总体方案的构思与选定（画出系统框图）、单元电路的设计（包括元器件选定和参数计算）、绘制总原理电路图（系统详尽的软硬件资料）、元器件清单、功能和性能测试结果、组装调试的注意事项、使用说明、总结设计方案的优缺点以及收获体会等。

4.1.3　数字电路系统的设计方法

数字电路系统的设计方法有试凑法和自上而下法。

1. 数字系统设计的试凑法

基本思想是：把系统的总体方案分成若干个相对独立的功能部件,然后用组合逻辑电路和时序逻辑电路的设计方法分别设计并构成这些功能部件,或者直接选择合适的 SSI、MSI、LSI 器件实现上述功能,最后把这些已经确定的部件按要求拼接组合起来,便构成完整的数字系统。

试凑法的优点是：可利用前人的设计成果;在系统的组装和调试过程中十分有效。

试凑法具体步骤：① 分析系统的设计要求,确定系统的总体方案;② 划分逻辑单元,确定初始结构,建立总体逻辑图;③ 选择功能部件;④ 将功能部件组成数字系统。

2. 数字系统自上而下的设计方法

自上而下(或自顶向下)的设计方法适合于规模较大的数字系统。这里的上(或顶)是指系统的功能,下是指最基本的元器件,甚至是版图。这种方法的基本思想是：把规模较大的数字系统从逻辑上划分为控制器和受控制器电路两大部分,采用逻辑流程图或 ASM 图或 MDS 图来描述控制器的控制过程,并根据控制器及受控制电路的逻辑功能,选择适当的 SSI、MSI 功能器件来实现。而控制器或受控制器本身又分别可以看成一个子系统,逻辑划分的工作还可以在控制器或受控制器内部多重进行。按照这种设计思想,一个大的数字系统,首先被分割成属于不同层次的许多子系统,再用具体的软硬件实现这些子系统,最后把它们连接起来,得到所要求的完整的数字系统。

自上而下的优点：尽量运用概念(抽象)描述、分析设计对象,不过早地考虑具体的电路、元器件和工艺;易于抓住主要矛盾,不纠缠在具体细节上,有效控制设计的复杂性。

自上而下设计方法的步骤如下：① 明确待设计系统的逻辑功能;② 拟定数字系统的总体方案;③ 逻辑划分;④ 设计受控电路及控制器。

4.2　常用中规模数字逻辑电路的应用

本节主要介绍几种常用的中规模数字逻辑电路的应用：模拟开关和数据选择器,数值比较器的合理选择及应用,计数器/分频器及译码器。

4.2.1　模拟开关和数据选择器

模拟开关在电子设备中主要起接通信号或断开信号的作用。根据该定义,继电器、可控硅(晶闸管)和光耦合器件也可称为模拟开关,本小节主要介绍电子模拟开关,以下所讲的模拟开关均指电子模拟开关,其他的器件应用详见第 2 章。

　　模拟开关具有功耗低、速度快、无机械触点、无残余电压、体积小和使用寿命长等特点,因此,在电子系统中得到了广泛应用。如在自动信号采集、程控放大、音视频开关、总线开关等电路中,都广泛采用了模拟开关;在现代便携产品如手机、数码相机、PDA、医疗电子设备、工业仪器仪表等,模拟开关的应用更为广泛。

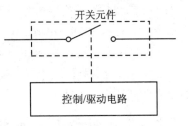

图 4.2.1　模拟开关的组成示意图

　　根据模拟开关在电子设备中的作用可知,模拟开关是一种在数字信号控制下将模拟信号接通或断开的元件或电路。模拟开关主要由开关元件和控制(驱动)电路两部分组成,如图 4.2.1 所示。

　　下面从四个方面来讲述模拟开关在数字电路系统设计中的应用。

1. 模拟开关的分类

　　按模拟开关的工作原理可将其分为双极性晶体管模拟开关、场效应晶体管模拟开关和集成模拟开关。它们的共同优点是开关切换速度快。相对来说,双极性晶体管模拟开关的漏电流大,开路电阻小,导通电阻大,属于电流控制器件,功耗较高。场效应晶体管模拟开关导通电阻小,易于电路集成。集成模拟开关是将模拟开关、地址译码器集成到一个芯片上,通过地址译码来选择模拟开关的通断的一种双向开关。产品种类丰富,性能各异,需要根据不同的应用来选择。本书中所讲的模拟开关主要就是指集成模拟开关。

　　按切换的对象可分为电压模拟开关和电流模拟开关。

2. 模拟开关的正确选用

　　在电子应用系统中,首先可根据模拟开关的性能参数来正确选择模拟开关。模拟开关的性能参数主要有静态特性参数和动态特性参数。

　　静态特性主要指开关导通时,输入端与输出端之间的电阻 R_{on}(简称导通电阻)和断开时输入端与输出端之间的电阻 R_{off}(简称断开电阻)。对于常用的模拟开关,导通电阻一般为几十至 1 000 Ω 不等(如 CD4066 的导通电阻 $R_{on}=180$ Ω,MAX4051 的导通电阻 $R_{on}=250$ Ω,MAX4516 的导通电阻 $R_{on}=20$ Ω)。对于常用的模拟开关,通常断开电阻 $R_{off}>10$ MΩ(或泄漏电流小于 10 nA)。

　　在一般的电子系统设计中,希望所选模拟开关的导通电阻越小越好,断开电阻越大越好。这里需要着重指出的是,虽然导通电阻被定义为静态特性,应该是不随其他条件而改变的,但有实验证明,导通电阻 R_{on} 还随模拟开关的电源电压增大而减小。

　　静态特性参数还有导通电阻温度漂移、开关接通电流、开关断开时的泄漏电流、开关断开时的对地电容、开关断开时输出端对地电容、最大开关电压、最大开关电流、驱动功耗、导通时的带宽等。

动态特性主要指开关动作延时时间,包括开关导通延时时间 t_{on} 和开关断开延时时间 t_{off}。通常开关导通延时时间 t_{on} 大于开关断开延时时间 t_{off}。对于常用的模拟开关,一般 $t_{on} < 200\ \mu s, t_{off} < 100\ ns$,这两个参数决定了模拟开关的开关速度。

其次,还要根据不同应用场合以及不同种类的模拟开关的优缺点,正确选择模拟开关的种类。同时还需要注意模拟开关与相关电路的合理搭配,保证各电路单元有合适的工作状态,才能充分发挥模拟开关的性能,甚至弥补某些性能指标的不足。

3. 集成模拟开关电路

(1) 无译码器的模拟开关

这类模拟开关的特点是每一个开关可独立通断,也可同时通断,使用方式灵活,是中规模数字逻辑电路,如 CD4066、AD7510/AD7511、AD7512 等。

CD4066 的引脚功能如图 4.2.2 所示。每个封装内部有 4 个独立的模拟开关,每个模拟开关有输入、输出、控制三个端子,其中输入端和输出端可互换,即可双向传输数字或模拟信号。当控制端加高电平时,开关导通;当控制端加低电平时,开关断开。导通电阻与电源电压、温度、输入

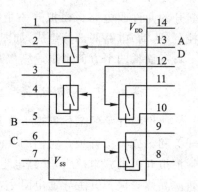

图 4.2.2　CD4066 的引脚功能

信号幅度等因素有关,在电源电压为 15 V 时,CD4066 的导通电阻典型值为 80 Ω;CD4066 的开关断开时,呈现很高的阻抗,可以看作开路。CD4066 可传输的模拟信号的上限频率为 40 MHz。各开关间的串扰很小,典型值为 -50 dB。CD4066 的应用举例如下。

1) 数控放大器增益电路

如图 4.2.3 所示,由 CD4066 和运算放大器组成的增益可数控的放大电路。由于网络电阻按 $1-2-4-8$ 倍数值设置,故网络 R_{in} 和 R_{out} 间的等效电阻为 $R_f = 0.25 \times (1+N$ 的反码)MΩ,N 为数控二进制数 DCBA 的二进制值,如当输入的数控二进制数 DCBA $= 0000$B 时,SW1～SW4 全部断开,网络 R_{in} 和 R_{out} 间的等效电阻最大,$R_f = 0.25 \times (1+1111$B) MΩ $= 4$ MΩ。

放大器的增益为

$$A_f = -\frac{R_f}{R_1} = -[1+(N\ 的反码)]$$

2) 数控电容网络

如图 4.2.4 所示,改变控制输入量(HGFEDCBA 的二进制值),就改变了对应的电容量,范围为 $0 \sim 25\ 500$ pF。这个电路可用于数字调谐电路等。

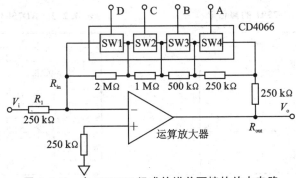

图 4.2.3　由 CD4066 组成的增益可控的放大电路

二进制控制输入

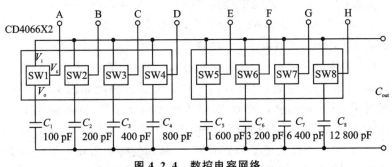

图 4.2.4　数控电容网络

（2）有译码器的多路开关

1）AD7501/AD7503

AD7501、AD7503 芯片都是单向 8 通道到一通道的模拟多路开关，即信号只允许从 8 个输入端向一个输出端传送。引脚功能和功能框图如图 4.2.5 和图 4.2.6 所示。具体选择哪一路传送给输出端，这取决于 EN 和三位地址线（A2，A1 和 A0）的状态。AD7503 与 AD7501 惟一的不同之处是 EN 的逻辑不同，AD7501 为高电平使能，而 AD7503 为低电平使能。AD7501、AD7503 的真值表见表 4.2.1、表 4.2.2。

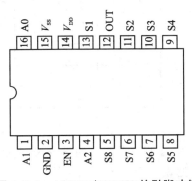

图 4.2.5　AD7501/AD7503 的引脚功能

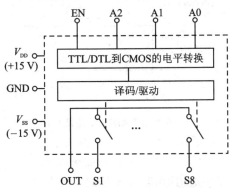

图 4.2.6　AD7501/AD7503 功能框图

表 4.2.1　AD7501 的真值表

A2	A1	A0	EN	"ON"
0	0	0	1	1
0	0	1	1	2
0	1	0	1	3
0	1	1	1	4
1	0	0	1	5
1	0	1	1	6
1	1	0	1	7
1	1	1	1	8
X	X	X	0	None

表 4.2.2　AD7503 的真值表

A2	A1	A0	EN	"ON"
0	0	0	0	1
0	0	1	0	2
0	1	0	0	3
0	1	1	0	4
1	0	0	0	5
1	0	1	0	6
1	1	0	0	7
1	1	1	0	8
X	X	X	1	None

2) AD7502

AD7502 是 CMOS 双 4 通道的模拟多路开关,功能框图如图 4.2.7 所示。哪一路开关接通取决于 EN 和地址 A1、A0 的值,详见表 4.2.3。

3) CD4051/CD4052/CD4053/CD4067

CD4051 为 8 通道单刀结构形式,它允许双向使用,既可用于多个到单个的切换输出,也可用于单个到多个的切换输出。CD4051 引脚功能见图 4.2.8,它相当于一个单刀八掷开关,开关接通哪一通道,由输入的 3 位地址码 CBA 来决定。其真值表见表 4.2.4,INH 是禁止端,当 INH=1 时,各通道均不接通。此外,CD4051 还设有另外一个电源端 V_{EE},以作为电平位移时使用,从而使得通常在单组电源供电条件下工作的 CMOS 电路所提供的数字信号能直接控制这种多路开关,并使这种多路开关可传输峰-峰值达 15 V 的交流信号。例如,若模拟开关的供电电源 V_{DD}=+5 V,V_{SS}=0 V,当 V_{EE}=−5 V 时,只要对此模拟开关施加 0～5 V 的数字控制信号,就可控制幅度范围为−5～+5 V 的模拟信号的传输。

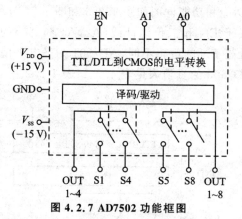

图 4.2.7　AD7502 功能框图

表 4.2.3　AD7502 的真值表

A1	A0	EN	"ON"
0	0	1	1&5
0	1	1	2&6
1	0	1	3&7
1	1	1	4&8
X	X	0	None

CD4052 的引脚功能见图 4.2.9。CD4052 相当于一个双刀四掷开关,具体接通哪一通道,由输入地址码 BA 来决定,其真值表见表 4.2.5。

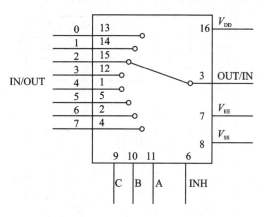

图 4.2.8　CD4051 引脚功能示意图

表 4.2.4　CD4051 真值表

INH	C	B	A	接通通道
0	0	0	0	"0"
0	0	0	1	"1"
0	0	1	0	"2"
0	0	1	1	"3"
0	1	0	0	"4"
0	1	0	1	"5"
0	1	1	0	"6"
0	1	1	1	"7"
1	X	X	X	均不接通

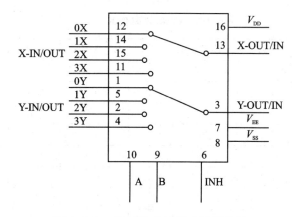

图 4.2.9　CD4052 的引脚功能示意图

表 4.2.5　CD4052 真值表

INH	B	A	接通通道
0	0	0	"0X"、"0Y"
0	0	1	"1X"、"1Y"
0	1	0	"2X"、"2Y"
0	1	1	"3X"、"3Y"
1	X	X	均不接通

　　CD4053 的引脚功能见图 4.2.10。CD4053 内部含有 3 组单刀双掷开关,3 组开关具体接通哪一通道,由输入地址码 CBA 来决定,其真值表见表 4.2.6。

　　CD4067 的引脚功能见图 4.2.11。CD4067 相当于一个单刀十六掷开关,具体接通哪一通道,由输入地址码 DCBA 来决定。其真值表见表 4.2.7。

　　另外,常用的数据选择器还有 74150、74151、74153、74157、74253、74353 及 74351 等。

4. 模拟开关的应用举例

　　【例 4.2.1】用多路模拟开关 CD4051 设计一个程控放大电路和信号多路转换器,如图 4.2.12 所示。

　　【例 4.2.2】用多路模拟开关 CD4051 设计一信号多路转换器,如图 4.2.13 所示。

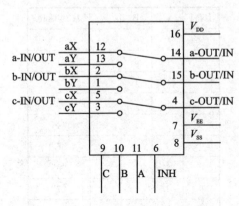

图 4.2.10　CD4053 的引脚功能示意图

表 4.2.6　CD4053 真值表

INH	C	B	A	接通通道
0	0	0	0	cX、bX、aX
0	0	0	1	cX、bX、aY
0	0	1	0	cX、bY、aX
0	0	1	1	cX、bY、aY
0	1	0	0	cY、bX、aX
0	1	0	1	cY、bX、aY
0	1	1	0	cY、bY、aX
0	1	1	1	cY、bY、aY
1	X	X	X	均不接通

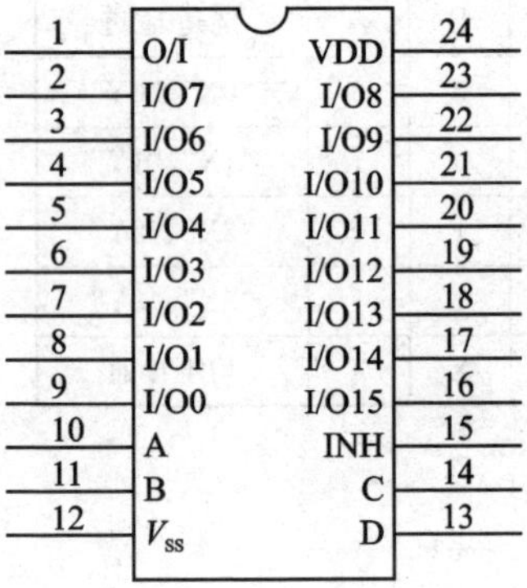

表 4.2.7　CD4067 真值表

D	C	B	A	INH	接通通道	D	C	B	A	INH	接通通道
0	0	0	0	0	"0"	1	0	0	1	0	"9"
0	0	0	1	0	"1"	1	0	1	0	0	"10"
0	0	1	0	0	"2"	1	0	1	1	0	"11"
0	0	1	1	0	"3"	1	1	0	0	0	"12"
0	1	0	0	0	"4"	1	1	0	1	0	"13"
0	1	0	1	0	"5"	1	1	1	0	0	"14"
0	1	1	0	0	"6"	1	1	1	1	0	"15"
0	1	1	1	0	"7"	X	X	X	X	1	均不接通
1	0	0	0	0	"8"						

图 4.2.11　CD4067 的引脚功能

使用 CD4051 应注意的 3 个要点：

➤ 使用单电源时，CD4051 的 V_{EE} 可以和 GND 相连。

➤ 建议 A、B、C 三路片选端加上拉电阻。

➤ CD4051 的公共输出端不要加滤波电容(并联到地)，否则不同通道转换后的电压经电容充放电后会引起极大的误差。

目前，市场上的模拟开关以 ADI、TI、Fairchild、Motorola、Maxim 等公司的产品多见，种类繁多，性能、价格差异较大。选择和使用模拟开关时，考虑的重点应该是，是否满足系统对信号传输精度和传输速度的要求，同时还必须注意以下两点：

① 全面了解模拟开关的特性，否则可能出现难以预料的问题。例如：CMOS 模拟开关在电源切断时是断开的，而结型 FET 模拟开关在电源切断时是接通的。若未注意到这一点，就可能因电源的通断而损坏有关芯片。

　　② 模拟开关只有与相关电路合理搭配,协调工作,才能充分发挥其性能,甚至弥补某些性能的欠缺。否则,片面追求模拟开关的高性能,忽略与相关电路的搭配与协调,不但会造成成本与性能指标的浪费,而且往往收不到预期的效果。

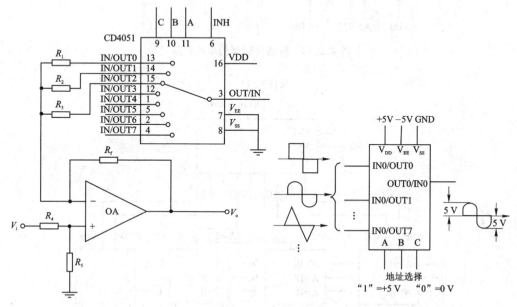

图 4.2.12　程控放大电路　　　　　　　图 4.2.13　信号多路转换器

　　此外,受芯片种类或应用场合的限制,在实践中往往有多余的通道。由于模拟开关的内部电路相互联系,所以多余的通道可能产生干扰信号,必要时应做适当处理。例如,所有多余通道的输入端都必须接地,否则将产生干扰信号。

4.2.2　数值比较器

　　在数字系统中,经常需要对两组二进制数 A 和 B(可以是一位,也可是多位)进行大小比较。比较的结果有 A＞B、A＜B、A＝B 三种结果,分别用 $F_{A>B}$、$F_{A<B}$、$F_{A=B}$ 来表示。完成这样功能的各种逻辑电路统称数值比较器。74LS85、4585、74LS686、74LS687、74LS688、74LS689 等就是完成这种数值比较功能的中小规模集成电路。

1. 数值比较器的扩展

　　在数字系统中,可能参与比较的数值位数较多,多于数值比较器的输入位数,这时需要进行扩展。数值比较器的扩展分为串行扩展和并行扩展,串行扩展见图 4.2.14。
　　最低 4 位的级联输入端 A'＞B'、A'＜B' 和 A'＝B' 必须预先分别预置为 0、0、1。
　　数值比较器的并行扩展见图 4.2.15。

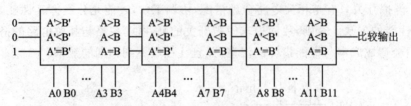

图 4.2.14　数值比较器的串行扩展

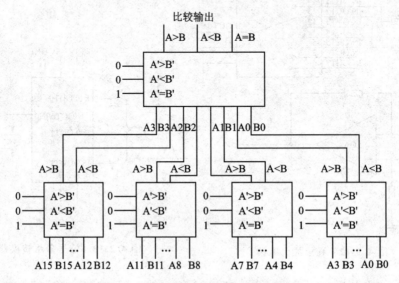

图 4.2.15　数值比较器的并行扩展

2. 数值比较器的应用

【例 4.2.3】占空比可数控的脉冲发生器。

图 4.2.16 是由两只数值比较器 CD4585 和一只双重 BCD 同步加法计数器 CD4518 组成的占空比可数控的脉冲发生器电路。图中时钟信号 F_{in} 由 CD4518 的 EN 端输入,下降沿触发。脉冲的占空比(输出脉冲的宽度)以 BCD 码的形式分别输入到两只 CD4585 四位比较器的 B_i 端。比较器的 A_i 端和 BCD 计数器的 Q 端相连,即 A_i 为计数累计值。

图 4.2.17 表示了该电路的工作情况。F_{in} 在每一个下降沿使 CD4518 计数值加 1。设比较器 B_i 的输入值为 M,在计数器开始计数时,A=0,故 A<B,所以比较器(A<B)输出端为高电平。在第 M 个时钟脉冲到来时,$A_i = M = B_i$,故比较器(A<B)输出立即变为低电平。当第 100 个时钟到来时,计数器复位,$A_i = 0$,即 A<B,故(A<B)输出端又重新变为高电平,恢复到初始状态。比较器(A<B)输出脉冲的周期 T 为 100 个时钟脉冲周期,即对 F_{in}100 分频。输出脉冲的持续时间 t_w(脉宽)为 M 个时钟脉冲,故占空比

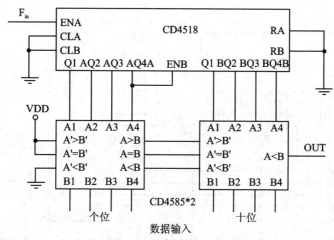

图 4.2.16　占空比可数控的脉冲发生器

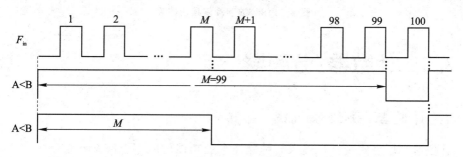

图 4.2.17　占空比可数控的脉冲发生器的工作情况

$$DR = \frac{t_w}{T} \times 100\% = M\%$$

DR 的设置范围为 $1\sim 99$。

【例 4.2.4】数字峰值检出器。

图 4.2.18 为数字峰值检出电路。它由一只数值比较器 CD4585 和两只 CD4174 寄存器等器件组成。电路首先输入 R 脉冲,使 IC2 的 Q 端(即 IC3 的 A_i 端)置 0,也使 D 触发器 Q=0,做好接收第 1 组数据的准备。第 1 组 4 位数据同时加至寄存器 IC1 的 D 端和比较器的 B_i 端。在时钟脉冲 CL 的上升沿将数据锁存至 IC1 的 Q 端。此时,由于比较器的 $A_i=0$,只要 B_i 数据不为 0,则输出端(A<B)=1。故在同一时钟脉冲作用下,D 触发器的输出 Q=1。继而在时钟脉冲的下降沿将寄存器 IC1 的数据转移到寄存器 IC2,这表示新输入的数据比原存的数据大。此后再输入新数据,只要比原寄存的数据大,则重复上述过程,刷新并保持新数据。如果新数据和原数据相等或小于原数据,则比较器(A<B)=0,D 触发器 Q=0,IC2 被锁存,原数据继续保持。因此,当所有的数据输入完以后,寄存器 IC2 输出的必然是数据的最大值。

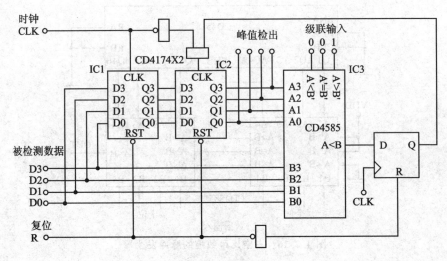

图 4.2.18　数字峰值检出电路

4.2.3　计数器/分频器

1. 计数器/分频器概述

计数器是用来实现累计输入时钟脉冲个数功能的时序电路。在数字电路中,计数器属于时序电路,它主要由具有记忆功能的触发器构成。计数器不仅仅用来记录时钟脉冲的个数,在计数功能的基础上,计数器还可以实现计时、定时、分频、程序控制和逻辑控制等功能,应用十分广泛。

计数器和分频器都是由二进制记忆单元构成。两者都有时钟信号输入端,但是计数器必须具有计数结果的输出端,为了从 0 开始计数,还设有复位端。分频器可以只有进位信号输出端,也不必设置复位端。计数器可以作为分频器使用,而分频器不能作为计数器使用。

在 CMOS 电路系列产品中,计数器是用量大、品种多的产品之一。计数器按时钟脉冲的作用方式,可分为同步计数器和异步计数器。按计数变化规律,可分为加法计数器、减法计数器和可逆计数器。按计数的进制,可分为二进制计数器和非二进制计数器(如十进制计数器、任意进制计数器)。按时钟脉冲的触发方式,可分为上升沿触发计数器和下降沿触发计数器。

计数器是一种单端输入、多端输出的记忆器件,它能对输入的时钟脉冲计数,而在输出端又以不同的方式输出,以表示不同的状态。这种不同的输出方式为电路设计提供了多种用途,给使用带来极大的方便。以下介绍计数器输出的几种常用方式。

① 十进制计数/7 段译码输出的计数器。这种输出方式通常用于计数显示,它

把输入脉冲数直接译成 7 段码供数码管显示 0～9 的数。例如 CD4033,时钟脉冲从 CD4033 的时钟端 CP1 脚输入,其输出端可直接驱动 LED 数码管,显示输入脉冲的个数。

② BCD 码输出的计数器。如 CD4518、CD4520、CD40192 和 CD4510。CD4518 的输出采用二/十进制的 BCD 码,可对外控制 10 路信号,而 CD4520 的输出采用二进制的 BCD 码,可对外控制 16 路信号。

③ 分频器输出的计数器。如 CD4017 和 CD4022。CD4017 是十进制的计数器,计数状态由 CD4017 的十个译码输出端 Y0～Y9 显示。每个输出状态都与输入 CD4017 的时钟脉冲的个数相对应。例如,从 0 开始计数,若输入了 8 个时钟脉冲,则输出端 Y7 应为高电平,其余输出端为低电平。CD4017 仍有两个时钟端 CP 和 EN,若用时钟脉冲的上沿计数,则信号从 CP 端输入;若用下降沿计数,则信号从 EN 端输入。设置两个时钟端是为了级联方便。CD4022 是八进制的计数器,所以译码输出仅有 Y0～Y7,每输入 8 个脉冲周期,就可得到一个进位输出。

④ 多位二进制输出的计数器。常用的器件有 CD4024、CD4040 和 CD4060,它们分别是 7、12 和 14 位的计数器/分频器,还有 74LS90、74LS390 和 74LS176,都具有相同的电路结构和功能,都是由 T 型触发器组成的二进制计数器,不同的是它们的位数不同。多位二进制计数器主要用于分频和定时,使用极其简单和方便。例如 CD4024 的内部有 7 个计数级,每个计数级均有输出端,即 Q1～Q7。CD4024 计数工作时,Q1 是 CP 脉冲的二分频,Q2 又是 Q1 输出的二分频,……。CD4024 也可扩展更多的分频。

2. 计数器/分频器的应用

(1) 双时钟和单时钟的相互转换电路

图 4.2.19 和图 4.2.20 给出了可逆计数器中双时钟和单时钟相互转换的电路,以便适应双时钟型可逆计数器或者适应单时钟可逆计数器的时钟脉冲输入要求。图 4.2.19 表示出了由单时钟输入转为双时钟输出的电路,这时获得的双时钟 CLU、CLD 分别作为加或减计数时都能满足另一个时钟输入为"1"电平的要求,其功能真值表如表 4.2.8 所列。图 4.2.20 给出了由双时钟输入转为单时钟输出的电路,其功能真值表如表 4.2.9 所列。在多级可逆计数中,若需转换时钟输入时,只要将第一级的输入加接上述转换电路,其他各位电路按原有的级联办法进行即可。

(2) 自动关断电路

图 4.2.21 是使用 CD4060 14 级行波进位二时制计数器组成的自动关断电路,该电路用以保护干电池无谓消耗。即能经过一段预定的时间后自动地将电源切断,从而避免干电池供电的设备长期在不需要工作的时间里无谓的消耗电能。这个电路在去除负载后的电流消耗小于 1 μA,因此可以忽略不计。若关断后要重新接上负载工作,必须关掉电源开关后再行合上。

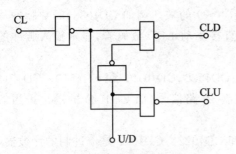

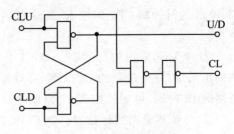

图 4.2.19　由单时钟输入转为　　　　　图 4.2.20　由双时钟输入转为
双时钟输出的电路　　　　　　　　　　单时钟输出的电路

表 4.2.8　由单时钟输入转为双时钟　　　表 4.2.9　由双时钟输入转为单时钟
输出的电路功能真值表　　　　　　　　输出的电路功能真值表

输　入	输　出	
U/D	CLU	CLD
0	1	CL
1	CL	1

输　入	输　出	
CLU	CLD	U/D
CL	1	1
1	CL	0

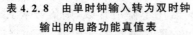

电路的工作原理是:当开关闭合时,电流经晶体管 T1 的发射极—基极使电容 C_1 充电,以至 T1 立即导通,继而使 T2 导通。于是电流通过 T2 加至 CD4060 和负载。首先电路中的开机清零电路起作用,在复位端 R 呈现高电平使计数器 CD4060 复位,复位后只要计数器输出端 Q14 呈现低电平状态,晶体管 T1 和 T2 保持导通。然后,一旦开机清零的瞬态信号消失,CD4060 计数器开始计数,按图中的部件值,RC 振荡器的频率约为 30 Hz,经由 14 级二分频后,大约经过 9 min,Q14 由 0 变 1,于是使得晶体管 T1 和 T2 截止,从而将负载从电源线上断开。应该注意,图中的电阻 R_1 应使晶体管 T2 有足够的基极电流并使之饱和。晶体管 T2 还必须有足够的输出电流以便带动负载,需要较大负载电流时可用达林顿管连接以提高其输出能力。

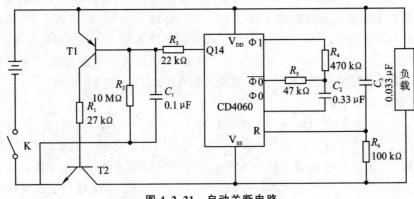

图 4.2.21　自动关断电路

（3）脉冲延时控制电路

图 4.2.22 是用 CD4024 7 级异步二进制计数器组成的脉冲延时控制电路。图中两片 CD4024 电路级联成 14 级二进制计数器，作为延时的计数基准。输出端 Q1～Q14 可由延时时间选择。另外，RS 触发器 I 用作脉冲输入的允许，RS 触发器 II 的作用是输出延时脉冲后提供单脉冲使触发器 I 复位，以便使延时电路进入待触发输入状态。

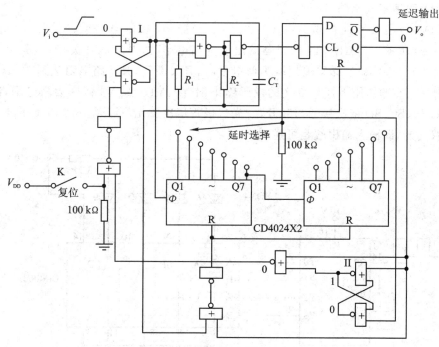

图 4.2.22　脉冲延时控制电路

电路的工作过程为：首先，用图中按键 K 将电路复位，这时 CD4024 计数器和 D 触发器清零，V_o 输出为 0，RS 触发器 I 输出为 1，使 RC 振荡器停振，电路处在待输入状态，各点的逻辑电平如图 4.2.22 中所示。当待延时的输入脉冲 V_i 从 RS 触发器 I 的输入端引入后使触发器 I 状态翻转，可控振荡器振荡，振荡脉冲输入 CD4024 计数器，在计数器计数到所预定的选择状态 N 时（设 $N=4$），选择开关动臂处的电平由 0 变 1，4 个输入时钟周期结束时（即 $N+1$ 时钟开始），D 触发器输出 Q 由 0 变 1，则输出 V_o 为 1，获得延时输

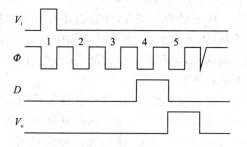

图 4.2.23　脉时延时控制电路的波形图

出，如图 4.2.23 所示。另外，D 触发器 Q 端的输出立即将 CD4024 计数器复位，并将

RS 触发器Ⅱ翻转,其输出由 1 变 0。之后在 $N+2$ 个输入脉冲作用下,D 触发器的输出 Q 由 1 翻回到 0,于是延时输出经一个时钟周期后结束。同时 Q 端的这一变化又使 RS 触发器翻回到原来的状态,输出由 0 到 1,使 RC 振荡器停振,振荡器的输出从 0 回到 1,如图 4.2.23 波形中 Φ 最后一个负向尖锋表示了这一变化。脉冲中的这一变化作 D 型触发器的第 $N+2$ 个时钟 CL,使其输出 V_o 由 1 回到 0。这时,延时控制电路又进入待输入状态。

(4) 时序控制电路

CD4017 与 4 双向模拟开关 CD4066 组成的时序控制电路或开关控制电路如图 4.2.24 所示。当 CD4017 的译码输出端为高电平时,对应的开关接通,其导通电阻约为 $80\sim250$ Ω;当译码输出端为低电平时,开关断开,其开路电阻达到 10^9 Ω。在时钟脉冲 CP 的作用下,CD4017 的译码输出端 Y0、Y1、Y2、Y3 依次为高电平,则开关 SA、SB、SC、SD 依次接通与断开,发光二极管依次发光与熄灭。CC4066 的 4 只开关是双向的,即输入输出端是可逆的。

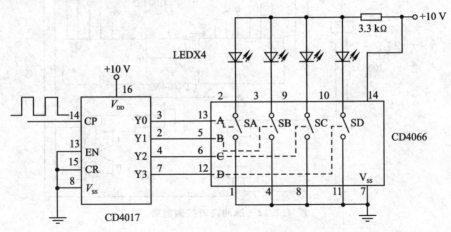

图 4.2.24　时序控制电路

(5) 进制转换电路

除了计数功能外,计数器还有一些附加功能,如异步复位、同步预置(受时钟脉冲控制)或异步预置(不受时钟脉冲控制)、保持。虽然计数器产品一般只有二进制和十进制两种,但有了这些附加功能,可以用计数器来构成任意进制的计数器。一般有如下两种方法。

反馈预置数法:反馈预置数法是用译码电路(门电路)检测计数器的状态,当计数器到达被检测的状态时,译码电路输出低电平(或高电平),把译码电路的输出反馈到计数器的预置数端,使预置数端出现有效电平。利用预置数端的异步/同步预置功能,将数据输入端所加的预置数装入计数器,从而实现预定模数的计数。

反馈复位法:用译码电路(门电路)来检测计数器的状态,当计数器到达被检测的状态时,译码电路输出低电平(或高电平)。把该信号反馈到计数器的复位端,使清零端出现有效电平。

【例 4.2.5】用 74LS160 采用反馈预置数法完成八进制计数。

因为八进制计数器的有效状态有 8 个,而十进制计数器 74LS160 的有效状态有 10 个,所以用十进制计数器构成八进制计数器时,只需保留十进制计数器的 8 个状态即可。理论上,保留 10 个状态中的任意 10 个状态都可以。然而,为了使电路最简单,一般情况下,首先要保留 0000 和 1001 两个状态。因为 74LS160 从 1001 变化到 0000 时,将在进位输出端产生一个进位脉冲,可以利用 74LS160 的进位输出端作为八进制计数器的进位输出端。不妨采用 0000、0001、0010、0011、0100、0101、0110 和 1001 这 8 个状态,如图 4.2.25 所示。

如何让 74LS160 从 0110 状态跳到 1001 状态呢?这里用一个与非门构成一个译码器,当 74LS160 的状态为 0110 时,与非门输出低电平,送到预置使能 PE 端,使 74LS160 工作在预置数状态,当下一个时钟脉冲到来时,由于等于 1001,74LS160 就会预置成 D3D2D1D0 的预置值(1001),从而实现了状态跳跃,如图 4.2.26 所示。这样就实现了用同步十进制加法计数器 74LS160 完成八进制计数的功能。

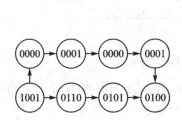

图 4.2.25　选取的 8 个状态

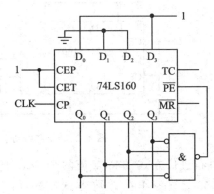

图 4.2.26　反馈预置数法八进制计数器

【例 4.2.6】用 74LS161 采用反馈预置数法构成十二进制计数。

74LS161 的计数长度为 16,十二进制计数器的计数长度等于 12,预置数应是 16-12=4,即可以预置最小数为 D3D2D1D0=0100。计数器计到最大数 1111 之后,使计数器处于预置数工作状态,即可构成十二进制计数器。同样也可预置最大数 12,完成十二进制计数器。

【例 4.2.7】用 74LS161 采用反馈复位法完成十二进制计数。

74LS161 清零端为异步清零,可以采用直接清零法,如图 4.2.27 所示。

对于具有同步清零端的 74HC163,利用它的同步清零端同样可以实现任意进制计算器。

对于超过单个计数器计数个数的计数,可以采用级联方式完成,举例如下。

【例 4.2.8】用同步十进制加法计数器 74LS160 完成百进制计数器。

因为 100 等于 10 乘以 10,所以可以用两个 74LS160 构成百进制计数器,其中第②个在第①个的进位信号控制下计数。有两种连接方法。第 1 种连接方法称为并行进位方式,如图 4.2.29 所示。

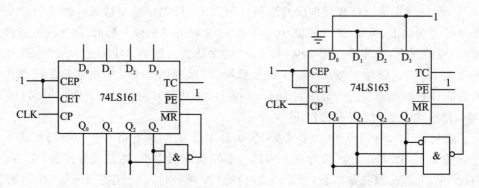

图 4.2.27　直接清零复位法构成十二进制计数　　图 4.2.28　同步清零复位法构成十二进制计数

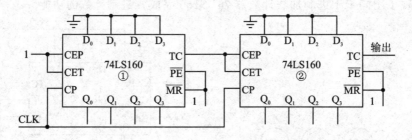

图 4.2.29　并行进位方式的百进制计数器

并行进位方式的特点是两个 74LS160 的 CP 端都接到时钟脉冲上。第①个 74LS160 始终工作在计数方式,每一个时钟脉冲都使其状态发生变化;第②个 74LS160 只有在第①个 74LS160 进位输出为高电平时才工作在计数方式,每 10 个时钟脉冲才使其计数发生变化。当第②个 74LS160 完成 10 个计数后,才会产生进位输出。

第 2 种连接方法称为串行进位方式,即两个 74LS160 都始终工作在计数方式,如图 4.2.30 所示。第①个 74LS160 的 CP 端接到时钟脉冲上,每一个时钟脉冲都使

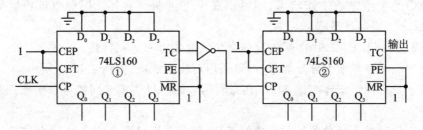

图 4.2.30　串行进位方式的百进制计数器

其状态发生变化;第②个 74LS160 的 CP 端接到第①个 74LS160 进位输出上,每 10 个时钟脉冲才使其状态发生变化。

4.2.4 译码器

译码器是将具有特定含义的数字代码进行辨别,并转换成与之对应的有效信号或另一种数字代码的逻辑电路。集成译码器可分为时序译码电路和数字显示译码驱动电路。常用的中规模集成时序译码电路有双 2 - 4 线译码器 74139,3 - 8 线译码器 74LS138,4 - 16 线译码器 74154、CD4514 和 4 - 10 线译码器 74LS42,CD4028 等;数字显示译码驱动电路如 74LS48、74LS49 等。下面分别加以介绍。

1. 时序译码电路

(1) 74LS138 译码器

图 4.2.31 为常用的 3 - 8 线译码器 741LS138 的逻辑功能图,它的逻辑功能如表 4.2.10 所示。由逻辑功能图可知,该译码器有 3 个输入 A、B、C,它们共有 8 种状态的组合,即可译出 8 个输出信号 Y0~Y7,故该译码器称为 3 - 8 线译码器。该译码器设置了 G1、G2A 和 G2B 三个使能输入端。由逻辑功能可知,对于正逻辑,当 G1 为 1,且 G2A 和 G2B 均为 0 时,译码器处于工作状态。

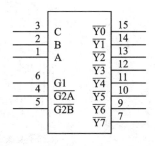

图 4.2.31 74LS138 的逻辑功能图

表 4.2.10 74LS138 真值表

控 制			输 入			输 出							
G1	G2A	G2B	C	B	A	Y0	Y1	Y2	Y3	Y4	Y5	Y6	Y7
X	1	X	X	X	X	1	1	1	1	1	1	1	1
X	X	1	X	X	X	1	1	1	1	1	1	1	1
0	X	X	X	X	X	1	1	1	1	1	1	1	1
1	0	0	0	0	0	0	1	1	1	1	1	1	1
1	0	0	0	0	1	1	0	1	1	1	1	1	1
1	0	0	0	1	0	1	1	0	1	1	1	1	1
1	0	0	0	1	1	1	1	1	0	1	1	1	1
1	0	0	1	0	0	1	1	1	1	0	1	1	1
1	0	0	1	0	1	1	1	1	1	1	0	1	1
1	0	0	1	1	0	1	1	1	1	1	1	0	1
1	0	0	1	1	1	1	1	1	1	1	1	1	0

【例 4.2.9】用 74LS138 实现 4 - 16 线译码。

用两片 3-8 译码器 74LS138 级联可组成 4-16 线译码器,如图 4.2.32 所示。将两片 74LS138 的 CBA 端连接到一起作为 4-16 线译码器的 CBA 信号,将低位 74LS138(U1)的 $\overline{G2A}$ 和高位 74LS138(U2)的 G1 端连接到一起作为 4-16 线译码器的 D 信号。这样,当 D=0 时,选中 74LS138(U1),否则选中高位 74LS138(U2)。将高位 74LS138(U1)的 $\overline{G2A}$ 和高位 74LS138(U2)的 G2A 和 $\overline{G2B}$ 端连接到使能信号 EN,当 EN=0 时,译码器正常工作,当 EN=1 时,译码器被禁止。

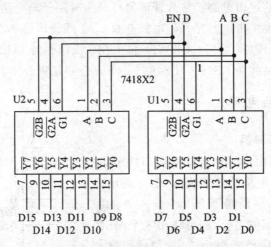

图 4.2.32　用 74LS138 实现 4-16 线译码

【例 4.2.10】用 3-8 译码器实现如下逻辑表达式 $F(C,B,A) = m1 + m3 + m6 + m7$。

从 74LS138 3-8 译码器的功能可知,它的每一个输出都是对应输入逻辑变量最小项的"非",因此把 74LS138 相应的输出项"与非",即可实现该逻辑表达式,如图 4.2.33 所示。

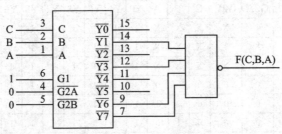

图 4.2.33　用 3-8 译码器实现逻辑表达式

(2) 74LS42、CD4028 二-十进制译码器

二-十进制译码器又称为码制变换译码器,它是将 BCD 码译码成十个独立输出的电平信号。如 74LS42 和 CD4028,当输入为 8421BCD 码时,输出为 10 个独立的低电平信号(输出为低电平有效),对于 8421BCD 码以外的伪码,10 个输出全为高电

平。74LS42 逻辑功能示意图如图 4.2.34 所示。

74LS42 和 CD4028 译码器有 4 个输入端 A3、A2、A1、A0,并且按 8421BCD 编码输入数据,有 10 个输出端,分别与十进制数 0~9 相对应,低电平有效。对于某个 8421BCD 码的输入,相应的输出端为低电平,其他输出端为高电平。如当[A3：A0]=0000 时,输出端 Y0 为低电平 0,对应于十进制数 0,其余输出依此类推。当输入的二进制数超过 BCD 码时,所有输出端都输出高电平,呈无效状态。

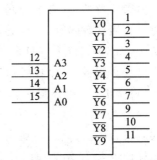

图 4.2.34　8421BCD 码译码器
74LS42 逻辑功能图

2. 数字显示译码驱动电路

在数字系统中,常常需要将电路处理结果用人们习惯的十进制数显示出来,这就要用到显示译码器。显示译码器主要用来驱动各种显示器件,如 LED、LCD 等,从而将二进制代码表示的数字、文字、符号"翻译"成人们习惯的形式,直观地显示出来。下面主要讲述七段显示译码器/驱动器。

目前,用于显示电路的中规模译码器种类很多,其中用得较多的是七段显示译码器。它的输入是 8421 BCD 码,输出是由 a、b、c、d、e、f、g 构成的一种代码,称为七段显示码。根据字形的需要,确定 a~g 各段应加什么电平,就得到两种代码对应的编码表。七段显示码被送到七段数码管显示。例如,对于 8421 码的 0101 状态,对应的十进制数为 5,则译码驱动器应使 a、c、d、f、g 各段点亮。即对应于某一组数码,译码器应有确定的几个输出端有信号输出,这是分段式数码管电路的主要特点。

七段数码管分共阴极和共阳极两种形式,它们的外形结构和二极管连接方式如图 4.2.35 所示。从图中可以看出,对于共阳极的数码管,当输入段码为低电平时,发光二极管发光;对于共阴极的数码管,当输入段码为高电平时,发光二极管发光。与之相应的译码器的输出也分低电平有效和高电平有效两种。如 74LS46、74LS47 为低电平有效,可用于驱动共阳极的 LED 数码管;74LS48、74LS49、CD4511 为高电平有效,可用于驱动共阴极的 LED 数码管。有的 LED 数码管带有小数点,一般用 dp 表示。

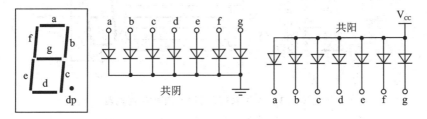

图 4.2.35　七段数码管的外形图及共阴共阳等效电路

值得注意的是,有的译码器内部电路的输出级有集电极电阻,如 74LS48。在使用时可直接接数码管,但只适合接共阴数码管。而有的译码器为集电极开路(OC)输出结构,如 74LS47 和 74LS49,它们在工作时必须外接集电极电阻,既可接共阴数码管也可接共阳数码管,还可通过调整电阻值来调节数码管的亮度。

(1) 74LS48 七段显示译码器

74LS48 七段显示译码器输出高电平有效,用来驱动共阴极数码管,其逻辑功能图见图 4.2.36。该集成显示译码器设有 3 个辅助控制端 BI/RBO、LT、RBI,以增强器件的功能。现简要说明如下:

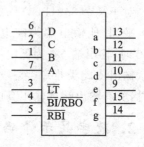

图 4.2.36 74LS48 逻辑功能图

① 灭灯输入 BI/RBO。BI/RBO 是特殊控制端,有时作为输入,有时作为输出。当 BI/RBO 作输入使用且 BI=0 时,无论其他输入端是什么电平,所有各段输出 a~g 均为 0,所以字形熄灭。

② 动态灭零输出 RBO。BI/RBO 作为输出使用时,受控于 LT 和 RBI。若 LT=1 且 RBI=0,输入代码 DCBA=0000 时,则 RBO=0;若 LT=0 或者 LT=1,且 RBI=1,则 RBO=1。该端主要用于显示多位数字时,多个译码器之间的连接。

③ 试灯输入 LT。当 LT=0 时,BI/RBO 是输出端,且 RBO=1,此时无论其他输入端是什么状态,所有各段输出 a~g 均为 1,显示字形 8。该输入端常用于检查 7488 本身及数码管的好坏。

④ 动态灭零输入 RBI。当 LT=1,RBI=0 且输入代码 DCBA=0000 时,各段输出 a~g 均为低电平,与 BCD 码相应的字形熄灭,故称"灭零"。利用 LT=1 与 RBI=0 可以实现某一位的"消隐"。此时 BI/RBO 是输出端,且 RBO=0。

74LS48 对输入代码 0000 的译码条件是:LT 和 RBI 同时等于 1,而对其他输入代码则仅要求 LT=1,这时,译码器各段 a~g 输出的电平是由输入 BCD 码决定的,并且满足显示字形的要求。

74LS48 译码器的典型应用电路如图 4.2.37 所示。

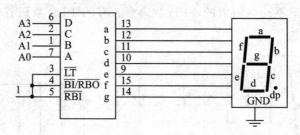

图 4.2.37 74LS48 译码器的典型应用电路

由于共阴数码管的译码电路 74LS48 内部有限流电阻,故后接数码管时不需外接限流电阻。

　　下面举一个利用 74LS48 实现带有前 0 消隐的多位数字译码显示例子。通过它了解各控制端的用法,特别是如何动态灭零,实现无意义位的"消隐"。

　　该例如图 4.2.38 所示。图中 6 位数码管由 6 片 74LS48 译码器驱动。各片 74LS48 的 LT 均接高电平,由于第 1 片 74LS48 的 RBI=0,如果这片 74LS48 的 DCBA 输入为 0000,则满足灭零条件,无字形显示,同时输出 RBO=0;第 1 片 74LS48 的 RBO 与第 2 片 74LS48 的 RBI 相连,也使第 2 片满足灭零条件,依此类推,实现了前零消隐。如果第 1 片 74LS48 的输入代码不是 0000 而是任何其他 BCD 码,则该片将正常译码并驱动显示,同时使 RBO=1。这样,第 2 片、第 3 片就失去了灭零条件,所以电路对最高位非零的数字仍正常显示。

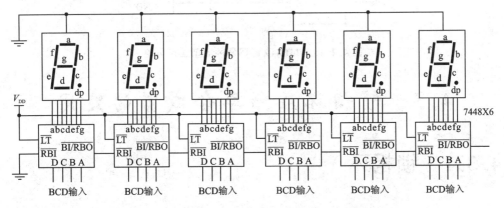

图 4.2.38　用 74LS48 实现带前零消隐的多位数字译码显示

(2) 74LS49 七段显示译码器

74LS49 的逻辑功能图如图 4.2.39 所示,逻辑功能如表 4.2.11 所列。

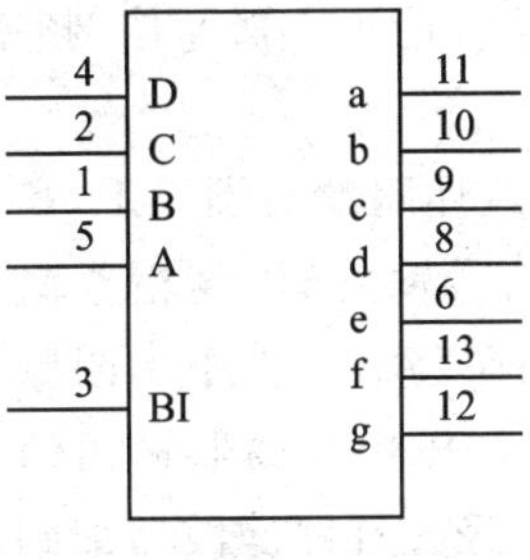

图 4.2.39　74LS49 的逻辑功能图

表 4.2.11　74LS49 功能表

输　　入		输　　出	
DCBA	BI	a~g	显示
8421 码	1	译码	显示字型
XXXX	0	0000000	消隐

　　74LS49 译码器的典型应用电路如图 4.2.40 所示。74LS49 是集电极开路(OC)输出,必须外接上拉电阻。

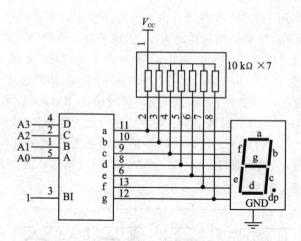

图 4.2.40   74LS49 译码器的典型应用电路

4.3 锁相环及频率合成器的应用

4.3.1 锁相环

1. 锁相环基本原理

能够实现两个电信号相位同步的自动控制闭环系统统称为锁相环,简称 PLL(Phase Locked Loop)。锁相环是一种以消除频率误差为目的的闭环反馈控制电路,其基本原理是利用相位误差去消除频率误差。它广泛应用于广播通信、频率合成、自动控制及时钟同步等技术领域。

锁相环电路一般由鉴相器(PD,也称相位比较器)、环路滤波器(LF)和压控振荡器(VCO)三部分组成,如图 4.3.1 所示。当电路无信号输入时,鉴相器输出的误差电压 V_d 为 0,环路滤波器的输出电压 V_c 也为 0,压控振荡器工作于下限频率。当有信号输入时,鉴相器将输入信号 V_i 的相位和频率 f_i 与压控振荡器输出信号的相位和频率 f_o 相比较,并将两者的相位差转换成电压 V_d,经过环路滤波器加到压控振荡器的输入端,使压控振荡器输出的频率 f_o 与输入信号频率 f_i 的差减少。这个过程就称为"捕捉"。当压控振荡器信号频率 f_o 输入信号频率 f_i 足够接近并在相位上保持某种特定关系时,称为"相位锁定"。锁相环在相位锁定的状态下,输入信号频率 f_i 发生变化时,压控振荡器输出信号频率 f_o 也将跟着变化,并且严格保持一致,这就是锁相环的环路跟踪。

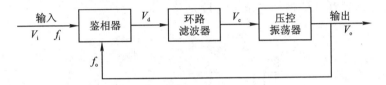

图 4.3.1 锁相环基本原理框图

2. CD4046 锁相环应用介绍

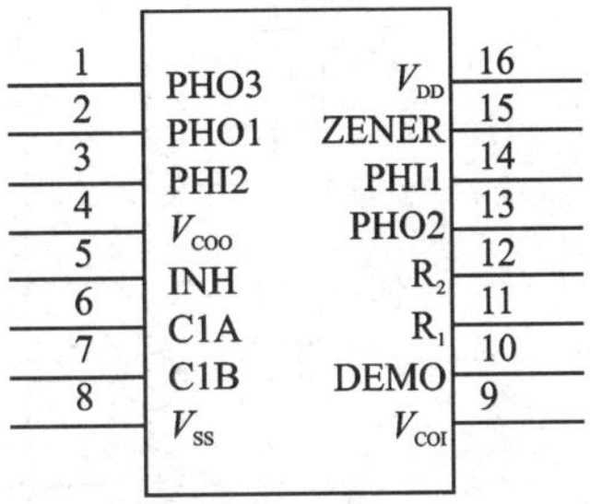

CD4046 是通用的 CMOS 锁相环集成电路,其特点是电源电压范围宽(为 $3 \sim 18$ V),输入阻抗高(约 100 MΩ),动态功耗低,在中心频率 f_0 为 10 kHz 下功耗仅为 600 μW,属微功耗器件。

图 4.3.2 是 CD4046 的引脚功能图,各引脚功能定义如表 4.3.1 所列。

```
 1  PHO3      V_DD   16
 2  PHO1     ZENER   15
 3  PHI2      PHI1   14
 4  V_COO     PHO2   13
 5  INH        R_2   12
 6  C1A        R_1   11
 7  C1B       DEMO   10
 8  V_SS      V_COI   9
```

图 4.3.2 CD4046 的引脚功能图

表 4.3.1 CD4046 的引脚功能定义

引脚	符号	功能	引脚	符号	功能
1	PHO3	相位输出端,环路入锁时为高电平,环路失锁时为低电平	9	V_{COI}	压控振荡器的输入端
			10	DEMO	解调输出端,用于 FM 解调
2	PHO1	相位比较器 I 的输出端	11	R_1	外接振荡电阻 R_1
3	PHI2	相位比较器输入端(比较信号输入)	12	R_2	外接振荡电阻 R_2
4	V_{COO}	压控振荡器输出端	13	PHO2	相位比较器 II 的输出端
5	INH	VCO 禁止端,高电平时禁止,低电平时允许 VCO 工作	14	PHI1	相位比较器输入端(基准信号输入端)
6	C1A	外接振荡电容 C_1	15	ZENER	内部独立的齐纳稳压管负极
7	C1B	外接振荡电容 C_1	16	V_{DD}	电源的正端
8	V_{SS}	电源的负端			

图 4.3.3 是 CD4046 功能原理框图,主要由线性放大器、整形电路、相位比较器 I、相位比较器 II、压控振荡器、源跟随器等部分构成。相位比较器 I 采用"异或"门结构,当两个输入端信号的电平状态相异时(即一个高电平,一个为低电平),输出端信号为高电平;反之,当两个输入端信号的电平状态相同时(即两个均为高,或均为低电平),输出端信号为低电平。当两个输入端信号的相位差在 $0° \sim 180°$ 范围内变化时,输出端信号的脉冲宽度也随之改变,即占空比也在改变。从相位比较器 I 的输入和输出信号的波形(如图 4.3.4 所示)可知,其输出信号的频率等于输入信号频率的两倍,并且与两个输入信号之间的中心频率保持 $90°$ 相移。另外,从图 4.3.4 可知,输出信号不一定是对称波形。对相位比较器 I,它要求两个输入端信号的占空比均为

50%(即方波),这样才能使锁定范围为最大。

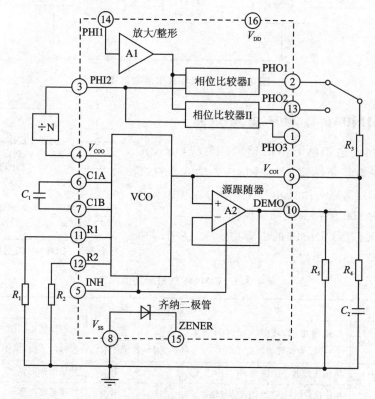

图 4.3.3　CD4046 功能原理框图

相位比较器Ⅱ是边沿触发数字式比较器,它仅在二输入信号的上升沿起作用,故可接受任意占空比的输入信号,相位比较器Ⅱ的输出端 PHO2,根据输入信号和比较信号的不同,有如下几种情况:

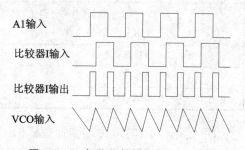

图 4.3.4　相位比较器 I 的工作波形

① 当 14 脚 PHI1 的输入信号比 3 脚 PHI2 的比较信号频率高时,PHO2 输出为高电平"1";反之,则 PHO2 输出低电平"0"。

② 如果两信号的频率相同而相位不同,当输入信号的相位超前于比较信号时,PHO2 输出为高电平"1";反之,若滞后,则 PHO2 输出为低电平"0"。

在以上两种情况下,PHO3 都有与上述正、负脉冲宽度相同的负脉冲产生。

③ 如果两信号的频率相同而相位锁定时,PHO2 端为高阻态,PHO3 输出为高电平"1"。

因此,从 PHO3 端的状态就可知锁相环的工作状态:当 PHO3 端为低电平"0"

时,表示二信号存在相位差,PLL 失锁,反之,为"1"时,进入锁定状态。

CD4046 的相位锁定范围与压控振荡器的压控特性、选用相位比较器 Ⅰ 还是选用相位比较器 Ⅱ、低通滤波器的特性等有关。压控振荡器的控制电压从 0 向 V_{DD} 变化时,振荡频率由 f_{min} 向 f_{max} 变化,电源电压 V_{DD} 高,中心频率 f_0 与最高振荡频率 f_{max} 高。电源电压一定时,中心频率 f_0、最高振荡频率 f_{max}、最低振荡频率 f_{min} 的高低与振荡器外接振荡元件 R_1、R_2、C_1 取值大小有关。

不接 R_2 时,振荡器的频率为 $0 \sim f_{max}$,这时 f_{max} 可由下式得出:

$$f_{max} = \frac{1}{R_1(C_1 + 32\ \text{pF})}$$

使用 R_2 时,振荡器的频率在 $f_{min} \sim f_{max}$ 间变化,f_{min} 和 f_{max} 可由下式给出:

$$f_{max} = \frac{1}{R_2(C_1 + 32\ \text{pF})}$$

$$f_{max} = \frac{1}{R_1(C_1 + 32\ \text{pF})} + \frac{1}{R_2(C_1 + 32\ \text{pF})}$$

CD4046 内部还有线性放大器和整形电路,可将 14 脚输入的 100 mV 左右的微弱输入信号变成方波或脉冲信号送至两个相位比较器。源跟踪器是增益为 1 的放大器,V_{co} 的输出电压经源跟踪器至 10 脚作 FM 解调用。齐纳二极管可单独使用,其稳压值为 5 V,若与 TTL 电路匹配时,可用作辅助电源。

综上所述,CD4046 工作原理如下:输入信号 V_i 从 14 脚输入后,经放大器 A1 进行放大、整形后加到相位比较器 Ⅰ、Ⅱ 的输入端,图 4.3.3 中的开关拨至 2 脚,则比较器 Ⅰ 将从 3 脚输入的比较信号 V_0 与输入信号 V_i 作相位比较,从相位比较器输出的误差电压则反映出两者的相位差。从相位比较器输出的误差电压经 R_3、R_4 及 C_2 滤波后得到一个控制电压加至压控振荡器 V_{co} 的输入端 9 脚,调整 V_{co} 的振荡频率,使该振荡频率迅速逼近信号频率。V_{co} 的输出又经除法器再进入相位比较器 Ⅰ,继续与 V_i 进行相位比较,最后使得 V_{co} 的振荡频率等于信号频率,两者的相位差为 0 或不变值,从而实现相位锁定。若开关 K 拨至 13 脚,则相位比较器 Ⅱ 工作,过程与上述相同,不再赘述。

下面介绍 CD4046 典型应用电路。

(1) 电压频率(V/F)转换电路

图 4.3.5 是用 CD4046 锁相环电路中的压控振荡器部分直接组成一个基本的电压-频率转换器电路。当输入电压 U1 从 V_{SS} 到 V_{DD} 变化时,将会引起压控振荡器的输出频率的变化。其输出频率的大小依赖于外接部件 R_1 和 C_1 值。该电路也可用作一个频率可调的振荡器,这时只要在压控振荡器的输入端加接一个 500 kΩ 的电位器,电位器的

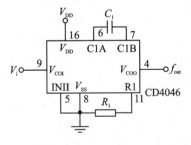

图 4.3.5　电压频率转换电路

两端分别接 V_{DD} 和 V_{SS}，电位器的中心动臂接压控振荡器的输入端，调节电位器就可得到不同的输出频率。

（2）警报器电路

图 4.3.6 是一个可作为警报器的模拟音响电路。用 CMOS 门电路组成的 RC 振荡器去控制一个 CMOS 模拟开关，模拟开关的接通或断开可以使得由 R_2 和 R_2C_3 组成的 RC 积分电路充电或放电，这个积分电路作为压控振荡器的输入信号，从而在 VCO 的输入端取得变频输出，将这个重复产生的变频输出去推动一个低频放大器和音响器可得到警报器所需的模拟音响。图 4.3.6 中，R_2、R_3、C_3 组成积分电路，R_4 和 C_1 控制警报器的重复频率，R_1 和 C_2 控制压控振荡器的输出频率，R_2C_3 以及 R_3C_3 控制输出变频的变化率。只要调节以上几组 RC 的时间常数就可获得警报声音的多种变化。

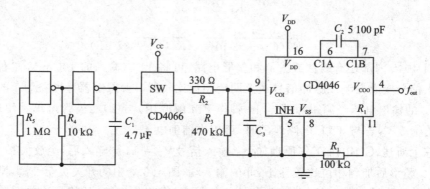

图 4.3.6　警报器电路

（3）方波发生器电路

图 4.3.7 是用 CD4046 的 VCO 组成的方波发生器，当其 9 脚输入端固定接电源时，电路即起基本方波振荡器的作用。振荡器的充、放电电容 C_1 接在 6 脚与 7 脚之间，调节电阻 R_1 阻值即可调整振荡器振荡频率，振荡方波信号从 4 脚输出。按图示数值，振荡频率变化范围为 0.02～2 kHz。

（4）频率倍增电路

图 4.3.8 用 CD4046 与 BCD 加法计数器 CD4518 构成的频率倍增 100 倍的电路。由电路图

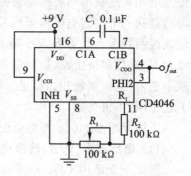

图 4.3.7　方波发生器电路

可知，在锁相环的压控振荡器和相位比较器之间插入了一个 CD4518 级联成的除以 100 的电路，这样在环路锁定时，除以 100 计数器的输出端 Q4B 的输出频率等于输入频率，从而在锁相环的压控振荡器的输出端 4 脚得到倍增 100 倍的输出频率。按图 4.3.8 所示的元器件参数，再适当调节低通滤波器的数值，该锁相环路可跟踪的输入频率为 1～200 Hz，则相应的输出频率为～20 kHz。

改变 R_1、C_1 的参数值,适当调节低通滤波器的数值,在一定范围内,可满足不同输入频率和输出倍增频率的要求。

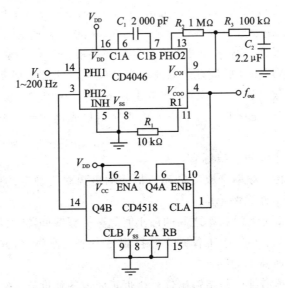

图 4.3.8　频率倍频电路

(5) 锁相频率合成器

详见 4.3.2 小节。

4.3.2　频率合成器

随着通信、雷达、宇航和遥测技术的不断发展,对频率源的频率稳定度、频谱纯度、频率范围和多个输出频率提出越来越高的要求。为了提高频率稳定度,经常采用晶体振荡器等方法来解决,但尽管晶体振荡器能提供高稳定度的振荡频率,但其频率值是单一的,最多只能在很小的频段内进行微调,不能满足多个输出频率的要求,因此,目前大多采用频率合成技术。

频率合成的方法很多,大致可分为直接频率合成、锁相频率合成和直接数字频率合成三种。

直接频率合成是通过倍频器、分频器、混频器对频率进行加、减、乘、除的运算来获取所需的频率。它可从一个高稳定度和高准确度的标准频率源,产生大量具有同一稳定度和准确度的不同频率。直接频率合成的优点是频率转换时间短,并能产生很低的频率信号。直接频率合成的缺点是必须使用大量的滤波器,使得合成器的设备十分复杂,体积庞大,造价高,而且输出端的谐波、噪声及寄生频率难以抑制。

锁相频率合成就是通过锁相环来完成频率的加、减、乘、除的运算,利用锁相环路的窄带跟踪特性来得到不同的频率。由于锁相环只用简单的 RC 滤波器就可具有良好的滤波作用,而且可以自动跟踪输入频率的变化,因此可以大量省去直接频率合成法中需用的滤波器,从而使合成器的结构简单,价格低。

直接数字频率合成 DDS(Direct Digital frequency Synthesis)突破了前两种频率合成法的原理,即不是通过对频率进行加、减、乘、除的运算来获取所需的频率,而是从"相位"的概念出发进行频率合成。其基本原理是根据信号的波形,在不同的相位给出不同的幅值,然后由这些周期性的离散幅值经平滑滤波形成所需频率和波形的信号。这种方法不仅可以产生不同频率的正弦波,而且可以控制波形的初始相位,还可以用 DDS 方法产生任意波形。本小节主要介绍集成锁相频率合成器和集成直接数字频率合成器。

频率合成器的主要技术指标有:

➤ 工作频率范围:频率合成器最高与最低输出频率所确定的频率范围,称为频率合成器的工作频率范围。
➤ 频率间隔:每个离散频率之间的最小间隔称为频率间隔,又称频率分辨率。
➤ 频率转换时间:由一个工作频率转换到另一个工作频率,并使该工作频率达到稳定工作所需的时间。
➤ 频谱纯度:频谱纯度是指输出信号接近正弦波的程度。

1. 集成锁相频率合成器

集成频率合成器是一种专用锁相电路,它将参考分频器、参考振荡器、数字鉴相器,各种逻辑控制电路等部件集成在一个或几个单元中,以构成集成频率合成器的电路系统。

MC145XX 系列是 Freescale 公司(原 Motorola 公司半导体部)生产的 CMOS 单片锁相环频率合成器。该系列包含有四位数据总线、并行、串行、BCD 码输入等多种编程方式。在这里以该系列中的 MC145152-2 为例介绍并行锁相环频率合成器。

MC145152-2 是一片采用并行码输入方式(由 16 根并行输入数据编程)设定的双模 CMOS 锁相环频率合成器。内部组成框图如图 4.3.9 所示。其中 OSC_{in} 和 OSC_{out} 可外接石英晶体构成基准时钟振荡器,或由外部时钟电路从 OSC_{in} 输入基准时钟信号;基准时钟由参考分频器÷R 计数器分频后作为参考频率 f_r 送入鉴相器 PD;10 位的÷N 计数器和 6 位的÷A 计数器以及模拟控制逻辑 MC 和外接双模前置分频器(÷P/÷P+1)共同组成吞脉冲分频器,吞脉冲分频器的总分频比为:$N_T = P \times N + A$。÷N 计数器的输出送往鉴相器 PD,PD 的输出通常外部低通滤波器(LPF),再经 VCO 返回到 f_{in} 端,从而构成数字锁相电路。

MC145152-2 的引脚定义如图 4.3.10 所示。
MC145152-2 的引脚功能如表 4.3.2 所列。

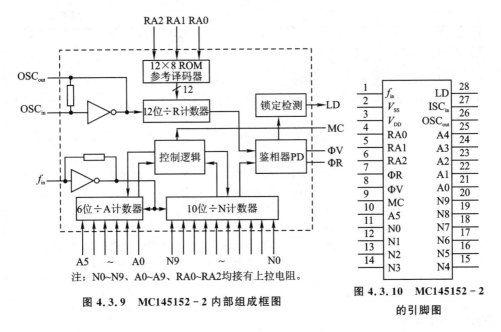

注：N0~N9、A0~A9、RA0~RA2均接有上拉电阻。

图 4.3.9　MC145152‑2 内部组成框图

图 4.3.10　MC145152‑2
的引脚图

表 4.3.2　MC145152‑2 的引脚描述

引　　脚	符　号	描　　述
11～20	N0～N9	÷N 计数器的编程输入端。N0 为最低位,N9 为最高位。N 输入都有内部上拉电阻。N 的取值范围为 3～1 023
23、21、22、24、25、10	A0～A5	÷A 计数器的编程输入端。A 输入决定了 f_{in} 的时钟周期数,它使 MC 输出端上出现所需的逻辑电平。A 输入都有内部上拉电阻。A 的取值范围为 0～63
27、26	OSC_{in}、OSC_{out}	参考振荡器输入/输出端。外接晶体和适当数值的调频电容(一般为 15 pF 左右)可组成片上时钟系统。OSC_{in} 也可作为外部参考时钟的输入端。该时钟一般是以交流方式耦合到 OSC_{in};但对振幅较强的信号(标准 CMOS 逻辑电平),也可用直流耦合。采用外接参考时钟,OSC_{out} 不需要任何连接
28	LD	锁定检测器信号输出端。当环路处于锁定状态(即 f_v 和 f_r 同频且同相)时,输出信号为高电平;当环路处于失锁状态时输出为低电平
7、8	ΦV、ΦR	相位检测器(PD)输出端。相位检测器的输出引脚可在外部组合成环路的误差信号。 当频率 f_v 大于 f_r 或 f_v 相位超前时,则 ΦV 为低脉冲而 ΦR 基本上保持高位 当频率 f_v 小于 f_r 或 f_v 相位滞后时,则 ΦR 为低脉冲而 ΦV 基本上保持高位 当频率 $f_v = f_r$ 并且二者同相时,则除了在极短时间内 ΦV 和 ΦR 为同相低脉冲,二者同时保持高位
1	f_{in}	÷N 计数器和 ÷A 计数器频率输入端。f_{in} 一般从双模前置分频器引出而以交流方式与本器件耦合。对于振幅较强的信号(标准 CMOS 逻辑电平),也可直流耦合。
3	V_{DD}	电源正极。其电压范围 +3～+9 V(相对于 V_{SS})

引 脚	符 号	描 述
2	V_{SS}	电源负极
4~6	RA0~RA2	基准分频器地址码输入端。用于选择基准分频器的分频比。通过对 12×8 ROM 参考译码器和 12 位÷R 计数器进行编程,产生参考频率 f_r。分频比有 8 种,对应关系如表 4.3.3 所列
9	MC	模式控制端,输出的模式控制信号加到双模前置分频器即可实现模式变换。当 MC 为"0"时,双模前置分频器的分频比为 P+1,而当 MC 为"1"时,双模前置分频器的分频比为 P。在计数周期的初期,MC 的电平将变成低,并继续保持低位,一直到÷A 计数器从其编程值开始往下计数为止。在这一时刻,MC 升高并继续保持高位,一直到÷N 计数器从其编程值起把剩余的数计完为止(即÷N 计数器从÷A 计数器计完后开始往下计数,此时计数值为 N−A),然后 MC 重新调到低位,而计数器分别调回到它们的编程值,于是这一过程将重复出现。这一过程为编程总除数所提供的值为 $N_T = N*P+A$,式中 P 和 P+1 分别对应于高和低电平的双模前置分频器的除数,N 和 A 分别表示按程序编入÷N 和÷A 计数器中的数

表 4.3.3 不同的基准地址码所对应的分频比

基准地址码			总除数	基准地址码			总除数
RA2	RA1	RA0		RA2	RA1	RA0	
0	0	0	8	1	0	0	512
0	0	1	64	1	0	1	1 024
0	1	0	128	1	1	0	1 160
0	1	1	256	1	1	1	2 048

图 4.3.11 为一个采用 MC145152-2 的单环锁相频率合成器电路,输出外接了低通滤波器和相应的压控振荡器(VCO)。参考晶振频率 $f_c = 2.048$ MHz,RA0=1、RA1=1、RA2=1,故 R=2 048,鉴相器输入频率 $f_r = 1$ kHz(即频道间隔 $\Delta f = 1$ kHz)。改变 10 位的÷N 计数器(3~1 024)和 6 位的÷A 计数器(3~63)的设置,可得到压控振荡器 VCO 对应的输出频率范围是 6~1 086 kHz。

图 4.3.12 是一个采用 MC145152-2 组成的陆地移动无线电 VHF 频率合成器。由数字锁相环路频率合成器电路、双模前置分频器、VCO 等器件组成,若参考晶振频率为 10.24 MHz,设 RA0=1,RA1=1,RA2=0,故 R=256,鉴相频率 $f_r = 40$ kHz。通过对 MC145152 的计数器计数初值进行不同的预置,设计相应的 VCO 电路参数,便可以锁定不同的频率,从而达到改变不同频点信号的目的。

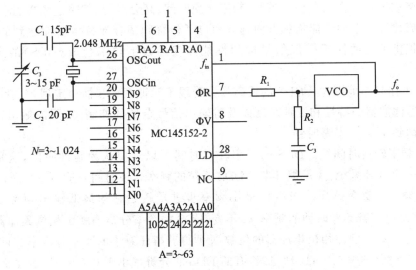

图 4.3.11 单环锁相频率合成器电路

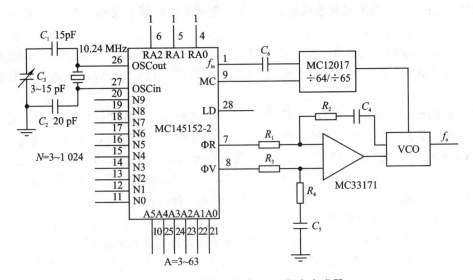

图 4.3.12 移动无线电 VHF 频率合成器

2. 集成直接数字频率合成器

直接数字频率合成(DDS)是指以全数字技术,从相位概念出发直接合成所需波形的一种新的频率合成技术。1971 年,美国学者 J. Tierncy、C. M. Rader 和 B. Gold 提出这一概念,限于当时的技术和器件水平,它的性能指标尚不能与已有的技术相比,故未受到重视。近年来,随着数字集成电路和微电子技术的快速发展,直接数字合成技术得到了飞速的发展。

　　直接数字频率合成在相对带宽、频率转换时间、高分辨力、相位连续性、正交输出以及集成化等一系列性能指标方面远远超过了传统频率合成技术所能达到的水平，为系统提供了远远优于模拟信号源的性能。直接数字频率合成（DDS）的主要优点有：

　　① 工作频率范围宽。DDS 的最高频率受限于时钟频率和抽样定理，一般还需考虑到低通滤波器的特性和设计难度以及对输出信号杂散的抑制，实际的输出频率带宽仍能达到 40%×参考时钟。

　　② 频率转换时间短。DDS 的频率转换时间可以近似认为是即时的，这是因为 DDS 是一个开环系统，无反馈环节。DDS 系统的频率转换时间一般可达微秒级。

　　③ 频率分辨率极高。DDS 的最小频率步进量就是它的最低输出频率 $\Delta f_0 = f_{omin} = f_e/2^N$。若参考时钟的频率 f_c 不变，DDS 的频率分辨率就由相位累加器的位数 N 决定。只要增加相位累加器的位数 N 即可获得任意小的频率分辨率。目前，大多数 DDS 的分辨率在 1 Hz 数量级，有的 DDS 的分辨率小于 0.001 Hz 甚至更小。

　　④ 相位变化连续。改变 DDS 输出频率，实际上改变的是每一个时钟周期的相位增量，相位函数的曲线是连续的，只是在改变频率的瞬间其频率发生了突变，因而保持了信号相位的连续性。

　　⑤ 输出波形的灵活性。输出波形仅由波形存储器中的映射表来决定。因此，只需改变存储器中的映射表，就可利用 DDS 产生正弦、方波、三角波、锯齿波等任意波形。

　　在 DDS 内部加上相应控制如调频控制 FM、调相控制 PM 和调幅控制 AM，还可以方便灵活地实现调频、调相和调幅功能，产生 FSK、PSK、ASK 和 MSK 等信号。当 DDS 的波形存储器分别存放正弦和余弦函数表时，还可得到正交的两路输出。

　　另外，由于 DDS 中几乎所有部件都属于数字电路，功耗低，体积小，重量轻，可靠性高，易于系统集成，且易于程控，使用灵活，因此性价比极高。

　　当然，DDS 也有局限性，主要有：

　　① 输出频带范围有限。DDS 的工作频率受到器件速度的限制，主要是 DAC 和波形存储器（ROM）的工作速度限制，使得 DDS 输出的最高频率有限。目前市场上采用 CMOS、TYL、ECL 工艺制作的 DDS 芯片，工作频率一般在几十 MHz 至 400 MHz 左右。采用 GaAs 工艺的 DDS 芯片工作频率可达 2 GHz 左右。

　　② 输出杂散大。由于 DDS 采用全数字结构，有限位的字长，不可避免地引入了杂散。其来源主要有三个：相位累加器采用了相位截断技术造成的杂散，由存储器有限字长引起的幅度量化误差造成的杂散和 DAC 非理想特性造成的杂散。

　　直接数字频率合成的基本原理是利用采样定理，通过查表法产生波形。DDS 的结构有很多种，其基本的电路原理如图 4.3.13 所示，主要由参考时钟、相位累加器、波形存储器、D/A 转换器和低通滤波器等组成。

　　参考时钟是一个高稳定的时钟信号，其输出信号用于提供 DDS 中各部件同步工

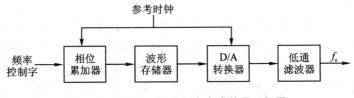

图 4.3.13　直接数字频率合成的原理框图

作的时钟。

相位累加器由 N 位加法器与 N 位累加寄存器级联构成。每来一个参考时钟脉冲,加法器将频率控制字与累加寄存器输出的累加相位数据相加,把相加后的结果送至累加寄存器的数据输入端。累加寄存器将加法器在上一个时钟脉冲作用后所产生的新相位数据反馈到加法器的输入端,以使加法器在下一个时钟脉冲的作用下继续与频率控制字相加。这样,相位累加器在时钟脉冲作用下,不断对频率控制字进行线性相位累加,当相位累加器累加满量时就会产生一次溢出,完成一个周期性的动作,这个周期就是 DDS 合成信号的一个频率周期,累加器的溢出频率就是 DDS 输出的信号频率。

用相位累加器输出的数据作为波形存储器的相位取样地址,这样就可把存储在波形存储器内的波形抽样值(为二进制编码)经查找表查出,完成相位到幅值的转换。

波形存储器的输出送到 D/A 转换器,D/A 转换器将数字量形式的波形幅值转换成所要求的合成频率的模拟量信号。

低通滤波器用于滤除不需要的取样分量,以便输出频谱纯净的正弦波信号。

目前许多 IC 制造商不断推出性能优良,各具特色的 DDS 产品,主要的有 ADI、Qualcomm 和 Stanford 等公司的单片 DDS 电路。美国 ADI 公司的 DDS 系列产品以其较高的性能价格比,取得了极为广泛的应用,如 AD9850、AD9851、可以实现线性调频的 AD9852、两路正交输出的 AD9854、以 DDS 为核心的 QPSK 调制器 AD9853 以及数字上变频器 AD9856 和 AD9857 等。

下面简单介绍比较常用的 AD9850 芯片。

AD9850 内含可编程 DDS 系统和高速比较器,能实现全数字编程控制的频率合成。AD9850 可编程 DDS 系统的核心是相位累加器,它由一个加法器和一个 N 位相位寄存器组成,N 一般为 24～32。每来一个外部参考时钟脉冲,相位寄存器便以步长 M 递加。相位寄存器的输出与相位控制字相加后可输入到正弦查询表地址上。正弦查询表包含一个正弦波周期的数字幅度信息,每一个地址对应正弦波中 $0°$～$360°$范围的一个相位点。查询表把输入地址的相位信息映射成正弦波幅度信号,然后驱动 DAC 以输出模式量。

相位寄存器每过 $2^N/M$ 个外部参考时钟后返回到初始状态一次,相应地正弦查询表也完成一个循环,回到初始位置,从而使整个 DDS 系统输出一个完整的正弦波。输出的正弦波周期 $T_o = T_c \times 2^N/M$,频率 $f_{out} = Mf_c/2^N$,T_c、f_c 分别为外部参考时钟的周期和频率。

　　AD9850 采用 32 位的相位累加器将信号截断成 14 位输入到正弦查询表,查询表的输出再被截断成 10 位后输入到 DAC,DAC 再输出两个互补的电流。DAC 满量程输出电流通过一个外接电阻 R_{SET} 调节,调节关系为 $I_{SET} = 32(1.248 \text{ V}/R_{SET})$,$R_{SET}$ 的典型值是 3.9 kΩ。将 DAC 的输出经低通滤波后接到 AD9850 内部的高速比较器上,即可直接输出一个抖动很小的方波。AD9850 的功能框图如图 4.3.14 所示。AD9850 的引脚定义如图 4.3.15 所示,引脚功能定义见表 4.3.4。

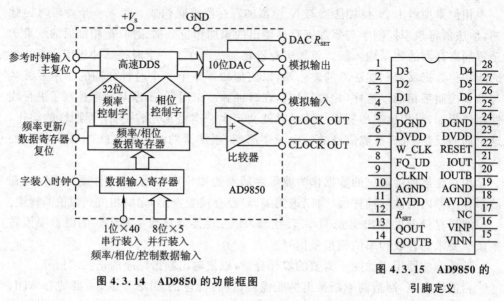

图 4.3.14　AD9850 的功能框图

图 4.3.15　AD9850 的
引脚定义

　　AD9850 在接上精密时钟源和写入频率相位控制字之间后就可产生一个频率和相位都可编程控制的模拟正弦波输出,此正弦波可直接用作频率信号源,或经内部的高速比较器转换,输出方波。在 125 MHz 的时钟下,32 位的频率控制字可使 AD9850 的输出频率分辨率达 0.029 1 Hz;并具有 5 位相位控制位,而且允许相位按增量 180°、90°、45°、22.5°、11.25°或这些值的组合进行调整。

　　AD9850 有 40 位控制字,其中 32 位用于频率控制,5 位用于相位控制,1 位用于电源休眠控制,2 位用于选择工作方式。这 40 位控制字可通过并行方式或串行方式输入到 AD9850。

　　在并行装入方式中,通过 8 位总线 D7～D0 可将数据输入到寄存器,在重复 5 次之后再在 FQ_UD 上升沿把 40 位数据从输入寄存器装入到频率/相位数据寄存器,从而更新 DDS 输出频率和相位,同时把地址指针复位到第一个输入寄存器。接着在 W_CLK 的上升沿装入 8 位数据,并把指针指向下一个输入寄存器,连续 5 个 W_CLK 上升沿后,W_CLK 的边沿就不再起作用,直到复位信号或 FQ_UD 上升沿把地址指针复位到第一个寄存器。

表 4.3.4　AD9850 的引脚功能定义

引　脚	功能定义	功能描述	引　脚	功能定义	功能描述
9	CLKIN	参考时钟输入	16	VIN	比较器同相输入端
12	R_{SET}	DAC 外部电阻连接端，R_{SET} 决定了 DAC 的满度输出电流	15	NINN	比较器反相输入端
			14	QOUT	比较器输出端
1～4、25～28	D7～D0	8 位数据输入端，用于 32 位频率和 8 位的相位/控制码的并行输入；串行输入时，从 D7 输入	7	W_CLK	写输入时钟
			8	FQ_UP	频率刷新
			11、18	AVDD	模拟电源
22	RESET	复位端，高电平有效	10、19	AGND	模拟地
21	IOUT	DAC 模拟电流输出	6、23	DVDD	数字电源
20	IOUTB	DAC 补码输出电流	5、24	DGND	数字地
17	DACBL	DAC 基线电压基准			

　　在串行输入方式，W_CLK 上升沿把 25 引脚的一位数据串行移入，当移动 40 位后，用一个 FQ_UD 脉冲即可更新输出频率和相位。

　　图 4.3.16 是 AD9850 的一个典型应用——时钟发生器电路。运用单片机实现对 DDS 的控制与微机实现的控制相比，具有编程控制简便，接口简单，成本低，容易实现系统小型化等优点，因此普遍采用 MCS51 单片机作为控制核心来向 AD9850 发送控制字。

　　AD9850 的复位（RESET）信号为高电平有效，且脉冲宽度不小于 5 个参考时钟周期。AD9850 的参考时钟频率一般远高于单片机的时钟频率，因此 AD9850 的复位（RESET）端可与单片机的复位端直接相连。

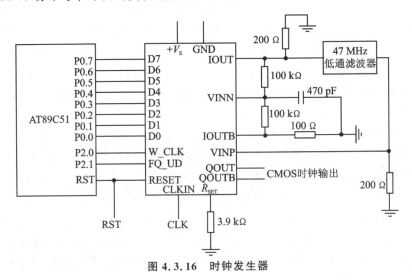

图 4.3.16　时钟发生器

4.4　数字集成电路应用若干问题

4.4.1　数字集成电路的种类及特点

和其他半导体集成电路一样,数字集成电路按工艺类型主要分为双极型集成电路(如 TTL、ECL)和单极型集成电路(如 CMOS)两大类。

双极型集成电路的主要特点是速度快、负载能力强,但功耗较高、集成度较低。双极型集成电路主要有 TTL(Transistor - Transistor Logic)电路、ECL(Emitter Coupled Logic)电路和 I2L(Integrated Injection Logic)电路等类型。

TTL 电路,即晶体管-晶体管逻辑电路,其内部输入级和输出级都是晶体管结构,是利用电子和空穴两种不同极性的载流子进行电传导的器件,为电流控制器件。主要特点是速度快,驱动能力强,但功耗较高,集成度相对较低。是使用较早的一种集成逻辑电路。

根据应用领域的不同,TTL 集成逻辑电路分为 54 系列和 74 系列,54 系列为军品,一般工业设备和消费类电子产品多用 74 系列。其品种可分为六大类:74××(标准)、74S××(肖特基)、74LS××(低功耗肖特基)、74AS××(先进肖特基)、74ALS××(先进低功耗肖特基)、74F××(高速),它们的逻辑功能完全相同。

74LS 系列(简称 LS,LSTTL 等)是逻辑集成电路中使用较多的主要产品之一,其主要特点是功耗低、品种多、价格便宜。74S 系列(简称 S,STTL 等)是 TTL 的高速型,其特点是速度较高,但功耗比 LSTTL 高得多。74ALS 系列(简称 ALS,AL-STTL 等)是 LSTTL 的升级产品,其速度比 LSTTL 提高了一倍以上,而功耗却降低了一半左右。74AS 系列(简称 AS,ALSTTL 等)是 STTL(抗饱和 TTL)的升级类型,速度比 STTL 提高近一倍,功耗比 STTL 降低一半以上,与 ALSTTL 系列合并起来成为 TTL 类型的新的主要标准产品。74F 系列(简称 F,FTTL 或 FAST 等)是美国仙童半导体公司(Fairchild Semiconductor)开发的类似于 ALS、AS 的高速类 TTL 产品,性能介于 ALS 和 AS 之间。

ECL 电路,即发射极耦合逻辑电路,是双极型逻辑门的一种非饱和型的门电路,它的电路构成和差分放大器外形相似,但工作在开关状态,即截止与放大两种工作状态。它是利用运放原理通过晶体管射极耦合实现的门电路,故称为发射极耦合逻辑。由于它工作在非饱和状态,其突出优点是开关速度非常高,平均延时时间 t_{pd} 可小至 1 ns。这种门电路输出阻抗低,负载能力强。因此 ECL 电路广泛应用于高速大型计算机、数字通信系统、高精度测试设备等方面。但 ECL 电路功耗高,由于电源电压和逻辑电平特殊,使用上难度略高。通用的 ECL 集成电路系列主要有 ECL10K 系列和 ECL100K 系列等。

ECL10K 系列属于 ECL 中的低功耗系列,典型的传输延时时间为 20 ns、功耗为 25 mw。

ECL100K 系列是现代数字集成电路系列中性能较优越的系列,其主要特点是速度快、集成度高和功耗低,已广泛应用于大型高速电子计算机和超高速脉码调制器等领域中。

MOS 电路采用金属-氧化物半导体场效应管(Metal Oxide Semi – conductor Field Effect Transistor,MOSFET)制造。MOS 集成电路又分为 PMOS(P – channel Metal Oxide Semiconductor,P 沟道金属氧化物半导体)、NMOS(N – channel Metal Oxide Semiconductor,N 沟道金属氧化物半导体)和 CMOS(Complement Metal Oxide Semiconductor,互补金属氧化物半导体)等类型。

由于 MOS 电路具有结构简单、制造方便、集成度高、功耗低、噪声容限宽、工作电压范围宽等许多突出的优点,所以发展速度很快,应用领域不断扩大,现在几乎渗透到所有的相关领域。尤其是随着大规模和超大规模集成电路的工作速度和密度不断提高、过高的功耗已成为设计上的一个难题。这样,具有微功耗特点的 CMOS 电路已成为现代集成电路中重要的一类,并且越来越显示出它的优越性。

CMOS 数字集成电路电路主要包含 4000(4500 系列)系列、40H、54HC/74HC 系列、54HCT/74HCT 系列等。实际应用上,这几个系列的相同型号的逻辑电路的引脚功能、排列顺序完全相同,只是某些参数不同。4000 系列中目前最常用的是 B 系列,它采用了硅栅工艺和双缓冲输出结构。

4000 系列是国际上流行的 CMOS 通用标准系列。例如,美国无线电公司(RCA)的 CD4000B,摩托罗拉(MOTA)的 4500B 和 MC4000 系列,国家半导体(NS)公司的 MM74C000 系列和 CD4000 系列,德州仪器(TI)公司的 TP4000 系列,仙童(FSC)公司的 F4000 系列,日本东芝公司的 TC4000 系列,日立公司的 HD14000 系列。国内采用 CC4000 标准,这个标准与 CD4000B 系列完全一致,从而使国产 CMOS 电路与国际上的 CMOS 电路兼容。4000B 系列的主要特点是速度低、功耗最低、并且价格低、品种多。

40H 系列是日本东芝公司初创的较高速铝栅 CMOS 逻辑电路,以后由夏普公司生产,分别用 TC40H -,LR40H -为型号,我国生产的定为 CC40 系列。40H 系列的速度和 N – TTL 相当,但不及 LS – TTL。40H 系列品种不多,其优点是引脚与 TTL 类的同序号产品兼容,功耗、价格比较适中。

74HC 系列(简称 HS 或 H – CMOS 等)首先由美国国家半导体(NS),飞思卡尔(Freescale)公司生产,随后,许多厂家相继成为第二生产源,品种丰富,且引脚和 TTL 兼容。此系列的突出优点是功耗低、速度高。

国内外 74HC 系列产品各对应品种的功能和引脚排列相同,性能指标相似,一般都可方便地直接互换及混用。国内产品的型号前缀一般用国标代号 CC,即 CC74HC。

　　Bi-CMOS 是双极型 CMOS(Bipolar-CMOS)电路的简称,这种门电路的特点是逻辑部分采用 CMOS 结构,输出级采用双极型三极管,因此兼有 CMOS 电路的低功耗和双极型电路输出阻抗低的优点。

　　几类数字集成电路的一般特性归纳如表 4.4.1 所列。

表 4.4.1　几类数字集成电路的一般特性

项　目	LSTTL	ECL	CMOS
主要特点	高速低功耗	超高速	微功耗高抗干扰
电源电压/V	5	−5.2	3~8
单门平均延时时间/ns	9.5	2	50
单门静态功耗/mW	2	25	0.01
速度功耗积/PJ	19	50	0.5
直流噪声容限/V	0.4	0.145	电源的 40%
扇出能力	10~20	100	1000

4.4.2　数字集成电路型号的组成及含义

　　数字集成电路的型号一般由前缀、编号、后缀三大部分组成。前缀代表制造厂商,编号包括产品系列号、器件系列号,后缀一般表示温度等级、封装形式等。TTL74/54 系列数字集成电路型号的组成及含义如表 4.4.2 所列;4000 系列集成电路的组成及含义如表 4.4.3 所列。

表 4.4.2　TTL74/54 系列数字集成电路型号的组成及含义

第1部分	第2部分		第3部分		第4部分		第5部分	
前缀	产品系列		类型		功能		封装、温度	
	符　号	意　义	符　号	意　义	符　号	意　义	符　号	意　义
制造厂商代码	54	军用		标准电路	阿拉伯数字	器件功能	W	陶瓷扁平
			H	高速电路			B	塑封扁平
			S	肖特基电路			F	全密封扁平
	74	商用民用	LS	低功耗肖特基电路			D	陶瓷双列直插
			ALS	先进低功耗肖特基电路			P	塑封双列直插
			AS	先进肖特基电路				

表 4.4.3　4000 系列集成电路的组成及含义

第 1 部分		第 2 部分		第 3 部分		第 4 部分	
前缀		系列		种类		温度、封装	
代表制造厂商		符号	意义	符号	意义	符号	意义
CD	美国无线电公司产品	40	产品系列号	阿拉伯数字	器件功能	C	0～70 ℃
CC	中国制造					E	−40～85 ℃
TC	日本东芝公司产品	45				R	−55～85 ℃
MC1	摩托罗拉公司产品					M	−55～125 ℃

4.4.3　数字集成电路系统中的旁路电容

1. 旁路电容在数字集成电路中的作用

在有数字集成电路的系统中,一般在总的电源电路、数字部分的电源电路和数字集成电路的电源处均需要并联旁路电容。旁路电容的主要作用是防止外来噪声侵入,使数字集成电路内部产生的噪声不输出到外部。

在数字集成电路内部,晶体管在进行开关动作时消耗的电流变动很大。如果电源稳定性很好,这些消耗电流的变动将不会影响其他外部电路,但一般的印制电路板的电源线路线条较细,阻抗较高,消耗电流的变动将变为电压的变动,为此需要在数字集成电路中加入旁路电容。

在有数字集成电路的系统中,总的电源模型可以简化为如图 4.4.1 所示的环形电路。电源电路的等效模型主要由电阻 R 和电感 L 组成。

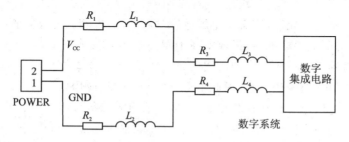

图 4.4.1　数字集成电路系统电源模型

当系统工作在高频时,电路的等效阻抗很大,将大大影响集成电路的高速动作。在数字集成电路的靠近电源处并联上一个 $0.01 \sim 0.1 \ \mu F$ 的旁路电容 C_1,如图 4.4.2所示,集成电路和旁路电容 C_1 就构成了一个环路,这将大大减小高频引起的阻抗,提高集成电路的动作速度。但同时随着旁路电容 C_1 的加入,由 R、L、C 构成的这个

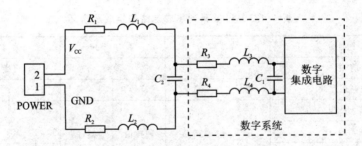

图 4.4.2　数字集成电路系统的旁路电容

电路极可能发生共振,这时在数字系统电源入口处并联一个大的电容 C_2,取值大约为几个 μF 至几百 μF,可有效防止该电路的共振,同时还具有低频段的旁路功能和去除外来电源噪声干扰的功能。

2. 旁路电容的选择

不同的电路系统需要配设不同的旁路电容,若选择不当,则可能导致电路不稳定、噪声和功耗过高、产品生命周期缩短,以及产生不可预测的电路行为。

电容的分类及使用可参见第 2 章的模拟电路设计中的相关知识点。这里只简单介绍这里使用的部分知识点。

在电源电路中,常用的旁路电容主要有三类电容:多层陶瓷电容、固态钽电解电容和铝电解电容。

多层陶瓷电容因其尺寸小、等效串联电阻小、等效串联电感小、工作温度范围宽,是旁路电容的首选。但由于电介质材料不同,其电容值会随着温度、直流偏置和交流信号电压动态变化;同时多层陶瓷电容电介质材料固有的压电特性可将振动或机械冲击转换为交流噪声电压。大多数情况下,此类电压噪声往往以微伏计,在极端情况下,机械力可以产生毫伏级噪声。

与多层陶瓷电容相比,固态钽电解电容对温度、偏置和振动效应的敏感度相对较低,具有更低的等效串联电阻,但成本高于陶瓷电容而且体积也略大,但对于不能忍受多层陶瓷电容压电效应噪声的应用而言可能是唯一选择。不过,钽电容的漏电流要远远大于等值多层陶瓷电容,因此不适合一些低电流应用。

传统的铝电解电容往往体积较大、等效串联电阻和等效串联电感较高、漏电流相对较高且使用寿命有限(以数千小时计)。目前常用的 OS‐CON 铝电解电容采用有机半导体电解质和铝箔阴极,其等效串联电阻大大减小。这类电容不存在液态电解质逐渐变干的问题,其使用寿命要比传统的铝电解电容长。传统铝电解电容的工作温度上限为 105 ℃,OS‐CON 型电容可以在最高 125 ℃ 的温度范围内工作。与固态聚合物钽电容一样,这类电容不受压电效应影响,因此适合低噪声应用。虽然 OS‐CON 型电容的性能要优于传统的铝电解电容,但是与陶瓷电容或固态聚合物钽电容相比,体积更大且等效串联电阻更高。

　　低压差(LDO)电源电路并联的输出电容可以选用节省空间的小型陶瓷电容,前提是这些电容具有低等效串联电阻(ESR),因为这个输出电容的 ESR 会影响 LDO 控制环路的稳定性。为确保稳定性,建议采用至少 1 μF 且 ESR 最大为 1 Ω 的电容。电源电路的输出电容还会影响电源电路对负载电流变化的响应。另外,控制环路的大信号带宽有限,因此输出电容必须提供快速瞬变所需的大多数负载电流。

　　在电源电路里,并联一个 1 μF 输入旁路电容可以有效降低电路对 PCB 布局的敏感性,特别是在长输入走线或高信号源阻抗的情况下。如果输出端上要求使用 1 μF 以上的电容,则应增加输入电容容值,使之与输出电容匹配。

　　输入和输出电容必须满足预期工作温度和工作电压下的最小电容要求。陶瓷电容可采用各种各样的电介质制造,但温度和电压不同,其特性也不相同。对于 5 V 应用,建议采用电压额定值为 6.3~10 V 的 X5R 或 X7R 电介质。X5R 电介质的温度变化率在 −40~+85 ℃温度范围内为 ±15%,与封装或电压额定值没有函数关系。Y5V 和 Z5U 电介质的温度和直流偏置特性不佳,因此不适合与低压差(LDO)电源电路一起使用。

　　一般而言,封装尺寸越大或电压额定值越高,电压稳定性也就越好。

4.4.4　数字集成电路使用应注意的问题

　　与使用其他集成电路一样,使用数字集成电路前,首先要根据器件数据手册或制造商的相关使用资料,分清电路各个引脚排列及功能,并在参数表给出的参数规范内使用,不得超过最大额定值(如电源电压、环境温度、输出电流等),否则将损坏器件。

　　采用合适的方法焊接集成电路。部分特殊数字集成电路对焊接有特殊的要求,焊接前一定按器件数据手册或制造商的相关使用资料的要求进行。

　　在设计印刷线路板时,应避免引线过长,以防止窜扰和对信号传输延时。将电源线设计得粗些,地线进行大面积接地,这样可减少接地噪声干扰。

1. TTL 集成电路使用应注意的问题

(1) 正确选择电源电压

　　TTL 集成电路的电源电压允许变化范围比较窄,一般在 4.5~5.5 V 范围内。

(2) 输入端的考虑

　　TTL 集成电路的各个输入端不能直接与高于 +5.5 V 和低于 −0.5 V 的低内阻电源连接,可串联适当阻值的电阻。对多余的输入端最好不要悬空。虽然悬空相当于高电平,并不影响“与门、与非门”的逻辑关系,但悬空容易接受干扰,有时会造成电路的误动作。因此,多余输入端要根据实际需要作适当处理。

　　例如“与门、与非门”的多余输入端可直接接到电源 V_{CC} 上;也可将不同的输入端共用一个电阻连接到 V_{CC} 上;或将多余的输入端并联使用。对于“或门、或非门”的多余输入端应直接接地。

对于触发器等中规模集成电路来说,不使用的输入端不能悬空,应根据逻辑功能接入适当电平。

(3) 输出端的考虑

除"三态门、集电极开路门"外,TTL 集成电路的输出端不允许并联使用。如果将几个"集电极开路门"电路的输出端并联,实现线与功能时,应在输出端与电源之间接入一个计算好的上拉电阻。

数字集成电路的输出端禁止与电源或地连接,否则可能造成器件损坏。

2. CMOS 集成电路使用应注意的问题

(1) 正确选择电源

虽然 CMOS 集成电路的工作电源电压范围比较宽(CD4000B/4500B:3～18 V),但选择电源电压时也需要避免超过极限电源电压使用。另外,电源电压的高低将影响电路的工作频率。降低电源电压会引起电路工作频率下降或增加传输延时时间。例如 CMOS 触发器,当 V_{cc} 由＋15 V 下降到＋3 V 时,其最高频率将从 10 MHz 下降到几十 kHz。

(2) 输入端的考虑

在使用 CMOS 集成电路时,应保证其输入信号幅值不超过 CMOS 电路的电源电压,即满足 $V_{ss} \leqslant V_I \leqslant V_{cc}$,一般 $V_{ss} = 0$ V。

对 CMOS 集成电路所有不用的输入端不能悬空,应根据实际要求接入适当的电压(V_{cc} 或 0 V)。由于 CMOS 集成电路输入阻抗极高,一旦输入端悬空,极易受外界噪声影响,从而破坏了电路的正常逻辑关系,也可能感应静电,造成栅极被击穿。

(3) 输出端的考虑

首先 CMOS 集成电路的输出端不能直接连到一起,否则导通的 P 沟道 MOS 场效应管和导通的 N 沟道 MOS 场效应管形成低阻通路,将造成电源短路。但 CMOS 集成电路在特定条件下可以并联使用。当将同一芯片并联使用时,可增大输出灌电流和拉电流负载能力,同样也提高了电路的速度,但如果器件的输出端并联,输入端也必须并联。

其次,从 CMOS 集成电路的输出驱动电流大小来看,CMOS 集成电路的驱动能力比 TTL 集成电路要差很多,一般 CMOS 集成电路的输出只能驱动一个 LS-TTL 负载。但从驱动和它本身相同的负载来看,CMOS 集成电路的扇出系数比 TTL 集成电路大的多(集成电路的扇出系数≥500)。CMOS 集成电路驱动其他负载,一般要外加一级驱动器接口电路。

另外,在 CMOS 逻辑系统设计中,应尽量减少电容负载。电容负载会降低CMOS集成电路的工作速度和增加功耗。

（4）防止 CMOS 电路出现可控硅效应

当 CMOS 电路输入端施加的电压过高(大于电源电压)或过低(小于 0 V)，或者电源电压突然变化时，电源电流可能会迅速增大，烧坏器件，这种现象称为可控硅效应。

预防可控硅效应的措施主要有：输入端信号幅度不能大于 VCC 和小于 0 V；消除电源上的干扰；条件允许的情况下，尽可能降低电源电压。如果电路工作频率比较低，用＋5 V 电源供电最好；对使用的电源加限流电路。

4.4.5　数字集成电路的接口驱动

1. TTL 集成电路与 CMOS 集成电路的接口

在使用数字集成电路设计电子系统时，经常需要使用不同类型(TTL 和 CMOS)的集成电路，由于不同类型的数字集成电路的逻辑电平容限、驱动能力、输入输出阻抗等不同，可能需要增加接口电路，使各级电平或阻抗相匹配。

当 TTL 集成电路作输出，连接到 CMOS 集成电路时，由于 TTL 集成电路的高电平输出电压 V_{OH} 最低可达 2.4 V，而一般 CMOS 集成电路的高电平输入电平最低需要 3.5 V，这样就存在产生误动作的可能。这时在 TTL 集成电路的输出端加入 $1\sim5$ kΩ 的上拉电阻，可以将 TTL 集成电路的输出电压电平提高到 3.5 V 以上。另外，输入端选择 74HCT 系列的 CMOS 集成电路，也可以解决 TTL 集成电路作输出，CMOS 集成电路输入的电平不匹配的问题。

当 CMOS 集成电路作输出，连接到 TTL 集成电路时，输出电平是完全可以达到要求的，但 TTL 集成电路需要更大的输入电流，一般 4000 系列的 CMOS 集成电路能驱动一个 LS TTL 集成电路，如果需要驱动更多的 TTL 集成电路，可以选用 HS 型的 CMOS 集成电路。

2. 数字集成电路与机械按键的接口

当机械按键闭合、断开时，由于机械触点的弹性作用，按键开关在闭合时不会马上稳定地接通，在断开时也不会立即断开，机械触点的表面将重复接触、分离，最终才会稳定地接触，如图 4.4.3 所示的按下抖动和释放抖动。按键抖动时间的长短由按键的机械特性决定，一般为几个 ms 至几十 ms。这些抖动会引起一次按键被误读多次。为确保数字集成电路对机械按键的一次闭合仅作一次处理，必须去除这些按键抖动。

最简单的去除按键抖动的方法是使用 RC 积分电路，如图 4.4.4 所示。即将图 4.4.3 按键输出低电平的按键输出反相后，通过 RC 积分电路充放电，将按键按下的抖动吸收，再反相后，恢复原来的逻辑状态。RC 积分电路的时间常数合适，就能去除按键抖动。因按键输入有延时，反相器最好选用带施密特触发器的反相器，如4584。同时，后一个反相器可以将因 RC 积分电路引起的变钝的波形边沿得到整形。这个去抖电路的缺点是有一定的时间延时。

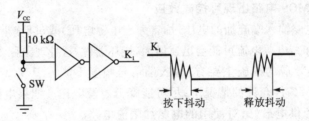

图 4.4.3　机械按键及抖动

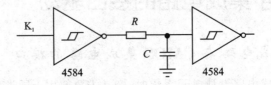

图 4.4.4　RC 积分去抖电路

去除按键抖动的第二种方法是使用 RS 触发器。RS 触发器有的采用 NOR(或非门)构成,有的采用 NAND(与非门)构成,这两种 RS 触发器构成的按键去抖电路如图 4.4.5 所示。一般的结论是,两种 RS 触发器的功耗有较大区别。采用 NOR(或非门)构成的 RS 触发器功耗较高,采用 NAND(与非门)构成的 RS 触发器功耗较低。

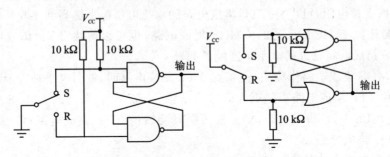

图 4.4.5　RS 触发器构成的去抖电路

3. 使用晶体管驱动大负载

数字电路中,经常需要与蜂鸣器、继电器等大负载接口,而数字电路的逻辑电平通常高电平为 5 V 或 3.3 V,且驱动电流很小,一般不能直接驱动这些大负载器件。一种最简易的方法是使用晶体管来驱动大负载器件,图 4.4.6 所示是使用 NPN 晶体管驱动蜂鸣器或继电器负载。电路中,利用了晶体管集电极开路来驱动大负载。

是否能驱动蜂鸣器、继电器等负载,主要看晶体管集电极电流是否能满足负载要求。常用的晶体管主要有 8050、8550、9012、9013、9014、9015,其中 8550、9012、9015 是 PNP 型,集电极最大输出电流分别是 1.5 A、0.5 A、0.1 A;8050、9013、9014 是 NPN 型,集电极最大输出电流分别是 1.5 A、0.5 A、0.1 A。

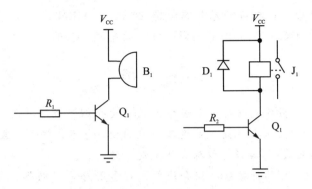

图 4.4.6　使用 NPN 晶体管驱动蜂鸣器或继电器负载

　　如果单个晶体管达不到驱动要求,可以考虑采用达林顿管或达林顿阵列,参见第 2 章相关内容。

　　图 4.4.7 是使用达林顿管驱动小型直流继电器的接口电路。当 CMOS 输出高电平时,晶体管饱和,继电器线圈有电流通过,继电器吸合。反之,继电器不动作。为了保护晶体管,在继电器线圈两端并联一只续流二极管。注意二极管的极性不得接反,否则不仅起不到保护作用,还将使继电器无法正常工作。

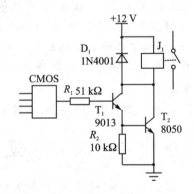

图 4.4.7　达林顿管驱动继电器的接口电路

4. 光耦隔离

　　光耦以光信号为媒介来实现电信号的耦合与传递,输出端与输入端在电气上完全隔离,增强了系统的抗干扰能力。对于使用弱电控制强电的应用测控系统,采用光耦隔离可以很好地实现弱电和强电的隔离,达到抗干扰的目的。

　　使用光耦隔离需要注意以下三个问题:

　　① 光耦用于隔离传输模拟量时,尽量选择线性光耦进行设计,如精密线性光耦 TIL300,高速线性光耦 6N135/6N136。线性光耦一般价格比普通光耦高,但是使用方便,设计简单;随着器件价格的下降,使用线性光耦将是趋势。

　　② 光耦隔离传输数字量时,要考虑光耦的响应速度问题。由于光耦自身存在分布电容,使光耦的频率特性变差,传输延时变长。在高速传输数据时,需要采用高速光耦来实现模块之间的相互隔离。常用的高速光耦有 6N135/6N136,6N137/6N138。

　　③ 如果输出有功率要求的话,还得考虑光耦的功率接口设计问题。光耦的输出端有多种结构,如最简单的光敏晶体管、达林顿管、施密特触发电路、可控硅等,需要

根据实际情况选择。达林顿型光电耦合器，如 4N30、ULN2800 等；光电可控硅驱动器，如 TLP541G、4N39 等；光电双向可控硅驱动器，如 MOC3010 等。

小　结

① 本章首先从数字电路应用系统设计的角度介绍了数字电路的设计方法和设计步骤，试凑法和自上而下法是数字电路系统的设计基本方法。一般来说，数字电路系统无论其规模的大小，其设计步骤大体上是一致的。

② 中规模数字逻辑电路包括组合逻辑电路和时序逻辑电路。在这里介绍了几种常用的中规模数字逻辑电路的应用：模拟开关和数据选择器、数值比较器的合理选择及应用、计数器/分频器、译码器等。分别介绍了它们的基本功能和具体应用。

③ 锁相环在广播通信、频率合成、自动控制及时钟同步等技术领域都有广泛应用。本章介绍了几种常用的集成锁相环的应用。

④ 频率合成的方法很多，大致可分为直接频率合成、锁相频率合成和直接数字频率合成三种。

⑤ 最后介绍了数字集成电路在使用中需要注意的若干问题。

设计练习

1. 试设计一个"抢答器"。参加抢答的共 3 个队，每队一个轻触按键。任一队按下该队按键后，产生声、光报警。声、光报警器件自行决定。队号由 LED 数码管显示。当然只显示最先按下按键的那个队。

2. 试设计一个矩形脉冲发生器。技术要求如下：
① 脉冲频率：0.01～1 kHz，电位器调整；
② 脉冲宽度：10～100 μs，电位器调整；
③ 脉冲幅度峰值：1.0～9.0 V，电位器调整。

3. 按照上题要求，将脉宽、幅度峰值改为数字设定，脉宽设置步长为 10 μs，幅度峰值步长为 1 V，设定元件可以采用 BCD 拨盘开关。

4. 用轻触按键完成上题任务。

5. 用 LED 数码管显示幅度峰值，绝对误差要求达到 ±0.1 V。

6. 试设计一个简易频率计，技术要求如下：
① 输入被测信号为正弦波、交流方波、交流三角波；
② 输入被测信号的 $V_{pp}=0.1～1$ V；
③ 输入被测信号的频率范围为 0.001～10 kHz；
④ 测量的频率值由 LED 数码管显示；
⑤ 测量误差：≤±0.1%＋1 个字。

7. 按图 9.1.2 数字定时器定时器方框图设计出具体的电路。

第5章 D/A与A/D转换

在数字应用系统中,通常要将一些被测物理量通过传感器转换成电信号,经过一定的处理后,需要送到数字系统进行数字信号的加工处理;同时,经过数字信号的加工处理所获得的数据又需要相应的处理,回送到物理系统,对系统的物理量进行调节和控制。在整个过程中,传感器输出的模拟电信号首先要转换成数字信号,数字系统才能对模拟信号进行处理。这种模拟量到数字量的转换称为模/数转换(简称ADC)。数字系统处理后获得的数字量转换成模拟量,这种转换称为数/模转换(简称DAC)。可见ADC和DAC是连接数字系统和模拟系统的十分重要的接口电路。

5.1 D/A转换器

5.1.1 DAC的主要技术指标

DAC的主要技术指标如下。

(1) 分辨率

分辨率是指DAC能够分辨出来的最小模拟输出量(对应的数字量仅最低位为数字1,其余位为数字0)与最大模拟输出量(对应的数字量为所有有效位均为数字1)之比。它是DAC在理论上可以达到的转换精度。如$n=8$位的DAC,其分辨率为$\frac{1}{2^n-1}=\frac{1}{2^8-1}\approx 0.004$。

有时也直接使用DAC输入的二进制位数来表示,如输入位数$n=8$,则分辨率8位。

(2) 转换误差

由于DAC内部电阻网络(V_R,运放)等存在误差,导致V_O和数字量之间是非理想的线性关系。这些误差主要有比例误差(主要由基准电压的偏离、运算放大器输入端电阻偏差、反馈电阻偏差等引起)、漂移误差(主要由运算放大器的零点漂移等引起)和非线性误差(包括积分非线性误差和微分非线性误差,主要由各位模拟开关的导通电阻、导通压降和电阻网络中各个电阻的阻值不一致等引起)等。

转换误差通常用最低有效位的倍数来表示,例如转换误差为$\frac{1}{2}$LSB,这表示输出模拟电压的绝对误差为$\frac{1}{2}\times\frac{V_{REF}}{2^n}$。有时也用输出电压满度值的百分数来表示。

(3) 转换精度

DAC 的转换精度是指将数字量转换为模拟量,DAC 电路所能达到的精确程度。转换精度主要由分辨率和转换误差来决定,分辨率愈高,转换误差愈小,则转换精度愈高。其中分辨率是决定因素。

(4) 转换速度

DAC 的转换速度主要由建立时间和转换速率来描述。

建立时间是将一个数字量转换为稳定模拟信号所需的最长时间,也可以认为是转换时间。一般地,电流输出 DAC 的建立时间较短,电压输出 DAC 的建立时间较长。

转换速率通常指数字量从最大变换到最小或数字量从最小变换到最大时输出电压的变换率。

其他指标还有信噪比、线性度、温度系数等。

5.1.2　DAC 的选择

在进行电路系统设计时,面对众多的 DAC 器件,应如何选择呢? 这需要综合考虑很多因素,如系统的技术指标、成本、功耗、安装等。从 5.1.1 小节介绍的 DAC 的主要技术指标可知,选取 DAC,首先应该考虑的是 DAC 的转换精度和转换速度。当然也需要考虑其他要求,如电源、基准电压、输入缓冲、输出模式、工作控制、温度稳定性、功耗、封装和成本等。

(1) 转换精度

转换精度与系统中所测量或控制的信号范围有关,但估算时必须要考虑到其他因素,转换器位数应该比总精度要求的最低分辨率至少要高一位。 常见的 DAC 器件有 8 位、10 位、12 位、14 位、16 位、18 位、20 位和 24 位等。

(2) 转换速度

转换速度应根据输入信号的最高频率来确定,保证 DAC 的转换速率要高于系统要求的采样频率。

如果对 DAC 转换速度要求高,则必须选用并口数据输入的 DAC。同时与之配合的运算放大器应选高速的。 若对转换时间无严格要求,则可选高精度的串口 DAC,例如 TLC0832(10 位 SPI 接口),可以减少微控制器或微处理器的口线占用。

(3) 电源电压

电源电压有单电源、双电源和不同电压范围之分。这需要根据系统所能提供的电源来考虑。如果系统所能提供的电源只有单+5 V 电源,则可以考虑使用工作于+5 V 的单电源 DAC。

在对干扰要求不严格的情况下,DAC 的模拟地(AGND)与数字地(DGND)可直接共地。一般的接法是模拟地与模拟系统的地相连,数字地与数字系统的地相连,二者仅在系统电源处相连。

(4) 基准电压

DAC 的基准电压有内基准、外基准和单基准、双基准之分。如果系统对温漂无严格要求,可采用一般的基准电压源,例如 MC1403、LM336 等。若系统对温漂有严格要求,则应选取精密低漂移器件,例如 LM199/299/399:温度系数为 $1\times10^{-6}/\mathrm{℃}$;动态内阻为 $0.5\ \Omega$;长期稳定性为 20×10^{-6},稳定电压容差为 $\pm2\%$,带恒温加热器。

(5) 输入特征

有的 DAC 的数字输入是并行输入,而有的输入却是串行输入。有的 DAC 的数字输入为纯二进制码,而有的为 8421BCD 码。

(6) 输入缓冲

带寄存器的 DAC,在控制信号的作用下,可在特定的时刻将输入的数字信号写入,即输入缓冲,其主要有单缓冲和双缓冲之分。双缓冲可用于 DAC 的级联扩展。

(7) 输出模式

DAC 器件的输出模式主要有电压输出和电流输出两种。对于电压输出,有的系统可能需要双极性模拟电压输出。

电压输出型 DAC 一般采用内置输出放大器以低阻抗输出。当然也有直接从电阻阵列输出电压的,直接输出电压的器件多用于高阻抗负载,由于无输出放大器部分的延时,故常用于高速 DAC。

在一般应用中,很少直接利用电流输出型 DAC 的电流输出,大多外接电流电压转换电路,从而得到电压输出。外接电流电压转换电路有两种方法:一是在输出引脚上接负载电阻;二是外接运算放大器。

在输出引脚上接负载电阻进行电流电压转换,输出阻抗高,一般很少用。

外接运算放大器进行电流电压转换,在电路构成基本上与内置放大器的电压输出型 DAC 相同。由于 DAC 的建立时间加入了运算放大器的延时,响应速度变慢。此外,运算放大器因输出引脚的内部电容而容易起振,有时必须作相位补偿。

满幅度输出(Rail to Rail,也称轨对轨输出)是业界出现的新概念,最先应用于运算放大器领域,指输出电压的幅度可达输入电压范围,在 DAC 中一般是指输出信号范围可达到电源电压范围。

(8) 工作控制

有的 DAC 不带寄存器,不需要外部的传输控制信号,数字量的任何变化将立即反映为模拟输出量的变化,即直通。许多 DAC 都设计成直接与微控制器或微处理器连接,内部有用于工作控制的寄存器,需要外部的微控制器或微处理器的寄存器配置。有的还需要片选、锁存、电平转换等控制。

(9) 功　耗

一般来说,CMOS 工艺的芯片功耗较低,对于如电池供电的手持系统等对功耗要求比较高的场合一定要注意功耗指标。

5.1.3　DAC 的应用

1. 带 4 路输出的串行 8 位 D/A 转换器——TLC5620

TLC5620 是美国德州仪器公司生产的 8 位串行 DAC,有四路独立的电压输出和独立的基准源,输出可编程为 1 倍或 2 倍,只需单电源供电,具有上电复位功能。其引脚图如图 5.1.1 所示,引脚功能如表 5.1.1 所列。

表 5.1.1　TLC5620 的引脚功能

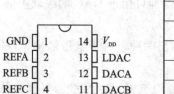

图 5.1.1　TLC5620 的引脚图

引脚名称	编　号	I/O	说　　明
CLK	7	I	串行接口时钟,数据在下降沿送入
DATA	6	I	串行接口数字数据输入
LOAD	8	I	串行接口装载控制
LDAC	13	I	DAC 更新锁存控制
REFA	2	I	DAC A 基准电压输入
REFB	3	I	DAC B 基准电压输入
REFC	4	I	DAC C 基准电压输入
REFD	5	I	DAC D 基准电压输入
DACA	12	O	DAC A 模拟输出
DACB	11	O	DAC B 模拟输出
DACC	10	O	DAC C 模拟输出
DACD	9	O	DAC D 模拟输出
V_{DD}	14		电源
GND	1		电源地和基准地

通过简单的 3 线串行总线(CLK、DATA、LOAD)可对 TLC5620 实现数字控制,此总线与 CMOS 电平兼容且易于与常用的微处理器器件接口。

串行输入字为 11 位,格式如表 5.1.2 所列。第 1 位、第 2 位为 A1、A0,是 DAC 输出通道选择位;第 3 位为 RNG,是增益选择位;第 4～11 位为 8 位输入数字量($D7$～$D0$)。串行输入时,第 1 位在前,第 11 位在后。

表 5.1.2　串行输入字格式

位	1	2	3	4	5	6	7	8	9	10	11
名　称	A1	A0	RNG	D7	D6	D5	D4	D3	D2	D1	D0

其中 A1、A0 选择输出通道,如表 5.1.3 所列。

RNG 用于设定可编程输出增益。RNG＝0 时,可编程输出增益为 1;RNG＝1 时,可编程输出增益为 2。

输出电压的表达式为:

$$V_{OUT} = V_{REF} \times (CODE/256) \times (1+RNG)$$

式中,V_{REF} 为基准电压;CODE 为输入数字量,其范围为 0~255;RNG 为 0 或 1,用于定义输出增益是 1 或 2。输出电压如表 5.1.4 所列。

串行输入数据可通过连续 11 个时钟输入或通过两组 8 个时钟输入两种情况:

① 串行输入数据通过连续 11 个时钟输入的情况。在 LDAC 为低电平,LOAD 为高电平时,串行输入数据 DATA 在时钟 CLK 的下降沿送入 TLC5620 输入寄存器,在完成所有的数据输入后,通过 LOAD 的一个低脉冲再将数据输出到所选择的输出通道,其时序波形如图 5.1.2 所示。

表 5.1.4　理想转换输出

D7	D6	D5	D4	D3	D2	D1	D0	输出电压
0	0	0	0	0	0	0	0	GND
0	0	0	0	0	0	0	1	$(1/256) \times V_{REF} \times (1+RNG)$
				⋮				⋮
0	1	1	1	1	1	1	1	$(127/256) \times V_{REF} \times (1+RNG)$
1	0	0	0	0	0	0	0	$(128/256) \times V_{REF} \times (1+RNG)$
				⋮				⋮
1	1	1	1	1	1	1	1	$(255/256) \times V_{REF} \times (1+RNG)$

表 5.1.3　输出通道选择

A1	A0	输出通道
0	0	DACA
0	1	DACB
1	0	DACC
1	1	DACD

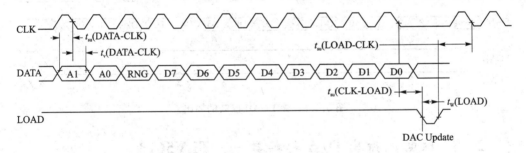

图 5.1.2　LDAC=0 时,由 LOAD 控制的输出

当 LDAC 为高电平,LOAD 为高电平时,串行输入数据 DATA 在时钟 CLK 的下降沿送入 TLC5620 输入寄存器,当完成所有的数据输入后,通过 LOAD 的一个低脉冲再将数据输出到内部锁存器中,需要通过 LDAC 的一个低脉冲将数据输出到所选择的输出通道,其时序波形如图 5.1.3 所示。

② 串行输入数据通过两组 8 个时钟输入的情况。第 1 组 8 个时钟将 A1、A0、RNG 输入到 TLC5620 的输入寄存器,第 2 组 8 个时钟将 8 位输入数据(D7~D0)输入到输入寄存器。当 LDAC 为低电平时,由 LOAD 控制的输出如图 5.1.4 所示。

当 LDAC 为高电平时,由 LDAC 控制的输出如图 5.1.5 所示。在使用中,

TLC5620 输出电路一般需要加入如图 5.1.6 所示的输出缓冲电路。电阻 R 取值应大于 10 kΩ。

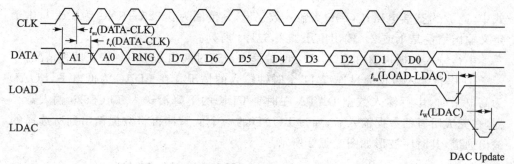

图 5.1.3　由 LOAD 控制的输出

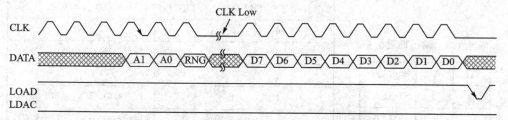

图 5.1.4　LDAC＝0 时,由 LOAD 控制的输出

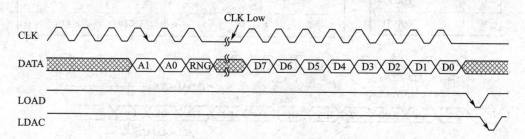

图 5.1.5　由 LOAD 控制的输出

2. 12 位电压输出 D/A 转换器——TLV5613

TLV5613 是一个基于电阻串结构的 12 位、单电源 D/A 转换器。它包含一个 8 位并行输入接口、速度和掉电控制逻辑、一个电阻串以及一个轨到轨输出缓冲器。主要特点如下:

> 8 位并行输入接口,方便与通用微控制器接口。12 位的数据采用两次输入(8 位最低位＋4 个最高位)。

> 输出电压具有 2 倍增益。

> 具有可编程的建立时间;可编程的建立时间与功耗有一定的关系:快速方式时 1 μs/4.2 mW,慢速方式时 3.5 μs/1.2 mW。让设计者在速度和功能的关系上可作最佳选择。

➤ 较宽的电源电压范围：单电源 2.7～5.5 V。

➤ 同步或异步刷新。

➤ 全温度范围单调变化。

➤ 有 20 脚的 SOIC 封装(包括 DW 和 PW 两种 SOIC 封装)，标准的商业和工业级温度范围，详见表 5.1.5。

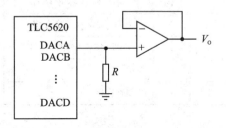

图 5.1.6　TLC5620 输出缓冲电路

表 5.1.5　TLV5613 的选择

温度范围	封　装	
	小型(DW)	TSSOP(PW)
0～70℃	TLV5613CDW	TLV5613CPW
−40～85℃	TLV5613IDW	TLV5613IPW

TLV5613 可用于数字伺服控制环路，电池供电的测试仪表，数字偏移和增益调整，工业过程控制，语音合成，机械和移动控制器件，大容量存储器件等应用中。

TLV5613 的引脚图如图 5.1.7所示。引脚功能如表 5.1.6所列。

LDAC 为异步输入端，用于控制输出刷新。LDAC 为低电平时用保持锁存器中的值刷新数/模转换器的输出电压。

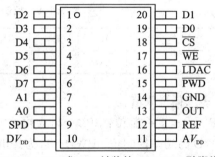

图 5.1.7　DW 或 PW 封装的 TLV5613 引脚排列

表 5.1.6　TLV5613 的引脚功能

引脚名称	编　号	I/O	说　明	引脚名称	编　号	I/O	说　明
AV_{DD}	11		模拟正电源	LDAC	16	I	加载 DAC，数字输入供低有效，用于加载 DAC 的输出
A0	8	I	地址输入	OUT	13	O	DAC 模拟电压输出
A1	7	I	地址输入	PWD	15	I	掉电信号，数字输入低有效
CS	18	I	片选，数字输入低有效，用于允许/禁止输入	REF	12	I	模拟基准电压输入
				SPD	9	I	速度选择，数字输入
DV_{DD}	10		数字正电源	GND	14		地
D0～D7	1～6，19,20	I	数据输入	WE	17	I	写允许，数字输入低有效，用于锁存数据

SPD 和 PWD 也是两个异步输入端,分别用于选择建立时间(速度)和掉电方式:

➤ SPD 是速度选择引脚,SPD=1,选择快速方式,SPD=0,选择慢速方式;

➤ PWD 是功率选择引脚,PWD=1,选择正常工作,PWD=0,选择掉电方式。

器件被使能(CS 为低电平)时,在 WE 的上升沿锁存数据。数据是写入 D/A 转换器的保持锁存器,还是控制寄存器取决于地址位 A1 和 A0 的组合,如表 5.1.7 所列。

D/A 转换器的 LSW 保持寄存器用于保存低 8 位输入数据,D/A 转换器的 MSW 保持寄存器用于保存高 4 位输入数据,控制寄存器用于保存 3 个控制位: RLDAC、PWD 和 SPD。控制寄存器的格式如表 5.1.8 所列。

表 5.1.7　A1 和 A0 的组合及功能

A1	A0	写入的目标寄存器
0	0	DAC 的 LSW 保持寄存器
0	1	DAC 的 MSW 保持寄存器
1	0	保留
1	1	控制寄存器

表 5.1.8　控制寄存器的格式

位	D7	D6	D5	D4	D3	D2	D1	D0
含　义	X	X	X	X	X	RLDAC	PWD	SPD

X 表示任意取值。

SPD 为速度控制位:SPD=1,为快速方式;SPD=0,为慢速方式。

PWD 为功率控制位:PWD=1,为掉电方式;PWD=0,为正常方式。

RLDAC 为加载 D/A 转换器锁存器控制位:RLDAC=1,锁存器透明;RLDAC=0,D/A 转换器锁存器由 LDAC 引脚控制。

可通过控制寄存器的这些位和相应的选择引脚的组合来选择不同的工作方式(快速、慢速、掉电)和 D/A 转换器的刷新。表 5.1.9、表 5.1.10、表 5.1.11 列出了引脚和控制寄存器位的组合及相应的工作方式。

表 5.1.9　LDAC 输出刷新引脚和控制寄存器位 RLDAC 的组合及相应的工作方式

引　脚	控制位	功　率
LDAC	RLDAC	
0	0	透明
0	1	透明
1	0	保持
1	1	透明

表 5.1.10　SPD 速度选择引脚和控制寄存器位 SPD 的组合及相应的工作方式

引　脚	控制位	方　式
SPD	SPD	
0	0	慢速
0	1	快速
1	0	快速
1	1	快速

表 5.1.11　PWD 功率选择引脚和控制寄存器位 PWD 的组合及相应的工作方式

引　脚	控制位	方　式
PWD	PWD	
0	0	掉电
0	1	掉电
1	0	正常
1	1	掉电

TLV5613 输出电压 V_{O} 由下式给出：

$$V_{\mathrm{O}} = 2V_{\mathrm{REF}}\,\frac{D_n}{0\mathrm{x}1000}\ (\mathrm{V})$$

其中，V_{REF} 是基准电压；D_n 是数字输入值，范围从 0x000～0xFFF。

图 5.1.8 为 TLV5613 与微控制器 AT89C51 的典型接口电路。本电路中，TLV5613 的片选脚 CS 直接由 AT89C51 的 I/O 脚进行选择。在使用中，可采用译码器产生的片选信号来选择。LDAC 被保持为高电位，因此由控制寄存器中的 RLDAC 位来控制刷新输出电压。将 PWD 接到 DV_{DD}，使硬件掉电方式处于永久无效状态。

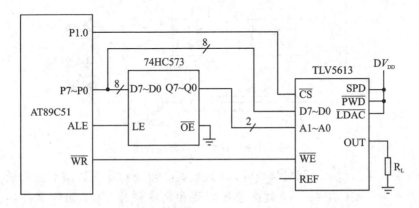

图 5.1.8　TLV5613 与微控制器 AT89C51 的典型接口电路

为了达到最好的性能，建议 GND、AV_{DD} 和 DV_{DD} 采用不同电源平面，两个正电源平面（AV_{DD} 和 DV_{DD}）必须用一个铁氧体磁环连接到同一点。建议在 DV_{DD} 和 GND 之间接入一个 100 nF 的陶瓷电容，在 AV_{DD} 和 GND 之间接入一个 1 μF 的钽电容，并要尽可能靠近电源引脚。

模拟信号和数字信号必须尽可能分隔得远一些。为了避免串扰，模拟输出引线和数字输入引线不能平行布置。

3. 双缓冲输入的 14 位 D/A 转换器——AD7535

AD7535 是美国模拟器件公司（ADI）生产的具有双缓冲输入的 14 位 DAC 产品。AD7535 具有标准的片选和储存器写逻辑，是和微处理器接口完全兼容的，它的高字节输入寄存器（6 位）和低字节输入寄存器（8 位）可以分别控制数据输入，无论是和 8 位微处理器还是和 16 位微处理器接口都非常方便。

AD7535 主要由 14 位 DAC 变换器、14 位 DAC 寄存器、6 位加 8 位数据寄存器及控制接口逻辑组成。内部结构如图 5.1.9 所示。AD7535 主要有 3 种封装：DIP、LCCC 和 PLCC，均为 28 个引脚，且引脚排列顺序相同。DIP 封装的引脚排列如图 5.1.10 所示，其引脚功能如表 5.1.12 所列。

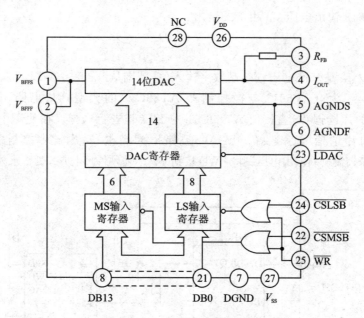

图 5.1.9　AD7535 内部结构图

AD7535 与 89C51 单片机接口时,14 位数据必须分别加载到高 6 位和低 8 位数据输入寄存器。89C51 的 8 位数据总线既要和高 6 位连,又要和低 8 位连。根据表 5.1.13 所列的 AD7535 的控制逻辑真值表就可进行接口设计,AD7535 与 89C51 单片机的接口电路如图 5.1.11 所示。

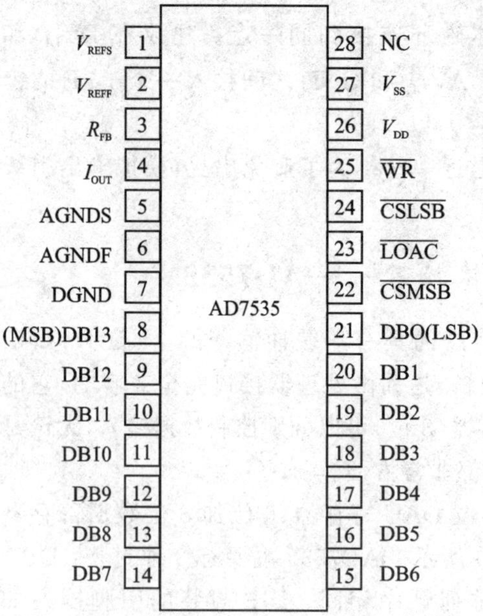

图 5.1.10　AD7535 的引脚排列

V_{REFS}	1		28	NC
V_{REFF}	2		27	V_{SS}
R_{FB}	3		26	V_{DD}
I_{OUT}	4		25	$\overline{WR}$
AGNDS	5		24	$\overline{CSLSB}$
AGNDF	6		23	$\overline{LOAC}$
DGND	7	AD7535	22	$\overline{CSMSB}$
(MSB)DB13	8		21	DB0(LSB)
DB12	9		20	DB1
DB11	10		19	DB2
DB10	11		18	DB3
DB9	12		17	DB4
DB8	13		16	DB5
DB7	14		15	DB6

表 5.1.12　AD7535 的引脚功能

引脚名称	引　脚	功能描述
V_{REFS}	1	参考电压输入,典型值为 +10 V
V_{REFF}	2	参考电压输入,V_{REFS} 和 V_{REFF} 连在一起
R_{FB}	3	反馈电阻连接端
I_{OUT}	4	电流输出引脚
AGNDS	5	模拟地
AGNDF	6	模拟地,和 AGNDS 连在一起
$DB_{13} \sim DB_0$	111	14 位数据输入引脚
$\overline{CSMSB}$	22	高 6 位字节数据输入控制端
$\overline{LDAC}$	23	启动 14 位 D/A 转换控制端
$\overline{CSLSB}$	24	低 8 位字节数据输入控制端
$\overline{WR}$	25	数据写入控制逻辑
V_{DD}	26	正电源,+11.4～+15.75 V
V_{SS}	27	负电源,−200～−500 mV
NC	28	没有使用

表 5.1.13 AD7535 控制逻辑真值表

$\overline{\text{CSMSB}}$	$\overline{\text{CSLSB}}$	$\overline{\text{LDAC}}$	$\overline{\text{WR}}$	功能选择
0	1	1	0	加载高 6 位字节进入数据寄存器
1	0	1	0	加载低 8 位字节进入数据寄存器
0	0	1	0	加载 14 位数据进入数据寄存器
1	1	0	X	从数据寄存器加载 14 位数据进入 DAC 寄存器
0	0	0	0	全部寄存器处于开放状态
1	1	1	X	无操作
X	X	1	1	无操作

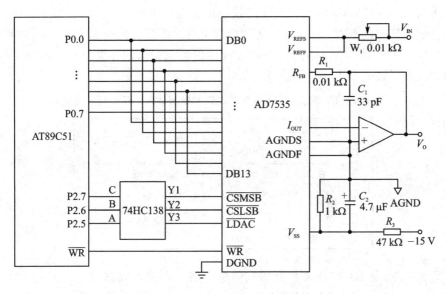

图 5.1.11 AD7535 与 89C51 单片机的接口电路

图 5.1.11 中 AT89C51 单片机的 8 位数据总线 P0.0～P0.7 和 AD7535 的低 8 位数据输入线顺序相连,并且 P0.0～P0.5 低 6 位总线同时还和 AD7535 的高 6 位数据输入(DB8～DB15)相连。通过 74SL138 译码器对 89C51 单片机的高 3 位地址线译码选通 $\overline{\text{CSMSB}}$、$\overline{\text{CSLSB}}$、$\overline{\text{LDAC}}$,所以 AD7535 高 6 位和低 8 位数据的输入及 D/A 转换的启动,对 89C51 单片机就相当于 3 个"只写"外部 RAM 单元,可见接口设计是非常简单的。根据图中的连接,AD7535 高 6 位寄存器 $\overline{\text{CSMSB}}$ 单元地址为 2000H, 低 8 位寄存器 $\overline{\text{CSLSB}}$ 单元地址为 4000H,14 位数据的高 6 位数据放在 89C51 单片机内部 RAM 的 20H 单元的低 6 位,转换数据的低 8 位放在 21H 单元。则 AD7535 的 D/A 转换接口程序如下:

```
DAC:    MOV     DPTR,#2000H          ;高 6 位数据输入寄存器地址
        MOV     A,20H                ;高 6 位数据送入输入寄存器
        MOVX    @DPTR,A
        MOV     DPTR,#4000H          ;低 8 位数据输入寄存器地址
        MOV     A,21H                ;低 8 位数据送入输入寄存器
        MOVX    @DPTR,A
        MOV     DPTR,#6000H          ;启动 AD7535 的 14 位 D/A
        MOVX    @DPTR,A              ;转换
```

图 5.1.11 中参考电压输入端的输入电阻典型值为 6 kΩ,图中外接了 W_1(阻值为 10 Ω)的微调电位器,所以 V_{IN} 基本等于 $V_{REFS} = V_{REFF}$,典型值 $V_{IN} = 10$ V。根据具体应用设计的需要,也可以接高精度的基准电压源(如 AD581 等)。

关于 AD7535 双极性和单极性输出的说明:

图 5.1.11 中 AD7535 的输出电路就是单极性输出电路,电容 C_1 提供相位补偿,并且当使用高速运放时,避免过冲和尖峰突跳,C_2 电容去除 V_{DD} 和 V_{SS} 电源间的耦合,V_{SS} 电压经 -15 V 分压得到。AD7535 二进制数据输入和模拟电压输出 V_{OUT} 之间的对应关系如表 5.1.14 所列。

表 5.1.14　单极性输出电压与二进制数据输入之间的对应关系

二进制数据输入(14 位)				模拟输出 V_{OUT}
MSB			LSB	
11	1111	1111	1111	$-V_{IN}(16383/16384)$
00	0000	0000	0000	$-V_{IN}(8192/16384) - V_{IN}/2$
00	0000	0000	0001	$-V_{IN}(1/16384)$
00	0000	0000	0000	0

图 5.1.12 是 AD7535 双极性输出的电路图。当输入数据为 10 0000 0000 0000 时,调节电位器 R_1 使双极性电压输出 $V_{OUT} = 0$ V。另外,一个调零点的办法是省去电阻 R_1 和 R_2,通过调节 R_5 和 R_6 的比值使输出电压 $V_{OUT} = 0$ V,这个办法实用中较少使用。满量程的调节可以通过调节 V_{IN} 的幅值或改变 R_7 阻值的办法完成,一般采用调 R_7 电阻值的办法实现。

为了方便零点和满度的调节,可以参考数据输入和模拟电压输出的对应关系如表 5.1.15 所列。

另外值得注意的是,电阻 R_5、R_6 和 R_7 的阻值比应匹配到 0.006%。因为 R_5 和 R_6 的匹配误差会产生满度误差,所以电阻的类型应尽可能一致且阻值匹配。这样也能保证在较宽的温度范围工作时的温度协调匹配特性。

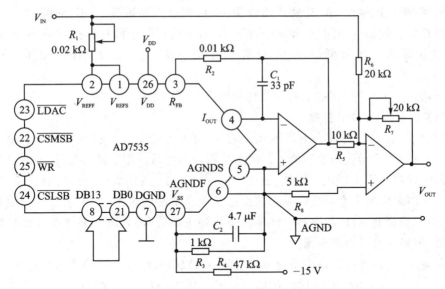

图 5.1.12　AD7535 双极性输出的电路连接

表 5.1.15　双极性输出电压与数据输入之间的对应关系

二进制数据输入				双极性电压输出
MSB			LSB	V_{OUT}
11	1111	1111	1111	$+V_{IN}(8191/8191)$
10	0000	0000	0001	$+V_{IN}(1/8192)$
10	0000	0000	0000	0
01	1111	1111	1111	$-V_{IN}(1/8192)$
00	0000	0000	0000	$-V_{IN}(8192/8192)$

5.2　A/D 转换器

　　A/D 转换器是将时间连续和幅值连续的模拟输入信号转换为时间离散、幅值也离散的 N 位二进制数字输出信号的电路。A/D 转换器(ADC)一般要经过采样、保持、量化及编码 4 个过程。在实际电路中,有些过程是合并进行的,例如采样和保持、量化和编码在有的 A/D 转换过程中是同时实现的。

5.2.1　ADC 的分类

　　按工作原理不同,ADC 可以分为直接型 ADC 和间接型 ADC。直接型 ADC 可直接将模拟信号转换成数字信号,这类转换器工作速度快。直接型 ADC 主要有并行比较型/串行比较型 ADC、反馈比较型 ADC 和逐次逼近型 ADC;而间接型 ADC 先将模拟信号转换成中间量(如时间、频率等),然后再将中间量转换成数字信号,转换速度比较慢。间接型 ADC 主要有积分型 ADC、$\Sigma - \Delta$ 型 ADC 和压频变换型 ADC。

下面是以上几种 ADC 的基本原理及特点的简要介绍。

(1) 积分型 A/D 转换器

积分型 ADC 是将输入电压转换成时间(脉冲宽度信号)或频率(脉冲频率),然后由定时器/计数器获得数字值。其优点是用简单电路就能获得高分辨率,并且具有抑制高频噪声和固定的低频干扰(如 50 Hz 或 60 Hz)的能力。积分型 A/D 转换器可用于噪声恶劣的工业环境以及对转换速率要求不高的应用(如热电偶输出的量化等)。由于积分型 A/D 转换器的转换精度依赖于积分时间,因此采样速度和带宽都非常低,但精度可以做得很高。

积分型 A/D 转换器是应用最为广泛的 A/D 转换器,这样的器件如 Intersil 公司的 ICL7106、ICL7107、ICL7109、ICL7126、ICL7135;ADI 公司的 AD7550、AD7552、AD7555;Motorola 的 MC14433 等。

(2) 逐次逼近型 A/D 转换器

逐次逼近型 ADC 主要由一个比较器和 DAC 通过逐次比较逻辑构成。控制逻辑电路首先把逐次逼近寄存器的最高位置 1,其他位置 0,这个数经 D/A 转换后得到的电压值与输入信号进行比较。比较器的输出反馈到逐次逼近寄存器,并在下一次比较前对 D/A 转换的输入值进行修正。在逻辑控制电路的时钟驱动下,不断进行比较和移位操作,直到完成最低有效位(LSB)的转换。可见,逐次逼近型 A/D 转换器在 1 个时钟周期内只能完成 1 位转换,N 位转换需要 N 个时钟周期。

逐次逼近型 A/D 转换器的优点是原理简单,便于实现,功耗低;缺点是采样速率不高,输入带宽也较低,多用于中速率而分辨率要求较高的场合。

ADC0801~ADC0805、AD574A、ADC140、ADC1131、ADC803、ADC804 等均是逐次逼近型 A/D 转换器。

(3) 并行比较型 A/D 转换器

并行比较型 ADC 采用多个比较器,仅作一次比较而实行转换,速度极快,又称闪速型 A/D 转换器。模拟输入信号被同时加到 $2N-1$ 个锁存比较器。每个锁存比较器的参考电压由电阻网络或电容网络构成的分压器引出(输入相邻锁存比较器的参考电压相差一个最低有效位)。模拟信号输入时,参考电压比模拟信号低的那些比较器均输出高电平(逻辑 1),反之输出低电平(逻辑 0)。这样得到的数码送入译码逻辑电路,从而得到二进制数字输出信号。

为减小转换误差,并行比较型 ADC 内部的电阻网络中的多数电阻的值必须一致,但在单芯片上生成高精度的电阻并不容易。目前,并行比较型 ADC 大多采用电容网络,用低廉成本制成高精度 ADC。

尽管闪烁型转换器具有极快的速度(最高采样速率达 1 GHz),但其分辨率受限于管芯尺寸、过大的输入电容以及数量巨大的比较器所产生的功率消耗。结构重复的并行比较器之间还要求精密地匹配,因此任何失配都会造成静态误差,如使输入失调电压增大或输入失调电流增大。

其优点是转换速率极高,适用于视频 ADC 等速度特别高的领域。n 位的转换需要 2^n 个比较器,因此电路规模较大,价格高,如 TLC5510。

(4) 串行比较型 A/D 转换器

串行比较型 ADC 结构上介于并行型 ADC 和逐次比较型 ADC 之间,最典型的是由 2 个 $n/2$ 位的并行型 ADC 配合 DAC 组成,通过两次比较实行转换,所以称为半闪速型。还有分成三步或多步实现 A/D 转换的 ADC,称为分级型 ADC,而从转换时序角度又可称为流水线型 ADC,这类 ADC 多数加入了对多次转换结果作数字运算而进行修正的功能。这类 ADC 的速度比逐次逼进型 ADC 快,但电路规模比并行比较型 ADC 小。

(5) Σ - Δ 型 A/D 转换器

Σ - Δ 型 A/D 转换器又称为过采样 A/D 转换器。Σ - Δ 型 A/D 转换器由积分器、比较器、1 位 DAC 和数字滤波器等组成。原理上近似于积分型,将输入电压转换成时间(脉冲宽度)信号,用数字滤波器处理后得到数字值。窄带信号送入 Σ - Δ 型 A/D 转换器后被以非常低的分辨率(1 位)进行量化,但采样频率却非常高。经过数字滤波处理后,这种过采样被降低到一个比较低的采样率;同时 A/D 转换器的分辨率(即动态范围)被提高到 16 位或更高。

Σ - Δ 型 A/D 转换器的优点是低价格、高性能(高分辨率),缺点是采样速率较低,输入带宽比较窄。Σ - Δ 型 A/D 转换器主要用于高精度数据采集,特别是数字音响系统、多媒体、地震勘探仪器、声纳等电子测量领域,如 AD7715。

(6) 压频变换型 A/D 转换器

压频变换型 ADC 是通过间接转换方式实现 A/D 转换的。首先将输入的模拟信号转换成频率,然后用计数器将频率转换成数字量。从理论上讲只要采样的时间能够满足输出分辨率要求的累积脉冲个数的宽度,压频变换型 ADC 的分辨率几乎可以无限增加。

压频变换型的优点是分辨率高,功耗低,价格低,但是需要外部计数电路共同完成 A/D 转换,如 AD650。

(7) 流水线 A/D 转换器

A/D 转换器采用多个低精度的闪烁型 A/D 转换器采样信号进行分级量化,然后将各级的量化结果组合起来,构成一个高精度的量化输出。每一级由采样/保持电路、低分辨率模数转换器和 D/A 转换器以及求和电路构成。

流水线 A/D 转换器中各级电路分别有自己的跟踪/保持电路,因此,当信号传递给次级电路后本级电路的跟踪/保持器就可释放出来处理下一次采样。允许流水线各级同时对多个采样进行处理。这样就提高了整个电路的吞吐能力,一次采样可在一个时钟周期内完成。

流水线 A/D 转换器的优点是高速、高分辨率、低功耗、小尺寸。缺点是输入信号必须穿过数级电路,有流水延时;与其他转换技术相比,对外部元器件要求高、印制板布线更敏感。流水线 A/D 转换器主要用于瞬态信号处理、快速波形存储与记录、高速数据采集、视频信号量化及高速数字通信技术等领域。

5.2.2　ADC 的主要技术指标

ADC 的主要技术指标如下。

(1) 转换精度

转换精度主要由分辨率和转换误差来描述。其中以分辨率为决定因素。

分辨率是指数字量变化一个最小量时模拟信号的变化量。定义为输入电压的最大值与 2^n 的比值。如输入数字位数 $n=8$ bit,输入电压 $V_i \approx V_{REF}=5$ V,则分辨率为 $\dfrac{5\ \text{V}}{2^8\ \text{bit}} \approx 2\ \text{mV/bit}$。

转换误差是指实际输出数字量与理想值之间的相对误差,常以最低有效位(LSB)的倍数来表示。如转换误差≤LSB/2,则表明实际输出的数字量与理论值之间的相对误差小于最低位的一半。器件手册中的给出的转换误差是有条件要求的,若环境温度和电源情况恶劣,则转换误差将明显增大。

(2) 转换速率

转换速率是指完成一次从模拟信号输入到获得稳定的数字信号所需的时间的倒数。积分型 ADC 的转换时间是毫秒级,属低速 ADC;逐次比较型 ADC 是微秒级,属中速 ADC;并行/串行比较型 ADC 可达到纳秒级,属高速 ADC。

有人将转换速率在数值上等同于采样速率,其实二者有一定的区别。采样速率是指两次 A/D 转换的间隔时间的倒数。为了保证转换的正确完成,采样速率必须小于或等于转换速率。采样速率常用单位是 ksps 和 Msps,分别表示每秒采样数千次和数百万次。

(3) 量化误差

量化误差是由 ADC 的有限分辨率而引起的误差。定义为有限分辨率 ADC 的阶梯状转移特性曲线与无限分辨率 ADC(理想的 ADC)的转移特性曲线(直线)之间的最大偏差。通常是 1 个或半个最小数字量的模拟变化量,表示为±1 LSB 或±1/2 LSB。

(4) 孔径延时时间

孔径延时时间是指对 ADC 发出采样命令的采样时钟边沿(上升沿或下降沿)与实际开始采样的时刻之间的时间间隔。

(5) 抗干扰能力

通常输入 ADC 的模拟信号是由传感器、传输线和信号调理电路提供的。多数情况下,ADC 所处的环境比较恶劣,所以在多数应用系统设计中,选取 ADC 时,还需考虑抗干扰能力。一般来说,积分时间选取恰当,积分型 ADC 的抗干扰能力较强。

其他指标还有:绝对精度、相对精度、微分非线性、积分非线性、总谐波失真、偏移误差、线性度等。

5.2.3　ADC 的选择

ADC 的种类繁多,在进行电路系统设计时,和前面介绍的 DAC 的选择一样,需要综合考虑很多因素,如系统的技术指标、成本、功耗、安装等。

从 5.2.2 小节介绍的 ADC 的主要技术指标可知,首先应该考虑的是 ADC 的转换精度和转换速率。同时还需考虑数字接口方式、电源、基准电压、是否需要采样保持电路、工作控制、温度稳定性、功耗、封装和成本等。

① 转换精度。主要根据转换速率中的主要决定因素——分辨率来选取,而分辨率是由 ADC 输出的数字有效位数决定的,所以一般根据 ADC 输出的数字有效位数来估算转换精度。输出的数字有效位数主要有 4 位、6 位、8 位、10 位、12 位、14 位、16 位乃至 24 位,BCD 码输出的有 $3\frac{1}{2}$ 位、$4\frac{1}{2}$ 位、$5\frac{1}{2}$ 位等。估算 ADC 的位数时,应考虑和系统其他环节的精度相适应,并留有余地,一般至少要求比总精度要求的最低分辨率高 1 位,太高的精度可能会使器件的价格大幅度增加。

② 转换速率。根据 5.2.2 小节 ADC 的转换速率可知,转换速率主要有 3 个等级:低速 ADC,毫秒级;中速 ADC,微秒级;高速 ADC,纳秒级。需要根据系统的具体要求选取,如模拟信号的变化快慢,数字信号处理的速度等。

③ 数字接口方式。数字接口有并行、串行之分,串行接口又有 SPI、I^2C 等多种不同标准。数值编码通常是二进制码,也有 BCD 码、双极性的补码和偏移码等。

④ 通道数。常见的多通道 ADC 有一个公共的 ADC 模块,有多个输入通道,由一个多路转换开关实现分时转换;而有的单芯片内部含有多个 ADC 模块,可同时实现多路信号的转换。

⑤ 采样保持。一般来说,直流和变化非常缓慢的信号可不用采样保持电路,其他情况都应加采样保持。

⑥ 参考电压。参考电压对 ADC 精度,特别是数据稳定性影响甚大,宜选用高性能基准电压源。例如 MC1403、LM336、TL431 等。

5.2.4　ADC 的应用

1. 带有多路复用的 BCD 输出的 $4\frac{1}{2}$ 位 ADC——ICL7135

ICL7135 是采用 CMOS 工艺制作的双斜积分式 $4\frac{1}{2}$ 位 A/D 转换器。ICL7135 精度高、抗干扰性能好、价格低,应用十分广泛。

ICL7135 具有如下主要特点:

➢ 在每次 A/D 转换前,内部电路能够自动进行调零操作。

➢ 满度测量量程为±2 000 个字,在该范围内,转换精度为±1 个字。

➢ 能够自动判断输入信号的极性,具有数据保持功能。

➢ 输入阻抗达 $10^9 \Omega$ 以上,对被测电路几乎没有影响。

➢ 输出电流典型值 1 pA。

➢ 所有输出电平与 TTL 电平兼容。

➢ 有过量程(OR)和欠量程(UR)标志信号输出,可用作自动量程转换的控制信号。

➢ 输出为动态扫描 BCD 码。

➢ 对外提供 6 个输入、输出控制信号(R/H、BUSH、ST、POL、OR、UR),因此除用于数字电压表外,还能与异步接收/发送器,微处理器或其他控制电路连接使用。

➢ 以闪烁方式表示超量程状态。

ICL7135 一次 A/D 转换周期分为 4 个阶段:自动调零,被测电压积分,基准电压反积分,积分回零。各阶段工作过程如下:

① 自动调零(AZ)。在该阶段,内部 IN＋和 IN－输入与引脚断开,且在内部连接至模拟地。比较器的输出连接到积分器的反向输入端,同时缓冲器的输入端和积分器的正向输入端连到一起。反馈环路给自动调零电容充电,以补偿缓冲放大器、积分器和比较器的失调电压。参考电容连接到参考电压,并充电到参考电压。除过量程读的情况外,该阶段至少需要 9 800 个时钟周期。在过量程读的情况下,扩展的积分器回零阶段将使该阶段减少至 3 800 个时钟周期。

② 模拟输入积分(INT)。BUSY 输出变为高电平,自动调零环路被打开,内部的 IN＋和 IN－输出端连接至外部引脚。积分电容充电电压正比于输入的差分信号电压和积分时间。该阶段精确的需要 10 000 时钟周期。

③ 基准电压反积分(DE)。内部 IN－连接至模拟地,IN＋跨接至先前已充电的基准电容上,积分器对基准电压积分。当积分器输出返回至零,BUSY 信号变低。ICL7135 内部的十进制计数器在此阶段对时钟脉冲计数,其计数值为 $10\ 000 \times V_i/$

V_{REF},即为模拟输入的 A/D 转换结果。该阶段最大需要 20 001 个时钟周期。

④ 积分器回零(ZI)。内部的 IN-连接到模拟地,系统接成闭环以便使积分器输出返回到 0。该阶段一般需 100～200 个时钟周期。

28 脚 DIP 封装的 ICL7135 的引脚如图 5.2.1 所示,其引脚功能如表 5.2.1 所列。

下面详细介绍主要引脚的使用:

① 位驱动信号 D5 - D1(12、17～20 脚)。每一位驱动信号分别输出一个正脉冲信号,脉

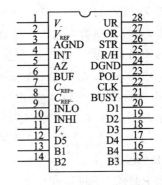

图 5.2.1　ICL7135 DIP 封装引脚图

冲宽度为 200 个时钟周期,其中 D5 对应万位选通,以下依次为千、百、十、个位。在正常输入情况下,D5～D1 输出连续脉冲。

表 5.2.1　ICL7135 引脚功能定义

引　脚	定　义	简要说明	引　脚	定　义	简要说明
1	V_-	负电源端	12、17、18、19、20	D5～D1	位扫描输出端
2	V_{REF}	基准电压输入端	13、14、15、16	B1、B2、B3、B4	BCD 码输出端,采用动态扫描方式输出
3	AGND	模拟地			
4	INT	积分器输出端,外接积分电容	21	BUSY	忙状态输出端
5	AZ	积分器和比较器反相输入端,外接调零电容	22	CLK	时钟信号输入端
6	BUF	缓冲器输出端,外接积分电阻	23	POL	负极性信号输出端
7	$C_{\text{REF}+}$	基准电容正端	24	DGND	数字地
8	$C_{\text{REF}-}$	基准电容负端	25	R/H	转换/保持控制信号输入端
9	INLO	被测信号低输入端	26	STR	数据选通输出端
10	INHI	被测信号高输入端	27	OR	超量程状态输出端
11	V_+	正电源端	28	UR	欠量程状态输出端

当输入电压过量程时,D5～D1 在自动调零(AZ)阶段开始时只分别输出一个脉冲,然后一直处于低电平,直至基准电压反积分(DE)阶段开始时才输出连续脉冲。利用这个特性,可使显示器在转换过程中产生一亮一暗的现象。

② B8、B4、B2、B1(16～13 脚)。这 4 个脚为转换结果 BCD 码输出引脚,采用动态扫描输出方式,即当位选信号 D5=1 时,这 4 个脚的信号为万位数的内容;当 D4=1 时,为千位数内容,其余依次类推。在个、十、百、千四位数的内容输出时,BCD 码范围为 0000～1001,对于万位数只有 0 和 1 两种状态,所以其输出的 BCD 码为 0000 和 0001。当输入电压过量程时,各位数输出全部为 0。

③ BUSY（21 脚）。在双积分阶段（被测电压积分和基准电压反积分），BUSY 为高电平，其他时间为低电平。ICL7135 内部规定被测电压积分时间固定为 10001 个时钟脉冲时间，基准电压反积分时间长度与被测电压的大小成比例。因此利用 BUSY 功能，可以实现 A/D 转换结果的远距离双线传送，其还原方法是将 BUSY 和 CLK 相与后，送计数器计数，总计数减去 10001 就可得到原来的转换结果。

④ POL（23 脚）。该信号用来指示输入电压的极性。当输入电压为正，则 POL 等于 1，反之则等于"0"。该信号在基准电压反积分（DE）阶段开始时变化，并维持一个 A/D 转换周期。

⑤ R/H（25 脚）。当 R/H=1（该脚悬空时为 1）时，ICL7135 处于连续转换状态，每 40 002 个时钟周期完成一次 A/D 转换。若 R/H 由 1 变 0，则 ICL7135 在完成本次 A/D 转换后进入保持状态，此时输出为最后一次转换结果，不受输入电压变化的影响。因此利用 R/H 端的功能可以使数据有保持功能。若把 R/H 端用作启动功能时，则只要在该端输入一个正脉冲（宽度>300 ns），转换器就从自动调零阶段开始进行 A/D 转换。

注意：第一次转换周期中的自动调零阶段时间为 9 001～10 001 个时钟脉冲，这是由于启动脉冲和内部计数器状态不同步造成的。

⑥ STR（26 脚）。每次 A/D 转换周期结束后，STR 脚都输出 5 个负脉冲，其输出时间对应于每个周期开始时的 5 个位选信号正脉冲的中间，STR 负脉冲宽度等于 1/2 时钟周期，第一个 STR 负脉冲在上次转换周期结束后 101 个时钟周期产生。因为每个位选信号（D5～D1）的正脉冲宽度为 200 个时钟周期（只有自动调零和基准电压反积分阶段开始时的第一个 D5 的脉冲宽度为 201 个 CLK 周期），所以 STR 负脉冲之间相隔也是 200 个时钟周期。需要注意的是，若上一周期为保持状态（R/H=0），则 ST 无脉冲信号输出。STR 信号主要用来控制将转换结果向外部锁存器、UARTs 或微处理器进行传送。

⑦ OR（27 脚）。当输入电压超出量程范围（20 000），OR 将会变高。该信号在 BUSY 信号结束时变高。在基准电压反积分阶段开始时变低。

⑧ UR（28 脚）。当输入电压等于或低于满量程的 9%（读数为 1 800），则当 BUSY 信号结束，UR 将会变高。该信号在被测电压积分阶段开始时变低。

只要附加译码器，数码显示器，驱动器及电阻电容等元件，ICL7135 就可组成一个 $4\frac{1}{2}$ 位的数字表头，如图 5.2.2 所示。该数字表头具有较高的性能指标，可广泛应用于数字电压表、台式数字万用表、智能测量仪器和其他高精度高分辨率的测试系统中。

ICL7135 与单片机的简单接口。在不考虑占用单片机 I/O 的情况下，ICL7135 与单片机的接口和编程都比较简单。ICL7135 与单片机的接口电路如图 5.2.3 所示。

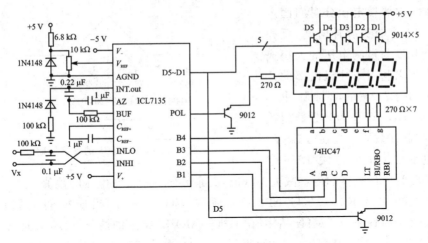

图 5.2.2 由 ICL7135 构成的 4$\frac{1}{2}$位数字表头

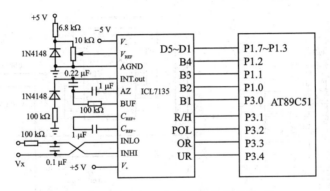

图 5.2.3 ICL7135 与单片机的简单接口

软件设计时,先查询万位到个位的位驱动信号 D5～D1。当 D5 为高电平时,读出 B4、B3、B2、B1 即为万位的 BCD 码。相应地,依次在 D4～D1 为高电平时,读出 B4、B3、B2、B1 即千位到个位的 BCD 码,通过判断加在 P3.2 口上的 POL 电平的高低可知数据的正负。限于篇幅,这里不再详述。

另外,可利用 ICL7135 的"BUSY"输出信号与单片机接口。下面将简要介绍该接口方法。

在小型化仪表中,应该以最少的元件完成尽可能多的任务,AT89C51 的 I/O 口是十分宝贵的。利用 ICL7135 的"BUSY"端,只要一个 I/O 口和单片机内部的一个定时器就可以把 ICL7135 的数据送入单片机。

ICL7135 是以双积分方式进行 A/D 转换的电路。每个转换周期分为 4 个阶段,如图 5.2.4 所示,自动调零阶段、信号(被测电压)积分阶段、对基准电压进行反积分阶段和积分回零阶段。

"BUSY"输出端高电平的宽度等于信号积分和基准电压反积分时间之和。

ICL7135 内部规定积分时间固定
为 10 001 个时钟脉冲时间，反积
分时间长度与被测电压的大小成
比例。如果利用单片机内部的计
数器对 ICL7135 的时钟脉冲计
数，利用"BUSY"作为计数器门控
信号，控制计数器只能在"BUSY"
为高电平时计数，将这段"BUSY"

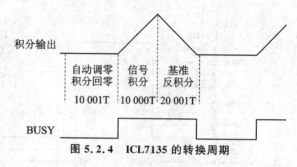

图 5.2.4　ICL7135 的转换周期

高电平时间内计数器的内容减去 10 001，其余数便等于被测电压的数值。

　　图 5.2.5 是 ICL7135 与 AT89C51 通过"BUSY"接口相连接的电路图。若 AT89C51 的时钟采用 6 MHz 晶体，在不执行 MOVX 指令的情况下，ALE 是稳定的 1 MHz 频率，经过 CD4013 的 4 分频可得到 250 kHz 的稳定频率，送入 ICL7135 时钟输入端，则 ICL7135 的转换速率为每秒 6.25 次。

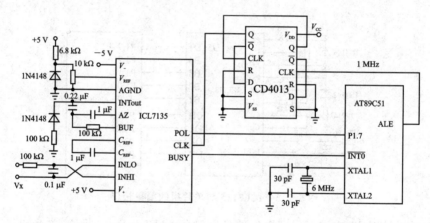

图 5.2.5　ICL7135 与 AT89C51 通过"BUSY"相连接的电路图

　　AT89C51 定时器为 16 位计数器，最大计数值为 65 535。在 6.25 次/秒转换速率条件下，满度电压输入时，"BUSY"高电平的总宽度为 30 001 个时钟脉冲。而 AT89C51 内部定时器的输入频率是 500 kHz，比 ICL7135 的时钟频率（250 kHz）高 1 倍，在满度电压输入时，定时器计数值为 30 001×2＝60 002，在定时器最大值范围内。在"BUSY"高电平期间定时器的数值除以 2，再减去 10 001，余数便是被测电压的数值。具体程序如下：

```
ADC:      JB      INT0,ADC          ;等待"BUSY"下降沿
          MOV     TL0,#0            ;计数器置初始值
          MOV     TH0,#0
          SETB    TR0               ;开始计数
WAITH:    JNB     INT0,WAITH        ;等待"BUSY"上升沿
WAITL:    JB      INT0,WAITL
```

```
CLR     TR0              ;停止计数
CLR     C
MOV     A,TL0            ;T0 计数值除 2
RRC     A                ;再转移到 R3,R2
MOV     A,TH0
RRC     A
MOV     R3,A
RET
```

2. 8 位半闪速结构高速 A/D 转换器——TLC5510

TLC5510 是 TLC5510 是美国德州仪器公司(TI)生产的 8 位半闪速结构高速 A/D 转换器,最小采样频率为 20 Msps。与闪速转换器(Flash converters)相比,半闪速结构功耗更低,尺寸更小。半闪速结构 A/D 转换器是通过两步来实现转换的,与闪速转换器相比,大大减少比较器的数目。数据转换的时间间隔典型值为 2.5 个时钟周期。

TLC5510 工作电压为单 5 V 电源,典型功率消耗值为 100 mW。它还包含有内部采样和保持电路,具有高阻抗方式的并行输入接口以及内部标准分压电阻。可以从+5 V 的电源获得 2 V 满度基准电压,大大简化了外围电路的设计。

可与 Sony CXD1175 互换。广泛应用于数字电视、医学图像、视频会议、高速数据采集和 QAM 解调器等。

TLC5510INSLE 封装的引脚图如图 5.2.6 所示。引脚定义如表 5.2.2 所列。

图 5.2.7 为 TLC5510 的典型应用电路。图中的 FB1～FB4 为高频磁珠,模拟供电电源 AVDD 经 FB1～FB3 为三部分模拟电路提供工作电流,以获得更好的高频去耦效果。

使用 TLC5510 的一些注意事项:

① 为了减少系统噪声和干扰,外部模拟电路和数字电路应当隔离开并相互屏蔽。印制电路板应当大面积敷铜,分别使用模拟和数字地平面。

② 模拟电源(V_{DDA})和地(AGND)以及模拟输入(ANALOG IN)引脚应当与高频引脚 CLK 和 D0～D7 隔离开来。在印制电路板上,在模拟输入(ANALOG IN)走线的两侧,最好敷上模拟地(AGND),供屏蔽。

③ 引脚 AGND(模拟地)和 DGND(数字地)在内部未连接,需要在外部连接。

④ V_{DDA} 至 AGND 和 V_{DDD} 至 DGND 应当分别加上 1 μF 和 0.01 μF 去耦电容,并尽可能地靠近相应器件引脚。对 0.01 μF 电容,推荐使用陶瓷电容。

3. 带有自校正功能的 Σ-Δ 型 A/D 转换器——AD7705/06

AD7705/06 是美国模拟器件公司(ADI)推出的一款带有自校正功能的 Σ-Δ 型 A/D 转换器,其总体结构如图 5.2.8 所示。其内部由多路模拟开关、缓冲器、可编程增益放大器(PGA)、Σ-Δ 调制器、数字滤波器、基准电压输入、时钟电路及串行接口组成。其中串行接口由通信寄存器、设置寄存器、时钟寄存器、数据输出寄存器、零点校正寄存器和满程校正寄存器等寄存器组组成。该芯片还包括2通道差分输入(AD7705)和3种伪差分通道输入(AD7706)。

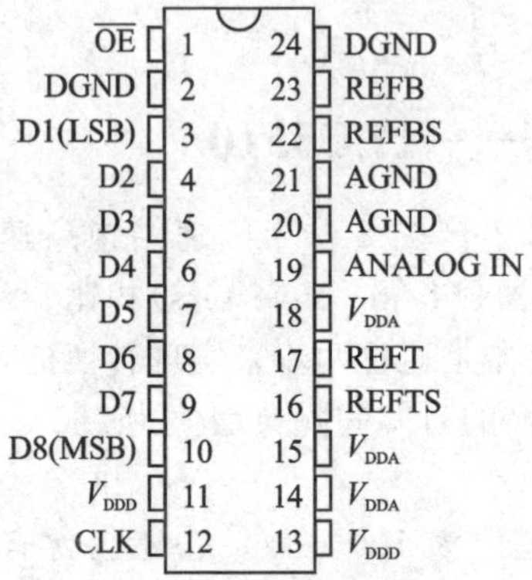

表 5.2.2　TLC5510INSLE 封装的引脚定义

图 5.2.6　TLC5510INSLE 封装的引脚图

名　称	引　脚	I/O	说　明
20	AGND	I	模拟地
19	ANALOG IN	I	模拟输入
12	CLK	I	时钟输入
2	DGND		数字地
3～10	D1～D8	O	数字数据输出。D1:最低有效位,D8:最高有效位
1	OE	I	输出使能。当 OE = 低电平时,允许数据输出;当 OE=高电平时,D1～D8 为高阻状态
14	V_{DDA}		模拟 V_{DD}
11	V_{DDD}		数字 V_{DD}
23	REFB	I	基准电压输入(底)
22	REFBS		基准电压(底)。当使用内部电压分器以产生额定 2V 基准时,此端短路至 REFB 端
17	REFT	I	基准电压输入(顶)
16	REFTS		基准电压(顶)。当使用内部电压分器以产生额定 2V 基准时,此端短路至 REFT 端

AD7705/06 的 PGA 可通过指令设定,对不同幅度的输入信号实现1、2、4、8、16、32、64 和 128 倍的放大,因此 AD7705/06 芯片既可接受从传感器送来的低电平输入信号,亦可接收高电平(10 V)信号,它运用 Σ-Δ 技术实现 16 位无误码性能;它的输出速度同样可由指令设定,范围 20～500 Hz;它能够通过指令设定对零点和满程进行校正;AD7705/06 与微处理器的数据传送通过串行方式进行,采用了节省口线的通信方式,最少占用微处理器的 2 条 I/O 口线。

AD7705/06 与单片机的接口非常方便,接口涉及的引脚有 $\overline{CS}$、SCLK、DOUT、DIN 和 $\overline{DRDY}$。AD7705/06 与单片机的接口有三线、四线、五线及多线方式。

➤ 三线方式即使用 DOUT、DIN 及 SCLK 引脚进行控制,其中 DOUT 和 DIN 与单片机的串行口相连,用于数据的输出和输入,SCLK 用于输入串行时钟脉冲,$\overline{CS}$ 始终为低电平。

➤ 四线方式是使用 DOUT、DIN、SCLK 及 $\overline{CS}$ 引脚进行控制,$\overline{CS}$ 引脚可以由单片机的 I/O 口线控制。

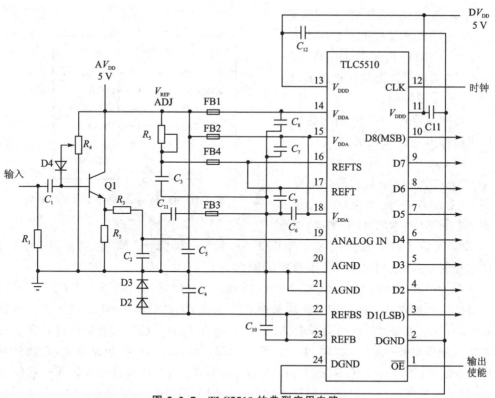

图 5.2.7 TLC5510 的典型应用电路

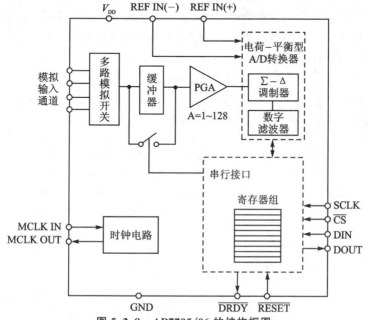

图 5.2.8 AD7705/06 的结构框图

➤ 五线方式使用 DOUT、DIN、SCLK、$\overline{CS}$ 及 $\overline{DRDY}$ 引脚进行控制 $\overline{DRDY}$ 引脚也可以由单片机的 I/O 口线控制。

在多线控制方式下,所有的接口引脚都由 I/O 来控制。

图 5.2.9 是使用 AT89C51 对 AD7705/06 进行控制的简化电路图。AD7705/06 的输出信号连接到 AT89C51 的 RXD(P3.0)端,而

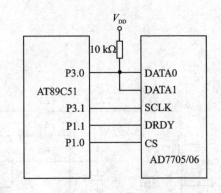

图 5.2.9　AD7705/06 与 AT89C51 的接口电路

AT89C51 的 TXD(P3.1)端则为 AD7705/06 提供时钟信号。单片机还通过 P1.0 引脚来控制 $\overline{CS}$,通过 P1.1 引脚来判断/DRDY。

单片机利用串行口与 AD7705/06 进行通信,将串行口设定为工作方式 0,即同步移位寄存器方式。使用中首先应选中芯片 AD7705/06,即将 P1.1 清零。接收数据时,首先要判断 P1.0 的引脚电平,若为低电平,则表明已有有效的转换数据在芯片的数据输出寄存器中,这样,单片机置位 REN=1,此时,接收数据开始,当接收到 8 位数据时,中断标志位 RI 置位,一次串行接收结束,单片机自动停止发送移位脉冲,该 8 位数据从串行口缓冲器读入内存,并使用软件清除 RI 标志,单片机又开始发送移位脉冲,直到又收到 8 位数据,则另一次串行接收结束。这样,这次的 8 位数据与刚才接收的高 8 位数据组合成为 16 位数据,即一次 A/D 转换的结果。这种接口方法直接利用了单片机本身的硬件资源,从而简化了电路的设计。

AD7705/06 的初始化程序如下:

```
BEGIN:
    CLR     A
    MOV     A,#010H          ;设置串行工作方式 0
    MOV     SCON,A
    CLR     P1.0             ;选中芯片 AD7705/06
    MOV     A,#20H           ;对 CMR 进行写操作,下一操作选定 CKR
    MOV     SBUF,A
    JNB     TI,$             ;发送完毕,TI 复位
    CLR     TI
    MOV     A,#0CH           ;设置 CLK
    MOV     SBUF,A
    JNB     TI,
    CLR     TI
    MOV     A,#010H          ;对 CMR 进行写操作,下一操作选定 STR
    MOV     SBUF,A
```

```
    JNB     TI, $
    CLR     TI
    MOV     A，＃40H              ;设置 STR
    MOV     SBUF,A
    JNB     TI, $
    CLR     TI
RET
```

输入字节程序(判断/DRDY 引脚)如下:

```
INB1:
    CLR     C
    JB      P1.1,INB1           ;判断 DRDY 引脚电平
    CLR     P1.0                ;DRDY 为 0,有效数据,进行读数据操作
    MOV     A,＃38H             ;对 CMR 进行写操作,下一操作选定 DOR
    MOV     SBUF,A
    MOV     A,SBUF              ;从 AD7705/06 中读入转换数据
    MOV     R3,A                ;高 8 位存入 R3 中
    JNB     TI, $
    CLR     TI
    MOV     A,SBUF              ;从 AD7705/06 中读入转换数据
    MOV     R4,A                ;低 8 位存入 R4 中
    JNB     TI, $
    CLR     TI
RET
```

输入字节程序(判断 CMR 的最高位)如下:

```
INB2:
    CLR     P1.0                ;对 AD77/0506 进行操作
    MOV     A,＃08H             ;对 CMR 进行写操作,下一操作选定 CMR
    MOV     SBUF,A
    MOV     SBUF,A              ;读 AD77/0506 的 CMR
    ANL     A,＃10000000B       ;判断 DRDY 位,若为 0,则有有效数据
    JNZ     INB2                ;等待
    MOV     A,＃38H             ;对 CMR 进行写操作,下一操作选定 DOR
    MOV     SBUF,A
    MOV     A,SBUF
    MOV     R3,A
    JNB     TI, $
    CLR     TI
    MOV     A,SBUF
    MOV     R4,A
    JNB     TI, $
RET
```

4. 12 位逐次逼近型串行 A/D 转换器——TLC2543

TLC2543 是美国德州仪器公司(TI)生产的 12 位逐次逼近型串行 A/D 转换器，使用开关电容逐次逼近技术完成 A/D 转换过程。TLC2543 的功能框图如图 5.2.10 所示。数据输入采用 SPI 串行接口，只需 3 根控制线($\overline{\text{CS}}$、I/O CLOCK 和 DATA IN)，能够节省微处理器的 I/O 资源。由于价格适中，分辨率较高，在便携式数据记录仪、医用仪器、过程检测仪器仪表中有较为广泛的应用。

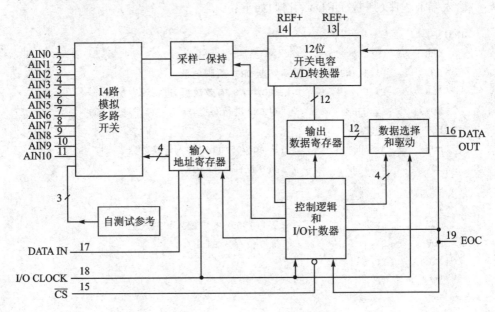

图 5.2.10　TLC2543 的功能框图

TLC2543 有 11 个模拟输入通道，典型转换时间为 10 μs，具有单、双极性输入功能。TLC2543 的引脚排列如图 5.2.11 所示，引脚说明如表 5.2.3 所列。

TLC2543 的片选 $\overline{\text{CS}}$ 必须从高到低，才能开始一次工作周期，此时 EOC 为高，输入数据寄存器被置为 0，输出数据寄存器的内容是随机的。开始时，片选、$\overline{\text{CS}}$ 为高，I/O CLOCK、DATA IN 被禁止，DATA OUT 呈高阻状态，EOC 为高。使 $\overline{\text{CS}}$ 变低，I/O CLOCK、DATA IN 使能，DATA OUT 脱离高阻状态。12 个时钟信号从 I/O CLOCK 端依次加入，随着时钟信号的加入，控制字从

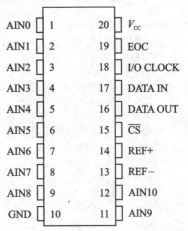

图 5.2.11　TLC2543 两种封装的引脚排列

DATA IN 一位一位地在时钟信号的上升沿时送入 TLC2543（高位先送入），同时上一周期转换的 A/D 数据，即输出数据寄存器中的数据从 DATA OUT 一位一位地移出。TLC2543 收到第 4 个时钟信号后，通道号也已收到，此时 TLC2543 开始对选定通道的模拟量进行采样，并保持到第 12 个时钟的下降沿。在第 12 个时钟下降沿，EOC 变低，开始对本次采样的模拟量进行 A/D 转换，转换时间约需 $10~\mu s$，转换完成后 EOC 变高，转换的数据保存在输出数据寄存器中，待下一个工作周期输出。

表 5.2.3　TLC2543 引脚说明

引　脚	名　　称	I/O	说　　明
1～9、 11、12	AIN0～ AIN10	I	模拟量输入端。11 路输入信号由内部多路器选通。对于 4.1 MHz 的 I/O CLOCK，驱动源阻抗必须小于或等于 50 Ω，而且用 60 pF 电容来限制模拟输入电压的斜率
15	$\overline{CS}$	I	片选端。在 $\overline{CS}$ 端由高变低时，内部计数器复位。由低变高时，在设定时间内禁止 DATAINPUT 和 I/O CLOCK
17	DATA IN	I	串行数据输入端。由 4 位的串行地址输入来选择模拟量输入通道
16	DATA OUT	O	A/D 转换结果的三态串行输出端。$\overline{CS}$ 为高时处于高阻抗状态，$\overline{CS}$ 为低时处于激活状态
19	EOC	O	转换结束端。在最后的 I/O CLOCK 下降沿之后，EOC 从高电平变为低电平并保持到转换完成和数据准备传输为止
10	GND		地。GND 是内部电路的地回路端。除另有说明外，所有电压测量都相对 GND 而言
18	I/O CLOCK	I	输入/输出时钟端。I/O CLOCK 接收串行输入信号并完成以下 4 个功能： ① 在 I/O CLOCK 的前 8 个上升沿，8 位输入数据存入输入数据寄存器； ② 在 I/OCLOCK 的第 4 个下降沿，被选通的模拟输入电压开始向电容器充电，直到 I/O CLOCK 的最后一个下降沿为止； ③ 将前一次转换数据的其余 11 位输出到 DATA OUT 端，在 I/O CLOCK 的下降沿时数据开始变化； ④ I/O CLOCK 的最后一个下降沿，将转换的控制信号传送到内部状态控制位
14	REF+	I	正基准电压端。基准电压的正端（通常为 V_{CC}）被加到 REF+，最大的输入电压范围由加于本端与 REF－端的电压差决定
13	REF－	I	负基准电压端。基准电压的低端（通常为地）被加到 REF－
20	V_{CC}		电源

通道/方式控制字为 8 位,通过 DATA IN 引脚串行输入。它告诉 TLC2543 要转换的模拟量通道、转换后的输出数据长度、输出数据的格式。通道/方式控制字的高 4 位(D7~D4)为通道号选择(可选择 11 路模拟通道中的一路,对于 0 通道至 10 通道,该 4 位分别为 0000、0001、…、1010),或选择 3 个测试电压(V_{REF+}、V_{REF-}、V_{REF-} 与 V_{REF+} 之和)中的一路用于转换器的校正等。通道/方式控制字的低 4 位(D3~D0)用于选择输出数据长度(其中 D3、D2 决定输出数据长度,8 位、12 位或 16 位)、输出数据的顺序(D1 决定输出数据是高位先送出,还是低位先送出,若为高位先送出,该位为 0,反之为 1)以及是否需要单极性(二进制)或双极性(二进制补码)格式,若为单极性,D0 位为 0,反之 D0 为 1。

如采集第 5 通道、输出数据为 12 位、高位先送出、输出数据的格式为二进制,则控制字为 0101 0000B,用十六进制表示即为 50H。

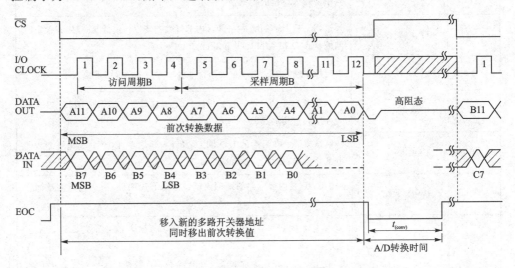

图 5.2.12　数据转换和传递时使能 $\overline{CS}$ 的接口时序

每次数据转换和数据传递使用 12 个时钟周期,数据高位在前,TLC2543 接口时序如图 5.2.12 和图 5.2.13 所示。其中图 5.2.12 为在数据转换和数据传递时才使能 $\overline{CS}$ 的接口时序图,图 5.2.13 为始终使能 $\overline{CS}$ 的接口时序图。

MCS-51 系列单片机不带 SPI 接口,为了和 TLC2543 模数转换器接口,需要用软件来模拟 SPI 的时序操作。图 5.2.14 是 TLC2543 和 AT89C51 的接口简图,TLC2543 的 I/O 时钟(I/O CLOCK)、数据输入(DATA IN)、片选($\overline{CS}$)分别由 AT89C51 的 I/O 引脚 P1.0、P1.1、P1.3 提供。TLC2543 的转换结果数据通过 AT89C51 的 I/O 引脚 P1.2 脚接收,通道号选择和 ADC 模式选择通过 AT89C51 的 P3 口控制。

示例程序包括主程序(MAIN)和两个子程序(SPI、$\overline{STORE}$)。MAIN 主程序定义 AT89C51 的 P1 口的 I/O 引脚方向:P1.2 设置为输入端,P1.0、P1.1 和 P1.3 设

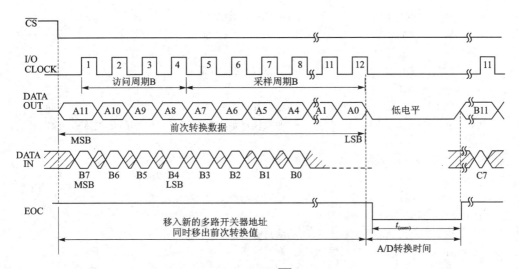

图 5.2.13　始终使能 $\overline{\text{CS}}$ 的接口时序

置为输出端。SPI 子程序模拟 SPI 操作，完成 TLC2543 和 AT89C51 间的数据交换，以及检测最低位前导 (LSBF)标志，即通道选择/方式数据字节的位 1，以决定转换结果的哪个字节最先传送。STORE 子程序用于映射相应于所选择的特定通道的 MSBYTE 和 LSBYTE 到偶数或奇数的 RAM 地址。

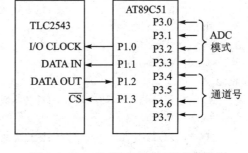

图 5.2.14　TLC2543 和 AT89C51 接口

程序清单如下：

```
;*********************************
;********TLC2543 与 AT89C51 接口的    **********
;*****SPI 模拟和 A/D 转换控制子程序   **********
;*****入口：无                       **********
;*****出口：转换结果的高字节在 50H    **********
;*****       低字节在 51H            **********
;*********************************
MAIN:
    MOV    SP,#50H           ;设置堆栈指针
    MOV    P1,#04H           ;定义为 P1.2 输入
    CLR    P1.0              ;清 I/O  CLOCK
    SETB   P1.3              ;设置片选为高
    MOV    A,#0FFH
    ACALL  SPI               ;调 SPI 子程序
```

```
        ACALL   STORE               ;调 STORE 子程序
        AJMP    MAIN
SPI:
        MOV     R4,P3               ;读方式/通道数据
        MOV     A,R4
        CLR     P1.3                ;设置片选为低
        JB      ACC.1,LSB           ;如果输出数据的顺序控制位为1,则先传送低字节
MSB:
        MOV     R5,#08H
LOP1:
        MOV     C,P1.2              ;读转换结果
        RLC     A
        MOV     P1.1,C              ;输出方式/通道字节
        SETB    P1.0
        CLR     P1.0
        DJNZ    R5,LOP1
        MOV     R2,A                ;把高字节放到 R2
        MOV     A,R4                ;把方式/通道控制字放到 R2
        JB      ACC.1,ELOP
LSB:
        MOV     R5,#08H
LOP2:
        MOV     C,P1.2              ;读转换数据到 C
        RLC     A
        MOV     P1.1,C              ;输出方式/通道字节
        SETB    P1.0
        CLR     P1.0
        DJNZ    R5,LOP2
        MOV     R3,A                ;把低字节放到 R3
        MOV     A,R4
        JB      ACC.1,MSB           ;如果输出数据的顺序控制位为1,则继续传送高字节
ELOP:
        RET
STORE:
        MOV     R1,#50H
        MOV     A,R2
        MOV     @R1,A               ;把高字节的内容放到 50H 的 RAM 中
        INC     R1
        MOV     A,R3
        MOV     @R1,A               ;把低字节的内容放到 51H 的 RAM 中
        RET
```

在设计制作印制电路板时需要注意以下问题：

① 电源去耦。电源和地之间并接一个 0.1 μF 的陶瓷去耦电容。在噪声影响较大的环境中，建议还并联一个 10 μF 的钽电容，以减小噪声的影响。

② 接地。模拟电源的地与数字电源的地分开走线，以防止数字部分的噪声电流通过模拟地回路引入，产生噪声电压，从而对模拟信号产生干扰。另外，所有的地线回路都有一定的阻抗，因此地线要尽可能宽或用地线平面，以减小阻抗，连线应当尽可能短。如果使用开关电源，则开关电源要远离模拟器件。

③ 电路板布线。数字信号和模拟信号需要隔离，模拟输入信号线和数字信号线特别是时钟信号线不能互相平行，也不能在 TLC2543 芯片下面布数字信号线。

5.3　ADC/DAC 外围电路

当今精密模/数转换器(ADC)的精度和噪声性能已达到崭新的水平，但是这些优良特性很容易被不正确的使用方法影响，从而达不到理想性能。在高速高精度的模/数转换器中，一个精确的高电源抑制与低温度漂移的基准电压以及驱动放大器对精密的高速 ADC 的应用是至关重要的，其基准电压源的精度和放大器的性能直接影响到模/数转换器的精度。

5.3.1　参考源

1. ADC 绝对准确度与参考源的关系

现代 ADC 是极为精密的，但是其绝对准确度并不总是与其精密度一致。16 位 ADC 的分辨度为 2^{16}(65 536)分之一(或者百万分之十五，即 15ppm)，这类 ADC 的线性度达到 1 个最低位比特(LSB)是很常见的。这就是说，其转移特性与直线的偏离小于满度的 1/65 536。

对于大多数的应用来说，这种线性度比绝对准确度要重要得多，但是在有些情况下，对绝对准确度要求很高。而现有的 16 位 ADC 都达不到满度 15ppm 的绝对准确度，最好的 16 位 ADC 都有几个字(LSB)的增益误差。所以，即使使用最完美的参考源，其初始的绝对准确度最高也就是 14 位左右。当然，我们可以将其校准到优于 16 位，甚至进行温度补偿，但是作为现成的产品，其绝对准确度大约也就是 14 位。

这里没有考虑电压参考源的问题，因为大多数的应用场合需要的是线性度而不是绝对准确度。大多数 ADC，不论其分辨度多高，带有内部电压参考源的 ADC 的绝对准确度在校准前很少能够超过 10 位，这是因为高精度参考源的体积很大，这样会使转换器变得更贵，而大多数的用户又不需要。

分立的参考源要好一些,但是仍然达不到 16 位的水平。现在达到的最好水平是在 10 V 之下 1 mV 的初始准确度,大约是 13 位。大多数高性能参考源的准确度在 11 到 12 位的数量级,即使经过校准也很难达到 16 位,并且在温度变化的情况下很难保持该准确度。

在大多数 ADC 应用中,相对准确度和线性度是很重要的,而绝对准确度则不然。在需要更高绝对准确度的情况下,则要将系统设计成能够通过校准和温度补偿来达到所需要的水平。

2. 参考源的主要参数

参考源和线性稳压器有很多共同点。线性稳压器在功能上可以说是一个参考源,但输出的电流(或功率)更大;而参考源通常对漂移、精度等要求更高。

参考源是模/数转换系统的性能和精度的最主要影响因素。温度漂移或老化漂移与绝对准确度相比,可能是一个更大的问题。初始误差总是可以修正,但对漂移的补偿是很困难的。因此如有可能,应选择工作温度范围内温度漂移不至于影响精度,老化漂移能在器件预期寿命内保证足够小的器件。

参考源的噪声在系统中非常重要,但却经常被忽视。通常在数据手册中,虽然有参考源的噪声描述,但设计者经常认为不会对系统构成影响而忽视了它。

有两个动态参数也需要考虑:参考源的稳定建立时间和负载变化时的瞬态特性,这些也容易被忽视。特别是在低功耗系统中,通常一打开电源就读取采样值,几个毫秒后又关断,而参考源还没有达到稳定。瞬态特性差的参考源用于快速的 ADC(如逐次逼近型 ADC 和闪速型 ADC)时,问题就会很严重。采用不同结构的参考源、加上去耦电容或在外部加上高带宽的缓冲运放可能会改善这种瞬态特性。

3. 参考源的选择

(1) 参考源的类型

现在最常用的参考源类型主要有以下三种:带隙参考源(Bandgap References)、埋齐纳参考源(Buried Zener References)和离子注入型结场效应管参考源(XFET References)。

表 5.3.1 总结了三种类型参考源的主要特性,选择参考源时可作为参考。

表 5.3.1　三种类型参考源的主要特性

特　性	带隙参考源	埋齐纳参考源	XFET 参考源
电源要求	<5 V	>5 V	<5 V
噪声及功耗	高噪声@高功耗	低噪声@高功耗	低噪声@低功耗
漂移和长期稳定性	一般	好	极好
滞后	一般	一般	很小

（2）选择时应考虑的参数

① 公差。如果可能的话，应该根据其输出值和相应的精确度选择相应的参考源，避免外部微调和比例缩放，这样可以得到最小的温度系数。通常公差和温度系数紧密相关，例如 AD586、AD780、REF195、ADR43x 系列公差低至 0.04%，而 AD588 公差更小，为 0.01%。如果必须加微调，最好使用推荐的微调电路。如果要使用比例缩放，应该选用精密运算放大器以及相应低温度系数的薄膜电阻。

② 漂移。离子注入式场效应管（XFET）型和埋齐纳二极管系列参考源拥有最小的长期漂移性和温度系数。XFET 型参考源 ADR43x 系列的温度系数低至 3 ppm/℃。对于埋齐纳二极管系列参考源 AD586 和 AD588 的温度系数低至 1～2 ppm/℃，带隙基准源 AD780 的温度系数低至 3 ppm/℃。

离子注入式场效应管（XFET）型参考源的长期漂移为 50 ppm/1 000 小时，而埋齐纳二极管参考源的长期漂移为 25 ppm/1 000 小时。

③ 电源范围。IC 参考源的输出需要高于约 3（或更少）～30 V（或更多）的输入电压。对诸如 REF19x、AD1582、AD1585、ADR38x、ADR39x 系列低压差器件例外。

④ 负载灵敏性。负载灵敏性或输出阻抗通常用负载电流的 μV/mA、ppm/mA 或者 mΩ 表示。负载灵敏性小于 70 ppm/mA 的器件有 AD780、REF43、REF195、ADR29x、ADR43x，对于更高精度的参考源，如 AD588、AD688、ADR39x，通常增加缓冲运放和开尔文传感电路以确保电压精确。

⑤ 噪声。如图 5.3.1 是一个通用的减小噪声的参考电压源电路。该电路采用外部滤波和精密低噪声运放实现低噪声和极高的直流精度。U1 是带有低噪声缓冲输出级的 2.5 V、3.0 V、5.0 V 或 10.0 V 参考源。U1 的输出经过 R_1、C_1 和 C_2 组成的滤波器，其转折频率为 1.7 Hz。电解电容通常有直流泄漏，但通过电阻 R_2 的回路连接，使 C_1 因直流泄漏而产生的偏置电压相当小。由于滤波器在几个赫兹下的衰减不是很多，参考源噪声仍将影响整个低频（如<10 Hz）的性能。

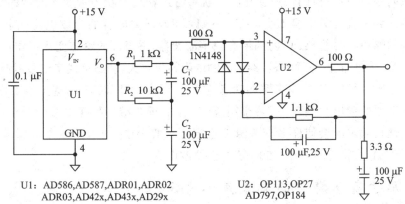

图 5.3.1　运用低噪声运放和外部滤波器获得的极低噪声的参考源通用电路

　　滤波器输出通过一个单位增益的精密低噪声缓冲跟随器,例如 OP113EP,将有小于 $\pm150\ \mu V$ 的偏置误差和低于 $1\ \mu V/℃$ 的漂移。缓冲运放的直流参数几乎不影响参考源的精度和漂移。例如,U1 采用 ADR929E 时,有 3 ppm/℃ 的典型漂移,即 $7.5\ \mu V/℃$,这个值远高于缓冲运放的影响。

　　⑥ 参考源缩放。当使用非标准的参考源时,需要通过简单的缓冲和缩放,其困难是很难找到能很好地工作在低于 3 V 电压的运放。图 5.3.2 为使用轨对轨运放得到非标准参考源的一个典型例子。图中的 R_1 为限流电阻,需要根据 D1 不同的工作电流进行选择。电路中的运放要求静态电流足够小,但静态电流小,其输出驱动能力也很小,因此这是需要综合考虑的问题。例如,图中 OP196/296/496 每个通道的静态电流为 $45\ \mu A$,其最大典型输出电流只有 4 mA,只能用于很小的负载。OP284 和 OP279 每个通道的静态电流为 $1\ 000\sim2\ 000\ \mu A$,其最大典型输出电流可达到 50 mA。

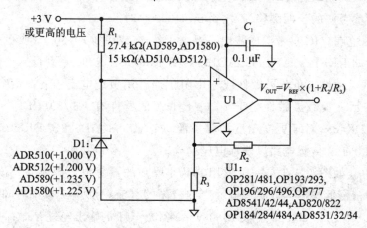

图 5.3.2　使用轨对轨运放得到非标准参考源

　　⑦ 脉冲电流响应。在驱动一些 ADC 或 DAC 时,经常会遇到需要解决参考源的动态负载问题,负载电流的快速变化将干扰参考源输出。在图 5.3.3 所示的电路里,参考源输入到带有开关电容 C_{IN} 的 $\Sigma-\Delta$ADC 时,开关电容的充放电将引起参考源产生一定的噪声。尽管 ADC 内部带有数字滤波器,参考源的瞬态变化仍将产生很大的转换误差。同时值得注意的是,参考源的内阻如果较大,动态负载将使参考源的输入变化超过 5 mV;另外,有些参考源在动态负载下可能不能稳定工作,甚至不工作。

　　在参考源的输出端并联一个旁路电容 C_{EXT} 有助于减小瞬变负载的影响,但是对较大的容性负载可能会使许多参考源不稳定。一般来说,均需要在参考源输出端并联一个 $0.1\ \mu F$ 去耦电容和 $5\sim50\ \mu F$ 的去纹波电容。

4. 用于高分辨率的低噪声参考源

　　尽管许多高分辨率的数据转换器自带参考源,但其性能与其转换器相比,均不理想。使用外部参考源将提高其整体性能。

例如,AD7710 系列 22 位 ADC 的 2.5 V 内部参考源在 0.1～10 Hz 时的噪声为 8.3 μV 真有效值,而参考源 AD780 的噪声仅为 0.67 μV,AD7710 系列在这个带宽内的内部噪声约为 1.7 μV 真有效值,使用 AD780 能将 AD7710 的有效分辨率从 20.5 位提高到 21.5 位。

利用低噪声参考源 ADR431 作为 AD77xx 系列 ADC 的参考源,能有效提升 ADC 的动态范围,如图 5.3.3 所示。另外 AD43x 系列参考源可以允许连接较大的去耦电容,能减小转换器的瞬态误差。

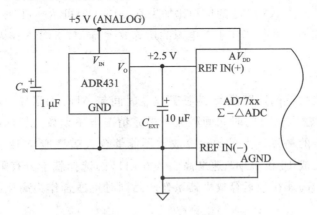

图 5.3.3 AD431 用于精密 $\Sigma - \Delta$ ADC

5.3.2 驱动放大器

首先需要说明的是,有些转换器具有很好的输入级电路,可以直接和信号源相接,因此并非所有的转换器都必须加入驱动放大器。

目前 ADC 最流行的两种应用是精密高分辨率测量和低失真高速系统。精密测量应用要求 ADC 至少具有 16 位分辨率,有时甚至要求 24 位。与这些 ADC 接口的运放必须具有低噪声和极佳的直流性能。事实上,多数高分辨率测量 ADC 通常设计成直接与传感器相接,因而完全省去了运放。

1. ADC 对驱动放大器的要求及解决方法

目前模数转换器(ADC)的性能得到较大改善,其中包括:高转换速率、高分辨率、低失真以及开关电容输入结构、单电源工作等。因此,设计人员在为特定的 ADC 选择驱动放大器时,必须考虑更多的因素,如噪声、失真、速度、输出驱动能力、阻抗匹配等。

(1) 噪声要求

驱动放大器应该对 ADC 误差不产生额外的贡献。为避免额外的噪声引入系统,驱动放大器的信/噪比(SNR)应优于 ADC 的理论上限。如对于 12 位的 ADC,选用的驱动放大器的噪声特性应远优于 12 位,当然这样的驱动放大器比较多,并且优于 16 位噪声特性的驱动放大器也不难找到。

(2) 失真要求

失真同样会降低动态特性。选择时,需保证驱动放大器的失真远低于转换器的总谐波失真(THD)。例如 MAX195 为 16 位逐次逼近型 ADC,其总谐波失真为 -97 dB(0.001 4%),而 MAX4256 的信噪比加失真(SINAD)可达 -115 dB。这样高的性能允许采用同相输入并且工作于单电源的运算放大器 MAX4256 作为 16 位 ADC 的驱动放大。

(3) 速度要求

对于驱动放大器的速度要求,应使其建立时间与 ADC 的采样时间相匹配,即只有当 ADC 采样输入信号的时间间隔大于最差情况下驱动放大器的建立时间时,才能保证转换结果的精度。大量的运算放大器能够令人满意地与 12 位 ADC 协同工作,但适合 14 位或 16 位 ADC、速度高于 500 kHz 的选择就十分有限了。各种新型低噪声、低失真、高速视频运算放大器系列产品同时也适合作为高速 ADC 的驱动放大器。

(4) ADC 输入结构对缓冲器性能的要求

ADC 的输入结构在选择驱动放大器时也是一个关键因素。例如,闪电式 ADC 具有很大的非线性输入电容,很难驱动。具有新型开关电容结构的 ADC 在每次转换结束时都由一个小的浪涌输入电流,为避免造成误差,驱动放大器应能够在下一次转换启动前从这种瞬态恢复并重新建立。可采用以下两种解决方案:

① 要求驱动 ADC 的运算放大器,对于负载瞬变的响应快于 ADC 的采样时间(许多新型 ADC 内置有这样的宽带采样/保持)。大多数运算放大器对于负载瞬变的响应远比对输入阶跃的响应快,所以该要求对于外部缓冲器来讲很容易满足。

② 在输入端采用一个 RC 滤波器,电容值要远大于 ADC 的输入电容,这个大电容为采样电容提供电荷,从而消除了瞬变。为吸收瞬变,通常推荐在 ADC 输入和地之间连接一个 1 000 pF 或更大的电容。RC 滤波器同时也减小了放大器在驱动容性负载时产生稳定性问题的可能。与电容相串联的小电阻有助于阻止自激和振荡。

(5) 低输出阻抗要求

高输出阻抗的运算放大器不能迅速响应 ADC 输入电容的改变,也不能处理 ADC 产生的瞬态电流。而要获得低输出阻抗就应具有高环路增益,在更高频率下,宽带运放具有更高的环路增益,因此也就具有更低的输出阻抗。宽带运放比低带宽运放在吸收 ADC 产生的浪涌电流方面更加有效。例如超声系统中,新型 10 位 ADC

的典型采样频率为 50 MHz,在此频率下 MAX4100 的输出电阻低于 2 Ω,此外,MAX4100 可提供 500 MHz 的单位增益带宽,250 V/μs 的压摆率以及 35 ns(至 0.01%)或 18 ns(至 0.1%)的建立时间,这些特性使其在医疗超声系统中被非常普遍地用于 ADC 的驱动。

2. 差分输入型高速模/数转换器的驱动

为差分输入型高速模/数转换器(ADC)选择正确的驱动器和配置极具挑战性。

大多数现代高性能 ADC 使用差分输入抑制共模噪声和干扰。由于采用了平衡的信号处理方式,这种方法能将动态范围提高 2 倍,进而改善系统总体性能。虽然差分输入型 ADC 也能接收单端输入信号,但只有在输入差分信号时才能获得最佳 ADC 性能。ADC 驱动器专门设计用于提供这种差分信号的电路——可以完成许多重要的功能,包括幅度调整、单端到差分转换、缓冲、共模偏置调整和滤波等。

这里将 ADI 公司的差分 ADC 驱动器列于表 5.3.2。

表 5.3.2　ADI 公司的差分 ADC 驱动器

ADC 驱动器				ICMVR				V_{OCM}				输出摆幅/V	I_{SUPPLY}/mA
				供电电压				供电电压					
型号	带宽/MHz	压摆率/(V/μs)	噪声/nV	±5 V	+5 V	+3.3 V	+3 V	±5 V	+5 V	+3.3 V	+3 V		
AD8132	360	1 000	8	−4.7~+3	0.3~3	0.3~1.3	0.3~1	±3.6	1~3.7		0.3~1	±1	12
AD8137	76	450	8.25	−4~+4	1~4	1~2.3	1~2	±4	1~4	1~2.3	1~2	RR	3.2
AD8138	320	1 150	5	−4.7~+3.4	0.3~3.2			±3.8	1~3.8			±1.4	20
AD8139	410	800	2.25	−4~+4	1~4	—	—	±3.8	1~3.8	—	—	RR	24.5
ADA 4927	2 300	5 000	1.4	−3.5~+3.5	1.3~3.7	—	—	±3.5	1.5~3.5	—	—	±1.2	20
ADA 4932	1 000	2 800	3.6	−4.8~+3.2	0.2~3.2	—	—	±3.8	1.2~3.2	—	—	±1	9
ADA 4937	1 900	6 000	2.2	—	0.3~3	0.3~1.2	—	—	1.2~3.8	1.2~2.1	—	±3.8	39.5
ADA 4938	1 000	4 700	2.6	−4.7~+3.4	0.3~3.4	—	—	±3.7	1.3~3.7	—	—	±1.2	37
ADA 4939	1 400	6 800	2.6	—	—	1.1~3.9	0.9~2.4	—	—	1.3~3.5	1.3~1.9	±3.8	36.5

表 5.3.2 中,ICMVR 表示输入共模电压范围,输入共模电压范围(ICMVR)规定

了正常工作状态下可以施加于差分放大器输入端的电压范围。VOCM 为中点共模电压。

差分放大器双端输入、双端输出的基本电路如图 5.3.4 所示。单端输入、双端输出的基本电路如图 5.3.5 所示。

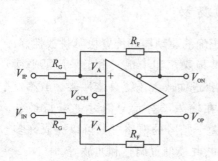

图 5.3.4　差分放大器的基本电路 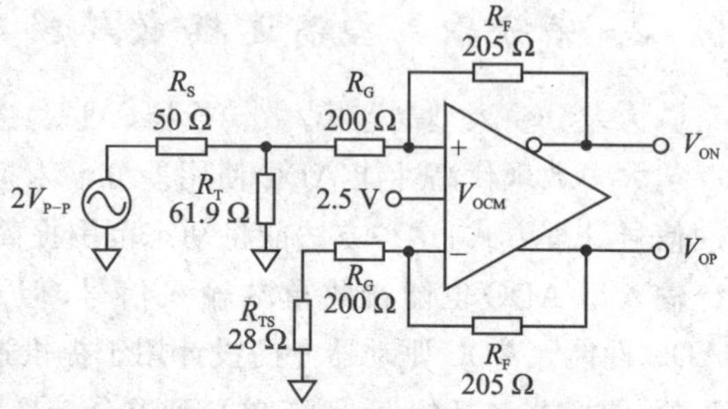　　　　　图 5.3.5　采用单端输入的 ADC 驱动器

图 5.3.6 是 AD8138 驱动 AD9203 的电路。

AD9203 是一款单芯片、10 位、40 MSPS 模/数转换器(ADC),采用单电源供电,内置一个片内基准电压源。它采用多级差分流水线架构,数据速率达 40 MSPS,在整个工作温度范围内无失码。输入范围可在 $1V_{P-P} \sim 2V_{P-P}$ 之间调整。

图 5.3.6 的电路采用单 3 V 供电,它将 $1V_{P-P}$ 双极性单端输入信号变为 $1V_{P-P}$ 差分信号,中点共模电压为 1.5 V。AD8138 每个差分输入端的摆幅介于 +0.625 ~ +0.875 之间,并且每个输出介于 1.25 ~ 1.75 V 之间。这些电压都在 AD8138 工作于 3 V 电源下允许的输入和输出共模电压范围内。

该电路处理的是 $1V_{P-P}$ 单端双极性输入信号,并且 AD9203 的输入范围也被设置为 $1V_{P-P}$ 差分模式。如果输入信号的幅度增大至 $2V_{P-P}$,那么 AD9203 的输入范围也必须设为 $2V_{P-P}$ 差分模式。在上述条件下,每个 AD8138 的输入端必须在 0.5 ~ 1 V 之间变化,而其输出则在 1 ~ 2 V 范围内变化。

3. 驱动高分辨率 Σ-Δ 型测量 ADC

AD77xx 系列 ADC 是专用于高分辨率(16 ~ 24 位)、低频率传感测量应用的 ADC。该系列的某些器件,如 AD7730 具有高输入阻抗,它能将 Σ-Δ 调制器与前端 PGA 输出的瞬态电流隔离开来,因此,驱动这类输入信号时无需特别的运放。

然而,AD77xx 系列的其他型号中有些不含内部缓冲器,有些即使片上集成了缓冲器,也可以通过编程控制接通或断开。为了获得最佳性能,这些不含内部缓冲器的转换器需要采用外部运放缓冲器。这时应选用精密、低噪声、双极性输入型运放,如 OP177、AD707 或 AD797 等。

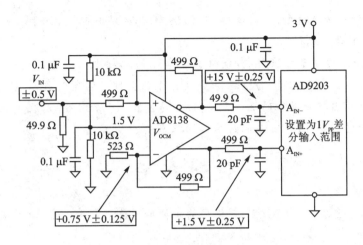

图 5.3.6　AD8138 驱动 AD9203

5.3.3　其他外围电路考虑

(1) 时　钟

高频输入和高精度应用时,时钟抖动 ADC 的信噪比性能的最大限制之一,施加一个高压摆率时钟可将这种影响降到最低。具有快速瞬态的方波时钟输入是最佳选择,能够得到最好的信噪比。

(2) 去　耦

噪声也通过参考源和电源引脚耦合到 ADC,最好的解决方法是尽可能靠近 ADC 封装和引脚放置去耦电容,位置应以毫米来计算。必须至少用两个不同的电容值来进行去耦:0.1 μF 和 0.01 μF,且将它们直接连到电源层和接地层。较长的导线会引入寄生电阻,必须避免寄生电感。

小　结

本章着重从电路系统应用设计的角度,分别从 3 个方面介绍 D/A 转换与 A/D 转换应用的有关知识,即关键技术参数、选取原则和具体应用。

① 讲述了选取 D/A 转换器的几个重要的技术指标:分辨率、转换误差、转换精度、转换速度等,以及根据设计要求如何选取合适的 D/A 转换器。

② D/A 转换器的应用举例,讲述了带 4 路输出的串行 8 位 D/A 转换器 TLC5620、12 位电压输出 D/A 转换器 TLV5613、双缓冲输入的 14 位 D/A 转换器 AD7535 的工作原理及应用电路和应用时需注意的问题。

③ 按工作原理不同分别讲述了 A/D 转换器的分类,接着讲述了 A/D 转换器的

主要技术指标：转换精度、转换速率、量化误差、孔径延时时间、抗干扰能力等，以及 A/D 转换器的合理选择。

④ 在 D/A 转换器的应用中，介绍了 4 种 D/A 转换器的具体应用。如带有多路复用的 BCD 输出的 4 位半 A/D 转换器 ICL7135、8 位半闪速结构高速 A/D 转换器 TLC5510、带有自校正功能的 $\Sigma - \Delta$ 型 A/D 转换器 AD7705/06 以及 12 位逐次逼近型串行 A/D 转换器 TLC2543 的应用和注意事项。

设 计 练 习

1. 图 5.2.2 所示，由 ICL7135 组成的 4 位半的数字表头，它的输入信号 V_x 的幅度有无限制？

2. 图 5.1.8 为 TLV5613 与微控制器 AT89C51 的典型接口电路。请写出其单片机的驱动程序。

3. AD7705/06 与单片机的接口有三线、四线、五线及多线方式。请给出 AD7705/06 与 AT89C51 的五线接口硬件设计及软件设计。五线方式即用 DOUT、DIN、SCLK、$\overline{\text{CS}}$ 及 $\overline{\text{DRDY}}$ 引脚进行控制，其中 DOUT 和 DIN 与单片机的串行口相连，用于数据的输出和输入；SCLK 用于输入串行时钟脉冲；$\overline{\text{CS}}$、$\overline{\text{DRDY}}$ 引脚可以由单片机的 I/O 口线控制。

4. TLC2543 和 AT89C51 接口电路如图 5.2.14 所示，根据示例程序，完成 TLC2543 和 AT89C51 软硬件接口设计。

第6章 单片机应用系统设计

6.1 概　述

前面的章节,较详细地介绍了电子系统设计的基础知识。一般来说,实际应用系统相对比较复杂一些,往往可能是模/数混合系统,可能还包括单片机(MCU)、数字信号处理器(DSP)、可编程逻辑器件(CPLD/FPGA)等。在后续的章节,我们将分别介绍以单片机(MCU)、可编程逻辑器件(CPLD/FPGA)为核心的电子应用系统设计。

6.1.1 单片机的发展趋势

单片机的发展经历了以下几个发展阶段:

上世纪七十年代后期,单片机由 4 位发展到 8 位,采用 NMOS 工艺,速度低,功耗高,集成度低。这段时期代表的产品主要有:MC6800,Intel8048 等。

八十年代,以 8 位单片机为主,主要采用 CMOS 工艺,并逐渐被高速低功耗的HMOS 工艺代替。这段时期代表的产品主要有:MC146805,Intel8051 等。

上世纪末,单片机的发展可以说是百花齐放、百家争鸣的时期,世界上各大芯片制造公司都推出了自己的单片机,从 8 位、16 位到 32 位,数不胜数,应有尽有。主核有与主流 80C51 系列兼容的,也有不兼容的。它们各具特色,为单片机的应用提供广阔的选择空间。从有关的市场调查来看,这个时期仍然是 8 位机唱主角。

到本世纪,几大主流单片机制造公司都在主推 16 位单片机和 32 位机。尽管有更高位机取代 8 位机的发展趋势,但是据有关的市场分析,目前占有绝大部分市场且极具发展前途的仍是 8 位机和 16 位机,而且还将在一定时期内保持这种状况。在中小型应用系统综合设计中,多数应用仍采用以 80C51 为核心的单片机。

目前,兼容 80C51 系列结构和指令系统的单片机主要有的 Silicon Lab 公司的C8051F 系列单片机、爱特梅尔(Atmel)公司的系列单片机、宏晶科技的 STC 系列单片机和中国台湾的华邦(Winbond)公司的系列单片机等。另外不兼容 80C51 系列结构和指令系统的单片机主要有德州仪器(Texas Instruments,简称 TI)公司的MSP430 系列单片机、Microchip 公司的 PIC 系列单片机、MOTOROLA 公司的系列单片机以及日本几大公司的专用单片机等。

纵观单片机的发展史,可以预示单片机有以下发展趋势:

① 低功耗。

随着芯片制造技术和电源技术的发展,低功耗、宽工作电源电压的单片机将成为主流。目前,多数单片机的制造采用了 CHMOS(互补高密度金属氧化物半导体)工艺,使得单片机具备了高速和低功耗的特点,更适合于在要求低功耗(如电池供电)的应用场合。这种工艺将是今后一段时期单片机发展的主要方向。如 TI 公司的 MSP430 新型 FLASH 单片机在 1 MHz、3 V 供电情况下,典型工作电流为 350 μA。另外,有些单片机芯片的工作电压已降到 2 V 或以下了,使得这些单片机的功耗大大降低。

② 单片化。

SoC(片上系统)和 SOPC(片上可编程系统)是电子应用系统发展的趋势。现在虽然单片机的品种众多,但内核大同小异。它们的最大不同之处是,各个制造商给单片机集成了不同的单元电路,如 A/D 转换器、D/A 转换器、比较器、内部 RC 振荡器、看门狗、PWM 输出、MP3 解码器和播放器、LCD 驱动电路、I²C 总线接口、USB 接口、CAN 控制器等。单片机包含的单元电路越多,功能就越强大。

另外,现在的产品普遍单片机不但功能强、功耗低,还要体积小、重量轻。这就要求单片机都具有多种封装形式,其中 SMD(表面封装)越来越受欢迎,使得由单片机构成的系统正朝微型化方向发展。

③ 多品种共存。

现在虽然单片机的品种繁多,各具特色,但仍以 80C51 为核心的单片机占主流。不同制造商的单片机具有不同的特色和专长,分别适合于不同的应用领域。在一定的时期内,这种情形将得以延续,不存在某个单片机一统天下的垄断局面。

本章将以目前使用较多的 TI 公司的超低功耗 16 位单片机 MSP430 系列和 Silicon Lab 公司的 8 位 SoC 单片机 C8051F 系列为例来讲述单片机应用系统设计。

6.1.2　单片机的应用及选择

如上节所述,单片机的品种繁多,各具特色,分别适合于不同的应用领域。那么在应用及选择上有哪些考虑呢?这就是本小节要解决的问题。

目前单片机的应用已渗透到人们生活的各个领域。从导弹的导航装置、飞机上各种仪表的控制,到工业自动化过程的实时控制及数据处理和传输,从民用轿车的安全保障系统,到录像机、摄像机、全自动洗衣机的控制,以及程控玩具、电子宠物等场合,都使用了少则一两片,多则几十上千片单片机。因此,单片机应用系统综合设计在电子系统综合设计中占有十分重要的地位。

在单片机应用系统中,单片机是核心。选择一款合适的单片机是十分重要的。为确保应用系统的整体性能指标和系统硬件、软件需要,在选择单片机时,首先要考虑以下几个方面的问题:

> 字长和指令功能;

> 存储器容量大小;

> 集成的外设模块功能;

> 开发设备和工具;

> 开发成本和周期。

此外可能还需要考虑系统功耗、体积大小、可靠性等。

从前面介绍的单片机的发展趋势可知,单片机有着各种特色和具有不同外设功能的成员,有着广泛的选择空间。在实际的应用系统设计中,可根据相应的系统要求,综合考虑各种因素,选用合适的单片机。

例如,考虑到电路板空间和成本,应使外围部件尽可能少。一般来说,80C51 系列单片机最多有 512 字节的 RAM 和 32K 字节的程序存储器(EPROM 或 Flash)。有时只要使用系统内置的 RAM 和程序存储器就可以了,应充分利用这些部件,不再需要外接 RAM 和程序存储器,这样就省下了 I/O 口,可用来和其它器件相连。当需要 I/O 口数量少并且程序代码较短时,使用 28 脚或更少引脚的 80C51 单片机可节省不少版面空间。

6.1.3　单片机应用系统综合设计的一般过程

和其他应用系统设计一样,单片机应用系统综合设计过程也有规律可循。设计者首先必须明确自己所设计的系统完成什么功能,达到什么样的性能。其次必须考虑如何以最少的资源、以最快的开发速度、以可靠的性能完成设计任务。

综合起来,单片机应用系统综合设计的一般过程大体上可以分为以下几个阶段。

① 确定设计任务书,分析系统功能指标,拟定系统总体设计方案。

首先,必须进行认真细致的调查研究,深入了解用户的需求,结合目前国内外相关的技术水平,进行项目分析,确定要完成的任务和应具备的功能和技术指标,在综合考虑各种因素后,提出系统总体设计方案。

总体设计首先要合理安排单片机软件和硬件应完成的任务和功能;其次选择确定系统采用的硬件种类和数量,绘出系统硬件的构成框图;同时还需完成软件设计任务分析,绘出系统软件构成框图。

总体设计一般还要将系统设计按功能模块分解成若干课题,拟定详细的工作计划,使各项设计工作得以协调开展。

② 硬件设计、软件设计及调试。

硬件设计一般应注意以下一些基本原则:

> 采用典型电路,力求标准化。可以少走弯路,缩短开发周期。

> 选择新型器件。避免因器件厂商停产和转产带来的不便。

> 系统扩展和配置要留有余地。以备将来更新换代。

➤尽可能以软代硬。提高可靠性和方便修改。

这里列出的是主要的一些原则,其他还有一些事项也必须引起注意,如可靠性设计、抗电磁干扰设计、自诊自测电路设计、结构工艺等。

关于单片机的软件设计,近年来多推崇以 C51 语言为主,以汇编语言为辅。采用 C51 语言不必对单片机和硬件接口的结构有很深入的了解,编译器可以自动完成变量存储单元的分配,编程者只需专注于应用软件部分的设计,可大大加快软件的开发速度。采用 C51 语言可以很容易地进行单片机的程序移植工作,有利于产品中单片机的重新选型。汇编语言主要用在时间要求比较严格的模块中。用 C51 语言进行 80C51 单片机程序设计是单片机开发与应用的必然趋势。另外,软件设计应尽量采用结构化设计和模块化编程的方法,有利于调试和修改。

硬件调试主要有两个工作:一是硬件电路检查;二是硬件电路运行检查,可能需要结合软件进行。软件调试主要是指在单片机开发系统下进行的仿真调试。

③ 系统联调,性能测试。

系统联调主要完成排除单片机应用系统中的软、硬件故障。在该阶段还必须进行系统性能指标测试,以确定是否满足设计要求,并写出测试报告。

④ 编制设计文件。

该文件不仅是单片机应用系统综合设计工作的总结,而且是系统使用、维护等的重要资料。

6.2　以 MSP430 为核心的应用系统设计

上节从系统设计角度出发,概略介绍了单片机应用系统设计中将涉及的一些问题,单片机的发展、单片机的选型、单片机应用系统综合设计的一般过程等。

本节将从具体应用角度介绍以 MSP430 为核心的应用系统设计。首先介绍 MSP430 的一些主要特点,接着介绍 IAR for MSP430 集成开发环境使用、MSP430x2xx 系列的外设配置软件 Grace 的使用,最后以 MSP430F2619 为例,介绍 MSP430 的硬件设计和软件设计。

6.2.1　MSP430 简介

MSP430 系列单片机是 TI 公司推出的一种超低功耗的 16 位工业级混合信号微处理器。

MSP430 系列单片机片内组合了不同功能模块,如看门狗、模拟比较器、硬件乘法器、液晶驱动器、ADC、DAC 等,可适应不同应用层次的需求,为单片机应用系统设计提供了极大方便。

在硬件架构上,采用冯·诺伊曼结构,提供了 5 种低功耗模式,可最大限度的延长手持设备的电池寿命。

MSP430 系列单片机的 CPU 采用 16 位精简指令集,集成了 16 个通用寄存器和常数发生器,极大地提高了代码的执行效率。片内集成数字可控振荡器(DCO)可在 1 μs 内由低功耗模式切换到活动模式。

MSP430 系列单片机所具有的鲜明特点使其在许多行业都得到了广泛的应用,尤其是仪器仪表、监测、医疗器械以及汽车电子等领域。

MSP430 单片机主要有以下特点。

① 超低功耗。

MSP430 单片机主要从两个方面来实现超低的功耗:电源电压降低;运行时钟灵活可控。MSP430 单片机的电源电压采用的是 1.8～3.6 V 电压。因而可使其在 1 MHz 的时钟条件下运行时,单片机的电流约为 200～400 μA,时钟关断模式时的最低功耗约为 0.1 μA。

MSP430 单片机中有两个不同的系统时钟系统:基本时钟系统和锁频环时钟系统或 DCO 数字振荡器时钟系统。有的使用一个晶体振荡器(32.768 kHz),有的使用两个晶体振荡器。由系统时钟系统产生 CPU 和各功能模块所需的时钟。并且这些时钟可以在指令的控制下打开和关闭,从而实现对功耗的控制。

由于系统运行时打开的功能模块不同,即采用不同的工作模式,芯片的功耗有着显著的不同。在系统中共有一种活动模式(AM)和五种低功耗模式(LPM0～LPM4)。在等待方式下,耗电为 0.7 μA,在节电方式下,最低可达 0.1 μA。

② 丰富的片上外设模块。

MSP430 单片机的片上外设模块主要有:多通道 10～14 位 ADC;双路 12 位 D/A 转换器;比较器;液晶驱动器;电源电压检测;串行口 USART(UART/SPI);硬件乘法器;看门狗定时器;多个 16 位、8 位定时器(可进行捕获,比较,PWM 输出);DMA 控制器。

③ 强大的处理能力。

MSP430 系列单片机是一个 16 位的单片机,采用了精简指令集(RISC)结构,具有丰富的寻址方式(7 种源操作数寻址、4 种目的操作数寻址)、简洁的 27 条内核指令以及大量的模拟指令;大量的寄存器以及片内数据存储器都可参加多种运算;还有高效的查表处理指令。

运算速度方面,MSP430 系列单片机能在 8 MHz 晶体的驱动下,实现 125 ns 的指令周期。16 位的数据宽度、125 ns 的指令周期以及多功能的硬件乘法器(能实现乘累加)相配合,能实现数字信号处理的某些算法,如 FFT 等。

MSP430 系列单片机的中断源较多,并且可以任意嵌套,使用时灵活方便。当系统处于省电的备用状态时,用中断请求将它唤醒最长时间只用 6 μs,最短只需 1 μs。

④ MSP430 芯片上包括 JTAG 接口,仿真调试通过一个简单的 JTAG 接口转换器就可以方便的实现如设置断点、单步执行、读/写寄存器等调试;快速灵活的编程方

式,可通过 JTAG 和 BSL 两种方式向 CPU 内装载程序。

6.2.2　IAR Embedded Workbench IDE 的使用

本书以 IAR Embedded Workbench IDE for MSP430 V5.30 为例进行介绍。一般来说,利用 IAR Embedded Workbench IDE 创建一个应用工程,一般包含以下几个步骤:

> ➢ 创建工作区;
> ➢ 创建一个新的工程;
> ➢ 设置工程选项;
> ➢ 将源文件加入工程;
> ➢ 设置专用工具选项;
> ➢ 编译、链接。

IAR Embedded Workbench IDE for MSP430 V5.30 启动后的界面如图 6.2.1 所示,默认打开 IAR for MSP430 软件的信息中心。用户也可以选择 Help→Information Center 打开信息中心。该信息中心包含了 8 个信息:软件使用指南,用户指南,工程实例,多个集成 RTOS,教程,技术支持,版权,个性化服务。我们可以从这里获得软件使用帮助。

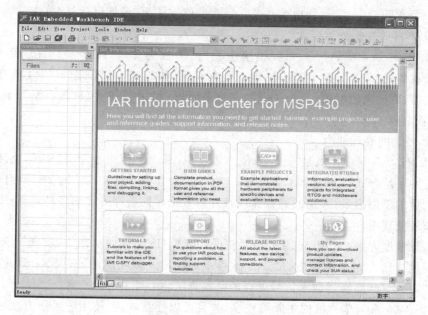

图 6.2.1　启动后的界面

(1) 创建工作区

选择 File→New→Workspace 可以创建一个空的工作区,如图 6.2.2 所示。该工作区可以加入一个或多个工程。

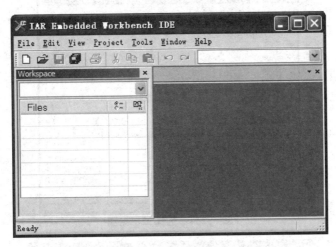

图 6.2.2　创建一个空的工作区

(2) 创建一个新的工程

如图 6.2.3 所示,选择 Project→Create New Project,将弹出创建一个新工程的窗口,如图 6.2.4 所示,选择工程中的主体文件类型,这里以创建 C 语言的工程为例,选择 C→main,并单击 OK 确定,将进入工程保存窗口,为工程命名并保存,如图 6.2.5 所示。工程文件名的后缀为.ewp ,包含了工程的专用设置。同时,可以通过选择菜单项 File→Save Workspace 保存工作区,文件名的后缀为.eww ,包含了加入工作区的一个或多个工程。当然,也可以在编译、链接前保存文件工作区。

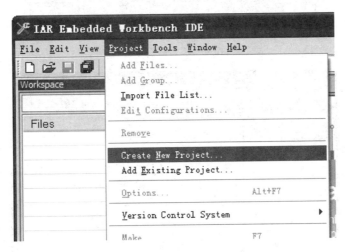

图 6.2.3　创建一个新的工程

建立好的工程 PortLed 及工程中包含的文件 main.c,如图 6.2.6 所示,工程已经加入了工作区。

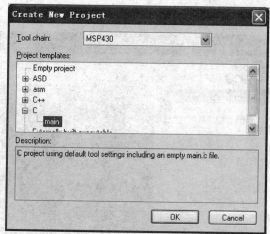

图 6.2.4　选择工程类型

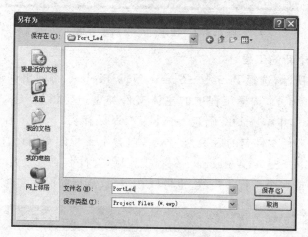

图 6.2.5　保存工程

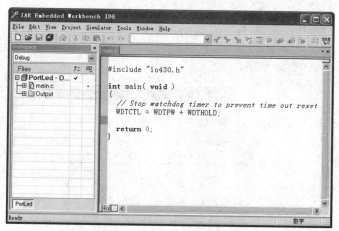

图 6.2.6　自动生成的 main. c 文件

(3) 设置工程选项

如图 6.2.7 所示,选择工作区的工程文件夹图标,右击,并选择 Options,或者执行菜单项 Project→Options,进入如图 6.2.8 所示的工程设置窗口。

在工程设置窗口的 General Options 目录下,提供了目标板、输出、库和实时运行环境等设置。单击 Target 标签下的 Device 选项中的图标,选择要仿真的目标板的 CPU 系列及具体型号。这里以 MSP430x2xx Family 系列的 MSP430F2 619 为例。其他标签选项可以默认设置。

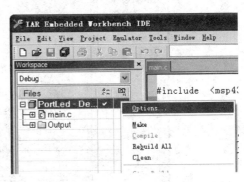

如图 6.2.9 所示,在 Debugger 目录下,在 Setup 标签下的 Driver 选项中,选择仿真类型,这里选择 FET Debugger,即使用硬件仿真器进行仿真调试。

图 6.2.7　工程选项设置

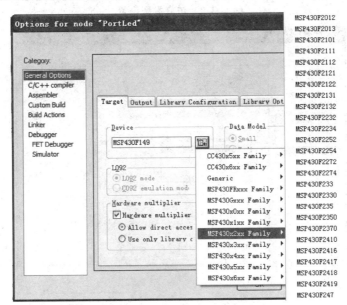

图 6.2.8　器件设置

同时,在 Debugger - FET Debugger 目录中的 Setup 标签下的 Connection 选项中,选择项目调试中使用的仿真器类型,如图 6.2.10 所示。

(4) 将源文件加入工程

设置好工程仿真环境后,选择工作区的工程文件夹图标,右击,并选择 Add→Add Files,或者执行菜单项 Project→Add Files,选择需要加入的文件,加入工程,如图 6.2.11 所示。这里也可以在工程中加入文件组(Group),如包含文件组、源文件

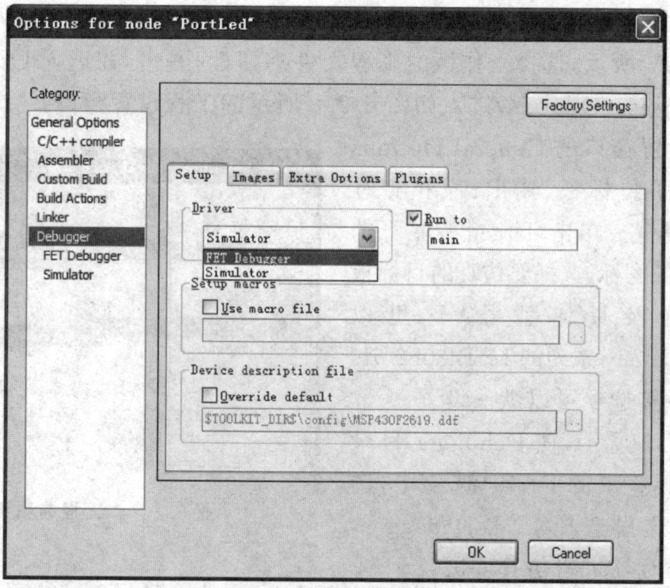

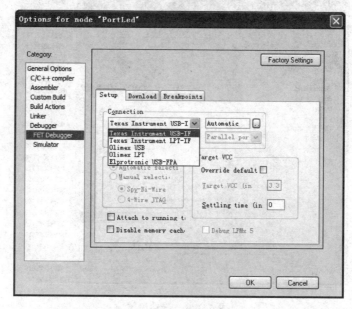

图 6.2.9　仿真类型设置

图 6.2.10　仿真器设置

组等,便于文件管理。

(5) 设置专用工具选项

选择工作区的工程文件夹图标,右击并选择 Options,或者执行菜单项 Project→Options,在 C/C++ compiler 目录下,选择专用的编译选项。例如可以选择多个文件的编译,选中如图 6.2.12 所示的复选框,一般可以实现编译优化,但将花费更多的编译时间。在项目开发阶段,一般建议不选择该项。

图 6.2.11　将源文件加入工程

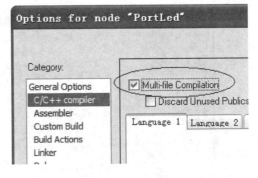

图 6.2.12　设置编译选项

(6) 编译、链接

执行菜单 Project→Rebuild All 进行编译、链接,生成可调试的文件,如图 6.2.13 所示。这里需要注意 Rebuild All、Make 和 Compile 三个命令的不同之处。Rebuild All 命令将编译、链接当前工程,不管文件是否改动,或者设置是否变动;Make 命令将编译、链接当前工程,但只编译有改动文件,或者设置变动的文件;Compile 命令只编译当前源文件,不管文件是否改动,或者设置是否变动。

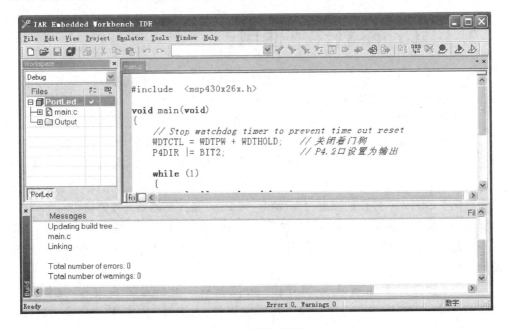

图 6.2.13　编译、链接工程

编译链接无误后,单击 Download and Debug 图标,或执行菜单项 Project→
Download and Debug 命令,进入调试窗口,进行工程调试,如图 6.2.14 所示。与其
他调试环境一样,在调试界面下,你可以使用断点工具、单步或多步运行进行调试,查
看变量变化,监视存储器和寄存器的变化,观察端口状态变化,分析运行时间等。

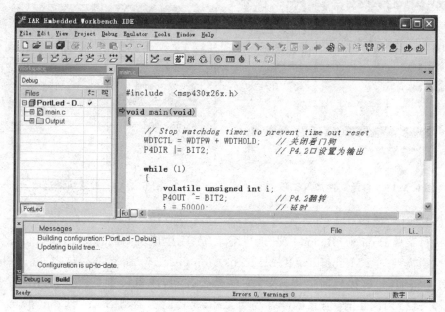

图 6.2.14　工程调试窗口

6.2.3　Grace 软件的使用

德州仪器(TI)的 Grace 软件是一款免费的图形用户软件,Grace 是 Graphical
Code Engine(图形代码引擎)的简称。

开发人员可通过 Grace 软件的 GUI(图形用户界面)便捷地实现超低功耗 MSP430
微控制器外设的配置,生成外设配置的源代码。注意,不是应用程序。开发人员可通过
按钮、下拉菜单、实用弹出窗口生成简单易懂的 C 语言外设配置代码,自动配置模/数
转换器(ADC)、运算放大器、定时器、串行通信模块、时钟以及其它外设的设置。Grace
软件简化了 MSP430 外设的设置过程,消除 MSP430 微控制器的开发障碍。

Grace 软件目前是免费的,有两个版本,一个是集成到 CCS 集成开发环境中的,
另一个是独立的。独立的 Grace 软件大大方便了在 CCS 之外的开发环境中进行开
发的人员。

Grace 软件可无缝集成于 MSP430 微控制器工具链及开发过程,支持所有
MSP430G2xx(Value Line)和 MSP430F2xx 器件、大多数 eZ430 模块以及 Launch-
Pad 开发套件。其他系列暂不支持。

Grace 软件的主要特性：

① 基于 GUI(图形用户界面)的配置工具，用于设置 ADC、运算放大器、计时器、时钟、GPIO、比较器、串行通信，以及其它 MSP430 外设；

② 生成易于理解的 C 语言代码，并最大限度地降低多个外设之间的配置矛盾冲突，以正确配置用户的设备；

③ 兼容 LaunchPad 和大多数 eZ430 工具；

④ Grace 工具提示提供很有帮助的弹出窗口和提示，以便正确配置 MSP430 器件；

⑤ Grace 提供基础、高级用户和寄存器级视图，提供不同层次的抽象，以便设置用户的外设；

⑥ 作为一个免费 CCS 插件，Grace 可以无缝集成到 MSP430 工具链和开发流程。

下面简单介绍 Grace 软件的使用。

Grace 软件的启动界面如图 6.2.15 所示，工作页面简要介绍了 Grace 软件的快速使用指南、使用提示和经常遇到的问题解答。

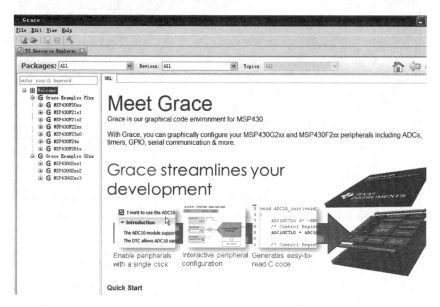

图 6.2.15　Grace 软件启动界面

选择 File→New，将弹出如图 6.2.16 所示的对话框。在 Project Name 后的文本框里输入工程名。去掉 Use Default Location 前的复选框，可以选择工程文件保存的位置，在 Device 后的下拉框里选择所要配置的器件型号。也可以勾选 Auto Generate 'main. c' Example 复选框，让 Grace 软件自动生成包含配置文件的 main. c 文件。单击 OK 即可生成配置文件，后缀名为 ＊. cfg。本例为 F2619Grace. cfg。

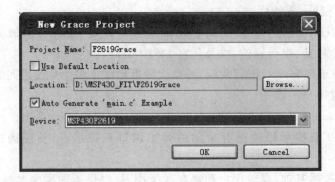

图 6.2.16　创建一个新的 Grace 工程

F2619Grace.cfg 配置文件包含三个部分,即介绍页面、设备概述页面和系统寄存器页面,如图 6.2.17 所示。

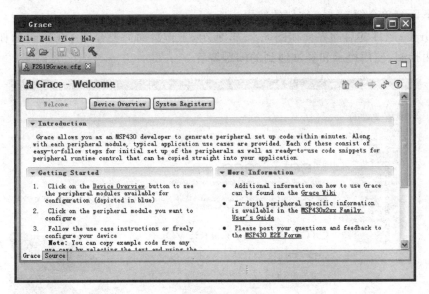

图 6.2.17　配置文件

在本例中,采用了 MSP430F2619 微控制器,生成的配置文件的设备总览页面如图 6.2.18 所示。在这个页面中,MSP430F2619 微控制器的可配置的外设模块都显示成蓝色方块,在蓝色方块的右下角标有"√"号的,表示已经进行了配置。

如果我们需要配置更多的模块,如 ADC12,可右击选择 Use ADC12,将弹出如图 6.2.19 所示的配置界面。在这个配置界面里,ADC12 的配置有四个页面:概述页面、基本用户设置页面、高阶用户设置页面和寄存器页面。并且在下半部分有配置提示,如本例有两个警告。一个是提示 ADC12 目前处于关闭状态,需要通过 ADC12CTL0 和 ADC12ON 两个位的使能开启 ADC12;另一个提示是当选用 ADC12SC 启动转换,必须设置定时触发采样保持源(SHP)。这些提示对 MSP430F2619 微控制器外设的正确操作十分必要。

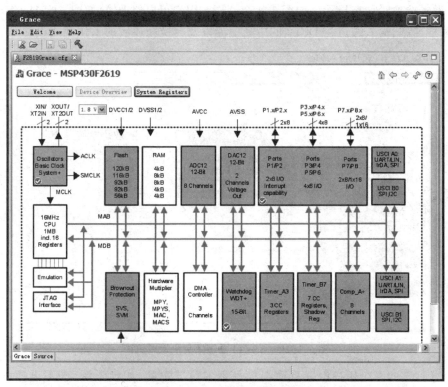

图 6.2.18　设备总览页面

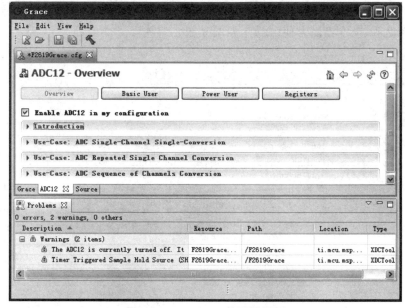

图 6.2.19　ADC12 的配置界面

在 ADC12 配置的基本用户设置页面中,用户可设置的选项均有提示。当鼠标靠近设置选项时均有提示。如图 6.2.20 所示,用户可以修改 ADC12 的使能、信号带宽、采样速率、输入通道、ADC12 的中断使能以及转换完成后的工作模式设置等。

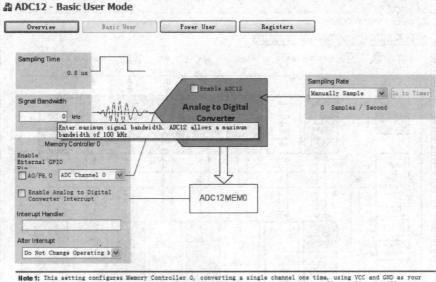

图 6.2.20　ADC12 的基本用户设置页面

ADC12 的高级用户设置页面提供更多的设置选项,如参考源、参考电压、时钟源、转换顺序、转换方式等。

ADC12 的寄存器设置页面可以直接修改寄存器配置,并且鼠标靠近设置框时,均有设置提示,设置界面方便、友好,如图 6.2.21 所示。

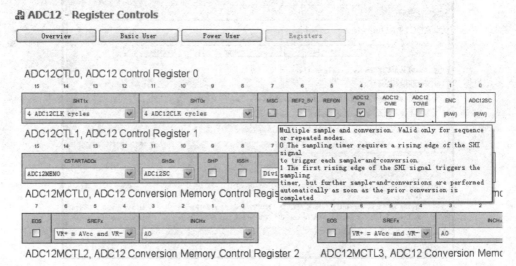

图 6.2.21　ADC12 的寄存器设置页面

　　设置完参数后,均可通过右上角的刷新按钮,完成外设的配置的刷新。保存配置文件,并通过点击图形像"榔头"的快捷按钮,或选择 File→Generate,即可生成外设的初始化配置文件,并保存在 csl 文件夹下。

　　在 IAR Embedded Workbench IDE 开发环境下,可以给以上配置文件建立一个组(Group),加入现有工程中,如图 6.2.22 所示。IAR Embedded Workbench IDE 开发环境的使用参见 6.2.2 小节。

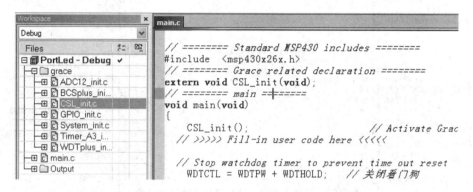

图 6.2.22　IAR 开发环境中加入配置文件及函数

6.2.4　MSP430F2619 简介

　　MSP430F2619 是基于闪存的超低功耗 MSP430F2xx 系列中的一款微控制器,片内带有 120 KB 闪存和 4 KB RAM,有 48 个通用 I/O 口,可用于传感系统、工业控制、手持仪器仪表等。

　　和 MSP430F2xx 系列单片机的主要特点一样,MSP430F2619 的主要特点是工作电压范围:1.8~3.6 V;超低功耗(活动模式 365 μA@1 MHz,2.2 V;待机模式(VLO 模式)0.5 μA;掉电模式(RAM 数据保持)0.1 μA;有 5 种节电模式);从待机到唤醒的响应时间小于 1 μs;片内集成比较器;四个通用串行通信接口(增强型的异步通信,支持波特率自动检测;红外编/解码器;同步通信 SPI;I^{2}C;LIN);带有内部参考源、采样保持、自动扫描特性和数据传送控制器的 12 位 A/D 转换器;双通道 12 位 D/A 转换器;1 个硬件乘法器;3 通道 DMA;可编程电源掉电检测;Flash 存储器为 120 KB+256 B,RAM 为 4 KB。

　　目前,MSP430F2619 主要有 3 种封装:LQFP64,LQFP80 和 BGA113。本书采用 LQFP80 封装的 MSP430F2619TPN,引脚图如图 6.2.23 所示。

　　LQFP80 封装的 MSP430F2619TPN 的功能框图如图 6.2.24 所示。功能框图可以看到的片内外设主要有:120 KB 闪存、4 KB RAM、8 通道的 12 位 ADC、双输出 12 位 DAC、4 个 USCI(通用串行通信接口)、硬件乘法器和 3 通道 DMA。

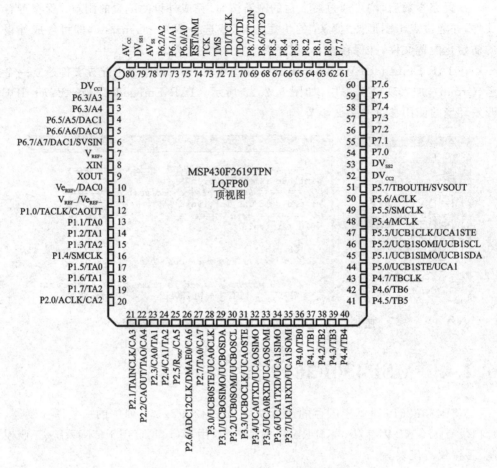

图 6.2.23　MSP430F2619TPN 引脚图

在本书里,我们准备以 MSP430F2619 用硬件和软件实现以下功能:

➤ 通用 I/O 口控制 LED 闪烁;

➤ PA 端口实现跑马灯;

➤ 矩阵式键盘扫描;

➤ 触摸按键及显示;

➤ ADC 数据采集;

➤ 串口通信;

➤ DS18B20 单总线的使用;

➤ I^2C 总线的日历时钟芯片 PCF8563 的使用;

➤ SPI 总线的无线通信模块的使用。

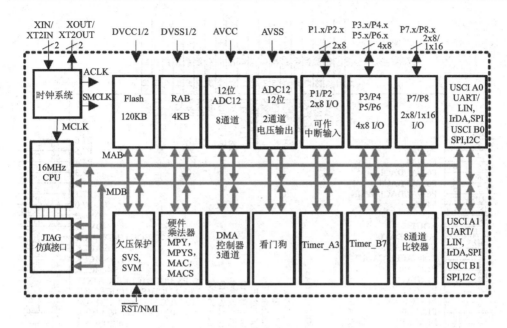

图 6.2.24　MSP430F2619TPN 功能框图

6.2.5　通用 I/O 口控制的 LED 闪烁

MSP430F2619 主电路图如图 6.2.25 所示,后续的电路中将使用到这个主电路图。LED 灯使用的通用 I/O 口为 P5.7,电路原理图如图 6.2.26 左下角部分所示。

在 MPS430F2619 芯片中,有多组 I/O 口,可以实现输入、输出等功能,相应的功能通过相应的寄存器配置来实现,如果想实现连接在这些 I/O 上的 LED 灯的闪烁,相应的 I/O 口需要设置成输出模式,即设置 PxDIR＝1(输出模式),同时,周期性地改变 PxOUT 寄存器的值就能实现对应连接的端口的 LED 亮和灭。

利用通用 I/O 口 P5.7 实现 LED 等闪烁的程序代码如下:

```
//------------------------------------------------------------
// 文件名:MSP430F261x_LED.c
// 开发环境:IAR Embedded Workbench Evaluation for MSP430 5.30
// 功能:实现连接在 P5.7 口的 LED 闪烁
// 日期:2012 年 8 月 10 日
// 版本:V1.0
//------------------------------------------------------------
# include  <msp430x26x.h>
void main(void)
{
```

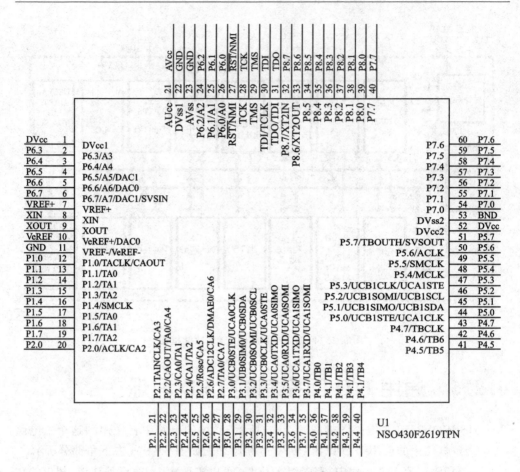

图 6.2.25 MSP430F2619 主电路图

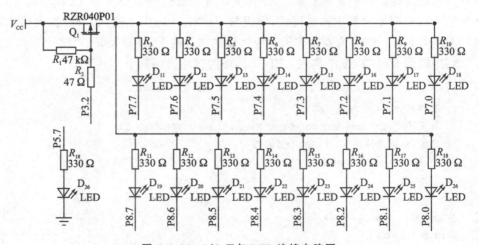

图 6.2.26 I/O 口与 LED 连接电路图

```
WDTCTL = WDTPW + WDTHOLD;                    // 关闭看门狗
P5DIR | = BIT7;                              // P5.7 口设置为输出
while (1)
{
    volatile unsigned int i;
    P5OUT ^= BIT7;                           // P5.7 翻转
    for (i = 0; i < 50000; i++);             // 延时
}
}
```

6.2.6　PA 端口实现跑马灯

PA 端口(P7 和 P8)实现跑马灯的电路原理图如图 6.2.25 和图 6.2.26 所示。由于 PA 端口(P7 和 P8)还连接于其他部分,为了不相互影响,在电源中串入了 MOSFET(Q1)起开关作用,只有 P3.2 端使能(低电平)方能将 VCC 电源连接到本电路中。

MSP430F2619 的端口 P7、P8 可以独立使用,也可以组合成 16 位的端口(PA)来使用。本例中,PA 端口的每一位分别连接了一个 LED,只要给 PAOUT 写入不同的值就可以实现不同的 LED 显示。由于 MSP430F2619 的 XT2 引脚与 PA 端口中的 P8.6、P8.7 复用,需要将 PA 端口中的 P8.6、P8.7 配置成普通 I/O 口模式。

PA 端口(P7 和 P8)实现跑马灯的程序代码如下:

```
// ------------------------------------------------------------
// 文件名：msp430F2619_leds.c
// 开发环境：IAR Embedded Workbench IDE 4.11A
// 功能：通过 PA 端口(P7 和 P8)实现跑马灯功能
// 日期：2012 年 8 月 10 日
// 版本:V1.0
// ------------------------------------------------------------
# include    <msp430x26x.h>
# define uint unsigned int
# define uchar unsigned char
void main(void)
{
    uint i,j;
    uchar count = 0;                         //方向计数
    uint LedType = 0x0001;                   //LED 显示样式初值

    WDTCTL = WDTPW + WDTHOLD;                //关开门狗
    P3DIR | = BIT2;                          //P3.2 设置为输出
```

```
P3OUT & = ～BIT2;                              //使能跑马灯的电源信号
P8SEL = 0X00;                                  //配置 P8.6,P8.7
PADIR = 0xFFFF;                                //PA 设置为输出
PAOUT = 0x0000;                                //点亮全部 LED,用于测试
for(i = 0;i<50000;i++);                        //延时
    while(1)
{
  if(count = = 0)                              //正向旋转
    {
        for(j = 0;j<16;j + +)
        {
            PAOUT = 0xFFFF - LedType;          //输出显示
            LedType = LedType << 1;            //改变显示样式值
            for(i = 0;i<20000;i ++);           //延时
        }
        count = 1;                             //改变显示方向
    }
  LedType = 0x8000;                            //改变显示样式值
  if(count = = 1)                              //反向旋转
    {
        for(j = 0;j<16;j + +)
        {
            PAOUT = 0xFFFF - LedType;          //输出显示
            LedType = LedType >> 1;            //改变显示样式值
            for(i = 0;i<20000;i ++);           //延时
        }
        count = 0;                             //改变显示方向
    }
  LedType = 0x0001;                            //改变显示样式值
}
}
```

6.2.7 矩阵式键盘扫描

矩阵式键盘扫描的电路原理图如图 6.2.25 和图 6.2.27 所示。

矩阵式键盘扫描将占用大量的时间,多数只用在其他任务占时不多的情况下。为节省时间,可采用定时中断,扫描键盘。

下面用两步来简单描述矩阵式键盘的子程序工作原理。

第一步,识别有无按键按下。

首先让列线 P1.4～P1.7 处于输入状态,行线 P1.0～P1.3 为输出状态,键盘上

没有按键按下时,所有列线输入为高电平。当键盘上某个按键按下时,则对应的行线和列线短接。例如,当 K1 键按下时,P1.4 与 P1.0 短接,此时 P1.4 的输入电平由 P1.0 决定。

在检测是否有键按下时,先使 4 条行线依次输出低电平,然后分别读取 4 条列线的状态。如果全部为高电平,则表示没有任何键被按下;如果有任何一个键被按下,由于列线是弱上拉到 V_{cc},则列线上读到的将是一个非全"1"的值。

上述过程只说明了如何判定是否有键被按下,但不能判定是哪一个键被按下。

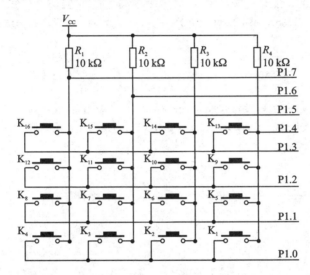

图 6.2.27　矩阵按键电路图

第二步,识别是哪一个按键按下。

首先将行线的 P1.0 置低,其它全置高,读取列线 P1.4～P1.7 上的值,如果这一行上有键按下,那么 P1.4～P1.7 上读回的值就有一个为低电平;反之,如果这一行上没有按键按下,P1.4～P1.7 上读回的值将全为"1";接着就将 P1.1 置为低电平,继续读取列线 P1.4～P1.7 上的值,如果这一行上有键按下,那么 P1.4～P1.7 上读回的值就有一个为低电平;反之,P1.4～P1.7 上读回的值将全为"1";依次将 P1.2、P1.3 置低,读回 P1.4～P1.7 上的电平值,找到按键所在的行和列,并返回按键值。

具体的键盘扫描子程序如下:

```
//------------------------------------------------------------
//函数名称：KeyScan
//函数功能：扫描得到按键的键码值,高位为列值,低位为行值
//输入参数：无
//输出参数：无
//返回值：返回键码值
//------------------------------------------------------------
char KeyScan(void)
```

```
{
  char scancode,tempcode;
  P1IFG = 0x00;                              //清中断标志
  if( (P1IN&0xF0)! = 0xF0 )                  //P1.4~P1.7 口不全为"1",则有键按下
  {
    Delays(2);                               //延时去抖
    if((P1IN&0xF0)! = 0xF0)                  //再判断一次
    {
      scancode = 0xFE;                       //初始化 P1.0 行置零
      while( (scancode&0x10)! = 0 )          //判断 4 次循环扫描结束没?
      {
        P1OUT = scancode;                    //逐行置零扫描
        if  ((P1IN&0xF0)! = 0xF0)            //是该行有键按下
        {
          tempcode = (P1IN&0xF0)|0x0F;       //得到键所在的列
          return((~scancode)|(~tempcode));//返回按键编码值
        }
        else
        {
          scancode = (scancode<<1)|0x01;     //改变行置零
        }
      }
    }
  }
  return 0;
}
```

6.2.8 触摸按键及显示

如图 6.2.28 所示,触摸按键中的按键相当于一个电容 C_{SENSOR},该电容的容值受触摸的影响,从而影响对其的充电和放电时间,而充放电时间的长短能够反应电容容值的大小。因此,对该电容进行充电和放电,并实时的测量其充放电时间的变化,以充放电时间的变化为依据,就可以判断按键是否按过。

实际的触摸按键原理图如图 6.2.28 所示。4 个触摸按键占用 4 个 I/O 口,其中每两个按键为一组,在两个按键之间跨接了一个 2.2 MΩ 电阻,通过该电阻进行电容的充电和放电。触摸按键利用 PCB 的覆铜,覆盖一层绝缘层制成。要求触摸按键的周围和背面都是地线。当手触摸时,则会改变触摸按键与地之间的等效电容量,使之加大,通过电路检测这一变化就可以判断出来触摸按键被触摸。

测量电容量变化的方法有谐振式的和 SLOPE 式的。这里使用 SLOPE 式的。

这里以触摸键 K_1 为例,SLOPE 式的充放电时间测量方法如下:首先将定时器

工作在连续计数模式。先将 P1.1
置成高电平,通过电阻 R_1 对 K_1
电容充电,同时打开 P1.0 中断,
并设置为上升沿触发,之后等待中
断发生,读取计数器的值,计算充
电时间,再将 P1.1 置低,通过电
阻 R_1 对 K_1 电容放电,打开 P1.0
中断,并设置为下降沿触发,之后
等待中断发生,读取计数器的值,
计算放电时间,最后将充电时间和
放电时间相加得到总的充放电时间。

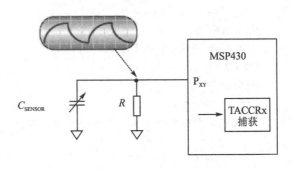

图 6.2.28　触摸按键原理示意图

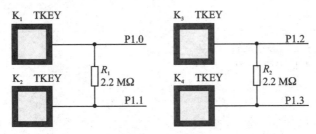

图 6.2.29　触摸按键原理图

触摸按键的子程序代码如下:

```
//---------------------------------------------------------
//函数名称:Init_MCU
//函数功能:完成 MCU 的各寄存器的初始化工作
//型参类型:空
//返回类型:空
//---------------------------------------------------------
void Init_MCU_Key(void)
{
  unsigned int i;
  for(i = 0;i<20000;i++);              //等待时钟稳定
  P1DIR = 0xFF;
  P1OUT = 0;                           //端口输出低电平
  P1IE = 0;                            //关中断使能,上升沿触发
  P1IES = 0;                           //上升沿触发
  P1IFG = 0;                           //清中断标志
  TACTL = TASSEL_2 + MC_2;             //开 TAR ,时钟选择 SMCLK,连续计数
  _EINT();
}
```

```
//----------------------------------------------------------
//函数名称:Init_key
//函数功能:清零电容基本特性
//型参类型:空
//返回类型:空
//----------------------------------------------------------
void Init_Key(key_data_t * key,const key_config_data_t * key_config)
{
  key->base_capacitance = 0;                    //清基本电容量为 0
  key->filtered = 0;                            //清当前电容差值为 0
  key->adapt = 0;
  P1IFG = 0;
  P1IE = 0;
}
  //----------------------------------------------------------
//函数名称: find_mean_position
//函数功能: 获取当前按键值
//形参类型: void
//函数类型: int
//----------------------------------------------------------
int find_mean_position(void)
{
    long min;                                   //最小按键值
    long max;                                   //最大按键值
    int id_max_pos;                             //最大按键值的按键编号
    int key_threshold;                          //按键阈值
    int i;
    key_threshold = 200;
    min = 32767;                                //设置最小电容量的初值
    max = -32768;                               //设置最大电容量的初值
    id_max_pos = -1;                            //设置最大电容量位置的初值
    //查询最小电容量,最大电容量和最大电容量的位置并记录
    for (i = 0;  i < NUM_KEYS;  i++)
    {
        if (key[i].filtered < min)
            min = key[i].filtered;
        if (key[i].filtered > max)
        {
            max = key[i].filtered;
            id_max_pos = i;
        }
    }
```

```
        max>> = 2;
        if (max < key_threshold)                 //按键自适应处理基电容处理
        {
            for (i = 0;  i < NUM_KEYS;  i++)
            {
                if(key[i].filtered>0)
                    key[i].adapt + = 8;
                else
                    key[i].adapt + = - 2;
                if(key[i].adapt>320)
                {
                    + + key[i].base_capacitance;
                    key[i].adapt = 0;
                }
                else if(key[i].adapt< - 320)
                {
                    - - key[i].base_capacitance;
                    key[i].adapt = 0;
                }
            }
            return - 1;                           //没有按键按下
        }
        return id_max_pos;
}
// - - - - - - - - - - - - - - - - - - - - - - - - - - - - - - - - - - - - - - - - - - - - - - - - - - - -
//函数名称:Measure_Key_Capacitance
//函数功能:先测触摸式按键的充电时间,再测其放电时间,最后将两个时间相加
//型参类型:unsigned int
//返回类型:unsigned int
// - - - - - - - - - - - - - - - - - - - - - - - - - - - - - - - - - - - - - - - - - - - - - - - - - - - -
unsigned int Measure_Key_Capacitance(unsigned int keyno)
{
    const key_config_data_t  * keyp;             //定义当前按键结构指针
    keyp = &key_config[keyno];                   //赋予当前按键结构指针相应的数值
    P1IES = ~keyp - >port_n;                      //设置为上升沿中断
    P1IE = keyp - >port_n;                        //中断使能
    P1OUT = keyp - >port_m;                       //当前端口输出高电平进入充电状态
    P1DIR = ~keyp - >port_n;                      //相应引脚置为输入模式
    _NOP();_NOP();_NOP();_NOP();
    cnt_time = TAR;                               //获取定时器基值
    LPM0;                                         //进入低功耗零
    _NOP();
```

```
    sum = cnt_time;                              //获得充电时间
    P1IES = keyp - >port_n;                      //修改中断条件,设置为下降沿中断
    _NOP();_NOP();_NOP();
    cnt_time = TAR;                              //获取定时器基值
    P1OUT& = ~keyp - >port_m;
    _NOP();_NOP();_NOP();_NOP();                 //相应引脚置低进行放电
    LPM0;                                        //进入低功耗零
    _NOP();
    P1IE& = ~keyp - >port_n;                     //屏蔽响应中断
    sum + = cnt_time;                            //充放电时间相加
    return sum;                                  //返回充放电时间
}
//------------------------------------------------------------
//函数名称:Scan_Key
//函数功能:扫描按键电容量的变化
//参数类型:空
//函数类型:空
//------------------------------------------------------------
void Scan_Key(void)
{
    int i;
    int margin;
    for(i = 0;i<NUM_KEYS;i ++ )
    {
        margin = Measure_Key_Capacitance(i) - key[i].base_capacitance;
        key[i].filtered + = (margin - (key[i].filtered>>4));
    }
}
//------------------------------------------------------------
//函数名称:Port2_ISR
//函数功能:读取触摸式按键的充放电时间
//型参类型:空
//返回类型:空
//------------------------------------------------------------=
# pragma vector = PORT1_VECTOR
__interrupt void Port1_ISR(void)
{
    cnt_time = TAR - cnt_time;
    P1IFG = 0;
    LPM0_EXIT;
}
```

6.2.9 ADC 数据采集

MSP430F2619 内部集成了 12 位的 ADC 模块 ADC12,可将输入的模拟信号转换成 12 位的数值,并将该数值存放在转换存储器 ADC12MEMx(x=0~15)中。ADC12 模块使用两个可编程设置其电压值的端点 V_{R+}、V_{R-} 来定义输入的模拟信号的上下限,当输入的模拟信号电压大于或等于上限电压 V_{R+} 时,转换结果值为 0xFFF,当输入的模拟信号电压值小于或等于下限电压 V_{R-} 时,转换结果为 0,所以为了保证精度,通常将输入的模拟信号电压控制在上下限电压范围内,上下限电压 V_{R+}、V_{R-} 的设置和输入通道的选择均由转换存储控制器 ADC12MCTLx 控制。转换结果值的计算公式为:

$$N_{ADC} = 4\ 096 \times V_{in}/(V_{R+} - V_{R-})$$

ADC12 内核是由两个控制寄存器 ADC12CTL0 和 ADC12CTL1 进行设置的。ADC12CTL0 寄存器中的 ADC12ON 标志位用来使能 ADC12,在不使用 ADC12 内核的时间段可以将该标志清零以降低功耗。ADC12CTL0 和 ADC12CTL1 中大多数控制标志位都必须在 ENC 标志为零时进行设置,在进行转换之前,需要将 ENC 标志置位。

ADC12 的 8 个外部输入通道的端口与通用 I/O 端口 P6 复用。ADC12 模块正常转换需要给转换内核提供准确的基准电压源,ADC12 模块包含一个内建参考电压发生器,其电压值可以通过软件来设置,有两种电压(2.5 V、1.5 V)可供选择,也可直接选择电源电压(AV$_{cc}$)作为参考基准源。

ADC12 有多种转换模式,简单介绍如下:

① 单通道单次转换模式:针对单一通道进行采样转换,转换结果保存在由 CSTARTADD 位所指的转换存储缓冲寄存器中。每次转换需要手动启动。

② 序列通道单次转换:序列中的每个通道都进行一次采样转换,各通道是串行的,即在一个时间段内只有一个通道在进行采样转换,转换结果依次存放在以 CSTARTADD 所指向的缓冲寄存器 ADC12MEMx 为首地址的转换存储缓冲寄存器中。序列中最后一个通道所对应的转换存储缓冲控制寄存器 ADC12MCTLx 中必须置位 EOS 标志,以表示序列结束。

③ 单通道多次转换:在选定的通道上进行多次连续的采样转换,直到用软件将其停止为止,每次转换完成后,转换结果存放到 ADC12MEMx 寄存器中,对应的 ADC12IFGx 标志置位。在每次转换完成后应及时将采样转换完成后的结果存储起来,否则下一次转换完成的结果会覆盖此次转换结果。

④ 序列通道多次转换:对一个序列通道进行连续多次采样转换。转换结果依次存放在以 CSTARTADD 所指向的缓冲寄存器 ADC12MEMx 为首地址的转换存储缓冲寄存器中。在采样转换完 EOS=1 的通道后,然后开始下一次的序列采样转换,

如此周而复始,直到用软件停止采样转换(ENC 标志复位)。

这里采用单通道单次转换模式,硬件连接如图 6.2.30 所示。通过 100 kΩ 的电位器(VR1)调节将一个可变化的模拟量输入到 A1(P6.1)通道。

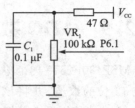

图 6.2.30　ADC12 模拟输入

```
//---------------------------------
// 文件名:MSP430F261x_ADC12.c
// 开发平台:IAR Embedded Workbench Evaluation for MSP430 5.30
// 功能:ADC12 实现单通道单次转换模式
// 日期:2012 年 8 月 10 日
// 版本:V1.0
//-----------------------------------------------------------
# include   <msp430x26x.h>
void main(void)
{
    WDTCTL = WDTPW + WDTHOLD;                // 关看门狗
    ADC12CTL0 = SHT0_2 + ADC12ON;           // 设置采样时间,开 ADC12
                                            // Vref = VACC
    ADC12CTL1 = SHP;                        // 使用定时器采样
    ADC12MCTL0 = INCH_1;                    // 选用 A1 通道
    ADC12IE = 0x00;                         // 关 ADC12MCTL0 中断
    ADC12CTL0 | = ENC;                      // 启动转换
    ADC12MCTL0 = INCH_1;
    while (1)
    {
        ADC12CTL0 | = ADC12SC;              // 软件启动转换
        _BIS_SR(CPUOFF + GIE);              // LPM0 模式,由 ADC12 中断唤醒
    }
}
```

6.2.10　UART 串口通信

RS-232C 是美国电子工业协会 EIA(Electronic Industry Association)制定的一种串行物理接口标准。RS 是英文 Recommeded Standard(推荐标准)的缩写,232 为标识号,C 表示修改次数(1969 年)。

RS-232C 标准规定,驱动器允许有 2 500 pF 的电容负载,通信距离将受此电容限制,例如,采用 150 pF/m 的通信电缆时,最大通信距离为 15 m;若每米电缆的电容量减小,通信距离可以增加。传输距离短的另一原因是 RS-232C 属单端信号传送,存在共地噪声和不能抑制共模干扰等问题,因此一般用于 20 m 以内的通信。

　　现在个人计算机所提供的串行端口的传输速度一般都可以达到 115 200 bps 甚至更高,标准串口能够提供的传输速度主要有以下波特率:1 200 bps、2 400 bps、4 800 bps、9 600 bps、19 200 bps、38 400 bps、57 600 bps、115 200 bps 等,在仪器仪表或工业控制场合,9 600 bps 是最常见的传输速度,在传输距离较近时,使用最高传输速度也是可以的。传输距离与传输速度的关系成反比,适当地降低传输速度,可以延长 RS - 232 的传输距离,提高通信的稳定性。

　　RS - 232C 采用负逻辑,-15～-3 V 代表逻辑 1,+3～+15 V 代表逻辑 0。RS - 232C 规定的逻辑电平与一般微处理器、单片机的 TTL 逻辑电平是不同的,故需使用电平转换电路方能与 TTL 电路连接。目前多用专用电平转换芯片,如 MAX202、MAX232、MAX3223 等电平转换芯片来实现 EIA RS - 232C 电平到 TTL 电平的转换。很多 IC 制造商都有相应系列的这类接口驱动和电平转换芯片,如 Maxim 于 1985 年推出集成了电荷泵的 RS - 232C 收发器,到 2010 年,可提供电平转换器件达 150 多种之多,工作电压可低至 +1.8 V(主要有 4 种工作电压的这类器件可选: +1.8 V,+2.5 V,+3.3 V,+5 V),有的集成了 ESD 保护或其它附加功能。

　　下面以 Sipex 公司的单电源电平转换芯片 SP3222E 为例介绍其接口电路。

　　在图 6.2.31 中,SP3222E 是单电源两组 RS - 232C 发送/接收芯片,采用 3.0～ +5.5 V 电源供电,外接只需 4 个 0.1 μF 电容(图 6.2.31 中的 C_5 可以不用),便可以构成标准的 RS - 232C 通信接口,硬件接口简单。电路只要求进行信号的接收和发送,故只用到 RS - 232C 接口中的 RXD、TXD 和地(GND)。图 6.2.31 中的 PC2、PC3 分别接到 DB9 上的第 2、第 3 引脚,地(GND)分别接到 DB9 的第 5 脚和单片机的地(GND)。P3.4 为 MSP4302619 的 UART 发送端(TXD),P3.5 为 MSP4302619 的 UART 接收端(RXD)。

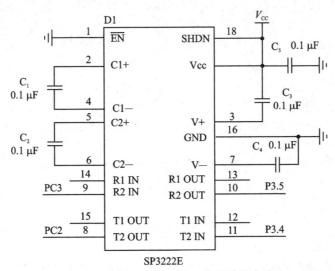

SP3222E

图 6.2.31　RS - 232C 串口电平转换电路

```
//--------------------------------------------------------------
// 文件名:main_UART.C
// 开发平台:IAR Embedded Workbench Evaluation for MSP430 5.30
// 功能:  UART 的点对点通信,从串口调试助手发送数据给单片机,
//        单片机把该数据返回给串口调试助手。
// 日期:2012 年 8 月 10 日
// 版本:V1.0
//--------------------------------------------------------------
# include <msp430x26x.h>
# define  TXD0    BIT4
# define  RXD0    BIT5
void main(void)
{
  WDTCTL   =  WDTPW + WDTHOLD;          //关看门狗
  BCSCTL1 = CALBC1_1MHZ;
  DCOCTL = CALDCO_1MHZ;
 UCA0CTL1 =   UCSWRST;                  //置位 UCSWRST 位,复位 UART 的寄存器
  UCA0CTL1 | = UCSSEL1;                 //UCLK = SMCLK = 1 MHz
  UCA0BR0  = 104;
  UCA0BR1 = 0;
  UCA0MCTL = UCBRS0;                    //设置波特率9 600
  P3DIR | = TXD0;
  P3SEL | = TXD0 + RXD0;                //发送和接收引脚为第 2 功能
  UCA0CTL1 & = ~UCSWRST;
  IE2 | = UCA0RXIE;                     //接收中断使能
  _EINT();
  while(1)
  {
    LPM0;                               //进入低功耗
  }
}

//--------------------------------------------------------------
// 函数名称:USCI0RX_ISR
// 函数功能:UART 接收中断服务子程序,把接收缓存内的数据赋值给发送缓存
// 输入参数:无
// 输出参数:无
//--------------------------------------------------------------
# pragma vector = USCIAB0RX_VECTOR
__interrupt void USCI0RX_ISR(void)
{
  while (! (IFG2&UCA0TXIFG));
  UCA0TXBUF = UCA0RXBUF;                //把接收到的数据返回
}
```

6.2.11 单总线的使用

1. 单总线简介

单总线(1-Wire Bus)是美国的达拉斯半导体公司(DALLAS SEMICONDUC-TOR)推出的一项特有的总线技术。

单总线就是在单根信号线上,完成系统所需要进行的数据、地址和控制信号的交换。从机设备通过一个漏极开路或三态端口连接到数据总线,以允许设备在不发送数据时能够释放总线。其内部等效电路如图 6.2.32 所示。单总线器件通常要外接一个约为 4.7 kΩ 的上拉电阻。目的在于,当总线闲置时,保持总线状态为高电平。

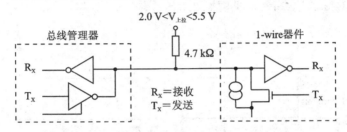

图 6.2.32 单总线接口电路

单总线适用于单主机系统,能够控制一个或多个从机设备。主机可以是单片机,从机可以是单总线器件,它们之间的数据交换只通过一条信号线。主从机之间的通信建立需要 3 个步骤,分别为:初始化 1-wire 器件、识别 1-wire 器件以及交换数据(读/写)。由于它们是主从结构,只有主机呼叫从机时,从机才能应答,因此主机访问 1-wire 器件都必须严格遵循单总线协议规定的命令时序。

该总线采用单根信号线,既可传输时钟,又能传输数据,而且数据传输是双向的,因而这种单总线技术具有线路简单、硬件开销少、成本低廉、便于总线扩展和维护等优点。

2. DS18B20 简介

DS18B20 是 DALLAS 公司生产的单总线数字温度传感器。主要特点有:温度测量范围为 -55~+125 ℃;可编程为 9~12 位 A/D 转换精度,测温分辨率可达 0.062 5 ℃;被测温度用符号扩展的 16 位数字量方式串行输出;其工作电源既可在远端引入,也可采用寄生电源方式产生;多个 DS18B20 可以并联到 3 根或 2 根线上,CPU 只需一根端口线就能与诸多 DS18B20 通信,占用微处理器的端口较少,可节省大量的引线和逻辑电路。以上特点使 DS18B20 非常适用于远距离多点温度检测系统。

3. DS18B20 的复位及读/写时序

① DS18B20 复位(初始化时序)见图 6.2.33。

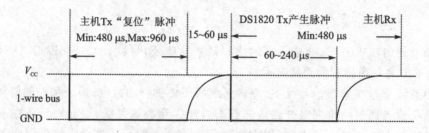

图 6.2.33　DS18B20 的复位时序

② DS18B20 的读/写时序见图 6.2.34。

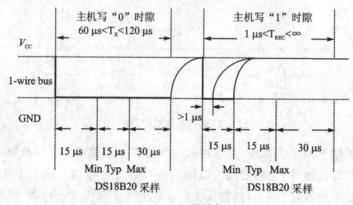

(a) 写时序

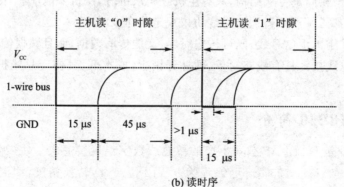

(b) 读时序

图 6.2.34　DS18B20 的读/写时序

4. DS18B20 子程序示例

DS18B20 的输出端 DQ 连接到 P2.6。DQ 定义如下:

```
#define  DQ   BIT6
```

子程序代码如下：

```
//--------------------------------------------------------
// 函数名称：DS18B20_Reset
// 功能描述：DS18B20 复位
// 输入参数：无
// 输出参数：无
//--------------------------------------------------------
void DS18B20_Reset (void)
{
    P2DIR |= DQ;                    // 设定引脚为输出方向
    P2OUT &= ~(DQ);                 // 将 DQ 引脚拉低
    Delay(500);                     // 延时 500 μs
    P2OUT |= DQ;                    // 将 DQ 引脚拉高
    Delay(60);                      // 延时 60 μs
    P2DIR &= ~(DQ);                 // 设定引脚为输入方向
    Delay(25);                      // 延时 25 μs
}
//--------------------------------------------------------
// 函数名称：DS18B20_ReadByte
// 功能描述：从 DS18B20 读取一个字节数据
// 输入参数：无
// 输出参数：字节
// 返回值：返回读取的数据
//--------------------------------------------------------
char DS18B20_ReadByte(void)
{
    char i, RDval = 0;

    for (i = 0; i < 8; i++)
    {
        RDval >>= 1;
        P2DIR |= DQ;                    // 设定引脚为输出方向
        P2OUT &= ~(DQ);                 // 将 DQ 引脚拉低
        Delay(1);                       // 延时 1 μs
        P2OUT |= DQ;                    // 将 DQ 引脚拉高
        Delay(1);                       // 延时 1 μs
        P2DIR &= ~(DQ);                 // 设定引脚为输入方向
        if( P2IN & DQ )  RDval |= 0x80; // 读取数据
        Delay(1);                       // 延时 1 μs
    }
```

```
        return RDval;
    }
// --------------------------------------------------------------
// 函数名称：DS18B20_WriteByte
// 功能描述：写一个字节数据到 DS18B20
// 输入参数：字节数据
// 输出参数：无
// --------------------------------------------------------------
void DS18B20_WriteByte(char W_data)
{
    char I, OBit;
    for (i = 0; i < 8; i++)
    {
      P2DIR |= DQ;                    // 设定引脚为输出方向
      P2OUT &= ~(DQ);                 // 将 DQ 引脚拉低
      OBit = W_data & 0x01;           // 输出数据，低位在前
      if (OBit)
        {
          P2OUT |= DQ;                // 输出高电平
        }
      else
        {
          P2OUT &= ~(DQ);             // 输出低电平
        }
      Delay(50);                      // 延时 50 μs
      P2OUT |= DQ;                    // 将 DQ 引脚拉高
      W_data >>= 1;                   // 右移一位
    }
    Delay(5);                         // 延时 5 μs
}
// --------------------------------------------------------------
// 函数名称：DS18B20_Temp
// 功能描述：读取 DS18B20 温度数据
// 输入参数：无
// 输出参数：温度值
// --------------------------------------------------------------
int DS18B20_Temp (void)
{
    char Temp[2];
    int x;
    DS1820_Reset();                   // 复位
    DS1820_WriteByte(0xCC);           // Skip ROM
```

```
DS1820_WriteByte(0x44);          // 开始转换
DS1820_WriteByte(0xBE);          // Read Scratch
Temp[1] = DS1820_ReadByte();     // 读取温度数据
Temp[0] = DS1820_ReadByte();
x = Temp[1] * 8 + Temp[0];
return x;                        // 返回数据
}
```

6.2.12　I²C 总线的使用

1. I²C 总线简介

由 NXP(原 Philips)公司推出的 I²C(Inter-IC,又称 IIC)总线,是近年来在微电子通信控制领域广泛采用的一种新型总线标准。目前在视频处理、移动通信等领域采用 I²C 总线接口器件已经比较普遍。另外,通用的 I²C 总线接口器件,如带 I²C 总线的单片机、RAM、ROM、A/D、D/A、LCD 驱动器等器件,也越来越多地应用于计算机及自动控制系统中。

I²C 总线是一种用于 IC 器件之间连接的二线制总线。即通过 SDA(串行数据线)及 SCL(串行时钟线)两根线在连到总线上的器件之间传送信息,并根据地址识别每个器件。

在主从通信中,可以有多个 I²C 总线器件同时接到 I²C 总线上,通过地址来识别通信对象。它是同步通信的一种特殊形式,具有接口线少、控制方式简化、器件封装形式小、通信速率较高等优点。

2. I²C 总线的基本结构

采用 I²C 总线标准的单片机或 IC 器件,其内部不仅有 I²C 接口电路,而且将内部各单元电路按功能划分为若干相对独立的模块,通过软件寻址实现片选,减少了器件片选线的连接。CPU 不仅能通过指令将某个功能单元电路挂靠或摘离总线,还可对该单元的工作状况进行检测,从而实现对硬件系统的既简单又灵活的扩展与控制。I²C 总线接口电路结构如图 6.2.35 所示。

3. I²C 总线的接口特性

① 传统的单片机串行接口的发送和接收一般都各用一条线,即 TXD 和 RXD,而 I²C 总线则根据器件的功能通过软件编程使其工作于发送或接收方式。当某个器件向总线上发送信息时,它就是发送器(也叫主器件),而当其从总线上接收信息时,又成为接收器(也叫从器件)。主器件用于启动总线上传送数据并产生时钟以开放接

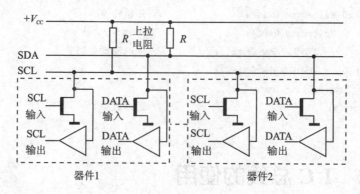

图 6.2.35　I²C 总线接口电路结构

收的器件,此时任何被寻址的器件均被认为是从器件。I²C 总线的控制完全由挂接在总线上的主器件送出的地址和数据决定。在总线上,既没有中心机,也没有优先机。

② 总线上主和从(即发送和接收)的关系不是一成不变的,而是取决于此时数据传送的方向。SDA 和 SCL 均为双向 I/O 线,通过上拉电阻接正电源。当总线空闲时,两根线都是高电平。连接总线的器件的输出级必须是集电极或漏极开路,具有线"与"功能。I²C 总线的数据传送速率在标准工作方式下为 100 kbit/s,在快速方式下,最高传送速率可达 400 kbit/s。

③ 在 I²C 总线上传送信息时的时钟同步信号是由挂接在 SCL 时钟线上的所有器件的逻辑"与"完成的。

SCL 时钟线由高电平到低电平的跳变将影响到挂接在 SCL 时钟线上的所有器件,一旦某个器件的时钟信号下跳为低电平,将使 SCL 线一直保持低电平,使 SCL 时钟线上的所有器件开始低电平期。此时,低电平周期短的器件的时钟由低至高的跳变并不能影响 SCL 时钟线的状态,于是这些器件将进入高电平等待的状态。

当所有器件的时钟信号都上跳为高电平时,低电平期结束,SCL 时钟线被释放,返回高电平,即所有的器件都同时开始它们的高电平期。其后,第一个结束高电平期的器件又将 SCL 时钟线拉成低电平。这样就在 SCL 时钟线上产生一个同步时钟。可见,时钟低电平时间由时钟低电平期最长的器件确定,而时钟高电平时间由时钟高电平期最短的器件确定。

④ 在数据传送过程中,必须确认数据传送的开始和结束。在 I²C 总线技术规范中,开始和结束信号(也称启动和停止信号)的定义如图 6.2.36 所示。当时钟线 SCL 为高电平时,数据线 SDA 由高电平跳变为低电平定义为"开始"信号;当 SCL 线为高电平时,SDA 线发生低电平到高电平的跳变为"结束"信号。开始和结束信号都是由主器件产生。在开始信号以后,总线即被认为处于忙状态;在结束信号以后的一段时间内,总线被认为是空闲的。

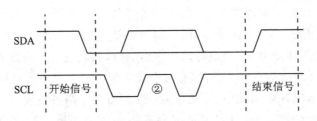

图 6.2.36　I²C 总线开始和结束信号定义

I²C 总线的数据传送格式是:在 I²C 总线开始信号后,送出的第一个字节数据是用来选择从器件地址的,其中前 7 位为地址码,第 8 位为方向位(R/W)。方向位为"0"表示发送,即主器件把信息写到所选择的从器件;方向位为"1"表示主器件将从从器件读信息。开始信号后,系统中的各个器件将自己的地址和主器件送到总线上的地址进行比较,如果与主器件发送到总线上的地址一致,则该器件即为被主器件寻址的器件。是接收信息还是发送信息则由第 8 位(R/W)确定。

在 I²C 总线上每次传送的数据字节数不限,但每一个字节必须为 8 位,而且每个传送的字节后面必须跟一个认可位(第 9 位),也叫应答位(ACK)。数据的传送过程如图 6.2.37 所示。每次都是先传最高位,通常从器件在接收到每个字节后都会作出响应,即释放 SCL 时钟线返回高电平,准备接收下一个数据字节,主器件可继续传送。如果从器件正在处理一个实时事件而不能接收数据时(例如正在处理一个内部中断,在这个中断处理完之前,不能接收 I²C 总线上的数据字节),可以使 SCL 时钟线保持低电平,从器件必须使 SDA 保持高电平,此时主器件产生 1 个结束信号,使传送异常结束,迫使主器件处于等待状态。当从器件处理完毕时将释放 SCL 时钟线,主器件继续传送。

当主器件发送完一个字节的数据后,接着发出对应于 SCL 线上的一个时钟(ACK)认可位,在此时钟内主器件释放 SDA 线,一个字节传送结束,而从器件的响应信号将 SDA 线拉成低电平,使 SDA 在该时钟的高电平期间为稳定的低电平。从器件的响应信号结束后,SDA 线返回高电平,进入下一个传送周期。

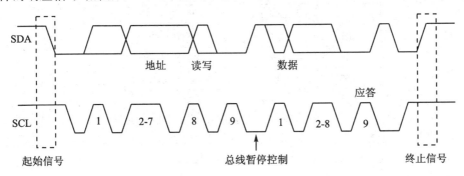

图 6.2.37　主器件访问从器件的 I²C 总线时序

I^2C总线还具有广播呼叫地址,用于寻址总线上所有器件。若一个器件不需要广播呼叫寻址中所提供的任何数据,则可以忽略该地址不作响应。如果该器件需要广播呼叫寻址中提供的数据,则应对地址作出响应,其表现为一个接收器。

⑤ 总线上可能挂接有多个器件,有时会发生两个或多个主器件同时想占用总线的情况。例如,多单片机系统中,可能在某一时刻有两个单片机要同时向总线发送数据,这种情况叫做总线竞争。I^2C总线具有多主控能力,可以对发生在SDA线上的总线竞争进行仲裁。

其仲裁原则是这样的:当多个主器件同时想占用总线时,如果某个主器件发送高电平,而另一个主器件发送低电平,则发送电平与此时SDA总线电平不符的那个器件将自动关闭其输出级。总线竞争的仲裁是在两个层次上进行的。首先是地址位的比较,如果主器件寻址同一个从器件,则进入数据位的比较,从而确保了竞争仲裁的可靠性。由于是利用I^2C总线上的信息进行仲裁,因此不会造成信息的丢失。

4. I^2C 总线应用实例——PCF8563 的使用

PCF8563是NXP公司生产的基于I^2C总线接口的低功耗CMOS实时时钟/日历芯片,芯片最大总线速度为400 kbit/s,每次读写数据后,其内嵌的字地址寄存器会自动产生增量。PCF8563可广泛应用与移动电话、便携仪器、传真机、电池电源等产品中。

PCF8563的引脚定义如表6.2.1所列。

表 6.2.1　PCF8563 的引脚定义

序　号	名　称	定　义
1 脚	OSCI	振荡器输入
2 脚	OSCO	振荡器输出
3 脚	INT	终端输出(开漏:低电平有效)
4 脚	Vss	地端
5 脚	SDA	串行数据 I/O
6 脚	SCL	串行时钟输入
7 脚	CLKOUT	时钟输出(开漏)
8 脚	Vdd	正电源

PCF8563有16个8位寄存器,其中包括可自动增量的地址寄存器、内置32.768 kHz的振荡器(带有一个内部集成电容)、分频器(用于给实时时钟RTC提供源时钟)、可编程时钟输出、定时器、报警器、掉电检测器和400 kHz的I^2C总线接口,其读地址为0xA3,写地址为0xA2。所有16个寄存器设计成可寻址的8位并行寄存器,但不是所有位都有用。当一个RTC寄存器被读时,所有计数器的内容将被锁存,因

此,在传送条件下,可以禁止对时钟/日历芯片的错读。

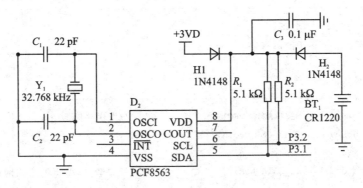

图 6.2.38　PCF8563 电路原理图

PCF8563 与 MSP430F2619 的连接的电路原理图如图 6.2.38 所示。I^2C 接口直接连接到 MSP430F2619 的一个 I^2C 接口,P3.1 为其数据接口,P3.2 为其时钟接口。MSP430F2619 对 PCF8563,可直接使用内部的 I^2C 寄存器进行 PCF8563 的操作,也可以把 P3.1、P3.2 当作通用 I/O 口,采用模拟 I^2C 的时序代码进行 PCF8563 的操作。采用 MSP430F2619 的 USCI B0 的 I^2C 接口,直接使用内部的 I^2C 寄存器进行 PCF8563 的操作的各子程序如下:

```
// ----------------------------------------------------------
// 函数名称:Init_iic
// 功能:初始化 I2C 接口,包括传输方式设置,主从设置,波特率设置
// 输入参数:无
// 输出参数:无
// ----------------------------------------------------------
void Init_iic(void)
{
  WDTCTL = WDTPW + WDTHOLD;                      //关看门狗
  BCSCTL1 = CALBC1_1MHZ;                         //设置 DCO 为 1 MHZ
  DCOCTL = CALDCO_1MHZ;
  P3SEL | = BIT1 + BIT2;                         //P3.1 为 UCB0SDA,P3.2 为 UCB0SCL
  UCB0CTL1 | = UCSWRST;                          //复位 I2C
  UCB0CTL0 = UCMST + UCSYNC + UCMODE0 + UCMODE1; //I2C 主机模式
  UCB0CTL1 | = UCSSEL1;                          //时钟选择
  UCB0BR0 = 12;                                  // fSCL = SMCLK/12 = 100 kHz
  UCB0BR1 = 0;
  UCB0I2CSA = 0xA2;                              //PCF8563 从机地址为 0xA2
  UCB0CTL1 & = ~UCSWRST;                         //复位,进入 I2C 工作模式
  UC0IE | = UCB0RXIE;                            //使能接收中断
  _EINT();
```

```
}
//--------------------------------------------------------------
// 函数名称：I2C_TX_ISR
// 函数功能：发送中断函数
// 输入参数：无
// 输出参数：无
//--------------------------------------------------------------
#pragma vector = USCIAB0TX_VECTOR              //发送中断服务
__interrupt void I2C_TX_ISR (void)
{
  if(send_data! = TX_DATA_NUM)                 //发 TX_DATA_NUM 个数据?
  {
    UCB0TXBUF = send_data;
    send_data + + ;
  }
  else                                          //TX_DATA_NUM 个数据发送完?
  {
    UCB0CTL1 | = UCTXSTP;                       //发停止位
    IFG2 & = ~UCB0TXIFG;                        //清发送标志位
    _BIC_SR_IRQ(LPM0_bits);                     //发完退出低功耗
  }
}

//--------------------------------------------------------------
// 函数名称：I2C_RX_ISR
// 函数功能：接收中断函数,存取接收的数据
// 输入参数：无
// 输出参数：无
//--------------------------------------------------------------
#pragma vector = USCIAB0RX_VECTOR
__interrupt void I2C_RX_ISR(void)
{
  if(UC0IFG & UCB0RXIFG)                        //接收中断
  {
  count + + ;
  RXData = UCB0RXBUF;
  }
}
```

　　P3.1、P3.2 作通用 I/O 口,采用模拟 I^2C 的时序代码进行 PCF8563 的操作的子程序如下:

```
//----------------------------------------------------------
// 函数名称：I2CStart
// 函数功能：模拟 I²C 起始信号
// 输入参数：无
// 输出参数：无
//----------------------------------------------------------
void I2CStart(void)
{
    I2CSetSDA();
    Delay(10);
    I2CSetSCL();
    Delay(10);
    I2CClrSDA();
    Delay(10);
    I2CClrSCL();
}
//----------------------------------------------------------
// 函数名称：I2CStop
// 函数功能：模拟 I²C 停止信号
// 输入参数：无
// 输出参数：无
//----------------------------------------------------------
void I2CStop(void)
{
    I2CClrSDA();
    Delay(10);
    I2CSetSCL();
    I2CSetSDA();
    I2CSetSCL();
}
//----------------------------------------------------------
// 函数名称：I2CReadAck
// 函数功能：I²C 读应答
// 输入参数：无
// 输出参数：无
//----------------------------------------------------------
bit I2CReadAck(void)
{
    bit ReadAck;
    I2CSetSDA();
    I2CSDAIn();
    I2CSetSCL();
```

```
    ReadAck = IICReadSDA();
    I2CClrSCL();
    I2CSDAOut();
    return(ReadAck);
}
//------------------------------------------------------------
// 函数名称：I2CWriteAck
// 函数功能：I²C 写应答
// 输入参数：无
// 输出参数：无
//------------------------------------------------------------
void I2CWriteAck(void)
{
    I2CSDAOut();
    I2CClrSDA();
    Delay(10);
    I2CSetSCL();
    Delay(10);
    I2CClrSCL();
    I2CSetSDA();
}
//------------------------------------------------------------
// 函数名称：PCF8563WriteData
// 函数功能：写 PCF8563 寄存器
// 输入参数：无
// 输出参数：无
//------------------------------------------------------------
bit PCF8563WriteData(uint8 word_address,uint8 * p,uint8 count)
{
    uint8 i;
    uint8 slave_address;
    slave_address = PCF8563_ADDR;
    slave_address &= 0xfe;
    P1DIR |= IICSCL;  //define to output
    IICSDAOut(); //define to output
    IICStart();
    if(IICWriteByte(slave_address))return(1);
    if(IICWriteByte(word_address))return(1);
    for(i = 0;i<count;i ++ )
    {
        if(IICWriteByte( * p))return(1);
        p+ +;
```

```
    };
    IICStop();
    return(0);
}
//--------------------------------------------------------------
// 函数名称：PCF8563ReadData
// 函数功能：读 PCF8563 寄存器
// 输入参数：无
// 输出参数：无
//--------------------------------------------------------------
bit PCF8563ReadData(uint8 word_address,uint8  * p,uint8 count)
{
    uint8 i;
    uint8 slave_address;
    slave_address = PCF8563_ADDR;
    P1DIR | = IICSCL;   //define to output
    IICSDAOut(); //define to output
    IICStart();
    slave_address & = 0xfe;
    if(IICWriteByte(slave_address)) return(1);
    if(IICWriteByte(word_address)) return(1);
    IICStart();
    slave_address | = 0x01;
    if(IICWriteByte(slave_address))return(1);
    for(i = 1;i<count;i ++ )
    {
        * p = IICReadByteWithAck();
        p + + ;
    };
    * p = IICReadByteWithoutAck();
    IICStop();
    return(0);
}
```

6.3　以 C8051F 为核心的应用系统设计

6.3.1　C8051F 单片机简介

Silicon Labs 公司推出的 C8051F 系列单片机兼容 8051 指令集，开发工具多，且针对每一款单片机都有相应的资源配置工具,可生成相应的汇编或 C 语言代码,方便易用。因此,在许多的应用系统设计中得到了广泛使用。

C8051F 系列单片机主要特点如下:

基于增强的 CIP-51 内核,其指令集与 MCS-51 完全兼容,具有标准 80C51 的组织架构,可以使用标准的 80C51 汇编器和编译器进行软件开发。C8051F 系列单片机采用流水线结构,70% 的指令执行时间为 1 或 2 个系统时钟周期,是标准 80C51 指令执行速度的 12 倍;其峰值执行速度可达 100 MIPS(如 C8051F120 等),是目前世界上速度最快的 8 位单片机之一。

增加了中断源。标准的 80C51 只有 7 个中断源,C8051F 系列单片机提供多达 22 个中断源,允许大量的模拟和数字外设中断。扩展的中断处理只需较少的 CPU 干预,大大提高了中断执行效率。

集成了丰富的模拟资源,有模拟多路选择器、可编程增益放大器;绝大部分的 C8051F 系列单片机都集成了 ADC,在片内模拟开关的作用下可实现对多路模拟信号的采集转换,片内 ADC 的精度最高达 24 bit,采样速率最高达 500 ksps;部分型号还集成了独立的高分辨率 DAC,可满足绝大多数混合信号系统的应用;片内温度传感器则可以迅速而精确的监测环境温度。

集成了丰富的外部设备接口。具有两路 UART,最多可达 5 个定时器及 6 个 PCA 模块;部分型号集成了 SMBus/I^2C、SPI、USB、CAN、LIN 等接口,以及 RTC 部件;外设接口在不使用时可以分别禁用,以降低系统功耗。

增强了在信号处理方面的性能,部分型号具有 16×16 MAC 以及 DMA 功能,可对所采集信号进行实时有效的算法处理并提高了数据传送能力。

具有独立的片内时钟源(精度最高可达 0.5%),设计人员既可选择外接时钟,也可直接使用片内时钟,同时可以在内外时钟源之间自如切换。

提供空闲模式及停机模式等多种电源管理方式来降低系统功耗。

实现了 I/O 的交叉开关配置。固定方式的 I/O 端口,既占用引脚多,配置又不够灵活。C8051F 采用开关网络以硬件方式实现 I/O 端口的灵活配置,外设电路单元可通过相应的配置寄存器所控制的交叉开关,配置到所选择的端口上。

复位方式多样化。C8051F 把 80C51 单一的外部复位发展成多源复位,提供了上电复位、掉电复位、外部引脚复位、软件复位、时钟检测复位、比较器 0 复位、看门狗复位和引脚配置复位。众多的复位源为保障系统的安全、操作的灵活性以及零功耗系统设计带来极大的方便。

基于 JTAG 接口的在系统调试。C8051F 的 JTAG 接口不仅支持 Flash ROM 的读/写操作及非侵入式在系统调试,它的 JTAG 逻辑还为在系统测试提供了边界扫描功能。通过边界寄存器的编程控制,可对所有器件引脚、特殊功能寄存器总线和 I/O 口弱上拉功能实现观察和控制。

C8051F 系列单片机都可在工业温度范围($-45 \sim +85$ ℃)内,多数的电源采用

2.7～3.6 V,端口 I/O、/RST 和 JTAG 引脚都容许 5 V 的输入信号电压。

C8051F 系列单片机型号齐全,可根据设计需求选择不同规模和带有特定外设接口的型号,提供从多达 100 个引脚的高性能单片机到最小 3 mm×3 mm 的封装,可满足不同应用系统设计的需要。

6.3.2　Silicon Laboratories IDE 的使用

C8051F 系列单片机的集成开发环境主要有两个:一个是 Silicon Laboratories IDE,是 Silicon Labs 公司专门针对自己生产的 C8051F 系列单片机开发的集成开发环境,是免费软件,可使用 C 语言或汇编语言进行开发,集软硬件仿真、调试及下载编程于一体;另一个就是 Keil 集成开发环境,是收费软件,可使用 C 语言或汇编语言进行开发,可使用软硬件仿真、调试及下载编程,但需要针对 C8051F 系列单片机的驱动软件。

这里只讲解 Silicon Laboratories IDE 的使用,使用 Keil 集成开发环境仿真调试 C8051F 系列单片机与在该环境下开发其他单片机类似,这里不介绍。

Silicon Laboratories IDE 的最新版本为 V4.40.00,可到 Silicon Labs 公司的国内代理商新华龙(http://www.xhl.com.cn/)网站免费下载。

Silicon Laboratories IDE 的启动界面如图 6.3.1 所示。

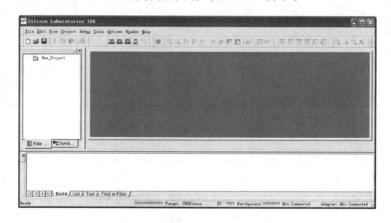

图 6.3.1　Silicon Laboratories IDE 启动界面

Silicon Laboratories IDE 软件本身不带编译器,需要安装第三方的编译器。在图 6.3.1 的启动界面中选择 Project→Tool Chain Integration 后,将弹出编译环境设置窗口,如图 6.3.2 所示。这里以使用 Keil 编译器为例。

如图 6.3.2 所示,在 Preset 项目栏中选择 Keil(read - only)一项,然后如图 6.3.3 所示,依次把 Assembler、Compiler、Linker 这三个标签栏里的 Executable 项目,通过 Browse 更改为 Keil 编译器的实际安装路径。

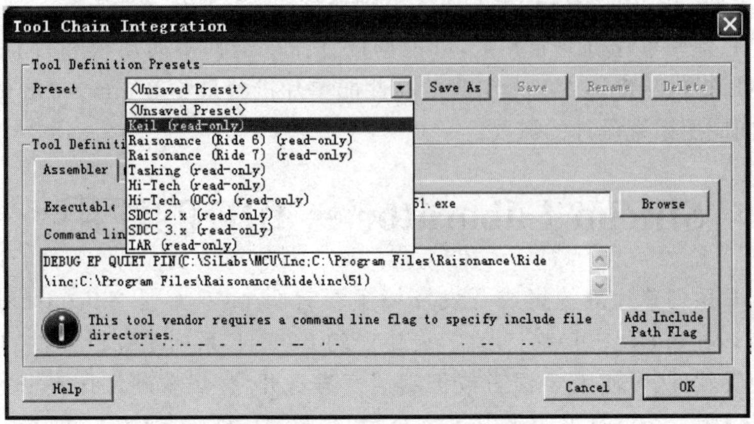

图 6.3.2　编译环境设置

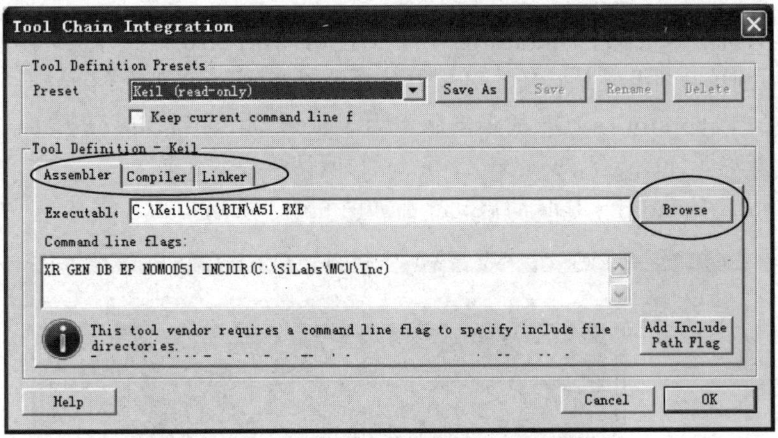

图 6.3.3　Keil 编译器安装路径设置

接着选择程序调试和下载的适配器。选择 Options→Connection Options 进入下载方式设置窗口,如图 6.3.4 所示。

这里我们使用了 Silicon Labs 公司的中国区代理新华龙公司的 U - EC6 调试器,可调试 C8051F 系列单片机,可实现单步、硬件断点、连续单步调试,可控制程序停止与运行,支持贮存器和寄存器的修改与查看、下载程序到贮存器等功能。

Silicon Labs 公司的 C8051F 系列单片机的调试接口分两类,C8051F3xx 以前的型号,使用的都是 JTAG 接口,为了实现封装小型化,C8051F3xx 以后的型号,调试接口都使用的是 Silicon Labs 自己的专利接口、C2 接口。因此,需要根据目标板的 C8051F 单片机的型号选择相应的调试接口(Debug Interface)。

本书使用 C8051F350 为例,因此采用 C2 接口进行下载/仿真。通过以上步骤,我们就设置好了 Silicon Laboratories IDE 软件的仿真调试环境。

接下来的就只是通过选择菜单项中的 Debug→Connect(或通过快捷图形菜单按钮)连接 U－EC6 与开发板,以及通过选择菜单中的 Debug→Download Object File(或通过快捷图形菜单按钮)进行程序下载、调试。连接好调试器、开发板,下载了程序到开发板,设置好断点的调试界面如图 6.3.5 所示。

下面简单介绍 Silicon Laboratories IDE 软件调试控制栏。调试控制栏可以控制程序的执行状态,所有的调试控制都可以由菜单、快捷键和调试工具栏实现。调试控制栏如图 6.3.6 所示。下面分别编号说明其功能。

① 连接/停止软硬设备(Connect or Disconnect)。该命令将启动或停止调试模式,当处于启动状态时,所有的调试控制命令处于有效,并进入调试平台;当处于停止状态时,所以的调试控制命令都无效,并退出调试平台。

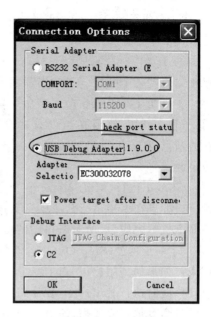

图 6.3.4　下载方式设置

图 6.3.5　调试界面

图 6.3.6　调试控制栏

② 下载程序(Downloaded code)。该命令将把程序下载到目标板的 C8051 单片机 Flash 存储器中。

③ 开始/停止全速运行(Go or Stop)。该命令将全速运行目标程序,直到被用户停止或遇到一个断点。只有当程序处于停止运行状态时才能执行此命令。

④ 单步运行(Step 1)。该命令只执行一条指令。如果此条指令包含一个函数调用/子程序调用,该函数/子程序也会同时执行。如果在单步运行命令中遇到用户设置的断点,程序运行将被挂起。在单步运行命令执行完毕后,所有窗口中的信息才会被更新。

⑤ 多步运行(Multiple Step)。该命令执行多条指令,实际的指令数由用户自己设置。如果在多步运行命令中遇到用户设置的断点,程序运行将被挂起。在多步运行命令执行完毕后,所有窗口中的信息才会被更新。

⑥ 单步越过(Step Over)。该命令会使程序不进入子程序运行,直到当前函数结束。如果遇到用户设置的断点,程序运行将被挂起。当程序处在最外层(如主函数)时,此时执行跳出命令,程序将继续运行,直到遇到一个断点或被用户停止。在单步越过命令执行完成后,所有窗口中的信息都将更新。

⑦ 运行到光标处(Run To Cursor)。该命令将使程序运行到源代码窗口中断点或光标指示的语句处停止。如果程序运行永远达不到光标指示处的语句,程序将一直继续运行,直到被用户停止。当此命令结束后,所有窗口中的信息都将更新。

⑧ 设置/移除断点(Insert or Remove Breakpoint)。

⑨ 移除全部断点(Remove All Breakpoints)。

⑩ 使能/禁止断点(Enable or Disable Breakpoint)。

⑪ 使能/禁止全部断点(Enable or Disable All Breakpoints)。

⑫ 打开内部观察点对话框(Watchpoints)。

⑬ 刷新数据(Refresh Values)。把修改的值写入仿真器,寄存器窗口将重读仿真器,窗口将被刷新,所以改变的值将以红色显示。注意,只有当调试器处于停止状态的时候寄存器的值才可被修改,当目标处理器正在执行用户代程序代码时,不允许被写入。

⑭ 复位(Reset)。该命令将让目标程序复位。当程序正在运行时,无法执行此命令。程序会在复位完成后,跳回到第一条用户的源代码语句处。复位命令执行后,所有窗口中的信息都将更新。

6.3.3　Configuration Wizard 的使用

C8051F 系列单片机集成了大量的片内外设,具有与通用 80C51 单片机不同的结构,如交叉开关、片内晶振、片内 ADC、片内 DAC、I^2C、USB、SPI 等。这些设备的配置较为复杂和繁琐。

　　Silicon Labs 公司专门针对 C8051F 各系列单片机开发了相应的配置软件 Configuration Wizard,可使用 C 语言或汇编语言进行各个单片机的外设配置,生成相应的软件代码,免去了开发者自己去查看资料配置相应寄存器的细致和繁琐工作,提高了代码的正确率和节约了开发时间和周期。

　　Configuration Wizard 是免费软件,目前版本为 V3.00,可到 Silicon Labs 公司的国内代理商新华龙(http://www.xhl.com.cn/)网站免费下载。

　　运行 Configuration Wizard,弹出的第一个界面就是选择器件系列和对应的器件,建立新的工程或打开已有工程,如图 6.3.7 所示,进行器件的外设配置。本书以 C8051F35x 系列的 C8051F350 为例。单击 OK 按钮后,生成的模板文件如图 6.3.8 所示。

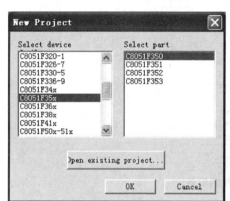

图 6.3.7　器件选择窗口

图 6.3.8　C8051F350 的初始化配置文件模板

　　然后设置编程语言。选择 Options→Code Format,有两种编程语言可选,如图 6.3.9 所示,这里我们选用 C 语言。Configuration Wizard 默认选 C 语言。

　　如图 6.3.10 所示,选择菜单项 Peripherals 下的不同设备就可以进入相应的设置页面,如选择 Port I/O 就可以进行 C8051F350 的端口设置界面,如图 6.3.11 所示。在这个设置界面里,设置了使能交叉开关(Enable Crossbar)、UART0、SPI0,在下端的窗口中,就会生成和修改相应的 C 语言代码。可以将该代码复制后,直接加入我们的程序代码中,也可以直接单击 OK,生成完整的初始化代码,如图 6.3.12 所示。

　　配置好系统所要使用的所有设备后,可以将这些代码直接加入我们的工程项目中。

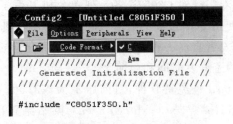

图 6.3.9　选择配置文件类型

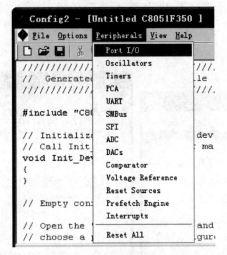

图 6.3.10　可配置的设备

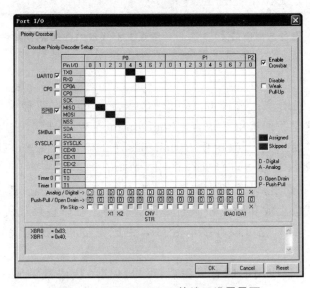

图 6.3.11　C8051F350 的端口设置界面

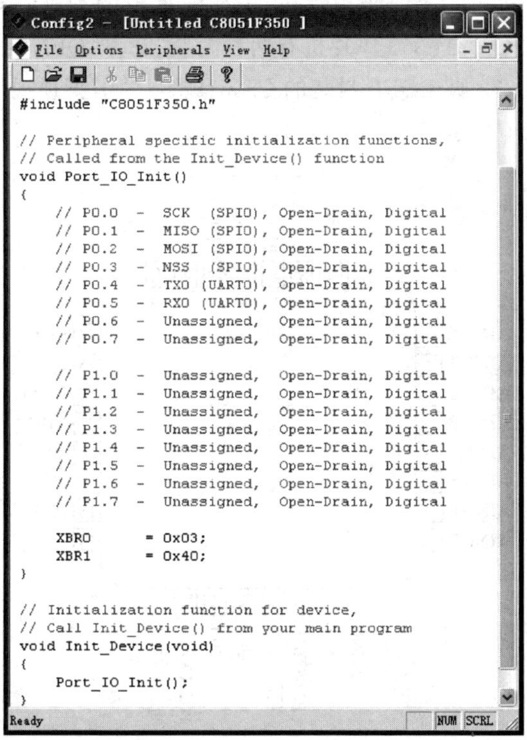

```
◆ Config2 - [Untitled C8051F350]

File  Options  Peripherals  View  Help

□ ☞ 🖫 | ✂ 🖺 🖺 | 🖨 | ? |

#include "C8051F350.h"

// Peripheral specific initialization functions,
// Called from the Init_Device() function
void Port_IO_Init()
{
    // P0.0  -  SCK  (SPI0), Open-Drain, Digital
    // P0.1  -  MISO (SPI0), Open-Drain, Digital
    // P0.2  -  MOSI (SPI0), Open-Drain, Digital
    // P0.3  -  NSS  (SPI0), Open-Drain, Digital
    // P0.4  -  TX0 (UART0), Open-Drain, Digital
    // P0.5  -  RX0 (UART0), Open-Drain, Digital
    // P0.6  -  Unassigned,  Open-Drain, Digital
    // P0.7  -  Unassigned,  Open-Drain, Digital

    // P1.0  -  Unassigned,  Open-Drain, Digital
    // P1.1  -  Unassigned,  Open-Drain, Digital
    // P1.2  -  Unassigned,  Open-Drain, Digital
    // P1.3  -  Unassigned,  Open-Drain, Digital
    // P1.4  -  Unassigned,  Open-Drain, Digital
    // P1.5  -  Unassigned,  Open-Drain, Digital
    // P1.6  -  Unassigned,  Open-Drain, Digital
    // P1.7  -  Unassigned,  Open-Drain, Digital

    XBR0      = 0x03;
    XBR1      = 0x40;
}

// Initialization function for device,
// Call Init_Device() from your main program
void Init_Device(void)
{
    Port_IO_Init();

Ready                                        NUM SCRL
```

图 6.3.12　使能交叉开关(Enable Crossbar)、UART0、SPI0 的初始化代码

6.3.4　C8051F350 简介

C8051F350 单片机是 Silicon Labs 公司 C8051F35x 系列单片机中的一款单片机。与其他 C8051F 单片机相比,其最大的特点是集成了 24 位 Sigma - Delta 单端/差分 ADC,可编程设置转换速率,转换速率最高可达 1 ksps。

C8051F350 单片机带有 8 KB 在片 Flash 存储器和 768 字节片内 RAM,带有高精度可编程的 24.5 MHz 内部振荡器,两个 8 位电流输出 DAC,硬件实现的 SMBus/I^2C、增强型 UART 和 SPI 串行接口,4 个通用的 16 位定时器,具有 3 个捕捉/比较模块,可编程计数器/定时器阵列(PCA),片内温度传感器和电压比较器,17 个端口I/O(容许 5 V 电平输入)。

C8051F350 单片机采用片内 Silicon Labs 公司专利二线(C2)开发接口,可进行非侵入式(不占用片内资源)、全速、在系统调试。调试逻辑支持观察和修改存储器和寄存器,支持断点、单步、运行和停机命令。在使用 C2 进行调试时,所有的模拟和数字外设都可全功能运行。两个 C2 接口引脚可以与用户功能共享,使在系统调试功能不占用封装引脚。

C8051F350 单片机可为工业级单片机,工作温度范围为 $-45 \sim +85$ ℃,工作电压范围为 $2.7 \sim 3.6$ V。C8051F350 单片机有两种封装:28 脚 QFN(也称为 MLP 或 MLF)和 32 脚 LQFP 封装。32 脚 LQFP 封装的 C8051F350 的引脚顶视图如图 6.3.13 所示。功能框图如图 6.3.14 所示。

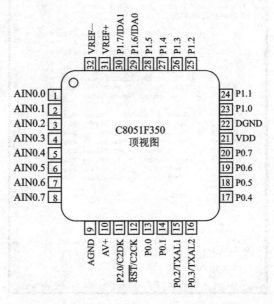

图 6.3.13　LQFP32 封装的 C8051F350 引脚图

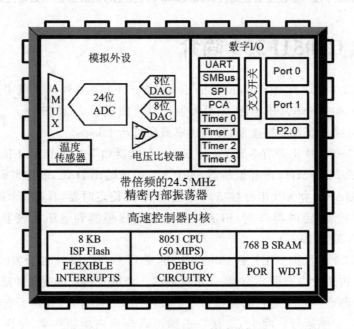

图 6.3.14　C8051F350 的功能框图

6.3.5　定时中断及 I/O 口控制实例

C8051F350 的主电路图如图 6.3.15 所示。C8051F350 使用的电源为 3.3 V，电源电路原理图如图 6.3.16 所示。调试接口采用 Silicon Labs 公司专利二线（C2）开发接口，电路原理图如图 6.3.17 所示。后续的实例中将使用到这 3 个电路原理图。LED 灯使用的通用 I/O 口为 P0.7。

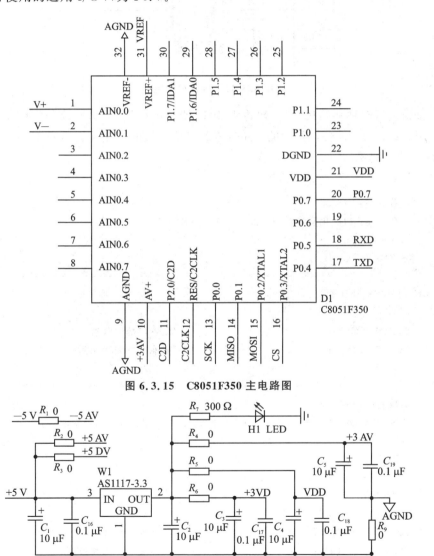

图 6.3.15　C8051F350 主电路图

图 6.3.16　电源电路

在 C8051F350 芯片中,有多个 I/O 口,可以独立实现输入、输出等功能。如果要实现连接在 I/O 口上的 LED 灯的闪烁,需要通过相应的交叉开关设置,并在程序中周期性地改变相应 I/O 口的值即可。

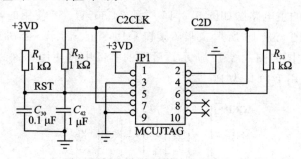

图 6.3.17　调试接口电路

首先进行时钟初始化、端口初始化、定时器 2 的初始化,这些设备的初始化均可以使用 Silicon Labs 公司开发的 C8051F 系列单片机的专用配置软件 Configuration Wizard 进行配置,详见 6.3.3 小节。

```
//---------------------------------------------------------
// 函数名称：SYSCLK_Init
// 函数功能：初始化系统采用内部时钟 24.5 MHz / 8
// 输入参数：无
// 输出参数：无
//---------------------------------------------------------
void SYSCLK_Init (void)
{
    OSCICN = 0x80;                      //配置内部振荡器
    RSTSRC = 0x04;                      //使能时钟失步探测
}
//---------------------------------------------------------
// 函数名称:PORT_Init
// 函数功能:配置交叉开关和 GPIO 端口,使连接 LED 灯的 P0.7 以推挽输出方式工作
// 输入参数:无
// 输出参数:无
//---------------------------------------------------------
void PORT_Init (void)
{
    XBR0      = 0x00;                   //数字外设选择
    XBR1      = 0x40;                   //使能交叉开关和内部弱上拉
    P0MDOUT | = 0x80;                   //使能 P0.7 以推挽输出方式工作
}
//---------------------------------------------------------
```

```
// 函数名称：Timer2_Init
// 函数功能：配置 Timer2 工作于 16 位自动重装模式，并在预设的时间产生中断，
//          Timer2 工作时钟为 SYSCLK/12
// 输入参数：重装载值
// 输出参数：无
//-----------------------------------------------------------
void Timer2_Init (int counts)
{
    TMR2CN   = 0x00;              //停止 Timer2,清 TF2 标志
    CKCON   &= ～0x60;            //工作时钟 SYSCLK/12
    TMR2RL   = - counts;          //初始化 Timer2 重装载值
    TMR2     = 0xffff;            //初始化 Timer2 装载值
    ET2      = 1;                 //使能 Timer2 中断
    TR2      = 1;                 //启动 Timer2
}
//-----------------------------------------------------------
// 函数名称：Timer2_ISR
// 函数功能：Timer2 中断服务子程序：Timer2 溢出时,改变 LED 的显示状态
// 输入参数：无
// 输出参数：无
//-----------------------------------------------------------
void Timer2_ISR (void) interrupt 5
{
    TF2H = 0;                     //清除 Timer2 中断标志
    LED = ～LED;                  //改变 LED 的显示状态
}
```

主程序如下：

```
//-----------------------------------------------------------
// 文件名：TIM2_LED.c
// 开发环境：Silicon Laboratories IDE V4.40.00
// 功能：实现连接在 P0.7 口的 LED 闪烁
// 日期：2012 年 8 月 12 日
// 版本：V1.0
//-----------------------------------------------------------
void main (void) {
    PCA0MD &= ～0x40;                // WDTE = 0 关闭看门狗
    SYSCLK_Init ();                  // 初始化系统时钟
    PORT_Init ();                    // 初始化交叉开关和 GPIO
    Timer2_Init (SYSCLK / 12 / 10);  // 初始化定时器 2,中断频率 10 Hz
    EA = 1;                          // 使能全局中断
    while (1) { }                    // 无限循环
}
```

6.3.6 24 位 ADC 数据采集

  C8051F350 内部有一个全差分 24 位 Sigma - Delta 模/数转换器(ADC),通过内部模拟多路选择器和输入缓冲器与外部模拟输入连接。模拟多路选择器将 ADC 的差分输入与 8 个外部引脚及内部温度传感器相连。Burnout 电流源可用于检测 ADC 输入是否开路或短路。输入缓冲器为连接提供高输入阻抗。一个 8 位的偏移 DAC 允许修正较大的输入偏移电压。内带可编程增益放大器,有 8 种增益设置,最大增益达 128 倍。内部有 2.5 V 电压基准,也可以使用外部基准。ADC 的两个滤波器都有其自己的输出数据寄存器:SINC3 滤波器的结果保存在 ADC0H、ADC0M 和 ADC0L 中,快速滤波器的结果保存在 ADC0FH、ADC0FM 和 ADC0FL 中。SINC3 滤波器使用 3 个转换周期的信息产生一个 ADC 输出,快速滤波器仅使用当前转换周期的信息产生 ADC 输出。快速滤波器对模拟输入变化的响应较快,而 SINC3 滤波器产生具有较低噪声的结果。该 ADC 具有自校准功能。采样率可编程设置,最大达 1 kHz。

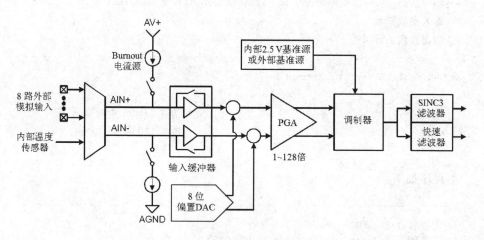

图 6.3.18 ADC 功能框图

  以 C8051F350 为核心的 24 位 ADC 数据采集电路的主电路如图 6.3.15 所示。

  Sigma - Delta 模/数转换器需要差分驱动。如图 6.3.19 所示,本书采用 ADI 公司的 AD8138AR 为核心来完成差分转换和差分驱动:将单端信号转换差分信号,既可提高共模抑制比,有效减小共模信号影响,又可驱动 C8051F350 内部的 24 位差分 Sigma - Delta 模/数转换器。AD8138AR 具有较宽的模拟带宽(320 MHz,−3 dB,增益为 1 时),而且 AD8138AR 为表面封装器件,器件体积小,使得 ADC 与信号输入点的距离可以很近,大大减少了外界噪声的影响。

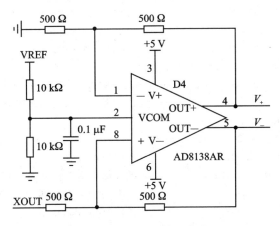

图 6.3.19　差分转换电路

为提高转换精度,基准源采用如图 6.3.20 所示的外部基准源。基准源 LM236 输出的 2.5 V 电压经过轨对轨运放 OPA340 组成的跟随电路处理后,增大了驱动能力,既作为模数转换电路的基准源,同时还为差分转换电路提供中心电压,如图 6.3.19 所示。

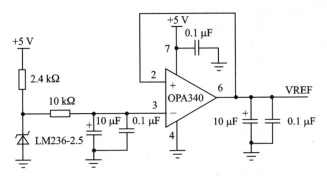

图 6.3.20　2.5 V 参考电压电路原理图

```
//----------------------------------------------------------
// 函数名称:ADC0_Init
// 函数功能:初始化 ADC0,使用外部基准源、双极性输入 AIN0.1 - AIN0.0
// 输入参数:无
// 输出参数:无
//----------------------------------------------------------
void ADC0_Init (void)
{
        unsigned ADC0_decimation;
        REF0CN & = ~0x01;               //使用外部基准源
//      REF0CN | = 0x01;                //使用内部基准源
        ADC0CN = 0x00;                  //单极性输出,GAIN = 1
//      ADC0CN = 0x10;                  //双极性输出,GAIN = 1
```

```
//      ADC0CF = 0x00;                    //SINC3 滤波器输出中断,并使用外部基准源
        ADC0CF = 0x04;                    //SINC3 滤波器输出中断,并使用内部基准源
        ADC0CLK = (SYSCLK/MDCLK) - 1; //MDCLK = 2.4576 MHz
//  设置输出字速率(OWR),设置抽取比
        ADC0_decimation = (unsigned long) SYSCLK/ (unsigned long) OWR /
                  (unsigned long) (ADC0CLK + 1)/(unsigned long)128;
        ADC0_decimation - - ;
        ADC0DEC = ADC0_decimation;
        ADC0BUF = 0x00;                   //关闭输入缓冲
        //ADC0MUX = 0x10;                 //差分输入(AIN + = > AIN0.1
                                          // AIN - = > AIN0.0)
        ADC0MD | = 0x80;                  //使能(IDLE Mode)
}
```

主程序如下:

```
//------------------------------------------------------------
// 文件名:main
// 开发环境:Silicon Laboratories IDE V4.40.00
// 功能:实现 ADC0 差分输入采样和转换
// 日期:2012 年 8 月 16 日
// 版本:V1.0
//------------------------------------------------------------
#define SampleTimes           8          // 采样次数
void main (void)
{
        unsigned int i;
        float xdata average;
        long  xdata sample_array[SampleTimes];
        PCA0MD & = ~0x40;         //关看门狗
        SYSCLK_Init();            //初始化系统时钟
        PORT_Init();              //初始化交叉开关和 GPIO
        for(i = 0;i<SampleTimes;i++)
        {
          sample_array[i] = 0;
        }
        ADC0_Init();              //初始化 ADC0
        EA = 1;                   //使能总中断
        EIE1 & = ~0x08;           //关 ADC0 中断
        ADC0MUX = 0x10;           //差分输入,AIN + 为 AIN0.1,AIN 为 AIN0.0
        ADC0MD | = 0x01;          //完全内部校准
        while (! ADC0CALC);       //等待转换完成
        ADC0MD & = ~0x07;         // ADC0 为理想模式
```

```
    ADOINT = 0;                      //清 ADC0 中断标志
    ADCOMD | = 0x83;                 //启动连续转换
while(1)                             //处理采样值
{
    for(i = 0; i < SampleTimes; i ++)        //获得 SampleTimes 次采样
    {
    while(! ADOINT);                          //等待转换完成
    ADOINT = 0;                               //清 ADC0 中断标志
// 以下将输出寄存器中的 8 位转换值组合成 24 位
    ADC_OutputVal = ADC0H;
    ADC_OutputVal = ADC_OutputVal << 16;
    ADC_OutputVal + = (long)ADC0L + ((long)ADC0M << 8);
    if(ADC_OutputVal > = 0x00800000)         //采样值为负值的处理
      {
      sample_array[i] = ADC_OutputVal | 0xFF000000;
      }
    else
      {
      sample_array[i] = ADC_OutputVal;
      }
    }
    ADCOMD = 0x80;                            //改变转换模式
//以下将采样值求平均,并换算成模拟值
    for(i = 0;i < SampleTimes;i ++)
    {
        average = average + (float)sample_array[i];  //采样值求和
    }
    average = average/SampleTimes;
    average = average/256/256/256;
    average = average * VREF;
    average = average * 2;                    //换算成模拟值
}
}
```

6.3.7　SPI 通信

1. SPI 总线简介

SPI(Serial Peripheral Interface)总线是 Freescale(原 Motorola)公司提出的一个同步串行外设接口,用于 CPU 与各种外围器件进行全双工、同步串行通信。SPI 可以同时发出和接收串行数据。它只需 4 条线就可以完成 MCU 与各种外围器件的通信。这些外围器件可以是简单的 TTL 移位寄存器、复杂的 LCD 显示驱动器、A/D 和 D/A 转换子系统或其他的 MCU。

图 6.3.21 给出了 SPI 的时序图。其中,SCK 为同步时钟脉冲,SS 为片选线,MOSI 为主器件的数据输出和从器件的数据输入线,MISO 为主器件的数据输入线和从器件的数据输出线。

SPI 是全双工的,即数据的发送和接收可同时进行。如果仅对从器件写数据,主器件可以丢弃同时读入的数据;反之,如果仅读数据,可以在命令字节后,写入任意数据。数据传送以字节为单位,并采用高位在前的格式。

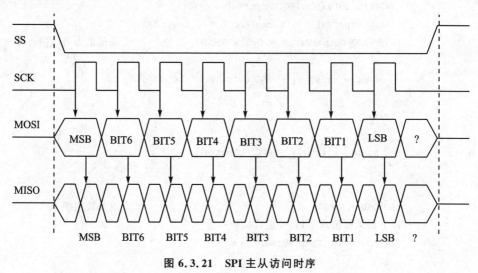

图 6.3.21　SPI 主从访问时序

2. C8051F350 的 SPI 接口使用

C8051F350 内部有一个增强型串行外设接口(SPI0),增强型串行外设接口(SPI0)具有全双工同步串行总线功能。SPI0 可以作为主器件或从器件工作,可以使用 3 线或 4 线模式,并可在同一总线上支持多个主器件和从器件。从选择信号(NSS)可被配置为输入以选择工作在从模式的 SPI0,或在多主环境中禁止主模式操作,以避免两个以上主器件试图同时进行数据传输时发生 SPI 总线冲突。NSS 可以被配置为片选输出(在主模式),或在 3 线操作时被禁止。在主模式,可以用其他通用端口 I/O 引脚选择多个从器件。

下面分别介绍 SPI0 所使用的 4 个信号:MOSI、MISO、SCK 和 NSS。

MOSI:主输出、从输入。MOSI 信号是主器件的输出和从器件的输入,用于从主器件到从器件的串行数据传输。当 SPI0 作为主器件时,该信号是输出;当 SPI0 作为从器件时,该信号是输入。数据传输时最高位在先。当被配置为主器件时,MOSI 由移位寄存器的 MSB 驱动。

　　MISO:主输入、从输出。MISO 信号是从器件的输出和主器件的输入,用于从从器件到主器件的串行数据传输。当 SPI0 作为主器件时,该信号是输入;当 SPI0 作为从器件时,该信号是输出。数据传输时最高位在先。当 SPI 被禁止或工作在 4 线从模式而未被选中时,MISO 引脚被置于高阻态。当作为从器件工作在 3 线模式时,MISO 由移位寄存器的最高位驱动。

　　SCK:串行时钟。SCK 信号是主器件的输出和从器件的输入,用于同步主器件和从器件之间在 MOSI 和 MISO 线上的串行数据传输。当 SPI0 作为主器件时产生该信号。在 4 线从模式,当从器件未被选中时(NSS = 1),SCK 信号被忽略。

　　NSS:从器件选择。NSS 信号的功能取决于 SPI0CN 寄存器中 NSSMD1 和 NSSMD0 位的设置。有 3 种可能的模式:

　　① NSSMD[1:0] = 00 时,为 3 线主模式或从模式:SPI0 工作在 3 线模式,NSS 被禁止。当作为从器件工作在 3 线模式时,SPI0 总是被选择。由于没有选择信号,SPI0 必须是总线唯一的从器件。这种情况常用于一个主器件和一个从器件之间点对点通信。

　　② NSSMD[1:0] = 01 时,为 4 线从模式或多主模式:SPI0 工作在 4 线模式,NSS 作为输入。当作为从器件时,NSS 选择从 SPI0 器件。当作为主器件时,NSS 信号的下降沿禁止 SPI0 的主器件功能,因此可以在同一个 SPI 总线上使用多个主器件。

　　③ NSSMD[1:0] = 1x 时,为 4 线主模式:SPI0 工作在 4 线模式,NSS 作为输出。NSSMD0 的设置值决定 NSS 引脚的输出电平。这种配置只能在 SPI0 作为主器件时使用。

　　下面分别介绍 SPI0 的两种工作模式。

　　① SPI0 主模式。

　　只有 SPI 主器件能启动数据传输。通过将主允许标志(MSTEN,SPI0CFG.6)置 1 将 SPI0 置于主模式。当处于主模式时,向 SPI0 数据寄存器(SPI0DAT)写入一个字节时是写发送缓冲器。如果 SPI 移位寄存器为空,发送缓冲器中的数据字节被传送到移位寄存器,数据传输开始。SPI0 主器件在 SCK 的时钟控制下,通过 MOSI 线串行移出数据。在传输结束后,SPIF(SPI0CN.7)标志被置为逻辑 1。如果中断被允许,在 SPIF 标志置位时将产生一个中断请求。在全双工操作中,当 SPI 主器件在 MOSI 线向从器件发送数据时,被寻址的 SPI 从器件可以同时在 MISO 线上向主器件发送其移位寄存器中的内容。因此,SPIF 标志既作为发送完成标志又作为接收数据准备好标志。从器件接收的数据字节以 MSB 在先的形式传送到主器件的移位寄存器。当一个数据字节被完全移入移位寄存器时,便被传送到接收缓冲器,处理器通过读取寄存器 SPI0DAT 来读该缓冲器中的接收值。

　　当被配置为主器件时,SPI0 可以工作在下面的 3 种模式之一:多主模式、3 线单主模式或 4 线单主模式。

当 NSSMD1(SPI0CN.3)＝0 且 NSSMD0(SPI0CN.2)＝1 时,是默认的多主模式。在多主模式下,NSS 是器件的输入,用于禁止主 SPI0,以允许另一主器件访问总线。当 NSS 被拉为低电平时,MSTEN(SPI0CN.6)和 SPIEN(SPI0CN.0)位被硬件清 0,以禁止 SPI0 主器件,且模式错误标志(MODF,SPI0CN.5)被置 1。如果中断被允许,将产生中断。在这种情况下,必须用软件重新使能 SPI0。在多主系统中,当器件不作为系统主器件使用时,一般被默认为从器件。在多主模式,可以用通用 I/O 引脚对从器件单独寻址。

当 NSSMD1(SPI0CN.3)＝0 且 NSSMD0(SPI0CN.2)＝0 时,SPI0 工作在 3 线单主模式。在 3 线单主模式下,NSS 未被使用,也不被交叉开关映射到外部端口引脚。在 3 线单主模式下,应使用通用 I/O 引脚选择要寻址的从器件。

当 NSSMD1(SPI0CN.3)＝1 时,SPI0 工作在 4 线单主模式。在 4 线单主模式下,NSS 被配置为输出引脚,可被用作从选择信号去选中一个 SPI 器件。在 4 线单主模式下,NSS 的输出值由 NSSMD0(SPI0CN.2)用软件控制。可以用通用 I/O 引脚作 NSS,选择另外的从器件。

② SPI0 从模式。

当 SPI0 被使能而未被配置为主器件时,它将作为 SPI 从器件工作。作为从器件,由主器件控制串行时钟(SCK),从 MOSI 移入数据,从 MISO 引脚移出数据。SPI0 逻辑中的位计数器对 SCK 边沿计数。当 8 位数据经过移位寄存器后,SPIF 标志被置为逻辑 1,接收到的字节被传送到接收缓冲器。通过读 SPI0DAT 来读取接收缓冲器中的数据。从器件不能启动数据传送。通过写 SPI0DAT 来预装要发送给主器件的数据。写往 SPI0DAT 的数据是双缓冲的,首先被放在发送缓冲器。如果移位寄存器为空,发送缓冲器中的数据会立即被传送到移位寄存器。当移位寄存器中有数据时,SPI0 将等到该数据发送完后再将发送缓冲器的内容装入移位寄存器。

当被配置为从器件时,SPI0 可以工作于 4 线从模式或 3 线从模式。当 NSSMD1(SPI0CN.3)＝0 且 NSSMD0(SPI0CN.2)＝1 时,是默认的 4 线从模式。在 4 线从模式,NSS 被分配端口引脚并被配置为数字输入。当 NSS 为逻辑 0 时,SPI0 被使能;当 NSS 为逻辑 1 时,SPI0 被禁止。在 NSS 的下降沿,位计数器被复位。注意,对应每次字节传输,在第一个有效 SCK 边沿到来之前,NSS 信号必须被驱动到低电平至少两个系统时钟周期。

当 NSSMD1(SPI0CN.3)＝0 且 NSSMD0(SPI0CN.2)＝0 时,SPI0 工作在 3 线从模式。在 3 线从模式下,NSS 未被使用,也不被交叉开关映射到外部端口引脚。由于 3 线从模式无法唯一地寻址从器件,所以 SPI0 必须是总线上唯一的从器件。需要注意的是,在 3 线从模式,没有外部手段对位计数器复位以判断是否收到一个完整的字节。只能通过用 SPIEN 位禁止并重新使能 SPI0 来复位位计数器。

下面的 SPI0 初始化代码为将 SPI0 初始化为 4 线单主模式。

```
//-----------------------------------------------------------
// 函数名称:PORT_Init
// 函数功能:配置交叉开关和 SPI 端口
// 输入参数:无
// 输出参数:无
//-----------------------------------------------------------
void PORT_Init (void)
{
    P0MDOUT = 0x0D;                     //配置 SCK, MOSI, NSS 为推挽方式
    XBR0 = 0x02;                        //使能 SPI 接口
    XBR1 = 0x40;                        //使能交叉开关
}
//-----------------------------------------------------------
// 函数名称:SPI0_Init
// 函数功能:配置 SPI 端口为 4 线单主模式,SCK 在 IDLE 状态下为低电平
// 输入参数:无
// 输出参数:无
//-----------------------------------------------------------
void SPI0_Init()
{
    SPI0CFG  = 0x40;                    //使能 SPI0 为主模式
    SPI0CN   = 0x0D;                    //SPI0 为 4 线单主模式,NSS 初始化为高电平
    // SPI0 的时钟频率设置,参见数据手册
    SPI0CKR  = (SYSCLK/(2 * SPI_CLOCK))-1;   //SPI0 的时钟频率设置
                                   // SYSCLK 为系统时钟,SPI_CLOCK 为 SPI0 时钟
    ESPI0 = 1;                    //使能 SPI0 中断
}
//-----------------------------------------------------------
// 函数名称:SPI_Byte_Write
// 函数功能:从 SPI0 发送一个字节数据
// 输入参数:需发送的数据 SPI_Data
// 输出参数:无
//-----------------------------------------------------------
void SPI_Byte_Write (unsigned char SPI_Data)
{
    while (! NSSMD0);                   // 直到空闲
    NSSMD0 = 0;
    SPI0DAT = SPI_Data;
}
```

通过 SPI0 读取一个字节,可采用中断方式。首先向 SPI0 写一个随意数据,然后根据中断标志,读取接收的数据。中断子程序示例如下:

```
void SPI_ISR (void) interrupt 6
{
    SPI_Data = SPI0DAT;                    //读取从器件发送来的数据
    SPI_Flag = 1;                          //置标志
}
```

下面的 SPI0 初始化代码为将 SPI0 初始化为 4 线从模式。字节的读/写可直接读/写 SPI0DAT 即可。

```
//--------------------------------------------------------------
// 函数名称:PORT_Init
// 函数功能:配置交叉开关和 SPI 端口
// 输入参数:无
// 输出参数:无
//--------------------------------------------------------------
void PORT_Init (void)
{
    POMDOUT = 0x02;                        //MISO 为推挽方式
    XBR0 = 0x02;                           //使能 SPI 接口
    XBR1 = 0x40;                           //使能交叉开关
}
//--------------------------------------------------------------
// 函数名称:SPI0_Init
// 函数功能:配置 SPI 端口为四线从模式
// 输入参数:无
// 输出参数:无
//--------------------------------------------------------------
void SPI0_Init()
{
    SPI0CFG = 0x00;                        //使能 SPI0 为从模式
    SPI0CN = 0x05;                         //使能 SPI0
    ESPI0 = 1;                             //使能 SPI0 中断
}
```

6.3.8　UART 串口通信

下面以单电源电平转换芯片 SP3232E 为例介绍其接口电路。

如图 6.3.22 所示,SP3232E 是单电源两组 RS-232C 发送/接收芯片,采用+2.7~5.5 V 电源供电,外接只需 4 个 0.1 μF 电容(图 6.3.22 中的 C_5 可以不用),便可以构成标准的 RS-232C 通信接口,硬件接口简单。电路只要求进行信号的接收和发送,故只用到 RS-232C 接口中的 RXD、TXD 和地(GND)。图 6.3.22 中的 PC2、

PC3 分别接到 DB9 上的第 2、第 3 引脚,地(GND)接到 DB9 的第 5 脚。TXD 接到单片机串口的发送端(如 C8051F350 的 P0.4),RXD 接到单片机串口的接收端(如 C8051F350 的 P0.5)。

C8051F350 的 UART0 是一个异步、全双工串口,它提供标准 8051 串行口的方式 1 和方式 3。UART0 具有增强的波特率发生器电路,有多个时钟源可用于产生标准波特率。接收数据缓冲机制允许 UART0 在软件尚未读取前一个数据字节的情况下开始接收第二个输入数据字节。

UART0 有两个相关的特殊功能寄存器:串行控制寄存器(SCON0)和串行数据缓冲器(SBUF0)。用同一个 SBUF0 地址可以访问发送寄存器和接收寄存器。写 SBUF0 时自动访问发送寄存器;读 SBUF0 时自动访问接收寄存器,不可能从发送数据寄存器中读数据。

如果 UART0 中断被允许,则每次发送完成(SCON0 中的 TI0 位被置 1)或接收到数据字节(SCON0 中的 RI0 位被置 1)时将产生一个中断。当 CPU 转向中断服务程序时硬件不清除 UART0 中断标志,中断标志必须用软件清除。

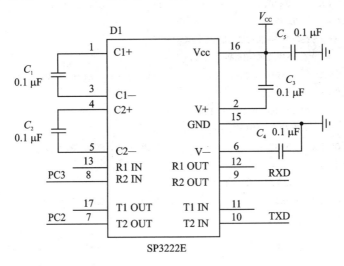

图 6.3.22　RS-232C 串口电平转换电路

下面是使用 C8051F350 的 UART0 的初始化子程序,通过初始化后,可直接使用 printf(" ")函数来发送数据,使用 getchar( )函数来接收数据。

```
//----------------------------------------------------
// 函数名称:PORT_Init
// 函数功能:配置交叉开关和 UART 端口
// 输入参数:无
// 输出参数:无
//----------------------------------------------------
void PORT_Init (void)
```

```
{
    P0MDOUT | = 0x10;                        //设置 TXD 为推挽方式
    XBR0     = 0x01;                         //使能 UART 为 P0.4(TXD),P0.5(RXD)
    XBR1     = 0x40;                         //使能交叉开关
}
//------------------------------------------------------------
// 函数名称:UART0_Init
// 函数功能:串口 UART0 初始化,使用 Timer1 来设置波特率,数据格式为 8 - N - 1
// 输入参数:无
// 输出参数:无
//------------------------------------------------------------
void UART0_Init (void)
{
    SCON0 = 0x10;       // SCON0:8 位可变位速率,忽略停止位电平,使能接收
    if (SYSCLK/BAUDRATE/2/256 < 1) {
        TH1  = -(SYSCLK/BAUDRATE/2);
        CKCON & = ~0x0B;                     / T1M = 1; SCA1:0 = xx
        CKCON |=    0x08;
    } else if (SYSCLK/BAUDRATE/2/256 < 4) {
        TH1  = -(SYSCLK/BAUDRATE/2/4);
        CKCON & = ~0x0B;                     // T1M = 0; SCA1:0 = 01
        CKCON |=    0x01;
    } else if (SYSCLK/BAUDRATE/2/256 < 12) {
        TH1  = -(SYSCLK/BAUDRATE/2/12);
        CKCON & = ~0x0B;                     // T1M = 0; SCA1:0 = 00
    } else {
        TH1  = -(SYSCLK/BAUDRATE/2/48);
        CKCON & = ~0x0B;                     // T1M = 0; SCA1:0 = 10
        CKCON |=    0x02;
    }

    TL1 = TH1;                               // 初始化 Timer1
    TMOD & = ~0xf0;                          // TMOD:Timer 1 为 8 位自动重装
    TMOD |=    0x20;
    TR1 = 1;                                 // 启动 Timer1
    TI0 = 1;                                 // TX0 准备就绪
}
```

在一般的工程应用中,多数情况下将采用中断方式来进行 UART0 的数据发送和接收,中断子程序如下:

```
void UART0_Interrupt (void) interrupt 4
{
```

```
if (RIO = = 1)                                   //为接收中断？
{
    if( UART_Buffer_Size = = 0) {                //是否为第一个接收字符？
        UART_Input_First = 0;    }
    RIO = 0;                                     //清接收中断标志
    Byte = SBUF0;                                //从 UART0 口读取一个字节
    if (UART_Buffer_Size < UART_BUFFERSIZE)
    {
        UART_Buffer[UART_Input_First] = Byte;    //存储到数组中
        UART_Buffer_Size + + ;                   //更新数组数组维数
        UART_Input_First + + ;                   //更新计数
    }
}
if (TIO = = 1)                                   //为发送中断？
{
    TIO = 0;                                     //清发送中断标注
    if (UART_Buffer_Size ! = 1)                  //缓冲器会否为空？
    {
        // If a new word is being output
        if ( UART_Buffer_Size = = UART_Input_First ) {
            UART_Output_First = 0;   }
        // Store a character in the variable byte
        Byte = UART_Buffer[UART_Output_First];
        if ((Byte > = 0x61) && (Byte < = 0x7A)) {   //大写字符转换
            Byte - = 32; }
        SBUF0 = Byte;                            //发送到 PC 机
        UART_Output_First + + ;                  //更行计数
        UART_Buffer_Size - - ;                   //减小数组维数
    }
    else
    {
        UART_Buffer_Size = 0;                    //设置数组维数为 0
        TX_Ready = 1;                            //发送完成指示
    }
}
}
```

6.4　STM32F103xx 系列 MCU 简介

　　十几年前 ARM 的横空出世，振奋了电子界。没过几年意法半导体就推出了以 ARM Cortex - M3 为内核的 STM32 系列 MCU，这使得苦寻单片机升级换代的电子技术工作者如获至宝。

6.4.1　STM32F103xx 系列 MCU 的特点

(1) 芯片位数:32 位。这意味着更快的速度。最早的 51 单片机,执行一个 4 字节的乘、除操作,需要编写一段几十句的汇编程序,执行时间为几十个机器周期,而 32 位的 STM32 只需要一条指令,14 ns。

(2) 时钟频率:72MHz,1.25 DMIPS/MHz (Dhrystone 2.1),8MHz 晶振＋内部 9 倍频。

Dhrystone 是测量处理器运算能力的最常见基准程序之一。

(3) 混合信号功能:内含 3 个 12 位 ADC,转换时间为 1 μs。2 个 12 位的 DAC。

(4) 存储器:高达 512KB(STM32F103RET6)的 FLASH,4KB 的 SRAM。

(5) 端口数:多达 112 个高速 I/O 口,几乎与所有 5 V 器件兼容,方便和许多 HCMOS 等 5V 器件接口。

(6) 连通性:13 种通信接口:CAN、I2C、IrDA、LIN、SPI、UART/USART、USB、SDIO 等。

(7) 外围设备:DMA、电机控制 PWM、PDR、POR、PVD、温度传感器、WDT、晶振。

(8) 定时器:多达 11 个 16 位定时器,包括 2 个 16 位的 PWM 定时器和 2 个监视定时器。

(9) 串口:5 个。

(10) 电压-电源(Vcc/Vdd):2～3.6 V,具有"工作"、"待机"与"断电"三种工作模式。

(11) 工作温度:−40～85 ℃。

(12) 封装:32、48、64、100、144 - LQFP。

(13) IDE:Keil - V5.0＋J - link 仿真器。

这些特点里以高速度与丰富的资源最受使用者青睐。

6.4.2　STM32F103RCT6 编程方法

不论 SMT32F103 使用时,你用了多少功能,在主程序里,总少不了时钟配置 (RRC);端口配置(GPIO)和中断配(NVIC)置这三个最基本的配置,如下所示。

```
# include "stm32f10x. h"
# include "string. h"
# include "stdio. h"
# include "math. h"
```

```
# include <stdlib.h>
/****************************************
* 函数名：RCC_Configuration
* 函数描述  ：设置时钟
****************************************/
void RCC_Configuration(void)                    // 时钟配置
{
    /*定义枚举类型变量 HSEStartUpStatus */
    ErrorStatus HSEStartUpStatus;
    /* 复位系统时钟设置 */
    RCC_DeInit();
    /* 开启 HSE */
    RCC_HSEConfig(RCC_HSE_ON);
    /* 等待 HSE 起振并稳定 */
HSEStartUpStatus = RCC_WaitForHSEStartUp();
/* 判断 HSE 起是否振成功,是则进入 if()内部 */
if(HSEStartUpStatus == SUCCESS)
{
    /* 选择 HCLK(AHB)时钟源为 SYSCLK 1 分频 */
    RCC_HCLKConfig(RCC_SYSCLK_Div1);
    /* 选择 PCLK2 时钟源为 HCLK(AHB)  1 分频 */
    RCC_PCLK2Config(RCC_HCLK_Div1);
    /* 选择 PCLK1 时钟源为 HCLK(AHB)  2 分频 */
    RCC_PCLK1Config(RCC_HCLK_Div2);
    /* 设置 FLASH 延时周期数为 2 */
    FLASH_SetLatency(FLASH_Latency_2);
    /* 使能 FLASH 预取缓存 */
    FLASH_PrefetchBufferCmd(FLASH_PrefetchBuffer_Enable);
    /* 选择锁相环(PLL)时钟源为 HSE 1 分频,倍频数为 9,则 PLL 输出频率为 8MHz * 9 =
72MHz */
    RCC_PLLConfig(RCC_PLLSource_HSE_Div1, RCC_PLLMul_9);
    /* 使能 PLL */
    RCC_PLLCmd(ENABLE);
    /* 等待 PLL 输出稳定 */
    while(RCC_GetFlagStatus(RCC_FLAG_PLLRDY) == RESET);
    /* 选择 SYSCLK 时钟源为 PLL */
    RCC_SYSCLKConfig(RCC_SYSCLKSource_PLLCLK);
    /* 等待 PLL 成为 SYSCLK 时钟源 */
    while(RCC_GetSYSCLKSource() != 0x08);
}
```

当外接晶振为 8 MHz 时,通常会选择内部时钟锁相环 9 倍频,即 MCU 的系统时钟为 72MHz。

　　STM32 可以提供几十个 I/O 口,每个端口均可承受 5 V 的电压。STM32 可以将这些通用端口(GPIO)配置成以下 8 种工作模式;

　　(1) 浮空输入:USART 的 RXD 数字信号输入(IN_FLOATING);

　　(2) 推挽输出:具有最强驱动能力(20 mA)的数字输出(Out_PP);

　　(3) 模拟输入:模拟信号输入或输出,如 ADC 的输入或 DAC 的输出(AIN;);

　　(4) 复用推挽输出:不是当 GPIO 用,而是当第 2 功能使用,如 USART 的 TXD (AF_PP);

　　(5) 开漏输出:类似数字逻辑器件的开漏门,可通过上拉电阻接更高的电压或"线与"(Out_OD);

　　(6) 复用开漏输出:与开漏输出类似(AF_OD);

　　(7) 带上拉电阻的输入:内部的上拉电阻,使得在输入悬空时,输入端为高电平,如接按键,按键只需接地,可省略上拉电阻(IPU);

　　(8) 带下拉电阻的输入:内部的下拉电阻,使得在输入悬空时,输入端为高电平,如接按键,按键只需接足够小的上拉电阻,不按时低电平,按时高电平 (IPD)。

　　下面的 GPIO 配置程序,就最常用的前 4 种模式,进行了配置。

```
/ * * * * * * * * * * * * * * * * * * * * * * * * * * * * * * * * * * *
 * 函数名:Gpio_Configuration
 * 函数描述  :设置通用 GPIO 端口功能,PA4 - DAC1,PA5 - DAC2 输出;PA.9   U1_TX
PA.10   U1_RX
 * * * * * * * * * * * * * * * * * * * * * * * * * * * * * * * * * * * * */
void Gpio_Configuration(void)
    {
GPIO_InitTypeDef GPIO_InitStructure;
    RCC_APB2PeriphClockCmd(RCC_APB2Periph_GPIOA|RCC_APB2Periph_GPIOB|RCC_APB2Periph_
GPIOC|RCC_APB2Periph_GPIOD , ENABLE);
    //使能 GPIOA,GPIOB,GPIOC,GPIOD 时钟
    GPIO_InitStructure.GPIO_Pin = GPIO_Pin_4|GPIO_Pin_5;
    / * 初始化 GPIOA 的引脚为模拟状态 * /
    GPIO_InitStructure.GPIO_Mode = GPIO_Mode_AIN;/ * PA4 - DAC1,PA5 - DAC2:电压输出通道 * /
    GPIO_InitStructure.GPIO_Speed = GPIO_Speed_50MHz;
    GPIO_Init(GPIOA,&GPIO_InitStructure);

    //PA0 作为 ADC0 输入引脚
    GPIO_InitStructure.GPIO_Pin = GPIO_Pin_0;
    GPIO_InitStructure.GPIO_Mode = GPIO_Mode_AIN;            //模拟输入引脚
    GPIO_Init(GPIOA, &GPIO_InitStructure);

    //USART1_TX   GPIOA.9 初始化
```

```
GPIO_InitStructure.GPIO_Pin = GPIO_Pin_9;            //PA.9  U1_TX
GPIO_InitStructure.GPIO_Speed = GPIO_Speed_50MHz;
GPIO_InitStructure.GPIO_Mode = GPIO_Mode_AF_PP;      //复用推挽输出
GPIO_Init(GPIOA, &GPIO_InitStructure);               //初始化 GPIOA.2

//USART1_RX  GPIOA.3 初始化
GPIO_InitStructure.GPIO_Pin = GPIO_Pin_10;           //PA.10  U1_RX
GPIO_InitStructure.GPIO_Mode = GPIO_Mode_IN_FLOATING;//浮空输入
GPIO_Init(GPIOA, &GPIO_InitStructure);

GPIO_InitStructure.GPIO_Pin = GPIO_Pin_8;
   //PC0(C1),PC3(C2),PC11(C3),PC10(S1)//为推挽输出 */
   GPIO_InitStructure.GPIO_Mode = GPIO_Mode_Out_PP;
   GPIO_InitStructure.GPIO_Speed = GPIO_Speed_50MHz;
   GPIO_Init(GPIOA,&GPIO_InitStructure);
   }
```

"中断"是 MCU 最常用的功能,其配置如下:

```
/*********************************************
函数名:NVIC_Configuration
函数描述:配置串口 USART1 的中断
*********************************************/   :
void NVIC_Configuration(void)
{
NVIC_InitTypeDef NVIC_InitStructure;
NVIC_InitStructure.NVIC_IRQChannel = USART1_IRQn;
NVIC_InitStructure.NVIC_IRQChannelPreemptionPriority = 3 ;   //抢占优先级 3
NVIC_InitStructure.NVIC_IRQChannelSubPriority = 3;            //子优先级 3
NVIC_InitStructure.NVIC_IRQChannelCmd = ENABLE;              //IRQ 通道使能
NVIC_Init(&NVIC_InitStructure);//根据指定的参数初始化 VIC 寄存器
   }
```

　　这里只涉及三个最基本的配置函数,它们当然在主程序初始化首先要调用。
　　至于 STM32F103 MCU 的其他配置和具体的程序,如 ADC、DAC、USART、定时器/计数器、外设接口等,请参阅第 9 章的设计实例,也可以参阅《电子技术随笔》。

小　　结

　　单片机的应用已渗透到我们生活的各个领域。从导弹的导航装置、飞机上各种仪表的控制,到工业自动化过程的实时控制及数据处理和传输,从民用轿车的安全保障系统,到录像机、摄像机、全自动洗衣机的控制,以及程控玩具、电子宠物等场合,都使用了少则一两片,多则几十上千片单片机。因此,单片机应用系统综合设计在电子系统综合设计中占有十分重要的地位。

　　① 首先讲述了单片机应用系统程序设计中必须面临的几个问题,包括发展趋势、应用及选择和应用系统综合设计的一般过程。

　　② 介绍了以 MSP430 为核心的单片机应用系统设计需要用到的开发软件的使用,并以 MSP430F2619 为例,介绍了几个 MSP430 的应用实例。

　　③ 介绍了以 C8051F 为核心的单片机应用系统设计需要用到的开发软件的使用,并以 C8051F350 为例,介绍了几个 C8051F 的应用实例。

设计练习

　　1. 试以直接访问方式设计单片机与 16×2 字符型液晶显示模块的接口,并设计相应的 C51 程序,显示两行字符:

"MCU&LCD"

"2012 – 8 – 30"

　　2. 利用 PCF8563 时钟芯片,设计一个倒计时钟。要求具有对表功能,LED 数码管显示,显示当前时间及倒计时天数。画出硬件电路图及软件流程图。

　　3. 为教室设计一个作息钟。要求上下课蜂鸣器报时 10 s,每日设置点数最大为 30 个,LED 数码管显示显示当前时间,具有对表功能。对表、上下课时间由按键输入。

　　4. 利用数字温度传感器 DS18B20 设计一个数字温度计,由 LED 数码管显示当前温度,温度范围:0.0~99.9 ℃。

　　5. 将上题的 LED 数码管显示改为 240×128 点阵图形 LCD 显示器,重画硬件电路图及软件流程图。

第7章 ASIC 设计

专用集成电路 ASIC(Application Specific Integrated Circuits)技术是在集成电路发展的基础上,结合电路和系统的设计方法,利用计算机辅助仿真技术和设计工具,发展而来的一种把实用电路或电路系统集成化的设计方法。

7.1 ASIC 的设计手段

将某种特定应用电路或电路系统用集成电路的设计方法制造到一片半导体芯片上的技术称为 ASIC 技术。其特点是体积小,成本低,性能优,可靠性高,保密性强,产品综合性能和竞争力好。

7.1.1 ASIC 设计发展历程

集成电路的设计方法和手段经历了几十年的发展演变,从最初的全手工设计发展到现在的可以全自动实现的过程。这也是近几十年来计算机技术、半导体技术和半导体集成电路技术等,尤其是电子信息技术发展的结果。从集成电路设计手段的发展过程划分,集成电路的设计手段经历了手工设计、计算机辅助设计(ICCAD)、电子设计自动化(EDA)、电子系统设计自动化(ESDA)以及用户现场可编程器(FPGA)等阶段。

1. 手工设计

集成电路的设计过程全部由手工操作,从设计原理图、硬件电路模拟、每个元器件单元的集成电路版图设计、版图布局布线,到得到完整的集成电路掩膜版,全部由人工完成。

2. 计算机辅助设计

随着计算机技术和仿真技术的发展,从 20 世纪 70 年代初开始,出现了能够用个人计算机辅助输入原理图的软件,接着出现电子电路的仿真软件,后来出现了越来越多的计算机辅助电路设计软件,并且计算机辅助设计功能越来越强。计算机辅助设计技术发展到现在,利用计算机辅助设计可以实现的功能主要有:电路或系统设计,逻辑设计,逻辑、时序、电路模拟,版图设计,规则检查等。

3. 电子设计自动化

电子设计自动化的工作平台配备了成套的集成电路设计软件(系统设计软件、功能模拟软件、逻辑综合软件、时序模拟软件、版图综合软件、后模拟软件等),使利用电子设计自动化设计大规模集成电路(LSI)和超大规模集成电路(VLSI)成为可能。

4. 电子系统设计自动化

电子系统设计自动化(ESDA)的目的是为设计人员提供进行系统级设计的分析手段,进而完成系统级自动化设计,最终实现片上系统(SOC)和可编程片上系统(SOPC)。

利用电子系统设计自动化工具完成系统功能分析后,再用行为级综合工具将其自动转化成可综合的寄存器级(RTL)的硬件描述语言(HDL)描述,最后就可以由电子设计自动化工具实现最终的系统芯片设计,即电子系统设计自动化的大致流程为系统设计,行为级模拟,功能模拟,逻辑综合,时序模拟,版图综合,然后模拟、制版、流片和成品。

5. 可编程专用集成电路设计

可编程专用集成电路是专用集成电路发展的另一个有特色的分支,它主要利用如 SPLD、CPLD、FPGA 等可编程电路或逻辑阵列编程,得到专用集成电路。其主要特点是直接提供软件设计编程,完成 ASIC 电路功能,不需要再通过集成电路工艺线加工。

可编程专用集成电路种类较多,可以适应不同的需求。其中 SPLD、CPLD 和 FPGA 是用得比较普遍的可编程器件。特别适合于要求开发周期短,而又具有一定复杂性和一定规模的数字电路及数字系统电路设计。本章主要介绍这类可编程专用集成电路的设计。

7.1.2　ASIC 设计方法

就 ASIC 设计方法而言,集成电路的设计方法可分为全定制、半定制和可编程 ASIC 设计三种方式。

1. 全定制设计简述

全定制 ASIC 是利用集成电路的最基本设计方法,对集成电路中所有的元器件进行精工细做(要考虑工艺条件,根据电路的复杂度和难度决定器件工艺类型、布线层数、材料参数、工艺方法、极限参数、成品率等因素)的设计方法。全定制设计可以实现最小面积、最佳布线布局和最优功耗速度积,得到最好的电特性。该方法尤其适宜于模拟电路,D/A 混合电路以及对速度、功耗、管芯面积、其他器件特性(如线性度、对称性、电流容量、耐压等)有特殊要求的场合;或者在没有现成元件库的场合。

全定制设计的主要特点如下:

> 需要丰富的经验和特殊的技巧,需要掌握各种微电子电路的设计规则和方法,一般由专业微电子 IC 设计人员完成。

> 常规设计可以借鉴以往的设计,部分器件需要根据电特性单独设计。

> 布局、布线、排版组合等均需要反复斟酌调整,按最佳尺寸、最合理布局、最短连线、最便捷引脚等设计原则设计版图。

> 版图设计与工艺相关,要充分了解工艺规范,根据工艺参数和工艺要求合理设计版图和工艺。

> 设计要求高,周期长,设计成本昂贵。

2. 半定制设计方法简述

半定制设计方法又分成基于标准单元的设计方法和基于门阵列的设计方法。半定制设计方法主要适合于开发周期短,开发成本低,投资风险小的小批量数字电路设计。

基于标准单元的设计方法是:将预先设计好的称为标准单元的逻辑单元,例如门电路、多路开关、触发器、时钟发生器等,按照某种特定的规则排列,与预先设计好的大型单元一起,根据电路功能和要求用掩膜板将所需的逻辑单元连接成所需的专用集成电路。

基于标准单元设计方法的主要特点:

> 用预先设计、预先测试、预定特性的标准单元库,省时、省钱、风险小;

> 设计人员只需确定标准单元的布局以及单元的互连;

> 所有掩膜层是定制的;

> 制造周期较短,开发成本不是太高;

> 需要花钱购买或自己设计标准单元库;

> 要花较多的时间进行掩膜层的互连设计。

基于门阵列的设计方法是在预先定制的具有晶体管阵列的基片或母片上,根据电路功能和要求通过掩膜互连的方法完成专用集成电路设计。

用门阵列设计的 ASIC 中,只有上面几层用作晶体管互连的金属层由设计人员用全定制掩膜方法确定,这类门阵列称为掩膜式门阵列 MGA(Masked Gate Array)。

门阵列中的逻辑单元称为宏单元,其中每个逻辑单元的基本单元版图相同,只有单元内以及单元之间的互连是定制的。客户设计人员可以从门阵列单元库中选择预先设计和预定特性逻辑单元或宏单元,进行定制的互连设计。

基于门阵列的设计方法的主要特点:

> 适合于开发周期短、开发成本低的小批量数字电路设计;

➤ 门阵列基本单元固定,不便于实现存储器之类的电路;

➤ 在内嵌式门阵列中,留出一些 IC 区域专门用于实现特殊功能,例如设计存储器模块或其他功能电路模块。

3. 可编程 ASIC 设计

可编程 ASIC 器件分为可编程逻辑器件(PLD)和现场可编程门阵列(FPGA)两类。

目前常用的可编程逻辑器件类型有通用阵列逻辑(GAL)和复杂的可编程逻辑器件(CPLD)。

可编程逻辑器件的特点:无定制掩膜层或逻辑单元;设计周期短;单独的模块可编程互连;具有可编程阵列逻辑、触发器或锁存器组成的逻辑宏单元矩阵。

现场可编程门阵列(FPGA)具有现场可编程特性。一般来讲,现场可编程门阵列比可编程逻辑器件规模更大、更复杂。

现场可编程门阵列的主要特点有:无定制掩膜层;基本逻辑单元和互连采用编程的方法实现;核心电路是规则的可编程基本逻辑单元阵列,可以实现组合逻辑和时序逻辑;设计周期很短。

7.2　Verilog HDL 代码编写入门

使用硬件描述语言(HDL)是进行 CPLD/FPGA 设计最主要的方法之一。

硬件描述语言能形式化地抽象表示电路的行为和结构,支持逻辑设计中层次与范围的描述。具有如下特点:

● 可借用高级语言的精巧结构来简化电路行为的描述;

● 具有电路仿真与验证机制以保证设计的正确性;

● 支持电路描述由高层到低层的综合转换;

● 硬件描述与实现工艺无关(有关工艺参数可通过语言提供的属性包含进去);

● 便于文档管理,易于理解和设计重用。

目前最流行的硬件描述语言主要有 VHDL 和 Verilog HDL。VHDL 语法严格,而 Verilog HDL 是在 C 语言的基础上发展起来的一种硬件描述语言,语法相对自由。

一般认为,VHDL 在系统级抽象方面略胜一筹,而 Verilog HDL 在门级开关电路描述方面更有优势。

用 VHDL/Verilog HDL 语言开发 CPLD/FPGA 的主要流程基本相同,主要流程如下:

(1) 文本编辑:用任何文本编辑器都可以进行,也可以用专用的 HDL 编辑环境。通常 VHDL 文件保存为 .vhd 文件,Verilog 文件保存为 .v 文件。

（2）功能仿真：将文件调入 HDL 仿真软件进行功能仿真，检查逻辑功能是否正确（也叫前仿真，对简单的设计可以跳过这一步，只在布线完成以后，进行时序仿真）。

（3）逻辑综合：将源文件调入逻辑综合软件进行综合，即把语言综合成最简的布尔表达式和信号的连接关系。逻辑综合软件会生成.edf（edif）的 EDA 工业标准文件。

（4）布局布线：将.edf 文件调入 PLD 厂家提供的软件中进行布线，即把设计好的逻辑安放到 PLD/FPGA 内。

（5）时序仿真：利用在布局布线中获得的精确参数，用仿真软件验证电路的时序（也叫后仿真）。

（6）编程下载：确认仿真无误后，将文件下载到芯片中。

这一节将讲述 Verilog HDL 的使用，下一节介绍 VHDL 的使用。

7.2.1　Verilog HDL 简介

Verilog HDL 是在 C 语言的基础上发展起来的一种硬件描述语言。它是由 GDA（Gateway Design Automation）公司的 Phil Moorby 在 1983 年末首创的，最初只设计了一个仿真与验证工具，之后又陆续开发了相关的故障模拟与时序分析工具。1985 年，Moorby 推出商用仿真器 Verilog - XL，获得了巨大的成功，从而使得 Verilog HDL 迅速得到推广应用。1989 年，Cadence Design Systems 公司收购了 GDA 公司，使得 Verilog HDL 成了该公司的独家专利。1990 年，Cadence Design Systems 公司公开发表了 Verilog HDL，并于 1992 年成立 Open Verilog International（OVI）组织致力于推广 Verilog HDL 成为 IEEE 标准，1995 年，Verilog HDL 语言成为 IEEE 标准，即 Verilog HDL IEEE Std 1364－1995。2001 年发布了 Verilog HDL IEEE Std 1364－2001，2005 年发布了 Verilog HDL IEEE Std 1364－2005。

Verilog HDL 的最大特点就是易学易用，如果有 C 语言的编程经验，可以在一个较短的时间内很快地学习和掌握。由于 HDL 语言本身是专门面向硬件与系统设计的，可以把 Verilog HDL 内容安排在与数字电子技术基础、可编程 ASIC 设计、FPGA/CPLD 设计等相关课程内部一同学习，可以使学习者同时获得设计实际电路系统的经验。

Verilog HDL 可以在算法级、门级到开关级的多种抽象设计层次上对数字系统建模。它可以描述设计的行为特性、数据流特性、结构组成以及包含响应监控和设计验证方面的时延和波形产生机制。此外，Verilog HDL 提供了编程语言接口，通过该接口用户可以在模拟、验证期间从外部访问设计，包括模拟的具体控制和运行。

Verilog HDL 不仅定义了语法，而且对每个语法结构都定义了清晰的模拟、仿真语义。因此，用这种语言编写的模型能够使用 Verilog HDL 仿真器进行验证。Verilog HDL 从 C 语言中继承了多种操作符和结构，所以从结构上看两者有很多相似之处。

7.2.2　Verilog HDL 代码编写基础

1. Verilog HDL 代码的基本结构

使用 Verilog HDL 设计的系统都是由若干模块组成的。模块(module)是 Ver-ilog HDL 最基本的概念,也是 Verilog HDL 设计系统的基本单元。

模块的基本结构如下:

```
module <模块名>(<端口列表>);
<说明部分>
<结构、行为、功能描述>
endmodule
```

其中:module 是模块的起始标识符;<模块名>是模块唯一的标识符;<端口列表>是输入、输出和双向端口的列表,这些端口用来与其他模块进行连接;<说明部分>是一段代码,与 C 语言类似,用来指定数据对象的类型和预定义等,如寄存器型、存储器型、线型以及过程块、函数块和任务块等;<结构、行为、功能描述>是模块的最重要的组成部分,用来描述模块的结构、行为和功能,可以是子模块的调用和连接,逻辑门的调用,用户自定义部件的调用,初始态赋值,initial 结构、always 结构、连续赋值或模块实例等;endmodule 是模块的结束标识符。每条 Verilog HDL 语句以";"结束,块语句、编译向导、endmodule 等少数除外,即块语句、编译向导、模块结束 endmodule 之后没有分号。

需要注释时,和 C 语言一样,使用//或 / *　 * /。

每个模块是以关键词 module 开始,以关键词 endmodule 结束的一段代码。每个模块都实现特定的功能。模块的实际意义是代表硬件电路上的逻辑实体。复杂的设计有多个模块,模块是分层的,顶层模块(Top - module)通过调用、连接低层模块的实例来实现复杂的功能。模块之间是并行运行的。

稍具体化的模块的基本结构如下:

```
module module_name (port_list)
    //说明部分,声明各种变量、信号
    reg             //寄存器
    wire            //线网
    parameter       //参数
    input           //输入信号
    output          //输出信号
    inout           //输入输出信号
    function        //函数
```

```
    task              //任务
    ……
    //结构、行为、功能描述部分
    initial assignment
    always assignment
    module assignment
    gate assignment
    UDP assignment
    continous assignment
endmodule
```

　　说明部分用于定义不同的项,例如模块描述中使用的寄存器和参数。结构、行为、功能描述部分用于定义设计的功能和结构。

　　说明部分可以分散于模块的任何地方,但是变量、寄存器、线网和参数等的说明必须在使用前出现。为了使模块描述清晰和具有良好的可读性,最好将所有的说明部分放在语句前。说明部分包括:

　　寄存器,线网,参数:reg, wire, parameter。

　　端口类型说明行:input, output, inout。

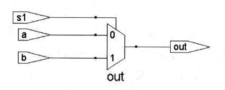

图 7.2.1　二选一选择器

　　函数、任务:function, task 等。

　　二选一选择器(如图 7.2.1 所示)的 Verilog HDL 代码实现如下:

```
module mux2(out, a, b, s1);
    input a, b, s1;
    output out;
    reg out;

    always @ (s1 or a or b)
    if (! s1) out = a;
    else out = b;
endmodule
```

　　模块名是 mux2,模块 mux2 共有 4 个端口:3 个输入端口 a、b 和 s1,1 个输出端口 out。由于没有定义端口的位数,所有端口大小都默认为 1 位;由于没有定义端口 a, b, s1 的数据类型,这 3 个端口都默认为线网型(wire)数据类型。输出端口 out 定义为 reg 类型。如果没有明确的说明,端口都是线网型的,且输入端口只能是线网型的。

　　结构、行为、功能描述部分只有一个 always 语句(后面将详细介绍),使用 if 语句描述了电路的功能。

无论多么复杂的系统,总能划分成多个小的功能模块。因此对于系统的设计,可以按照以下 3 个步骤进行:

(1) 把系统划分成若干子模块;

(2) 规划各模块的接口信号及流向;

(3) 对各子模块编程,并用顶层模块连接各子模块,完成系统设计。

2. 标志符、数据类型与表达式

标志符可以是一组字母、数字、_下划线和 $ 符号的组合,且标志符的第一个字符必须是字母或者下划线。另外,标志符是区别大小写的。以下是几个正确的标志符:HalfAdder,Clk_50MHz,Reg_State,_cs,P2_07。

需要注意的是,Verilog HDL 定义了一系列保留字,也叫关键字,具体资料可查阅相关标准。保留字均是小写的,因此在实际开发中,建议将不确定是否是保留字的标志符首字母大写,可避免混淆。例如:标志符 if(关键字)与标志符 IF 是不同的。

数据类型用来表示数字电路中的数据存储和传送元素。Verilog HDL 中总共有19 种数据类型,这里首先介绍 4 个常用的数据类型:wire 型、reg 型、memory 型和parameter 型,其他类型将在后续使用中逐步介绍。

(1) wire 数据类型

wire 是线信号数据类型的关键字。wire 型数据常用来表示以 assign 关键字指定的组合逻辑信号。Verilog HDL 代码模块中输入、输出信号类型默认为 wire 型。wire 数据类型信号可以用做方程式的输入,也可以用做"assign"语句或者实例元件的输出。

wire 数据类型信号的定义格式如下:

wire [$n-1:0$] 数据名 1,数据名 2,……数据名 N;

这里,总共定义了 N 条线(wire 型),每条线的位宽为 n。

下面给出几个例子:

```
wire [9:0] a, b, c;      // 定义 a, b, c 是位宽为 10 的 wire 型信号
wire d;                  // 定义 d 是位宽为 1 的 wire 型信号
```

(2) reg 数据类型

reg 是寄存器数据类型的关键字。寄存器是数据存储单元的抽象,通过赋值语句可以改变寄存器存储的值。reg 型数据常用来表示 always 模块内的指定信号,代表触发器。通常在设计中要由 always 模块通过使用行为描述语句来表达逻辑关系。在 always 块内被赋值的每一个信号都必须定义为 reg 型,即赋值操作符的右端变量必须是 reg 型。

reg 型信号的定义格式如下:

reg[$n-1$:0] 数据名 1,数据名 2,……数据名 N;

这里,总共定义了 N 个寄存器变量,每条线的位宽为 n。

下面给出几个例子:

reg[9:0] a, b, c;　　　// 定义 a, b, c 是位宽为 10 的寄存器
reg d;　　　　　　　　// 定义 d 是位宽为 1 的寄存器

reg 型数据的缺省值是未知的。reg 型数据可以为正值或负值。但当一个 reg 型数据是一个表达式中的操作数时,它的值被当作无符号值,即正值。如果一个 4 位的 reg 型数据被写入 -1,在表达式中运算时,其值被认为是 $+15$。

reg 型和 wire 型的区别在于:reg 型保持最后一次的赋值,而 wire 型则需要持续的驱动。

(3) memory **型**

Verilog HDL 通过对 reg 型变量建立数组来对存储器建模,可以描述 RAM、ROM 存储器和寄存器数组。数组中的每一个单元通过一个整数索引进行寻址。memory 型通过扩展 reg 型数据的地址范围来达到二维数组的效果,其定义的格式如下:

reg[$n-1$:0] 存储器名 [$m-1$:0];

其中,reg[$n-1$:0]定义了存储器中每一个存储单元的大小,即该存储器单元是一个 n 位位宽的寄存器;存储器后面的[$m-1$:0]则定义了存储器的大小,即该存储器中有 m 个这样的寄存器。例如:

reg[15:0] ROMA [7:0];

这个例子定义了一个存储位宽为 16 位,存储深度为 8 的一个存储器。该存储器的地址范围是 0 到 7。

需要注意的是:对存储器进行地址索引的表达式必须是常数表达式。

尽管 memory 型和 reg 型数据的定义比较接近,但二者还是有很大区别的。例如,一个由 n 个 1 位寄存器构成的存储器是不同于一个 n 位寄存器的。

reg[$n-1$:0] rega; // 定义一个 n 位的寄存器 rega
reg memb[$n-1$:0]; // 定义一个由 n 个 1 位寄存器构成的存储器组

一个 n 位的寄存器可以在一条赋值语句中直接进行赋值,而一个完整的存储器则不行。

rega = 0; // 合法赋值
memb = 0; // 非法赋值

如果要对 memory 型存储单元进行读写必须要指定地址。例如:

memb[0] = 1; // 将 memb 中的第 0 个单元赋值为 1

```
reg [7:0] Xrom [4:1];        // 定义一个由 4 个 8 位寄存器构成的存储器组 Xrom
Xrom[1] = 8'h00;             // 将 Xrom 中的第 1 个单元赋值为 8 位二进制值 0000 0000
Xrom[2] = 8'hc0;             // 将 Xrom 中的第 2 个单元赋值为 8 位二进制值 1100 0000
Xrom[3] = 8'hbf;             // 将 Xrom 中的第 3 个单元赋值为 8 位二进制值 1011 1111
Xrom[4] = 4'h78;             // 将 Xrom 中的第 4 个单元赋值为 8 位二进制值 0111 1000
```

(4) parameter **型**

在 Verilog HDL 中用 parameter 来定义常量,即用 parameter 来定义一个标志符表示一个常数。采用该类型可以提高程序的可读性和可维护性。

parameter 型信号的定义格式如下:

parameter 参数名 1 = 数据名 1;

下面给出几个例子:

```
parameter M1 = 1;            // 定义常量 M1 的值为 1
parameter [3:0] S0 = 4'h0,   // 定义常量 S0 的值为 4 位二进制值 0000
S1 = 4'h1,                   // 定义常量 S1 的值为 4 位二进制值 0001
S2 = 4'h2,                   // 定义常量 S2 的值为 4 位二进制值 0010
S3 = 4'h3,                   // 定义常量 S3 的值为 4 位二进制值 0011
S4 = 4'h4;                   // 定义常量 S4 的值为 4 位二进制值 0100
```

3. 模块端口

模块端口是指模块与外界交互信息的接口,包括以下 3 种:

input:模块从外界读取数据的接口,在模块内不可写。

output:模块往外界送出数据的接口,在模块内不可读。

inout:可写入数据也可以读取数据,数据可双向流动。

4. 时　延

Verilog HDL 模型中的所有时延都根据时间单位定义。

使用编译指令将时间单位与物理时间相关联。这样的编译器指令需在模块描述前定义,如下所示:

'timescale 1ns/100ps

此语句说明时延时间单位为 1ns 并且时间精度为 100ps(时间精度是指所有的时延必须被限定在 0.1ns 内)。如果此编译器指令所在的模块包含上面的连续赋值语句,则 ♯2 代表 2ns。

如果没有这样的编译器指令,Verilog HDL 模拟器会指定一个缺省时间单位。Verilog HDL IEEE 1364 标准中没有规定缺省时间单位。

下面是带时延的连续赋值语句实例。时间单位是由 timescale 定义的。

```
assign #2 Sum = A ^ B;
```

#2 是指在 A 或 B 发生变化后,延时 2 个时间单位后赋值给 Sum。

以下为一个半加器电路的 Verilog HDL 模块描述。

```
module HalfAdder (A, B, Sum, Carry);
input A, B;
output Sum, Carry;

assign #2 Sum = A ^ B;
assign #3 Carry = A & B;
endmodule
```

模块的名字是 HalfAdder。模块有 4 个端口:2 个输入端口 A 和 B,2 个输出端口 Sum 和 Carry。由于没有定义端口的位数,所有端口大小都为 1 位;同时,由于没有各端口的数据类型说明,这 4 个端口都默认为线网数据类型。

模块包含两条描述半加器数据流行为的连续赋值语句。从这种意义上讲,这些语句在模块中出现的顺序无关紧要,这些语句是并发的。每条语句的执行顺序依赖于发生在变量 A 和 B 上的事件。

```
assign #2 Sum = A ^ B; 在 A 或 B 发生变化后,延时 2 个时间单位后赋值
assign #3 Carry = A & B; 在 A 或 B 发生变化后,延时 3 个时间单位后赋值
```

7.2.3　Verilog HDL 代码设计

Verilog HDL 可用下述方式描述一个模块:
(1) 数据流方式;
(2) 行为方式;
(3) 结构方式;
(4) 上述描述方式的混合。
下面通过实例讲述这些设计描述方式。

1. 数据流描述方式

数字电路中的组合逻辑电路中的信号经过逻辑的过程类似于数据流动,信号从输入端流向输出端,只需要参与逻辑运算,不需要存储。即当输入发生变化时,总会在一定时间以后体现在输出端。使用 Verilog HDL 对这类组合逻辑电路进行描述,通常被称为数据流描述方式。数据流描述中最基本的语句是 assign 连续赋值语句。

连续赋值语句的语法为:

```
assign [delay] LHS_net = RHS_ expression;
```

右边表达式使用的操作数无论何时发生变化,右边表达式都重新计算,并且在指定的时延后变化值被赋予左边表达式的线网变量。时延值[delay]为可选项,定义了右边表达式操作数变化与赋值给左边表达式之间的延迟时间。如果没有定义时延值,缺省时延为0。

1位半加器是组合逻辑电路,下面的例子使用数据流描述方式对1位半加器进行建模设计。

```
'timescale 1ns/ 1ns
module Half_Adder( X, Y, Sum, C_out ); //半加器
    input X,Y;
    output Sum,C_out;
    assign #1 Sum = X ^ Y,
    assign #1 C_out = X & Y;
endmodule
```

以反引号"｜"开始的第一条语句是编译器指令,编译器指令 'timescale 将模块中所有时延的单位设置为1 ns,时间精度为1 ns。例如,在连续赋值语句中时延值#1表示延时1 ns。

连续赋值语句是并发执行的,各语句的执行顺序与其在描述中出现的顺序无关。Half_Adder 模块中,两个 assign 语句之间是独立并行的,当输入 X 或 Y 发生变化时,在延时1ns后,分别同时执行 Sum = X ^ Y 和 C_out = X & Y,它们的顺序与逻辑功能无关。

2. 行为描述方式

行为描述方式是指采用对信号行为级的描述方法来描述,多用于数字电路中的时序电路描述。与数据流描述方式类似,但一般使用 initial 块语句或 always 块语句来描述:

(1) initial 语句:此语句只执行一次。

(2) always 语句:此语句循环重复执行。

只有寄存器类型数据能够在这两种语句中被赋值。寄存器类型数据在被赋新值前保持原有值不变。所有的初始化语句和 always 语句在0时刻并发执行。

下例为使用 always 语句的行为描述方式对1位全加器电路进行设计的示例。

```
module FullAdder_1b (A, B, Cin, Sum, Cout);
    input A, B, Cin;
    output Sum, Cout;
    reg Sum, Cout;
    reg T1, T2, T3;
```

```
    always@ ( A or B or Cin )
      begin
        Sum = (A ^ B) ^ Cin;
        T1 = A & Cin;
        T2 = B & Cin;
        T3 = A & B;
        Cout = (T1| T2) | T3;
      end
  endmodule
```

只有寄存器类型的信号才可以在 always 和 initial 语句中被赋值,类型定义通过 reg 语句实现。模块 FullAdder_1b 中 Sum、Cout、T1、T2 和 T3 在 always 语句中被赋值,它们被说明为 reg 类型。

always 中 begin 和 end 之间的语句是一直重复执行,由敏感表(always 语句括号内的信号)中的信号触发。只要 A、B 或 Cin 的值有一个发生变化,always 中 begin 和 end 之间的语句就会被执行。

always 语句从 0 时刻开始执行。在 begin 和 end 之间的语句是顺序执行,属于串行语句,在顺序过程执行结束后被挂起,always 语句再次等待 A、B 或 Cin 上发生的事件。

在顺序过程中出现的语句是过程赋值模块化的实例。模块化过程赋值在下一条语句执行前完成执行。过程赋值可以有一个可选的时延。

时延可以细分为两种类型:

(1) 语句间时延:这是时延语句执行的时延。

(2) 语句内时延:这是右边表达式数值计算与左边表达式赋值间的时延。

下面是语句间时延的示例:

```
Sum = (A ^ B) ^ Cin;
♯4 T1 = A & Cin;
```

在第 2 条语句中的时延规定赋值延迟 4 个时间单位执行:在第 1 条语句执行后等待 4 个时间单位,然后执行第 2 条语句。

下面是语句内时延的示例:

```
Sum = ♯3 (A^ B) ^ Cin;
```

该语句表示首先计算右边表达式的值, 等待 3 个时间单位, 然后赋值给 Sum。

如果在过程赋值中未定义时延,缺省值为 0 时延,赋值立即完成。

下面是 initial 语句的示例:

```
'timescale 1ns / 1ns
module Test (Pop, Pid);
output Pop, Pid;
```

```
    reg Pop, Pid;

    initial
      begin
        Pop = 0;          // 语句 1
        Pid = 0;          // 语句 2
        Pop = #5 1;       // 语句 3
        Pid = #3 1;       // 语句 4
        Pop = #6 0;       // 语句 5
        Pid = #2 0;       // 语句 6
      end
endmodule
```

　　initial 语句包含一个顺序过程。这一顺序过程在 0 ns 时开始执行,并且在顺序过程中所有语句全部执行完毕后,initial 语句永远挂起。这一顺序过程包含带有定义语句内时延的分组过程赋值的实例。语句 1 和 2 在 0 ns 时执行。第 3 条语句也在 0 时刻执行,但 Pop 在第 5 ns 时被赋值。语句 4 在 5 ns 执行,但 Pid 在第 8 ns 被赋值。紧接着,下一个 Pop 在 14 ns 被赋值 0,Pid 在第 16 ns 被赋值 0。第 6 条语句执行后,initial 语句永远被挂起。

3. 结构化描述形式

　　结构化描述形式是指在设计描述中实例化已有的功能模块,这些功能模块包括内置门原语(在门级)、开关级原语(在晶体管级)、用户定义的原语(UDP,在门级)和模块实例(创建层次结构)。

　　结构化的描述方式反映了一个设计的层次结构。其通过使用线网来相互连接。下面的实例采用内置门原语的结构化描述形式描述 1 位全加器电路。

```
module FullAdder_1b (A, B, Cin, Sum, Cout);
    input A, B, Cin;
    output Sum, Cout;
    wire S1, T1, T2, T3;

    xor
    X1 (S1, A, B),
    X2 (Sum, S1, Cin);

    and
    A1 (T3, A, B),
    A2 (T2, B, Cin),
    A3 (T1, A, Cin),
```

```
    or
    O1 (Cout, T1, T2, T3);
endmodule
```

在这个实例中,模块包含内置门原语的实例语句,包含内置门 xor、and 和 or 的实例语句。门实例由线网类型变量 S1、T1、T2 和 T3 互连。由于没有指定的顺序,门实例语句可以以任何顺序出现;xor、and 和 or 是内置门原语;X1、X2、A1、A2、A3 是实例名称。紧跟在每个实例名称后的信号列表是它的互连;实例名称后的信号列表中的第 1 个位置的信号是门输出,第 2、3 位置的信号是门输入。例如,S1 与 xor 门实例 X1 的输出连接,而 A 和 B 与实例 X1 的输入连接。

4 位全加器可以使用 4 个 1 位全加器模块描述。下面是 4 位全加器的结构描述形式。

```
module FullAdder_4b (FA, FB, FCin, FSum, FCout );
    parameter SIZE = 4;
    input [SIZE:1] FA, FB;
    output [SIZE:1] FSum
    input FCin;
    input FCout;
    wire [1: SIZE - 1] FTemp;

    Full_Add_1b
    FA1( .A (FA[1]), .B(FB[1]), .Cin(FCin),.Sum(FSum[1]), .Cout(FTemp[2])),
    FA2( .A (FA[2]), .B(FB[2]), .Cin(FTemp[1]),.Sum(FSum[2]),
    .Cout(FTemp[2])),
    FA3(FA[3], FB[3], FTemp[2], FSum[3], FTemp[3],
    FA4(FA[4], FB[4], FTemp[3], FSum[4], FCout);
endmodule
```

在描述 4 位全加器模块实例语句中,顶层模块 FullAdder_4b 调用了 4 个已经设计完成的现有 1 位全加器 FullAdder_1b。

前两个实例 FA1 和 FA2 使用命名关联方式,端口的名称和它连接的线网被显式描述(每一个的形式都为".port_name (net_name))。例如. A (FA[2]),其中.A 表示调用器件的管脚 A,括号中的信号表示连接到该引脚 A 的电路中的具体信号。wire 保留字表明信号 FTemp 是属线网类型。

最后两个实例语句,实例 FA3 和 FA4 使用位置关联方式将端口与线网关联。这里关联的顺序不能颠倒。例如,在实例 FA4 中,第一个 FA[4] 与 Full_Add_1b 的端口 A 连接,第二个 FB[4] 与 Full_Add_1b 的端口 B 连接,余下的依此类推。

4. 混合设计描述方式

在模块中,结构化描述和行为描述的结构可以自由混合。模块描述中可以包含实例化的门、模块实例化语句、连续赋值语句以及 always 语句和 initial 语句的混合,并且它们之间可以相互包含。来自 always 语句和 initial 语句(切记只有寄存器类型数据可以在这两种语句中赋值)的值能够驱动门或开关,而来自于门或连续赋值语句(只能驱动线网)的值能够反过来用于触发 always 语句和 initial 语句。

下面是混合设计方式的 1 位全加器实例。

```
module FullAdder_1b_Mix (A, B, Cin, Sum, Cout);
    input A,B, Cin;
    output Sum, Cout;
    reg Cout;
    reg T1, T2, T3;
    wire S1;

    xor X1(S1, A, B);              // 门实例语句

    always
    @ ( A or B or Cin ) begin      // always 语句
    T1 = A & Cin;
    T2 = B & Cin;
    T3 = A & B;
    Cout = (T1| T2) | T3;
    end

    assign Sum = S1 ^ Cin;         // 连续赋值语句
endmodule
```

只要 A 或 B 有变化,门实例语句即被执行。只要 A、B 或 Cin 有变化,就执行 always 语句,并且只要 S1 或 Cin 有变化,就执行连续赋值语句。

5. 设计模拟

Verilog HDL 不仅提供描述设计的能力,而且提供对激励、控制、存储响应和设计验证的建模能力。激励和控制可用初始化语句产生。验证运行过程中的响应可以作为"变化时保存"或作为选通的数据存储。最后,设计验证可以通过在初始化语句中写入相应的语句自动与期望的响应值进行比较来完成。

下面是测试模块 Top 的例子。该例子测试 1 位全加器的设计模块 FullAdder_1b。

```
'timescale 1ns/1ns
    module Top; // 一个模块可以有一个空的端口列表
```

```
    reg PA, PB, PCi;
    wire PCo, PSum;

    // 正在测试的实例化模块
    FullAdder_1b F1(PA, PB, PCi, PSum, PCo); // 定位

    initial
        begin: ONLY_ONCE
        reg [3:0] Pal;
        //需要 4 位，Pal 才能取值 8

        for (Pal = 0; Pal < 8; Pal = Pal + 1)
        begin
            {PA, PB, PCi} = Pal;
            #5 $display ("PA, PB, PCi = %b%b%b", PA, PB, PCi,
            " ::: PCo, PSum = %b%b", PCo, PSum);
        end
    end
endmodule
```

　　在测试模块描述中，使用位置关联方式将模块实例语句中的信号与模块中的端口相连接。PA 连接到模块 FullAdder_1b 的端口 A，PB 连接到模块 FullAdder_1b 的端口 B，依此类推。注意，初始化语句中使用了一个 for 循环语句，在 PA、PB 和 PCi 上产生波形。for 循环中的第一条赋值语句用于表示合并的目标。自右向左，右端各相应的位赋给左端的参数。初始化语句还包含有一个预先定义好的系统任务。系统任务 $display 将输入以特定的格式打印输出。

　　系统任务 $display 调用中的时延控制规定 $display 任务在 5 个时间单位后执行。这 5 个时间单位基本上代表了逻辑处理时间。即是输入向量的加载至观察到模块在测试条件下输出之间的延迟时间。

　　这一模型中还有另外一个细微差别。Pal 在初始化语句内被局部定义。为完成这一功能，初始化语句中的顺序过程(begin - end)必须标记。在这种情况下，ONLY_ONCE 是顺序过程标记。如果在顺序过程内没有局部声明的变量，就不需要该标记。下面是测试模块产生的输出：

```
PA, PB, PCi = 000 ::: PCo, PSum = 00
    PA, PB, PCi = 001 ::: PCo, PSum = 01
    PA, PB, PCi = 010 ::: PCo, PSum = 01
    PA, PB, PCi = 011 ::: PCo, PSum = 10
    PA, PB, PCi = 100 ::: PCo, PSum = 01
    PA, PB, PCi = 101 ::: PCo, PSum = 10
    PA, PB, PCi = 110 ::: PCo, PSum = 10
```

PA, PB, PCi = 111 ;:: PCo, PSum = 11

7.3　VHDL 使用入门

7.3.1　VHDL 语言介绍

首先来看一个由 VHDL 语言编写的 2 选 1 多路选择器的代码。

【例 7.3.1】2 选 1 多路选择器的 VHDL 语言描述。

```
LIBRARY IEEE ;
USE IEEE.STD_LOGIC_1164.ALL ;
ENTITY mux21a IS
PORT ( a, b : IN  STD_LOGIC;
         s : IN  STD_LOGIC;
         y : OUT STD_LOGIC );
END ENTITY mux21a;
ARCHITECTURE one OF mux21a IS
  BEGIN
    y <= a  WHEN  s = '0'  ELSE
                     b;
END ARCHITECTURE one ;
```

该代码是 2 选 1 多路选择器的 VHDL 完整描述,即可以直接综合出实现相应功能的逻辑电路及其功能器件。图 7.3.1 是此描述对应的逻辑图,图中 a 和 b 分别是两个数据输入端的端口名,s 为通道选择控制信号输入端的端口名,y 为输出端的端口名。"mux21a"是此器件的名称,这类似于"74HC138"、"CD4051"等器件的名称。

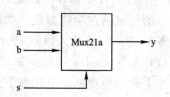

图 7.3.1　2 选 1 多路选择器的逻辑图

这里将对上述代码中出现的语言现象作出说明和归纳。

一般地,一个可综合的完整 VHDL 代码有比较固定的结构。该结构一般首先出现的是各类库及其代码包的使用声明,包括未以显式表达的工作库 WORK 库的使用声明,接着是实体描述,然后是结构体描述,而在结构体中可以含有不同的逻辑表达语句结构。

1. 设计库和标准代码包

定义数据类型 STD_LOGIC 的函数包含于标准库 IEEE 的 STD_LOGIC_1164

标准代码包中。一般地,为了使用 STD_LOGIC 数据类型,应该在例 7.2.1 的代码前加入如下两句说明语句:

```
LIBRARY  IEEE ;
USE IEEE.STD_LOGIC_1164.ALL ;
```

第 1 句中的 LIBRARY 是关键词,LIBRARY　IEEE 表示打开 IEEE 库;第 2 句的 USE 和 ALL 是关键词,USE IEEE. STD_LOGIC_1164. ALL 表示允许使用 IEEE 库中 STD_LOGIC_1164 代码包中的所有内容,如类型定义、函数、过程、常量等。

使用库和代码包的一般定义表达式是:

```
LIBRARY  <设计库名> ;
USE <设计库名>.<代码包名>.ALL ;
```

2. 实体表达

VHDL 完整的、可综合的代码结构,必须完整地表达出一片专用集成电路(ASIC)器件的端口结构和电路功能,无论是一片简单的门电路还是一片较复杂的 CPU,都必须包含实体和结构体两个最基本的语言结构,这里将含有完整代码结构(包含实体和结构体)的 VHDL 表述称为设计实体。如前所述,实体描述的是电路器件的端口构成和信号属性,它的最简表达式如下:

```
ENTITY e_name IS
    PORT ( p_name :  port_m   data_type;
                    ⋮
           p_namei : port_mi   data_type );
END e_name;
```

上式中 ENTITY、IS、PORT 和 END ENTITY 都是描述实体的关键词,在实体描述中必须包含这些关键词。关键词不分大写和小写。

3. 实体名

实体表达式中的 e_name 是实体名,具体取名由设计者自定。由于实体名实际上表达的是该设计电路的器件名,所以最好根据相应电路的功能来确定,如 4 位二进制计数器实体名可取为 Counter4b;8 位二进制加法器,实体名可取为 Adder8b 等等。需要特别注意的是,一般不用数字或中文定义实体名,不用 EDA 工具库中已定义好的元件名作为实体名,如 or2、latch 等,也不用数字带头的实体名,例如 74LSX。

4. PORT 语句和端口信号名

描述电路的端口及其端口信号,必须用端口语句 PORT( )引导,并在语句结尾处加分号";"。实体表达式中的 p_name 是端口信号名,也由设计者自己确定,如本节例 1 中的端口信号名分别是 a、b、s 和 y。

5. 端口模式

实体表达式中的 port_m 表示端口模式,可综合的端口模式有 4 种,它们分别是"IN"、"OUT"、"INOUT"和"BUFFER",用于定义端口上数据的流动方向和方式。

> IN:定义的通道为单向只读模式,规定数据只能通过此端口被读入实体中。
> OUT:定义的通道为单向输出模式,规定数据只能通过此端口从实体向外流出,或者说可以将实体中的数据向此端口赋值。
> INOUT:定义的通道确定为输入/输出双向端口,即从端口的内部看,可以对此端口进行赋值,也可以通过此端口读入外部的数据信息;而从端口的外部看,信号既可以从此端口流出,也可以向此端口输入信号,如 RAM 的数据端口,单片机的 I/O 口。
> BUFFER:BUFFER 的功能与 INOUT 类似,区别在于当需要输入数据时,只允许内部回读输出的信号,即反馈。如计数器的设计,可将计数器输出的计数信号回读,作下一计数值的初值。与 INOUT 模式相比,BUFFER 回读(输入)的信号不是由外部输入的,而是由内部产生、向外输出的信号。

6. 标准逻辑位数据类型 STD_LOGIC

在例 7.2.1 中,2 选 1 多路选择器的 4 个信号端口 a、b、s 和 y 的数据类型都被定义为 STD_LOGIC。就数字系统设计来说,类型 STD_LOGIC 比 BIT 包含的内容丰富和完整得多。STD_LOGIC 和 BIT 两种数据类型的代码包定义式如下(其中 TYPE 是数据类型定义语句):

BIT 数据类型定义: TYPE BIT IS($'0'$, $'1'$);

STD_LOGIC 数据类型定义: TYPE STD_LOGIC IS ($'U'$, $'X'$, $'0'$, $'1'$, $'Z'$, $'W'$, $'L'$, $'H'$, $'-'$)。

以上定义的 9 种数据的含义是: $'U'$——未初始化的; $'X'$——强未知的; $'0'$——强逻辑 0; $'1'$——强逻辑 1; $'Z'$——高阻态; $'W'$——弱未知的; $'L'$——弱逻辑 0; $'H'$——弱逻辑 1; $'-'$——忽略。

它们较完整地概括了数字系统中所有可能的数据表现形式。因此,STD_LOGIC 比 BIT 具有更宽的取值范围,从而用 STD_LOGIC 描述的实际电路有更好的适应性。

在仿真和综合中,将信号或其他数据对象定义为 STD_LOGIC 数据类型是非常重要的,它可以使设计者精确地模拟一些未知的和具有高阻态的线路情况。对于综合器,高阻态 $'Z'$ 和 $'-'$ 忽略态(有的综合器对 $'X'$)可用于三态的描述。但就目前的综合器而言,STD_LOGIC 型数据能够在数字器件中实现的只有其中的 4 种值,即 $'X'$

(或′−′)、′0′、′1′和′Z′。

7. 数据类型 BIT

实体表达式中的 data_type 是数据类型名。在本节例 1 中，端口信号 a、b、s 和 y 的数据类型也可以定义为 BIT，即取值范围仅限于 0 和 1 两种。

VHDL 作为一种强类型语言，任何一种数据对象（信号、变量、常数）必须严格限定其取值范围，即对其传输或存储的数据类型作明确的界定。这对于大规模电路描述的排错是十分有益的。在 VHDL 中，预先定义好的数据类型有多种，如整数数据类型 INTEGER、布尔数据类型 BOOLEAN、标准逻辑位数据类型 STD_LOGIC 和位数据类型 BIT 等。

BIT 数据类型的信号规定的取值范围是逻辑位 1 和 0。在 VHDL 中，逻辑位 0 和 1 的表达必须加单引号（′ ′），否则 VHDL 综合器将 0 和 1 解释为整数数据类型 INTEGER。

BIT 数据类型可以参与逻辑运算或算术运算，其结果仍是位的数据类型。VHDL 综合器用一个二进制位表示 BIT。BIT 数据类型的定义或解释包含在 VHDL 标准代码包 STANDARD 中，而代码包 STANDARD 包含于 VHDL 标准库 STD 中。标准库 STD 在 VHDL 代码中是默认打开的，所以一般不用如下语句去打开标准库 STD 和代码包 STANDARD。

```
 LIBRARY  STD ;
USE  STD.STANDARD.ALL  ;
```

8. 结构体表述

结构体的一般表述如下：

```
ARCHITECTURE arch_name OF e_name IS
      （说明语句）
BEGIN
（功能描述语句）
END arch_name;
```

其中，ARCHITECTURE、OF、IS、BEGIN 和 END 都是描述结构体的关键词，在描述中必须包含；arch_name 是结构体名。

说明语句包括在结构体中，指需要说明和定义的数据对象、数据类型、元件调用声明等。说明语句并非是必需的，功能描述语句则不同，结构体中必须给出相应的电路功能描述语句，可以是并行语句、顺序语句或它们的混合。

9. 信号传输(赋值)符号和数据比较符号

在本节例 1 中的表达式"y＜＝a"表示输入端口 a 的数据向输出端口 y 传输;但也可以解释为信号 a 向信号 y 赋值。在 VHDL 仿真中赋值操作"y＜＝a"并非立即发生的,而是要经历一个模拟器的最小分辨时间 δ 后,才将 a 的值赋予 y。在此不妨将 δ 看成是实际电路存在的固有延时量。VHDL 要求赋值符"＜＝"两边的信号的数据类型必须一致。

在例 7.2.1 中,条件判断语句 WHEN – ELSE 通过测定表达式 s＝'0'的比较结果,以确定由哪一端口向 y 赋值。式中的等号"＝"没有赋值的含义,只是一种数据比较符号。其输出结果的数据类型是布尔数据类型 BOOLEAN,它的取值分别是:true(真)和 false(伪)。即当 s 为高电平 1 时,表达式 s＝'0'输出 false;当 s 为低电平 0 时,表达式 s＝'0'输出 true。在 VHDL 综合器或仿真器中分别用 1 和 0 表达 true 和 false。

布尔数据不是数值,只能用于逻辑操作或条件判断。

用于条件语句的判断表达式可以是一个值,也可以是更复杂的逻辑或运算表达式,例如:

```
IF  a  THEN..  —— 注意,a 的数据类型必须是 boolean
IF  (s1 = '0')AND(s2 = '1')OR(c<b + 1) THEN..
```

10. WHEN – ELSE 条件信号赋值语句

在本节例 1 中出现的是条件信号赋值语句,这是一种并行赋值语句,其表达方式如下:

```
赋值目标 ＜＝表达式 WHEN  赋值条件 ELSE
           表达式 WHEN  赋值条件 ELSE
                ⋮
           表达式;
```

在结构体中的条件信号赋值语句的功能与在进程(后面将详细介绍)中的 IF 语句相同,在执行条件信号语句时,每一"赋值条件"是按书写的先后关系逐项测定的,一旦发现(赋值条件＝TRUE),立即将"表达式"的值赋给"赋值目标"信号。另外应注意,由于条件测试的顺序性,条件信号赋值语句中的第 1 子句具有最高赋值优先级,第 2 句其次,依此类推。例如在以下代码中,如果 p1 和 p2 同时为 1,z 获得的赋值是 a 而不可能是 b。

```
z< = a WHEN p1 = '1' ELSE
b WHEN p2 = '1' ELSE
c ;
```

11. 文件取名和存盘

在文件存盘前,任一 VHDL 设计代码(代码)都必须给予一个正确的文件名。一般地,文件名可以由设计者任意给定,但具体取名最好与文件实体名相同;文件后缀扩展名必须是".VHD",例如 ADDER.VHD。但考虑到某些 EDA 软件的限制和 VHDL 代码的特点,要求源件名与文件名必须是等同的,因此建议,VHDL 代码的文件名最好与该代码的实体名一致。

7.3.2　VHDL 文本输入设计步骤

本节将介绍利用 MAX+plus II 进行 VHDL 文本输入设计的基本方法和流程。

与使用其他集成开发环境一样,首先应该建立好工作目录,以便设计工程项目的存储。作为示例,在此设立目录 H:\MYVHDL1,作为工作目录,以便将设计过程中的相关文件存储在此。

1. 文本编辑输入并存盘

打开 MAX+plus II,选择 File→New 菜单项,出现如图 7.3.2 所示的对话框,在框中选中"Text Editor file",单击 OK 按钮,即选中了文本编辑方式。在出现的"Untitled2 - Text Editor"文本编辑窗(见图 7.3.3)中键入如本节例 7.3.2 所示的 VHDL 代码(D 触发器),输入完毕后,选择菜单 File→Save,即出现如图 7.3.4 所示的 Save As 对话框。首先在 Directories 目录框中选择自己已建立好的存放本文件的目录 H:\MYVHDL1(用鼠标双击此目录,使其打开),然后在 File Name 框中键

图 7.3.2　新建文件类型选择

入文件名 DFF1.VHD,单击 OK 按钮,即把输入的文件放在目录 H:\MYVHDL1 中了。

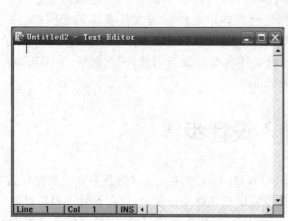

图 7.3.3　文本编辑窗　　　　　　　　图 7.3.4　文件存储

【例 7.3.2】D 触发器的 VHDL 描述。

```
LIBRARY IEEE ;
USE IEEE.STD_LOGIC_1164.ALL ;
ENTITY DFF1 IS
PORT (CLK : IN STD_LOGIC ;
          D : IN STD_LOGIC ;
          Q : OUT STD_LOGIC );
 END ;
ARCHITECTURE bhv OF DFF1 IS
BEGIN
 PROCESS (CLK)
     BEGIN
      IF  CLK'EVENT AND CLK = '1'
            THEN  Q < = D ;
          END IF;
 END PROCESS ;
END bhv;
```

　　注意:VHDL 代码文本存盘的文件名必须与文件的实体名一致。另外,文件的后缀将决定使用的语言形式,在 MAX+plus II 中,后缀为. VHD 表示 VHDL 文件;后缀为. TDF 表示 AHDL 文件;后缀为.V 表示 Verilog 文件。如果后缀正确,存盘后对应该语言的文件中的主要关键词都会改变颜色。

2. 将当前设计设定为工程

　　需要特别注意的是,在编译/综合 DFF1. VHD 之前,需要设置此文件为工程文件(Project)。

选择菜单项 File→Project→Set Project to Current File,当前的设计工程即被指定为 DFF1。也可以选择菜单项 File→Project→Name,在跳出的 Project Name 窗中指定 H:\MYVHDL1 下的 DFF1. VHD 为当前的工程。设定后可以看见 MAX+plus II 主窗左上方的工程项目路径指向为“h:\myvhdl1\dff1”,如图 7.3.5 所示。

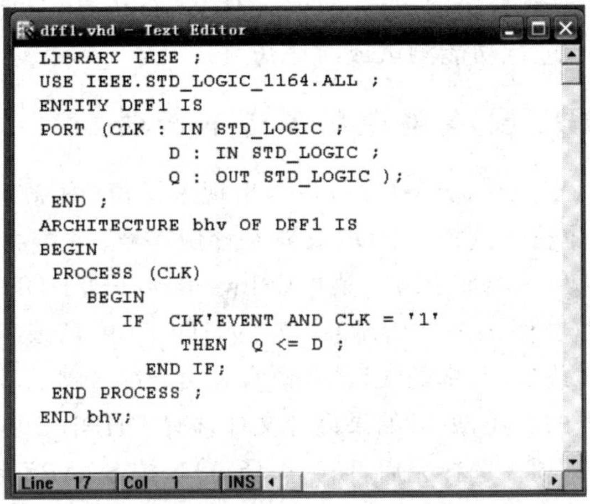

dff1.vhd - Text Editor
LIBRARY IEEE ;
USE IEEE.STD_LOGIC_1164.ALL ;
ENTITY DFF1 IS
PORT (CLK : IN STD_LOGIC ;
D : IN STD_LOGIC ;
Q : OUT STD_LOGIC);
END ;
ARCHITECTURE bhv OF DFF1 IS
BEGIN
PROCESS (CLK)
BEGIN
IF CLK'EVENT AND CLK = '1'
THEN Q <= D ;
END IF;
END PROCESS ;
END bhv;
Line 17
Col 1
INS

图 7.3.5　将当前设计设定为工程后的图示

在设定工程文件后,应该选择用于编程的目标芯片:选择菜单项 Assign→Device,在弹出的对话框中的 Device Family 下拉列表框中选择器件系列,选择 FLEX10K,然后在 Devices 列表框中选择芯片型号 EPF10K10LC84-3,单击 OK 按钮,如图 7.3.6 所示。

Device
Top of Hierarchy: h:\myvhdl1\dff1.vhd
Device Family: FLEX10K
Devices:
EPF10K10LC84-3
AUTO
EPF10K10LC84-3
EPF10K10TC144-3
EPF10K10QC208-3
Show Only Fastest Speed Grades
Maintain Current Synthesis Regardless of Device or Speed Grade Changes
OK
Cancel
Auto Device...
Device Options...
Migration Device...
Edit Chips >>

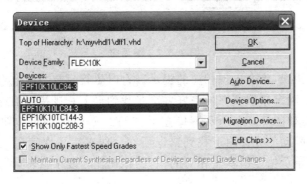

图 7.3.6　目标器件选择

在设计中,设定某项 VHDL 设计为工程应该注意以下 3 方面的问题:

① 如果设计项目由多个 VHDL 文件组成,应先对各底层文件分别进行编辑、设置成工程、编译、综合乃至仿真测试并存盘后以备后用。

② 最后将顶层文件(存在同一目录中)设置为工程,统一处理,这时顶层文件能

根据例化语句自动调用底层设计文件。

　　③ 在设定顶层文件为工程后,底层设计文件原来设定的元件型号和引脚锁定信息自动失效。元件型号的选定和引脚锁定情况始终以工程文件(顶层文件)的设定为准。同样,仿真结果也是针对工程文件的。所以在对最后的顶层文件处理时,仍然应该对它重新设定元件型号和引脚锁定(引脚锁定只有在最后硬件测试时才是必须的)。如果需要对特定的底层文件(元件)进行仿真,只能将某底层文件(元件)暂时设定为工程,进行功能测试或时序仿真。

3. 选择 VHDL 文本编译版本号和排错

　　选择菜单项 MAX+plus II→Compiler,出现编译窗(图 7.3.7)后,需要根据自己输入的 VHDL 文本格式选择 VHDL 文本编译版本号。

　　选择如图 7.3.7 所示界面上方的菜单项 Interfaces→VHDL Netlist Reader Settings,在弹出的窗口(如图 7.3.8 所示)中选"VHDL '1987"或"VHDL '1993"。这样,编译器将支持 87 或 93 版本的 VHDL 语言。由于综合器的 VHDL'1993 版本兼容 VHDL'1987 版本的表述,所以如果设计文件含有 VHDL'1987 或混合表述,都应该选择"VHDL'1993"项。选择完后,回到编译窗口,按 START 键,运行编译。

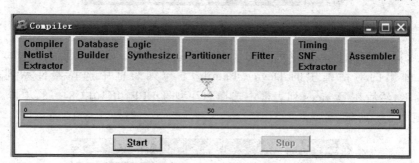

图 7.3.7　编译窗

　　如果编译有错误,将会出现相应的提示。有时尽管只有一两个小错,但却会出现大量的出错信息,确定错误所在的最好办法是找到最上一排错误信息指示,用鼠标点成黑色,然后单击如图 7.3.9 所示窗口左下方的 Locate 错误定位钮,就能发现在出现文本编译窗中闪动的光标附近找到错误所在。纠正后再次编译,直至排除所有错误。闪动的光标指示错误所在是相对的,有的错误比较复杂,很难用此定位。

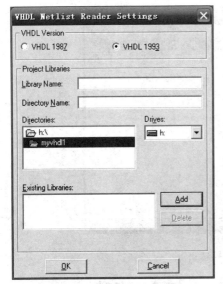

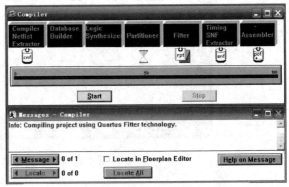

图 7.3.8　VHDL 版本选择　　　　　　图 7.3.9　编译完成后的窗口

VHDL 文本编辑中可能出现许多错误,例如:

① 错将设计文件存入了根目录,并将其设定成工程,由于没有了工作库,报错信息如下:

```
Error:Can't open VHDL "WORK"
```

② 错将设计文件的后缀写成.tdf 而非.vhd,在设定工程后编译时,报错信息如下:

```
Error:Line1,File h:\myvhdl1\dff1.tdf:TDF syntax error:...
```

③ 未将设计文件名存为其实体名,例如错写为 muxa.vhd,设定工程编译时,报错信息如下:

```
Error:Line1,...VHDL Design File "muxa.vhd" must contain ...
```

4. 时序仿真

首先选择菜单项 File →New,打开图 7.3.2 所示的对话框,选择 Waveform Editor,单击 OK 按钮后进入仿真波形编辑窗,如图 7.3.10 所示。

接下去选择菜单项 Node →Enter Nodes from SNF,进入仿真文件信号接点输入对话框,单击右上角 List 按钮后,将测试信号 D(I)、CLK(I)和 Q(O)输入仿真波形编辑窗,如图 7.3.11 所示。

选择菜单 Options,将 Snap to Grid 的勾去掉;选择菜单项 File →End Time,设

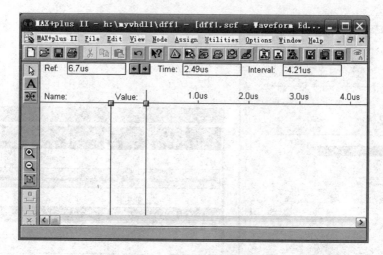

图 7.3.10　仿真波形编辑窗

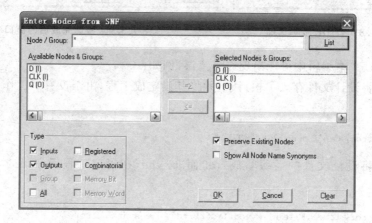

图 7.3.11　信号接点输入对话框

定仿真时间区域,如设为 10 μs。给出输入信号后,选择菜单项 MAX+plus II →
Simulator 进行仿真运算,波形如图 7.3.12 所示。

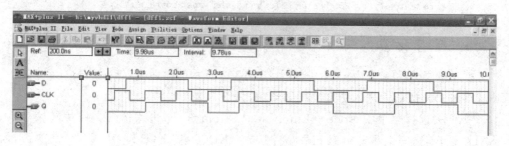

图 7.3.12　仿真结果

5. 硬件测试

首先通过选择菜单项 MAX+plus II→Compiler,进入编辑窗,然后在 Assign 项中选择 Pin / Location /Chip 选项,在跳出的窗口中的 Node Name 项中输入引脚 CLK,这时 Pin Type 项会出现 Input 指示字,表明 CLK 的引脚性质是输入,否则将不出现此字。此时在 PIN 项内输入引脚名为 83 脚,再单击右下方的 Add 项,此引脚即设定好了;以同样方法分别设引脚 d 和 q 的引脚名,再单击上方的 OK 按钮。关闭"Pin / Location / Chip"窗后,应单击编辑窗的 Start,将引脚信息编辑进去。

接着编程下载。选择"MAX+plus II"中的 Programmer 项,弹出 Programmer 窗后,选择 Options 中的硬件设置项 Hardware Setup,在下拉窗口中选择"Byte-Blaster (MV)",单击 OK 按钮即可。将实验板连接好,接好电源,单击 Configure 按钮,即可进行编程下载。然后就可以进行硬件测试。

7.3.3　VHDL 文本输入设计举例

1. 2 选 1 选择器的 VHDL 语言的多种描述

2 选 1 选择器的结构体如图 7.3.13 所示。在 7.3.1 小节使用 WHEN – ELSE 语句实现了该器件的描述。其实每个电路或器件都可以使用多种描述方式得到相同的综合结果。这里将用另外的描述语句来描述 2 选 1 选择器。

使用"IF – THEN – ELSE"顺序语句的 VHDL 代码如下:

```
ENTITY mux21a IS
PORT ( a, b : IN  BIT;
         s : IN  BIT;
         y : OUT BIT   );
END mux21a;
ARCHITECTURE one OF mux21a IS
BEGIN
    PROCESS (a,b,s)
     BEGIN
      IF s = '0'  THEN    y <= a ;
                   ELSE    y <= b ;
      END IF;
    END PROCESS;
END one ;
```

用结构体图(如图 7.3.13 所示)来描述 2 选 1 选择器的代码如下:

```
ENTITY mux21a IS
```

```
PORT ( a, b : IN   BIT;
            s : IN   BIT;
            y : OUT BIT  );
END mux21a;
ARCHITECTURE one OF mux21a IS
SIGNAL d,e :   BIT;
    BEGIN
        d <= a AND (NOT S) ;
        e <= b AND s ;
        y <= d OR e  ;
END one ;
```

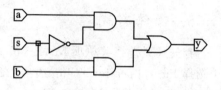

图 7.3.13　　mux21a 结构体

这里将对上述代码中出现的语言现象作出说明和归纳。

(1) 逻辑操作符 AND、OR、NOT

AND、OR 和 NOT 是逻辑操作符号。VHDL 共有 7 种基本逻辑操作符,它们是 AND(与)、OR(或)、NAND(与非)、NOR(或非)、XOR(异或)、XNOR(同或)和 NOT(取反)。信号在这些操作符的作用下,可构成组合电路。逻辑操作符所要求的操作数(操作对象)的数据类型有 3 种,即 BIT、BOOLEAN 和 STD_LOGIC。

与其他硬件描述语言用符号表达逻辑操作符不同,VHDL 中直接用对应的英语文字表达逻辑操作符号,这更明确显示了 VHDL 作为硬件行为描述语言的特征。

(2) IF - THEN - ELSE 条件语句

利用 IF - THEN - ELSE 表达的 VHDL 顺序语句的方式,描述了同一多路选择器的电路行为。结构体中的 IF 语句的执行顺序类似于软件语言,首先判断如果 s 为低电平,则执行“y<=a”语句,否则(当 s 为高电平),则执行语句“y<=b”。由此可见 VHDL 的顺序语句同样能描述并行运行的组合电路。另外,IF 语句必须以语句“END IF;”结束。

(3) PROCESS 进程语句和顺序语句

顺序语句“IF - THEN - ELSE - END IF;”是放在由“PROCESS”和“END PROCESS”引导的语句中的,由 PROCESS 引导的语句称为进程语句。在 VHDL 中,所有合法的顺序描述的语句都必须放在进程语句中(并非所有语句都能放在进程语句中)。

PROCESS 旁的(a,b,s)称为进程的敏感信号表,通常要求将进程中所有的输入信号都放在敏感信号表中。由于 PROCESS 语句的执行依赖于敏感信号的变化,当某一敏感信号(如 a)从原来的 1 跳变到 0,或者从原来的 0 跳变到 1 时,就将启动此进程语句,而在执行一遍整个进程的顺序语句后,便进入等待状态,直到下一次敏感信号表中某一信号的跳变才再次进入“启动-运行”状态。在一个结构体中可以包含任意个进程语句,所有的进程语句都是并行语句,而由任一进程 PROCESS 引导的语句结构属于顺序语句。

2. 七段数码显示译码器设计

七段数码显示译码器是纯组合电路,通常的小规模专用 IC,如 74 系列或 4000 系列的器件只能作十进制 BCD 码译码,然而数字系统中的数据处理和运算都是 2 进制的,所以输出表达都是 16 进制的,为了满足 16 进制数的译码显示,最方便的方法就是利用 VHDL 译码代码在 FPGA 或 CPLD 中实现。

作为七段 BCD 码译码器的设计,输出信号 LED7S 的 7 位分别接数码管的 7 个段,高位在左,低位在右。例如,当 LED7S 输出为 1101101 时,数码管的 7 个段 gfed-cba 分别接 1100110,接有高电平的段发亮,于是数码管显示"4"。

七段数码显示译码器的 VHDL 代码如下:

```
LIBRARY IEEE ;
USE IEEE.STD_LOGIC_1164.ALL ;
 ENTITY DecL7S IS
    PORT ( din  : IN  STD_LOGIC_VECTOR(3 DOWNTO 0) ;
           LED7S : OUT STD_LOGIC_VECTOR(6 DOWNTO 0)) ;
END ;
ARCHITECTURE one OF DecL7S IS
BEGIN
    PROCESS(din )
    BEGIN
      CASE  din(3 DOWNTO 0)  IS
          WHEN "0000" =>   LED7S <= "0111111" ; -- X"3F"→0
          WHEN "0001" =>   LED7S <= "0000110" ; -- X"06"→1
          WHEN "0010" =>   LED7S <= "1011011" ; -- X"5B"→2
          WHEN "0011" =>   LED7S <= "1001111" ; -- X"4F"→3
          WHEN "0100" =>   LED7S <= "1100110" ; -- X"66"→4
          WHEN "0101" =>   LED7S <= "1101101" ; -- X"6D"→5
          WHEN "0110" =>   LED7S <= "1111101" ; -- X"7D"→6
          WHEN "0111" =>   LED7S <= "0000111" ; -- X"07"→7
          WHEN "1000" =>   LED7S <= "1111111" ; -- X"7F"→8
          WHEN "1001" =>   LED7S <= "1101111" ; -- X"6F"→9
          WHEN "1010" =>   LED7S <= "1110111" ; -- X"77"→10
          WHEN "1011" =>   LED7S <= "1111100" ; -- X"7C"→11
          WHEN "1100" =>   LED7S <= "0111001" ; -- X"39"→12
          WHEN "1101" =>   LED7S <= "1011110" ; -- X"5E"→13
          WHEN "1110" =>   LED7S <= "1111001" ; -- X"79"→14
          WHEN "1111" =>   LED7S <= "1110001" ; -- X"71"→15
          WHEN OTHERS =>   NULL ;
```

```
        END CASE ;
    END PROCESS ;
END ;
```

3. 数控分频器的设计

数控分频器的功能是当在输入端给定不同输入数据时,将对输入的时钟信号有不同的分频比。本设计中的数控分频器是用计数值可并行预置的加法计数器设计完成的,方法是将计数溢出位与预置数加载输入信号相接即可。

数控分频器的 VHDL 代码如下:

```
LIBRARY IEEE;
USE IEEE.STD_LOGIC_1164.ALL;
USE IEEE.STD_LOGIC_UNSIGNED.ALL;
ENTITY PULSE IS
    PORT (    CLK  : IN STD_LOGIC;
                D  : IN STD_LOGIC_VECTOR(7 DOWNTO 0);
              FOUT : OUT STD_LOGIC  );
END;
ARCHITECTURE one OF PULSE IS
    SIGNAL    FULL : STD_LOGIC;
BEGIN
 P_REG: PROCESS(CLK)
   VARIABLE CNT8 : STD_LOGIC_VECTOR(7 DOWNTO 0);
   BEGIN
      IF CLK'EVENT AND CLK = '1' THEN
            IF CNT8 = "11111111" THEN
                CNT8 := D;                    --当 CNT8 计数计满时,
                                              --输入数据 D 被同步预置给计数器 CNT8
                FULL <= '1';                  --同时使溢出标志信号 FULL 输出为高电平
                ELSE   CNT8 := CNT8 + 1;--否则继续作加 1 计数
                        FULL <= '0';    --且输出溢出标志信号 FULL 为低电平
            END IF;
        END IF;
   END PROCESS P_REG ;
 P_DIV: PROCESS(FULL)
    VARIABLE CNT2 : STD_LOGIC;
  BEGIN
  IF FULL'EVENT AND FULL = '1'
      THEN  CNT2 := NOT CNT2;              --如果溢出标志信号 FULL 为高电平
                                          --D触发器输出取反
        IF CNT2 = '1' THEN   FOUT <= '1';
```

```
        ELSE    FOUT <= '0';
      END IF;
    END IF;
  END PROCESS P_DIV ;
END;
```

7.4　Quartus II 使用简介

　　MAX+plus II 作为 Altera 的上一代综合性 CPLD/FPGA 设计开发软件,因其出色的易用性而得到了广泛的应用。目前 Altera 已经停止了对 MAX+plus II 的更新支持,Quartus II 与之相比不仅是支持器件类型的丰富和图形界面的改变,而且在 Quartus II 中包含了许多诸如 SignalTap II、Chip Editor 和 RTL Viewer 的设计辅助工具,集成了 SOPC 和 HardCopy 设计流程,并且继承了 MAX+plus II 友好的图形界面及简便的使用方法。

　　Quartus II 与 MAX+plus II 一样,支持原理图、VHDL、VerilogHDL 以及 AHDL(Altera Hardware Description Language)等多种设计输入形式,内嵌自有的编辑工具、综合器以及仿真器,可以完成从设计输入到硬件配置的完整 CPLD/FPGA 设计流程。作为一种可编程逻辑的设计环境,Quartus II 因其强大的设计能力和直观易用的接口,越来越受到数字系统设计者的欢迎。本书以 7.2 版本为例,其设计界面与后续的版本(目前 Quartus II 最新版本为 10.0)有少许不同,但主要的设计流程基本相同。

　　使用 Quartus II 进行 CPLD/FPGA 设计开发的主要流程如图 7.4.1 所示。如果任何一步不能满足设计要求,都可以返回前面的步骤重新进行。

图 7.4.1　Quartus II 进行 CPLD/FPGA 设计开发的主要流程

7.4.1　设计输入

　　首先建立一个工程项目文件夹,如 N:\quartusii_std\firstprt;然后启动 Quartus II 7.2 (32 位)软件,启动后的工作界面如图 7.4.2 所示;弹出的对话框为"Do you want to create a New Project now?",由于需要新建工程,单击"是"进入工程向导界面,如图 7.4.3 所示。

　　在图 7.4.3 新的工程向导界面里提示,该工程向导可以帮助创建新的工程和主要的工程设置,包括工程名和目录、顶层输入文件的名称、工程文件和库、目标器件系

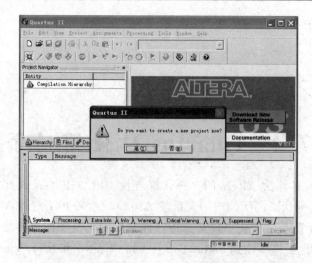

图 7.4.2　Quartus II 7.2　(32 位)启动后的界面

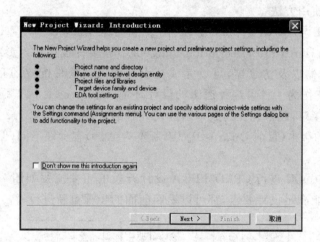

图 7.4.3　新的工程向导

列及器件选择、EDA 工具设置等。

　　单击 Next 进入下一步,工程文件管理设置,如图 7.4.4 所示。在第 1 个文本框中选择工程路径,打开创建的文件夹 N:\quartusii_std\firstprt,软件将在第 2 个文本框默认输入工程名称为 firstprt,在第 3 个文本框默认输入工程的顶层设计名为 firstprt。工程名称可以任意命名,但工程的顶层设计名,必须与顶层文件名一致。

　　如果不需要加入已经设计完成的代码文件、选择目标器件、设置专用的综合仿真和分析工具,一般不用进入下一步,可直接单击 Finish 即可,进入主设计页面进行代码的编写等。

　　这里为完整介绍,单击 Next 进入下一步,加入设计文件向导,如图 7.4.5 所示。如果设计文件已经建好,可以在文件名提示栏里加入文件的路径及名称。如果没有

建好的设计文件,可直接单击 Next
进入下一步,进入器件系列选择和目
标器件选择,如图 7.4.6 所示。

在图 7.4.6 中的器件系列选择
和器件选择对话框里,选择设计面向
的器件系列选择和目标器件型号,如
选择 MAX7000S 系列,并选中器件
型号为 EPM7128SLC84 - 15。这里
默认为 Stratix II,由适配器自动选
择该系列的器件。

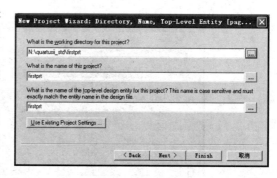

图 7.4.4　工程管理

单击 Next 进入下一步,EDA 工具设置,包括设计输入和综合工具、仿真工具和
时序分析工具的选择,如图 7.4.7 所示。Design entry/Synthesis 用于选择设计输入
工具和综合工具;Simulation 用于选择仿真工具;Timing analysis 用于选择时序分析
工具,这些均是除 Quartus II 自含的所有设计工具以外的外加工具,如果不选,表示
仅选择 Quartus II 自带的设计工具。

单击 Next 就完成了工程向导,本页面提示该向导进行了那些工作,如图 7.4.8
所示。单击 Finish 就进入了主设计页面,如图 7.4.9 所示。

单击图 7.4.9 左边的空白文档图标□(也可以选择 File→New),进入新建文档
窗口,如图 7.4.10 所示。在这里,采用 VHDL 编程,选择 VHDL File。

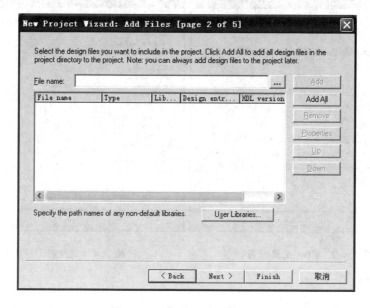

图 7.4.5　加入设计文件页面

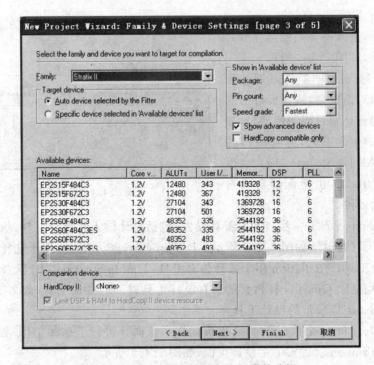

图 7.4.6　器件系列选择和目标器件选择

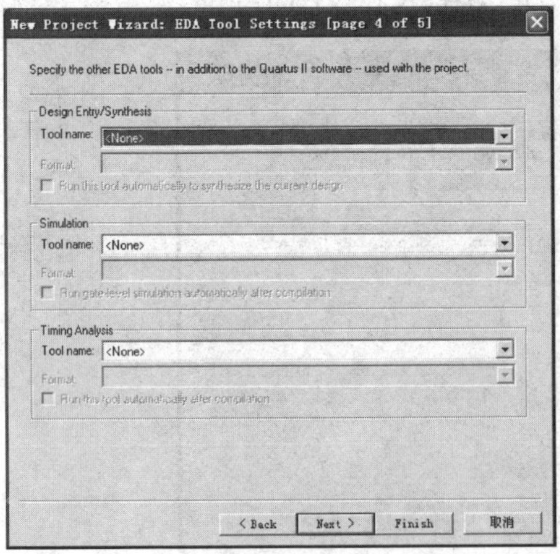

图 7.4.7　EDA 工具设置 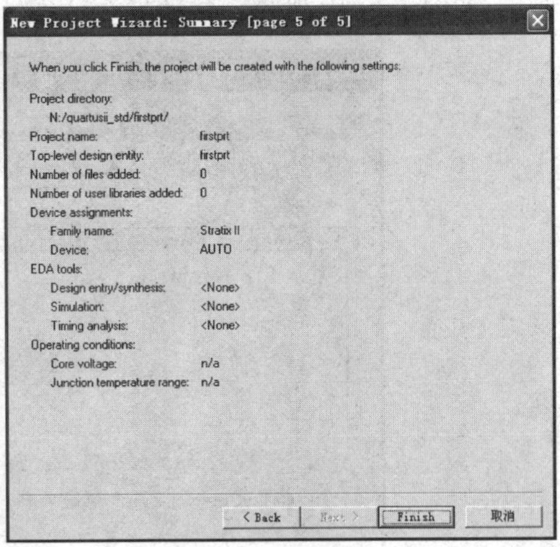　　　　　　　图 7.4.8　完成工程向导

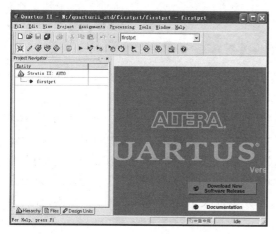

图 7.4.9　主设计页面

图 7.4.10　新建文件类型选择

单击 OK 进入代码编辑窗口,如图 7.4.11 所示,编辑完后单击保存。注意:文件名与实体名必须相同,并选择"Add file to current project"多选框,把编辑的文件加入到当前工程中。

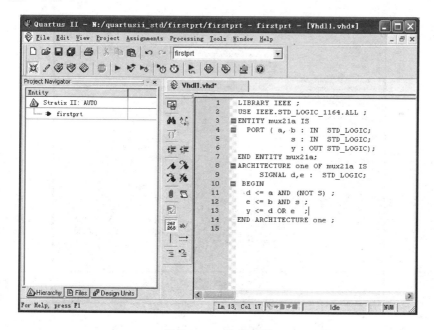

图 7.4.11　编辑代码

7.4.2 综 合

在 Assignments→Settings→Analysis & Synthesis Settings 中为工程指定全局综合逻辑选项。

Analysis & Synthesis Settings 逻辑选项允许指定 Complier 应该执行速度优化、面积优化还是执行"平衡"优化,"平衡"优化努力达到速度和面积的最佳组合。它还提供多种其他选项,例如用于上电的逻辑电平控制选项,删除重复或者冗余逻辑的选项,用 DSP Blocks、RAM、ROM、开漏引脚替换相应逻辑的选项,状态机的编码方式选项,实现多路复用器所需的逻辑单元数量以及其他影响 Analysis & Synthesis 的选项等,如图 7.4.12 所示。

在菜单按钮中单击 ▶,执行完全编译。

与 MAX+plus II 相比,Quartus II 编译功能要多些,速度要慢一些。编译完成的界面如图 7.4.13 所示。

这里提示编译完成以及重要的错误和警告信息,具体的信息可到 Messages 中查看。

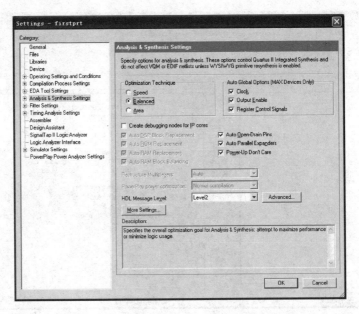

图 7.4.12 Analysis & Synthesis 设置页面

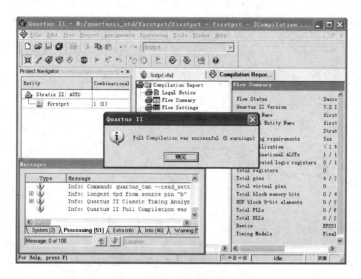

图 7.4.13　编译完成的界面

7.4.3　适　配

　　适配(Fitting)又称为"布局布线",适配器(Fitter)使用由 Analysis & Synthesis 建立的数据库,将工程的逻辑和时序要求与器件的可用资源相匹配。它将每个逻辑功能分配给最佳逻辑单元位置,进行布线和时序分析,并选定相应的互连路径和引脚分配。

　　如果在设计中进行了资源分配,Fitter 将试图把这些资源分配与器件上的资源相匹配,努力满足已设置的任何其他约束条件,然后试图优化设计中的其余逻辑。如果尚未对设计设置任何约束条件,Fitter 将自动优化设计。如果适配不成功,Fitter 会终止编译,并给出错误信息。

　　设置 Fitter 选项:Assignments→Settings→Fitter Settings 中允许指定控制时序驱动编译和编译速度的选项,如图 7.4.14 所示。

　　可以指定 Fitter 是否应尽量使用 I/O 单元中的寄存器(而不是使用普通逻辑单元中的寄存器)来满足与 I/O 引脚相关的时序要求和分配。优化设计时,可以指示 Fitter 仅考虑较慢的拐角时序延时,如果优化设计以同时满足所有拐角的时序要求,则同时考虑较快和较慢拐角的时序延时。

　　可指定 Fitter 使用标准适配(它会尽力满足 f_{MAX} 时序要求)、快速适配功能(它可以提高编译速度,但可能降低 f_{MAX}),还是使用自动适配功能(在满足时序要求后,可减轻 Fitter 的工作,并能缩短编译时间)。在 Fitter Settings 页面中,可以指定限制 Fitter 仅进行一次尝试(也会降低 f_{MAX})。

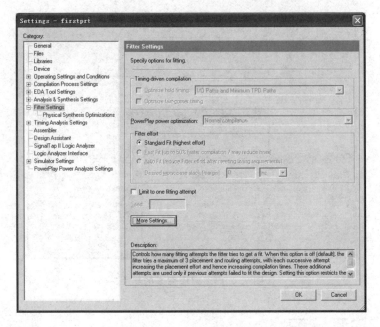

图 7.4.14　Fitter Settings 页面

　　可以在包括 Fitter 模块的 Quartus II 软件中启动完整编译，也可以单独启动 Fitter（Proccessing→Start）。在单独启动 Fitter 之前，必须首先运行 Analysis & Synthesis。

　　Status 窗口记录工程编译期间在 Fitter 中处理所花费的时间以及运行任何其他模块的处理时间，如图 7.4.15 所示。

　　使用 Messages 窗口查看适配结果，如图 7.4.16 所示。

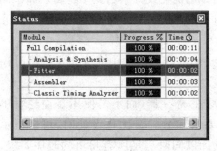

图 7.4.15　Status 窗口

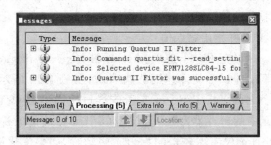

图 7.4.16　Messages 窗口

　　选择 Assignments→Pins 可进行引脚分配，如图 7.4.17 完成引脚分配后再编译。

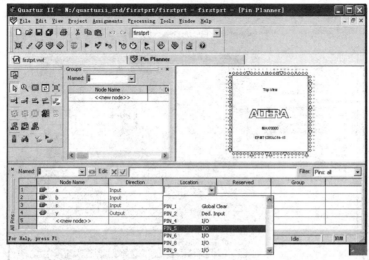

图 7.4.17　引脚分配

7.4.4　时序分析

接下来进行时序分析设置。选择 Assignments→Timing Analysis Settings,指定初始工程全局范围和个别的时序要求。Timing Analyzer 可在完整编译期间自动对设计进行时序分析,或在初始编译之后单独进行时序分析,如图 7.4.18 所示。

Timing Analyzer 用于分析设计中的所有逻辑,并有助于指导适配器达到设计中的时序要求。默认情况下,Timing Analyzer 作为完整编译的一部分自动运行,分析、报告时序信息。例如,建立时间(t_{SU})、保持时间(t_H)、时钟至输出延时和最小时钟至输出延时(t_{CO})、引脚至引脚延时和最小引脚至引脚延时(t_{PD})、最大时钟频率(f_{MAX})以及设计的其他时序特性。当提供时序约束或者默认设置有效时,Timing Analyzer 报告迟滞时间,可以使用 Timing Analyzer 生成的信息分析、调试和验证设计的时序性能,还可以使用快速时序模型验证最佳情况(最快速率等级的最小延时)条件下的时序。

指定时序设置和约束后,在菜单按钮中单击▶就可以通过完整编译运行 Timing Analyzer。完成编译后,可以使用 Processing→Start→Classic Start Timing Analyzer 命令重新单独运行时序分析。

运行时序分析后,可以在 Compilation Report 的 Timing Analyzer 文件夹中查看时序分析结果,如图 7.4.19 所示。然后,列出时序路径以验证电路性能,确定关键速度路径以及限制设计性能的路径,并重新进行时序分配。

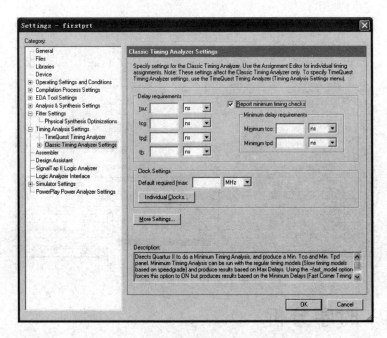

图 7. 4. 18　Classic Timing Analysis Settings 页面

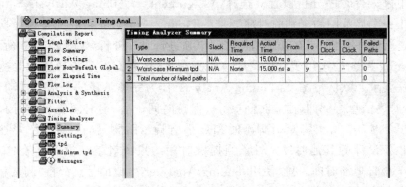

图 7. 4. 19　Compilation Report 中的 Timing Analysis Results

7.4.5　仿　真

接着,和 MAX+plus II 一样,建立波形文件,进行波形仿真。选择 File→New,在选项卡 Others Files 中选择 Vector Waveform File,新建一个波形文件,如图 7.4.20 所示。

波形文件创建窗口如图 7.4.21 所示。

如图 7.4.22 所示,选择 View→Utility Windows→Node Finder,弹出 Node Finder 对话框。

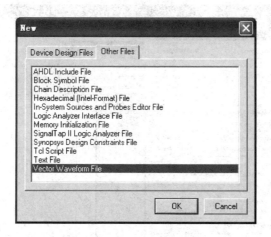

图 7.4.20　新建一个波形文件

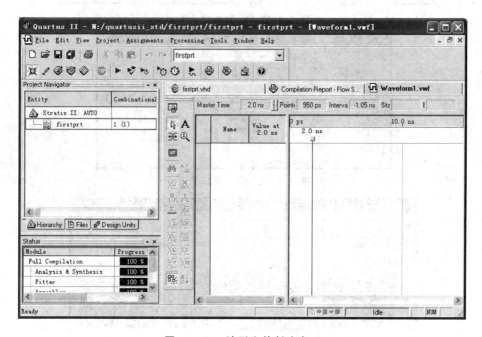

图 7.4.21　波形文件创建窗口

单击 List,列出可选的仿真信号端口,如图 7.4.23 所示。按住 Ctrl,选择所需仿真的端口信号,并在所选的信号端口上,右击选择 Copy,如图 7.4.24 所示,并关闭该窗口。

把选择的信号端口粘贴在信号仿真窗口,设置好输入信号并保存,如图 7.4.25所示。单击开始仿真,仿真完成视图如图 7.4.26 所示。

图 7.4.22　仿真端口设置

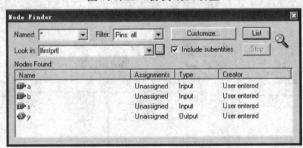

图 7.4.23　仿真端口列表

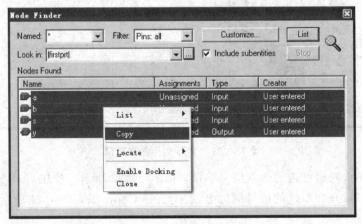

图 7.4.24　仿真端口选择

　　如图 7.4.27 所示,将鼠标指针移到仿真结果的 firstprt. vwf 选项卡上面,右击选择 Detach Window 可在新窗口查看,如图 7.4.28 所示,查看是否完成了逻辑设计要求。

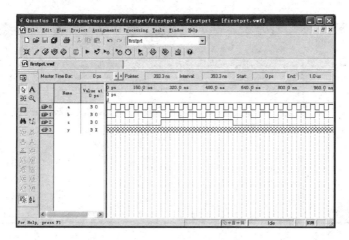

图 7.4.25　输入信号设置

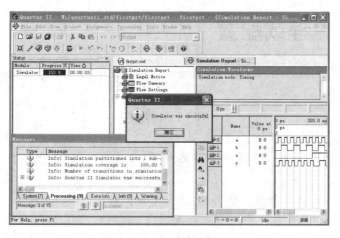

图 7.4.26　仿真完成视图

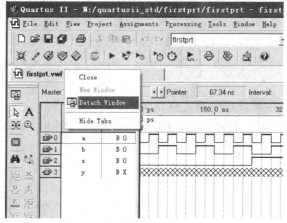

图 7.4.27　仿真结果视图设置

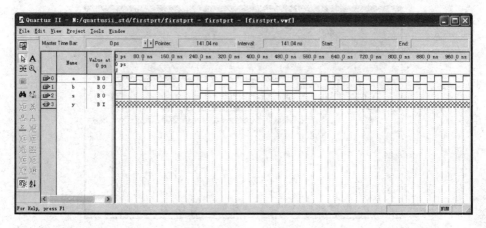

图 7.4.28　仿真结果

7.4.6　编程或配置

选择 Tools→Programmer 进行代码下载或配置(Programming & Configuration)。

小　　结

① 现代 ASIC 设计技术是电子信息技术、计算机技术、半导体集成电路技术发展的结果。

② ASIC 设计方法可分为全定制、半定制和可编程 ASIC 设计 3 种方式。

③ GAL 逻辑器件在中小规模电路设计中,仍然占有很重要的地位。本章分别介绍了 FASTMAP 和 ABEL - HDL 的使用。列举了几个使用 FASTMAP 设计典型例子:3 - 8 译码器、七段显示译码器、6 位双向移位寄存器和 4 位同步可逆计数器。列举了几个使用 ABEL 语言设计典型例子:4 位二进制数比较器、4 位左移移位寄存器、4 选 1 数据选择器、十进制加法计数器、4 - 2 线编码器、2 - 4 线译码器、十进制加法计数器及七段译码电路、二进制递增计数器、步进电机三相六拍脉冲分配器电路。

④ 以 2 选 1 选择器为例介绍了 VHDL 代码的各要素。

⑤ 利用 MAX+plus II 进行 VHDL 文本输入设计的基本方法和流程。

⑥ 使用 VHDL 语言描述 3 个不同电路的实例。

⑦ 简单介绍了 Quartus II 的使用。

设计练习

1. VHDL 代码有哪些基本端口模式？

2. 简述端口模式 INOUT 与 BUFFER 的不同。

3. 简述利用 MAX＋plus II 进行 VHDL 文本输入设计的一般流程。

4. 请分别使用 VHDL 代码中"IF－THEN"语句、"WHEN－ELSE"语句和 "CASE"语句设计一个 4 选 1 的选择器。

第8章 EDA 工具应用

随着计算机仿真技术和社会生活对电子系统的要求的不断提高,为缩短电子系统产品的开发周期,降低开发成本和风险,EDA(Electronic Design Automatic,电子设计自动化)技术在电子系统设计中起着十分重要的作用。EDA 技术的使用使得设计人员能在计算机上完成电路和系统的功能设计、逻辑设计、性能分析、时序测试以及印刷电路板的自动设计。

8.1 Pspice 仿真

8.1.1 Pspice 简介

Pspice 是较早出现的 EDA 软件之一,也是当今世界上著名的电路仿真标准工具之一,1984 年 1 月由美国 Microsim 公司首次推出。它是由 Spice 发展而来的面向 PC 机的通用电路模拟分析软件。Spice(Simulation Program with Integrated Circuit Emphasis)是由美国加州大学伯克利分校开发的电路仿真程序,它在众多的计算机辅助设计工具软件中,是精度最高、最受欢迎的软件工具。随后,版本不断更新,功能不断完善。基于 DOS 操作系统的 Pspice 5.0 以下版本自 20 世纪 80 年代以来在我国得到广泛应用。Pspice 5.1 以后的版本是 Microsim 公司于 1996 年后开发的基于 Windows 环境的仿真程序,并且从 6.0 版本开始引入图形界面。1998 年,著名的 EDA 商业软件开发商 OrCAD 公司与 Microsim 公司正式合并,自此 Microsim 公司的 Pspice 产品正式并入 OrCAD 公司的商业 EDA 系统中,成为 OrCAD/Pspice。2003 年 7 月,全球最大的 EDA 工具软件设计公司 Cadence 公司收购了 OrCAD 公司,OrCAD/Pspice 产品又并入 Cadence 的产品中。Pspice 的仿真工具已和 Cadence OrCAD Capture 及 Concept HDL 电路编辑工具整合在一起,让工程师方便地在单一的环境里建立设计、控制模拟及分析结果。

Cadence OrCAD Pspice 是一个成熟且先进的全功能模拟与混合信号的仿真器,配合众多的板级(Board - level)模型可适用于复杂的混合设计,并且可在单一窗口中以同一个时间轴看到模拟与数字信号的波形。Pspice A/D 对于任何大小的电路,都可以做模拟与数字信号的混合设计。

Pspice 软件具有强大的电路图绘制功能、电路模拟仿真功能、图形后处理功能和元器件符号制作功能,以图形方式输入,自动进行电路检查,生成网表,模拟和计算电路。

它的用途非常广泛,不仅可以用于电路分析和优化设计,还可用于电子线路、电路和信号与系统等课程的计算机辅助教学;与印制版设计软件配合使用,还可实现电子设计自动化;被公认是通用电路模拟程序中最优秀的软件,具有广阔的应用前景。这些特点使得 Pspice 受到广大电子设计工作者、科研人员和高校师生的热烈欢迎,国内许多高校已将其列入电子类本科生和硕士生的辅修课程。

在国外,Pspice 软件非常流行。在大学里,它是工科类学生必会的分析与设计电路工具;在公司里,它是产品从设计、实验到定型过程中不可缺少的设计工具。世界各国的半导体元件公司为它提供了上万种模拟和数字元件组成的元件库,使 Pspice 软件的仿真更可靠,更真实。

Pspice 软件几乎完全取代了电路和电子电路实验中的元件、面包板、信号源、示波器和万用表。有了此软件就相当于有了电路和电子学实验室。

在电路系统仿真方面,Pspice 独具特色,是一个多功能的电路模拟试验平台,Pspice 软件收敛性好,适于做系统及电路级仿真,具有快速、准确的仿真能力。其主要优点还有:

① 图形界面友好,易学易用,操作简单。原理图的输入方式(也有文本方式输入),使电路设计更加直观形象。Pspice 6.0 以上版本采用 Windows 图形界面,利用鼠标和热键操作,操作简单。

② 功能强大,集成度高。在 Pspice 内集成了许多仿真功能,例如:直流分析、交流分析、噪声分析、温度分析等,用户只需在所要观察的节点放置电压(电流)探针,就可以在仿真结果图中观察到其"电压(或电流)-时间图"。而且该软件还集成了诸多数学运算,不仅为用户提供了加、减、乘、除等基本的数学运算,还提供了正弦、余弦、绝对值、对数、指数等基本的函数运算。

另外,用户还可以对仿真结果窗口进行编辑,如添加窗口、修改坐标、叠加图形等,还具有保存和打印图形的功能,这些功能都给用户提供了制作所需图形的一种快捷、简便的方法。

8.1.2　Pspice 使用

在这里,首先介绍 Pspice 的基本操作步骤。这里采用 Pspice Student 9.1 版。

首先,新建设计项目。选择菜单项 File → New → Project,弹出如图 8.1.1 所示的对话框。

单击 OK 按钮后,会弹出如图 8.1.2 所示的对话框,选择第 2 项:创建一个空白工程。

单击 OK 按钮后,会弹出如图 8.1.3 所示的原理图输入窗口。

在原理图输入窗口中的原理图输入工具栏中,从左到右第 2 个按钮是加入新元件按钮,第 3 个是连接各元件的连线,如图 8.1.4 所示。后面的按钮和其他绘制原理图的软件工具一样,根据其在状态栏的提示就可知道其功能,这里不再详述。

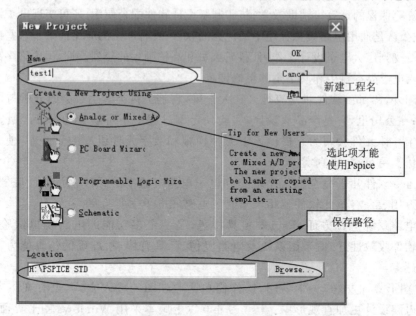

图 8.1.1　新建工程对话框

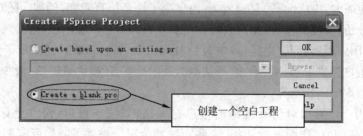

图 8.1.2　新建工程对话框

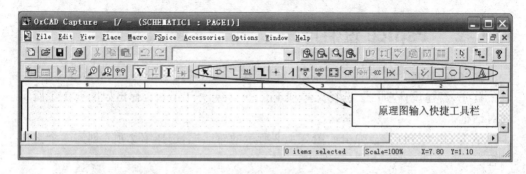

图 8.1.3　原理图输入窗口

单击加入新元件按钮,就会弹出如图 8.1.5 所示的库加入和元件选择窗口。

图 8.1.4   原理图输入快捷工具栏

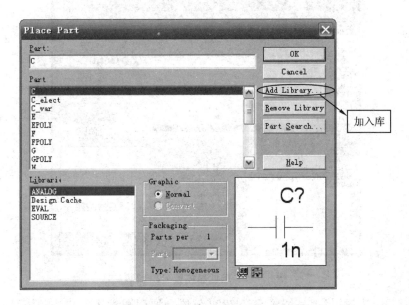

图 8.1.5   库加入和元件选择窗口

单击加入库按钮,会出现如图 8.1.6 所示的库加入窗口。在此可选择所需元器件所在的库文件。

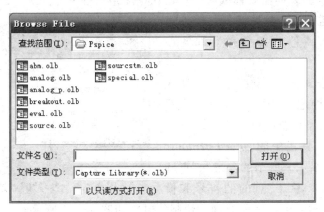

图 8.1.6   库加入窗口

注意:在 OrCAD Capture 中,需要加入定义元器件的库(library),才能选取所需的元器件。

这里以晶体管放大电路为例讲述 Pspice 的使用。此例中晶体管 Q2N2222 在库

"eval. olb" 中,电阻和电容在库 "analog. olb" 中,直流电源 VDC 和输入信号 VSIN 在库 "source. olb" 中。把这几个库加入库选择列表中。

接着,选取元件。这里以选取晶体管 Q2N2222 为例,其余类似,如图 8.1.7 所示。

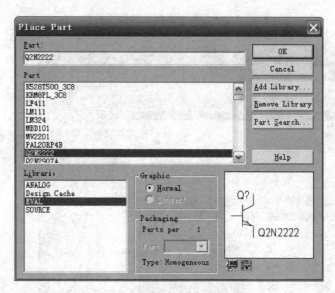

图 8.1.7 选取晶体管 Q2N2222

单击 OK 按钮,将把晶体管 Q2N2222 放置到原理图编辑窗口中,然后右击选择 "end mode" 结束放置元件。在每完成一个操作后,右击相应的结束项即可结束该操作。只有结束该操作后,才能进行下一个不同的操作,否则将重复原操作。

元器件放置的方向需要修改时,右击,在快捷菜单栏中选择 Rotate 即可。

放置完元器件后,需要将各元器件连接起来,并设定或修改各个元器件的参数值。

在这里要强调的是,电路中必须加入参考 "0" 点(即接地),否则 Pspice 仿真器将认为电路浮空,不能进行仿真。单击原理图输入快捷工具栏中的 "place ground" 按钮,弹出如图 8.1.8 所示的参考 "0" 点选择窗口。注意,参考 "0" 点的的符号和模

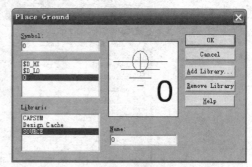

图 8.1.8 参考 "0" 点选择窗口

型在库 "source. olb" 中。完成原理图绘制的电路如图 8.1.9 所示。

然后设定要做何种仿真。此例中首先做 transient simulation。选择菜单项中的 Pspice → New Simulation Profile,弹出如图 8.1.10 所示的对话框。为该仿真取名后,单击 Create 按钮,弹出如图 8.1.11 所示的仿真类型选择和设置对话框。

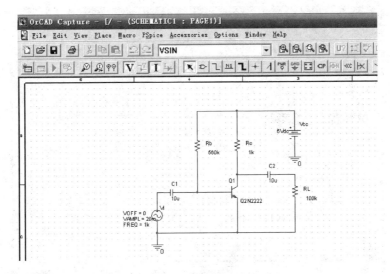

图 8.1.9 完成绘制的晶体管放大电路

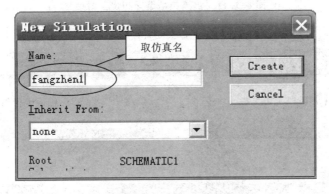

图 8.1.10 创建新的仿真

在要观察波形的点加上探针(Probe),由快捷工具栏中选择加入,如图 8.1.12 所示。最后单击如图 8.1.13 所示的按钮,运行仿真,即可产生如图 8.1.14 所示的波形和如图 8.1.15 所示的仿真结果。根据该波形图,就可以判断该电路是否符合设计要求,以及如何修改达到设计要求等。

如图 8.1.16 所示,要对仿真的波形进行测量。在该仿真界面下,选择菜单项 Trace → Cursor → Display,就可以查看各个时间点的仿真结果值。

在该仿真界面下,单击分析窗口左下角的"V(C2∶2)",选择输出端 C2 与 RL 连接处的输出电压波形,选择菜单项 Trace → Cursor → Peak,测量标尺定位于输出波形顶峰。接着选择菜单项 Plot → Label → Mark,可以显示输出波形顶峰标尺坐标。第 1 个数为顶峰处时间数值,第 2 个数为顶峰处电压数值。

将顶峰处电压数值与谷底处电压数值相减,可得到输出波形峰峰值 V_{opp}。

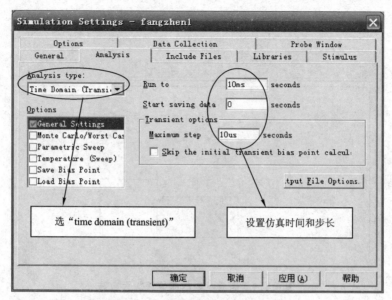

图 8.1.11　仿真类型选择和设置对话框

图 8.1.12　工具栏　　　　　　　　　　　　　　　图 8.1.13　运行仿真

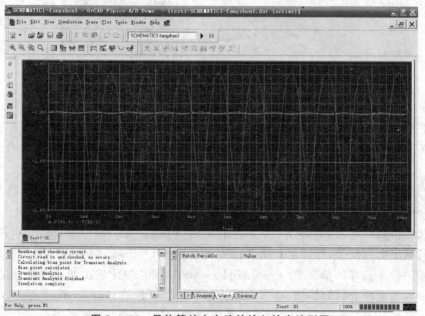

图 8.1.14　晶体管放大电路的输入输出波形图

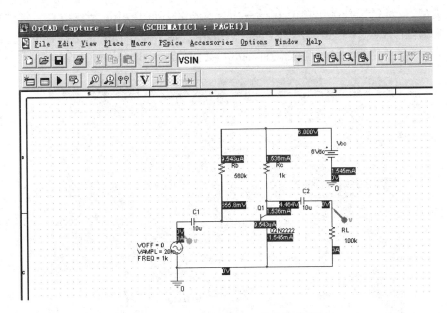

图 8.1.15　各节点的电压电流仿真结果

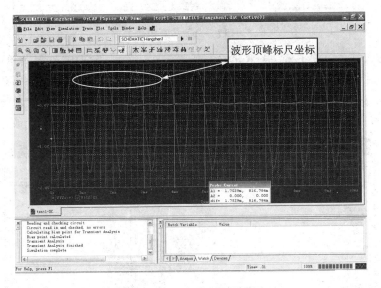

图 8.1.16　仿真波形的测量

　　输出波形峰峰值 V_{opp} 与输入波形峰峰值 V_{ipp} 相除,可得到系统放大增益 A_v。

　　下面将在原晶体管放大电路图中做交流分析。首先需要更换激励信号源,删除 VSIN,更换为信号源 VAC,并将 V_1 修改为 Vi,交流电压改为 20 mV(AC),直流电压不变,为 0 V(DC)。接着选择菜单项 Pspice →Create Netlist,创建电路网表。然后进行仿真参数类型设置,可以选择菜单项 Pspice →Edit Simulation Profile 修改原仿真类型,也可以选择菜单项 Pspice→New Simulation Profile 新建仿真。将仿真类型设置为 AC Sweep/Noise,AC Sweep Type 中选择 Logarithmic 及 Decade,Start 中填写 0.1 Hz,End 中填写 100 MegHz,Points/Decade 中填写 100,如图 8.1.17 所示。

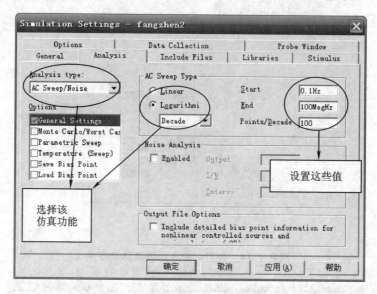

图 8.1.17   交流仿真设计界面

然后,选择菜单项 Pspice→Run 进行仿真。在仿真结果图中,选择菜单项 Trace → Add Trace,将弹出 Add Traces 对话框(如图 8.1.18 所示),在 Add Traces 对话框的 Trace Expression 中填写 V[Q1∶c]/V[Vi∶+],即输出幅度与输入幅度之比(增益 A_v)随信号频率变化的关系。单击 OK 按钮,就会生成如图 8.1.19 所示的仿真结果。

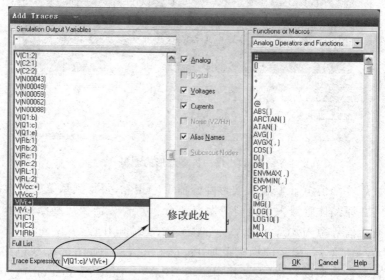

图 8.1.18   Add Traces 对话框

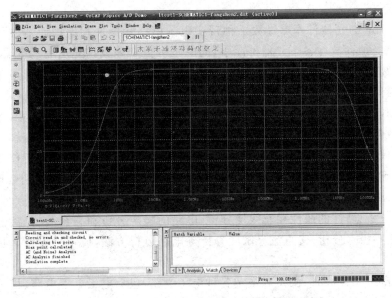

图 8.1.19　增益 A, 与频率的关系仿真结果

同前面的暂态分析一样,可以使用标尺和峰值测量工具,测量出中频频率、中频放大倍数以及上下限截止频率。此处不再详述。

8.2　Multisim 仿真

Multisim 来源于加拿大 Interactive Image Technologies(图像交互技术,简称 IIT)公司推出的以 Windows 为基础的仿真工具 Electronics Work Bench(电子工作台,简称 EWB),用于电子电路仿真和设计。1988 年推出第一个版本的 EWB,因界面形象直观、操作方便、分析功能强大、易学易用而得到迅速推广使用。1996 年推出了 EWB 5.0 版本,在 EWB 5.x 版本之后,从 EWB 6.0 版本开始,IIT 对 EWB 进行了较大变动,名称改为 Multisim(多功能仿真软件),并推出了 Multisim 2001、Multisim 7、Multisim 8 等多个版本。2005 年,美国国家仪器(National Instruments,NI)公司收购了 IIT 公司,软件更名为 NI Multisim。NI Multisim 经历了多个版本的升级,已经有 Multisim 9 、Multisim 10、Multisim 12、Multisim 13、Multisim 14 等版本。Multisim 9 版本之后增加了单片机和 LabVIEW 虚拟仪器的仿真和应用。

8.2.1　Multisim 简介

Multisim 是一个可进行原理电路设计、电路功能测试的虚拟仿真软件。Multisim 用软件的方法虚拟电子元器件,虚拟电子仪器和仪表,实现了"软件即元器件"、

"软件即仪器"。

　　Multisim 的元器件库提供数千种现实电子电路元器件和虚拟元器件供实验选用,分门别类地存放在各个元器件库中,同时也可以新建或扩充已有的元器件库,而且建库所需的元器件参数可以从生产厂商的产品使用手册中查到,因此也很方便地在工程设计中使用。

　　Multisim 的虚拟测试仪器仪表种类齐全,有一般实验用的通用仪器,如数字万用表、函数信号发生器、双踪示波器、直流电源;还有一般实验室少有或没有的仪器,如波特图仪、字信号发生器、逻辑分析仪、逻辑转换器、失真仪、频谱分析仪和网络分析仪等。虚拟测试仪器仪表以图标方式呈现,且可多台同时使用,无使用数量限制。

　　Multisim 具有较强的电路分析功能,可以完成电路的瞬态分析和稳态分析、时域和频域分析、器件的线性和非线性分析、电路的噪声分析和失真分析、离散傅里叶分析、电路零极点分析、交直流灵敏度分析等电路分析方法,以帮助设计人员分析电路的性能。

　　Multisim 可以设计、测试和演示各种电子电路,包括电工电子电路、模拟电子电路、数字电子电路、射频电路及微控制器和接口电路等。可以对被仿真的电路中的元器件设置各种故障,如开路、短路和不同程度的漏电等,从而观察不同故障情况下的电路工作状况。在进行仿真的同时,软件还可以存储测试点的所有数据,列出被仿真电路的所有元器件清单,以及存储测试仪器的工作状态、显示波形和具体数据等。

　　Multisim 有丰富的 Help 功能,其 Help 系统不仅包括软件本身的操作指南,更重要的是包含有元器件的功能解说。Help 中这种元器件功能解说有利于使用 Multisim 进行 CAI 教学。另外,Multisim 还提供了与国内外流行的印刷电路板设计自动化软件 Protel 及电路仿真软件 PSpice 之间的文件接口,也能通过 Windows 的剪贴板把电路图送往文字处理系统中进行编辑排版。Multisim 支持 VHDL 和 Verilog HDL 语言的电路仿真与设计。

8.2.2　Multisim 仿真设计简述

　　用模拟小信号放大电路来讲述使用 Multisim 进行仿真设计的主要步骤。使用 Multisim 进行仿真设计的主要操作包括调用元器件、连接元器件、编辑参数、运行仿真。本书在描述 Multisim 操作步骤时使用了菜单方式,大多数操作可以直接使用工具栏上的快捷按钮,执行的结果与菜单操作完全一样。

1. 电路原理

　　模拟小信号放大电路的仿真电路如图 8.2.1 所示。
　　该模拟小信号放大电路是以 U1－741 运算放大器为核心构成的同相比例放大

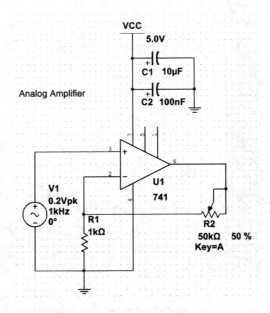

图 8.2.1　模拟小信号放大电路*

电路,输入信号为交流信号 V1(峰峰值 0.2 V,频率 1 kHz)。该电路中 R2 为 50 kΩ 可调电阻,可对电路放大倍数进行调整。放大前的信号 V1 和放大后的输出信号,均送入虚拟示波器进行观测。

2. 新建仿真文件

(1) 首先打开 Multsim 软件(本书使用的是 Multsim 14.1 中文版),如图 8.2.2 所示,默认有一个名为"设计 1"的空白文件已经在工作台(WorkSpace)中打开。

(2) 这个名为"设计 1"的文件是没有保存的,我们先将其保存起来,并将其重新命名。执行菜单【文件】→【另存为】即可弹出如图 8.2.3 所示的"另存为"对话框,选择合适的路径,并将其命名为"lsa. ms14",最后单击"保存"即可。

(3) 保存后,主界面中的"设计 1"已经被 "lsa"替换了。

3. 放置元器件

新建仿真文件完成后,将电路所需元器件从器件库中选取出来。表 8.2.1 为本电路中所有元器件在库中的位置,可以直接根据表中信息进行查找并选取相应的元器件。

---

*　为了便于读者阅读理解,本小节的电路图中电子元器件符号均保留仿真软件中的符号,特此说明。

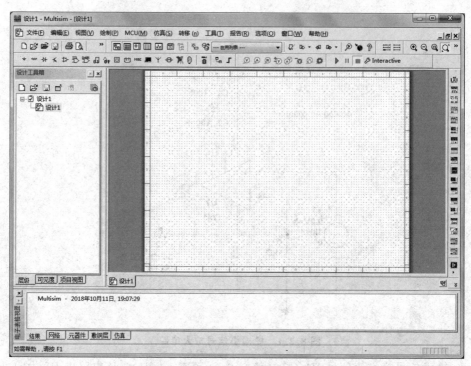

图 8. 2. 2　Multsim 软件 WorkSpace

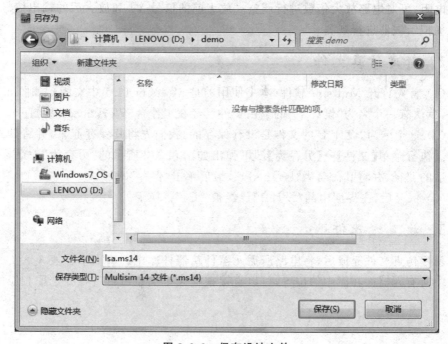

图 8. 2. 3　保存设计文件

表 8.2.1　模拟小信号放大电路所需元器件的库位置

标识符与元器件 (RefDes and Component)	组(Group)	系列(Family)
U1 - 741	Analog	OPAMP
V1 - AC_VOLTAGE	Sources	SIGNAL_VOLTAGE_SOURCES
C1 - 10uF　C2 - 100nF	Basic	CAP_ELECTROLIT
VCC　　GRROUND	Sources	POWER_SOURCES

从器件库中调出原件的具体步骤如下:

执行菜单【绘制】→【元器件】即可打开"选择一个元器件"对话框,如图 8.2.4 所示。选择" Analog "组下" OPAMP "系列中的"741",再单击"确认"按钮即可。此时元器件在光标上呈现为虚线等待用户确定放置的位置。在此过程中,如果元器件有必要进行旋转或镜像等操作,可以使用通用的【Ctrl+R】、【Ctrl+X】、【Ctrl+Y】等快捷键进行旋转、X 轴镜像、Y 轴镜像。将光标移动到工作台的合适位置,再左键单击即可放置此元器件。放置元器件后,系统将自动标注元器件的标识符,本器件被标注为 U1。

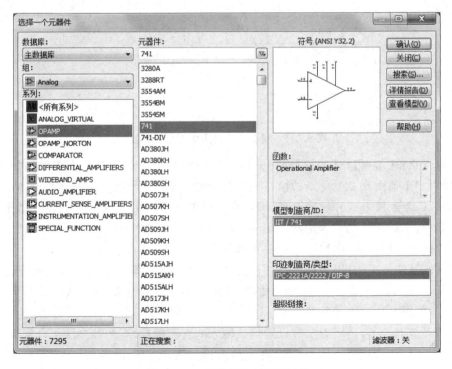

图 8.2.4　从元件库中调取元件

继续放置"模拟小信号放大电路"所需的其他元器件。放置元器件的顺序不同时,元器件标记符可能有所不同,但这不会对电路和仿真有任何影响。

　　所有的元器件都有用来连接其他元器件或仪器的引脚,将光标放在元器件的某个引脚上方,光标就会变成十字准线,再单击-移动-单击操作即可完成引脚的连接操作了。最后将电路中所有的连线连接完成。

4. 仿 真

　　本电路需要观察输入/输出信号情况,因此需要添加虚拟示波器。执行【仿真】→【仪器】→【示波器】即可添加虚拟示波器。将示波器的两个通道"+"端分别连接输入信号和输出信号端,并将两个通道的"-"端接地,如图8.2.5所示。

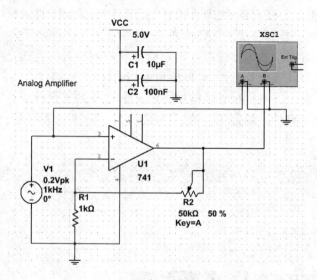

图 8.2.5　给被测电路添加虚拟示波器

　　执行菜单【仿真】→【运行】即可开启电路的仿真了。双击上一步中添加的示波器,即可弹出如图8.2.6所示的窗口。适当调整时基,以及通道A、通道B的刻度、Y轴位移,以及触发方式和触发电平,即可在窗口中看到放大电路的输入/输出波形。

　　其中,AC交流信号源为输入信号,峰峰值0.2 V,频率为1 kHz;有标记"△"的为输出信号,输出信号出现了饱和失真与截止失真。

　　波峰被削去了,是因为放大倍数过大,导致输出出现饱和失真。将可调电阻R2调小到35%,再运行,观察示波器中的输出信号(有"△"标记的信号),可以看到完整波峰了,如图8.2.7所示。

　　波谷被削去了,是因为没有设置运放输入的直流偏置,有两种办法可以解决:

　　第一种,将V1交流信号源的电压偏置设置为2.5V(设置方法如图8.2.8所示),同时将100 μF电容与R1串联,将可调电阻R2调小到15%,电路如图8.2.9所示。

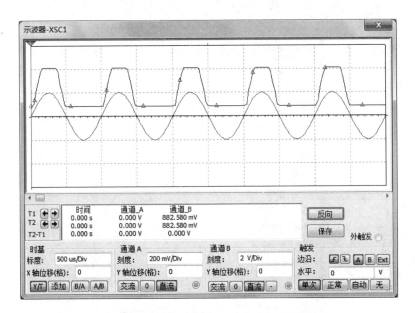

图 8.2.6　示波器显示的仿真波形

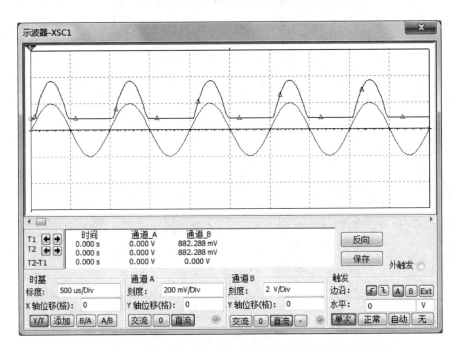

图 8.2.7　放大后信号未饱和的波峰(有"Δ"标记的信号)

　　第二种,用 3 个分压电阻与 1 个 $10\ \mu F$ 隔离电容设置运放的直流偏置,同样,也必须将 R1 串联一个 $100\mu F$ 的电容,如图 8.2.10 所示。

　　两种方法的仿真结果完全相同,虚拟示波器上的输入/输出信号如图 8.2.11

图 8.2.8　输入信号的电压偏置设置

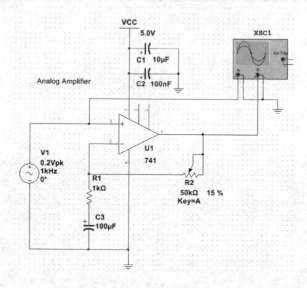

图 8.2.9　输入信号 V1 加入偏置电压后的测试电路

所示。

　　对模拟小信号放大电路可以进行 AC 扫描分析,用以分析模拟小信号放大电路的频率响应特性,即当输入信号的频率发生变化时输出信号的变化情况。执行菜单【绘制】→【Probe】→【Voltage】后,将探针放在运放电路输出端(放置好后,探针呈绿

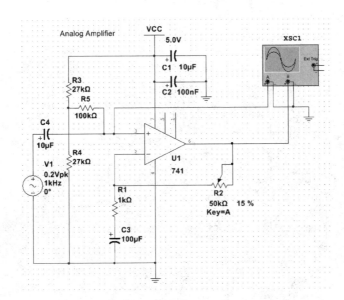

图 8.2.10　使用分压电阻设置直流偏置的电路

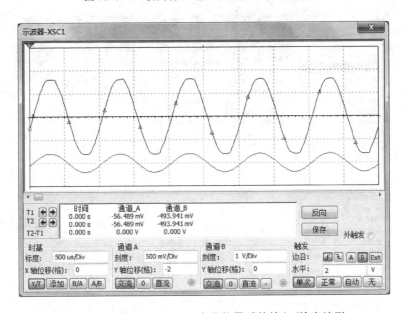

图 8.2.11　输入信号加入直流偏置后的输入/输出波形

色,否则将呈灰色),如图 8.2.12 所示。

执行菜单【仿真】→【Analyses and simulation】即可打开如图 8.2.13 所示的 "Analyses and simulation"对话框,选择"交流分析"项后单击 Run 按钮即可运行交流特性分析。

运行后弹出如图 8.2.14 所示的交流分析图,可以查看和分析该电路的幅频特性

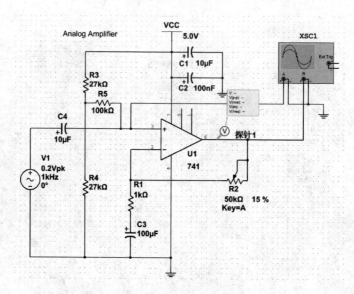

图 8.2.12　探针放置

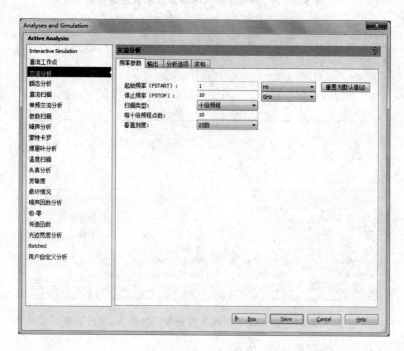

图 8.2.13　"Analyses and simulation"对话框设置

和相频特性。

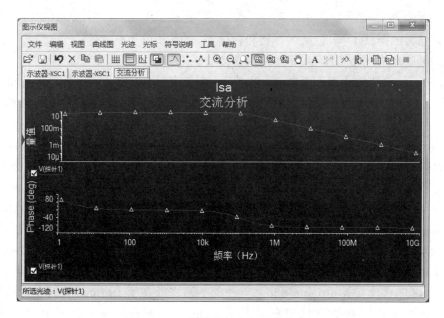

图 8.2.14　幅频特性和相频特性分析

8.3　Proteus 仿真

8.3.1　Proteus 软件简介

Proteus 软件是英国 Labcenter Electronics 公司开发的 EDA 工具软件。最早的版本是 1989 年推出的。Proteus 软件的使用十分广泛。Proteus 组合了高级原理布图、混合模式 Spice 仿真、PCB 设计以及自动布线来实现一个完整的电子设计系统。除了具有和其他 EDA 工具一样的原理布图、PCB 自动或人工布线及电路仿真的功能外，其革命性的功能是：用户可以对基于单片机为核心的系统连同所有的接口器件一起仿真，即用户可以采用如 LED/LCD、键盘、RS-232 终端等动态外设模型来对系统设计进行交互仿真。

Proteus 软件主要由两个程序组成：Ares 和 ISIS。Ares 主要用于 PCB 自动或人工布线及其电路仿真，ISIS 主要采用原理布图的方法绘制电路并进行相应的仿真。

Proteus 软件的主要特点有：

➤ 支持许多通用的单片机，如 PIC、AVR、HC11 和 8051。目前新版的支持 ARM7/LPC2000 的仿真。

➤ 交互的装置模型包括：LED、LED 数码管、LCD、RS232、I^2C、SPI、通用键

　　盘等。

➢ 强大的调试工具，包括寄存器和存储器，断点和单步模式等。

➢ 可以和 Keil μVision2 等开发工具接口。

　　Proteus 软件的应用十分广泛，如 Spice 电路仿真、PCB 制版、多种单片机仿真等，在 6.9 版本中还加入了对 ARM7/LPC2000 的仿真。下面主要以单片机的仿真为例，讲述 ProteusVSM 的仿真功能。

　　Proteus 软件有着数量庞大的仿真元件库。Labcenter Electronics 公司与其第三方共同开发了 6 000 多个模拟和数字电路中常用的 Spice 模型以及各种动态元件，基本元件如电阻、电容、各种二极管、三极管、MOS 管、555 定时器等；74 系列 TTL 元件和 4000 系列 CMOS 元件；存储芯片包括各种常用的 ROM、RAM、E^2PROM，还有常见的 I^2C 器件等。在丰富的库元件的支持下，原理布图时只要进行相应的调用和连线，以及对每个元件的属性设置，即可完成绘图，然后就能进行功能和性能仿真以及虚拟测量。

　　Proteus 软件与 Multisim 等仿真软件的不同之处在于 Proteus 支持单片机等微处理器的仿真。这些仿真的实现是基于 Labcenter Electronics 公司提出的 VSM（Virtual System Modelling）的概念。VSM 可直译为"虚拟系统模型"，其定义是：将 Spice 电路模型、动态外设与单片机的仿真结合起来，在物理原型调试之前用于仿真整个单片机系统的一种设计方法。对动态外设的支持是 Proteus 软件区别于其他仿真软件最直接的地方。VSM 为用户提供了一个实时交互的环境，在仿真的过程中，可以用鼠标单击开关和按钮，单片机根据输入的信号做出相应的中断响应，同时输出运算的结果到显示终端。整个过程与真实的硬件调试是极其相似的，在动态外设支持下的实时输入和输出为实验者呈现了一个最接近现实的调试环境。

　　Proteus 软件的虚拟工具箱提供了电路测试中的常用工具和仪器，主要用于在实时仿真的电路参数观测，测量结果随仿真动态变化并显示，可以满足精度要求不是很高的测量分析。虚拟工具主要有示波器、逻辑分析仪、SPI 调试工具、I^2C 调试工具、串口调试工具、函数发生器、脉冲码型发生器、交/直流电压表、交/直流电流表、计数器等。

8.3.2　Proteus 在单片机系统仿真中的使用

　　基于 VSM 的理论，Proteus 可以仿真很多常用的微处理器。具体来讲，它支持 8051、AVR、PIC10/12、PIC16、PIC18、ARM7/LPC2000 等系列多种型号的微处理器、微控制器，仿真时只需在设定元件属性时指定下载程序的路径即可进行实时动态仿真。

　　采用 Proteus 软件可构成虚拟实验室，可用于模拟电路、数字电路、单片机应用系统等课程学习，并进行电子电路设计、仿真、调试等通常在实验室才能完成的实验。

一台计算机、一套 Proteus 软件,再加上一本虚拟实验教程,就可相当于一个设备先进的实验室。

学习单片机,做 LCD、LED、ADC/DAC、电机控制、SPI、I²C、键盘等实验,Proteus 软件是一个比较好的选择。Proteus 软件不仅可以仿真 8051、AVR、PIC 等常用的单片机,还能仿真其外围电路,如 LCD、RAM、ROM、键盘、电机、LED、ADC/DAC、部分 SPI 器件、部分 I²C 器件等。

下面将以步进电机的单片机控制为例讲述 Proteus 软件在单片机系统仿真中的使用。

步进电机作为执行元件,是机电一体化的关键产品之一,广泛应用在各种自动化控制系统中。步进电机是将电脉冲信号转变为角位移的开环控制元件。当步进驱动器接收到一个脉冲信号,它就驱动步进电机按设定的方向转动一个固定的角度(称为步距角),它的旋转是以固定的角度一步一步运行的。可以通过控制脉冲个数来控制角位移量,从而达到准确定位的目的;同时可以通过控制脉冲频率来控制电机转动的速度和加速度,从而达到调速的目的。步进电机可以作为一种控制用的特种电机,利用其没有积累误差(精度为 100%)的特点,广泛应用于各种开环控制。

在非超载的情况下,电机的转速、停止的位置只取决于脉冲信号的频率和脉冲数,而不受负载变化的影响,即给电机加一个脉冲信号,电机则转过一个步距角。这一线性关系的存在,加上步进电机只有周期性的误差而无累积误差等特点,使得在速度、位置等控制领域用步进电机来控制变得非常简单。

虽然步进电机已被广泛地应用,但步进电机并不能像普通的直流电机、交流电机在常规下使用。它必须由双环形脉冲信号、功率驱动电路等组成控制系统方可使用。因此用好步进电机却非易事,它涉及机械、电机、电子及计算机等许多专业知识。

现在比较常用的步进电机包括反应式步进电机(VR)、永磁式步进电机(PM)、混合式步进电机(HB)和单相式步进电机等。永磁式步进电机一般为两相,转矩和体积较小,步进角一般为 7.5° 或 15°;反应式步进电机一般为三相,可实现大转矩输出,步进角一般为 1.5°,但噪声和振动都很大。反应式步进电机的转子磁路由软磁材料制成,定子上有多相励磁绕组,利用磁导的变化产生转矩。混合式步进电机混合了永磁式和反应式的优点,这种步进电机的应用最为广泛。它又分为两相和五相:两相步进角一般为 1.8°,而五相步进角一般为 0.72°。

步进电机的励磁方式可分为全步励磁和半步励磁,其中全步励磁又分为 1 相励磁和 2 相励磁,半步励磁又称 1-2 相励磁。图 8.3.1 为步进电机的控制等效电路,适当控制 A、B、$\overline{A}$、$\overline{B}$ 的励磁信号,即可控制步进电机的转动。

1 相励磁在每一瞬间只有 1 个线圈导通。消耗电力小,精确度高,但转矩小,振动较大,每

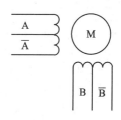

图 8.3.1　步进电机的控制等效电路

送出一个励磁信号,电机可转 1.8°。使用 1 相励磁控制步进电机正转的励磁顺序如表 8.3.1 所列。如果要控制步进电机反转,将励磁顺序反序即可。

2 相励磁是在每一瞬间有 2 个线圈导通。因其转矩大,振动小,故这种励磁方式使用较多。每给一励磁信号可转 1.8°。使用 2 相励磁控制步进电机正转的励磁顺序如表 8.3.2 所列。如果要控制步进电机反转,将励磁顺序反序即可。

1-2 相励磁为 1 相与 2 相轮流交替导通。运转平滑,这种励磁方式使用也比较多。每给一个励磁信号,可转 0.9°,分辨率提高了。使用 1-2 相励磁控制步进电机正转的励磁顺序如表 8.3.3 所列。如果要控制步进电机反转,将励磁顺序反序即可。

表 8.3.1　　1 相励磁顺序

励磁顺序	A	$\overline{A}$	B	$\overline{B}$
1	1	0	0	0
2	0	1	0	0
3	0	0	1	0
4	0	0	0	1

表 8.3.2　　2 相励磁顺序

励磁顺序	A	$\overline{A}$	B	$\overline{B}$
1	1	1	0	0
2	0	1	1	0
3	0	0	1	1
4	1	0	0	1

表 8.3.3　　1-2 相励磁顺序

励磁顺序	A	$\overline{A}$	B	$\overline{B}$
1	1	0	0	0
2	1	1	0	0
3	0	1	0	0
4	0	1	1	0
5	0	0	1	0
6	0	0	1	1
7	0	0	0	1
8	1	0	0	1

步进电机的单片机控制的实验程序如下:

```
ORG 0000H
AJMP MAIN
ORG 0030H
MAIN:
    MOV    A,#00010001H
    MOV    R5,#100
    MOV    R4,#100
FW_LOOP:                          ;电机正转
    RR     A
    MOV    P2,A
    ACALL  DELAYA
    DJNZ   R5,FW_LOOP
BK_LOOP:                          ;电机反转
    RL     A
    MOV    P2,A
```

```
    ACALL   DELAYA
    DJNZ    R4,BK_LOOP
    LJMP    FW_LOOP

DELAYA:                                 ;延时
    MOV     R7,＃08H
DL1:
    MOV     R6,＃7FH
    DJNZ    R6,$
    DJNZ    R7,DL1
    RET
    END
```

步进电机的负载转矩与速度成正比,速度愈高,负载转矩愈小,当速度达到其极限时,步进电机将不再运转。所以在每转一步后,程序必须延时一段时间,本例中采用延时子程序 DELAYA 延时。

运行 Proteus ISIS Demo,进入如图 8.3.2 所示的原理图编辑窗口。

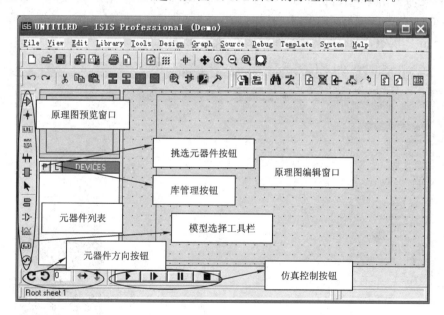

图 8.3.2　Proteus ISIS Demo 主窗口

下面简单介绍各部分的功能。

原理图编辑窗口:蓝色方框内为可编辑区,元件要放到它里面。这个窗口是没有滚动条的,可用预览窗口来改变原理图的可视范围。以鼠标为中心,用功能键 F7缩小原理图,用功能键 F6 放大原理图。

原理图预览窗口:当在元件列表中选择一个元件时,显示该元件的预览图;当放置元件到原理图编辑窗口后或在原理图编辑窗口中单击鼠标后,显示整张原理图的缩略图,并会显示一个绿色的方框,方框里面的内容就是当前原理图窗口中显示的内容,因此,可用鼠标在它上面单击来改变方框的位置,从而改变原理图的可视范围。

模型选择工具栏:如图 8.3.2 所示从上到下,7 个按钮功能依次为选择元器件(为默认选择),放置连接点,放置标签,放置文本,绘制总线,放置子电路,即时编辑元件参数。

模型选择工具栏下面是各种配件,如终端接口(VCC、地、输出、输入等接口)、绘制器件引脚、仿真图表(用于各种分析,如 Noise Analysis)、录音机、信号发生器、电压探针、电流探针、虚拟仪表(示波器等)。再接着是 2D 图形工具。

元器件列表:用于挑选元件、终端接口、信号发生器、仿真图表等。

元器件方向按钮:左边两个为旋转按钮(旋转角度只能是 90°的整数倍);右边两个为翻转按钮(完成水平翻转和垂直翻转)。

仿真控制按钮:包括运行、单步运行、暂停、停止 4 个按钮。

下面就是具体的操作:

首先需要添加元件到元器件列表中。本例要用到的主要元器件有:AT89C51、ULN2003、MOTOR_STEPPER、晶体、10 kΩ 电阻、10 μF 电容、2 个 30 pF 电容。

单击 P 按钮,弹出挑选元器件对话框,如图 8.3.3 所示。

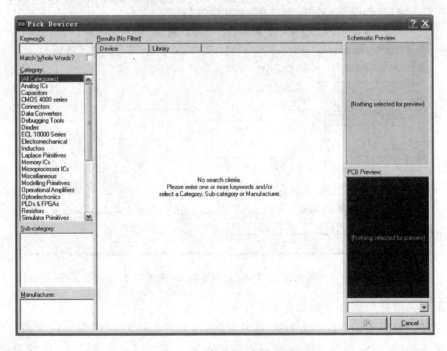

图 8.3.3　挑选元器件对话框

在挑选元器件对话框的关键词(KEYWORDS)中,输入 AT89C51,将提示可选元器件。单击结果栏(Results),可在该对话框右上边的原理图预览栏(Schematic

Preview)预览原理图,并可知道是否有仿真模型。在该对话框右下边 PCB 预览栏(PCB Preview)可以预览该元器件的 PCB 封装。

单击 OK 按钮,关闭对话框,元件列表中将列出 AT89C51。同样在挑选元器件对话框里可找出 ULN2003、MOTOR_STEPPER、晶体、10 kΩ 电阻、10 μF 电容、2 个 30 pF 电容等。

元器件挑选好后,就可以放置元件到原理图编辑窗口。这个操作比较简单:在元件列表中左键选取 AT89C51,在原理图编辑窗口中单击,这样 AT89C51 就被放到原理图编辑窗口中了。同样放置其他元器件。

还需要添加"地"。左键选择模型选择工具栏中的终端接口图标,如图 8.3.4 所示,左键选择 GROUND,并在原理图编辑窗口中单击,这样"地"就被放置到原理图编辑窗口中了。

添加电源的步骤和方法与添加"地"基本相同,这里不再详述。

接着是将各个元器件连线。连线完成后的电路原理图如图 8.3.5 所示。

要仿真单片机的程序,这里有如下几种方式:

第 1 种方式是直接将其他单片机编译软件(如 Keil)编译后的十六进制文件添加到电路中的单片机参数设置项中。先单击"模型选择工具栏"中"即时编辑元件参数"按钮,然后单击原理图中的 AT89C51,就进入编辑元件 AT89C51 参数的对话框,如图 8.3.6 所示。单击出现文件浏览对话框,添加单片机

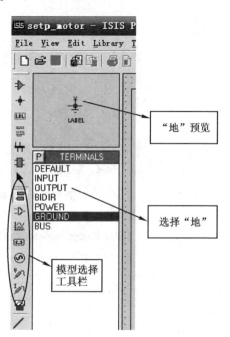

图 8.3.4　终端接口图标

程序经编译后的十六进制文件,并设置好仿真时钟频率(Clock Frequency)即可运行仿真。这种方式不能单步调试单片机程序,只能看见程序运行的结果,如电机转动或各个连线的高低电平(红色代表高电平,蓝色代表低电平,灰色代表悬空)等。

第 2 种方式是使用 Proteus 软件本身所带的源文件编辑器和 MCS-51 单片机编译器进行源文件编辑、编译等。使用的步骤如下:

选择菜单项 Source→Define Code Generation,弹出如图 8.3.7 所示对话框。

对 MCS-51 单片机,在 Tool 下拉列表框中选择代码生成工具为 ASEM51。在 Make Rules 区将 Always Build 选中,然后单击 OK 按钮。

接着选择菜单项 Source→Add/Remove Source File,在弹出的对话框(如图 8.3.8 所示)中单击 New 选择源文件或加入所要加入的源文件名,并将 Code Generation

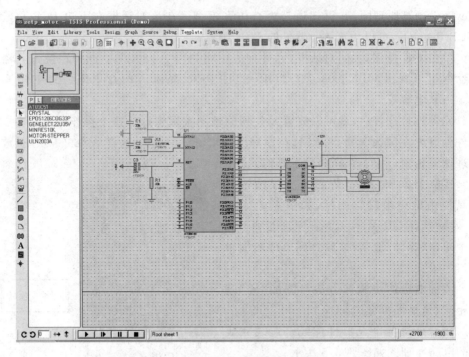

图 8.3.5　连线完成后的电路原理图

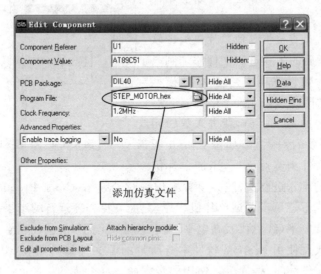

图 8.3.6　编辑元件 AT89C51 参数的对话框

Tool 选项区的下拉列表选为 ASEM51。

选择菜单项 Source→1. STEP_MOTOR. ASM,即可打开源文件编辑窗口。进行源程序编辑保存后,选择菜单项 Source→Build All,即可将. ASM 文件编译成. HEX文件。

图 8.3.7　代码产生工具对话框

接着与第 1 种方式一样,在原理图编辑窗口加入该十六进制文件即可仿真。

第 3 种方式是将 Keil 与 Proteus 整合构成单片机虚拟实验平台。设置步骤如下:

① 把 Proteus 安装目录 \MODELS 下的 VDM51. dll 文件复制到 Keil 安装目录的 \C51\BIN 目录中。

② 编辑 Keil 安装目录下的 tools. ini 文件,在该文件种加入

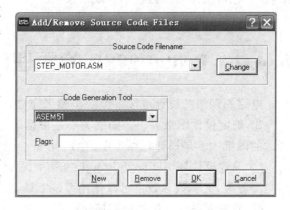

图 8.3.8　加入源文件

TDRV? ＝BIN\ VDM51. DLL("PROTEUS VSM MONITOR – 51 DRIVER");该 "?"需要根据 TDRV 排列的序号而定,如已经排到 TDRV5,则可以加入 TDRV6＝BIN\ VDM51. DLL("Proteus VSM Monitor – 51 Driver "),只要不重复就可以。双引号的内容可以任意书写,只是表示为 Proteus 仿真选项。

③ 运行 Keil 软件,打开工程文件,进入 Keil 的 Project 菜单 option for target '工程名'。在 DEBUG 选项中右栏上部的下拉列表框中选中 Proteus VSM Monitor – 51 Driver,单击 seting 按钮,进入通信设置对话框,如果使用同一台 PC 机仿真,将 IP 设

为 127.0.0.1,如不是同一台机则填另一台的 IP 地址,端口号一定为 8000。注意:可以在一台机器上运行 Keil,在另一台中运行 Proteus 进行远程仿真。

④ 载入 Proteus 文件,Proteus 里选择 DEBUG →use remote debug monitor。

这样就可以使用 Keil 软件仿真单片机程序,而在 Proteus 软件窗口中查看运行结果。

8.4　Protel 99SE 的使用

Protel 99SE 是基于 Windows 环境的电路辅助设计软件。Protel 99SE 是功能较为全面的电路原理图设计和印制板设计的集成设计软件,其功能模块主要包括电路原理图设计、印制板设计、层次原理图设计、报表制作、可编程逻辑器件设计、电路图模拟/仿真等。Protel 99SE 采用数据库的管理方式,可以把工程中的所有文件,如原理图、印制板图、设计文档等都可以集中纳入它的管理。

一般而言,设计电路板最基本的过程可以分为三大步骤:

① 原理图的设计。

② 电路网表生成。电路网表是电路原理图设计(SCH)与印制电路板设计(PCB)之间的一座桥梁,它是电路板自动布线的灵魂。电路网表可以从电路原理图中获得,也可从印制电路板中提取出来。

③ 印制电路板的设计。

8.4.1　Protel 99SE 的原理图设计

电路原理图的设计可按下面的步骤来完成:

① 确定设计图纸大小。图纸大小是根据电路图的规模和复杂程度而定的,设置合适的图纸大小是设计好原理图的第一步。

② 设置设计环境。设置 Protel 99SE 的设计环境,包括设置格点大小和类型,光标类型等等,大多数参数也可以使用系统默认值。

③ 放置元器件。根据电路原理图的需要,将零件从零件库里取出,并按一定的方向放置到图纸上,并对放置零件的序号、零件封装进行定义和设定等工作。

④ 原理图布线。将图纸上的元器件用具有电气意义的导线或符号连接起来,构成一个完整的原理图。

⑤ 调整线路。将初步绘制好的电路图作进一步的调整和修改,使得原理图更加美观。

⑥ 报表输出。利用各种报表工具生成各种报表,如网络表和材料报表。

⑦ 文件保存及打印输出。

下面以单片机与 PC 机通信接口电路为例,简单介绍 Protel 99SE 的使用。

首先需要新建一个设计库。启动 Protel 99SE,选择菜单项 File → New,将弹出如

图 8.4.1 所示的界面。在这里单击 Browse 修改所建的数据库文件存放的路径和给
数据库文件取名,如图 8.4.2 所示,这里将数据库文件取名为 CH_LCD.ddb。

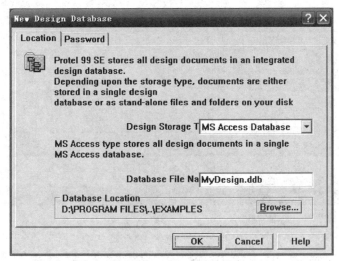

图 8.4.1　新建设计库

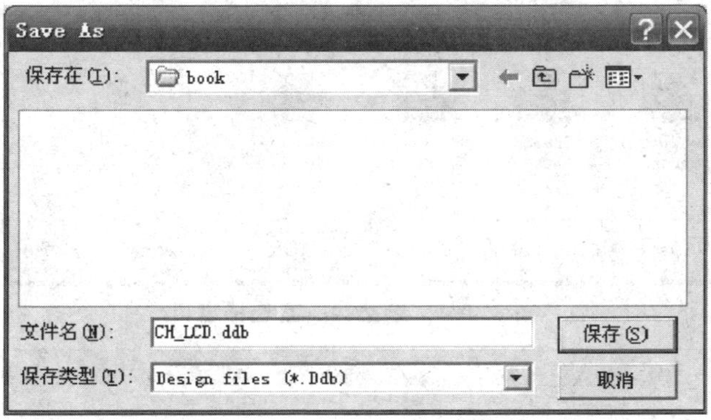

图 8.4.2　选择存放的路径和给数据库文件取名

保存后,回到图 8.4.1 所示的界面,只是修改了文件存放的路径和文件名。单击
OK 按钮,回到主窗口,如图 8.4.3 所示。

选择菜单项 File→New,将弹出如图 8.4.4 所示的新文件类型选择窗口。

按图 8.4.4 所示,选择原理图(Schematic Document)一项,并确定,将生成一个
名为 sheet1.sch 的原理图文件,修改原理图的文件名为自己的文件名 ch_lcd.sch。
打开该文件,就进入了原理图编辑的窗口,如图 8.4.5 所示。

选择菜单项 Design→Options,在弹出的界面上可设置图纸、栅格的大小等,如
图 8.4.6 所示。

选择菜单项 Tools→Preferences,弹出图 8.4.7 所示的对话框。该对话框的第 2
个选项卡 Graphical Editing 里可设置光标的大小等。

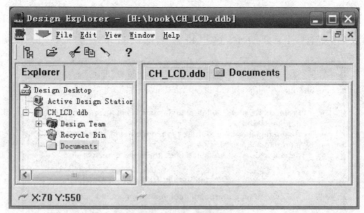

图 8.4.3　主窗口

图 8.4.4　新文件类型选择窗口

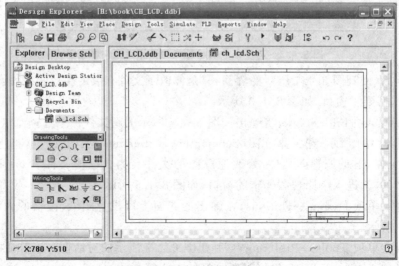

图 8.4.5　原理图编辑的窗口

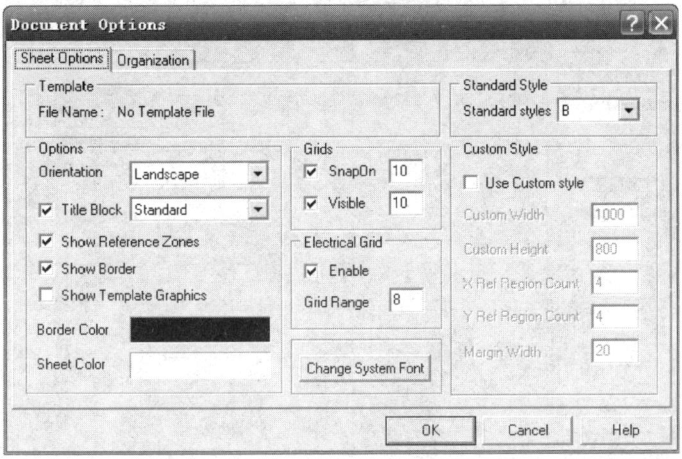

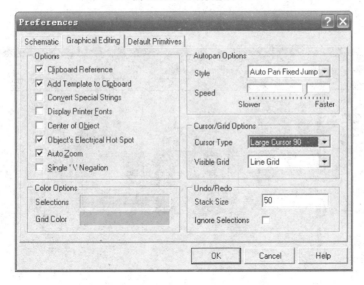

图 8.4.6　文件选项

图 8.4.7　其他原理图编辑环境设计

　　下一步就是选择原理图编辑的库文件。如图 8.4.8 所示,单击主窗口左上角的 Browse Sch 选项卡,就可进入库选择和器件浏览选择窗口。加入所需元器件的库, 并选取所需元器件,单击 Place 按钮或双击该元器件,即可加入原理图编辑窗口。

　　在选取元器件后,可以按空格键,以 90°为单位旋转元器件放置的方向;按 Tab 键设置元器件的参数,如序号、名称、封装等。元器件的序号可以在完成连线后,用 Protel 99SE 的工具 Tools → Annotate 进行整个原理图中的元器件编号,可避免 重复。

　　然后使用连线工具,将各个有电气连接的地方用连线连接起来。完成连线的原 理图如图 8.4.9 所示。

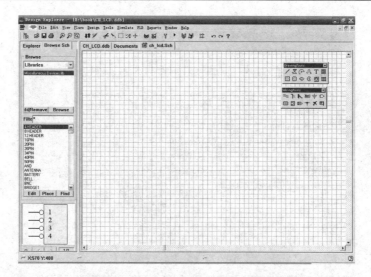

图 8.4.8　库选择和器件浏览选择窗口

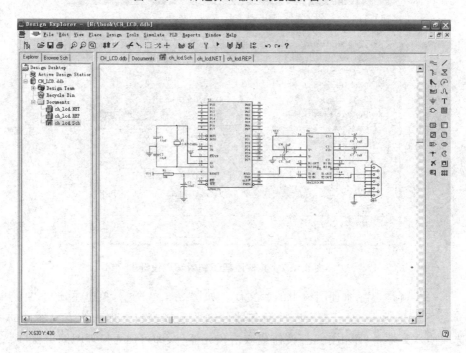

图 8.4.9　完成连线的原理图

　　选择菜单项 Tools→ERC,在 Rule Matrix 中选择要进行电气检查的项目,设置好各项后,在 Setup Electrical Rlues Check 对话框上单击 OK 按钮即可运行电气规则检查,检查结果将被显示出来。

　　选择菜单项 Reports→Bill Of Material,按照导向器所给选项选择,可以得到本原理图的材料清单。

8.4.2　电路网表的生成

原理图设计完,ERC 电气规则检查正确无误后,就可以生成网表,为 PCB 布线做准备。网表生成非常容易,只要选择菜单项 Design→Create Netlist,在弹出的对话框中设置为默认格式的网络表,即可生成。网表生成后,就可以进行 PCB 设计了。

8.4.3　印制电路的设计

选择菜单项 File→New,将弹出如图 8.4.4 所示的新文件类型选择窗口。这里选择印制板图(PCB Document)一项,并确定,即可生成一个名为 pcb1.sch 的原理图文件,修改印制板图的文件名为自己的文件名 ch_lcd.pcb。打开该文件,进入印制板图编辑的窗口,如图 8.4.10 所示。

这时首先需要设置印制板大小,可以使用 KeepOutLayer 层的连线工具根据实际需要画出来。

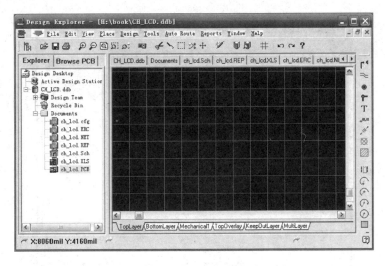

图 8.4.10　印制板图编辑窗口

选择菜单项 Design→Layer stack manager,在弹出的对话框中设置印制板的层数,如图 8.4.11 所示,默认为两层。

然后需要加入需要使用的印制板库文件。与原理图编辑加入库文件时一样,单击主窗口左上角的 Browse Pcb 选项卡,就可进入库选择和元器件封装选择窗口,加入绘制印制板所需的库文件。

选择菜单项 Design→Load Nets,弹出如图 8.4.12 所示的网表,加入对话框。单击 Browse 按钮即可进入选择需加入的网表文件对话框,如图 8.4.13 所示。如果

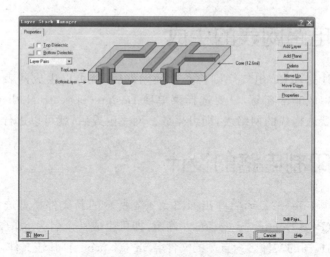

图 8.4.11　印制板的层管理

网表有错误,那么在图 8.4.14 中将有相应的提示。单击 Execute 按钮,即可将网表和所选取的封装及飞线连接导入印制板文件编辑窗口,如图 8.4.15 所示。

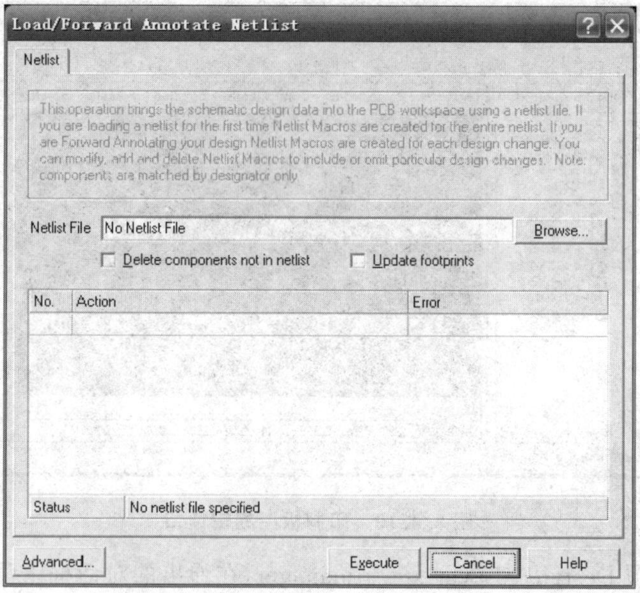

图 8.4.12　网表加入对话框

　　接着要做布局和布线。对于复杂的印制板图,这两项工作的要求较高,请参考相应的专著介绍。

　　完成印制板绘制的布线后,需要进行电气规则检查。以检查布线是否有错误,选择菜单项 Tools →Design Rlue Check,在弹出的对话框中设置好相应的规则,就可以自动将检查结果列出来。

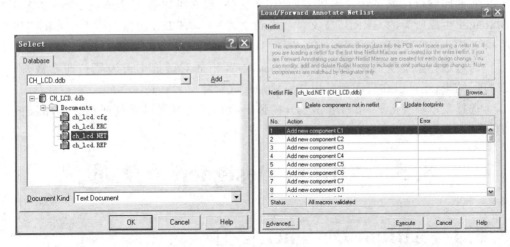

图 8.4.13　选取网表文件　　　　　　　　　图 8.4.14　导入网表

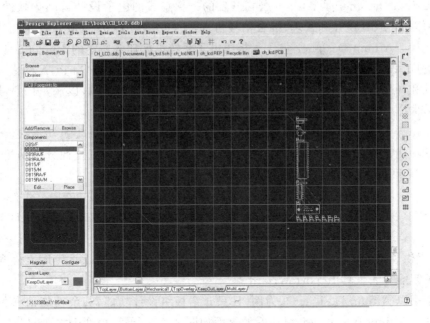

图 8.4.15　导入网表后的印制板文件编辑窗口

　　对于复杂的印制板图,如有更高的时钟速度、更高的器件开关速度以及高密度,在设计加工前还需要进行信号的完整性分析。Protel 99SE 包含一个高级的信号完整性仿真器,它能分析 PCB 设计和检查设计参数的功能,测试过冲、下冲、阻抗和信号斜率要求。如果 PCB 板任何一个设计要求(设计规则指定的)有问题,可以从 PCB 运行一个反射或串扰分析,以确切地查看其情况。

有的印制板厂家设计者提供 GERBER 文件,那么可以选择菜单项 File→CAM Manager 生成所需的 GERBER 文件:光圈文件"＊.APT",钻孔文件"＊.DRR"和"＊.TXT",GERBER 文件"＊.G＊"。

通过选择菜单项 File→Print/Preview,在弹出的对话框中可设置打印参数,修改打印结果;还可以在打印预览中任意添加层或删除层。

选择菜单项 View→Board in 3D,在弹出的对话框中可以看到所设计的印制板的三维图形,并且可以任意旋转、隐藏元件或字符等操作。

8.5　Altium Designer 的使用

8.5.1　Altium Designer 简介

Altium Designer 是 Altium 公司开发的一款集成的电子设计自动化软件,既可用于原理图、PCB 设计和管理、混合信号仿真,还可用于 FPGA 及嵌入式系统的软件仿真设计。Altium Designer 包含了板级电子系统设计任务所需的大部分工具:原理图和 HDL 设计输入、电路仿真、信号完整性分析、PCB 设计、基于 FPGA 的嵌入式系统设计和开发。另外,可对 Altium Designer 工作环境加以定制,以满足用户的各种不同需求。

Altium Designer 提供以下功能:板级设计功能;FPGA 设计仿真功能;嵌入式软件设计功能;CAM 输出及编辑功能;混合信号仿真功能;信号完整性分析功能;企业 ERP 系统和 PDM 系统的集成。

Altium Designer 兼容性很强:支持导入 Protel98/Protel99/Protel99se/ProtelDXP、P－CAD2001/P－CAD2002/P－CAD2004/P－CAD2006、ORCAD/Power Logic/Power PCB/PADS 等版本的所有库文件和设计文件;支持导入 Allego PCB 文件;提供了 Protel99se、PADS、OrCAD、P－CAD 及 CircuitMaker 等库文件和设计文件的智能导入工具 Import Wizard。

本书以 Altium Designer 9 为例,且只介绍板级设计功能,其余功能请参见相应的书籍。Altium Designer 9 启动后的界面如图 8.5.1 所示,由两个主要部分组成:

① Workspace 面板,如图 8.5.1 左边部分所示。

Altium Designer 有很多操作面板,默认设置为一些面板放置在应用程序的左边,一些面板可以弹出的方式在右边打开,一些面板呈浮动状态,另外一些面板则为隐藏状态。

② Altium Designer 编辑区,如图 8.5.1 右边部分所示。

打开 Altium Designer 时,最常见的初始任务显示在 Home Page 中,以方便选用。

图 8.5.1　Altium Designer 启动后的界面

8.5.2　Altium Designer 的文件导入

1. Protel 99SE 与 Altium Designer

Altium Designer 相对于 Protel 99SE 有较多的不同之处,且增加了较多的功能。主要的不同点及增加的功能如下:

① 文件的管理模式不同。Altium Designer 采用以项目为基础的管理方式,而不是以数据库的形式管理的。项目下的原理图文件、PCB 文件等都是以独立的文件名保存在计算机中的,且可以保存在任何路径下,管理更方便、更灵活,这样使得项目中的设计文档的复用性更强,文件损坏的风险降低。而 Protel 99SE 采用 DDB 的文档管理模式,所有的文件在一个 DDB 文档中。另外提供了版本控制、装配变量、灵活的设计输出等功能,使得项目管理者可以轻松方便地对整个设计的过程进行监控。

② 元件库的管理模式不同。Altium Designer 的元件库采用集成库的管理模式,可以看到一个库里既有原理图的符号库,同时还有 PCB 的封装库,这种管理模式更方便,在原理图设计时就可以看到 PCB 的封装,原理图设计完后就可以一次性更新到 PCB 中去。而 99SE 采用分离器件库的管理模式,原理图的符号库与 PCB 的封装库是两个分离的文件。

③ 增加了 FPGA 以及嵌入式智能设计。Protel 99SE 仅用于电路原理图设计、PCB 电路板绘制、部分电路的仿真等功能;Altium Designer 在 Protel 99SE 的功能基础上增加了 FPGA 以及嵌入式智能设计模块。Altium Designer 不仅可以做硬件电

路板的设计，还可以做嵌入式软件设计。因此，Altium Designer 是一款集成的多功能的电子产品设计开发平台。

④ 提供了其他电子设计软件的设计文档的导入向导，方便了跨平台电子设计人员的交流与合作。通过 Import Wizard 可进行其他电子设计软件的设计文档以及库文件的导入。提供了与机械设计软件 ECAD 之间的接口。

⑤ 提供了大量的部门沟通接口。提供了 CAM 功能，大大方便了设计部门与制造部门的沟通。提供了 DBLIB(DataBase LIBrary)以及 SVNDBLIB 等功能，让采购部门与设计部门等人员可以共享元件信息，提供与公司 PDM(Product Data Management)系统或者 ERP(Entrise Resource Planning)系统的集成。

⑥ ERC 检测名称改为 Compile。Altium Designer 原理图设计完成后可选择 Project→Compile PCB Prjocet 来进行 ERC 检测，与 Protel 99SE 中的 ERC 功能完全相同。

总之，在设计功能方面，Altium Designer 在原理图、库、PCB、FPGA 以及嵌入式智能设计等各方面都增加了很多新的功能，大大增强对处理复杂板卡设计和高速数字信号的支持，以及嵌入式软件和其他辅助功能模块的支持。

2. 导入 Protel 99SE 的 DDB 文件

Altium Designer 包含了特定的 Protel 99SE 自动转换器。可直接将 ∗.DDB 文件转换成 AltiumDesigner 下项目管理的文件格式。Altium Designer 全面兼容 Protel 99SE 的各种文档。Altium Designer 中设计的文档也可以保存成 Protel 99SE 格式，方便在 Protel 99SE 软件中打开，编辑。

选择 Altium Designer 中的菜单"file\import wizard"可以打开导入向导，如图 8.5.2 所示。按照提示，可以将 Protel 99SE 的 DDB 文件导入 Altium Designer 中进行查看和编辑等。

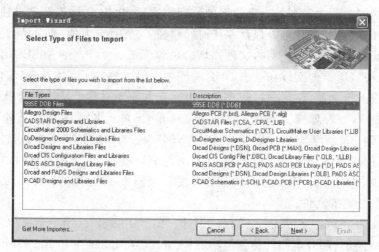

图 8.5.2　Protel 99SE 的 DDB 文件导入向导

8.5.3　PCB 板设计流程

Altium Designer 的所有电路设计工作都必须在 Design Explorer（设计管理器）中进行，同时设计管理器也是 Altium Designer 启动后的主工作接口。Altium Designer 的设计管理器窗口类似于 Windows 的资源管理器窗口，如图 8.5.1 所示，设有主菜单、主工具栏，左边为文件工作面板，右边是对应的主工作面板，下面的是状态条和面板控制栏。设计管理器具有友好的人机接口，而且设计功能强大，使用方便，易于上手。

与 Protel 99 SE 一样，Altium Designer 也是以设计项目为中心，一个设计项目中可以包含各种设计文件，如原理图文件，PCB 文件及各种报表，多个设计项目可以构成一个 Project Group（设计项目组）。使用 Altium Designer 进行电子系统项目设计，与 Protel 99 SE 基本一样，主要包含以下步骤。

（1）项目方案分析

方案分析是项目设计中最重要的环节，需要根据设计要求，进行方案比较、选择，元器件的选择等。需要考虑如何设计电路原理图、PCB 板的规划等。

（2）电路仿真

在设计电路原理图时，可能对某一部分电路的性能或功能是否满足要求不十分确定，需要通过电路仿真来验证、修改，确定电路中某些重要器件的电路参数，必要时可对整个电路系统进行仿真。

（3）建立工程

根据项目要求，创建工程文件。

（4）设计和绘制原理图

首先，设置设计和绘制原理图的工作环境，根据电路复杂程度决定是否使用层次原理图；然后找到所有需要的元器件，进行电气连接和元器件参数设置；完成原理图设计后，用 ERC（电气法则检查）工具查错，找到出错原因并修改，直到没有原则性错误为止。根据格式要求，导出元器件清单，便于采购和焊装。

Altium Designer 提供了丰富的原理图元器件库，但不可能包括所有的元器件，必要时需建立自己的元器件模型和元器件库。

（5）绘制 PCB 板

PCB 板绘制将决定电路系统项目的实用性能，需要考虑的因素很多，且不同的电路系统有不同要求。在建立 PCB 文件后，首先要进行布局布线规则设置；接着绘出 PCB 板的外形，确定工艺要求（使用几层板等）；然后将原理图参数传输到 PCB 板中，在网络表、设计规则和原理图的引导下进行布局和布线；完成布局布线后，使用设计规则检查工具查错、修改，直到没有原则性错误为止；最后根据 PCB 板制造厂家的要求，以一定的格式导出所需的文件。

Altium Designer 提供了丰富的元器件封装库,也不可能提供所有元器件的封装。必要时需自行绘制并建立新的元器件封装库。

(6) 文档整理

对原理图、PCB 图及元器件清单等文件予以保存,以便以后维护、修改。

本章将主要介绍这些步骤中的第(3)~(6)项的部分工作,项目方案分析和电路仿真请参考其他章节或相关书籍。

8.5.4　Altium Designer 的 PCB 设计

如前所述,Altium Designer 采用以项目为基础的管理方式,一个工程包括所有文件之间的关联和设计的相关设置。与原理图和目标输出相关联的文件都被加入到工程中,例如 PCB,FPGA,嵌入式(VHDL)和库,同时包括了工程中文件的相关设置,如打印设置和 CAM 设置。与工程无关的文件被称为"自由文件"。当工程被编译的时候,设计校验、仿真同步和比对都将一起进行。任何原理图或 PCB 的改变都将在编译时更新。

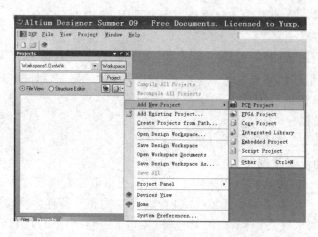

图 8.5.3　创建 PCB 工程

如图 8.5.3 所示,在 Projects 面板中,单击 Project 按钮,在弹出的菜单项中选择 Add New Project→PCB Project,即可创建一个空的 PCB 工程。也可以通过选择 File→New→Project→PCB Project;或在 Files 面板的内 New 选项中单击 Blank Project (PCB);也可以在 Altium Designer 软件的 Home Page 的 Tasks 部分中的 Design Tasks 中选择 Printed Circuit Board Design,并选择 New Blank PCB Project。

新的工程文件 PCB_Project1.PrjPCB 已经列于框中,不带任何文件,如图 8.5.4 所示。

选择 File→Save Project As,重新命名工程文件,并保存于项目的工作文件夹中。本例命名为 PCB_EXMP.PrjPCB。

下面将创建一个原理图文件并添加到空的工程中。

在 Projects 面板中,单击 Project,在弹出的菜单中,选择 Add New to Project→Schematic,即可创建一个空的 PCB 工程。也可以选择 File→New →Schematic,或者在 Files 面板内里的 New 选项中单击 Schematic Sheet。在设计窗口中将出现了一个命名为 Sheet1. SchDoc 的空白电路原理图,并且该电路原理图将自动被添加到工程当中。

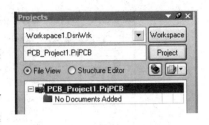

图 8.5.4　新建的 PCB 工程文件

通过 File→Save As 可以对新建的电路原理图进行重命名,并保存到用户所需要的硬盘位置。

在绘制电路原理图之前还需要设置合适的文档选项。从电路原理图设计窗口的菜单中选择 Design→Document Options,将弹出文档选项设置对话框,如图 8.5.5 所示。也可以在当前原理图上右击,弹出右键快捷菜单,从弹出的右键菜单中选择 Options→Document Options,同样可以打开文档选项设置对话框。

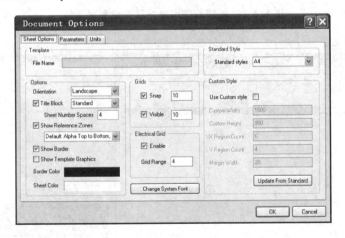

图 8.5.5　文档选项设置对话框

在弹出的文档选项设置对话框里可以设置图纸大小栅格大小和电栅格范围等。

选择 Tools→Schematic Preferences,来打开电路原理图偏好优先设置对话框。这个对话框允许用户设置适用于所有原理图定的为全球局配置参数的偏好设置,适用于全部原理图。也可以在当前原理图上右击,弹出右键快捷菜单,从弹出的右键菜单中选择 Options→Document Parameters,同样可以打开电路原理图偏好优先设置对话框。

单击右侧的 Libraries 弹出如图 8.5.7 右侧所示的元器件库选择窗口,在这个窗口中,单击 Libraries 按钮,弹出如图 8.5.7 左侧所示的已安装的库。

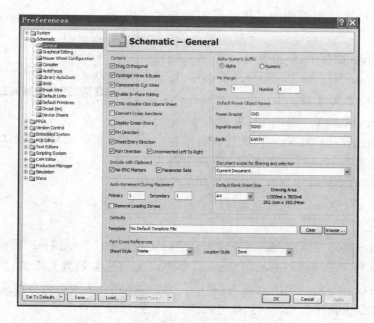

图 8.5.6　电路原理图偏好优先设置对话框

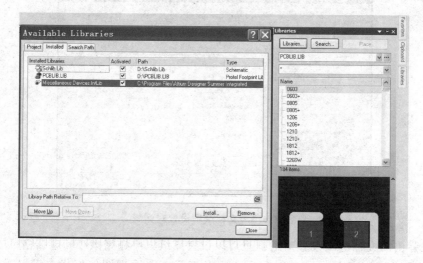

图 8.5.7　元器件库的加装

　　Altium Designer 为了管理数量巨大的电路标识,电路原理图编辑器提供了强大的库搜索功能。单击 8.5.7 右侧所示的库选择窗口中的 Search,将弹出如图 8.5.8 所示的库搜索界面。在 Filters 的 Field 中设置好所需的元器件相应的值,并在 Scope 设置好搜索范围,即可在已安装的库中找到相应的元器件。

　　在图 8.5.7 的左侧下方可以通过 Install 按钮加入新的元器件库。对于使用 Protel 99SE 建立的元器件库和封装库,需要从 *.ddb 文件中分别导出原理图库和封装库，然后通过 Install 按钮加入库中。

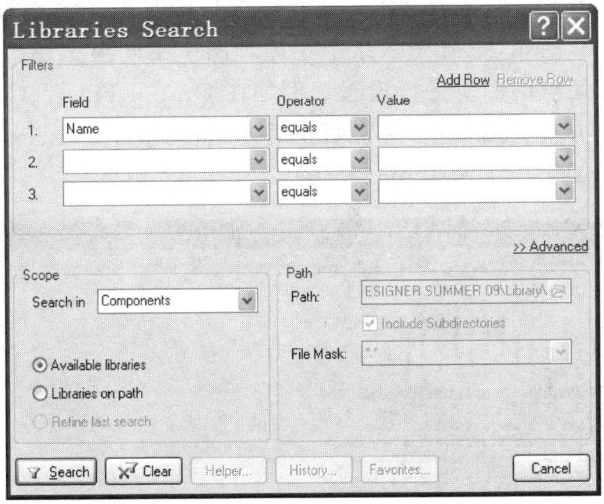

图 8.5.8　元器件搜索

接着在电路原理图中放置元件，连线，完成电路原理图设计。

然后设置工程参数，选择 Project→Project Options，弹出如图 9.5.9 所示的工程参数设置窗口。窗口里包含了多项设置标签。当编译工程时，Altium Designer 将用到这些设置。

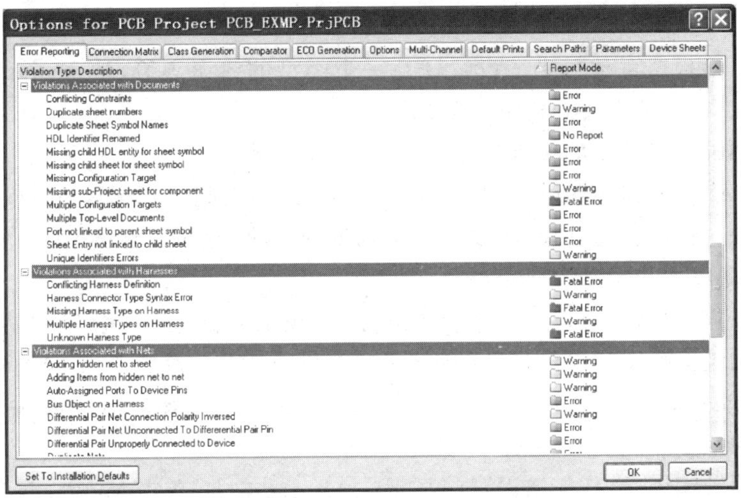

图 8.5.9　工程参数设置

设置标签的功能简述如下：

Error Reporting 标签项用于设置设计草图检查。Report Mode 设置当前选项提示的错误级别。级别分为 No Report(不报告)，Warning(警告)，Error(错误)，Fatal

Error(致命错误),单击下拉框选择即可,如图 8.5.9 所示。

　　Connection Matrix 标签项显示了运行错误报告时需要设置的电气连接的矩阵图表。如图 8.5.10 所示,矩阵图表给出了原理图中不同类型连接点的连接错误级别,可通过单击交叉点的图块进行设置。例如在 Output Pin 行、Open Collector Pin 列,行列相交的小方块呈橘黄色,这说明在编译工程时,Output Pin 与 Open Collector Pin 相连接将会报告为 Warning(警告)。

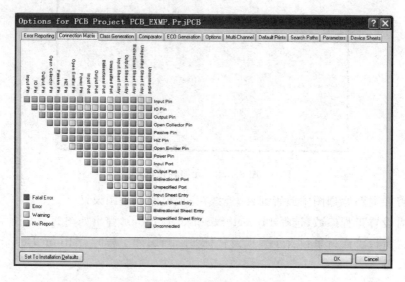

图 8.5.10　设置 Connection Matrix

　　用户可以根据自己的要求设置任意一个类型的错误等级,从 no report 到 fatal error 均可。右键可以通过菜单选项控制整个矩阵。

　　单击两种连接类型的交点位置,直到改变错误等级为止。

　　Comparator 标签项用于设置工程编译时,文件之间的差异是被报告还是被忽略。选择的时候请注意选择,不要选择了临近的选项,例如不要将 Extra Component Classes 选择成了 Extra Component。

　　通过以上设置,就可以开始编译工程并检查所有错误了。编译工程可以检查设计文件中的设计草图和电气规则的错误,并提供给用户一个排除错误的环境。我们已经在 Project 对话框中设置了 Error Checking 和 Connection Matrix 选项。编译工程,只需选择 Project→Compile PCB Project。

　　当工程被编译后,任何错误都将显示在 Messages 上,单击 Messages 来查看错误(View→Workspace Panels→System→Messages)。在 Navigator 面板中,工程已经编译完成的文件,将和可浏览的平衡层次(flattened hierarchy)、元器件、网络表、连接模型一起,被将列出所有对象的连接关系。

　　如果电路设计完全正确,Messages 中不会显示任何错误。如果报告中显示有错误,则需要检查电路并纠正,确保所有的连线和电气连接都是正确的。

如果 Messages 窗口没有弹出,选择 View→Workspace Panels→System→Messages。双击 Messages 中的错误或者警告,编译错误窗口会显示错误的详细信息。从这个窗口,用户可以点击错误直接跳转到原理图相应的位置去检查或者改正错误。

保存工程文件,完成原理图设计和绘制,接着就可以开始创建并绘制 PCB 了。

在将原理图设计转变为 PCB 设计之前,需要创建一个新的 PCB 文件和至少一个板外形轮廓(Board Outline)。在 Altium Designer 中创建一个新的 PCB 的最简单的方法就是运用 PCB 板向导,它可让用户根据行业标准选择自定义板的大小。在任何阶段,都可以使用后退按钮检查或修改该向导的之前页面。

用 PCB 向导创建一个新的 PCB 文件,步骤如下:

在主窗口左侧底部 Files 的 New from Template 选项内单击 PCB Board Wizard,如图 8.5.11 所示,即可打开 PCB Board Wizard 向导界面。如果在屏幕上没有显示此选项,按一下向上箭头图标关闭一些上层上面的选项。

单击下一步继续,进入第 2 页,设置测量单位,是选用 Imperial(英制),还是 Metric(米制)。一般选用英制,因为很多元器件的尺寸采用英制制作。这里需要知道换算关系,1 000 mil = 1 英寸 = 25.4 mm。

向导的第 3 页可选择需要的 PCB 板外形尺寸。可选择标准的外形,也可选择 Custom,自己设定电路板外形及尺寸。我们选择 Custom,并单击"下一步"。

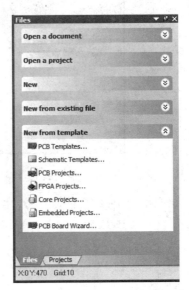

图 8.5.11　PCB Board Wizard 向导

在第 4 页,输入自定义板的选项,包括外形、尺寸,以及边界电气定义、栅格参考和标题等。

设定好后单击 Next 继续。第 5 页用于选择板的层数,包括信号层和电源层。一般的两层版,只需要两层信号层,不需要电源层。

单击 Next 进入第 6 页,设置设计中的主要的孔类型是通孔、盲孔。

设置好后单击 Next,进入第 7 页,用于设置元件类型和布局选项,选择是表贴元件多,还是通孔元器件多;以及是否在板子两面都安装元器件。

单击 Next,进入第 8 页,用于设置一些设计规则,如线的宽度和孔的大小等。单击下 Next,完成设置。PCB 编辑器现在将显示一个新的 PCB 文件,名为 PCB1.pcbdoc。主编辑区显示出一个预设大小的白色图纸和一个空板(黑色为底,带栅格),如图 8.5.12 所示。

PCB 文件没有自动添加到 PCB_EXMP. PrjPCB 目录中,而是在 PCB_EXMP. PrjPCB 的下方的 Free Documents(自由文件)目录中。通过选择 File→Save As 重新命名新的 PCB 文件(带. PcbDoc 扩展名),并存储到工程文件夹中。右击 PCB_EXMP. PrjPCB,选择 Add Existing to Project,将该文件加入 PCB_EXMP. PrjPCB 工程文件下。也可用鼠标直接将自由文件拖到 PCB_EXMP. PrjPCB 工程文件下。最后需要保存工程文件。

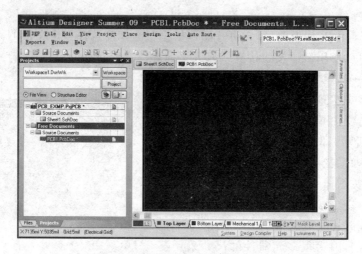

图 8.5.12　用 PCB 向导创建的空白 PCB 文件

建立新的 PCB 文件,也可以通过选择 File→New→PCB 菜单项,或右击 PCB_EXMP. PrjPCB,选择 Add New to Project→PCB,来建立 PCB 文件,并通过相应工具设置其外形、尺寸等属性。

创建好空白 PCB 文件,下一步就是将原理图的信息导入到新的 PCB。在导入前,必须确保所有与原理图和 PCB 相关的库已经安装,是可用的。

如果工程已经编译并且原理图没有任何错误,则可以使用 Update PCB 命令来产生 ECOs(Engineering Change Orders 工程变更命令),它将把原理图的信息导入到目标 PCB 文件。具体步骤如下:

① 打开编辑的原理图文件(* . schdoc)。

② 选择 Design→Update PCB Document。该原理图将被编译,并弹出工程变更命令对话框,如图 8.5.13 所示。

③ 在工程变更命令对话框中,单击 Validate Changes。如果所有的更改通过验证,状态列表(Status list)中将会出现绿色标记。如果更改未通过验证,状态列表(Status list)中将会出现红色标记,需要关闭对话框,并根据 Messages 框信息,更正所有错误,直到所有的更改通过验证;已通过验证的工程变更命令对话框如图 8.5.14 所示。

④ 单击 Execute Changes,将更改发送给 PCB。当完成更改后,工程变更命令对

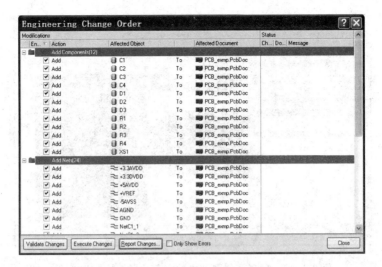

图 8.5.13　工程变更命令对话框

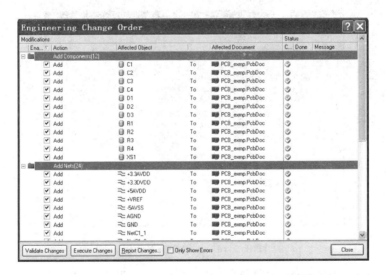

图 8.5.14　已通过验证的工程变更命令对话框

话框中,Done 列将会出现绿色标记。

⑤ 单击 Close 按钮,关闭工程变更命令对话框;PCB 文件将放置原理图中的所有元器件,如图 8.5.15 所示。如果无法看到元器件,可使用快捷键 V,D(View→Document)查看。

在进行元器件布局和布线前,需要对 PCB 工作环境进行相关设置,例如:栅格(Grid)、层(Layers)以及设计规则(Design Rules)。

选择 Design→Board Options,或使用快捷键 D、O,打开板 Options 对话框,设置栅格(Snap Grid 捕获栅格),如图 8.5.16 所示。

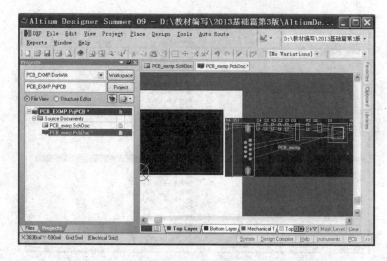

图 8.5.15 放置了原理图中的所有元器件的 PCB 文件

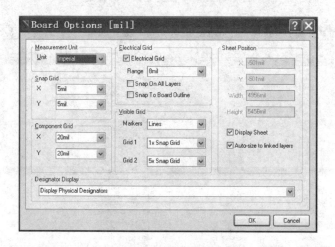

图 8.5.16 设置栅格对话框

选择 Tools→Preferences 菜单项,或使用快捷键:T、P,打开偏好设定对话框,如图 8.5.17 所示。设置个性的 PCB 编辑选项。

选择 Design→Board Layers & Colors 菜单项,或使用快捷键:L,打开 View Configurations 对话框。如图 8.5.18 所示,设置层的显示颜色。

本例的 PCB 是一个简单的设计,可以用双层板进行布局布线。如果设计较为复杂,用户可以通过 Layer Stack Manager 对话框来添加更多的层。选择 Design→Layer Stack Manager 菜单项,或使用快捷键:D,K,显示层堆栈管理对话框,如图 8.5.19 所示。

新的层将会添加到当前选定层的下方。层电气属性,如铜的厚度和介电性能,将被用于信号完整性分析。单击 OK 以关闭该对话框。

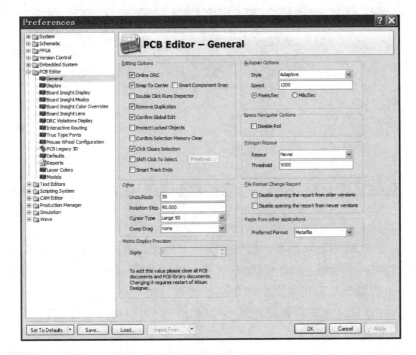

图 8.5.17　偏好设定对话框

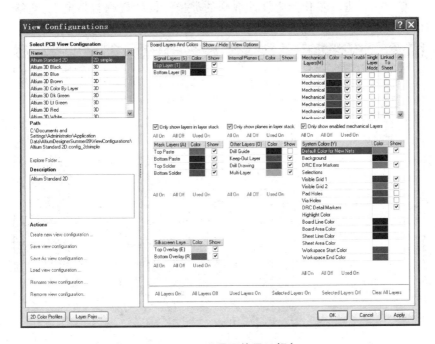

图 8.5.18　设置层的显示颜色

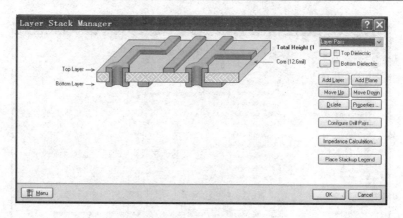

图 8.5.19　层堆栈管理对话框

接着设置 PCB 的设计规则。PCB 编辑器是一个以规则为主导的环境,在用户改变设计的过程中,如画线,移动元器件,或者自动布线,Altium Designer 都会监测每个动作,并检查设计是否仍然完全符合设计规则。如果不符合,则会立即警告,强调出现错误。在设计之前先设置设计规则可以让用户集中精力设计,因为一旦出现错误软件就会提示。

选择菜单中的 Design→Rules,弹出如图 8.5.20 所示的规则设定对话框。设计规则总共有 10 类,进一步化分为设计规则的类型。设计规则包括电气、布线、工艺、放置和信号完整性的要求等。

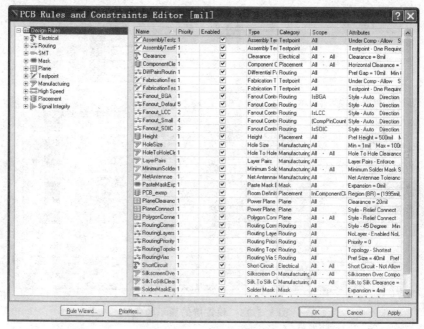

图 8.5.20　PCB 设计规则

　　设置好设计规则后,就可以进行元器件布局、布线。布局、布线方法可参照 Protel 99 SE6。完成 PCB 的布局和布线后,紧接着要做的工作是 PCB 设计规则检查(DRC)。

　　在设计过程开始时建立了设计规则,在设计过程结束后需要用这些规则来校验修正设计标准。

　　设计规则检查(DRC)步骤如下:

　　选择 Design→Board Layers & Colors,或使用快捷键:L,保证在 System Colors 部分中的 DRC Error Markers 选项中的 Show 按钮已经使能(打钩),以保证显示 DRC 错误标记。

　　选择 Tools→Design Rule Check,或使用快捷键:T,D。保证在 Design Rule Checker 对话框的实时和批处理设计规则检测都被配置好。保持所有选项为默认值,点击 Run Design Rule Check 按钮。DRC 就开始运行,报告文件 *.DRC 就打开了。错误报告清单也会显示在信息面板中,错误报告清单列出了发生在 PCB 设计的任何违反规则行为。

　　双击 Messages 面板中的错误,可以跳到对应的 PCB 中的位置。

　　根据 Messages 中的错误提示,修改、DRC 检查,直至无错误提示。

　　完成了 PCB 的设计、布局、布线和规则检查后,需要产生输出文件,用于审查、制造和组装 PCB 板。这些文件通常用于提供给 PCB 板制造商。Altium Designer 具有产生多种用途输出文件的能力,以适应不同 PCB 制造技术和方法。

　　PCB 设计过程的最后阶段,为了更好的满足生产,下面说明如何产生 Gerber 及数控钻孔文件和 BOM 文件。

　　每一个 Gerber 文件对应于 PCB 板的一个层,如器件层、顶部信号层、底部的信号层、焊料掩蔽层等。生成 Gerber 文件的一般做法是,在提供用于制造的输出文件之前,先咨询 PCB 板制造商,以确认他们的要求。

　　生成 Gerber 文件的步骤如下:选择 File→Fabrication Outputs→Gerber Files。显示生成 Gerber 文件设置对话框,如图 8.5.21 所示。

　　单击 Layers 标签,如图 8.5.22 所示,然后单击 Plot Layers 按钮,并选择 Used On。其他默认,单击 OK,即生成了 Gerber 文件组。

　　该 Gerber 档案产生后生成的 *.cam 文件即被 CAM 编辑器打开显示。该 Gerber 文件存储在 Project Outputs 文件夹,这是自动产生的文件夹。每个文件都有反映其层次的扩展名称,例如:*.gto 为 Gerber Top Overlay。这些都会被添加到 Projects 面板的 Generated CAM Document 文件夹中。

　　类似的,选择 File→Fabrication Outputs→NC Drill Files 命令,打开 NC Drill Setup 对话框,创建数控钻孔文件 *.cam。

　　最后,创建本设计的元器件清单表(BOM)。

　　选择 Reports→Bill of Materials,显示 Bill of Materials for PCB Document 对话

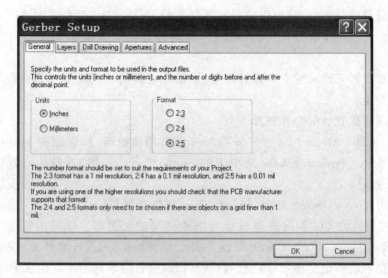

图 8.5.21　生成 Gerber 文件

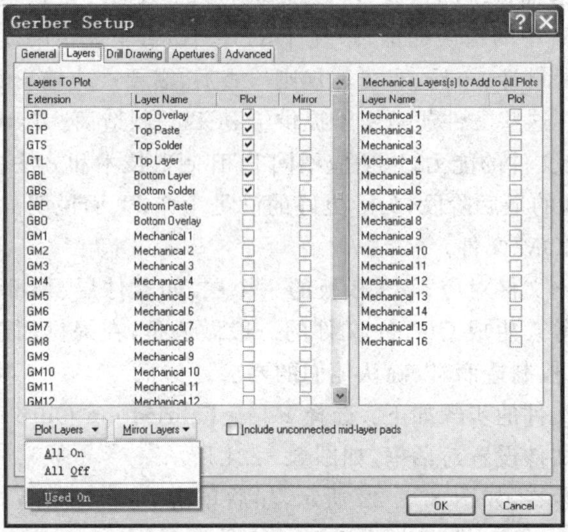

图 8.5.22　选择需要导出的层文件

框,如图 8.5.23 所示。

　　使用如图 8.5.23 所示的对话框,可以建立起本设计的元器件清单表(BOM)。该元器件清单表(BOM)可通过左下角的 File Format 下拉框来选择,采用不种文件格式输出,以方便阅读和交流。

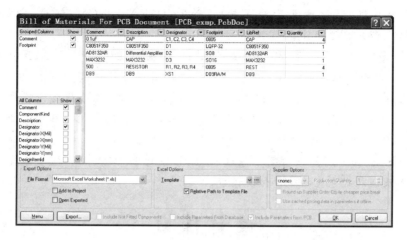

图 8.5.23　元器件清单对话框

小　　结

随着计算机仿真技术的发展,电子电路的分析和设计方法发生了很大的变化,各种 EDA 工具的使用改变了传统的定量估算和电路实验等设计方法。本章着重从电路系统应用设计的角度,讲述了几种 EDA 工具(Pspice、EWB、Proteus、Protel 99SE)在电子系统设计过程中的应用。

① Pspice 软件具有强大的电路图绘制功能、电路模拟仿真功能、图形后处理功能和元器件符号制作功能,以图形方式输入,自动进行电路检查,生成网表,模拟和计算电路。Pspice 软件的用途非常广泛,不仅可以用于电路分析和优化设计,还可用于电子线路、电路和信号与系统等课程的计算机辅助教学。与印制版设计软件配合使用,还可实现电子设计自动化。

② EWB 的仿真功能十分强大,能仿真出近似真实电路的结果。主要功能有:电路编辑功能、电路分析功能、电路优化功能。EWB 仿真功能强大之处在于它的电路分析功能、电路优化功能:在该软件中,提供了直流分析、交流分析等基本分析功能,还为设计人员提供了高级分析功能,如灵敏度分析、温度扫描分析、失真分析等,通过这些分析功能,设计人员可以研究电路的特性。EWB 提供了高级分析功能,其中参数扫描分析、最坏情况分析及蒙特卡罗分析等,可以帮助设计人员调整元器件的参数,确定一个最佳的元器件参数值,通过最坏情况分析和蒙特卡罗分析等统计分析方法,设计人员可以掌握元器件参数变化时,电路特性变化的最坏可能性,预测出电路生产时的成品率和生产成本。

③ 学习单片机,做 LCD、LED、ADC/DAC、电机控制、SPI、I^2C、键盘等实验,Proteus 软件是是一个比较好的选择。Proteus 软件不仅可以仿真 8051、AVR、PIC

等常用的单片机,还能仿真其外围电路,如 LCD、RAM、ROM、键盘、电机、LED、ADC/DAC、部分 SPI 器件、部分 I²C 器件等。

④ Protel 99SE 是基于 Windows 环境的电路辅助设计软件。Protel 99SE 是功能较为全面的电路原理图设计和印制板设计的集成设计软件,其功能模块主要包括电路原理图设计、印制板设计、层次原理图设计、报表制作、可编程逻辑器件设计、电路图模拟/仿真等。Protel 99SE 采用数据库的管理方式,可以把工程中的所有文件,如原理图、印制板图、设计文档等都可以集中纳入它的管理。

⑤ Altium Designer 既可用于原理图、PCB 设计和管理、混和信号仿真,还可用于 FPGA 及嵌入式系统的软件仿真设计。

设 计 练 习

1. 请用 Pspice 软件分析如题图 1 所示的整流滤波电路。设 V_2 正弦电压幅值为 17 V,频率为 50 Hz,电容器 $C = 100~\mu\text{F}$,试绘出 $R_\text{L} = 1~\text{kW}$、500 W 和 250 W 时输出电压及电流波形,并标出输出的纹波电压。

2. 请使用 EWB 软件分析题图 2 所示的串联谐振电路,取电容电压 V_C 作为输出电压。

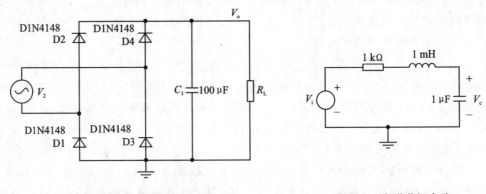

题图 1　整流滤波电路　　　　　　　　　题图 2　串联谐振电路

(1)用波特图仪测量电容电压的频响特性曲线,从曲线中测量最大衰减是多少 dB? 对应的频率是多少?

(2)当 V_i 信号频率为 160 Hz 和 160 kHz 时,用示波器测量输入和输出电压的相位差,并与波特图仪测量出的相位差做比较。

3. 将 8.3 节所介绍的步进电机的单片机控制电路在 Proteus 软件中绘出电路原理图,在 Keil 中进行软件仿真调试。

第9章 设计实例

9.1 一个简单的模拟信号源

从模拟到数字的瓶颈,其重要性不言而喻。调试 ADC 除了给它 0 值和满度值(V_r)外,常常需要提供给它 0~V_r 之间的稳定电压,以检测其性能。这种信号电压固然可以从稳压电源直接提供,但第一,电压的稳定性不够;第二,精细调整不容易。如果能为调试 ADC 专门制作一款信号源,倒不失为调试带来方便。

对此信号源的要求是:

(1) 提供 0~5 V 的十分稳定的直流信号电压;

(2) 此输出电压要便于设置;

(3) 至少有 10 mA 的驱动能力;

(4) 电池供电,以便携带;

(5) 只能用模拟电路实现。

我们从它的要求,在设计电路之前,分析一下应该选用的器件。

9.1.1 基准电压器件

要提供稳定的电压,自然非基准电压源不可。基准电压源在供电电压和负载变化以及"飘移"时,能很好地维持基准电压值稳定。注意:我们说"维持基准电压值稳定",而不是说"不变",就是说,会变,只是变化非常小而已! 所谓漂移指的是"温度漂移"和"时飘"。要做到这一点,那就要看基准电压器件的性能了。本书 5.3.1 参考源小节,对其做了详细的说明。

图 9.1.1 是应用甚广、性能优良、价格也十分便宜的基准电压器件 LM336。它有分立 TO‐92、SOIC‐8 两种封装形式。表 9.1.1 为其基本电气特性。其标称基准电压有 2.5 V 和 5.0 V 两种。制造经过激光校正,也有大约±2.4%(2.5/5 V)的容差。这个容差可以通过后级必须要加的缓冲放大器来调整。它维持稳定的工作电流范围为:0.4~10 mA。为节省电池耗电,选择其工作电流约为 1.2mA。若电池的标称电压为 9V,限流电阻为 5.1 kΩ。

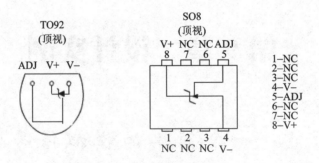

图 9.1.1　LM336 外形

表 9.1.1　LM336 电气特性

符号	测试条件	LM236			LM336,B			单位
		Min.	Typ.	Max.	Min.	Typ.	Max.	
V_R	基准电压随电流的变化 $T_{amb}=+25\ ℃, I_R=1\ mA$ 　　LM236,ML336 　　LM336B	2.44	2.49	2.54	2.39 2.44	2.49 2.49	2.59 2.54	V
ΔV_R	基准电压随电流的变化 $400\ \mu A \leqslant I_R \leqslant 10\ mA$ 　　$T_{amb}=+25\ ℃$ 　　$T_{min} \leqslant T_{amb} \leqslant T_{max}$		2.6 3	6 10		2.6 3	10 12	mV
Z_D	动态内阻($I_R=1\ mA$) 　　$T_{amb}=+25\ ℃$ 　　$T_{min} \leqslant T_{amb} \leqslant T_{max}$		0.2 0.4	0.6 1		0.2 0.4	1 1.4	Ω
K_{VT}	温度稳定性($V_R=2.49\ V, I_R=1\ mA$)		3.5	9		1.8	6	mV
K_{VH}	长时稳定性($T_{amb}=+25\ ℃ \pm 0.1\ ℃, I_R=$ $1\ mA$)		20			20		ppm

　　再来看看其稳定性,指标是 $\Delta V_R \approx 2.6 \sim 3$ mV。具体变化多少,可以通过 D_Z 计算:

$$D_Z = \frac{\Delta V_R}{\Delta I}$$

　　基准电压值的变化,都可以视为由通过它的电流变化所致。例如设电池放电终了值为 7 V,那么这时的电流=$(7-2.5)$V/5.1 kΩ=0.88 mA。所产生的变化为 $\Delta V_R = D_Z \Delta I = 0.2 \Omega (1.2-0.0.88)$mA=0.32 mV。相当于 V_R 的 0.0128%,也就是说,基准电压还是很稳定的。

由于此信号源仅在室内工作,温度变化不大,器件的温度稳定性亦完全能满足。

至于"时飘",即随使用时间所引起的电压漂移,$K_{VH} = 20ppm/0.1℃$(ppm:百万分之一),它是由器件决定的,好在它本身影响不大,我们对它也难以补偿,只好听之任之了!

V_R 选 2.5 V 还是选 5 V,待整体电路设计时再决定。

9.1.2 电压调整器件

用什么器件来调整输出电压,还得有刻度?普通电位器是绝对不行的,一是它只有 270°的旋转角,用来做 0~5 V 的精细调整,显然不行,更别说刻度了。能用数字电位器吗?数字电位器的分辨率从几十到上千个点,没有问题。但如何控制它呢?用+/-键,加计数器加数字逻辑器件可以控制,但一来电路复杂了,二来设定值怎么显示?这些问题不好解决。看来只好使用 3590 型多圈电位器了。图 9.1.2 为该种电位器的外形与电参数。它有很好的线性(±0.25%),和图 9.1.3 的刻度盘配合,可以比较直观和准确地设置输出电压值。

图 9.1.2 3590 的外形与电参数

图 9.1.3 多圈刻度盘

9.1.3   缓冲放大器

初看起来,似乎直接把带刻度的多圈电位器接在基准器件输出即可。是的,这样可以获得 0~5 V 可调电压,但你忘了需要 10 mA 的驱动能力。这一点要求并不为过,因为有时你带的电路的输入电阻较低,比如只有几个千欧,它和电位器并联,使得电位器的分压比变化,比如在 5.0 刻度的输出电压低于 2.5 V。所以加一级放大器做缓冲是必要的。

那么应该选哪种运算放大器呢?

表 3.20.1 列出了最典型的几种常用运算放大器的特性。

由于必须采用电池供电,绝大多数双电源供电的运算放大器用起来不方便处理正负两组电源,何况我们并不需要负极性信号,所以选用单电源供电的运放最合适。单电源(或单/双)供电的运算放大器比较少,表 3.1.2 中只列出了最常用的 LM324。LM324 非常便宜,在低端电子产品中应用十分广泛,但电气性能略差,所以选择双运放的 LM358。表 9.1.2 为其电气特性。

LM358 在要求输出调整至 0 V 时的输入失调电压 V_{IO} 仅 3 mV,不加"调零"电路亦可。由于处理的是直流信号,故频率特性可以不加考虑。LM358D 的最小输出电流大于 10 mA,满足要求。

表 9.1.2   LM358 特性参数

类型	型号	A_o	I_{IB}	r_{id}	V_{IO}	BW	SR	CMRR	r_o	V_{CC}/V_{EE}	V_{OP}	I_{CC}	P_C	备注
通用	LM358	100V/mV	45nA		3mV			80dB		3~32V			725mW	双运放/单电源供电

LM358 显然必须接为同相放大,其增益为

$$A_f = \frac{1+R_f}{R_1}$$

式中 A_f 为增益,R_f 为反馈电阻,R_1 为入端电阻。注意:其最小增益为 1。因此,若选 LM336 - 5 V 作为基准源,当 $V_R > 5$ V 就无法调下来了。因此就决定了基准源只能选 LM336 - 2.5V。此时增益只需能在 2 左右微调即可。

数据手册未查到增益带宽乘和噪声指标,好在此电路对这两点可不考虑。

9.1.4   电   池

表 9.1.3 是几种可供选择的电池的特性。这里特别要提一下所谓"记忆效应"。"记忆效应"只是在早期便携式电子产品所用的镍铬电池中存在。它指的是,当你没

把电用光就充电的话,电池的化学分子就会记住这个点,从此只要放电到这个电压就没电了,必须重新充电,这就意味着,电池不能充分利用。在锂电池已非常普及的今天,如手机都是用的锂电池,根本不存在"记忆效应"。电池的寿命仅由充电次数决定。可惜这一误区,还存在着。

由于必须采用运算放大器,一般运放做线性应用(如放大)时输出电压的最大值往往只有 $70\%V_{CC}$(轨对轨运放除外),即电池直接给它供电,其电动势至少要 7.14 V。这就使得如果选 2 节 3.7 V 的锂离子电池,其标称电压 7.4 V 固然可以保证电路输出。但当电池放电一段时间,接近耗尽而还未耗尽时,电池的电压会小于 6.5 V,这就难以保证输出电压的幅度了。加之 2 节电池的电池盒,经常会接触不良,所以这一选择并不可取。如果选 1 节 9 V 的 6F22 电池(德力普 6F22 镍氢电池容量:350mAh,是普通 6F22 程叠电池的近 6 倍,可重复充电 1 200 次,是万用表电池最佳选择)用在这里也很合适,何况单节电池盒可靠性高。即使用一段时间电压下降一点,基准电压源仍可保持输出稳定,且运放也不会受影响。

表 9.1.3　几种电池的主要特性

材料	一/二次	型号	额定电压/V	容量/mAh	记忆效应	特点
锌锰	一次(原)	1 号(R20)	1.5	4 000	无	最早应用
碱性	一次(原)	5 号(R6)	1.5	1 500	无	
碱性	一次(原)	7 号(R03)	1.5	860	无	广泛用于遥控器
铅酸	二次(蓄)	6-DZM-12	12×3	12 000	无	电动车
镍镉	二次(蓄)	6-QAW-54a	12	5 000~6 000	无	小轿车
镍氢	二次(蓄)	5 号/7 号等	1.2	1 000~1 500	有	早期电子产品
锂离子锂聚合物	二次(蓄)	纽扣、5 号等及电池组	3.7	800~1 200(5 号)	无	自放电率低,体积小,寿命长,广泛用于笔记本电脑、手机等便携式电子产品以及电动车等
层叠	一次(原)	6F22	9	60	无	数字万用表

鉴于上述的讨论,该电路呼之欲出,如图 9.1.4 所示。有几个细节,还可以向初学者交待一下。LED 指示灯是仪表必须安装的,图 9.1.5 为市场常见的 LED。"普亮"类的早已淘汰,"高亮"在同样的电流下,可获更高的亮度,我们选"高亮",电流有 0.5 mA 就很清楚了。也许你觉得,何必这么"斤斤计较",要知道对于电池供电的便携式设备,每节省 1 mA 都很有意义!

9.1.5　整体电路

基准电压器件 LM336 – 2.5 V,在电池电压为 9～7 V 可以保证 1.2～0.88 mA 的工作电流。

VR1 精密多圈电位器为运放同相输入端提供 0～2.5 V 的信号。

运算放大器的增益为:

$$V_O = V_+ \left(1 + \frac{\mathrm{VR2}}{R_3}\right) = (1 \sim 3) V_+$$

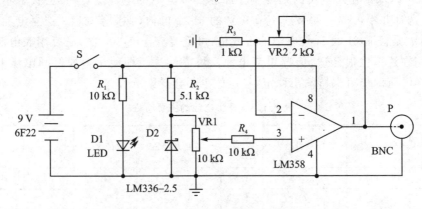

图 9.1.4　直流电压信号源电路

其中承担校准任务的电位器 VR2,应该用图 9.1.6 所示的多圈精密预调电位器 3296W。这种电位器可以旋转 20 圈,每旋转 1°,相当于调整 1/72 000 的阻值,非常适合做精细调整。

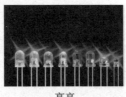

普通　　　　　　　　高亮　　　　　　　超高亮($V_f \approx 2\sim4$ V,0.5 mA)

图 9.1.5　几种 LED

设计的要求似乎均已达到。但即使电位器调到 0,输出往往有几毫伏,这应该是运放的输入失调电压 V_{IO}(Input Offset Voltage)导致。解决的办法有两个,其一,是将电源开关改为双刀双掷(DPDT)型的,相应的电路如图 9.1.7(a) 所示。当开关关断时,输出端短路到地,保证输

图 9.1.6　3296W 预调电位器

出为 0。当开关接通时,正常使用。其二,是在运放的反相输入端加一调 0 电路。图 9.1.7(b)为实物图,图中加了一只最大值为 50 mV 的切换开关。

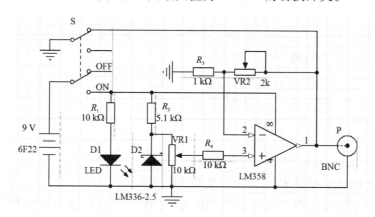

(a) 调0电路

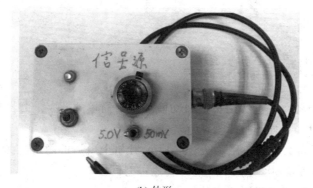

(b) 外形

图 9.1.7 调 0 电路及其外形

表 9.1.4 是在输出 5 V 校正后,刻度值与输出电压的对照。测试仪表为 Agilent 34401A 6 1/2 数字万用表。

表 9.1.4 刻度值与输出电压

刻度	10.0	9.0	8.0	7.0	6.0	5.0	4.0	3.0	2.0	1.0	0.0
输出电压/V	5.010	4.519	4.018	3.518	3.019	2.511	2.009	1.508	1.006	0.505	0.000

从测试结果可以看出,其误差为正的系统误差,因此可以把缓冲放大器的增益略微调低一点,可减少其误差。

9.1.6　总耗电的估算

对于便携式电池供电的设备,确定整体电路后,估算其总耗电情况是必须做的工作。计算在电池为标称值下进行:

发光二极管:$I_{LED} = (9 \text{ V} - V_F)/10 \text{ k}\Omega \approx 1.2 \text{ mA}$。

基准源:$I_R = (9-2.5)\text{V}/5.1 \text{ k}\Omega \approx 1.2 \text{ mA}$。

电位器:$I_W = 2.5 \text{ V}/10 \text{ k}\Omega = 0.25 \text{ mA}$。

运放:$I_{CC} \approx 0.7 \text{ mA}$(空载)。

总耗电 $\approx 3.35 \text{ mA}$。

故用 360 mAh 的 6F22 电池可以工作 100 小时。

如果你希望能用数字设定输出电压值,并提高设置精度,恐怕得使用 MCU 了。

9.2　数字定时器

9.2.1　功能要求

我们以一个具有一定实用价值而功能又比较简单的数字定时器做系统设计入门的实例。该定时器有如下技术要求:

(1) 定时时间的设置范围为 1～99 min,开机上电后的隐含值为 10 min。

(2) 使用 0.5 英寸红色 LED 数码管显示时间。

(3) 定时时间可以用按键或其他方式输入。

(4) 定时器控制一个～220 V/1A 的用电设备,上电时不允许用电设备瞬间通电。

(5) 定时时间设定后,启动计时,用电设备通电,同时显示器逐分倒计时。其间,分个位数码管的小数点每秒闪亮一次。

(6) 计时到 0 min 时,切断用电设备电源。

(7) 计时误差:100 min 误差在 ±10 s 内。

(8) 由用电设备提供 +12 V 电源。

(9) 低价位。

9.2.2　整体方案调研

不论是设计练习或是一个实际的工程项目,在明确其性能要求的基础上,首先要做的应该是调研相关情况,了解与该项目相关的成果,以便吸收前人的成功经验,开阔自己的思路。在网络高度发达的今天,利用网络查询无疑是最便捷、最全面的方法。

"中文科技期刊数据库(VIP)"、"中国期刊全文数据库"是电子系统设计者最常光顾的数据库。利用"数字定时器"词条,在 VIP 上"模糊"搜索,共查到三篇相关文章:《一种基于 CPLD 的多功能数字定时器》、《RFC 中分频器/数字定时器的设计》、《用 AT89C2051 单片机组成的数字定时器》。

前两篇均以 CPLD 为核心器件构成数字定时器。第 1 篇为多功能电路能基本满足课题要求,但缺强电接口。第 2 篇为射频控制应用,与课题要求不符。第 3 篇最贴合课题要求,但还有进一步优化的必要,如减少按键数、去除 LED 驱动等。

9.2.3 整体方案论证

根据设计题目的功能要求,采用自顶向下的拼凑法可以构成如图 9.2.1 所示的方框图。电路的核心应该是一个 100 进位的可预置数的减法计数器,工作时逐分倒计时。起始时间由预置数输入装置加载到计数器。当前时间由译码驱动电路驱动两位笔段型 LED 数码管显示。分减法计数器的分信号由秒/分信号发生器经过启停控制电路获得。秒/分信号发生器必须采用石英晶体振荡器用分频的办法分别产生秒和分时钟信号以保证走时精度,前者在计时开始后,使分个位 LED 数码管的小数点闪亮。后者在计时启动后,一方面通过驱动电路使继电器动作,用电设备通电,一方面使分信号到计数器。在计数为零时,通过驱动继电器使用电设备断电。

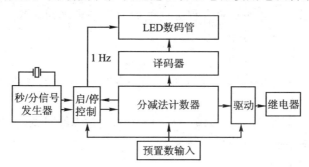

图 9.2.1 数字定时器方框图

能实现上述功能的整体电路方案有以下三个:

[**方案一**]

以 SSI 和 MSI 数字逻辑集成芯片为核心,其电路的组成如图 9.2.2 所示。石英晶体振荡器(如 $f_{osc}=32\,768$ Hz)经分频后取得 1 Hz 的秒时钟信号,一方面去控制分个位 LED 小数点闪烁,一方面送 60 分频器,产生分时钟信号。"启停控制电路"在按下启动键后,分时钟信号可送往分个位的可预置十进制减法计数。与此同时使分个位小点数闪烁,通过驱动电路,继电器使用电设备通电。该计数器的预置数由输入装置(如 BCD 码拨盘开关)加载分十位和分个位计数器,在分时钟脉冲的作用下,逐分减计时。当前时间经译码驱动电路,驱动静态 LED 显示。计数为 00 分时,输出译码器经驱动电路、继电器使用设备断电。同时输出停止信号,停止秒闪烁、分计时。

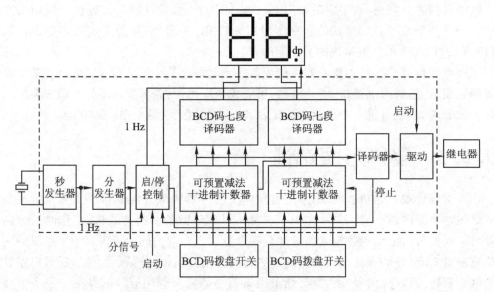

图 9.2.2　由 SSI、MSI 构成的数字定时器

该方案的优点是各器件的功能清晰;缺点是所用芯片数多、PCB 面积大、接线多、焊点多。因此可靠性略差,而且成本也较高,不符合低价位的要求。

低价位是所有电子系统设计在保证性能的前提下都必须认真考虑的因素,有时它直接关于产品能否推广应用。

[方案二]

图 9.2.2 电路中的虚线内部分完全可以由 CPLD 或 FPGA 来实现。这也是参考文献中采用的一种方法。

这个方案的优点是电路大为简化,系统可靠性高。最大的问题是 CPLD 或 FPGA 的成本高,做为低端产品,其价格难以接受。

[方案三]

以 MCU 为核心来构架整个电路。时钟产生和秒信号、分信号形成均可利用MCU 片内资源解决。分减法计时利用程序完成。LED 的译码也可以由软件完成。至于按键的设置,则可以更加灵活,并将键数减至最少。

这一方案的最大优点是充分发挥了 MCU 软件的功能,并使电路简化到可以和CPLD 或 FPGA 相媲美。

电子系统设计的一个重要原则是:"宁软勿硬"。即能用软件解决的同一问题,则不用硬件。这主要是因为软件的寿命不受限制,而且软件的编制如果完美无暇的话,其可靠性也是硬件无法比拟的。何况又能降低硬件开销。这一方案符合这一原则。

MCU 的品种繁多,适合这种低端应用的芯片也不少,其价位已低到 MSI 的水平,所以应该是最低价位的方案。

很明显,方案三是合适的。

9.2.4 硬件电路设计

为降低价位和节省使用 MCU 的端口数,LED 宜采用共阴极动态驱动方式,它共需 8 根段位口线,2 根阴极驱动口线,即 LED 需要 10 根 MCU I/O 口线。

按键可以减少到只要 2 个:功能切换和预置时间加一键。功能键完成 2 个任务:移动预置时间的个位和分位;启动计时。它需要 2 根 I/O 口线,而且最好接在外接中断输入端,以便按键可以用中断或查询两种办法处理。驱动执行器件通断负载需要 1 根口线,即共需 MCU 13 根口线。

系统所需的时钟信号可以由 MCU 的定时器/计数器完成。一般低端 MCU 均有 2 个定时器/计数器,可以满足要求。

整个课题对指令执行的速度没有什么要求,不要求执行速度快的 MCU,一般低端 MCU 至少可以工作在 12 MHz 的时钟下,速度不成问题。

这个系统所涉及的程序有:LED 动态驱动、按键处理、秒分信号的产生与分减法计时,是比较简单的,不论是用汇编还是 C51 编写,2 KB 的 MCU 片内程序存储的容量是足够了。

满足上述要求的低端 MCU 较多,如 Atmel 公司的 AT89CXX 系列,Microchip 公司的 PIC16F87X 系列,NXP 公司的 LPC76X 系列等,各具特色。

这里选择了 AT89C2051 MCU。主要是考虑到它是 MCS-51 内核,熟悉的人较多;开发工具及软件俯首可得;应用广,价位低。此外,还考虑到 AT89C2051 内部有 2 KB 的 Flash 存储器可做程序存储器,15 根 I/O 能满足口线数要求,口线具有直接驱动 LED 的能力等因素。

LED 数码管采用应用最广的 0.5 英寸、高亮度红色的共阴极器件。动态驱动时每个笔段平均 $I_F > 0.5$ mA 已可明亮显示。若 $V_F = 1.5$ V,每笔段的限流电阻为 2 kΩ,则 LED 点亮时每笔段 $I_F \approx 1.75$ mA,动态扫描时每个笔段的平均电流约为 0.875 mA,满足亮度要求。考虑到 MCU 口线的 I_{OH} 较小,限流电阻应接为上拉形式。八段笔划直接由 P1 口驱动。被点亮 LED 数码管的最大电流为 8×1.75 mA = 14 mA,利用 P3.0、P3.1 的 I_{OL} 是可以承受的。

按键共设 2 个:功能切换键"S",和加键"+",分别接至 $\overline{INT0}$(P3.2)和 $\overline{INT1}$(P3.3)。设计的功能为:上电后,定时器处于等待时间设置状态,隐含时间 10 min。按下"S"键,分个位 LED 闪烁。按"+"键,可设置分个位值。设好后,再按"S"键,分个位 LED 停止闪烁,分十位 LED 开始闪烁,再按一次"S"键,分十位 LED 停止闪烁,定时器启动,设置的时间值存储,并开始倒计数。两只 10 kΩ 的上拉电阻,保证键按下低电平有效,相应的硬件电路如图 9.2.3 所示。

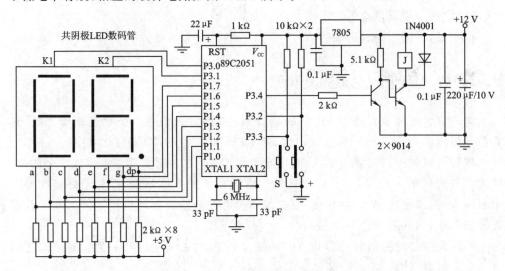

图 9.2.3　数字定时器硬件电路

考虑到上电过程中不允许用电设备瞬间动作,强电执行部件应为低电平驱动,它由 P3.4 完成。

强电执行部件选用价格低的小型电磁继电器,而不用性能虽好,但价格较高的 SSR。根据负载以及+12V 供电的情况可选用 JQX-14F12V 的电磁继电器。其电气寿命达 10^5 次,应能满足用电设备的要求。

AT89C2051 采用简单的 RC 复位电路。

MCU 时钟频率直接影响指令执行速度与芯片的功耗。本课题对执行速度并不要求快,而且希望频率低一点可降低功耗,故选为 6 MHz,由于机器周期为时钟频率的 1/12,即 2 μs,为整数值,定时器中断时间亦为 2 μs 的整数倍,对计时精度有利,何况 6MHz 的石英晶振为长线器件,价格较低。

+12 V 供电由 7805 降至+5 V 供系统使用。按 LED 所有笔段全亮,所需电流约 12.5 mA。JQX-14F 通电时线圈耗电约 45 mA,AT89C2051 5V 供电时工作电流约 12.5 mA,电路总电流约 70 mA。7805 压降为 7 V,管耗为 0.49 W。其热阻 $\theta_{jA}=$ 45 ℃/W,即使不加散热片,其相对环境温度的温升约 22 ℃。即使在+50 ℃环境温度下,结温才 72 ℃。

9.2.5　程序设计

为了便于初学者能更紧密地联系 MCU 硬件,采用 ASM51 汇编语言编程。

1. 确定整体的程序结构

硬件电路采用的动态扫描方式,编程序时要不停地扫描它。由于只有两位 LED 数码管,若扫描频率选为 50 Hz,则每个数码管点亮的时间为 10 ms。

(1) 最常用的程序结构

图 9.2.4 为设计人员最喜欢采用的主程序流程图。主程序执行它初值化以后,即进入循环的显示扫描程序。其他所有的功能模块,如设置命令、设置时间的输入、计时等统统以中断的方式切入。如果初值化以后只是一个简单的循环等待,这种方式从可靠性和程序编写上都是很可取的。

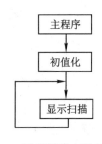

图 9.2.4　最常用的主程序流程图

但是本设计中的两个按键,由于本身固有的抖动特性(如欧姆龙公司 B3F - 4055 按键开关的抖动时间小于 10 ms),一般均采用软件去抖,即发现按键动作后,先软件延时 20 ms,躲过抖动时间再接着处理按键相应的功能。在软件延迟的时间里,显示扫描被打断,会导致显示闪动的不良现象。

(2) RTOS

多任务实时操作系统(RTOS,如 μC/OS- Ⅱ)可以很好的解决这一并行请求的矛盾。然而这似乎"杀鸡用牛刀"。况且 89C2051 的程序存储器容量也有限。

(3) 以系统时钟为核心的程序结构

我们统计一下本设计要使用的几个时间量:10 ms-每个数码管显示时间;20 ms-按键去抖时间;0.5 s-分个位 LED 小数点亮/灭时间;1 s-计时的单位时间。

选择其最短的时间 10 ms 做系统时钟基准。即利用 MCU 的定时器每 10 ms 中断一次。然后确定每个时钟需完成的任务:①轮流点亮 LED 一次;②判有无键按下,若有键按下激活一个标志,并记录键按下的时间;③检查键标志,并检查是否已到去抖时间(20 ms,2 个系统时钟时间),若已到则判定哪个键按下并做相应处理。因为每个时钟均访问 LED 一次,动态驱动得以保证。而进行键功能处理,有 10 ms 的时间足矣!

至于 0.5 s 和 1 s 时钟事件处理可以由计另一时时钟来完成,它承担每 0.5 s 设置位 LED 闪烁和 1 s 计时信号产生的任务,分为 2 个计时器可以使程序编写起来更容易一些。

用自己定义的系统时钟,扫描几个"并行"的任务,是本设计编程最有特色的地方,已经有点 RTOS 的意思了。如果不采用这种方式,键盘用中断,LED 扫描也用中断,在键盘去抖这段时间,将使扫描停转,显示产生闪动。

2. 资源分配

硬件资源分配如下:

$\overline{\text{INTO}}$	功能键 KS,边沿触发;
$\overline{\text{INT1}}$	加键 KAD,边沿触发;
P1.0~P1.7	LED 段码输出,高电平有效;
P3.0	LED 数码管分十位阴极,低电平有效,K1;
P3.1	LED 数码管分十位阴极,低电平有效,K2;
P3.4	继电器驱动输出,低电平输出有效,J;
T0	16 位计时器,系统时钟,10 ms 中断一次;
T1	16 位计时器,计时时钟,0.1 ms 中断一次。

另外,寄存器资源分配和标志位资源分配与功能请直接参阅程序清单。

3. 程序流程图

图 9.2.5 为主程序流程图。

图 9.2.6 为系统时钟程序流程图。其中在进行分个位或分十位值加一时,有可能分个位或分十位正处于消隐期,即此值为 20,这样会导致错误的时间。故必须在加之前调时间值,加完以后再存入时间值。

图 9.2.7 为显示子程序流程图。显示分个位还是分十位由 DSS 标志值决定,由于每显示一次 DSS 取反,所以分个位和分十位得以轮流显示。因为在设置时间时,设置的那一位 LED 0.5 s 闪烁一次,故程序首先判定是否消隐或正常显示,这要由闪烁标志位 FMF 决定。

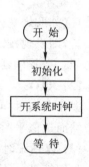

图 9.2.5　数字定时器主程序流程图

图 9.2.8 为计时时钟程序流程图。在设置时间时,用闪烁控制标志 FMF 决定是否闪烁,通过 SFF 来决定在显示时是消隐还是正常显示。在计时时,停止时间闪烁,用 DP 取反的办法,使分个位小数点每秒闪动一次。

图 9.2.9 分别是功能键和加键的中断子程序 X0 和 X1。这两个中断程序只执行将有键按下的标志位 KEY 置 1 的同一语句。程序短到无可再短,当然不会因中断影响显示,更不会影响其他程序的参数。

4. 容错设计

允许错误存在,并能防止它对系统正常工作的破坏,称为“容错”。

人为操作失误是造成系统工作失败的最重要的因素。世界上许多次严重的事故,如切尔诺贝利核泄漏,就是错误操作造成的。

一个没有考虑容错的设计,包括一个程序,不能算一个完美的设计。

上述数字定时器程序就至少没有考虑两种人-机交互易产生的错误:

(1)上电后,显示 10 min 隐含时间。正常操作应当是:不设新时间;或者先按功能键,设分个位。再按功能键,设分十位。再按一次功能键正常倒计时。但是如果上

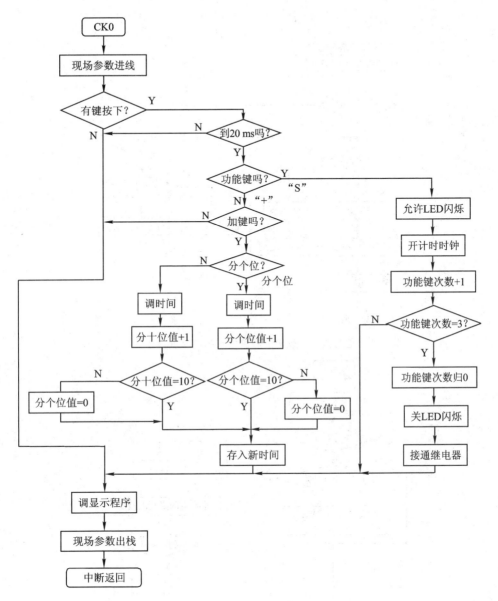

图 9.2.6　数字定时器系统时钟程序流程图

电后直接按加键,则分个位将动作,这将导致功能键动作次数紊乱。

(2) 倒计时开始后,如果按任何一键,也将出现非正常情况。

对于第一种情况,可以在系统时钟程序检测到"＋"键时,先判别一下功能键次数是否为零,若是则不做加法而直接退出。

对于第二种情况,可以在开始计时后关闭外部中断,而在计时结束后再重新允许外部中断。

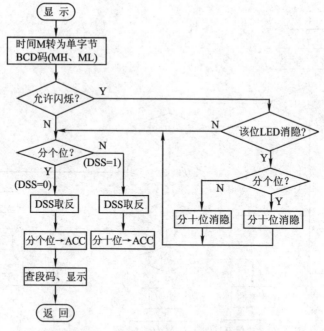

图 9.2.7　数字定时器显示子程序流程图

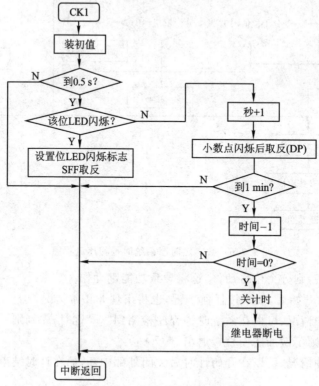

图 9.2.8　计时时钟程序流程图

图 9.2.9 数字定时器中断程序流程图

5. 软件的简单抗干扰措施

(1) 指令冗余

现以 CK0 程序中的含有冗余指令的几个语句为例简单说明一下它的抗干扰原理。语句如下:(具体程序见程序清单)

PC 地址	语 句	PC 指针	机器码
095H	JMP MPRO	—→	80H
		---→	25H
097H	NOP		00H
098H	NOP		00H
099H	NOP		00H
09AH	JB KS,RCKO		20H
		---→	B2H
			18H

       ⋮

程序正常运行时,程序计数器(PC)指针在执行 JMP MPRO 语句时指向 095H,这条指令对应的机器码为"80H,25H"。前者是指令码,后者为相对跳转地址,即执行此指令后程序指针应跳转到 25H 加下一条指令的 PC 值,即跳至 OBCH。后面的 3 条空操作冗余指令对程序运行毫无影响。

倘若程序计数器的值受到了外界干扰,指向 25H(如虚线所示),如果不加冗余指令,则 25H 被当做指令码,将执行"ADD A, data addr",即执行累加器 ACC 加一个数据地址为紧跟其后的 20H。下一条指令,由于 PC 指向 B2H,将执行"CPL bit addr",即对 18H 这个位地址取反。可见程序被完全破坏。

如果干扰后指针仍是指向 25H,但下面有 3 条 NOP 指令,程序执行的是"ADD A,00H",累加器的值会改变。但 PC 下一个指向的 2 个 NOP,再下一个指向的将是正常的"JB KS, RCKO"语言。至少减少了程序被破坏的程度,能接着恢复正常运行。

冗余指令 NOP 通常加在 2 字节或 3 字节指令的后面。

(2) 软件陷阱

程序的长度总是小于程序存储器的容量,本课题中程序长度为 170H(368 B),而

89C2051 内部 Flash 存储器的容量为 2 KB(800H),有大片的内存的 FFH 剩余区。FFH 为 MCS-51 内核的指令代码"MOV A,R7"。在剩余区里可以安排若干跳转到初值化地址的指令,以便程序跳飞时能被这些陷阱所捕获,还原到初值化或其他程序,请参看程序清单。

(3) 监视定时器

监视定时器(Watch Dog Timer, WDT)俗称"看门狗",是一种最常用的很有效的抗干扰方法。它的工作原理可以用图 9.2.10 来说明:监视定时器是一个时间计数器,复位以后,每隔一个固定的时间 t_{WDT} 由 Q 端发生一个进位脉冲,迫使 MCU 复位。MCU 在程序正常运行时,启动 WDT,并每隔 $< t_{WDT}$ 的时间通过 I/O 口向 WDT 发送 $\overline{CLR}$ 复位信号,所以

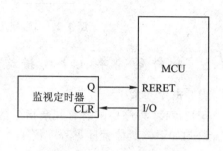

图 9.2.10　监视定时器

WDT 永远没有强迫 MCU 复位的可能。当程序受到干扰,"跑飞"以后,程序不能正常地向 WDT 发送 $\overline{CLR}$,于是在跑飞 t_{WDT} 时间以后,MCU 复位,程序又纳入正常运行。

WDT 可以用外部器件自行设计,也可以使用具有 WDT 功能的 IC,如 X5045。现在已经有不少 MCU 内部已带有 WDT,只需程序控制其运行即可。

对低端产品的本设计而言还没有必要使用 WDT。

6. 计时精度

既然课题提出了对时间精度的要求,设计时就必须予以考虑。
本设计是利用 MCU 的定时器软件计时。计时误差首先取决于 MCU 的时钟。

(1) MCU 时钟引起的计时误差

MCU 的 $f_{osc}=6MHz$,是由石英晶体振荡器产生的,其频率稳定度优于 10^{-6},有时可达 10^{-11}。按 10^{-6} 计算,每秒变化 6 μs,100 min 的变化仅 0.036 s,故此变化可以忽略。

(2) 中断响应时间造成的误差

计时定时器的初填值,是按下式计算出来的:

$$初填值 = 2^n - \frac{T_{INT}}{T_C}$$

式中 2^n 为计时器的容量,这里是 65 536;T_{INT} 为中断(计数溢出)的时间;T_C 为机器周期,这里 $T_C=2$ μs。0.1 s 中断的初填值为 15 536(3CB0H)。由于 T_C 为整数,所以此初填值是无误差的。

但是由于中断请求到执行中断服务程序的第一条指令是需要几个 T_C 的时间,

即中间响应时间。何况执行第一条执令填入 TL1 还需要 3 个 T_C。若中断响应时间为 $3T_C$,0.1 s 内的计时误差为 $6T_C = 12\ \mu s$,100 min 计时误差为 -0.72 s,完全满足计时精度要求。

如果将初填值补偿(加大)6 个字,则可使精度大大提高。

7. 程序清单

```
M     EQU    70H            ;分寄存器(二进制)
MH    EQU    71H            ;分十位单字节 BCD 码
ML    EQU    72H            ;分个位单字节 BCD 码
TN    EQU    73H            ;系统时钟每 10 ms 累积值
N05S  EQU    74H            ;计时时钟 0.5 s 累积值
N1S   EQU    75H            ;计时时钟 1 s 累积值
KSN   EQU    76H            ;功能键按键次数判别,未按 = 0,按 1 次(设置分个位) = 1
                            ;按 2 次(设置分十位) = 2,按 3 次(启动计时) = 3
K1    BIT    P3.0           ;分十位 LED 阴极
K2    BIT    P3.1           ;分个位 LED 阴极
KS    BIT    P3.2           ;功能切换键"S"
KAD   BIT    P3.3           ;" + "键
J     BIT    P3.4           ;继电器控制,1 = 断开,0 = 接通

KEY   BIT    00H            ;键有效标志,无键按下 = 0,有键按下 = 1
DP    BIT    01H            ;计时时,小数点 DP 闪烁标志,不闪烁 = 0,闪烁 = 1
FMF   BIT    02H            ;设置时间时,总闪烁开关标志,不闪烁 = 0,闪烁 = 1
DSS   BIT    03H            ;显示时间的位置,0 = 分个位,1 = 分十位
SFF   BIT    04H            ;设置位 LED 闪烁标志:0 = 灭,1 = 亮

      JMP INIT
      ORG 0003H
      JMP X0
      ORG 000BH
      JMP CK0
      ORG 0013H
      JMP X1
      ORG 001BH
      JMP CK1

INIT:  MOV TMOD,＃11H
      MOV TH0,＃0ECH
      MOV TL0,＃78H          ;系统时钟 T0 每 10 ms 中断 1 次(显示扫描:50 次/s)
      MOV TH1,＃3CH
```

```
        MOV TL1,#0B0H          ;计时时钟 T1 每 0.1 s 中断 1 次,即时钟的基本计时单位为 0.1 s
        MOV M,#10              ;定时器隐含设定时间 = 1:00 分
        MOV TN,A              ;系统时钟累计初值 = 0
        MOV N05S,A            ;计时时钟累计初值 = 0
        MOV KSN,A            ;功能键未按
        MOV N1S,A
        CLR KEY              ;还没有键按下
        CLR DP              ;小数点不闪烁
        CLR FMF              ;时间不闪烁
        SETB SFF            ;LED 设置位初始状态为正常亮
        SETB EX0
        SETB EX1            ;开/INT0,/INT1
        SETB IT0
        SETB IT1            ;外部中断设为边沿触发
        SETB ET0
        SETB TR0            ;系统时钟开始运行,开始显示扫描
        SETB EA            ;开中断,准备接受按键命令
WAIT:   JMP $              ;原地跳转

CK0:  PUSH PSW
      PUSH ACC
      MOV TL0,#78H
      MOV TH0,#0ECH
      JNB KEY,RCK0        ;无键按下,则扫描显示后退出中断
      INC TN
      MOV A,TN
      CJNE A,#2,RCK0
      CLR KEY            ;20 ms 去抖
      MOV TN,#0
      SETB KAD          ;注意:I/O = 1,使其为输入状态
      JB KAD,JKS        ;非"+"则转至 JKS"S"键处理
      MOV A,KSN
      JZ RCK0          ;KSN = 0,则退出(键容错)
      CJNE A,#1,AD2
      CALL BBCD        ;MH,ML 在 +1 时,有可能 MH,ML = 20(消隐值),故应由 M 提取 MH,ML
      MOV A,ML
      ADD A,#1
      MOV ML,A          ;" + "键,则分个位 +1
      CJNE A,#10,MPRO
      MOV ML,#0        ;若 L = 10,则 ML = 0
      JMP MPRO
AD2:  CJNE A,#2,RCK0    ;KSN = 3,则退出(键容错)
```

```
        CALL BBCD
        MOV A,MH
        ADD A,#1
        MOV MH,A                 ;"+"键,则分十位+1
        CJNE A,#10,MPRO
        MOV MH,#0                ;若 ML=10,则 ML=0
        JMP MPRO
        NOP
        NOP
        NOP                      ;冗余指令
JKS：   JB KS,RCK0
        SETB FMF                 ;允许 LED 设置位闪烁
        SETB TR1
        SETB ET1                 ;开启计时时钟,以便 LED 设置位闪烁
        INC KSN                  ;KSN+1
        MOV A,KSN
        CJNE A,#3,RCK0           ;KN 不等于 3,则转至 RCK0
        MOV KSN,#0               ;KSN=0,等于准备下一次操作
        CLR FMF                  ;设置位 LED 闪烁关
        CLR J                    ;继电器通电
        CLR EX0
        CLR EX1                  ;关中断(键容错)
RCK0：  CALL DISP                ;每 10 ms 调显示 1 次
        POP ACC
        POP PSW
        RETI
MPRO：  CALL BCDB                ;+/-MH,ML后,还原M值
        JMP RCK0


CK1：   MOV TL1,#0DH
        MOV TH1,#3DH             ;T1 每 0.1 s 中断 1 次,即时钟的基本计时单位为 0.1 s;3CB0H
        INC N05S
        MOV A,N05S
        CJNE A,#5,RCK1
        NOP
        NOP
        NOP                      ;冗余指令
        MOV N05S,#0
        JNB FMF,JS               ;若设置位 LED 不允许闪烁,则转至小数点闪烁
        CPL SFF
        JMP RCK1                 ;若设置位 LED 允许闪烁,则闪烁每 0.5 s 取反
```

```
JS：  INC N1S
      CPL DP                    ;每 1s 小数点闪烁 1 次
J1S：    MOV A,N1S
      CJNE A,#120,RCK1
      MOV N1S,#0
      CLR C
      MOV A,M
      SUBB A,#1
      MOV M,A
      JNZ RCK1                  ;M－1
      SETB J                    ;M＝0,则停止计时,继电器断电
      CLR TR1
      CLR ET1                   ;关计时
      SETB EX0
      SETB EX1                  ;开中断(键容错)
RCK1：    RETI


X0：     SETB KEY
RX0：     RETI


X1：     SETB KEY
RX1：     RETI


DISP：  CALL BBCD               ;M 转换为 BCD 码 MH,ML
      JNB FMF,GNOR             ;若允许闪烁则判断 LED 该位是否亮
      JNB SFF,GFLH             ;若 LED 该位灭,则转至处理该位 LED
      JMP GNOR                 ;若 LED 该位亮则转至正常显示
GFLH：  MOV A,KSN
      CJNE A,#1,JD2            ;若不等于 1,则转至处理分十位
      MOV ML,#20
      JMP GNOR                 ;ML＝20,即熄灭 LED
JD2：  CJNE A,#2,GNOR          ;KSN＝3,LED 正常显示,不再闪烁
        NOP
      NOP
      NOP                      ;冗余指令
      MOV MH,#20               ;ML＝20,即熄灭 LED
GNOR：  JB DSS,J3               ;DDS＝1,
      CLR K1                   ;点亮个位 LED
      SETB K2                  ;熄灭十位 LED
      MOV A,MH
      CPL DSS
      JMP DPLP                 ;查段码表,显示分十位 ＋
```

```
        NOP
        NOP
        NOP                    ;冗余指令
J3:     SETB K1
        CLR K2
        MOV A,ML
        JNB DP,DPML            ;根据 DP 决定是否点亮分个位小数点
        ADD A,♯10             ;ML＋10,查出的是带小数点的段码
DPML:   CPL DSS               ;查段码表,显示分个位,每 10 ms 显示扫描 1 位
DPLP:   MOV DPTR,♯DTAB
+       MOVC A,@A＋DPTR
        MOV P1,A
        RET
DTAB:   DB 0BFH,86H,0DBH,0CFH,0E6H;0,1,2,3,4
        DB 0EDH,0FDH,87H,0FFH,0EFH;5,6,7,8,9
        DB 3FH,06H,5BH,4FH,66H;0.,1.,2.,3.,4.
        DB 6DH,7DH,07H,7FH,6FH;5.,6.,7.,8.,9.
        DB 00H                 ;消隐
```

;功能:单字节十六进制整数转换成单字节 BCD 码整数
;入口条件:待转换的单字节十六进制整数在 M 中
;出口信息:转换后的 BCD 码整数(十位和个位)在 MH,ML 中,百位在 R3
;影响资源:PSW、A、B、R3 堆栈需求:2 字节

```
BBCD:   MOV A,M
        MOV B,♯100            ;分离出百位,存放在 R3 中
        DIV AB
        MOV R3,A +
        MOV A,♯10             ;余数继续分离十位和个位
        XCH A,B
        DIV AB
        MOV MH,A
        MOV ML,B
        JNZ JEX
        MOV MH,♯20            ;前 0 消隐
JEX:    RET


BCDB:   MOV A,MH              ;分十位和个位 BCD 转换为二进制 M
        MOV B,♯10            ;入口:MH,ML,出口:M
        MUL AB
        ADD A,ML
        MOV M,A
        RET
```

```
        ORG 200H
        JMP INIT                    ;软件陷阱
        ORG 300H
        JMP INIT                    ;软件陷阱
        ORG 400H
        JMP INIT                    ;软件陷阱
        ORG 500H
        JMP INIT                    ;软件陷阱
        ORG 600H
        JMP INIT                    ;软件陷阱
        ORG 700H
        JMP INIT                    ;软件陷阱
   END
```

对于熟悉 C51,而对汇编不太了解的读者,可以按本节详细的流程图用 C51 改编此程序。

9.3　以 STM32F103RCT6 为核心的简易信号源

9.3.1　功　能

如果想将 9.1 节简易信号源加以改进,使其实现下来功能:

(1) 输出 0～2 000 mV 稳定的直流电压;

(2) 在外加 250 Hz,占空比(DR)＝5％的同步脉冲触发下,能产生峰值 V_p＝0～2 000 mV 稳定的正弦状交流信号,此信号的波形如图 9.3.1 所示;

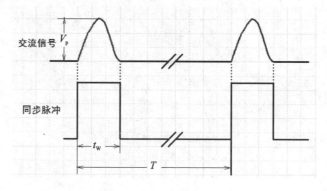

图 9.3.1　交流波形

图中同步脉冲的周期 $T=400$ ms,脉冲宽度 $t_w=200$ μs,占空比 DR$=5\%$。

(3) 信号幅度数字设定;

(4) 输出有 10 mA 的驱动能力;

(5) 交流 220 V/50 Hz 供电。

9.3.2　方案论证

查阅资料,发现很难找到与上述要求近似的文献,只能一步步采用"自顶向下"的方法进行设计了。

1. 如何保证信号的稳定性和实现数控幅度

当然得用基准电压源,同时结合必须数控,可以用两种办法解决:

(1) 采用数字电位器(DPOT)将基准电压源分压以后,由 MCU 数控衰减比。此方案必须单独使用一只 DPOT。

(2) 直接使用带 DAC 的 MCU。这种办法中,基准电压源甚至和 MCU 片内的 DAC 都一揽子解决了,为保证设置值与输出电压的分配率,DAC 至少 10 位以上。

2. MCU 的选择

MCU 可供选择的有:89C51、C8051F、MSP430 系列和 STM32F103。首先 89C51 系列芯片不含 DAC,需外加,实在不可取。C8051F410 虽有 DAC 但为电流输出,需外加电流/电压转换运放,并不方便;MSP430 系列芯片的最大优势就是它的低功耗,也内含电压输出的 DAC,确实是可选的 MCU 之一。STM32F103RCT6 内含 2 个 12 位的电压输出的 DAC,其速度、丰富的资源更是令人刮目相看,也是当今的热门芯片,故此电路选用它。

3. 人机交互器件的选择

输出的直流和交流电压的幅度由数字设置。人们自然首先想到的应该是

(1) 键　盘

键盘输入的最大优点就是直观、方便。这些键盘应该包含"0~9"共 10 个数字键,1 个"设置"键,1 个"确认"键,1 个"直流/交流"选择键,共 13 个键。采用 STM32F103 这 13 个键最简单的接法就是直接输入 13 个端口,可不必组合为矩阵,每个键可以独立中断。显然,线的根数太多。最大的问题在于,虽然用户按了某个数字,但不知道它是个、十、百、千的哪一位。也就是说还得显示配合,这就使电路复杂了。加之用户必须在面板上安装这些键盘,工艺也麻烦。

(2) 拨码开关

图 9.3.2 为拨码开关外形。它的每一位可用"＋"、"－"按钮拨动,有 8/4/2/1/

COM5 根输出线,按 BCD 编码。如"5",4/1 和 COM 通。0～2 000 只需 15 根连接线,可以直接接到 STM32F103 的端口,端口可设为"上拉电阻输入"模式,连上拉电阻都可以省掉。使用它最大的优点是设置值直观,不需要显示装置,装配也方便;缺点是连接线较多。

图 9.3.2　拨码开关

4. 放大器

缓冲放大器是必要的。它完成:MCU DAC 输出电压幅度的细调;DAC 零点的调整;提供足够的输出电流。这里选择了 THS4031 芯片,它的主要特性如下:

- 1.6 nV/√Hzc 超低噪声;
- 高速:100 MHz,压摆率 SR=100 V/μV;
- 低失真:THD =−90 dBc (f=1 MHz, R_L= 1 kΩ);
- 低输入失调电压:0.5 mV;
- 90 mA 的输出驱动能力;
- ±5～15 V 的工作电压。

选择它,主要看中的是低噪声。

5. 电　源

采用交流供电,主要为的是免得给电池充电。利用 HAW5 型±12 V/5W 的 AC/DC 转换模块,再经 ASM‐11173.3 给 MCU 供电。由于 MCU 的 3.3 V 由两级稳压提供,故 ADC 输出稳定。

9.3.3 整机电路

图 9.3.3 为整机电路。

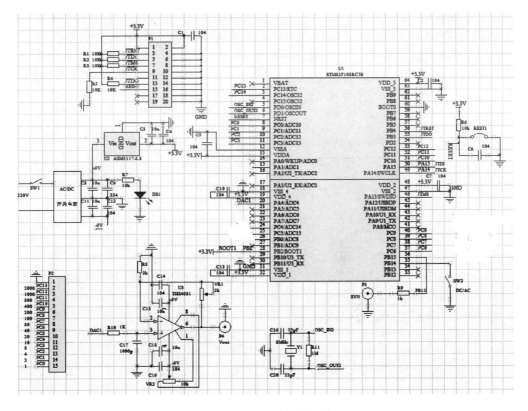

图 9.3.3 MCU 简易信号源

MCU 的 BOOT0＝0,BOOT1＝1,使其上电直接复位,进入程序。DAC1(PA.4)输出模拟电压。端口 PA0 设置为模拟输出(AIN)。0～2 000 mV 的电压幅值由拨码开关经 PC0～PC13 端口输入到 MCU,MCU 这些端口配置为"上拉电阻输入"模式。DAC1 的输出加到缓冲放大器 U2 的同相输入端口,R10 和 C17 组成一节低通滤波,以消除 250 Hz 以下的低频噪声。放大器的零点由 VR2 调整,其增益为

$$A_f = 1 + \frac{\text{VR1}}{R_8}$$

式中,VR1＝2 kΩ,R_8＝2 kΩ,A_f＝1～2 间可调。U2 经 BNC 插座输出设置的电压值。

MCU 的 PB14 为"DC/AC"选择开关输入,可以配置为"上拉电阻输入"模式。交流同步信号由 SYN 插座输入到 MCUPB15 端口,MCU 程序可以通过外部中断来触发交流信号的产生。

9.3.4　程序设计

1. 程序流程图

主程序流程如图 9.3.4 所示。中断程序流程如图 9.3.5 所示。

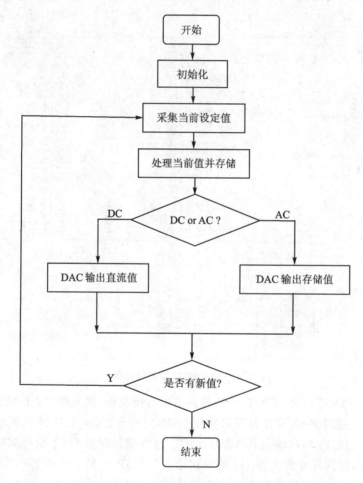

图 9.3.4　信号源的主程序流程图

2. 程　　序

整个程序主要涉及：时钟、GPIO、串口、中断配置，DAC 初始化、串口初始化以及串口中断服务程序，DAC 数据标度变换等。

设从拨码开关读入的设置值(不论 DC/AC)为 TEMP，则 DAC 输出的标度变换是

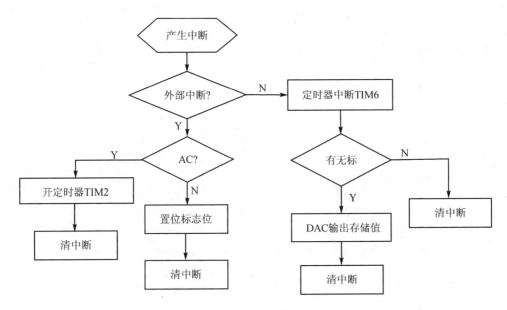

图 9.3.5 信号源的中断程序流程图

$$DACN = TEMP \times 8 \div 10$$

当设置值为 2 000 mV 时，DACN=1600。此时 DAC 输出的电压为

$$V_O = \frac{DACN}{4\ 096} \times 3\ 300\ \text{mV} = 1\ 289\ \text{mV}$$

若缓冲放大器增益为 1.551 5 倍，则仪器的输出电压为 1 999.9 mV。

半个正弦波正弦值的获取办法如下：

把整个正弦波分为 100 个点，对于全为正值的的正弦波，由于从 C 语言以弧度为单位，若以 i 为循环变量，第 0 ～49 点，正弦值；

$$A = \sin\left(i \times 3.6 \times \frac{3.14}{180}\right) = \sin(i \times 0.062\ 82)$$

程序代码如下所示：

```
#include "stm32f10x.h"
#include "bsp_adc.h"
#include "./tim/bsp_tim.h"
#include "math.h"


uint16_t   temp,TEMP;
volatile   uint16_t   DACN;
volatile   uint16_t   Timer_4us = 0;
uint16_t   SIN[50];
volatile float A;
volatile uint32_t time = 0; // ms 计时变量
```

```
// 软件延时
void Delay(__IO uint32_t nCount)
{
  for(; nCount != 0; nCount -- );
}

int main(void)
{
    u16 A4,A3,A2,A1,A0,B0;
    u8 i = 0;

    RCC_Configuration();
    NVIC_PriorityGroupConfig(NVIC_PriorityGroup_4);
    Gpio_Configuration();
    EXTI_Configuration();
    DAC1_Init();
    Timer2_Configuration();
    ADCx_Init();
    BASIC_TIM_Init();

    A0 = GPIO_ReadInputData(GPIOC);
    A0 = ~A0;
    A0 = A0&0x7fff;
    temp = A0;         // 取千位
    temp = temp&0xf000;
    temp = temp >> 12;
    A4 = temp;
    temp = A0;     // 取百位
    temp = temp&0x0f00;
    temp = temp >> 8;
    A3 = temp;
    temp = A0;     // 取十位
    temp = temp&0x00f0;
    temp = temp >> 4;
    A2 = temp;
    temp = A0;     // 取个位
    temp = temp&0x000f;
    A1 = temp;
    TEMP = A4 * 1000 + A3 * 100 + A2 * 10 + A1;
    DACN = TEMP * 8/10;
```

```
for(i = 0;i<50;i++)
{
    A = sin(i * 0.06283) * DACN;      //求出 SIN[i]数组,0~49 个半个正弦值
    SIN[i] = (uint16_t)(DACN * A);


}
/ * * * * * * * * * * * * * * * * * * * * * * * * * * * * * * * * * * * *
```

如果设为"直流信号(DC)"PA14＝0,则直接输出直流值,代码如下:

```
    * * * * * * * * * * * * * * * * * * * * * * * * * * * * * * * * * * * * * */
if(GPIO_ReadInputDataBit(GPIOB,GPIO_Pin_14) == 0)
        DAC ->DHR12R1 = DACN;
while (1)
{
    //A0 = GPIO_ReadInputData(GPIOC);
    if ( time >= 1000 ) / * 1000 * 1 ms = 1s  时间到 * /
{
  time = 0;
        B0 = GPIO_ReadInputData(GPIOC);
        B0 = ~B0;
}
    if(A0 ! = B0)
    {
        A0 = B0;
        A0 = A0&0x7fff;
        temp = A0;            // 取千位
        temp = temp&0xf000;
        temp = temp >> 12;
        A4 = temp;
        temp = A0;            // 取百位
        temp = temp&0x0f00;
        temp = temp >> 8;
        A3 = temp;
        temp = A0;            // 取十位
        temp = temp&0x00f0;
        temp = temp >> 4;
        A2 = temp;
        temp = A0;            // 取个位
        temp = temp&0x000f;
        A1 = temp;
        TEMP = A4 * 1000 + A3 * 100 + A2 * 10 + A1;
        //DACN = TEMP * 8/10;
```

```
            //DACN = TEMP;

            //DACN = TEMP + 45;
            DACN = (uint16_t)(TEMP * 1225/1000.0 + 0.5) + 40;

            for(i = 0;i < 50;i ++)
            {
                A = sin(i * 0.06283) * 1.024;              //0.06282 * 1.024
                SIN[i] = (uint16_t)(DACN * A);

            }


        if(GPIO_ReadInputDataBit(GPIOB,GPIO_Pin_14) == 0)
            DAC ->DHR12R1 = DACN;


    }
}
```

中段函数如下：

```
/ ********定时器扫描是否有外部中断触发的正弦信号 *********/
    void TIM2_IRQHandler(void)
    {
    if(TIM_GetITStatus(TIM2,TIM_IT_Update)! = RESET)
    {

        //标志位累加
        if(Timer_4us ++ < 50)
        {
            DAC ->DHR12R1 = SIN[Timer_4us];
        }
        if(Timer_4us == 50)
        {
            DAC ->DHR12R1 = 0;
        }
        if(Timer_4us >= 1000)
        {
            Timer_4us = 0;
        }
        TIM_ClearITPendingBit(TIM2,TIM_IT_Update);   //清除中断标志
```

```
    }
}
/******功能选择中断函数*****/
void EXTI15_10_IRQHandler(void)
{
    ITStatus EXTI_Line12_Status;
    ITStatus EXTI_Line14_Status;
    ITStatus EXTI_Line15_Status;
    EXTI_Line12_Status = EXTI_GetITStatus(EXTI_Line12);
    EXTI_Line14_Status = EXTI_GetITStatus(EXTI_Line14);
    EXTI_Line15_Status = EXTI_GetITStatus(EXTI_Line15);

    if(EXTI_Line12_Status! = RESET)   //AC
    {
        TIM_ITConfig(TIM2,TIM_IT_Update,ENABLE);
        EXTI_ClearITPendingBit(EXTI_Line12);
        EXTI_ClearFlag(EXTI_Line12);
    }

    if(EXTI_Line14_Status! = RESET)   //扫描
    {
//      DAC ->DHR12R1 = DACN;

        EXTI_ClearITPendingBit(EXTI_Line14);
        EXTI_ClearFlag(EXTI_Line14);
    }

    if(EXTI_Line15_Status! = RESET)   //触发
    {
        Timer_4us = 0;           //产生正弦信号

        EXTI_ClearITPendingBit(EXTI_Line15);
        EXTI_ClearFlag(EXTI_Line15);

    }
}
```

9.3.5　测试数据

用型数字万用表,测得的设置值与实际输出值的对照如表 9.3.1 所列。

表 9.3.1　实测数据

设置值/mV	0	5	10	50	100	1 000	2 000
实际值/mV	0.03	5.32	10.25	50.51	100.7	1 000.9	2 001

9.4　气体流量控制器

9.4.1　功　能

某化学分析仪器需要为化学反应系统提供流量稳定、可数控的氩气(气体 A、气体 B)。流量设置范围 300~1 200 sccm(毫升/分钟,ml/min)。环境温度 20~30 ℃。氩气由钢瓶、一次减压稳压阀(0.4 MPa)、二次减压稳压阀(0.3 MPa)提供。

早期的流量由阀体内可调整的锥状减压针控制。为了能数控,每个出气口由开关型的微型电磁阀控制。例如,由 200、400、800 sccm 的电磁阀可组合控制 200~1 400 sccm 的流量。这种流量控制有三个问题:一是流量设置值有限,二是温度影响难以补偿,三是前端稳压阀难以准确稳定气体压力,导致流量变化。

9.4.2　硬件设计

首先我们需要一款能进行流量控制,而非简单通断控制的电磁阀,这种电磁阀称为"比例电磁阀"。MODEL 3000 系列的小型微流量比例电磁阀可以满足流量范围、电源电压、功耗、体积等要求。其外形如图 9.4.1(a)所示。

由图 9.4.1(a)图左可知,阀体为圆柱状,内装弹簧和电磁线圈。通电后,气体使两个 Φ3 的孔互通,两个通气孔的左右为安装孔。右图是电磁阀安装在阀体上的示意图。

图 9.4.1(b)为其结构示意图,关键是弹簧和电磁线圈。未通电时弹簧伸展,将通气孔封闭;通电时,线圈压缩,使通气孔张开,通过的流量受电磁阀张开角,即加诸于电磁线圈的直流电压或电流控制。

Model 3000 系列比例电磁阀的电特性如表 9.4.1 所列。

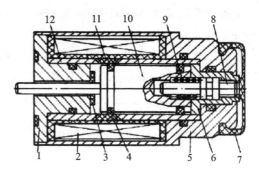

1—极靴；2—线圈；3—限位环；4—隔磁环；5—壳体；
6—内盖；7—盖；8—调节螺丝；9—弹簧；10—衔铁；
11—支撑环；12—导向环

(a) 外形图　　　　　　　　　　　　(b) 结构示意图

图 9.4.1　Model 3020 型比例电磁阀

表 9.4.1　Model 3000 系列比例电池阀的电特性

型号		3000 系列				
		3010	3020	3030	3040	3050
孔口直径/mm		0.08	0.28	0.5	0.75	1.3
压力	耐压	980kPa				
	操作差压	～0.98MPa		～0.6MPa		～0.4MPa
控制	电源	24 VDC＋－10％(PWM 控制可用)[①]				
	控制电压范围	7VDC－20VDC(24VDC)				
	耗电量	最高 2W				
	磁带	15％以下(满刻度电流)				
过波器		20 μm(IN,OUT)			无过滤器	
内部泄漏		适用气体 0.1ml/分钟或更低				
工作温度范围		0～50 ℃[②]				
保存温度范围		－5～70 ℃				
需暴露于气体部分的材料		BsBM(C3604)、SUS430F、氯化橡胶、SUS316、SUS304				
尺寸/mm		□13×17.5＋ϕ19×31				
连接口		ϕ3.0(标准)				
重量		约 60 g(附 RC1/8 时,约为 180 g)				

① 12VDC 规格可针对配备选配件的型号提供。

② Model3000 线圈铜线的电阻值的温度系数为 Rt＝Ro℃(1＋0.004 * t℃)。如果需要控制电压,请在环境
　温度变化不大的环境中使用本产品。在环境温度变化较大的情况下,推荐使用电流控制。

本闭环系统采用 Model 3020,供电电压 12 V。功耗为 2 W。实测 12 V 时,电流约 50 mA。

图 9.4.2 为电磁阀供电电压与流量的关系。横轴为供电电压,1.5 V/div。纵轴为流量,每格 600 ml/min。

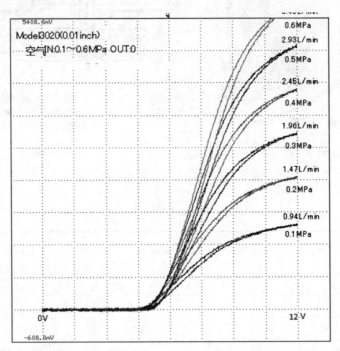

图 9.4.2　Model 3020 电磁阀电压与流量关系

图 9.4.2 显示了电压/流量的非线性关系,更清楚地显示出气压对流量的巨大影响。本设计选用的是氩气(Ar),气压为 0.3 MPa。此图的气体为空气的情况。氩气的相对密度约为 1.38,故在 12 V 时,流量约为 1.96 ml/min * 1.4＝2 700 ml/min。

值得注意的是,由于利用磁力进行控制,故存在“磁滞”现象,所以在同一气压下,电压/流量是两条曲线。这种电磁阀磁滞的指标为＜15%(满刻度电流)。

图 9.4.3 为此种电磁阀的温度特性。

由图 9.4.3 可知,温度增高会使流量下降。这一点得靠闭环反馈来解决。

表 9.4.2 为 F3020 比例电磁阀实测的电压/流量关系。

表 9.4.2　F3020 比例电磁阀实测的电压/流量关系

供电电压/mV	800	850	900	950	1 000	1 050	1 100
由小到大流量/sccm	273	441	629	832	1 018	1 205	1 397
流量平均值/sccm	300	471	658.5	854	1 051	1 225	1 397
由大到小流量/sccm	327	501	688	876	1 084	1 245	1 397

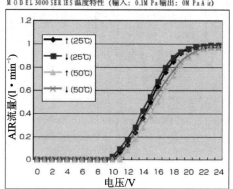

图 9.4.3　电池阀的温度特性

由上述数据可以看出"磁滞"对特性的明显影响。

图 9.4.4 为 Excel 拟合图,输入的是平均值的数据。

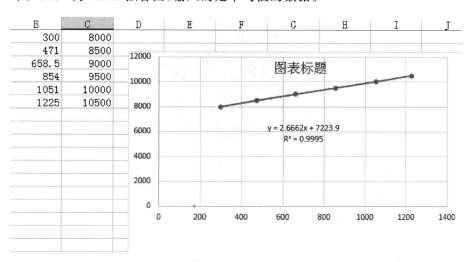

图 9.4.4　比例电磁阀流量(sccm)与电压(mV)的拟合曲线

拟合结果:y＝2.666 2x＋7 223.9。

此为线性关系,也有 0.999 5 的相关系数。软件程序即按此公式计算比例电磁阀的供电电压。

图 9.4.5 为流量闭环控制硬件的方框图。0.3 MPa 的氩气进入 Model 3020 比例电磁阀,比例电磁阀的控制电压由 MCU DAC 经驱动电路供给。MCU 内含 ADC、DAC,由主机串口传送设定的流量值。通过控制算法将软、硬件闭环,达到流量稳定。

流量传感器采用 F1012 微流量传感器,它是利用热力学原理对流道中的气体介质进行流量监测,具有很好的精度与重复性。F1012 微流量传感器内置有温度传感

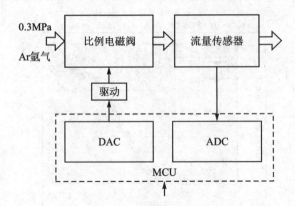

图 9.4.5　流量闭环方框图

器,每只都进行专有的温度补偿校准;同时具有线性模拟电压输出,使用方便。

　　传感器使用了最新一代 MEMS 传感器芯片技术,无漂移,无滞后,经过完全校准和温度补偿,线性或开方特性输出;模拟或数字输出。其外形如图 9.4.6 所示。

图 9.4.6　F1012 微流量传感器外形

表 9.4.3 为 F1012 的技术指标。

表 9.4.3　F1012 的技术指标

产品型号	F1012 微流量传感器			
量程	20、30、50、100、200、500、1 000、1 200、2 000sccm			
	最小	典型值	最大	单位
满量程输出	4.90	5.00	5.10	V
零流量输出	0.96	1.00	1.04	V
工作电压	7.0	10.0	14.0	V
工作电流	15	25	30	mA
精度	—	±1.5	±2.5	%F.S
重复性	—	±0.3	±0.5	%F.S
年漂移	—	±0.1	±0.5	%F.S

本闭环电路选择的是量程为 1 200 sccm 氩气标定的产品，采用模拟电压输出。
图 9.4.7 为控制电路拓扑。

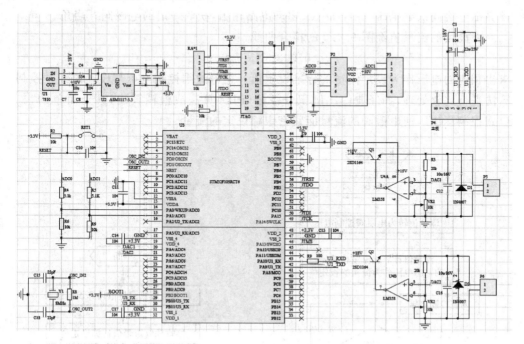

图 9.4.7　流量闭环控制电路

9.4.3　软件设计

MCU 采用 STM32F103RCT6。主要着眼点在于它有 2 个 12 位的 ADC 和 2 个
12 位的 DAC，其分辨率可以满足电路精度的要求。它有多达 5 个串口，这里只用了
U1 - USART 从连接器 P4 接收主机以 9600 波特率发来的 A 气体与 B 气体流量，单
位为 sccm。流量传感器 F1012 接在 P2 和 P1 插座，1～5 V 的模拟电压经衰减约为
0.66～3.3 V 送往 MCU 的 ADC0 和 ADC1，以测量流量。由 DAC1 和 DAC2 送往
数控稳压电源误差放大器的参考电压输入端。此数控稳压电路保证了电磁阀供电的
稳定。电压由中功率调整功率管 2SD1164 提供给比例电磁阀。比例电磁阀的开角
由 DAC 输入数字量决定。

MCU 的一个最大的特点，就是软硬件紧密结合。硬件的动作完全由程序指挥。

流量闭环控制的主程序流程如图 9.4.8(a)所示。MCU 上电后，首先执行时钟
配置、端口（ADC、DAC、串口等）配置、串口初始化、ADC0 及 ADC1 初始化、DAC0 及
DAC1 初始化。将最常用的 A 气体流量值、B 气体流量值，经图 9.4.2 Model 3020
电磁阀电压与流量的拟合关系：

$$y = 2.666\ 2x + 7\ 223.9$$
$$(y\ 为电压值(mV),X\ 为流量值(sccm))$$

计算出电磁阀供电电压,并经 DAC、驱动电路输出,获取一定的电磁阀开启角。

将设定的流量值经图 9.4.9 的拟合曲线

$$y = 0.003\ 3X + 1.001\ 7$$

求出相应的电压作为设定流量的标准设定值。把电磁阀控制电压与设定值经过控制算法进行比较处理,如经典的比例积分微分(PID)算法或模糊算法,甚至简单的"二位式控制算法",使电磁阀的流量能紧密跟踪设定的流量。

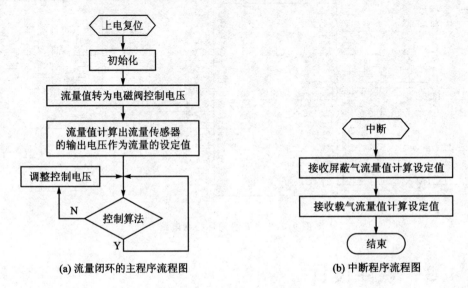

(a) 流量闭环的主程序流程图　　　　　　　　(b) 中断程序流程图

图 9.4.8　软件设计流程图

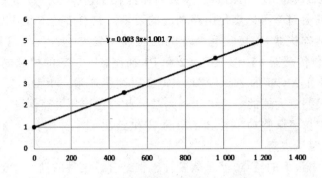

图 9.4.9　流量传感器流量与输出电压

图 9.4.8(b)为串口中断服务程序流程图。一旦主板设置了新的流量值,主板立即产生串口中断。通过串口中断服务程序,以 9 600 的波特率,先将仪器主窗口设置的 A 气体流量(整型变量)拆成 2 个字节传送过来,再传送过来 B 气体流量。

本控制板主程序在得到串口传送来的新 A 气体与 B 气体的流量以后,立即产生串口中断,串口服务程序将接收到的流量值,也经图 9.4.9 的拟合线,求出相应的电压作为新设定流量的标准设定值,即将设定值更新。

主程序继续通过控制算法使系统在新值下稳定运行。

本控制系统不论输入气体的压强变化、还是环境温度变化,都能平稳运行,使流量相对稳定。

系统的稳定性取决于流量传感器的性能。它按设定流量作为标准设定值,实际流量值不管用什么控制算法,都是和它比较,所以它是关键部件。

作为一个闭环系统,必须由"控制算法"统驭。常用的控制算法有简单的"位式"控制算法,其原理如图 9.4.10 所示。

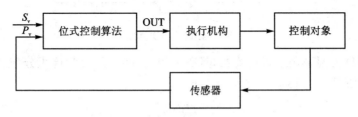

图 9.4.10 位式控制算法

图中 S_v 为设置量,P_v 为反馈量,根据它们的比较(MCU)算出是/否两个 OUT,再由执行机构(这里就是比例电磁阀)控制气体流量,同时经流量传感器反馈,产生 P_v。这种算法的最大优点就是非常简单。如果把误差值设得很小,也能得到比较准确的结果,但是当 S_v/P_v 相差较大,调整时将相应加长,所以此算法并非最优算法。

"模糊控制(Fuzzy Contol)",有一段时间十分流行。某种产品只要冠以"模糊"二字,即身价倍增。模糊控制过程的基本原理如图 9.4.11 所示。

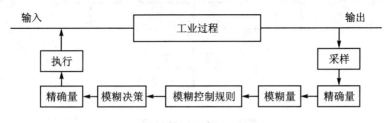

图 9.4.11 模糊控制框图

被控对象的输出采样为精确的数字量,经模糊化后,进入模糊算法,它输出的模糊决策量再逆模糊化,变为精确的数字量,最后的输入量再送入工业。

模糊控制要利用模糊数学的知识,其最大的特点是不需要建立精确的数学模型,通常可以用查表法编程,即可实现。

"PID(Proportion Integration Differentiation,比例-积分-微分)控制"是一种经

典、但又应用十分广泛的控制。早期用运放搭建的硬件电路实现,电路复杂,调整繁复,现在已被以 MCU 为核心的软件算法所淘汰。

　　PID 控制是控制中最常见的控制器,其由比例、积分、微分等部分组成,常见的结构框图如 9.4.12 所示。

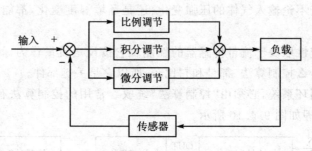

图 9.4.12　PID 框图

　　本次 PID 控制采用增量型算法,具有变积分、梯形积分和抗积分饱和功能,具体的软件流程如图 9.4.13 示。

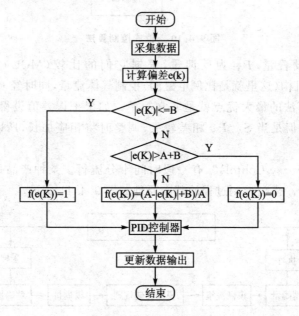

图 9.4.13　PID 流程图

　　PID 控制的核心内容为参数的整定。PID 控制的参数是根据被控过程的特性确定 PID 控制器的比例系数、积分时间和微分时间的大小。

　　PID 控制器参数整定的方法有很多,概括起来有两大类。一是理论计算整定法,它主要是依据系统的数学模型,经过理论计算确定控制器参数。这种方法所得到的计算数据未必可以直接用,还必须通过工程实际进行调整和修改。二是工程整定方法,它主要依赖工程经验,直接在控制系统的试验中进行,且方法简单、易于掌握,在工程实际中被广泛采用。

PID 控制器参数的工程整定方法,主要有临界比例法、反应曲线法和衰减法。三种方法各有其特点,其共同点都是通过试验,然后按照工程经验公式对控制器参数进行整定。但无论采用哪一种方法所得到的控制器参数,都需要在实际运行中进行最后调整与完善。一般采用的是临界比例法。

利用该方法进行 PID 控制器参数的整定步骤如下:

(1) 首先预选择一个足够短的采样周期让系统处于工作状态;

(2) 令积分系数和微分为零,仅加入比例控制环节,直到整个系统对输入的阶跃响应出现临界振荡,记下这时的比例放大系数和临界振荡周期;

(3) 在一定的控制度下通过公式计算得到 PID 控制器的参数。

在本设计中微分项采用不完全微分,一阶滤波,不完全微分系数越大滤波作用越强。

以下为程序清单:

```
/*************************************/
//文件描述:闭环流量控制
//版本:V4.1
//创始时间:2018-01-01
//作者:奚大顺,刘 静
/*************************************/
#include "stm32f10x.h"
#include "string.h"
#include "stdio.h"
#include "math.h"
#include < stdlib.h >
#include "stm32f10x_adc.h"
#define   Ddac_A DAC->DHR12R1
#define   Ddac_B DAC->DHR12R2
#define FLASH_ADR1 0x0801E000 //定义 0x0801E000(FLA)为 FLASH 代替 EEPROM 的起始地址
#define FLASH_ADR2 0x0801F000 //定义 0x0801F000(FLB)为 FLASH 代替 EEPROM 的起始地址


#define KP_INC    0.6        //P 参数
#define KI_INC    0.03       //I 参数
#define KD_INC    0.01       //D 参数


/*************************************
自定义全局变量
*************************************/
u8 i = 0;
```

```
    static u16 ADCA,ADCA_SET,DACA;          //ADCA:A 气体 ADC0 读值
    static u16 ADCB,ADCB_SET,DACB;          //ADCB:B 气体 ADC1 读值;ADCB; :B 气体 ADC 读值
    u16 FLA,FLB;                            //FLA 为从主控板串口发来的 A 气体流量值
                                            //FLB 为 B 气体从主控板串口发来的流量值
    u16 FL_Temp,FLH,FLL;
    u8 SC_Flag;                             // = 0; :A 气体; = 1;:B 气体
    static uint16_t DACA_SET, DACB_SET;

void FLASH_WRITEWORD(u32 data,u32 FLASH_ADR)
{
    FLASH_Unlock();                         //解锁;以下指令的含义,见"stm32f10X_FLASH.C"
    FLASH_ClearFlag(FLASH_FLAG_BSY|FLASH_FLAG_PGERR|FLASH_FLAG_WRPRTERR|FLASH_FLAG_
EOP);
                            //清除 FLASH_SR 寄存器中的 BSY,WRPRTERR,EOP 标志位
    FLASH_ErasePage(FLASH_ADR);             //擦除从 FLASH_ADR 为起始地址的一页(2KB)
    FLASH_ProgramWord(FLASH_ADR,data);
//写一个字(32 位)到从 FLASH_ADR 为起始地址的 4 个字节
    FLASH_Lock();                           //加锁
}


  void RCC_Configuration(void)
{
    /* 定义枚举类型变量 HSEStartUpStatus */
    ErrorStatus HSEStartUpStatus;
    /* 复位系统时钟设置 */
    RCC_DeInit();
    /* 开启 HSE */
    RCC_HSEConfig(RCC_HSE_ON);
    /* 等待 HSE 起振并稳定 */
    HSEStartUpStatus = RCC_WaitForHSEStartUp();
    /* 判断 HSE 起是否振成功,是则进入 if()内部 */
    if(HSEStartUpStatus == SUCCESS)
    {
        /* 选择 HCLK(AHB)时钟源为 SYSCLK 1 分频 */
        RCC_HCLKConfig(RCC_SYSCLK_Div1);
        /* 选择 PCLK2 时钟源为 HCLK(AHB) 1 分频 */
        RCC_PCLK2Config(RCC_HCLK_Div1);
        /* 选择 PCLK1 时钟源为 HCLK(AHB) 2 分频 */
        RCC_PCLK1Config(RCC_HCLK_Div2);
        /* 设置 FLASH 延时周期数为 2 */
        FLASH_SetLatency(FLASH_Latency_2);
        /* 使能 FLASH 预取缓存 */
```

```
            FLASH_PrefetchBufferCmd(FLASH_PrefetchBuffer_Enable);
  /* 选择锁相环(PLL)时钟源为 HSE 1 分频,倍频数为 9,则 PLL 输出频率为 8MHz * 9 = 72MHz */
            RCC_PLLConfig(RCC_PLLSource_HSE_Div1, RCC_PLLMul_9);
            /* 使能 PLL */
            RCC_PLLCmd(ENABLE);
            /* 等待 PLL 输出稳定 */
            while(RCC_GetFlagStatus(RCC_FLAG_PLLRDY) == RESET);
            /* 选择 SYSCLK 时钟源为 PLL */
            RCC_SYSCLKConfig(RCC_SYSCLKSource_PLLCLK);
            /* 等待 PLL 成为 SYSCLK 时钟源 */
            while(RCC_GetSYSCLKSource() != 0x08);
        }
        /* 打开 APB2 总线上的 GPIOA 时钟 */
    RCC_APB2PeriphClockCmd(RCC_APB2Periph_GPIOA|RCC_APB2Periph_GPIOB|RCC_APB2Pe    riph_
GPIOD , ENABLE);             //串口 1 -- PCLK2
    }


    void Usart_Configuration(void)
    {

        //GPIO 端口设置
        GPIO_InitTypeDef GPIO_InitStructure;
        USART_InitTypeDef USART_InitStructure;
        NVIC_InitTypeDef NVIC_InitStructure;

        RCC_APB2PeriphClockCmd(RCC_APB2Periph_GPIOA, ENABLE);         //使能 USART1,GPIOA 时钟
        RCC_APB2PeriphClockCmd(RCC_APB2Periph_USART1, ENABLE);

        //USART1_TX    GPIOA.2
        GPIO_InitStructure.GPIO_Pin = GPIO_Pin_9;                     //PA.9   U1_TX
        GPIO_InitStructure.GPIO_Speed = GPIO_Speed_50MHz;
        GPIO_InitStructure.GPIO_Mode = GPIO_Mode_AF_PP;               //复用推挽输出
        GPIO_Init(GPIOA, &GPIO_InitStructure);                        //初始化 GPIOA.2

        //USART1_RX      GPIOA.3 初始化
        GPIO_InitStructure.GPIO_Pin = GPIO_Pin_10;                    //PA.10   U1_RX
        GPIO_InitStructure.GPIO_Mode = GPIO_Mode_IN_FLOATING;         //浮空输入
        GPIO_Init(GPIOA, &GPIO_InitStructure);



        //USART1 NVIC  配置
        NVIC_InitStructure.NVIC_IRQChannel = USART1_IRQn;             //中断号
```

```
    NVIC_InitStructure.NVIC_IRQChannelPreemptionPriority = 3 ;//抢占优先级 3
    NVIC_InitStructure.NVIC_IRQChannelSubPriority = 3;      //子优先级 3
    NVIC_InitStructure.NVIC_IRQChannelCmd = ENABLE;         //IRQ 通道使能
    NVIC_Init(&NVIC_InitStructure);                //根据指定的参数初始化 VIC 寄存器

     //USART  初始化设置
    USART_InitStructure.USART_BaudRate = 9600;              //串口波特率
    USART_InitStructure.USART_WordLength = USART_WordLength_8b;
//字长为 8 位数据格式
    USART_InitStructure.USART_StopBits = USART_StopBits_1;//一个停止位
    USART_InitStructure.USART_Parity = USART_Parity_No;  //无奇偶校验位
    USART_InitStructure.USART_HardwareFlowControl = USART_HardwareFlowControl_None;
                                          //无硬件数据流控制
USART_InitStructure.USART_Mode = USART_Mode_Rx | USART_Mode_Tx;   //收发模式
   USART_Init(USART1, &USART_InitStructure);          //初始化串口 1
   USART_ITConfig(USART1, USART_IT_RXNE, ENABLE);      //开启串口接受中断
   USART_Cmd(USART1, ENABLE);                         //使能串口 1


}
 /*********************************************
 * 函数名      : Gpio_Configuration
 * 函数描述   : 设置通用 GPIO 端口功能
 *********************************************/
void Gpio_Configuration(void)
    {
GPIO_InitTypeDef GPIO_InitStructure;
RCC_APB2PeriphClockCmd(RCC_APB2Periph_GPIOA|RCC_APB2Periph_GPIOB|RCC_APB2Periph_
GPIOC|RCC_APB2Periph_GPIOD , ENABLE);
   //使能 GPIOA,GPIOB,GPIOC,GPIOD 时钟
   GPIO_InitStructure.GPIO_Pin = GPIO_Pin_4|GPIO_Pin_5;
   /*初始化 GPIOA 的引脚为模拟状态*/
GPIO_InitStructure.GPIO_Mode = GPIO_Mode_AIN;/* PA4 - DAC1,PA5 - DAC2:电流输出通道*/
GPIO_InitStructure.GPIO_Speed = GPIO_Speed_50MHz;
   GPIO_Init(GPIOA,&GPIO_InitStructure);
    }
 /*********************************************
 * 函数名      : DAC1_Init
 * 函数描述   : 初始化 DAC1
 * 功能描述:灯电流设置,初始为 30/4 096 mA,直流
 *********************************************/
    void DAC1_Init(void)
  {
```

```
    RCC ->APB2ENR| = 1 << 2;            //使能 PORTA 时钟
    RCC ->APB1ENR| = 1 << 29;           //使能 DAC 时钟
    GPIOA ->CRL& = 0XFFF0FFFF;
    GPIOA ->CRL| = 0X00000000;          //定义 PA.4 为模拟输入(出)口
    DAC ->CR| = 1 << 0;                 //使能 DAC1
    DAC ->CR| = 1 << 1;                 //DAC1 输出缓冲不使能(BOFF1 = 1)
    DAC ->CR| = 0 << 2;                 //不使用定时器触发(TEN1 = 0)
    DAC ->CR| = 0 << 3;                 //DAC TIM6 TRGO 关闭
    DAC ->CR| = 0 << 6;                 //不使用波形发生
    DAC ->CR| = 0 << 8;                 //屏蔽幅值设置
    DAC ->CR| = 0 << 12;                //DAC DMA 不使能


    }
/ ****************************************
*  函数名      : DAC2_Init
*  函数描述：初始化 DAC2
****************************************/
    void DAC2_Init(void)
    {
    RCC ->APB2ENR| = 1 << 2;            //使能 PORTA 时钟
    RCC ->APB1ENR| = 1 << 29;           //使能 DAC 时钟
    GPIOA ->CRL& = 0XFF0FFFFF;
    GPIOA ->CRL| = 0X00000000;          //定义 PA.5 为模拟输入(出)口
    DAC ->CR| = 1 << 16;                //使能 DAC2
    DAC ->CR| = 1 << 17;                //DAC2 输出缓冲使能(BOFF2 = 0)
    DAC ->CR| = 0 << 18;                //不使用定时器触发(TEN2 = 0)
    DAC ->CR| = 0 << 19;                //DAC TIM6 TRGO 关闭
    DAC ->CR| = 0 << 22;                //不使用波形发生
    DAC ->CR| = 0 << 24;                //屏蔽幅值设置
    DAC ->CR| = 0 << 28;                //DAC DMA 不使能


    }
/ ****************************************
*  函数名      : delay_us,delay_ms
*  函数描述：延时函数,微秒,毫秒
****************************************/
void delay_us(u16 time)
{
    u16 i = 0;
    while(time -- )
```

```
    {
        i = 4;
        while(i--);
    }
}
void delay_ms(u16 time)
{
    u16 i = 0;
    while(time--)
    {
        i = 10000;
        while(i--);
    }
}


void    ADC1_Configuration(void)
{
    ADC_InitTypeDef ADC_InitStructure;
    GPIO_InitTypeDef GPIO_InitStructure;

    RCC_APB2PeriphClockCmd(RCC_APB2Periph_GPIOA | RCC_APB2Periph_ADC1, ENABLE);
//使能 ADC1 通道时钟
    RCC_ADCCLKConfig(RCC_PCLK2_Div6);
//设置 ADC 分频因子 6,72MHz/6 = 12 MHZ,ADC 最大时间不能超过 14 MHz
    //PA0  作为模拟通道输入引脚
    GPIO_InitStructure.GPIO_Pin = GPIO_Pin_0;
    GPIO_InitStructure.GPIO_Mode = GPIO_Mode_AIN;          //模拟输入引脚
    GPIO_Init(GPIOA, &GPIO_InitStructure);

    ADC_DeInit(ADC1);  //复位 ADC1
ADC_InitStructure.ADC_Mode = ADC_Mode_Independent;
                                        //ADC 工作模式:ADC1 和 ADC2 工作在独立模式
    ADC_InitStructure.ADC_ScanConvMode = DISABLE;     //模数转换工作在单通道模式
    ADC_InitStructure.ADC_ContinuousConvMode = DISABLE;
//模数转换工作在单次转换模式
    ADC_InitStructure.ADC_ExternalTrigConv = ADC_ExternalTrigConv_None;
//转换由软件而不是外部触发启动
    ADC_InitStructure.ADC_DataAlign = ADC_DataAlign_Right;   //ADC 数据右对齐
    ADC_InitStructure.ADC_NbrOfChannel = 1;     //顺序进行规则转换的 ADC 通道的数目
    ADC_Init(ADC1, &ADC_InitStructure);
//根据 ADC_InitStruct 中指定的参数初始化外设 ADCx 的寄存器
    ADC_Cmd(ADC1, ENABLE);     //使能指定的 ADC1
```

```
    ADC_ResetCalibration(ADC1);        //使能复位校准
    while(ADC_GetResetCalibrationStatus(ADC1));        //等待复位校准结束
    ADC_StartCalibration(ADC1);        //开启 AD 校准
    while(ADC_GetCalibrationStatus(ADC1));        //等待校准结束
}
void  ADC2_Configuration(void)
{
    ADC_InitTypeDef ADC_InitStructure;
    GPIO_InitTypeDef GPIO_InitStructure;

    RCC _ APB2PeriphClockCmd ( RCC _ APB2Periph _ GPIOA │ RCC _ APB2Periph _ ADC2，ENABLE
);        //使能 ADC1 通道时钟
    RCC_ADCCLKConfig(RCC_PCLK2_Div6);
//设置 ADC 分频因子 6，72MHz/6 = 12Hz，ADC 最大时间不能超过 14MHz

        //PA1  作为模拟通道输入引脚
    GPIO_InitStructure.GPIO_Pin = GPIO_Pin_1;
    GPIO_InitStructure.GPIO_Mode = GPIO_Mode_AIN;        //模拟输入引脚
    GPIO_Init(GPIOA, &GPIO_InitStructure);

    ADC_DeInit(ADC2);   //复位 ADC2

    ADC_InitStructure.ADC_Mode = ADC_Mode_Independent;
//ADC 工作模式：ADC1 和 ADC2 工作在独立模式
    ADC_InitStructure.ADC_ScanConvMode = DISABLE;        //模数转换工作在单通道模式
    ADC_InitStructure.ADC_ContinuousConvMode = DISABLE;
//模数转换工作在单次转换模式
    ADC_InitStructure.ADC_ExternalTrigConv = ADC_ExternalTrigConv_None;
//转换由软件而不是外部触发启动
    ADC_InitStructure.ADC_DataAlign = ADC_DataAlign_Right;        //ADC 数据右对齐
    ADC_InitStructure.ADC_NbrOfChannel = 1;        //顺序进行规则转换的 ADC 通道的数目
    ADC_Init(ADC2, &ADC_InitStructure);
//根据 ADC_InitStruct 中指定的参数初始化外设 ADCx 的寄存器
    ADC_Cmd(ADC2, ENABLE);        //使能指定的 ADC1
    ADC_ResetCalibration(ADC2);        //使能复位校准
    while(ADC_GetResetCalibrationStatus(ADC2));        //等待复位校准结束
    ADC_StartCalibration(ADC2);        //开启 AD 校准
    while(ADC_GetCalibrationStatus(ADC2));        //等待校准结束
}
//获得 ADC 值
//ch:通道值 0～3
u16 Get_Adc1(void)
```

```c
{
    //设置指定 ADC 的规则组通道,一个序列,采样时间
    ADC_RegularChannelConfig(ADC1, 0, 0, ADC_SampleTime_239Cycles5 );
                                //ADC1,ADC 通道,采样时间为 239.5 周期
    ADC_SoftwareStartConvCmd(ADC1, ENABLE);
    //使能指定的 ADC1 的软件转换启动功能
    while(! ADC_GetFlagStatus(ADC1, ADC_FLAG_EOC ));//等待转换结束
    return ADC_GetConversionValue(ADC1);      //返回最近一次 ADC1 规则组的转换结果
}
//获得 ADC 值
//ch:通道值 0~3
u16 Get_Adc2(void)
{
//设置指定 ADC 的规则组通道,一个序列,采样时间
ADC_RegularChannelConfig(ADC2, 1, 1, ADC_SampleTime_239Cycles5 );
//ADC1,ADC 通道,采样时间为 239.5 周期

ADC_SoftwareStartConvCmd(ADC2,ENABLE);
//使能指定的 ADC1 的软件转换启动功能

    while(! ADC_GetFlagStatus(ADC2, ADC_FLAG_EOC ));//等待转换结束

    return ADC_GetConversionValue(ADC2);      //返回最近一次 ADC1 规则组的转换结果
}
u16 Get_Adc1_Average(u16 times)
{
    u32 temp_val = 0;
    u16 t;
    for(t = 0;t < times;t ++ )
    {
        temp_val += Get_Adc1();
        delay_us(100);
    }
  //ADCA = temp_val/times;
   return (u16)(temp_val/times);
}
u16 Get_Adc2_Average(u16 times)
{
    u32 temp_val = 0;
    u16 t;
    for(t = 0;t < times;t ++ )
    {
```

```
        temp_val += Get_Adc2();
        delay_us(100);
    }
    return (u16)(temp_val/times);
}
typedef struct
{
    float Kp;                        //比例常数
    float Ki;                        //积分常数
    float Kd;                        //微分常数

    float alpha;                     //不完全微分系数
    float deltadiffA;
    float deltadiffB;

    int16_t result;                  //PID 控制结果
    int16_t output;                  //输出结果

    uint16_t TargetA;                //设定目标
    int16_t LastErrA;                //Error[-1]
    int16_t PrevErrA;                //Error[-2]


    uint16_t MaximumA;               //输出值上限
    uint16_t MinimumA;               //输出值下限

    int16_t ErrorabsmaxA;            //误差调节的最大值
    int16_t ErrorabsminA;            //误差调节的最小值
    int16_t DeadhandA;               //误差调节的死区

    uint16_t TargetB;                //设定目标
    int16_t LastErrB;                //Error[-1]
    int16_t PrevErrB;                //Error[-2]

    uint16_t MaximumB;               //输出值上限
    uint16_t MinimumB;               //输出值下限

    int16_t ErrorabsmaxB;            //误差调节的最大值
    int16_t ErrorabsminB;            //误差调节的最小值
    int16_t DeadhandB;               //误差调节的死区

}INCPID_t;
```

```
INCPID_t ispdPID;

void ConIncPID_InitA(uint16_t SetValue)
{
    ispdPID.TargetA = SetValue;            //设定目标
    ispdPID.Kp = KP_INC;                   //比例常数
    ispdPID.Ki = KI_INC;                   //积分常数
    ispdPID.Kd = KD_INC;                   //微分常数

    ispdPID.MaximumA = SetValue * 1.1;     //输出值的上限
    ispdPID.MinimumA = SetValue * 0.9;     //输出值的下限

    ispdPID.LastErrA = 0;                  //Error[-1]
    ispdPID.PrevErrA = 0;                  //Error[-2]
    ispdPID.result = ispdPID.MinimumA;     //PID 控制器结果
    ispdPID.output = SetValue;             //控制值

    ispdPID.ErrorabsmaxA = (ispdPID.MaximumA - ispdPID.MinimumA) * 0.8;
                                    //误差调节的最大值
    ispdPID.ErrorabsminA = (ispdPID.MaximumA - ispdPID.MinimumA) * 0.1;
                                    //误差调节的最小值

    ispdPID.DeadhandA = (ispdPID.MaximumA - ispdPID.MaximumA) * 0.005;  //死区
    ispdPID.alpha = 0.2;                   //不完全微分系数
    ispdPID.deltadiffA = 0.0;

}

void ConIncPID_InitB(uint16_t SetValue)
{
    ispdPID.TargetB = SetValue;            //设定目标
    ispdPID.Kp = KP_INC;                   //比例常数
    ispdPID.Ki = KI_INC;                   //积分常数
    ispdPID.Kd = KD_INC;                   //微分常数

    ispdPID.MaximumB = SetValue * 1.1;     //输出值的上限
    ispdPID.MinimumB = SetValue * 0.9;     //输出值的下限

    ispdPID.LastErrB = 0;                  //Error[-1]
    ispdPID.PrevErrB = 0;                  //Error[-2]
    ispdPID.result = ispdPID.MinimumB;     //PID 控制器结果
```

```
    ispdPID.output = SetValue;                //控制值

    ispdPID.ErrorabsmaxB = (ispdPID.MaximumB - ispdPID.MinimumB) * 0.9;
                                //误差调节的最大值
ispdPID.ErrorabsminB = (ispdPID.MaximumB - ispdPID.MinimumB) * 0.1;
                                //误差调节的最小值
    ispdPID.DeadhandB = (ispdPID.MaximumB - ispdPID.MinimumB) * 0.005;   //死区
    ispdPID.alpha = 0.2;                      //不完全微分系数
    ispdPID.deltadiffB = 0.0;
}
/* 变积分系数处理函数,实现一个输出 0 和 1 之间的分段线性函数 */
/* 当偏差的绝对值小于最小值时,输出为 1;当偏差的绝对值大于最大值时,输出 0 */
/* 当偏差的绝对值介于最大值和最小值之间时,输出在 0 和 1 之间现行变化 */
/* int16_t error,当前输入的偏差值 */
static float VariableIntegralCoefficient(int16_t error, int16_t absmax, int16_t ab-
smin)
    {
        float factor = 0.0;

        if(abs(error) < = absmin)
        {
            factor = 1.0;
        }

        else if(abs(error) > absmax)
        {
            factor = 0.0;
        }
        else
        {
            factor = (absmax - abs(error))/(absmax - absmin);
        }
        return factor;
    }

int16_t ConIncPID_CalcA(uint16_t Real)
    {
        int16_t   ThisError = 0.0;
        //uint16_t   iIncpid = 0;
        int16_t factor;
        int16_t pError,dError,iError;
        int16_t result;
        int16_t increment = 0;
```

```
    ThisError = ispdPID.TargetA - Real;   //得到偏差
    result = ispdPID.MinimumA;

    if(abs(ThisError) > ispdPID.DeadhandA)
    {
    pError = ThisError - ispdPID.LastErrA;
    iError = (ThisError + ispdPID.LastErrA)/2.0;
    dError = ThisError - 2 * (ispdPID.LastErrA) + ispdPID.PrevErrA;
        //变积分系数获取
    factor = VariableIntegralCoefficient(ThisError, ispdPID.ErrorabsmaxA, ispdPID.Er-
rorabsminA);
        //计算微分项增量带不完全微分
    ispdPID.deltadiffA = ispdPID.Kd * (1 - ispdPID.alpha) * dError + ispdPID.alpha * ispd-
PID.deltadiffA;
    increment = ispdPID.Kp * ThisError + ispdPID.Ki * factor * iError + ispdPID.deltadiffA;
    //增量计算
    }
    else
    {
        if((abs(ispdPID.TargetA - ispdPID.MinimumA) < ispdPID.DeadhandA)&&(abs(Real
- ispdPID.MinimumA) < ispdPID.DeadhandA))
        {
            result = ispdPID.MinimumA;
        }
        increment = 0.0;
    }
    result = ispdPID.MinimumA + increment;
    /* 对输出限值,避免超调和积分饱和问题 */
    if(result >= ispdPID.MaximumA)
    {
     result = ispdPID.MaximumA;
    }
    if(result < = ispdPID.MinimumA)
    {
     result = ispdPID.MinimumA;
    }
    ispdPID.PrevErrA = ispdPID.LastErrA;   //存放偏差用于下次运算
    ispdPID.LastErrA = ThisError;
    ispdPID.result = result;
    return (increment);
}
```

```
int16_t ConIncPID_CalcB(uint16_t Real)
{
    int16_t   ThisError = 0.0;
    int16_t factor;
    int16_t pError,dError,iError;
    int16_t result;
    int16_t increment = 0;


    ThisError = ispdPID.TargetB - Real;   //得到偏差
    result = ispdPID.MinimumB;
    if(abs(ThisError) > ispdPID.DeadhandB)
    {
    pError = ThisError - ispdPID.LastErrB;
    iError = (ThisError + ispdPID.LastErrB)/2.0;
    dError = ThisError - 2 * (ispdPID.LastErrB) + ispdPID.PrevErrB;
        //变积分系数获取
    factor = VariableIntegralCoefficient (ThisError, ispdPID.ErrorabsmaxB, ispdPID.Er-
rorabsminB);
        //计算微分项增量带不完全微分
    ispdPID.deltadiffB = ispdPID.Kd * (1 - ispdPID.alpha) * dError + ispdPID.alpha *
ispdPID.deltadiffB;


    increment = ispdPID.Kp * ThisError + ispdPID.Ki * factor * iError + ispdPID.delta-
diffB;
    //增量计算
    }
    else
    {
    if((abs(ispdPID.TargetB - ispdPID.MinimumB) < ispdPID.DeadhandB)&&(abs(Real - is-
pdPID.MinimumB) < ispdPID.DeadhandB))
        {
            result = ispdPID.MinimumB;
        }
        increment = 0.0;
    }
    result = ispdPID.MinimumB + increment;
    /* 对输出限值,避免超调和积分饱和问题 */
    if(result >= ispdPID.MaximumB)
    {
     result = ispdPID.MaximumB;
    }
    if(result < = ispdPID.MinimumB)
```

```
        {
         result = ispdPID.MinimumB;
        }
        ispdPID.PrevErrB = ispdPID.LastErrB; //存放偏差用于下次运算
        ispdPID.LastErrB = ThisError;
        ispdPID.result = result;
    //iIncpid = ispdPID.result;

        //ispdPID.output = ((iIncpidispdPID.Minimum)/(ispdPID.MaximumispdPID.Minimum)) *
100.0;
        //iIncpid = (uint16_t)((ispdPID.Kp * ThisError) - (ispdPID.Ki * ispdPID.LastErr) +
(ispdPID.Kd * ispdPID.PrevErr));
    //    ispdPID.PrevErr = ispdPID.LastErr;
    //    ispdPID.LastErr = ThisError;
        return (increment);
    }
    /***************************************
    * 函数名           : main
    * 函数描述         : 主函数
    * 输入参数         : 无
    * 输出结果         : 无
    * 返回值           : 无
    ***************************************/
    int main(void)
    {
        RCC_Configuration();
        Gpio_Configuration();
        Usart_Configuration();
        DAC1_Init();
        DAC2_Init();
        ADC1_Configuration();
        ADC2_Configuration();
        FLA = ( * (__IO uint32_t * )(FLASH_ADR1)); //读以 FLASH_ADR 地址指针的一个字
        FLB = ( * (__IO uint32_t * )(FLASH_ADR2)); //读以 FLASH_ADR 地址指针的一个字
        DACA = (u16)(2.6953 * FLA + 7206.5);
    //比例电磁阀线性拟合,拟合公式调试时已修正。DACA 为所加电压(mV)
DACA = DACA * 3300/13200;           //DAC1 输出电压与比例电磁阀驱动电压换算:13.2V/3.3V
        DACA = DACA * 4096/3300;          //变换为输入的数字量
        DAC ->DHR12R1 = DACA;             //由 DAC1 产生比例电磁阀驱动电压
        DACA_SET = DACA;
        delay_ms(10);
        ADCA = (3.05 * FLA + 820)/2;
```

```
    ADCA = ADCA * 4096/3300;
    ADCA_SET = ADCA;
    ConIncPID_InitA(ADCA_SET);
    DACB = (u16)(2.6953 * FLB + 7206.5);
                        //比例电磁阀线性拟合,拟合公式,调试时已修正。DACB 为所加电压(mV)
    DACB = DACB * 3300/13200;
                        //DAC1 输出电压与比例电磁阀驱动电压换算:13.2V/3.3V
    DACB = DACB * 4096/3300;            //变换为输入的数字量
    DAC ->DHR12R2 = DACB;               //由 DAC1 产生比例电磁阀驱动电压
    DACB_SET = DACB;
    delay_ms(10);
    ADCB = (3.05 * FLB + 820)/2;        // 拟合公式调试时已修正
    ADCB = ADCB * 4096/3300;
    ADCB_SET = ADCB;
    ConIncPID_InitB(ADCB_SET);

    while(1)
    {
        ADCA = Get_Adc1_Average(1000);
        DACA = DACA + ConIncPID_CalcA(ADCA);
        if(DACA > 1.5 * DACA_SET || DACA < 0.5 * DACA_SET )
        {
        DACA = DACA_SET;
        }
        DAC ->DHR12R1 = DACA;
        ADCB = Get_Adc2_Average(1000);
        DACB = DACB + ConIncPID_CalcB(ADCB);
        if(DACB > 1.5 * DACB_SET || DACB < 0.5 * DACB_SET)
        {
        DACB = DACB_SET;
        }
        DAC ->DHR12R2 = DACB;
    }
}
void USART1_IRQHandler()
{
    if(USART_GetITStatus(USART1, USART_IT_RXNE) ! = RESET)
    {
        USART_ClearITPendingBit(USART1, USART_IT_RXNE);//清中断标志
        FLH = USART1 ->DR;
        FL_Temp = FLH << 8;
```

```
        delay_ms(2);//在接收到第一个字节以后,等第二个字节发送完毕(1 个启动位 + 8
                  //个位 + 1 个停止位 = 1/9600 * 9 = 104 μs * 9 = 936 μs)
        FLL = USART1 ->DR;
        FL_Temp = FL_Temp^FLL;              //设定:A 气体值
        if(FL_Temp <  0x8000)
  {

        FLA = FL_Temp;                       //更新 A 气体流量值
        FLASH_WRITEWORD(FLA,FLASH_ADR1);      //存屏蔽气流量至 FLASH 0X6000
        DACA = (u16)(2.6953 * FLA + 7206.5);
                      //比例电磁阀线性拟合。ADCA 为所加电压(mV)拟合公式调试时已修正
        DACA = DACA * 3300/13200;//DAC1 输出电压与比例电磁阀驱动电压换算:13.2V/3.3V
        DACA = DACA * 4096/3300;              //变换为输入的数字量
        DAC ->DHR12R1 = DACA;                 //由 DAC1 产生比例电磁阀驱动电压
        DACA_SET = DACA ;

        ADCA = (3.05 * FLA  + 820)/2;    //拟合公式调试时已修正
        ADCA  =  ADCA * 4096/3300;
        ADCA_SET = ADCA;
        ConIncPID_InitA(ADCA_SET);
        }
        else
        {
        FL_Temp = FL_Temp&0x0fff;
        FLB = FL_Temp;                            //清除标志位,取 B 气体流量值
        FLASH_WRITEWORD(FLB,FLASH_ADR2);           //存载气流量至 FLASH 0X6004
DACB = (u16)(2.6953 * FLB + 7206.5);
                //比例电磁阀线性拟合。ADCB 为所加电压(mV);拟合公式调试时已修正
DACB = DACB * 3300/13200;        //DAC1 输出电压与比例电磁阀驱动电压换算:13.2V/3.3V,阀
        DACB = DACB * 4096/3300;                   //变换为输入的数字量
        DAC ->DHR12R2 = DACB;                      //由 DAC2 产生比例电磁阀驱动电压
        DACA_SET = DACB ;

        ADCB = (3.05 * FLB  + 820)/2;
        ADCB  =  ADCB * 4096/3300;
        ADCB_SET = ADCB;
        ConIncPID_InitB(ADCB_SET);
        }
        }
  }
```

小 结

从本章的几个设计实例可以看出,要想实现一个工程课题,必须具备两方面的知识:一是必须掌握元器件、模拟电路、数字电路、MCU、可编程器件、编程语言等方面的原理性知识,特别是实际的设计知识;二是还应具备其他一些专业知识,如:传感器(特别是 MEMS 微电子机械系统传感器)、电池、控制算法、可靠性技术、高频等领域的知识。换句话说,要想设计出一款性能完善的电子系统还需要许多专业知识,也许《电子系统设计——专题篇》能给你一些帮助。

设 计 练 习

1. 多用计时钟

(1) 任 务
设计并制作一个可以完成足球、篮球比赛及其他用途的多用计时装置。
(2) 技术要求
1) 基本要求
① LED 数码管显示计时结果;
② 适用于足球、篮球各种倒计时要求;
③ 根据比赛要求设置相应的按键;
④ 电源由外部提供,+5 V;
⑤ 计时时间到报警。
2) 发挥要求
① 改用 LCD 显示;
② 增加其他计时功能;
③ 由 6 V 电池供电(稳压电源提供);
④ 时间到乐曲报警;
⑤ 整体电路效率>60%;
⑥ 计时精度 1 s/h。

2. 简易电子琴

(1) 任 务
设计并制作一个能完成电子琴基本功能的电路。

(2) 技术要求

1) 基本要求

① 发声器件为 8 Ω、0.25 W 动圈式扬声器;

② 设置至少 8 个音符的按键;

③ +5 V 稳压电源供电。

2) 发挥要求

① 增加演奏三首固定乐曲的按键;

② 增加其他音乐效果;

③ 固定乐曲演奏的计时。

3. 简易数字电压、电流表

(1) 任　务

设计并制作一个能测量直流电压和电流的数字表。

(2) 技术要求

1) 基本要求

① 测量±(0～2.000) V 的直流电压;

② 测量精度±1%+2 个字;

③ LED 数码管显示;

④ ±5 V 稳压电源供电。

2) 发挥要求

① 电源仅提供+5 V;

② 量程扩展到±(0～20.000) V;

③ 自动量程转换;

④ 语言报测量值;

⑤ 增加±0～200.0 mA 的电流测量功能。

4. 简易函数发生器

(1) 任　务

设计并制作一个能产生正弦波、交流方波和三角波的函数发生器。

(2) 技术要求

1) 基本要求

① 产生频率为 0.02～20 kHz 的交流方波信号;

② 频率数字设定,步长为 10 Hz;

③ 频率精度为±1%+2 个字;

④ 正弦波 $V_{p\text{-}p}$:0～5 V,电位器调整;

⑤ 负载 100 Ω。

2) 发挥要求

① 除正弦波外,还可产生正弦波和三角波;

② 三种信号由按键选择;

③ 信号幅度数字设定,步长 0.1 V;

④ 幅度误差在±5%+2 个字内。

5. 直流电机转速测量与控制

(1) 任 务

设计并制作一个能测量并控制小直流电机的装置。

(2) 技术要求

1) 基本要求

① 直流电机选用收录机上用的电机;

② 电机转速由 LED 显示,单位为 rad/min。

2) 发挥要求

① 电机转速由数字设定,步长为 10 rad/min;

② 设定与实测转速的误差在±1%+2 个字内;

③ 电机改用小型步进电机。

6. 小型多路温控采集系统

(1) 任 务

设计并制作一个至少 2 路的温度采集系统。

(2) 技术要求

1) 基本要求

① 测温范围 0~100 ℃;

② 测温精度±2 ℃;

③ LED 数码管显示,显示方式为点测与巡测;

④ +5 V,±15 V 外部电源供电。

2) 发挥要求

① 提高测温精度到±1.0 ℃;

② 测温点与控制显示部分拉长距离,即遥测。遥测距离 100 m(可用一卷 100 m 的导线代替)。

参考文献

[1] 陆坤,奚大顺. 电子设计技术[M]. 成都：电子科技大学出版社,1997.

[2] 周惠潮. 常用电子元件及其典型应用[M]. 北京：电子工业出版社,2005.

[3] Bogard, T. F. 电子器件与电路[M]. 北京：清华大学出版社,2006.

[4] 姚金生. 元器件(修订版)[M]. 北京：电子工业出版社,2004.

[5] 王幸之. 单片机应用系统电磁干扰与抗干扰技术[M]. 北京：北京航空航天大学出版社,2006.

[6] 李维諟. 液晶显示器件应用技术[M]. 北京：北京邮电学院出版社,1999.

[7] 余永权. 单片机应用系统的功率接口技术[M]. 北京：北京航空航天大学出版社,1993.

[8] Sergio Franco. 基于运算放大器和模拟集成电路的电路设计[M]. 刘树棠,等译. 成都：西南交通大学出版社,2004.

[9] 童诗白. 模拟电子技术基础[M]. 4版. 北京：高等教育出版社.

[10] 邹逢兴. 集成模拟电子技术[M]. 北京：电子工业出版社,2005.

[11] Donald A. Neaman. Electronic Circuit Analysis and Design,Second Edition[M]. 北京：清华大学出版社,2000.

[12] 沙占友. 新型单片开关电源设计与应用技术[M]. 北京：电子工业出版社,2004.

[13] 张占松. 开关电源的原理与设计[M]. 北京：电子工业出版社,2005.

[14] 周志敏. 开关电源实用技术设计与应用[M]. 北京：人民邮电出版社,2003.

[15] 侯振义. 直流开关电源技术与应用[M]. 北京：电子工业出版社,2006.

[16] 杨振江. 智能仪器与数据采集系统中的新器件及应用[M]. 西安：西安电子科技大学出版社,2001年12月.

[17] 李华. MCS-51系列单片机实用接口技术[M]. 北京：北京航空航天大学出版社,2001.

[18] MAXIM. Datasheet[M/CD].

[19] 吕锋. 几种模数转换技术的分析比较[J]. 单片机与嵌入式系统应用.

[20] 胡志高. AD7705/06及其应用[J]. 电子产品世界.

[21] 武汉力源电子股份有限公司. TI模数/数模转换器数据手册(第一册)[M/CD]. 1984.

[22] Micheal John Sebastian Smith. 专用集成电路设计技术基础[M]. 虞惠华,汤庭鳌,译. 北京：电子工业出版社.

[23] 陈继荣,华蓓. GAL编程器原理与应用技术[M]. 合肥：中国科学技术大学出版社,1991.

[24] 潘松,黄继业. EDA技术实用教程[M]. 2版. 北京：科学出版社,2005.

[25] Lattice Simeconductor Corporation. ABEL-HDL Reference Manual (Version 8.0). 1999.

[26] 潘松等. SOPC技术实用教程[M]. 北京：清华大学出版社,2005.

[27] 王振红,张常年. 综合电子设计与设计[M]. 北京：清华大学出版社,2005.

[28] 蔡明生. 电子设计[M]. 北京：高等教育出版社,2004.

[29] 翟玉文. 电子设计与实践[M]. 北京：中国电力出版社,2005.

[30] 李振华. 电子线路设计指导[M]. 北京：北京航空航天大学出版社,2005.

[31] 谢自美. 电子线路设计实验测试[M]. 2版. 武汉：华中科技大学出版社,2000.

[32] J. Bhasker. Verilog HDL 综合实用教程[M]. 孙海平,译. 北京：清华大学出版社,2004.

[33] Analog Devices Inc. CMOS 125MHz Complete DDS Synthesizer AD9850[M/CD]. 1998.

[34] Analog Devices. AD9774 Data Sheets [M/ CD]. www. analog. com,1998.

[35] 吴建强. Pspice 仿真实践[M].哈尔滨：哈尔滨工业大学出版社,2001.

[36] 周常森. 电子电路计算机仿真技术[M].济南：山东科学技术出版社,2001.

[37] 周润景,张丽娜. 基于 PROTEUS 的电路及单片机系统设计与仿真[M]. 北京：北京航空航天大学出版社,2006.

[38] http://www. altera. com

[39] http://www. 21ic. com

[40] http://www. datasheet. com. cn

[41] 意法半导体. STM32F101xx 和 STM32F103xx ARM 内核 32 位高性能微控制器 参考手册.

[42] 意法半导体. 基于 ARM 微控制器 STM32F101xx 与 STM32F103xx 固态函数库 UM0427 用户手册/

[43] 陈汝全. 实用微机与单片机控制技术成都：电子科技大学出版社,1993.

[44] 夏宇闻,韩彬. Verilog 数字系统设计教程[M]. 4版.北京：北京航空航天大学出版社,2017.

[45] 任骏原,腾香,李金山. 数字逻辑电路 Multisim 仿真技术[M].北京：电子工业出版社,2013.

[46] 吕波,王敏. Multisim 14 电路设计与仿真[M].北京：机械工业出版社,2016.